药物分析及制药过程检测

梁 冰 主编

科 学 出 版 社
北 京

内 容 简 介

本书分为药物分析和制药过程检测两篇，共10章。第一篇包括药物分析基础、化学药物分析、抗生素类药物分析、药物制剂分析、中药及其制剂分析、生物制品及生化药物分析6章；第二篇包括制药生产过程分析技术概述、制药单元在线检测、制药工业排放物的控制与分析、制药过程自动控制简介4章。

本书可供高等学校制药工程专业的本科生、研究生教学使用，也可供生物工程、药学、中药资源与开发、药剂、应用化学、食品等其他相关专业使用，还可作为药品研究开发单位、药品生产企业、医药行业质量检验部门等专业技术人员的参考书。

图书在版编目(CIP)数据

药物分析及制药过程检测/梁冰主编. —北京：科学出版社，2013. 6
ISBN 978-7-03-037965-8

Ⅰ. ①药… Ⅱ. ①梁… Ⅲ. ①药物分析②制药工业-化工过程-过程控制
Ⅳ. ①R917②TQ460. 3

中国版本图书馆CIP数据核字(2013)第136032号

责任编辑：丁 里 / 责任校对：彭 涛
责任印制：赵 博 / 封面设计：迷底书装

科 学 出 版 社 出版
北京东黄城根北街16号
邮政编码：100717
http://www.sciencep.com
涿州市般润文化传播有限公司 印刷
科学出版社发行 各地新华书店经销
*
2013年6月第 一 版 开本：787×1092 1/16
2024年1月第五次印刷 印张：25 1/2
字数：651 000

定价：89.00元

(如有印装质量问题，我社负责调换)

前　言

药品的质量形成于生产过程中，而不是检验出来。制药生产过程质量检验对于生产工艺过程的监控，保证最终产品的安全、有效起着重要的作用，因而在线质量检测越来越受到重视。然而，目前制药工程专业与药物分析相关的教材种类有限，内容上偏重于离线分析，对于制药生产过程质量在线检测介绍较少。在此背景下，编者倍感需要结合现代制药工业的发展趋势，编写高等学校制药工程专业本科的《药物分析及制药过程检测》教材，以便为在校学生和读者多提供一种选择。

本书分药物分析篇和制药过程检测篇，共 10 章。药物分析篇介绍药品质量标准和质量控制的相关概念、药物分析的基本内容、药物分析的基本原理和技术；制药过程检测篇则突出药物的质量取决于生产过程而非检验过程的理念，着重介绍制药过程质量检验与控制的相关概念、过程质量检验的基本原理和技术，旨在培养学生不但具有实验室离线分析检验药品质量的基本能力和技能，而且具有生产过程在线检测和控制质量的综合素质和能力。

本书在内容及编写上力求遵循制药工程专业的培养目标和制药质量控制的实际需要，既反映药物分析的成熟内容，又反映制药过程质量检验的发展，始终贯穿“质量”的概念，简明、扼要，突出实用性及与前期课程的连贯性和衔接性，以及制药过程在线分析的特色和原则。

国内五所高校的教授学者参加了本书的编写工作。其中第 1 章由郑州大学沈国鹏和李雯编写，第 2 章由青岛科技大学玄光善和赵文英编写，第 3 章由华南理工大学何道航编写，第 4 章、第 7 章和第 9 章由四川大学梁冰编写，第 5 章和第 6 章由江西科技师范学院周斌编写，第 8 章和第 10 章由四川大学姚舜编写。最后由梁冰统稿，四川大学化工学院的冯宇艳同学参加了格式规范工作。编者在此谨致谢忱。

限于编者的业务水平和教学经验，加之编写时间仓促，书中难免有疏漏和不妥之处，恳切希望读者批评指正。

梁　冰

2013 年 4 月

目　　录

前言

第一篇　药物分析

第二篇 制药过程检测

第一篇

药物分析

第1章 药物分析基础

1.1 药物分析的性质与任务

1.1.1 药物分析的性质

药物分析(Pharmaceutical Analysis)是药学中的一门分支学科，是随着分析化学在药学中的应用过程，药学和分析化学的不断交叉而逐渐发展起来的相对独立的一门应用学科。它的本质是运用化学、物理学、生物学、微生物学、数学、计算机及自动化等许多学科的分析方法和技术，研究化学结构已经明确的合成药物或天然药物及其制剂质量的质量控制方法，也包括中药制剂和生化药物及其制剂有代表性的质量控制方法的研究。

作为研究鉴定药物的化学组成和测定药物组分含量的原理和方法的一门应用学科，药物分析广泛应用于药物的质量控制、新药研究、药物代谢、手性药物分析、食品分析等方面。进入21世纪，药物分析的发展在药物研发、生产以及相关学科、领域都起到非常重要和关键的作用。

1.1.2 药物分析的任务

药物分析的任务是根据药品质量标准的规定，全面控制药品质量，保证用药安全。药物从开始研制就离不开分析测试技术作为“眼睛”来考察测定判断药品的质量。例如，化学合成原料药及相关物质的含量测定、药物制剂附加剂对含量测定的干扰、中药提取物中有效成分的测定、生物制品的杂质检查等，都属于药物分析要解决的问题。

当前，药学学科的快速发展对药物分析方法和手段也不断提出新的要求。新型制剂，如靶向制剂、缓释控释制剂、微粒载药系统的不断涌现，都需要药物分析为其提供适宜的分析方法进行药代动力学、体内药效学、质量标准制定等方面的研究工作。当前药物化学的发展，在手性药物领域光学异构体杂质的分析、揭示药物分子与其受体之间相互结合的定量构效关系研究、进行基于结构的合理药物设计以及新型分子的合成工艺改进方面，都离不开药物分析测试手段的辅助。天然产物中具有多手性中心的活性成分的结构确定必须结合多种结构分析方法和波谱解析手段。新型中成药的质量评价更是离不开先进的分析测试手段。新涌现的生化药物和基因工程药物可能含有多种与化学药物杂质不同的有害物质，这些有害物质多需要适合于大分子如蛋白质、肽、多糖等化合物的色谱、光谱综合分析方法。

总之，药物分析学科和其工作者不仅要面对常规的检验任务，还要积极深入工艺流程、反应机理、代谢过程的实际和层次中，运用各种现代分析方法和技术去探索这些过程的综合分析和动态评价技术，促使药物质量评价、研究工作不断完善和发展。

1.2 药物分析的基本内容与检验程序

1.2.1 药物分析的基本内容

药物分析的基本内容包括药物成品（包括合成原料、制剂、制剂原料及中间体等）的检验、药物储存过程的质量考察、临床药物分析、体内药物分析、食品分析、复杂介质中药物成分的常量、微量、痕量分析以及中草药(包括动物、植物、矿物类)检定等诸多方面的有关定性定量分析工作。此外，毒物分析、运动员的兴奋剂检测、残留药物检查等也属于药物分析的范畴。

药物分析篇涵盖以下四个方面的内容。

1. 原料药分析

原料药分析包括化学药物分析、抗生素类药物分析章节。化学药物分析主要介绍巴比妥类药物、芳酸及其酯类药物、胺类药物、杂环类药物、维生素类药物、甾体激素类药物的结构与性质、鉴别、特殊杂质的检查和含量的测定等。抗生素类药物分析介绍 β-内酰胺类抗生素、氨基糖苷类抗生素、四环素类抗生素的鉴别、特殊杂质的检查和含量的测定。此外，还介绍抗生素药物分析中的热原检查法、细菌内毒素检查法、无菌检查法和异常毒性检查法等生物测定方法。

2. 药物制剂分析

药物制剂分析主要介绍片剂、注射剂的分析，以及制剂中常见附加剂对含量测定的干扰及其排除、复方制剂的分析和制剂辅料的分析。

3. 生物制品及生化药物分析

生物制品的检测具有特殊性，主要介绍生物制品检测内容、生产过程质量控制；生化药物的分析包括生化药物的分类、鉴别与定量方法、杂质检查、安全性检查、含量(效价)测定、生产过程质量控制。

4. 中药与天然药物分析

中药与天然药物分析介绍其特点与分析方法、中药及其制剂分析的一般程序。其程序包括中药及其制剂分析中的提取分离和纯化、定性鉴别、杂质检查、含量测定。

1.2.2　药物检验的程序

药品检验工作的基本程序一般为：取样、性状、鉴别、检查、含量测定和报告书写。1.4 节～1.8 节将对其进行讲述。

1.3　药物质量控制体系

1.3.1　药物质量控制体系概述

药物质量控制体系是为了保证药品质量，使其符合相关法规、药品注册要求和质量标准的要求而建立的由组织机构、程序、活动、能力和资源等组成的有机整体。为保证药品质量安全，我国自 1985 年以来，先后颁布了《中华人民共和国药品管理法》及修订、《中华人民共和国药品管理法实施条例》、《药品非临床研究质量管理规范》(GLP)、《药品临床研究质量管理规范》(GCP)、《药品种植质量管理规范》(GAP)、《药品生产管理规范》(GMP)和《药品经营质量管理规范》(GSP)等一系列药品质量控制体系的条例。

药品的生产过程是影响药品质量的关键环节，本节简要介绍《中华人民共和国药品管理法》和《药品生产质量管理规范》、药品质量标准。

1.《中华人民共和国药品管理法》

1984年7月20日，中华人民共和国第六届全国人民代表大会第七次会议通过了《中华人民共和国药品管理法》(简称《药品管理法》)，该法自1985年7月1日起实施。2001年2月28日，第九届全国人民代表大会常务委员会第20次会议通过了修订后的《药品管理法》，并自2001年12月1日起施行。

《药品管理法》是药品管理方面的基本法律，是药品质量控制的根本依据，其内容分为总则、药品生产企业管理、药品经营企业管理、医疗机构的药剂管理、药品管理、药品包装的管理、药品价格和广告的管理、药品监督、法律责任、附则10章，共106条。以下简要介绍第一章总则和第二章药品生产企业管理的部分条例要求和释义。

第一章　总　　则

第一条　为加强药品监督管理，保证药品质量，保障人体用药安全，维护人民身体健康和用药的合法权益，特制定本法。

释义：总则对《药品管理法》的立法目的、适用范围、国家对药品管理的宏观政策、药品监督管理部门设置和药品检验机构进行了法律规定。

立法目的是为了加强对药品的监督管理。药品是用于预防、治疗、诊断人的疾病，有目的地调节人的生理机能并规定适应证或者功能主治、用法和用量的特殊商品。药品是否安全有效以及其价格的高低、市场供应的充裕程度、使用是否正确合理等，都直接关系到广大群众的身体健康和生命安全。为保证人民群众用药的安全有效、价格合理，国家有必要对药品的研制、生产、经营等各个环节，药品的质量、价格、广告等各个方面，实施必要的通过立法而实现的监督管理。

第二条　在中华人民共和国境内从事药品的研制、生产、经营、使用和监督管理的单位或者个人，必须遵守本法。

释义：适用范围也称法律的效力范围，包括中华人民共和国境内一切从事药品的研制、生产、经营、使用活动的单位和个人。

第六条　药品监督管理部门设置或者确定的药品检验机构，承担依法实施药品审批和药品质量监督检查所需的药品检验工作。

释义：目前药品监督管理部门设置的药品检验机构，包括国家级的一个，即直属于国家食品药品监督管理总局的中国药品生物制品检定所；直属于各省级政府药品监督管理部门的省级药品检验机构31个；地、市级的药品检验机构300多个；县级的药品检验机构上千个。地方各级药品检验机构按国务院药品监督管理部门的规定承担药品法定检验任务。

第二章　药品生产企业管理

第九条　药品生产企业必须按照国务院药品监督管理部门依据本法制定的《药品生产质量管理规范》组织生产。药品监督管理部门按照规定对药品生产企业是否符合《药品生产质量管理规范》的要求进行认证；对认证合格的，发给认证证书。

《药品生产质量管理规范》的具体实施办法、实施步骤由国务院药品监督管理部门规定。

释义：关于药品生产企业开办条件的规定，要求具有依法经过资格认定的药学技术人员、工程技术人员及相应的技术工人。药品生产行业是技术含量较高的产业，因此对其从业人员应有较高的要求。上述"依法经过资格认定的药学技术人员、工程技术人员"是指依照国家有关规定，取得有关药师、工程师等专业技术职称，具有有关的药品生产所需要的专业技术知识的技术人员。"相应的技术工人"是指能够掌握有关药品生产技能的工人。

关于药品生产企业实施《药品生产质量管理规范》(Good Manufacturing Practice，GMP)的规定，包括三层含义：一是药品生产企业必须按照国务院药品监督管理部门依据本法制定的GMP组织生产。GMP是针对药品生产的特点，为确保药品生产质量而制定的一套系统的、科学的质量保证措施和管理规范，是药品生产过程中的质量管理基本准则。二是由药品监督管理部门对药品生产企业依法实施GMP的情况进行认证，是保障GMP制度有效实施的重要措施。本条对实施GMP认证制度作了明确规定。三是考虑到我国实行GMP制度起步较晚，目前推行GMP工作的基础还比较薄弱，一些企业实施GMP改造仍有一定的困难，在药品生产企业中全面强制推行GMP还需要有一个过程，有关的实施办法也需要不断完善，实施的步骤应当积极稳妥。其相关内容的进一步介绍见本节第2部分。

第十二条　药品生产企业必须对其生产的药品进行质量检验；不符合国家药品标准或者不按照省、自治区、直辖市人民政府药品监督管理部门制定的中药饮片炮制规范炮制的，不得出厂。

释义：此规定要求药品生产企业对其生产的药品出厂前必须进行质量检验。药品质量包括药品的有效性、安全性、稳定性和性能均一性等方面的要求，是通过一系列相关的技术指标来体现的。这就要求药品生产企业必须依法设置相应的药品质量检验机构，配备足够的专业技术人员和必要的仪器、设备，负责对出厂的药品实施质量检验，将本厂生产的药品与国家规定的质量标准进行比较，从而对药品作出合格与不合格的判定。不符合国家药品标准的药品属于假药或者劣药，会直接危及人民群众的用药安全，当然必须禁止其出厂。

2.《药品生产质量管理规范》

我国《药品管理法》规定，药品生产企业必须按照国务院药品监督管理部门制定的GMP组织生产并实行认证制度。GMP是对药品生产的全过程进行规范化的管理要求，是药品生产和质量控制的基本准则，是制药企业确保和提高药品质量的重要措施。GMP所规定的条件、要求和达到这些条件、要求所采取的途径、方式、方法是制药过程质量控制系统的重要组成部分。其内容涵盖了文件管理、物料管理、厂房与设备管理、清洁卫生管理、生产过程管理和验证管理等方面的规定。

1) GMP在国外的发展概况

GMP作为制药企业药品生产和质量的法规，在国外已有近50年的历史。美国食品药品监督管理局(FDA)于1963年首先颁布了GMP，这是世界上最早的一部GMP，在实施过程中，经过数次修订，可以说是至今较为完善、内容较详细、标准最高的GMP。现在美国要求，凡是向美国出口药品的制药企业以及在美国境内生产药品的制药企业，都要符合美国GMP要求。

1969年世界卫生组织(WHO)也颁发了自己的GMP，并向各成员国家推荐，受到许多国家和组织的重视，经过三次修改，也是一部较全面的GMP。

1971年，英国制定了GMP(第一版)，1977年又修订了第二版；1983年公布了第三版，现已被欧洲联盟(简称"欧盟")GMP替代。

1972 年，欧洲共同体（简称“欧共体”）公布了《GMP 总则》指导欧共体国家药品生产，1983 年进行了较大幅度的修订，1989 年又公布了新的 GMP，并编制了一本《补充指南》。1992 年，公布了欧共体 GMP 新版本。

1974 年，日本以 WHO 的 GMP 为蓝本，颁布了自己的 GMP，已作为法规执行。

1988 年，东南亚国家联盟（简称“东盟”）也制定了 GMP，作为东盟各国实施 GMP 的文本。

此外，德国、法国、瑞士、澳大利亚、韩国、新西兰、马来西亚及中国台湾等国家和地区也先后制定了 GMP。到目前为止，世界上已有 100 多个国家、地区实施了 GMP 或准备实施 GMP。

当今世界上 GMP 分为以下三种类型：

(1) 国家颁发的 GMP，如中华人民共和国国家食品药品监督管理总局颁布的《药品生产质量管理规范》；FDA 颁布的 cGMP（现行 GMP）；日本厚生省颁布的 GMP。

(2) 地区性制定的 GMP，如欧盟颁布的 GMP，东盟颁布的 GMP。

(3) 国际组织制定的 GMP，如 WHO 颁布的 GMP（1991 年）。

2) GMP 在我国推行过程

1982 年，中国医药工业有限公司参照一些先进国家的 GMP 制定的《药品生产管理规范（试行本）》颁布。

1985 年，国家医药管理局颁布了经修改的《药品生产管理规范（推行本）》，同年，中国医药工业有限公司编制出版了《药品生产管理规范实施指南》。

1988 年，卫生部颁布了《药品生产质量管理规范》，作为正式法规执行，随后于 1992 年又颁布了《药品生产质量管理规范》修订版。同年，中国医药工业有限公司为了使药品生产企业更好地实施 GMP，出版了《GMP 实施指南》，对 GMP 中的一些内容作了比较具体的技术指导，收到了较好的效果。

1993 年，国家医药管理局制定了我国实施 GMP 的八年规划（1993～2000 年），提出“总体规划，分步实施”的原则，按剂型的先后，在规划的年限内，达到 GMP 的要求。1995 年，经国家技术监督局批准，成立了中国药品认证委员会，并开始接受企业的 GMP 认证申请和开展认证工作。1995～1997 年国家医药管理局分别制定了《粉针剂实施〈药品生产质量管理规范〉指南》、《大容量注射液实施〈药品生产质量管理规范〉指南》、《原料药实施〈药品生产质量管理规范〉指南》和《片剂、硬胶囊剂、颗粒剂实施〈药品生产质量管理规范〉指南和检查细则》等指导文件，并开展了粉针剂和大容量注射液剂型的 GMP 达标验收工作。1998 年，国家食品药品监督管理总局总结前几年实施 GMP 的情况，对 1992 年修订的 GMP 再次进行修订，于 1999 年 6 月 18 日颁布了《药品生产质量管理规范（1998 年修订）》，1999 年 8 月 1 日起施行，使我国的 GMP 更加完善、更加切合国情、更加严谨，便于药品生产企业执行。

2011 年 1 月 17 日，国家食品药品监督管理总局发布了《药品生产质量管理规范（2010 年修订）》，该规定要求自 2011 年 3 月 1 日起，凡新建药品生产企业、药品生产企业新建（改、扩建）车间均应符合新版 GMP 的要求。现有药品生产企业血液制品、疫苗、注射剂等无菌药品的生产，应在 2013 年 12 月 31 日前达到新版 GMP 要求。其他类别药品的生产均应在 2015 年 12 月 31 日前达到新版 GMP 要求。未达到新版 GMP 要求的企业（车间），在上述规定期限后不得继续生产药品。

新版 GMP 吸收国际先进经验，结合我国国情，按照“软硬件并重”的原则，贯彻质量风险管理和药品生产过程管理的理念，更加注重科学性，强调指导性和可操作性，达到了世界卫生组织 GMP 的一致性。

新版 GMP 修订的主要特点是：

(1) 加强了药品生产质量管理体系建设，大幅提高对企业质量管理软件方面的要求。细化了对构建实用、有效质量管理体系的要求，强化药品生产关键环节的控制和管理，以促进企业管理水平的提高。

(2) 全面强化了从业人员的素质要求。增加了对从事药品生产质量管理人员素质要求的条款和内容，进一步明确职责。例如，明确药品生产企业的关键人员包括企业负责人、生产管理负责人、质量管理负责人、质量授权人等必须具有的资质和应履行的职责。

(3) 细化了操作规程、生产记录等文件管理规定，增加了指导性和可操作性。

(4) 进一步完善了药品安全保障措施。引入了质量风险管理的概念，在原辅料采购、生产工艺变更、操作上的偏差处理、发现问题的调查和纠正、上市后药品的监控等方面，增加了供应商审计、变更控制、纠正和预防措施、产品质量回顾分析等新制度和措施，对每个环节可能出现的风险进行管理和控制，主动防范质量事故的发生，提高了无菌制剂生产环境标准，增加了生产环境在线监测要求，提高了无菌制剂的质量保证水平。

1.3.2 药品质量标准

药品质量标准简称药品标准，是国家和政府为了加强药品监督管理，保证药品质量，保障人体用药安全，维护人民身体健康和用药的合法权益制定的每种药品的管理依据。药品标准包括反映药品质量特性的技术参数和指标，规定了药品质量规格及检验方法。

1985 年 7 月 1 日，《药品管理法》正式执行，该法规定“药品必须符合国家药品标准或者省、自治区、直辖市药品标准”，明确了国务院卫生行政部门颁布的《中华人民共和国药典》(简称《中国药典》)和局(部)颁药品标准为国家药品标准，进一步确定了药品标准的法定性质。2001 年修订的《药品管理法》取消了省、市级药品监督管理部门颁布的地方药品标准。目前，我国药品生产、销售和使用所依据的药品标准为《中国药典》和药品局(部)颁药品标准。

《药品管理法》规定：凡被药品标准收载的药物，其质量不符合标准规定的均不得出厂、不得销售、不得使用。药品标准是药物应该达到的最低标准，各生产企业可以制定高于国家药品标准的企业标准，也可以使用企业认为合理的分析方法进行药品的质量控制，但如出现因质量问题而需要仲裁的情况时，则以国家药品标准为依据。药品的质量检测由国家设立的各级药品检验所作为法定机构，制药企业、医药经营机构及医院也必须建立药品质量检查部门，负责药品质量的检验和全面管理。

1.《中国药典》

1)《中国药典》的沿革

《中国药典》(英文缩写 ChP)是依据《药品管理法》组织制定和颁布实施的记载药品标准和规格的国家法典，是国家对药品质量标准和检定方法的技术规定，也是药品生产、使用、检验和管理的法定依据。药典由国家药典委员会组织编写，由政府颁布实施。

中华人民共和国成立以来，《中国药典》已出版了九版，1953 年第一版、1963 年第二版、1977 年第三版，1985 年出了第四版后，每隔 5 年出版一部新版本，目前，已出至 2010 年第九版。《中国药典》一经颁布实施，其同品种的上版标准或其原国家标准即同时停止使用。

2010 年版《中国药典》积极扩大了收载品种范围，收载品种总计 4567 种。其中，一部收载药材和饮片、植物油脂和提取物、成方制剂和单味制剂等，品种共计 2165 种，其中新增 1019 种

(包括 439 个饮片标准)、修订 634 种;二部收载化学药品、抗生素、生化药品、放射性药品以及药用辅料等,品种共计 2271 种,其中新增 330 种、修订 1500 种;三部收载生物制品,品种共计 131 种,其中新增 37 种、修订 94 种。2010 年版《中国药典》使现代分析技术得到进一步扩大应用。例如,附录中新增离子色谱法、核磁共振波谱法、拉曼光谱法指导原则等。中药品种中采用液相色谱-质谱联用、DNA 分子鉴定、薄层生物自显影技术等方法,以提高分析灵敏度和专属性,解决常规分析方法无法解决的问题。化药品种中采用了分离效能更高的离子色谱法和毛细管电泳法;总有机碳测定方法和电导率测定方法被用于纯化水、注射用水等标准中。生物制品部分品种采用体外方法替代动物试验用于生物制品活性/效价测定,采用灵敏度更高的病毒灭活验证方法等。

除了对分析技术的进一步应用外,2010 年版《中国药典》在以下几方面有了明显的改变:

(1) 药品的安全性保障得到进一步加强。除在凡例和附录中加强安全性检查总体要求外,在品种正文标准中增加或完善安全性检查项目。例如,凡例中规定所有来源于人或动物的供注射用的原料药均增订"制法要求"。制剂通则中规定,眼用制剂按无菌制剂要求;橡胶膏剂首次提出卫生学要求;滴眼剂和静脉输液增订渗透压摩尔浓度检查项等。附录中新增溶血与凝聚检查法、抑菌剂效力检查法指导原则等。《中国药典》一部对中药注射剂增加重金属和有害元素限度标准;对用药时间长、儿童常用的品种增加重金属和有害元素检查,对易霉变的桃仁、杏仁等新增黄曲霉毒素检测。《中国药典》二部加强了对有关物质、高聚物等的控制;扩大对残留溶剂、抑菌剂与抗氧剂、渗透压、细菌内毒素、无菌等的控制。《中国药典》三部严格控制了生物制品生产过程中抗生素的使用,对添加防腐剂进行了限制,并加强对残留溶剂、杂质、内毒素残留等的控制要求。

(2) 药品质量可控性、有效性的技术保障得到进一步提升。除在附录中新增和修订相关的检查方法和指导原则外,在品种正文标准中增加或完善有效性检查项目。例如,新增电感耦合等离子体原子发射光谱法、离子色谱法,修订原子吸收光谱法、重金属检查法等,组成较完整的控制重金属和有害元素的检测方法体系。《中国药典》一部大幅度增加符合中药特点的专属性鉴别,除矿物药外均有专属性强的薄层色谱鉴别方法,并建立了与质量直接相关且能体现有效活性的专属性检测方法。《中国药典》二部中含量测定或效价测定采用了专属性更强的液相色谱法;大部分口服固体制剂增订了溶出度检查项目;含量均匀度检查项目的适用范围进一步扩大至部分规格为 25mg 的品种。《中国药典》三部对原材料质量要求更加严格,对检测项目及方法的确定更加科学合理。

(3) 药品标准内容更趋科学规范合理。为适应药品监管的需要,制剂通则中新增了药用辅料总体要求;可见异物检查法中进一步规定抽样要求、检测次数和时限等;不溶性微粒检查法中统一了操作方法等。《中国药典》一部规范和修订中药材拉丁名;明确入药者均为饮片,从标准收载体例上明确了〔性味与归经〕、〔功能与主治〕、〔用法与用量〕为饮片的属性。

(4) 鼓励技术创新,积极参与国际协调。2010 年版《中国药典》积极推进自主创新,根据中医学理论和中药成分复杂的特点,建立了能反映中药整体特性的色谱指纹图谱方法,以保证质量的稳定、均一。同时,积极引入了国际协调组织在药品杂质控制、无菌检查法等方面的要求和限度。

此外,2010 年版《中国药典》也体现了对野生资源保护与中药可持续发展的理念,参照与珍稀濒危中药资源保护相关的国际公约及协议,不再新增收濒危野生药材,积极引导人工种养紧缺药材资源的发展。2010 年版《中国药典》还积极倡导绿色标准,力求采用毒害小、污染少、有利于节约资源、保护环境、简便实用的检测方法。

2)《中国药典》的基本结构和主要内容

《中国药典》由凡例、正文、附录和索引四部分构成。下面以《中国药典》(2010 年版)为例介绍主要内容。

A. 凡例

凡例(general notices)是解释和使用《中国药典》的基本原则,把一些与标准有关的、共性的、需要明确的问题,以及采用的计量单位、符号与专门术语等,用条文加以规定,以避免全书中的重复说明。凡例的主要内容有:名称与编排、项目与要求、检验方法和限度、标准品和对照品、计量、精确度、试药、试液与指示剂、动物试验、说明书、包装、标签等。

a. 名称与编排

正文品种收载的中文药品名称是按照《中国药品通用名称》推荐的名称及其命名原则命名的,《中国药典》收载的药品中文药品名称均为法定名称;药品英文名除另有规定外,均采用国际非专利药名(international nonproprietary names,INN)。

有机药物化学名称是根据中国化学会编撰的《有机化学命名原则》命名的,母体的选定与国际纯粹与应用化学联合会(International Union of Pure and Applied Chemistry,IUPAC)的命名系统一致。

药品化学结构式采用 WHO 推荐的“药品化学结构式书写指南”书写。

正文品种按药品中文名称笔画顺序排列,同笔画数的字按起笔笔形一丨丿丶フ的顺序排列;单方制剂排在原料药后面;药用辅料集中编排;附录包括制剂通则、通用检测方法和指导原则,按分类编码;索引分列按汉语拼音顺序排序的中文索引、英文名和中文名对照索引排列。

b. 项目与要求

(1) 性状。该项记载药品的外观、臭、味、溶解度和物理常数等。

外观性状是对药品的色泽和外表感观的规定。

溶解度是药品的物理性质,是某种物质溶解在另一种物质中的能力。药典中的溶解度是指在各品种项下选用的溶剂中的溶解性能。各正文品种项下选用的部分溶剂及其在该溶剂中的溶解性能,可供精制或制备溶液时参考;对在特定溶剂中的溶解性能作质量控制时,应在该品种检查项下另作具体规定。药品的近似溶解度以下列名词表示:

极易溶解　溶质(1g 或 1mL)能在溶剂不到 1mL 中溶解;

易溶　溶质(1g 或 1mL)能在溶剂 1～不到 10mL 中溶解;

溶解　溶质(1g 或 1mL)能在溶剂 10～不到 30mL 中溶解;

略溶　溶质(1g 或 1mL)能在溶剂 30～不到 100mL 中溶解;

微溶　溶质(1g 或 1mL)能在溶剂 100～不到 1000mL 中溶解;

极微溶解　溶质(1g 或 1mL)能在溶剂 1000～不到 10 000mL 中溶解;

几乎不溶或不溶　溶质(1g 或 1mL)能在溶剂 10 000mL 中不能完全溶解。

溶解度的试验方法:除另有规定外,称取研成细分的供试品或量取液体供试品,置于 25℃±2℃一定溶剂中,每隔 5min 强力振摇 30s,观察 30min 内的溶解情况,如不见溶质颗粒或液滴即为完全溶解。

物理常数包括相对密度、馏程、熔点、凝点、比旋度、折光率、黏度、吸收系数、碘值、皂化值和酸值等;测定结果不仅对药品具有鉴别意义,也反映药品的纯度,是评价药品质量的主要指标之一。

(2) 鉴别。鉴别项下规定的试验方法是根据反映该药品的某些物理、化学或生物学等特性所进行的药物鉴别试验，不完全代表对该药品化学结构的确证。

(3) 检查。检查项下包括反映药品的安全性与有效性的试验方法和限度、均一性、纯度等制备工艺要求等内容；对于规定中的各种杂质检查项目，是指该药品在按既定工艺进行生产和正常储藏过程中可能含有或产生并需要控制的杂质(如残留溶剂、有关物质等)；改变生产工艺时需另考虑增修订有关项目。

对于生产过程中引入的有机溶剂，应在后续的生产环节予以有效去除。除正文已明确列有“残留溶剂”检查的品种必须依法进行该项检查外，其他未在“残留溶剂”项下明确列出的有机溶剂与未在正文中列有此项检查的各品种，如生产过程中引入或产品中残留的有机溶剂，均应按附录“残留溶剂测定方法”检查并符合相应的限度规定。

供直接分装成注射用无菌粉末的原料药，应按照注射剂项下的要求进行检查，并符合规定。

各类制剂，除另有规定外，均应符合各制剂通则项下有关的各项规定。

(4) 含量测定。含量测定项下规定的试验方法，用于测定原料及制剂中有效成分的含量，一般可采用化学、仪器或生物测定方法。

(5) 类别。类别是按药品的主要作用与主要用途或学科的归属划分，不排除在临床实践的基础上作其他类别药物使用。

(6) 制剂的规格。是指每一支、片或其他每一个单位制剂中含有主药的质量(或效价)、含量(%)或装量；注射液项下，如为“1mL：10mg”，是指 1mL 中含有主药 10mg；对于列有处方或标有浓度的制剂，也可同时规定装量规格。

(7) 储藏。储藏项下的规定是指药品储存与保管的基本要求，以下列名词术语表示：

遮光是指用不透光的容器包装，如棕色容器或黑纸包裹的无色透明、半透明容器；

密闭是指将容器密闭，以防止尘土及异物进入；

密封是指将容器密封，以防止风化、吸潮、挥发或异物进入；

熔封或严封是指将容器熔封或用适宜的材料严封，以防止空气与水分的侵入并防止污染；

阴凉处是指不超过 20℃；

凉暗处是指避光并不超过 20℃；

冷处是指 2～10℃；

常温是指 10～30℃。

除另有规定外，储藏项下未规定储藏温度的一般是指常温。

(8) 制剂的原辅料。制剂中使用的原料药和辅料均应符合药典的规定；药典未收载者，必须制定符合药用要求的标准，并需经国务院药品监督管理部门批准。同一原料药用于制剂(特别是给药途径不同的制剂)时，需根据临床用药要求制定相应的质量控制项目。

c. 检验方法和限度

药典正文收载的所有品种，均应按规定的方法进行检验；如采用其他方法，应将该方法与规定的方法做比较试验，根据试验结果掌握使用，但在仲裁时仍以本版药典规定的方法为准。

药典中规定的各种纯度和限度数值以及制剂的质(装)量差异，包括上限和下限两个数值本身及中间数值。规定的这些数值无论是百分数还是绝对数字，其最后一位数字都是有效位。

试验结果在运算过程中，可比规定的有效数字多保留一位数，而后根据有效数字的修约规则进舍至规定有效位。计算所得的最后数值或测定读数值均可按修约规则进舍至规定的有效位，取此数值与标准中规定的限度数值比较，以判断是否符合规定的限度。

原料药的含量(%)，除另有注明者外，均按质量计。如规定上限为 100%以上时，是指用该药典规定的分析方法测定时可能达到的数值，它为药典规定的限度或允许偏差，并非真实含有量；如未规定上限时，是指不超过 101.0%。制剂的含量限度范围是根据主药含量的多少、测定方法误差、生产过程不可避免偏差和储存期间可能产生降解的可接受程度而制定的，生产中应按标示量 100%投料。如已知某一成分在生产或储存期间含量会降低，生产时可适当增加投料量，以保证在有效期(或使用期限)内含量能符合规定。

d. 标准品和对照品

标准品、对照品是指用于鉴别、检查、含量测定的标准物质。标准品与对照品(不包括色谱用的内标物质)均由国务院药品监督管理部门指定的单位制备、标定和供应。

标准品是指用于生物检定、抗生素或生化药品中含量或效价测定的标准物质，按效价单位(或 μg)计，以国际标准品进行标定；对照品除另有规定外，均按干燥品(或无水物)进行计算后使用。

标准品与对照品的建立或变更其原有活性成分和含量，应与原标准品、对照品或国际标准品进行对比，并经过协作标定和一定的工作程序进行技术审定。

标准品与对照品均应附有使用说明书，标明批号、用途、使用方法、储藏条件和装量等。

标准品和对照品的选用：在检测时除效价测定采用“标准品”及某些检查或含量测定应采用“对照品”外，其他可用化学试剂取代，应尽量避免使用标准品或对照品。

e. 计量

试验用的计量仪器均应符合国家技术监督部门的规定。

(1) 体积、质(重)量、物质的量、压力、温度、动力黏度、运动黏度、波数、密度和放射性活度采用法定计量单位名称和符号表示。

(2) 本版药典使用的滴定液和试液的浓度，以 mol/L(摩尔/升)表示者，其浓度要求需精密标定的滴定液用“XXX 滴定液(YYYmol/L)”表示；作其他用途不需精密标定其浓度时用“YYYmol/L XXX 溶液”表示，以示区别。

(3) 有关的温度描述一般以下列名词术语表示：

水浴温度除另有规定外，均指 98～100℃；

热水是指 70～80℃；

微温或温水是指 40～50℃；

室温(常温)是指 10～30℃；

冷水是指 2～10℃；

冰浴是指约 0℃；

放冷是指放冷至室温。

(4) 符号“%”表示百分比，是指质量的比例；但溶液的百分比，除另有规定外，是指溶液 100mL 中含有溶质若干克；乙醇的百分比，是指在 20℃时容量的比例。此外，根据需要可采用下列符号：

%(g/g)表示溶液 100g 中含有溶质若干克；

%(mL/mL)表示溶液 100mL 中含有溶质若干毫升；

%(mL/g)表示溶液 100g 中含有溶质若干毫升；

%(g/mL)表示溶液 100mL 中含有溶质若干克。

(5) 缩写“ppm”表示百万分比，“ppb”表示十亿分比，均是指质量或体积的比例。

(6) 液体的滴是指在 20℃时，以 1.0mL 水为 20 滴进行换算。

(7) 溶液后记示的“(1→10)”等符号，是指固体溶质 1.0g 或液体溶质 1.0mL 加溶剂使成 10mL 的溶液；未指明用何种溶剂时，均是指水溶液；两种或两种以上液体的混合物，名称间用半字线“-”隔开，其后括号内所示的“：”符号，是指各液体混合时的体积(质量)比例。

(8) 本版药典所用药筛选用国家标准的 R40/3 系列，分等如下：

筛号	筛孔内径(平均值)/μm	目号	筛号	筛孔内径(平均值)/μm	目号
一号筛	2000±70	10	六号筛	150±6.6	100
二号筛	850±29	24	七号筛	125±5.8	120
三号筛	355±13	50	八号筛	90±4.6	150
四号筛	250±9.9	65	九号筛	75±4.1	200
五号筛	180±7.6	80			

粉末分等如下：

最粗粉指能全部通过一号筛，但混有能通过三号筛不超过 20%的粉末；

粗粉指能全部通过二号筛，但混有能通过四号筛不超过 40%的粉末；

中粉指能全部通过四号筛，但混有能通过五号筛不超过 60%的粉末；

细粉指能全部通过五号筛，并含能通过六号筛不少于 95%的粉末；

最细粉指能全部通过六号筛，并含能通过七号筛不少于 95%的粉末；

极细粉指能全部通过八号筛，并含能通过九号筛不少于 95%的粉末。

(9) 乙醇未指明浓度时，均是指 95%(mL/mL)的乙醇。

(10) 计算相对分子质量以及换算因子等使用的相对原子质量均按最新国际相对原子质量表推荐的相对原子质量。

f. 精确度

本版药典规定取样量的准确度和试验精密度。

试验中供试品与试药等“称量”或“量取”的量，均以阿拉伯数字表示，其精确度可根据数值的有效数位来确定，如称取“0.1g”是指称取质量可为 0.06～0.14g；称取“2g”，是指称取质量可为 1.5～2.5g；称取“2.0g”，是指称取质量可为 1.95～2.05g；称取“2.00g”，是指称取质量可为 1.995～2.005g。

“精密称定”是指称取质量应准确至所取质量的千分之一；“称定”是指称取质量应准确至所取质量的百分之一；“精密量取”是指量取体积的准确度应符合国家标准中对该体积移液管的精确度要求；“量取”是指可用量筒或按照量取体积的有效数位选用量具。取用量为“约”若干时，是指取用量不得超过规定量的±10%。

恒量，除另有规定外，是指供试品连续两次干燥或炽灼后称量的差异在 0.3mg 以下的质量；干燥至恒量的第二次及以后各次称量均应在规定条件下继续干燥 1h 后进行；炽灼至恒量的第二次称量应在继续炽灼 30min 后进行。

试验中规定“按干燥品(或无水物，或无溶剂)计算”时，除另有规定外，应取未经干燥(或未去水，或未去溶剂)的供试品进行试验，并将计算中的取用量按【检查】项下测得的干燥失重(或水分，或溶剂)扣除。

试验中的“空白试验”，是指在不加供试品或以等量溶剂替代供试液的情况下，按同法操作所得的结果；含量测定中的“并将滴定的结果用空白试验校正”，是指按供试品所耗滴定液的量（mL）与空白试验中所耗滴定液量（mL）之差进行计算。

试验时的温度，未注明者，是指在室温下进行；温度高低对试验结果有显著影响者，除另有规定外，应以 25℃±2℃为准。

B. 正文

正文（monographs）是根据药物自身的理化与生物学特性，按照批准的处方来源、生产工艺、储藏运输条件等所制定的、用以检测药品质量是否达到用药要求并衡量其质量是否稳定均一的技术规定。正文项下根据品种和剂型不同，按顺序可分别列有品名（包括中文名称、汉语拼音与英文名）、有机药物的结构式、分子式与相对分子质量、来源或有机药物的化学名称、含量或效价规定、处方、制法、性状、鉴别、检查、含量或效价测定、类别、规格、储藏、制剂等。正文部分详见示例。

C. 附录

附录（appendix）主要收载制剂通则、通用检测方法和指导原则。制剂通则是按照药物剂型分类，针对剂型特点所规定的基本技术要求；通用检测方法是各正文品种进行相同检查项目的检测时所应采用的统一的设备、程序、方法及限度等；指导原则是为执行药典、考察药品质量、起草与复核药品标准等所制定的指导性规定。

D. 索引

为了便于查找，药典附有汉字笔画、中英文索引（index）。

3）《中国药典》示例

以《中国药典》（2010 年版）二部辛伐他汀的质量标准为例，示例如下：

辛伐他汀
Xinfatating
Simvastatin

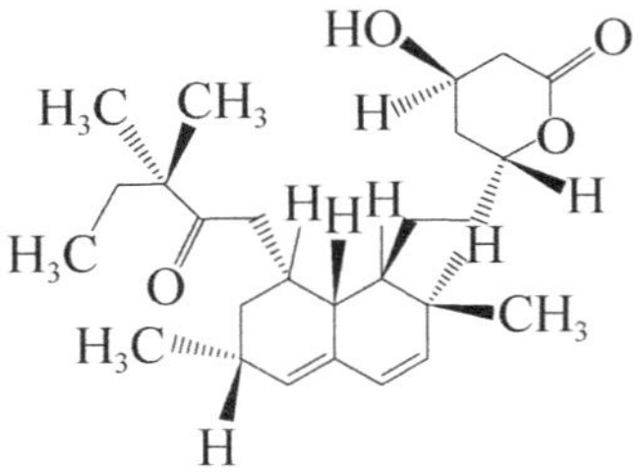

$C_{25}H_{38}O_5$　418.57

本品为 2,2-二甲基丁酸（4*R*,6*R*)-6-{2-[（1*S*,2*S*,6*R*,8*S*,8a*R*)-1,2,6,7,8,8a-六氢-8-羟基-2,6-二甲基-1-萘基]乙基}四氢-4-羟基-2*H*-吡喃-2-酮-8-酯。按干燥品计算，含 $C_{25}H_{38}O_5$ 应为 98.0%～102.0%。

【性状】本品为白色或类白色粉末或结晶性粉末。

本品在乙腈、乙醇或甲醇中易溶，在水中不溶。

比旋度　取本品，精密称定，加乙腈溶解并定量稀释制成 1mL 中约含 5mg 的溶液，在 25℃ 时依法测定（附录Ⅵ E），比旋度为+285°～+298°。

【鉴别】（1）在含量测定项下记录的色谱图中，供试品溶液主峰的保留时间应与对照品溶液主峰的保留时间一致。

(2) 取本品，加乙腈溶解并稀释制成 1mL 中约含 10μg 的溶液，照紫外-可见分光光度法(附录Ⅳ A)测定，在 231nm，238nm 与 247nm 的波长处有最大吸收。

(3) 本品的红外吸收谱图应与对照的谱图(光谱集 962 图)一致。

【检查】有关物质　取本品适量，加溶剂乙腈-0.01mol/L 磷酸二氢钾溶液(用磷酸调节 pH 至 4.0)(60：40)溶解并稀释制成 1mL 中约含 0.8mg 的溶液，作为供试品溶液(3h 内测定)；精密量取适量，用上述溶剂定量稀释制成 1mL 中约含 4μg 的溶液，作为对照溶液，照含量测定项下的色谱条件，取对照溶液 10μL，注入液相色谱仪，调节检测灵敏度，使主成分色谱峰的峰高约为满量程的 20%；精密量取供试品溶液与对照溶液各 10μL，分别注入液相色谱仪，供试品溶液色谱图中如有与洛伐他汀保留时间一致的色谱峰，其峰面积不得大于对照溶液的主峰面积(0.5%)，其他单个杂质峰面积不得大于对照溶液主峰面积的 0.8 倍(0.4%)，其他各杂质峰面积的和不得大于对照溶液主峰面积的 2 倍(1.0%)。供试品溶液中任何小于对照溶液主峰面积 0.05 倍的峰可忽略不计。

干燥失重　取本品，在 60℃减压干燥 3h，减失质量不得过 0.5%(附录Ⅷ L)。

炽灼残渣　取本品 1.0g，依法检查(附录Ⅷ N)，遗留残渣不得过 0.1%。

重金属　取炽灼残渣项下遗留的残渣，依法检查(附录Ⅷ H 第二法)，含重金属不得过百万分之二十。

【含量测定】照高效液相色谱法(附录Ⅴ D)测定。

色谱条件与系统适用性试验　用十八烷基硅烷键合硅胶为填充剂(色谱柱规格为 4.6mm×33mm，粒度 3μm 或性能相当)；以乙腈-0.1%磷酸溶液(50：50)为流动相 A，0.1%磷酸的乙腈溶液为流动相 B，按下表进行梯度洗脱；流速为 3.0mL/min；检测波长为 238nm。取辛伐他汀对照品 20mg，置 50mL 容量瓶中，加 0.2mol/L 氢氧化钠溶液-乙腈(1：1)的混合溶液 5mL，振摇使溶解，放置 5min，加稀盐酸中和后，用有关物质项下的溶剂稀释至刻度，得到含开环降解物的辛伐他汀酸溶液；取洛伐他汀对照品与辛伐他汀对照品各约 2mg，置同一 100mL 容量瓶中，加入辛伐他汀酸溶液 5mL，用溶剂溶解并稀释至刻度，摇匀，作为系统适用性试验溶液，取 10μL 注入液相色谱仪，记录色谱图，辛伐他汀酸峰与洛伐他汀峰之间的分离度应符合要求，洛伐他汀峰与辛伐他汀峰之间的分离度应大于 4.0，理论板数按辛伐他汀峰计算不低于 2000。

时间/min	流动相 A/%	流动相 B/%
0	100	0
4.5	100	0
4.6	95	5
8.0	25	75
11.5	25	75
11.6	100	0
13	100	0

测定方法　取本品约 40mg，精密称定，置 100mL 容量瓶中，加溶剂溶解并稀释至刻度，摇匀，精密量取 10μL 注入液相色谱仪，记录色谱图；另取辛伐他汀对照品，同法测定。按外标法以峰面积计算，即得。

【类别】降血脂药。

【储藏】密封、充氮、阴凉处保存。

【制剂】(1) 辛伐他汀片;(2) 辛伐他汀胶囊。

2. 药品局(部)颁药品标准

除《中国药典》外,局(部)颁药品标准也是我国国家标准。部颁标准是由卫生部批准并颁布,局颁标准是由国家食品药品监督管理总局批准颁布。

3. 各国药典简介

进出口药品检验、国外药品仿制品检验时,可供参考的国外药典有《美国药典》与《美国国家处方集》、《英国药典》、《日本药局方》、《欧洲药典》、《国际药典》。

1)《美国药典》与《美国国家处方集》

《美国药典》(英文缩写 USP)与《美国国家处方集》(英文缩写 NF)是美国国家药品标准,由美国药典委员会编撰。《美国国家处方集》收载尚未在《美国药典》中记载的、确有疗效的药品和制剂,是《美国药典》的补充,两者有同样的法律效力。目前,许多国家都以《美国药典》作为药品质量检验标准,使得该药典具有一定的国际性。

《美国药典》从 1820 年开始出版,1880 年开始成为药品的法定标准。1920～1942 年每 10 年 1 版,1942～2000 年每 5 年 1 版,2002 年起每年 1 版。现行版本为 USP-NF(34-29)。

《美国药典》由凡例、正文、附录和索引四部分构成。

凡例分为 19 项,依次为:书名、法定名称与法定品种、相对原子质量和化学式、缩略语、有效数字与允许偏差、附录、药典论坛、增补本、试剂标准、参照试剂、USP 参比标准品、效价单位、试剂成分与工艺、检查和含量、处方和配方、保存、包装、储藏和标签、植物和动物药、质量和度量以及浓度。

原料药标准组成为:英文名、结构式、分子式、相对分子质量、化学名与 CA 登记号、含量限度、包装和储藏、USP 参考标准、鉴别、物理常数、检查、含量测定等。制剂标准组成为:英文名、含量限度、包装和储藏、USP 参考标准、鉴别、检查、含量测定等。

附录列出检查和检定的一般方法、要求和所用仪器。例如,微生物试验和含量测定、生物试验和含量测定、化学试验和含量测定、物理试验和测定等一般信息。

以《美国药典》[USP-NF(34-29)版]二部辛伐他汀的质量标准为例,译文示例如下:

Simvastatin

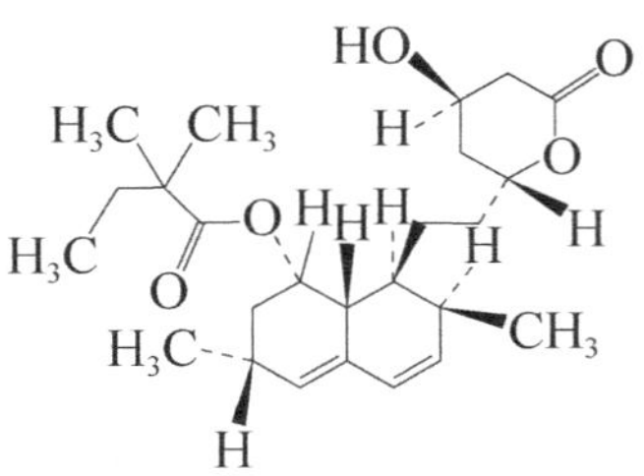

$C_{25}H_{38}O_5$　418.57

本品为 1*S*-[1α,3α,7β,8β(2*S**,4*S**)8αβ]-1,2,3,7,8,8α-六氢-3,7-二甲基-8-[2-(四氢-4-羟基-6-氧代-2*H*-吡喃-2-基)乙基]-1-萘基-2,2-二甲基丁酸酯;或称为(1*S*,2*S*,6*S*,8*S*,8a*R*)-1,2,6,7,8,8a-六氢-3,7-二甲基-8-{2-[(2*R*,4*R*)-四氢-4-羟基-6-氧代-2*H*-吡喃-2-基]乙基}-1-萘

酚 2,2-二甲基丁酸酯[79 902-63-9]。按干燥品计算,含 $C_{25}H_{38}O_5$应为 98.0%～102.0%,它还包含一些适量的抗氧化剂。

【包装及储存】在 15～30℃密封保存,或是冷藏。

《美国药典》标准品:《美国药典》洛伐他汀标准品,《美国药典》辛伐他汀标准品。

【鉴别】(1) 本品可以用红外吸收光谱鉴别。

(2) 在含量相同时测定记录溶液的色谱图,比较待检测溶液和标准制剂溶液主峰的保留时间。

比旋度　取 5mg 本品溶解在 1mL 乙腈中,测得比旋度为+285°～+298°。

干燥失重　在 60℃减压干燥 3h,减失质量不得过 0.5%。

炽灼残渣　不超过 0.1%。

重金属　不超过 0.002%。

【色谱纯度检查】定向检测流动相,稀释剂和色谱系统(注:辛伐他汀在 4℃下可以储存长达 3 天。在没有冷藏的情况下,应在制备后立即注射)。

试液　待测试液的准备。

步骤　将 5μL 待测试液注入色谱仪,记录色谱图,并测量所有区域的峰面积,将其代入公式 $100(r_i/r_s)$中计算出辛伐他汀中各杂质的百分比。其中,r_i为各杂质的峰面积和;r_s为所有的峰的面积的总和。确定的特定杂质已列出如下,报告的杂质水平为 0.05%。

名称	相对保留时间	限度/%
辛伐他汀羟基酸①	0.45	0.4
洛伐他汀衍生物②和洛伐他汀	0.60	1.0③
亚甲基辛伐他汀④	0.80	0.4
辛伐他汀	1.0	n/a
乙酰辛伐他汀⑤	2.38	0.4
脱水辛伐他汀⑥	2.42	0.4
辛伐他汀二聚体⑦	3.80	0.4
任何其他单个杂质	—	0.1
除了洛伐他汀及其衍生物的总杂质	—	1.0

① (3*R*,5*R*)-7-{(1*S*,2*S*,6*R*,8*S*,8a*R*)-8-[(2,2-二甲基丁酰基)氧基]-2,6-二甲基-1,2,6,7,8,8a-六氢萘-1-基}-3,5-二羟基庚酸。

② (1*S*,3*R*,7*S*,8*S*,8a*R*)-8-{2-[(2*R*,4*R*)-4-羟基-6-氧代四氢-2*H*-吡喃-2-基]乙基}-3,7-二甲 1,2,3,7,8,8a-六氢萘-1-基(2*R*)-2-甲基丁酸酯。

③ 目前,洛伐他汀衍生物和洛伐他汀无法通过这种方法分开,它们出现的峰都一致集中在一起。

④ (1*S*,7*S*,8*S*,8a*R*)-8-{2-[(2*R*,4*R*)-4-羟基-6-氧代四氢-2*H*-吡喃-2-基]乙基}-3,7-二甲基-1,2,3,7,8,8a-六氢萘-1-基 2,2-二甲基丁-3-丁烯酸甲酯。

⑤ (1*S*,3*R*,7*S*,8*S*,8a*R*)-8-{2-[(2*R*,4*R*)-4-(乙酰氧基)-6-氧代四氢-2*H*-吡喃-2-基]乙基}-3,7-二甲基-1,2,3,7,8,8a-六氢萘-1-基 2,2-二甲基丁酸酯。

⑥ (1*S*,3*R*,7*S*,8*S*,8a*R*)-3,7-二甲基-8-{2-[(2*R*)-6-氧基-3,6-二氢-2*H*-吡喃-2-基]乙基}-1,2,3,7,8,8a-六氢萘-1-基 2,2-二甲基丁酸酯。

⑦ (2*R*,4*R*)-2-[{(1*S*,2*S*,6*R*,8*S*,8a*R*)-8-[(2,2-二甲基丁)氧基]-2,6-二甲-1,2,6,7,8,8a-六氢萘-1-基}乙基]-6-氧代四氢-2*H*-吡喃-4-(3*R*,5*R*)-7-{(1*S*,2*S*,6*R*,8*S*,8a*R*)-8-[(2,2-二甲基丁)氧基]-2,6-二甲基-1,2,6,7,8,8a-六氢萘-1-基}-3,5-二羟基庚酸酯。

【含量测定】(注:在4℃下,辛伐他汀可以储存长达3天。在没有冷藏的情况下,应在制备后立即注射)

稀磷酸 将1mL磷酸转移到一个1L容量瓶中,并用水稀释至指定刻度。

溶液A 准备50∶50的乙腈和稀磷酸的混合溶液。

溶液B 将1mL磷酸转移到一个1L容量瓶中,并用乙腈稀释至指定刻度。

流动相 用溶液A和溶液B的混合溶液进行色谱分析,鉴于系统的实用性必要时可以调整二者比例(参见色谱系统适应性621)。

缓冲剂配制 准备1L含有1.4g磷酸二氢钾的溶液,并用磷酸调节其pH为4。

稀释剂配制 准备体积比3∶2乙腈和缓冲剂的混合液。

系统适用性准备 根据《美国药典》辛伐他汀标准品和《美国药典》洛伐他汀标准品的要求,精确称量溶解,定量稀释。如有必要,可以用已知浓度的1.5mg/mL的《美国药典》辛伐他汀标准品和0.015mg/mL的《美国药典》洛伐他汀标准品逐步配制稀释液。

标准品配制 将按《美国药典》辛伐他汀标准品的要求精密称定质量并稀释溶解到已知的浓度1.5mg/mL。

待测液配制 精密称定75mg辛伐他汀,将其转移至50mL容量瓶中,并用稀释剂溶解,稀释至指定刻度。

色谱仪器(参见色谱分析法621):包含238nm的检测器和4.6mm×33mm色谱柱的液相色谱仪。流速为3.0mL/min。色谱仪设定如下:

时间/min	溶液A/%	溶液B/%	洗脱
0～4.5	100	0	等度洗脱
4.5～4.6	100→95	0→5	线性梯度
4.6～8.0	95→25	5→75	线性梯度
8.0～11.5	25	75	等度洗脱
11.5～11.6	25→100	75→0	线性梯度
11.6～13	100	0	再平衡

色谱条件准备与实验峰值记录 洛伐他汀的相对保留时间约0.60,辛伐他汀相对保留时间约1.0;辛伐他汀和洛伐他汀之间的分离度$R>3$。标准色谱制备及记录峰值响应要求:重复进样的相对标准偏差不超过1.0%。

步骤 分别将等量(约5μL)的标准制剂及待测制剂注入色谱仪,记录色谱图,测量主峰的区域,并代入公式$VC(r_U/r_S)$计算出$C_{25}H_{38}O_5$的质量。其中,V为待测量液的体积,单位为mL;C为《美国药典》中辛伐他汀标准品的浓度,单位为mg/mL;r_U和r_S分别为待测定制剂和标准制剂中辛伐他汀峰的含量。

2)《英国药典》及《英国副药典》

《英国药典》(英文缩写BP)与《英国副药典》(英文缩写BPC)均是英国国家药品标准,由英国药典委员会编撰。

《英国药典》于1894年出第一版,目前每5年出一新版,现行版为2011版。它包含3375个在药物使用中应用到的物质、制剂和物品的标准,分为六卷,一至二卷均有凡例和正文,正文品种主要为原料药。第三卷为药物制剂等。第四卷为草药,包括草药制剂和草药产品、顺势疗法制剂生产中所使用的物质、血液制品、免疫制品、放射药物制剂外科物质。第五卷为红外光谱、附录、增补内容和索引。第六卷正文为兽药的原料、制剂和疫苗。

《英国药典》凡例的内容分为三个部分：第一部分说明了欧洲药典品种（包括BP中所载入的欧洲药典品种）的标记。第二部分为适用于BP正文和附录的共同要求，如法定标准、标准的表示、温度、砝码和测定、恒量、浓度表示、水浴、试剂、指示剂、溶解度、鉴别、检查和检定。第三部分为《欧洲药典》的凡例，如检查和检定项下内容，包括计算、限量、杂质限量的表示、植物药和当量。

《英国药典》正文的原料药标准包括：药物英文名、结构式、分子式和相对分子质量、CA登记号、化学名称、作用和用途、含量限度、性状、鉴别、检查、含量测定、储藏，最后列出杂质的结构式和名称；制剂标准包括英文名、含量限度、性状、鉴别、检查、含量测定、储藏、制剂类别。

附录列出了检查和检定的一般方法和要求。共分24类，其中，第二类为光谱法，含紫外-可见分光光度法、红外和近红外光谱法、荧光分光光度法、X射线荧光光谱法和质谱法；第三类为色谱法，含TLC法、PC法、GC法、HPLC法、排阻色谱法和电泳法。

3）《日本药局方》及《日本药局方解说书》

《日本药局方》（英文缩写JP）是由日本官方颁布的具有法律效力的药典。《日本药局方》1892年出版第一版，目前版本为JP16，由一部和二部构成。一部包括通则、制剂总则、一般试验法和各医药品。二部包括通则、生药制剂、制剂总则、一般试验法和各医药品、相对原子质量表、附录和索引。第一部和第二部均有红外光谱附图。

原料药标准的组成为：日文名、英文名、结构式、分子式和相对分子质量、性状、鉴别、检查、含量测定和储藏方法，少数列出有效期。制剂标准的组成为：日文名、英文名、含量限度、制法、性状、鉴别、检查、含量测定和储藏方法。

4）《欧洲药典》

《欧洲药典》（英文缩写Ph Eur）自1980年开始出版，分为两部。目前为第七版，于2010年7月出版发行。自2011年1月起，在欧洲药典成员国，包括欧盟国家，开始执行第七版并取代第六版。《欧洲药典》有英文版与法文版，英语与法语是欧洲委员会的官方语言。《欧洲药典》有印刷版、USB闪存版和在线版。

《欧洲药典》包括两个基本卷，基本组成有凡例、通用分析方法（包括一般鉴别试验、一般检查方法、常用物理、化学测定方法、常用含量测定方法、生物检查和生物分析、生药学方法）、容器和材料、试剂、正文和索引等。其正文品种的内容包括：品名、分子结构式、CA登录号、化学名称及含量限度、性状、鉴别、检查、含量测定、储藏、可能的杂质结构等。

5）《国际药典》

《国际药典》（英文缩写Ph Int）是由世界卫生组织编纂颁布的药品质量标准，旨在为所选药品、辅料和剂型的质量标准达成一个全球范围的统一的标准性文献。其采用的信息是综合了各国实践经验并广泛协商后整理出的。

1950年，第三届世界卫生大会正式批准了《国际药典》第一版的出版，1967年和1975年分别出版了第二、三版。2006年发布了《国际药典》第四版，2008年对其进行第一次增补，2011年又对其进行了第二次增补。分为英文版、法文版和西班牙文版。

《国际药典》收载原料药、辅料和制剂的质量标准及其检验方法，供世界卫生组织成员国参考和应用。被各国广泛使用的药品都注明了优先级。高优先级表示对世界卫生组织卫生计划很重要的药品，并且很可能在其他药典中没有出现。

1.4　样品的采集与处理

任何样品在分析前都要从大量分析对象中取少量样品进行分析，正确采集样品对保证分析结果的可靠性具有重要意义，而采集的样品多数不能直接测定，需对样品进行处理。

1.4.1　样品的采集

1. 样品采集的原则

样品采集是指从整批被检总体中抽取一部分有代表性的样品，供分析使用。为使少量供试品的组成、理化性质和含量能代表整个分析对象，样品采集时应充分注意样品的科学性、真实性和代表性。同时，采集的设备和容器应按规定洁净，不得对样品造成污染。

2. 取样工具

原料药的取样工具：①对于粉末状固体原料药和半固体原料药，一般使用一侧开槽、前端尖锐的不锈钢抽样棒取样，某些情况下也可使用瓷质或不锈钢质药匙。②低黏度液体原料药的取样工具为吸管、烧杯、勺子、漏斗等；腐蚀性或者毒性液体原料药取样时需用吸管辅助器；高黏度液体原料药可用玻璃棒蘸取。

制剂的取样工具：制剂抽样一般以完整最小包装单位为取样对象，因此不需特殊抽样工具。特殊情况下需拆开最小包装取样的，应使用适合于所抽样品剂型的抽样工具，并不得对药品产生污染。

3. 样品种类及采集方式

药品按聚集状态，有液体和固体样品；按待测组分在样品中的分布情况，有分布均匀的样品和分布不均匀的样品。对于不同的样品应选择不同的采样方法。

1）液体样品采集方法

一般液体样品比固体样品容易混合均匀，取样比较简单，也容易获得均匀样品。若液体样品分装于小容器内，应从各容器取样并混合后供分析用；若装在大容器内，应从容器的不同部位取样并混合均匀后供分析用；若在容器底部有沉淀，则应彻底搅匀，使沉淀均匀分布后再从不同部位取样，混合均匀后供分析用；若样品为混悬液和黏度大的液体，则样品的均匀性一般较差，可用吸管分层取样，混匀后供分析用。

2）固体样品的采集方法

（1）固体原辅料药的取样。在药品生产中，每一批号的原辅料一般有几件、几十件甚至更多，要采集到具有代表性的样品，可用采样器在各件的上、中、下三层及周围间隔相等的部位取样若干，将所采集的样品彻底混匀，再按“四分法”获得所需供试品。所谓“四分法”是将混匀的样品摊成正方体或圆锥形，再压成圆饼状，依对角线划“×”字或对圆饼划“＋”字，使其成为四等分，取用对角两份，再重复上述操作，反复数次至最后剩余的量足够完成试验留样数（不少于试验所需用的 3 倍量，即三分之一供检验，三分之一供复核，其余三分之一留样保存）为止。从同批原辅料中采集供试品的原则是：总件数 $n\leqslant 3$ 时，每件取样；$n\leqslant 300$ 时，按 $\sqrt{n}+1$ 取样；$n>300$ 时，按 $\frac{\sqrt{n}}{2}+1$ 取样。

(2) 固体药物制剂的取样。固体药物制剂包括片剂、胶囊剂、颗粒剂、注射用无菌粉末等，可根据药典或药品质量标准相关规定取样。片剂一般随机取 10～20 片，精密称定总质量(糖衣片先除包衣)，求平均片重，研细，精密称取适量，作为供试品。胶囊剂一般随机取 20 粒，精密称取总质量后，倾出内容物；硬胶囊用小刷拭净，软胶囊用乙醚等易挥发溶剂洗净，至通风处使溶剂自然挥干，再精密称定囊壳总质量，求出平均装量，精密称取混合均匀的内容物适量，作为供试品。颗粒剂或散剂一般随机取 10～20 包(瓶)，除去包装，精密称定总质量，求出平均装量，研细，精密称取混合均匀的内容物适量，作为供试品。注射用无菌粉末一般取 5 瓶(支)，除去标签、铝盖，容器外壁用乙醇洗净，干燥，精密称定，倾出内容物，容器用水、乙醇洗净，在适宜条件下干燥后，精密称定容器的质量，求出平均装量，精密称取混合均匀的内容物适量，作为供试品。

4. 样品的保存

采集的样品一般应立即进行分析，否则应妥善保存，以防在放置过程中受温度、湿度、光照、氧化等影响而发生理化性质的改变。样品保存时间取决于样品本身的性质、保存条件和检测项目，因此，应根据样品情况通过试验确定合适的保存方法。常见的方法有以下几种：

(1) 常温保存。常温下较稳定的样品可采用常温保存，样品采集后置于洁净的具塞(盖)容器中保存，必要时用封口膜封口，易吸潮的样品置于干燥器中保存，需避光的样品应避光保存，并注意容器材料不得影响样品的理化性质。

(2) 低温保存。热稳定性差或易变质的样品可采用低温保存，样品采集后置于干燥洁净的具塞(盖)容器中，冷藏或冷冻保存。

(3) 化学保存。在采集的样品中加入适量抗氧剂、防腐剂、酸碱调节剂等，以防有关化学反应发生。

1.4.2　样品的处理

随着医药工业和医疗卫生事业的快速发展，药物分析技术的应用领域不断扩展，待分析样品的种类和来源趋于多元化、复杂化，已涵盖化学药品、中药制剂、生物与生化药品等多种类型，并由单纯的原料药及其制剂的定量分析扩展到生物体内微量药物的分析。分析样品的不断变化，大大增加了干扰物质的种类与数量，对分析方法提出了更高的技术要求，同时也增加了定量分析的难度。要满足各类样品分析的技术要求，除不断探索新的高专属性和高灵敏性的分析技术外，加强对分析样品前处理方法和技术的研究同样具有重要意义。

分析样品前处理是使待测物质能够纯化或转化为适宜测定形式的技术处理过程，以减少干扰，提高样品定量分析的灵敏度、专属性和准确性，是药物分析的重要组成部分。本节将对两类样品的前处理方法和技术进行简要介绍。

1. 药物结构

含有卤素(F，Cl，Br，I)、金属元素(Ca，Tb，Fe，Mg，Zn，K，Pt，Sn，Bi 等)及 As，P，S 等元素的有机药物，其鉴别、检查及含量测定应根据这些元素与有机药物之间的相互关系以及药物的性质等确定，判断样品是否需要前处理及确定前处理的方法。

(1) 含金属元素的有机药物。金属元素与有机药物之间的关系有两种情况：一是金属原子不直接与碳原子相连，通常为有机酸及酚的金属盐或配位化合物，如葡萄糖酸钙、乳酸钙等；

二是有机金属药物，金属原子直接与碳原子以共价键相连，结合比较牢固，如葡萄糖酸锑钠。对于金属原子不直接与碳原子相连的药物，如有机结构部分不干扰测定，则可在溶液中直接进行金属元素的鉴别或含量测定，如乳酸钙的分析。而有机金属药物在溶液中一般不能解离成离子态，因此应根据其共价键稳固的程度，采用适当的前处理方法，将金属原子转变为适于分析的状态后，再进行鉴别及含量测定。

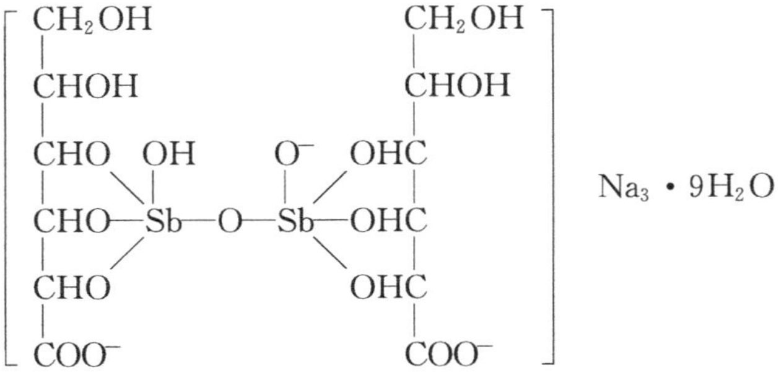

葡萄糖酸锑钠

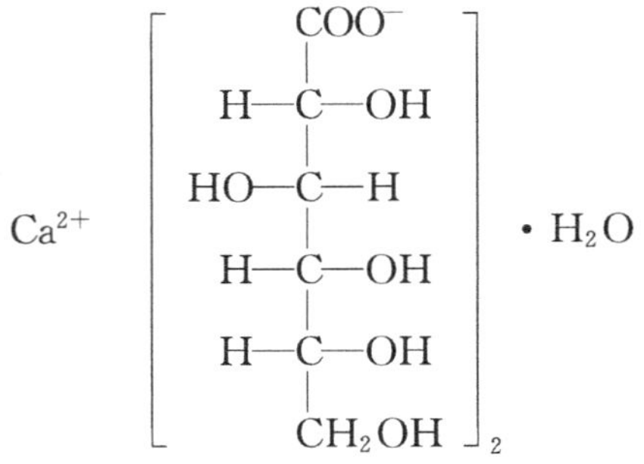

葡萄糖酸钙

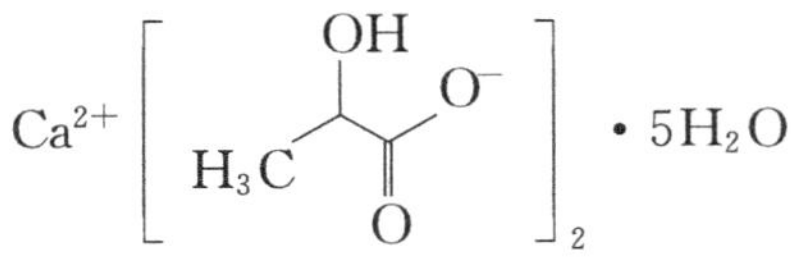

乳酸钙

(2) 含卤素的有机药物。含卤素的有机药物是指药物分子结构中所含卤素直接与芳环或脂肪链相连，而不包括某些有机药物的卤酸盐或氢卤酸盐。此类药物有三氯叔丁醇、水合氯醛、泛影酸、盐酸胺碘酮、氧氟沙星、氯烯雌醚等，本类药物的分析主要基于分子中所含的卤素，同时也可利用其他官能团的性质进行。在含卤素的有机药物中，卤素原子一般以共价键与有机碳链或芳环相连，因此在分析之前，一般需经适当的处理，将有机卤素原子转变为卤素离子，利用卤素离子的一般鉴别反应对其进行鉴别，或采用银量法、碘量法等适宜方法进行含量测定。

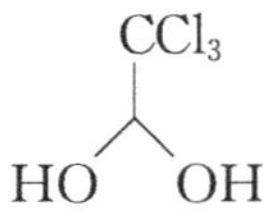

水合氯醛

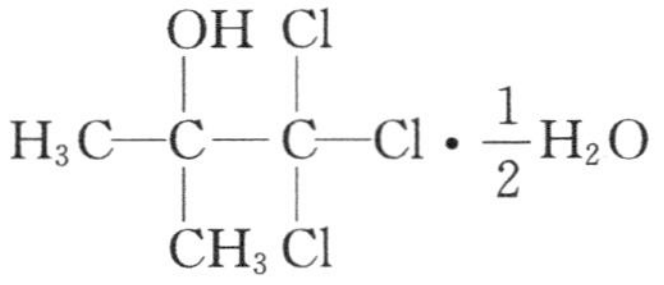

三氯叔丁醇

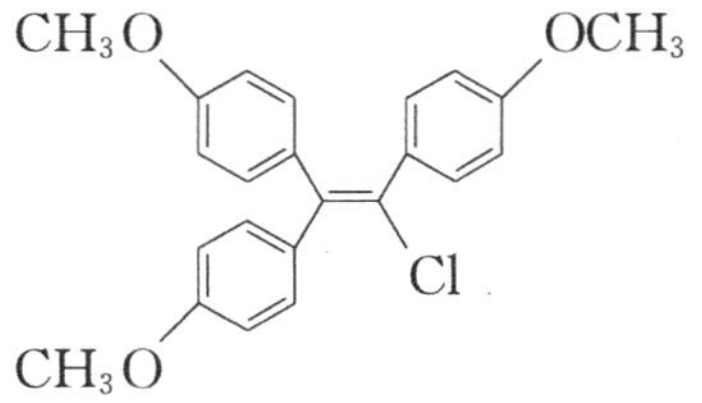

氯烯雌醚

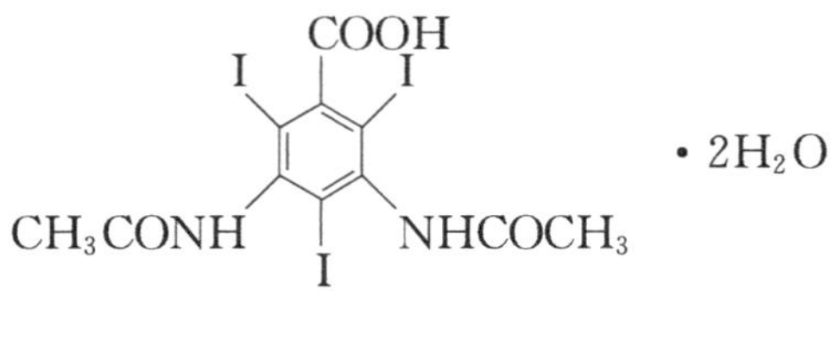

泛影酸

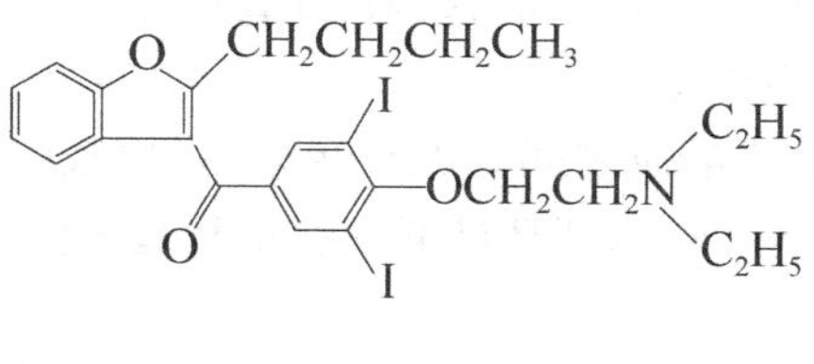

盐酸胺碘酮

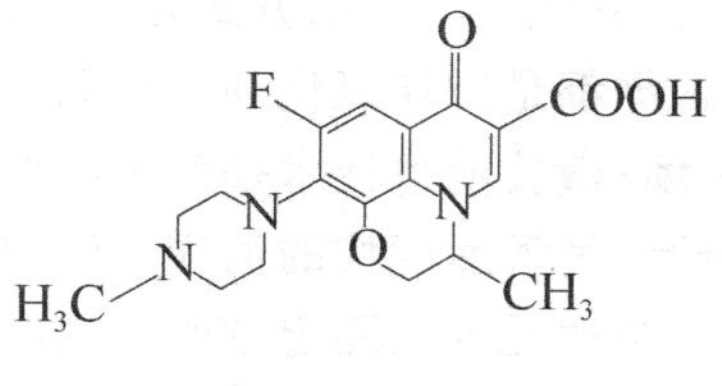

氧氟沙星

2. 分析方法

1) 含金属有机药物的分析

(1) 不经有机破坏的分析方法。

直接测定方法:适用于金属原子不直接与碳原子相连的含金属有机药物或某些 C—M 键结合不牢固的有机金属药物。例如,富马酸亚铁的测定,富马酸亚铁在水中几乎不溶而能溶于热稀矿酸,同时分解释放出亚铁离子,可选用硫酸铈滴定液进行滴定,指示剂邻二氮菲与亚铁离子形成红色配位化合物,遇微过量氧化剂(硫酸铈)被氧化生成浅蓝色高铁离子配合化合物指示终点。此时所生成的富马酸没有干扰。

水解后测定方法:例如,《中国药典》收载的硬脂酸镁,与定量硫酸液共沸、水解生成硬脂酸和硫酸镁,剩余的酸用氢氧化钠液滴定。

$$Mg(C_{17}H_{35}COO)_2 + H_2SO_4 \xrightarrow{\triangle} MgSO_4 + 2C_{17}H_{35}COOH$$
$$H_2SO_4 + 2NaOH \longrightarrow Na_2SO_4 + 2H_2O$$

测定方法:取本品约 0.1g,精密称定,精密加硫酸滴定液(0.05mol/L)50mL,煮沸至油层澄清,继续加热 10min,放冷至室温,加甲基橙指示液 1～2 滴,用氢氧化钠滴定液(0.1mol/L)滴定。1mL 硫酸滴定液(0.05mol/L)相当于 2.016mg MgO。

氧化还原后测定方法:卤素结合于芳环上时,由于分子中卤素与碳原子的结合较牢固,需在碱性溶液中加还原剂(如锌粉)回流,使碳-卤键断裂,形成无机卤化物后测定。例如,碘番酸在乙酸酸性条件下用锌粉还原,使碳-碘键断裂,形成无机碘化物后用银量法测定。

(2) 经有机破坏的分析方法,适用于金属原子与碳原子结合牢固的有机金属药物。

湿法破坏:根据所用试剂的不同,湿法破坏可分为以下几种。

硝酸-高氯酸法:本法破坏能力强,反应比较剧烈。因此进行破坏时,必须密切注意勿将容器中的内容物蒸干,以免发生爆炸。本法适用于血、尿、组织等生物样品的破坏。经本法破坏后,所得的无机金属离子一般为高价态。本法对含氮杂环药物的破坏不够完全,此时宜选用干法灼烧进行破坏。

硝酸-硫酸法:本法适用于大多数有机物质的破坏,破坏分解所得的无机金属离子均为高价态。碱土金属可与硫酸形成不溶性的硫酸盐,将吸附被测定的金属离子,使测定结果偏低。所以本法不适用于含碱土金属有机药物的破坏,可改用硝酸-高氯酸法进行破坏。

硫酸-硫酸盐法:样品中加入浓硫酸作氧化剂,以硫酸盐提高硫酸的沸点,增强硫酸的氧化破坏能力,且防止硫酸的分解损失。本法常用于含砷或锑有机药物的破坏,破坏得到的无机金属离子多为低价态。因在有机物破坏时须经碳化过程,最后得到低价态的三价砷或锑离子。用本法破坏低碳化合物时,宜添加适量的淀粉等多碳化合物,以保证在破坏过程中,经碳化将金属离子都转变为低价态。

除以上三种试剂组合的方式外，还有硝酸-硫酸-高氯酸法、硫酸-过氧化氢法、硫酸-高锰酸钾法等，其根据都是增加氧化剂，破坏后金属呈高价态。

微波消解：微波消解技术是基于红外线和无线电波之间的电磁辐射，物质吸收微波能后，温度迅速升高、消解速度快的消样方法，具有快速、简单、消耗试剂少和不易造成样品污染等特点，在药物中金属元素的测定方面应用广泛。

干法破坏：适用于湿法不易破坏完全的有机物及某些不能用硫酸进行破坏的有机药物。不适用于含易挥发性金属（如汞、砷等）有机药物的破坏。使用本法时应注意：加热或灼烧时，应控制温度在 420℃以下，防止被测化合物挥发。经本法破坏后，所得灰分往往不易溶解，但不要轻易弃去。

2）含卤素有机药物的分析

（1）直接回流后测定方法。本法是将含卤素有机药物溶于适当溶剂（如乙醇）中，加入氢氧化钠溶液（或一定量过量的硝酸银滴定液）后，加热回流使其水解，将有机结合的卤素转变为无机卤素离子，然后采用银量法（Volhard 法）测定。本法适用于含卤素有机药物结构中卤素原子结合不牢固的药物（如卤原子和脂肪碳原子相连）。

（2）碱性或酸性还原后测定方法。本法是将含卤素有机药物在碱性或酸性下，加还原剂（如锌粉）加热回流，药物产生还原裂解反应，使有机结合的卤素转变为无机卤素离子，然后采用银量法测定。本法适用于测定结构中碘与苯环直接相连，且一个苯环上含多个碘原子的含卤素有机药物。

碱性还原后测定方法：例如，泛影酸的测定：取本品约 0.4g，精密称定，加氢氧化钠溶液 30mL 与锌粉 1.0g，加热回流 30min，放冷，冷凝管用少量水洗涤，滤过，烧瓶与滤器用水洗涤 3 次，每次 15mL，洗液与滤液合并，加冰醋酸 5mL 与曙红钠指示液 5 滴，用硝酸银滴定液（0.1mol/L）滴定。

酸性还原后测定方法：例如，碘番酸的测定：取本品的干燥品约 0.4g，精密称定，加锌粉 1g 及冰醋酸 10mL，加热回流 30min，放冷，冷凝管用水 30mL 洗涤，用脱脂棉过滤，烧瓶与脱脂棉用水洗涤 2 次，每次 20mL，洗液与滤液合并，加四溴酚酞乙酯指示液 1mL，用硝酸银滴定液（0.1mol/L）滴定。终点时黄色沉淀变为绿色。

（3）氧瓶燃烧法。将有机药物放入充满氧气的密闭燃烧瓶中进行燃烧，并将燃烧所产生的欲测物质吸收于适当的吸收液中，然后根据欲测物质的性质，采用合适的分析方法进行鉴别、检查或含量测定。该法适用于含卤素、硫、氮等有机药物的分析。本法简便、快速、破坏完全，尤其适用于微量样品的分析。

仪器与材料：燃烧瓶为 500mL，1000mL 或 2000mL 无色、磨口、厚壁、硬质玻璃锥形瓶；瓶塞空心，底部熔封铂丝一根，下端呈螺旋状或网状，长度约为瓶身长度的 2/3，如图 1-1(a)所示。固体样品与液体样品分别用无灰滤纸及纸袋称量；软膏类样品置不含被测成分的蜡油纸中包裹严密，外层再用无灰滤纸包裹称量。样品的包装操作如图 1-1(b)～(f)所示。

操作方法：用洗液洗净后，按各药品项下的规定加入吸收液，将瓶口用水湿润，小心快速地通入氧气 1min，立即用表面皿覆盖瓶口。取样品适量，精密称定后按规定方法包裹，固定于铂丝下端的网内或螺旋处。点燃包有供试品的滤纸尾部，迅速放入燃烧瓶中，按紧瓶塞，加水少量封闭瓶口，待燃烧完毕（应无黑色碎片），充分振摇，使生成的烟雾完全吸入吸收液中，放置 15min，用少量水冲洗瓶塞及铂丝，合并洗液及吸收液。同法另做空白试验。然后按各药品项下规定的方法进行鉴别、检查或含量测定。

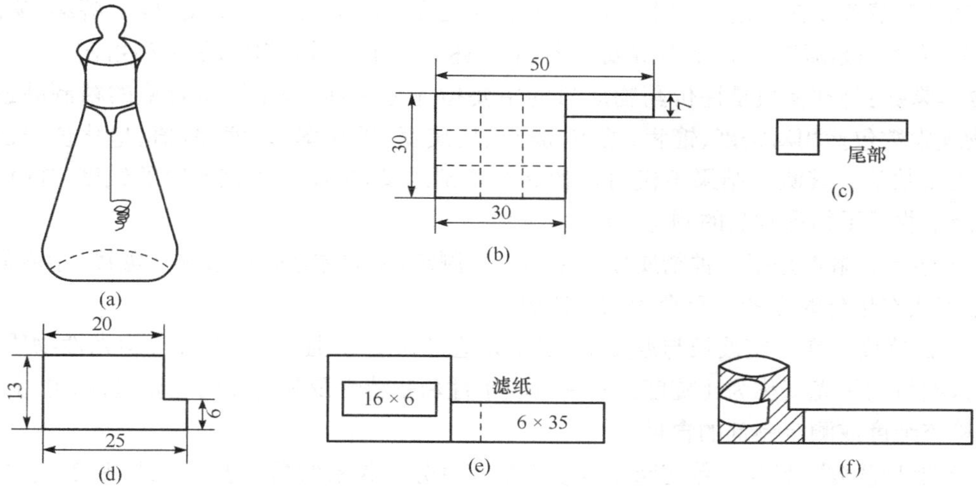

图 1-1　氧瓶燃烧装置(a)与样品包装操作(b)～(f)(单位:mm)

吸收液的选择:吸收液可使样品经燃烧分解所产生的各种价态的卤素定量地被吸收并转变为一定的便于测定的价态,以适应所选择的分析方法。根据被测物质的种类及所用分析方法来选择适合的吸收液。常用的吸收液如表 1-1 所示。

表 1-1　氧瓶燃烧法常用吸收液

样品	吸收液
含氟有机药物(10～20mg)	水 20mL
含氯有机药物(10～20mg)	NaOH 液(1mol/L)20mL
含溴有机药物(10～20mg)	H_2O_2(30%)20mL-NaOH(0.05mol/L)1∶40
	NaOH 液(1mol/L)20mL+硫酸肼饱和溶液 0.3mL
含碘有机药物(10～20mg)	NaOH 液(1mol/L)20mL+硫酸肼饱和溶液 0.3mL
含硫有机药物(10～20mg)	浓 H_2O_2-水 20mL

1.5　药物的鉴别试验

药物的鉴别试验用于鉴别药物的真伪,在药物分析中属首项工作。质量标准鉴别项下的试验方法仅适用于储藏在有标签容器中的药物,是证实该药物应具备的必要条件,而非充分条件,因此鉴别是判断已知药物的真伪,不能赖以鉴别未知物。原料药的鉴别还应结合性状项下的外观和物理常数作为补充。

1.5.1　鉴别项目

1. 性状

药物的性状是药物特有的物理性质的反映,一般包括外观、溶解度及物理常数等。

外观:外观指药品的外表感观和色泽,包括药品的聚集状态、晶形、色泽以及臭、味等性质。

溶解度:溶解度在一定程度上反映了药品的纯度。《中国药典》采用"极易溶解、易溶、溶解、略溶、微溶、极微溶解、几乎不溶或不溶"来描述药品在不同溶剂中的溶解性能。

物理常数:物理常数是评价药物质量的主要指标之一,应采用质量合格的精制品进行测定。物理常数包括相对密度、馏程、熔点、凝点、比旋度、折光率、黏度、酸值、皂化值、羟值、碘值、吸收系数等。其测定结果不仅对药物具有鉴别意义,也反映了该药物的纯度,在《中国药典》附录中收载了物理常数的测定方法。

(1) 熔点。熔点是指一种物质按规定的方法测定,由固体熔化成液体的温度,熔融同时分解的温度或在熔化时自初熔至全熔的一段温度。

(2) 比旋度。在一定波长与温度下,偏振光透过长 1dm 且 1mL 中含有旋光性物质 1g 的溶液时,测得的旋光度称为比旋度。它是反映手性药物特性及其纯度的主要指标,可用于区别药品、检查纯度或测定制剂的含量。

(3) 吸收系数。吸收系数有摩尔吸收系数和百分吸收系数两种表示方式,后者是《中国药典》收载的方法。百分吸收系数是指在一定波长下,溶液浓度为 1%(W/V),厚度为 1cm 时的吸光度,用 $E_{1cm}^{1\%}$ 表示,它是吸光物质的重要物理常数,不仅用于判断原料药的质量,也作为药物制剂采用紫外-可见分光光度法测定含量时的依据。

2. 一般鉴别试验

一般鉴别试验是以药物的化学结构及其理化性质为依据,通过化学反应鉴别药物的真伪。一般鉴别试验仅供确认药物质量标准中单一的化学药物,若为多种化学药物的混合物或有干扰物质存在时,除另有规定外,应不适用。

无机药物根据其组成的阴离子和阳离子的特殊反应来鉴别药物的真伪。对有机药物,大多采用典型的官能团反应。《中国药典》(2010 年版)附录项下的一般鉴别试验所包括的项目有:丙二酰脲类、托烷生物碱类、芳香第一胺类、有机氟化物、无机金属盐类、有机酸盐(水杨酸盐、枸橼酸盐、乳酸盐、苯甲酸盐、酒石酸盐)、无机酸盐(亚硫酸盐或亚硫酸氢盐、硫酸盐、硝酸盐、硼酸盐、碳酸盐与碳酸氢盐、乙酸盐、磷酸盐、氯化物、溴化物、碘化物)。本节以几种典型的无机离子及有机官能团为例,阐明鉴别试验原理。

1) 有机氟化物

原理:有机氟化物经氧瓶燃烧法破坏,被碱性溶液吸收成为无机氟化物后,与茜素氟蓝、硝酸亚铈形成蓝紫色络合物。

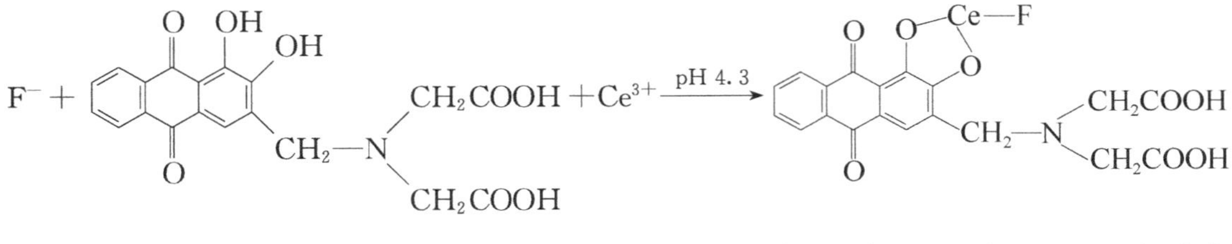

鉴别方法:取供试品约 7mg,照氧瓶燃烧法进行有机破坏,以水 20mL 与 0.01mol/L 氢氧化钠溶液 6.5mL 为吸收液,待燃烧完全后,充分振摇;取吸收液 2mL,加茜素氟蓝试液 0.5mL,再加 12%乙酸钠的稀乙酸溶液 0.2mL,用水稀释至 4mL,加硝酸亚铈试液 0.5mL,即显蓝紫色;同时做空白对照试验。

2）有机酸盐

（1）水杨酸盐。

鉴别方法 1：取供试品的稀溶液，加三氯化铁试液 1 滴，即显紫色。

本品在中性或弱酸性条件下，与三氯化铁生成配合物，在中性时呈红色，在弱酸性时呈紫色；若在强酸性中，配合物分解生成游离水杨酸。本反应极为灵敏，只需取稀溶液进行试验，如取用量大，生成的配合物颜色过深时，可加水稀释后观察。

鉴别方法 2：取供试品溶液，加稀盐酸，即析出白色水杨酸沉淀，分离，沉淀在乙酸铵试液中溶解。

水杨酸不溶于水，因此供试液加酸即析出游离水杨酸。由于水杨酸的酸性（$K_a=1.06\times10^{-3}$，25℃）大于乙酸（$K_a=1.85\times10^{-5}$，25℃），故能与乙酸铵作用释放出乙酸，而本身形成铵盐溶解。析出的水杨酸也可经冷水洗涤，干燥后测定熔点（158～161℃）。

（2）酒石酸盐。

原理：

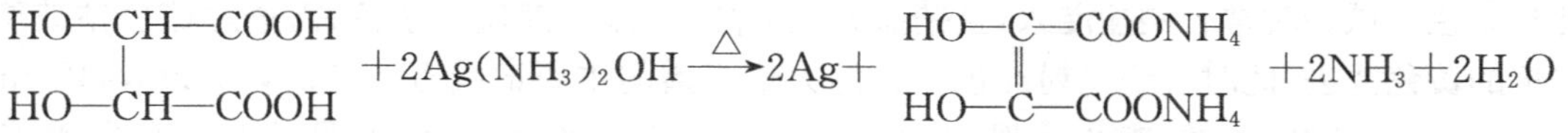

鉴别方法：取供试品的中性溶液，置洁净的试管中，加氨制硝酸银试液数滴，置水浴中加热，银即游离并附在试管内壁，形成银镜。

3）芳香第一胺类

原理：

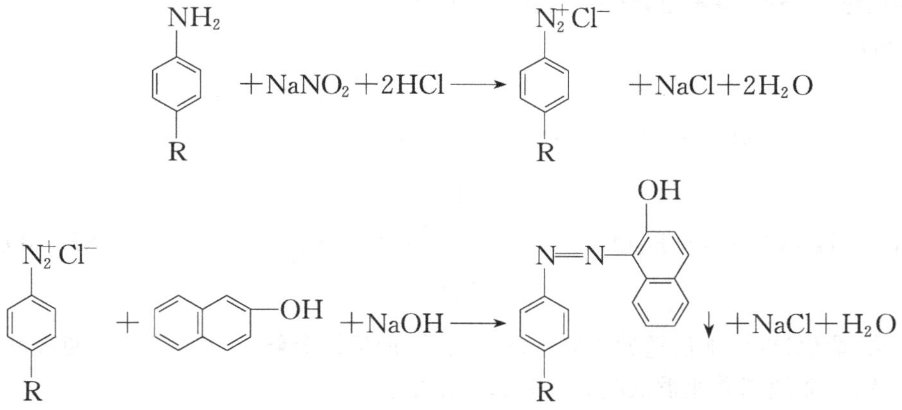

鉴别方法：取供试品约 50mg，加稀盐酸 1mL，必要时缓缓煮沸使溶解，放冷，加 0.1mol/L 亚硝酸钠溶液数滴，滴加碱性 β-萘酚试液数滴，视供试液不同，生成由橙黄到猩红色沉淀。

4）托烷生物碱类

原理：托烷生物碱类均具有莨菪碱结构，可发生 Vitali 反应，水解后生成莨菪酸，经发烟硝酸加热处理，转变为三硝基衍生物，再与氢氧化钾醇溶液作用，转变成醌型产物而显深紫色。后马托品水解产物没有莨菪酸，不能发生此反应，可以区别二者。

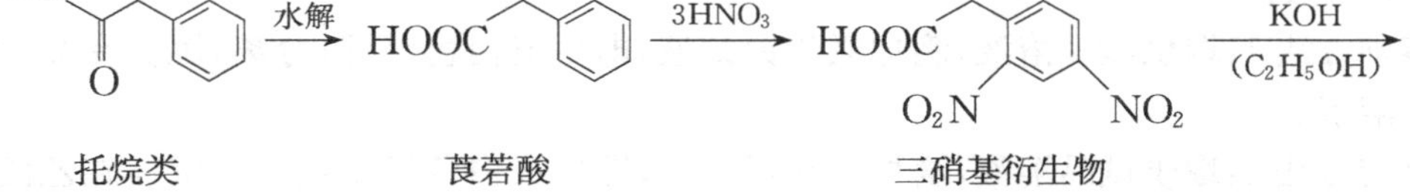

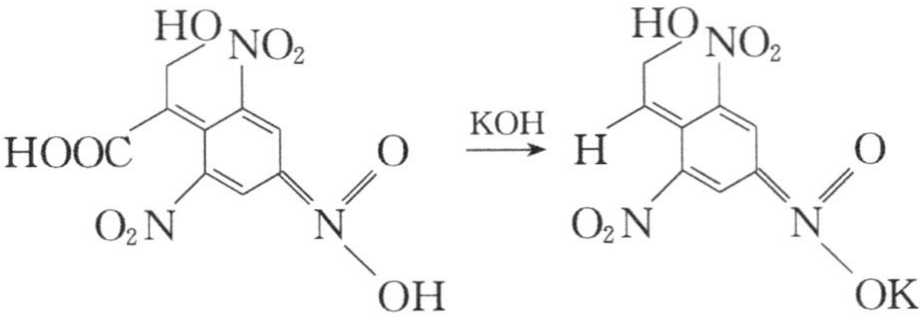

深紫色

鉴别方法:取供试品约 10mg,加发烟硝酸 5 滴,置水浴上蒸干,得黄色的残渣,放冷,加乙醇 2～3 滴润湿,加固体氢氧化钾一小粒,即显深紫色。

5) 无机金属盐类

(1) 钠盐、钾盐、钙盐、钡盐的焰色反应。

原理:钠的火焰光谱在可见光区,主要谱线有 589.0nm,589.6nm,因此其燃烧火焰显黄色。钾的火焰光谱的主要谱线有 766.49nm,769.90nm 等,人眼在此波长附近敏感度较差,因此显紫色。试验时常有钠盐混入,且钠盐灵敏度高,遮盖了钾盐的紫色,需透过蓝色钴玻璃将钠焰的黄色滤去,此时火焰显粉红色。钙的火焰光谱的主要谱线有 622nm,554nm,442nm 与 602nm,其中 622nm 的谱线最强,显砖红色。钡的火焰光谱在可见光区,主要谱线有 533.56nm,513nm,488nm,其中以 533.56nm 波长的谱线最强,因此钡盐的燃烧火焰显黄绿色。

鉴别方法:取铂丝,用盐酸润湿后,蘸取供试品,在无色火焰中燃烧,火焰呈各种特征颜色。钠离子显鲜黄色,钾离子显紫色,钙离子显砖红色,用于区分。

(2) 铵盐。

原理:

$$NH_4^+ + OH^- \longrightarrow NH_3\uparrow + H_2O$$

$$4NH_3 + 2Hg_2(NO_3)_2 + H_2O \longrightarrow \left[O \begin{matrix} Hg \\ \\ Hg \end{matrix} NH_2 \right] \cdot NO_3 + 2Hg\downarrow + 3NH_4NO_3$$

鉴别方法:取供试品,加过量的氢氧化钠试液后,加热即分解,产生氨臭,能使湿润的红色石蕊试纸变蓝,并能使硝酸亚汞试液润湿的滤纸显黑色。

6) 无机酸根

(1) 氯化物。

鉴别方法 1:取供试品溶液,加稀硝酸使成酸性后,滴加硝酸银试液,即生成白色凝乳状沉淀;分离,沉淀加氨试液即溶解,再加稀硝酸酸化后,沉淀复出。若供试品为生物碱或其他有机碱的盐酸盐,须先加氨试液使成碱性,将析出的沉淀过滤除去,取滤液进行试验。

鉴别方法 2:取供试品少量,置试管中,加等量的二氧化锰,混匀,加硫酸润湿,缓缓加热,即产生氯气,能使湿润的碘化钾淀粉试纸显蓝色。

(2) 硫酸盐。

鉴别方法 1:取供试品溶液,滴加氯化钡试液,即生成白色沉淀;分离,沉淀在盐酸或硝酸中均不溶解。

鉴别方法 2:取供试品溶液,滴加乙酸铅试液,即生成白色沉淀;分离,沉淀在乙酸铵试液或氢氧化钠试液中溶解。

鉴别方法 3:取供试品溶液,加盐酸,不生成白色沉淀(与硫代硫酸盐区别)。

(3) 硝酸盐。

鉴别方法 1:取供试品溶液,置试管中,加等量的硫酸,小心混合,冷却后,沿管壁加硫酸亚铁试液,使成两液层,界面显棕色。

鉴别方法 2:取供试品溶液,加硫酸与铜丝(或铜屑),加热,即产生红棕色的蒸气。

鉴别方法 3:取供试品溶液,滴加高锰酸钾试液,紫色不褪去(与亚硝酸盐区别)。

3. 专属鉴别试验

药物的专属鉴别反应是确证某一种药物的依据,根据每一种药物化学结构的差异及其理化性质的不同,选用某些特有的灵敏定性反应来区分同类药物中的各个药物单体,达到鉴别药物真伪的目的。例如,巴比妥类药物含有丙二酰脲母核,主要区别在于 5,5 位取代基和 2 位取代基的不同:苯巴比妥含有苯环,司可巴比妥含有双键,硫喷妥钠含有硫原子,可根据这些取代基的性质,采用各自的专属反应进行鉴别。

总之,一般鉴别试验以某一类药物的共同化学结构为依据,区别不同类别的药物。专属鉴别试验则在一般鉴别试验的基础上,根据各种药物化学结构的差异,区分同类药物中的各个药物,达到最终确证药物真伪的目的。

1.5.2 鉴别试验条件

鉴别试验是以药物的理化性质产生的易于觉察的特征变化为依据。为保证鉴别试验的可靠性,凡影响鉴别试验判定结果的因素均应严格控制。也就是说,鉴别试验应该在规定条件下完成,否则鉴别试验的结果是不可信的。

1. 溶液的浓度

溶液的浓度主要指被鉴别药物的浓度及所用试剂的浓度。由于鉴别试验多采用观测沉淀、颜色或各种光学参数(λ_{max},λ_{min},A,$E_{1cm}^{1\%}$等)的变化来判定结果,而药物和有关试剂的浓度会直接影响上述各种变化,因此必须严格规定溶液的浓度。

2. 溶液的温度

温度对化学反应速率的影响较大,一般温度升高 10℃,反应速率可增加 2～4 倍。

3. 溶液的酸碱度

许多鉴别反应都需要在一定酸碱度的条件下才能进行。溶液酸碱度的作用在于使各反应物有足够的浓度处于反应活化状态,使反应生成物处于稳定和易于观测的状态。

4. 干扰成分的存在

在鉴别试验中,若药物结构中的其他官能团或药物制剂中的其他组分也可参加鉴别反应,干扰鉴别试验现象的观察,难以作出正确的判断,则应选择掩蔽、提取分离或专属性更高的鉴别反应将其分离或将其消除。

5. 试验时间

有机化合物的化学反应一般反应速率较小，达到预期试验结果需较长时间。这是因为有机化合物以共价键相结合，化学反应能否进行依赖于共价键的断裂和新价键形成的难易，这些价键的更替需要一定的反应时间和条件。同时在化学反应过程中，有时存在着许多中间阶段，甚至需加入催化剂才能启动反应。因此，鉴别反应的完成需要一定时间。

1.5.3　鉴别试验的灵敏度与专属性

1. 反应灵敏度和空白试验

在一定条件下，在尽可能稀的溶液中，观测出尽可能少的供试品，反应对这一要求所能满足的程度称为反应的灵敏度。以两个相互有关的量来表示：最低检出量（又称检出限量）和最低检出浓度。

最低检出量（以 m 表示）就是采用某一反应或方法，在一定条件下能够观测出供试品的最小量，通常用微克（μg）表示。最低检出浓度是应用某一反应或方法，在一定条件下能够观测出供试品的最低浓度，常以 1∶G 或（1∶V）表示，其中 G 和 V 分别表示含有 1g 某供试品溶液的质量（g）和体积（mL）。

最低检出量和最低检出浓度之间的关系用以下两式表示：

$$m=\frac{v}{G}\times 10^6 \qquad m=\frac{v}{V}\times 10^6$$

式中，v 为所取供试液的最小体积，mL。

在选用灵敏度较高的反应时，必须采用高纯度的试剂和非常洁净的器皿，才能保证鉴别试验结果的可靠性。为了消除试剂和器皿可能带来的影响，应同时进行空白试验以供对照。空白试验是在与供试品鉴别试验完全相同的条件下，除不加供试品外，其他试剂均同样加入而进行的试验。

反应灵敏度与分析方法、观察方式、反应条件、人的观察能力等因素有关。在实际工作中，常采用下列措施提高反应的灵敏度：①加入与水互不相溶的有机溶剂。在鉴别试验中，当生成物具有颜色且颜色很浅时，可加入少量与水互不相溶的有机溶剂，浓集有色生成物，使有机溶剂中颜色变深，易于观测。②改进观测方法。例如，将目视观测溶液的颜色改为可见分光光度法，将观测生成沉淀改为比浊度法等。

2. 专属性

鉴别反应的专属性是指在其他成分（其他药物、杂质、降解物和辅料等）共存的情况下，所采用的鉴别方法能否正确鉴别出被测物的特性。专属性试验要求能与可能的共存物或结构类似物区分，需确证含被测成分的供试品呈正反应，而不含被测成分的阴性对照呈负反应，结构类似物或组分中的有关化合物也呈负反应。由于每种鉴别方法都有一定局限性，因此鉴别试验一般都采用两种以上不同类型的方法（如化学法和仪器分析法等）相互印证。

1.5.4 鉴别方法与原理

药物的鉴别方法要求专属性强、重现性好、灵敏度高、操作简便、快速等。常用的鉴别方法有化学法、光谱法、色谱法、热分析法和生物学法。

1. 化学法

化学法必须具有反应迅速、现象明显的特点才有实用价值，至于反应是否完全则不是主要的。化学鉴别试验应明确反应原理，特别是在研究结构相似的药物时，应注意与可能存在的结构相似的化合物区别，并要进行试验验证。化学法包括测定生成物的熔点，在适当条件下产生颜色、荧光或使试剂褪色，发生沉淀反应或产生气体。

1）显色反应

供试品溶液中加入适当的试剂溶液，在一定条件下进行反应，生成易于观察的有色产物。例如，酚羟基的三氯化铁显色反应；芳伯胺的重氮化-偶合反应；肾上腺皮质激素类的四氮唑反应；氨基醇结构的双缩脲反应；氨基酸及氨基糖苷类的茚三酮反应；含羰基结构的苯肼反应等。

2）沉淀生成反应

供试品溶液中加入适当的试剂溶液，在一定条件下反应，生成不同颜色的沉淀，有些具有特殊的沉淀形状。例如，丙二酰脲类的硝酸银反应；氯化物的银盐白色沉淀反应；异烟肼的银镜反应；肾上腺皮质激素类药物生成氧化亚铜红色沉淀反应；苯甲酸盐类的三氯化铁反应；与重金属离子的沉淀反应；含氮杂环类的生物碱沉淀剂反应；磺胺类药物的铜盐反应等。

3）气体生成反应

大多数胺（铵）类药物、某些酰胺类药物和酰脲类药物经强碱处理后，加热产生氨气；结构中含硫的药物经强酸处理后，加热产生硫化氢气体；含碘有机药物经直火加热生成紫色碘蒸气；含乙酸酯和乙酰胺类药物经硫酸水解后，加乙醇可发出乙酸乙酯的香味。

4）使试剂褪色

例如，维生素C的二氯靛酚反应；氧烯洛尔的高锰酸钾反应；司可巴比妥钠的碘试液反应。

5）荧光反应

在适当的溶剂中，药物在可见光激发下发射荧光，如硫酸奎宁的稀硫酸溶液显蓝色荧光；药物与一定试剂反应后发射出荧光，如氯普噻吨与硝酸反应后用水稀释，在紫外灯下显绿色荧光；维生素 B_1 的硫色素反应等。

2. 光谱法

1）紫外光谱法

多数有机药物分子中含有能吸收紫外光的基团而显示特征吸收光谱，可作为鉴别的依据，但其用作鉴别的专属性远不如红外光谱。因此宜采用在指定溶剂中测定2～3个特定波长处的吸光度比值，以提高专属性。当一种药物多个吸收峰的峰值相差较大时，采用单一浓度不易观察到全部吸收峰，可采用两种浓度的供试液分别测定其最大吸收波长。常用的方法有：测定最大吸收波长，或同时测定最小吸收波长；规定一定浓度的供试液在最大吸收波长处的吸光度；规定吸收波长和吸收系数法；规定吸收波长和吸光度比值法；经化学处理后，测定其反应产物的吸收光谱特征。

以上方法可以单个应用，也可以几种结合使用，以提高方法的专属性。

2）红外光谱法

红外光谱法是一种专属性强、应用广的鉴别方法。鉴别组分单一、结构明确的有机原料药首选该方法。尤其适用于用其他方法不易区分的同类药物，如磺胺类、甾体激素类和半合成抗生素类药品。目前，各国药典均采用红外光谱标准图谱对照法鉴别原料药。

3）原子吸收光谱法

原子蒸气可吸收由该元素作为阴极的空心阴极灯发出的特征谱线，根据供试溶液在特征谱线处的最大吸收和特征谱线的强度减弱程度进行定性、定量分析。例如，USP 对微量元素注射液的鉴别即采用原子吸收法。微量元素注射液是由以下两种或多种化合物组成的注射用灭菌水溶液：氯化锌或硫酸锌、氯化铜或硫酸铜、氯化铬、氯化锰或硫酸锰、硒酸、碘化钠和钼酸铵。按各元素含量测定项下方法测定，在特定波长处有最大吸收。

4）核磁共振法

核磁共振（NMR）法用于各种分子物理和化学结构的研究，近年来 NMR 仪在灵敏度、分辨率、动态范围等方面不断提高，NMR 分析法在药学中的应用范围日益广泛。NMR 可检测的原子有很多，如^{1}H，^{13}C，^{15}N，^{19}F，^{23}Na，^{31}P 等。但由于大多数药物都含有质子，因此最常用的是^{1}H-NMR，其光谱中的化学位移 δ、峰面积、偶合常数、弛豫时间均是鉴定化合物结构的重要参数，而峰面积或峰高也可直接用于被测组分定量。NMR 技术已在 BP 和 USP 中用于药物的鉴别。

5）质谱法

质谱法是将被测物质离子化后，在高真空状态下按离子的质荷比（m/z）大小分离，从而确定药物结构的分析方法。质谱图通过离子谱峰及相互关系，提供与分子结构有关的信息。不同的物质，除一些异构体外，均有不同的质谱信息，因此利用这一性质可进行定性分析。如果一个中性分子丢失或得到一个电子，则分子离子的质荷比与该分子质量数相同，使用高分辨率质谱可得到离子的精确质量数，然后计算出该化合物的分子式。分子离子的各种化学键发生断裂后形成碎片离子，由此可推断其裂解方式，得到相应的结构信息。ChP2010、USP32 均收载了质谱法。质谱广泛应用于药物的定性鉴别和定量测定。

质谱法常用的鉴别方式为：用准分子离子峰确认化合物，进行二级质谱扫描，推断结构化合物断裂机制，确定碎片离子的合理性，并结合其他相关信息，推测化合物分子结构。USP 已将该方法应用于大分子多肽或蛋白类药物的鉴别。

6）X 射线粉末衍射法

X 射线是伦琴在 1895 年发现的，曾称为伦琴射线，是波长为 0.01～1nm 的电磁波。作为波，X 射线可以产生衍射，即绕过障碍物边缘向前传播的现象。一束准直的单色 X 射线照射旋转单晶或粉末晶体时，便发生衍射现象。

化合物的晶体无论是单晶还是多晶，都有其特定的 X 射线衍射图。根据衍射极大点（或线）间的距离及其相对强度可进行结晶物质的定性或定量分析。其中 X 射线粉末衍射用于结晶物质鉴别和纯度检查，X 射线单晶衍射主要用于相对分子质量和晶体结构的测定。结晶物质的鉴别可通过比较供试品与已知物质的 X 射线粉末衍射图来完成。USP32 对卡马西平、镁加铝、盐酸普罗替林、盐酸金刚乙胺等药物均采用 X 射线粉末衍射法鉴别。

3. 色谱法

常用于鉴别试验的色谱法是薄层色谱法和高效液相色谱法。在中成药和中药制剂的鉴别试验中，薄层色谱法应用较广泛，但需根据鉴别对象选定适合的对照品进行对照试验。另外，气相色谱法和纸色谱法在药品鉴别试验中也有一些应用。

1）薄层色谱法

与其他色谱方法相比，薄层色谱法具有操作简便的特点，因此广泛用于药物的鉴别和杂质检查。

薄层色谱分析包括薄层板的制备、点样、展开、显色与检视等基本步骤。鉴别时，一般采用对照品（或标准品）比较法，要求供试品斑点的位置及颜色与对照品斑点一致。可采用与供试品溶液同浓度的对照品溶液，在同一块薄层板上点样、展开与检视，供试品溶液所显主斑点的颜色（或荧光）与位置应与对照品溶液的主斑点一致，而且主斑点的大小与颜色的深浅也应大致相同。也可采用供试品溶液与对照品溶液等体积混合，应显示单一、紧密的斑点；或选用与供试品化学结构相似的药物对照品与供试品溶液的主斑点比较，两者位置应不同；或将上述两种溶液等体积混合，应显示两个清晰分离的斑点。除采用对照品比较外，中药及其制剂的鉴别还常使用对照药材进行比较。

薄层色谱法灵敏度高、专属性强。操作时应按各品种项下要求对检测方法进行系统适用性试验，使斑点的检测灵敏度、比移值（R_f）和分离效能符合规定。比移值（R_f）定义为

$$比移值(R_f)=\frac{从基线至展开斑点中心的距离}{从基线至展开剂前沿的距离}$$

薄层板的种类、展开剂的种类与比例、试验温度和湿度等因素均可影响色谱的分离效果，因此应注意实验条件的控制。鉴别时应特别注意色谱系统的分离效能，要求在对照品与结构相似药物的对照品制成混合对照溶液的色谱图中，显示两个清晰分离的斑点。

2）高效液相色谱

一般规定按供试品含量测定项下的高效液相色谱条件进行试验。要求供试品和对照品色谱峰的保留时间一致。含量测定方法为内标法时，要求供试品溶液和对照品溶液色谱图中药物峰的保留时间与内标物峰的保留时间的比值一致。

3）色谱与质谱联用技术

色谱与质谱联用技术，如气相色谱-质谱联用技术（GC-MS）和高效液相色谱-质谱联用技术（HPLC-MS），是分析化学一次革命式的进步。在这些联用方法中，将具有高分离效能的色谱技术与能够获得丰富化学结构信息并具有高度专属性和通用性的质谱技术相结合，为药物鉴别与确证提供了强有力的手段。

4. 热分析法

热分析法是在程序控制温度的情况下，测定物质的物理、化学变化与温度关系的一类仪器分析方法。该方法具有样品用量少、灵敏、快速等优点，在药物分析中广泛应用于物质的熔点、多晶形、纯度、溶剂化物、水分及热解产物的测定。

根据测定物理量的不同，热分析法又分为热重分析法（TGA）和示差扫描量热法（DSC）。

1）热重分析法

热重分析法是测量物质的质量随温度变化的热分析技术，通常只需 1～20mg 样品。分析时，将样品置于瓷坩埚或铂坩埚等适宜材料制成的容器中，放于天平盘上，按一定速度升高炉温，氮气流（或其他惰性气流）带走挥发物质。连续记录加热过程中样品质量随温度的变化，得到供试品的热重曲线。根据测定曲线上平台之间的质量差值，可计算出样品在相应温度范围

内减失质量的百分数。

热重分析法适用于贵重药物或在空气中容易氧化药物的干燥失重测定。例如，USP 33 对硫酸长春碱的测定：精密称取供试品约 10mg，在流速 40mL/min 的氮气流中，以 5℃/min 恒速升温，在 200℃范围内记录 TGA 曲线，减失质量不得超过 15.0%。

2）示差扫描量热法

示差扫描量热法是在维持样品与参比物质温度相同的条件下，测量系统所需传输给待测物质和参比物的能量差随温度（或时间）变化的热分析技术。参比物质应具有惰性（在加热过程中不发生相变和化学变化），同时与被测物质具有相似的比热容。DSC 法可用于测定药物的熔点；根据吸热或放热峰的数目、形状和位置还可对供试品进行晶形鉴别和纯度测定。

物质的晶形不同，在示差扫描量热曲线上熔化吸热峰的位置也各异，据此可以鉴别、检查多晶形的存在。

许多物质在加热过程中同时失重，或由于化学反应产生挥发性物质，因此可将 DSC 与 TGA 结合分析，给出正确的判断。

由于热分析法测定的结果受试验条件影响大，因此《中国药典》规定：在每条热分析曲线报告中应附上测定条件，包括仪器型号、最后校正的记录、样品规格和鉴定（包括以前的热力学性质记录）、容器、气体纯度、流速和压力及仪器和记录的灵敏度等。

5. 生物学法

生物学法是利用药效学和分子生物学等有关技术鉴定药物品质的方法，主要用于生化药物、抗生素及中药的鉴别，它包括生物效应鉴别法和基因鉴别法两大类。按照鉴别的目的和对象不同，也可分为免疫鉴别法、细胞生物学鉴别法、生物效价测定方法、纯指标测定方法、DNA 遗传标记鉴别法、mRNA 差异显示鉴别法等。生物学法往往用于效价测定，同时也可用于定性鉴别。

1.6　药物的杂质检查

《中国药典》(2010 年版)凡例中规定：检查项下包括有效性、均一性、纯度要求与安全性四个方面。药物的杂质是指药物中存在的无治疗作用，影响药物的稳定性和疗效，甚至对人体健康有害的物质。药物的杂质与药物的质量、安全、稳定性密切相关。药物中含有的杂质是影响药物纯度的主要因素，如药物中含有超过限量的杂质，可能使理化常数变动，外观性状产生变异，并影响药物的稳定性；杂质增多也必然使药物的含量偏低或活性降低，毒副作用显著增加。因此，药物的杂质控制对于保证药物的效能、降低药物的不良反应起关键的作用，还可为生产工艺和企业管理考核提供依据。

1.6.1　杂质的来源及分类

药物中的杂质检查项目是根据可能存在的杂质确定的，了解药物中杂质的来源，可有针对性地制定杂质检查项目和检查方法。

1. 杂质的来源

药物中杂质主要有两个来源：生产过程中引入；储藏过程中产生。

1) 生产过程中引入的杂质

药物在生产过程中引入的杂质，主要是由所用原料不纯、原料反应不完全、反应中间体或副产物在精制过程中没有除净、生产中所用试剂的残留及所用金属器皿、装置以及其他不耐酸碱的金属工具所带来的杂质，可能引入砷盐及铅、铁、铜、锌金属杂质。例如，山梨醇是以淀粉或蔗糖为原料，先水解为葡萄糖，再经氢化制成，最终产品或多或少会含有糖类杂质；在地西泮的合成过程中，其中间体去甲氧安定甲基化反应未完全时，氢化后就会产生去甲基苯甲二氮杂䓬杂质；注射用氯化钠由工业氯化钠精制而成，原料中可能引入溴化物、碘化物、硫酸盐、钾盐、钙盐、镁盐和铁盐等杂质。

另外，药物在制成制剂的过程中也可能产生杂质。例如，盐酸普鲁卡因注射剂在高温灭菌过程中，可能水解为对氨基苯甲酸和二乙胺基乙醇。因此，《中国药典》中盐酸普鲁卡因原料药不检查对氨基苯甲酸，而注射剂需检查此杂质。

从植物原料中提取分离药物时，由于植物中常含有与药物结构、性质相近的物质，在提取过程中分离不完全，也可能引入产品中。例如，自阿片提取吗啡，可能引入罂粟碱。

异构体和多晶形也是影响药物有效性和安全性的重要因素。控制药物中低效、无效以及具有毒性的异构体和多晶形，在药物纯度研究中日益受到重视。具有立体异构体的药物、顺式与反式的药物，其生物活性往往有很大差异。例如，肾上腺素为左旋体，其升压作用是右旋体的 12 倍；维生素 A 以全反式的生物活性为最高。药物的晶形不同，其理化常数、溶解性、稳定性、体内的吸收和疗效也有差异。例如，驱虫药甲苯咪唑有 A,B,C 三种晶形，C 晶形的驱虫率为 90%，B 晶形的驱虫率为 40%～60%，A 晶形的驱虫率小于 20%。

2) 储藏过程中引入的杂质

药物在储存过程中，受温度、湿度、日光、空气等外界条件的影响或受微生物的作用，发生水解、氧化、分解、异构化、晶形转变、聚合、潮解和发霉等变化而产生杂质。

2. 杂质的分类

(1) 药物中的杂质按来源可分为一般杂质和特殊杂质。一般杂质是指自然界广泛存在，在多数药物的生产、储存中易引入的杂质，如氯化物、硫酸盐、铁盐、重金属、砷盐、酸、碱、水分、易碳化物、炽灼残渣等。一般杂质检查方法收载在《中国药典》的附录中。特殊杂质是指某一个或某一类药物的生产或储藏过程中引入的杂质，如阿司匹林中的游离水杨酸、异烟肼中的游离肼、甾体激素中的其他甾体。特殊杂质检查方法收载在《中国药典》正文各药品的质量标准中。

(2) 药物中的杂质按结构可分为无机杂质和有机杂质。无机杂质主要来源于生产过程，如使用的仪器、原料(如砷、铅等)、干燥剂和过滤辅助器、反应试剂、其他残留的金属等，一般是已知和确定的，主要影响药物稳定性并能反映工艺本身的情况。有机杂质则主要由生产或储存引入，包括反应原料、副产物、中间体、降解产物等，由于化学结构与活性成分类似，又可称为有关物质。

(3) 药物中的杂质按性质可分为信号杂质、有害杂质及无效或低效杂质。其中信号杂质是指本身一般无害，但其含量的多少可反映药物纯度水平，指示生产工艺是否合理，如氯化物、硫酸盐等。有害杂质是指对人体有毒害的杂质，在质量标准中应严加控制，以保证用药安全，如重金属、砷盐、氰化物、氟化物等。无效或低效杂质是指药物中低效、无效甚至具有毒性的异构体和多晶形。

1.6.2　杂质的限量检查

从杂质产生的影响分析,杂质含量越少越好,但药物中仍然允许有少量的杂质存在。因为完全除掉药物中的杂质,既不可能也没有必要,绝对纯净的物质是不存在的。若要把药物中的杂质除掉,势必增加操作步骤,降低收率,增加生产成本。所以在保证用药安全和有效的前提下,对于药物中可能存在的杂质,允许含有一定的量。

药物中所含杂质的最大允许量称为杂质限量。药物中杂质限量的控制方法一般分两种:一种是限量检查法,另一种是对杂质进行限量测定。限量检查法通常不要求测定其准确含量,只需检查杂质是否超过限量。药物中的杂质检查主要采用限量检查法。

1. 限量检查法

限量检查法主要有对照法、灵敏度法和比较法。

(1) 对照法:进行限量检查时,多数采用对照法。取限度量的待检杂质配制成对照液,与一定量供试品配成的供试品溶液,在相同的条件下处理,比较反应结果,以判断供试品中所含杂质是否符合限量规定。使用该方法时,须注意平行原则,即供试品溶液和对照品溶液应在完全相同的条件下反应,所用仪器、加入的试剂、反应的温度、放置的时间等均应相同。例如,氯化钠中溴化物的检查:取供试品 2.0g,加入水 10mL 溶解后,加盐酸 3 滴与氯仿 1mL,一边振摇一边滴加新制的 2%氯胺 T 溶液 3 滴,氯仿层如显色,与标准溴化钾溶液 1.0mL 用同一方法制成的对照液比较,不得更深(溴化物的限量是 0.05%)。

(2) 灵敏度法:在一定条件下向供试品溶液中加入试剂,观察有无正反应出现,以不出现正反应为合格,即以检测条件下反应的灵敏度来控制杂质限量。该法不需用杂质对照品溶液对比。例如,乳酸中枸橼酸、乙二酸、磷酸或酒石酸的检查:取本品 0.5g,加水适量使成 5mL,混匀,用氨试液调至微碱性,加氯化钙试液 1mL,置水浴中加热 5min,不得产生浑浊。

(3) 比较法:取供试品一定量依法检查,测定待检杂质的参数(如吸光度)与规定的限量比较,不得更大。准确测定杂质的量,不需对照品。例如,胰岛素中蛋白激素的检查,规定用 0.01mol/L 盐酸配成 0.5mg/mL 的供试品溶液,在 276nm 波长处的吸光度应为 0.48～0.55。

2. 杂质限量计算

杂质的限量通常用百分之几或百万分之几表示,后者又可用 ppm 表示,如百万分之一就是 1ppm。对于危害人体健康,影响药物稳定性的杂质必须严格控制其限量,如麻醉乙醚中过氧化物,氯仿中碳酰氯及某些药物中所含氰化物、可溶性钡盐、苯酚、有机氯等。又如,砷对人体有毒,其限量规定较严格,一般不超过百万分之十。重金属(其中以铅为主)易在体内积蓄,引起慢性中毒,并影响某些药物的稳定性,因此允许存在的限量较小,一般不超过百万分之十五。杂质限量(以 L 表示)可用下式计算:

$$杂质限量=\frac{允许杂质存在的最大量}{供试品量}\times 100\%$$

由于一定量(S)的供试品中所含杂质的量是通过与一定量标准溶液进行比较计算的,所以杂质最大量在数值上等于标准溶液的体积(V)与其浓度(C)的乘积。上式可表示为

$$杂质限量(L)=\frac{标准溶液的体积\times 标准溶液的浓度}{供试品量}\times 100\%=\frac{VC}{S}\times 100\%$$

式中，V、C、S 的单位分别为 g/mL、mL、g。

示例 1-1　磷酸可待因中吗啡的检查。

取供试品 0.10g，加盐酸溶液(9→1000)使溶解成 5mL，加亚硝酸钠试液 2mL，放置 15min，加氨试液 3mL，所显颜色与吗啡溶液[取无水吗啡 2.0mg，加盐酸溶液(9→1000)使溶解成 100mL]5.0mL 用同一方法制成的对照液比较，不得更深，则限量为多少？

$$L=\frac{VC}{S}=\frac{\frac{2.0\times10^{-3}}{100}\times5.0}{0.10}\times100\%=0.1\%$$

示例 1-2　谷氨酸中重金属的检查。

取本品 1.0g，加水 23mL 溶解后，加乙酸盐缓冲液(pH 3.5)2mL，依法检查，与标准铅溶液(10μg Pb/mL)所呈现的颜色相比较，不得更深。已知重金属限量为百万分之十，则应取标准铅溶液(V)多少毫升？

$$L=\frac{VC}{S}$$

$$V=\frac{LS}{C}=\frac{10\times10^{-6}\times1.0}{10\times10^{-6}}=1.0(\text{mL})$$

示例 1-3　卡比马唑片(每片含卡比马唑 5mg)中甲巯咪唑的检查。

取本品 20 片，研细，加三氯甲烷适量，研磨使卡比马唑溶解，滤过，用三氯甲烷洗涤滤器，合并滤液与洗液，置 10mL 容量瓶中，加三氯甲烷稀释至刻度，摇匀，作为供试品溶液。另取甲巯咪唑对照品，加三氯甲烷制成 1mL 中含 100μg 的溶液，作为对照品溶液。取上述两种溶液 10μL，分别点于同一硅胶 G 薄层板上，展开，晾干，喷稀碘化铋钾试液显色，供试品如显与对照品相应的杂质斑点，其颜色与对照品比较，不得更深。杂质限量为

$$L=\frac{C_{杂质}}{C_{样品}}\times100\%=\frac{100}{\frac{5\times20\times1000}{10}}\times100\%=1.0\%$$

药物的杂质检查是药品质量标准中检查项下的一个重要内容。杂质检查合格，就是相应药物的纯度合格，符合药用规格。杂质检查及其限度的一般原则是：①针对性。对一般杂质的检查，应针对生产工艺和剂型的特点，尽可能考察有关项目；对特殊杂质或有关物质的研究，应针对药物的性质、生产工艺，确定杂质检查的数量及其限度；对毒性较大的杂质如砷、氰化物等应严格控制。②合理性。在新药质量标准的研究阶段，应尽可能全面地考察各个项目，但在制定该药质量标准时应结合实际情况，合理确定检查项目。③限度的适宜性。对杂质限度的确定应从安全有效的角度出发，标准太低不行；标准太高，生产上难以达到要求。应根据生产工艺水平、参考有关文献及各国药典，综合考虑确定一个比较合理的标准。

1.6.3　一般杂质检查

一般杂质的检查方法在药典附录中均有规定。其检查应遵循平行操作和仪器配对的原则，本节介绍一般杂质检查的原理、方法和注意事项等。

1. 氯化物检查法

氯化物检查法是检查药物中的 Cl^-。微量氯化物的存在对人体无害，但通过对氯化物的控制，可同时控制与氯化物结合的一些阳离子以及某些同时生成的副产物。因此，氯化物被认为是一种“信号杂质”。

(1) 原理：《中国药典》氯化物检查法是利用 Cl^- 在硝酸酸性溶液中与硝酸银试液作用，生

成氯化银的白色浑浊液，与一定量的标准氯化钠溶液在相同条件下生成的氯化银浑浊液比较，以判断供试品中的氯化物是否超过限量。

$$药物：Cl^- + AgNO_3 \xrightarrow{HNO_3} AgCl\ 白色浑浊$$

$$对照：NaCl(C,V) + AgNO_3 \xrightarrow{HNO_3} AgCl\ 白色浑浊$$

(2) 操作方法：除另有规定外，取各药品项下规定量的供试品，加水溶解使成25mL(溶液如显碱性，可滴加硝酸使成中性)，再加稀硝酸10mL；溶液如不澄清，应滤过；置50mL奈斯勒比色管中，加水使成约40mL，摇匀，即得供试溶液。另取各药品项下规定量的标准氯化钠溶液，置50mL奈斯勒比色管中，加稀硝酸10mL，加水使成40mL，摇匀，即得对照浴液。于供试溶液与对照溶液中，分别加入硝酸银试液1.0mL，用水稀释使成50mL，摇匀，在暗处放置5min，同置黑色背景上，从比色管上方向下观察，比较。

(3) 注意事项：①以上检查方法中使用的标准氯化钠溶液为10μg Cl^-/mL，50mL溶液中含50～80μg的Cl^-所显浑浊梯度明显，便于比较，相当于标准氯化钠溶液5～8mL。在设计检查方法时应根据氯化物的限量考虑供试品的取用量，使氯化物的含量在适宜的比浊范围内。②反应需在硝酸酸性条件下进行，且以50mL供试溶液中含稀硝酸10mL为宜。此条件下，可加速AgCl浑浊的形成，产生较好的乳浊，避免弱酸银盐如碳酸银、磷酸银及氧化银沉淀的形成。③供试液和对照液稀释后，再加硝酸银溶液，使生成白色浑浊而不是白色沉淀。④避光、暗处放置5min后比浊，因氯化银见光易分解。

(4) 供试品的处理：①供试液如不澄清，可用含硝酸的水洗净滤纸中的氯化物后过滤。②供试品如有色，可用下面两种方法处理。内消色法：例如，枸橼酸铁铵中氯化物的检查，取供试品两等份，其中一份经处理(加硝酸银形成沉淀，过滤除去氯化银沉淀)，消除其中待测氯离子后加入一定标准量的待测离子作为对照管，另一份作为供试品管。在相同条件下依法操作，检查待测离子是否超过限量。外消色法：加入一定的有色物，如稀焦糖等，或经处理降低色度，不干扰测定，如高锰酸钾中氯化物的检查，可先加乙醇适量，使其还原褪色后再依法检查。③当有其他干扰物质存在时，必须在检查前除去。例如，检查碘化物或溴化物中氯化物时，I^-和Br^-也能与硝酸银形成沉淀，干扰检查。

2. 硫酸盐检查法

硫酸盐检查法是检查药物中的硫酸盐是否超过限量。

(1) 原理：硫酸盐的检查是利用药物中的SO_4^{2-}与氯化钡在盐酸酸性溶液中生成硫酸钡的白色浑浊，与一定量标准硫酸钾溶液与氯化钡溶液在相同的条件下生成的浑浊比较。

$$药物：SO_4^{2-} + Ba^{2+} \xrightarrow{HCl} BaSO_4\ 白色浑浊$$

$$对照：K_2SO_4(C,V) + BaCl_2 \xrightarrow{HCl} BaSO_4\ 白色浑浊$$

(2) 操作方法：取供试品，加水溶解使成约40mL，置50mL奈斯勒比色管中，加稀盐酸2mL，摇匀即得供试品溶液；另取标准硫酸钾溶液，置50mL奈斯勒比色管中，加水使成约40mL，加盐酸2mL，摇匀即得对照溶液；于供试溶液与对照溶液中分别加入25%氯化钡溶液5mL，用水稀释成50mL，摇匀，放置10min，同置于黑色背景上，自上向下观察，比较浑浊程度。

(3) 注意事项：①标准硫酸钾溶液0.1mg/mL，50mL溶液中含0.1～0.5mg的SO_4^{2-}所显

浑浊梯度明显，相当于标准硫酸钾溶液1～5mL。若SO_4^{2-}的浓度小于0.05mg/mL，产生的硫酸钡浑浊不明显；若大于1mg/50mL，则产生的浑浊度较大，无法区别其浓度差异，且重现性也不好。②加入盐酸可防止碳酸钡或磷酸钡等沉淀的生成。溶液的酸度对浊度有影响，本法以50mL供试液中含盐酸2mL为宜，溶液pH约为1，酸度过大会增大硫酸钡的溶解度，使反应灵敏度降低，应严格控制。③供试液和对照液稀释后，再加氯化钡溶液，使生成白色浑浊而不是白色沉淀。④温度对产生浊度有影响。应将比色管在25～30℃水浴中放置10min，再观察比较。

(4) 供试品的处理：供试品加盐酸后，如不澄清，可用滤纸过滤，先用盐酸水溶液洗净滤纸中的硫酸盐；供试品如有色，采用内消法处理；氯化钡溶液的浓度为10%～25%，所呈现硫酸钡的浑浊度较稳定。

3. 铁盐检查法

微量铁盐的存在可能会加速药物的氧化和降解，因而需控制铁盐的限量。ChP和USP均采用硫氰酸盐法，BP采用巯基乙酸法检查。二者相比，后者灵敏度较高，但试剂较贵。

1) 硫氰酸盐法

(1) 原理：利用铁盐在盐酸酸性溶液中与硫氰酸盐作用生成红色可溶性的硫氰酸铁络离子，与一定量标准铁溶液用同法处理后进行比色。

$$\text{药物：}\begin{cases} Fe^{2+} \xrightarrow{[O]} Fe^{3+} \\ Fe^{3+} + 6SCN^- \xrightarrow{HCl} [Fe(SCN)_6]^{3-} \text{ 红色} \end{cases}$$

$$\text{对照：}\ Fe^{3+} + 6SCN^- \xrightarrow{HCl} [Fe(SCN)_6]^{3-} \text{ 红色}$$

(2) 操作方法：除另有规定外，取各药品项下规定量的供试品，加水溶解使成25mL，移置50mL奈斯勒比色管中，加稀盐酸4mL与过硫酸铵50mg，用水稀释使成35mL后，加30%硫氰酸铵溶液3mL，再加水适量稀释成50mL，摇匀；如显色，立即与标准铁溶液一定量制成的对照溶液（取各药品项下规定量的标准铁溶液，置50mL奈斯勒比色管中，加水使成25mL，加稀盐酸4mL与过硫酸铵50mg，用水稀释使成35mL后，加30%硫氰酸铵溶液3mL，再加水适量稀释成50mL，摇匀）比较，即得。

(3) 注意事项：用硫酸铁铵$FeNH_4(SO_4)_2 \cdot 12H_2O$配制标准铁储备液（加入硫酸防止$Fe^{3+}$的水解），标准铁溶液临用前稀释，标准铁溶液10μgFe^{3+}/mL，50mL溶液中含10～50μg的Fe^{3+}显色梯度明显，一般取标准铁溶液1.0～5.0mL；盐酸酸性条件下反应，可防止Fe^{3+}的水解，并避免弱酸盐如乙酸盐、磷酸盐、砷酸盐等的干扰，以50mL溶液中含稀盐酸4mL为宜；铁盐检查时，加氧化剂氧化Fe^{2+}为Fe^{3+}。加过硫酸铵可氧化Fe^{2+}为Fe^{3+}，同时可防止光线使硫氰酸铁还原或分解褪色；铁盐与硫氰酸根离子的反应为可逆反应。因此，加入过量的硫氰酸铵，不仅可以增加生成配离子的稳定性，提高反应灵敏度，还能消除氯化物等与铁盐生成配位化合物所引起的干扰。

(4) 供试品的处理：①有些药物（如葡萄糖糊精、碳酸氢钠、硫酸镁等）不加过硫酸铵，而是加硝酸处理，使供试品中Fe^{2+}为Fe^{3+}，但必须加热煮沸除去硝酸中的亚硝酸，否则亚硝酸能与硫氰酸根离子作用，生成红色亚硝酰硫氰化物，影响比色测定。②样品管与标准管色调不一致或所呈硫氰酸铁的颜色较浅时，可加入正丁醇20mL提取，分取正丁醇层比色。硫氰酸铁络离子在正丁醇中溶解度大，能增加颜色深度，并能排除干扰。③某些酸根离子由于能与 Fe^{3+} 形成无色配位化合物而干扰检查，如 Cl^-，PO_4^{3-}，SO_4^{2-}，枸橼酸根离子等。排除干扰的方法有适当增加酸度、增加硫氰酸铵试液的加入量、用正丁醇提取后比色等。例如，检查枸橼酸钠中的铁盐，用正丁醇提取硫氰酸铁后比色，枸橼酸钠留在水层，不至于影响检查。④某些金属离子则可与 SCN^- 反应而干扰检查，如 Hg^{2+} 与 SCN^- 能生成解离度很低的 $Hg(SCN)_2$ 或 $[Hg(SCN)_4]^{2-}$。另外银、铜、钴、铋等离子也能与硫氰酸根离子生成有色沉淀而干扰检查，设计方法时应予以注意。⑤某些药物特别是具环状结构的有机药物，在实验条件下不溶解或对检查有干扰，需经炽灼破坏，使铁盐成三氧化二铁留于残渣中，处理后再依法检查。例如，盐酸普鲁卡因、泛影酸、羟丙纤维素等。

2）巯基乙酸法

（1）原理：巯基乙酸还原 Fe^{3+} 为 Fe^{2+}，在氨碱性溶液中生成红色络离子，与一定量标准溶液经同法处理后产生的颜色进行比较。

$$2Fe^{3+} + 2HSCH_2COOH \longrightarrow 2Fe^{2+} + (SCH_2COOH)_2 + 2H^+$$

$$Fe^{2+} + 2HSCH_2COOH \longrightarrow Fe(SCH_2COOH)_2 + 2H^+$$

$$Fe(SCH_2COOH)_2 + 2OH^- \longrightarrow [Fe(SCH_2COO)_2]^{2-} + 2H_2O$$

（2）注意事项：加巯基乙酸试液前，加 20％枸橼酸溶液 2mL，使其与铁成络离子，以免在氨碱性溶液中产生氢氧化铁沉淀。

4．重金属检查法

重金属是指在实验条件下，能与硫代乙酰胺或硫化钠作用显色的金属杂质，如银、铅、汞、铜、镉、铋、锑、砷、镍、钴、锌等。由于生产中遇到铅的机会较多，且铅在体内又易积蓄中毒，因此检查时以铅为代表。《中国药典》（2010 年版）附录中对重金属的检查共收载三种方法。

1）硫代乙酰胺法

本法为最常用的方法，适用于溶于水、稀酸和乙醇的药物。

（1）原理：硫代乙酰胺在弱酸性（pH 3.5 乙酸盐缓冲液）条件下水解，产生硫化氢，与重金属离子（以铅离子为例）生成黄色到棕黑色的硫化物混悬液，与一定量标准铅溶液经同法处理后所呈颜色比较，不得更深。

$$CH_3CSNH_2 + H_2O \xrightarrow{pH\ 3.5} CH_3CONH_2 + H_2S$$

$$\text{药物：}Pb^{2+} + H_2S \xrightarrow{pH\ 3.5} PbS\ \text{黄色～棕黑色}$$

$$\text{对照：}PbNO_3 + H_2S \xrightarrow{pH\ 3.5} PbS\ \text{黄色～棕黑色}$$

（2）操作方法：除另有规定外，取 25mL 奈斯勒比色管两支，甲管中加标准铅溶液一定量与乙酸盐缓冲液（pH 3.5）2mL 后，加水或各药品项下规定的溶剂稀释使成 25mL，乙管加入按各药品项下规定方法制成的供试液 25mL；再在甲乙两管中分别加硫代乙酰胺试液 2mL，摇匀，放置 2min，同置白纸上，自上向下透视，乙管中显出的颜色与甲管比较，不得更深。

（3）注意事项：①标准铅溶液为 1mL 相当于 10μg 的 Pb^{2+}，适宜目视比色的浓度范围为 27mL 溶液中含 10～20μg 的 Pb^{2+}，相当于标准铅溶液 1～2mL。②溶液的 pH 对该显色反应影响较大。当 pH 3.0～3.5 时，沉淀较完全，酸度增大，重金属离子与硫化氢显色变浅，甚至不显色。因此供试品若用强酸溶解，或在处理中用了强酸，在加入硫代乙酰胺试液前应先加氨水至溶液对酚酞指示液显中性，再加 pH 3.5 乙酸盐缓冲液调节溶液的酸度。

(4) 供试品的处理：①供试品如有色，可采用外消色法消除干扰，即在加硫代乙酰胺试液前在对照溶液管中滴加少量稀焦糖溶液(取蔗糖用小火加热后，再混悬于水中制成，水溶液呈黄、褐或棕黑色。根据供试溶液颜色，适当掌握蔗糖的加热程度)，使其与供试液管的颜色一致，再加硫代乙酰胺试液比色。如按以上方法仍不能使两管颜色一致，可采用内消色法。②供试品中若有微量高铁盐存在，在弱酸性溶液中将氧化硫化氢析出硫，产生浑浊、影响比色。可在供试管和对照管中分别加入抗坏血酸或盐酸羟胺 0.5～1.0g，使高铁离子还原为亚铁离子，再检查，如葡萄糖酸亚铁中重金属的检查。③供试品为铁盐，如枸橼酸铁铵，可在相对密度1.103～1.105的盐酸(盐酸 9mL 加水 6mL)中，使大部分 Fe^{3+} 生成 $HFeCl_6^{2-}$(六氯合铁离子，黄色)，用乙醚提取除去；再加氨试液使溶液呈碱性，用氰化钾掩蔽残留的微量铁盐后，加硫化钠试液检查铅盐。④药物本身也能生成不溶性硫化物，干扰重金属的检查时，应作特殊处理，如葡萄糖酸锑钠中铅盐检查。当供试品加水和酒石酸溶解后，可先加 10%氢氧化钠试液和氰化钾试液，使锑形成稳定的配位化合物，再加硫化钠试液，这时锑不能生成有色硫化锑，不干扰铅的检出。

2) 炽灼残渣法

本法适用于含芳环、杂环以及不溶于水、烯酸及乙醇的有机药物。

(1) 原理：重金属可与药物的芳环、杂环形成较牢固的价键，所以本法先炽灼破坏，使与有机分子结合的重金属游离，再按第一法进行检查。

(2) 操作方法：除另有规定外，取炽灼残渣项下遗留的残渣，加硝酸 0.5mL，蒸干，至氧化氮蒸气除尽后(或取供试品一定量，缓缓炽灼至完全碳化，放冷，加硫酸 0.5～1.0mL，使恰湿润，用低温加热至硫酸除尽后，加硝酸 0.5mL，蒸干，至氧化氮蒸气除尽后，放冷，在 500～600℃炽灼使完全灰化)，放冷，加盐酸 2mL，置水浴上蒸干后加水 15mL，滴加氨试液至对酚酞指示液显中性，再加乙酸盐缓冲液(pH 3.5)2mL，微热溶解后，移置奈斯勒比色管中，加水稀释成 25mL；另取配制供试品溶液的试剂，置瓷皿中蒸干后，加乙酸盐缓冲液(pH 3.5)2mL 与水 15mL，微热溶解后，移置奈斯勒比色管中，加标准铅溶液一定量，再用水稀释成 25mL；照上述第一法检查，即得。

(3) 注意事项：①炽灼温度对重金属检查影响较大，温度越高，重金属损失越多。例如，铅在 700℃经 6h 炽灼，回收率仅为 32%；同时温度太低灰化不完全。因此，应控制炽灼温度为500～600℃。②炽灼残渣加硝酸加热处理后，使有机物进一步分解破坏完全，必须蒸干、除尽氧化氮，否则亚硝酸可氧化硫化氢析出硫，影响比色。③蒸干后残渣加盐酸，使重金属成为氯化物。为了消除盐酸或其他试剂中可能夹杂重金属的影响，在配制供试品溶液时，如使用盐酸超过 1mL(或与盐酸 1mL 相当的稀盐酸)，使用氨试液超过 2mL，以及用硫酸与硝酸进行有机破坏或其他试剂处理者，除另有规定外，对照品溶液应取同样量试剂在瓷皿中蒸干后，依法检查。

3) 硫化钠法

本法适用于难溶于稀酸但能溶解于碱性水溶液的药物，如磺胺类、巴比妥类药物等。

(1) 原理：在碱性介质中，以硫化钠为显色剂，使 Pb^{2+} 生成 PbS 微粒的混悬液，与一定量标准铅溶液经同法处理后所呈颜色比较，不得更深。

$$\text{药物}:Pb^{2+}+Na_2S\xrightarrow{NaOH}PbS\ \text{黄色～棕黑色}$$

$$对照:PbNO_3 + Na_2S \xrightarrow{NaOH} PbS\ 黄色\sim棕黑色$$

(2) 操作方法:取规定量的供试品,加氢氧化钠试液 5mL 和水 20mL 使溶解后,加硫化钠试液 5 滴,再与一定量标准溶液经同样处理后的颜色进行比较。

(3) 注意事项:硫化钠为显色剂,硫化钠试液对玻璃有一定的腐蚀性,而且久置后会产生絮状物,应临用新制。

5. 砷盐检查法

砷为有毒杂质,多为药物生产过程所使用的无机试剂引入,需严格控制其限量。常用以下三种方法。

1) 古蔡法

(1) 原理:金属锌与酸作用产生新生态的氢,与药物中微量砷盐反应生成具挥发性的砷化氢,遇溴化汞试纸产生黄色至棕色的砷斑,与同条件下一定量标准砷溶液所生成的砷斑比较,颜色不得更深,判断砷盐的限量。反应式如下:

$$As^{3+} + 3Zn + 3H^+ \longrightarrow 3Zn^{2+} + AsH_3 \uparrow$$

$$AsO_3^{3-} + 3Zn + 9H^+ \longrightarrow 3Zn^{2+} + 3H_2O + AsH_3 \uparrow$$

$$AsH_3 + 3HgBr_2 \longrightarrow 3HBr + As(HgBr)_3(黄色)$$

$$2As(HgBr)_3 + AsH_3 \longrightarrow 3AsH(HgBr)_2(棕色)$$

$$As(HgBr)_3 + AsH_3 \longrightarrow 3HBr + As_2Hg_3(黑色)$$

(2) 操作方法:仪器装置如图 1-2 所示。测试前于导气管中装入乙酸铅棉花,旋塞的顶端平面上放一片溴化汞试纸,盖上旋塞盖并旋紧。具体如下:①标准砷斑的制备。精密量取标准砷溶液 2mL,置砷化氢发生器中,加盐酸 5mL 与水 21mL,再加碘化钾试液 5mL 与酸性氯化亚锡试液 5 滴,在室温放置 10min 后,加锌粒 2g,立即将照上法装好的导气管密塞于砷化氢发生器上,并将砷化氢发生器置 25~40℃水浴中;反应 45min,取出溴化汞试纸,即得。②样品砷斑的制备。取按各品种项下规定方法制成的供试品溶液,置于砷化氢发生器中,加盐酸 5mL 与水 21mL,照标准砷斑的制备,自"再加碘化钾试液 5mL"起,依法操作。将生成的砷斑与标准砷斑比较,颜色不得更深。

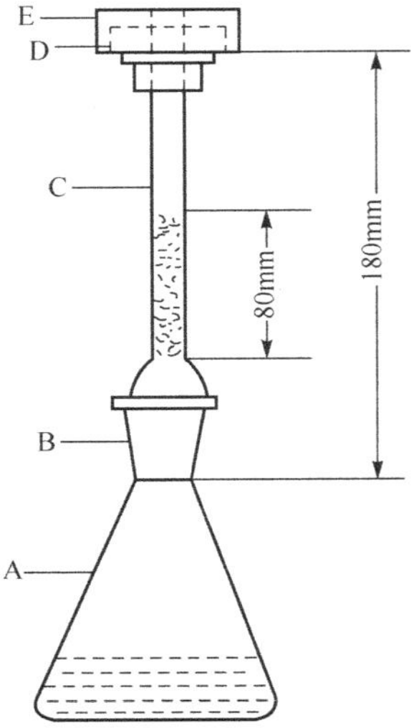

图 1-2　古蔡法检砷装置

A. 砷化氢发生器; B. 中空磨口塞; C. 导气管; D. 具孔玻璃旋塞; E. 具孔玻璃旋塞盖

酸性氯化亚锡及碘化钾的作用:还原 As^{5+} 为 As^{3+},加快反应速率;碘化钾被氧化生成的 I_2 又可被氯化亚锡还原为 I^-,I^- 与反应中生成的 Zn^{2+} 能形成稳定的配离子,有利于生成砷化氢的反应不断进行;氯化亚锡与锌作用,在锌表面形成锌锡齐,使氢气均匀而连续地发生;可抑制微量 Sb 的干扰,在实验条件下,100μg Sb 存在不干扰测定。

$$I_2 + Sn^{2+} \longrightarrow 2I^- + Sn^{4+}$$

$$4I^- + Zn^{2+} \longrightarrow ZnI_4^{2-}$$

乙酸铅棉花的作用:锌粒及供试品中可能含有少量硫化物,在酸性液中能产生硫化氢气体，与溴化汞作用生成硫化汞的色斑，干扰试验结果，因此用乙酸铅棉花吸收硫化氢。《中国药典》(2010 年版)规定取乙酸铅棉花 60mg，装管高度为 60～80mm，控制棉花的松紧度，既避免硫化氢的干扰，又可使砷化氢气体以合适的速度通过。④溴化汞试纸与砷化氢作用，比氯化汞试纸灵敏，但所呈砷斑不稳定，反应中应保持干燥及避光，反应完毕立即比色。

(3) 注意事项：①标准砷溶液是用三氧化二砷配制储备液，临用前进一步稀释即可。1mL 标准砷溶液相当于 1μg As。标准砷斑过深或过浅都会影响比色的准确性，《中国药典》(2010 年版)规定标准砷斑应用 2mL 标准砷溶液制成。药物含砷量不同，可按规定限量改变供试品取用量，不可改变标准砷溶液取用量。例如，《中国药典》(2010 年版)规定某药物含砷量不得超过百万分之一，则应取供试品 2.0g 与标准砷斑比较，而不是取供试品 1.0g 与标准砷溶液 1mL 所产生的砷斑进行比较。②氢气发生的速度过缓或过于激烈都将影响砷化氢的逸出速度，使砷斑的色泽和清晰程度受影响。而氢气的发生速度与溶液的酸度、锌粒的粒度与用量以及反应温度等有关。

(4) 供试品的处理：①供试品若为硫化物、亚硫酸盐、硫代硫酸盐时，加硝酸，使其氧化成硫酸盐，以除去干扰，如硫代硫酸钠中砷盐的检查。②供试品若为铁盐，能消耗碘化钾、氯化亚锡等还原剂，影响测定条件，并能氧化砷化氢干扰测定。例如，检查枸橼酸铁铵中砷盐，需先加酸性氯化亚锡试液，将高铁离子还原为低铁离子后再检查。③供试品为环状结构的有机药物，因砷可能以共价键与其结合，需在有机结构破坏后进行检查。

2) 二乙基二硫代氨基甲酸银法(Ag-DDC)

本法不仅可用于砷盐的限量检查，也可用于微量砷盐的含量测定。

(1) 原理：金属锌与酸作用，产生新生态的氢，与微量砷盐反应，生成砷化氢气体；砷化氢使二乙基二硫代氨基甲酸银还原产生红色的胶态银，用目视比色法或在 510nm 波长处测定吸光度，再与一定量标准砷溶液用同法处理后得到的有色溶液比较。

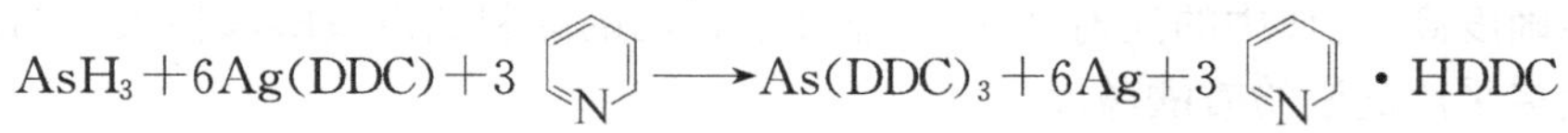

(2) 操作方法：装置如图 1-3 所示。具体操作如下：①标准砷对照液的制备。精密量取标准砷溶液 5mL，置于砷化氢发生器中，加盐酸 5mL 与水 21mL，再加碘化钾试液 5mL 与酸性氯化亚锡试液 5 滴，室温放置 10min，加锌粒 2g，立即将导气管与砷化氢发生器密塞，使生成的砷化氢导入盛有 Ag(DDC)溶液 5.0mL 的平底玻璃管中，将砷化氢发生器置 25～40℃ 水浴中，反应 45min 后，取出平底玻璃管，添加氯仿至 5.0mL，混匀，即得。②供试液的制备。取照各药品项下规定方法制成的供试液，置砷化氢发生器中，照标准砷对照液的制备，自“再加碘化钾试液 5mL”起，依法操作。将所得溶液与标准砷对照液同置白色背景上，从平底玻璃管上方向下观察、比较，所得溶液的颜色不得比标准砷对照液更深。必要时，可将所得溶液转移至 1cm 吸收池中，用适宜的分光光度计或比色计在

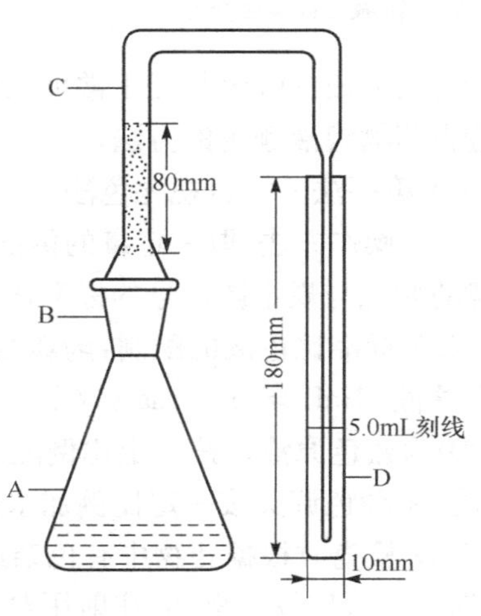

图 1-3　Ag-DDC 法检砷装置

A. 砷化氢发生器；B. 中空磨口塞；C. 导气管；D. 平底玻璃管

510nm 波长处以二乙基二硫代氨基甲酸银试液作空白，测定吸光度，与标准砷对照液按同法测得的吸光度比较。

(3) 注意事项：①本反应为可逆反应，加入有机碱使其与 HDDC 结合，有利于反应向右定量进行。②当 As 浓度为 1～10μg/40mL 时，线性关系良好，显色在 2h 内稳定，重现性好，并可测得砷盐含量。③本法需用有机碱吸收反应中产生的 HDDC。

3) 白田道夫法

本法是有锑干扰时的补充方法。药物为锑盐时，如葡萄糖酸锑钠，生成的锑化氢与溴化汞试纸作用，产生灰色锑斑，干扰比色。

(1) 原理：氯化亚锡在盐酸酸性条件下，将砷盐还原为棕褐色的胶态砷，与一定量的标准砷溶液用同法处理后的颜色比较，即可判断供试品的含砷量。

$$2As^{3+}+3SnCl_2+6HCl \longrightarrow 2As+3SnCl_4+6H^+$$

(2) 注意事项：①白田道夫法的反应灵敏度为 20μg As_2O_3/10mL，加入少量氯化汞能使反应灵敏度提高 10 倍。②氯化亚锡溶液应新鲜配制。

6. 酸碱度检查法

《中国药典》(2010 年版)用酸度、碱度、酸碱度、水溶性酸、水溶性碱、游离碱和 pH 衡量药物中酸碱性杂质。具体检查方法有以下三种：

(1) 酸碱度滴定法：取一定量的供试品溶于一定体积的溶液中，加入一定量的指示液，用规定浓度的酸碱滴定液滴定，以消耗酸或碱滴定液的毫升数作为限度指标，判断供试品是否符合规定。

(2) 指示剂法：以一定量指示液的变色 pH 范围作为供试液中酸碱性杂质的限度指标。

(3) pH 测定方法：用电位法测定供试品溶液的 pH，衡量其酸碱性杂质是否符合限量规定。本法准确度高，药典中的注射液、供配制注射剂用的原料药以及酸碱性大小明显影响稳定性的药物大多采用此法检查酸碱度。

7. 溶液颜色检查法

药物溶液的颜色是否正常可反映药物的纯度。《中国药典》(2010 年版)附录中收载了三种检查药物溶液颜色的方法。

1) 第一法——目视比色法

(1) 操作方法：取一定量的供试品，加水溶解，置奈斯勒比色管中，用水稀释至 10mL，溶液呈现的颜色与规定调色号的标准比色液比较，不得更深。

(2) 标准比色液的配制：药典规定用重铬酸钾液(1mL 含 0.800mg $K_2Cr_2O_8$)为黄色原液，氯化钴液(1mL 含 59.5mg $CoCl_2 \cdot 6H_2O$)为红色原液，硫酸铜液(1mL 含 62.4mg $Cu_2SO_4 \cdot 5H_2O$)为蓝色原液。按一定比例配成黄绿色、黄色、橙黄色、橙红色和棕红色 5 种色调标准储备液。每种色调又按一定比例加水稀释成 10 种色号共计 50 种标准比色液。

(3) 检查时根据药物中有色杂质的颜色及限量要求，选择一定色调、色号的标准比色液作为对照，进行比较。例如，注射用对氨基水杨酸钠溶液颜色的检查方法为取供试品 1 瓶，加水溶解制成 1mL 中含 0.2g 的溶液，与黄色 6 号标准比色液比较，不得更深。

2) 第二法——分光光度法

测定吸光度更能反映溶液颜色的变化。本法是取规定量的供试品加水溶解，取 10mL 透明溶液，按标准中规定波长处测吸光度，不能超过标准规定值。例如，华法林钠中检查丙酮的颜色，取供试品0.20g，加水10mL溶解后，溶液应无色，如显色，置4cm吸收池中，在460nm波长处测定吸光度，不得超过0.12。

3）第三法——色差计法

（1）适用范围：当目视比色法较难判定供试品与标准比色液之间的差异时，应考虑采用色差计法进行测定与判断。用仪器方法测定颜色，不但能够精确、定量地测定颜色和色差，而且比目视比色法更科学、客观，且不随时间、地点、人员变化而发生变化。

（2）原理：本法是通过色差计直接测定溶液的投射三刺激值，对其颜色进行定量表述和分析的方法。通过比较供试溶液与水的色差值是否超过标准比色液与水的色差值，客观地衡量供试溶液颜色是否符合规定，其灵敏度与准确度均有较大提高，也解决了供试液与标准比色液因色调有差异而难以判断的问题。

（3）操作方法：除另有规定外，用水对仪器进行校准。取按各品种项下规定方法分别制得的供试品溶液和标准比色液，置仪器上进行测定，供试品溶液与水的色差值 ΔE^* 应不超过相应色调的标准比色液与水的色差值 ΔE_0^*。

8. 易碳化物检查法

（1）原理：易碳化物是指药品中夹杂的遇硫酸易碳化或易氧化而显色的有机杂质。

（2）操作方法：于比色管中将一定量供试品分次、缓缓加入5mL硫酸中，振摇溶解，静置15min后，与规定的对照液同置白色背景前，平视观察比较，颜色不得更深。例如，阿司匹林中易碳化物的检查方法，取本品0.5g，加硫酸5mL溶解后，与对照液（比色用氯化钴液、比色用重铬酸钾液各0.25mL，比色用硫酸铜液0.40mL，加水至5mL）比较，显色不得更深。

（3）对照液：对照液主要有三类，用“溶液颜色检查”项下的标准比色液作为对照液；由比色用氯化钴液、比色用重铬酸钾液和比色用硫酸铜液按规定方法配成的对照液；高锰酸钾液。供试品的处理：①供试品为固体时，应先研成细粉，以利于溶解、显色和检出。②如需加热才能溶解时，可取供试品与硫酸混合均匀，加热溶解，放冷置室温，再移至比色管中。③硫酸的浓度、反应温度与时间均影响易碳化物所呈现的颜色，必须按规定严格控制。

9. 澄清度检查法

澄清度可反映药品溶液中微量不溶性杂质的存在情况，在一定程度上可反映药品的质量和生产工艺水平，对于供制备注射液原料药品的纯度检查尤为重要。

（1）原理：药物溶液中存在分散的细微颗粒，当光通过溶液时，细微颗粒可引起光的散射，测量光的散射就可以测量溶液的浊度。通过比较供试品溶液和浊度标准液的浊度，判断供试品溶液的澄清度是否符合规定。利用硫酸肼与乌洛托品反应制备浊度标准液，反应原理是乌洛托品在偏酸性条件下水解产生的甲醛与肼缩合生成甲醛腙，不溶于水，形成白色浑浊。

$$(CH_2)_6N_4+6H_2O = 6HCHO+4NH_3$$

$$HCHO+H_2N—NH_2 \longrightarrow H_2C=N—NH_2+H_2O$$

（2）标准溶液的配制：①浊度标准储备液：配制1.00%硫酸肼水溶液，放置4～6h，待浊度稳定后，取此溶液和10%乌洛托品水溶液等容量混合，摇匀，于25℃避光静置24h，即得。置冷处避光保存，在2个月内使用，用前摇匀。②浊度标准原液：取浊度标准储备液15.0mL，置1000mL容量瓶中，加水至刻度，摇匀，取适量，置1cm吸收池中，在550nm波长处测定，其吸光度应为0.12～0.15。此液应在48h内使用，用前摇匀。③浊度标准液：取浊度标准原液与水，按表1-2配制。此液临用时配制，使用前充分摇匀。

表 1-2　不同级别浊度标准液

级号	0.5	1	2	3	4
浊度标准原液/mL	2.50	5.0	10.0	30.0	50.0
水/mL	97.50	95.0	90.0	70.0	50.0

(3) 操作方法：按规定配制供试品溶液与等量的浊度标准液，同时置于伞棚灯下，照度为1000lx，从水平方向观察比较，判断供试品澄清度是否符合规定。当供试品溶液的澄清度与所用溶剂相同或未超过0.5级浊度标准液时，称为澄清；当供试品溶液的乳色比0.5级明显，而不及1级时，称为浊度0.5级；其余依此类推，分别称为浊度1,2,3级。例如，氯唑西林钠溶液澄清度的检查方法为：取本品0.60g，加水4.5mL溶解后，溶液应澄清无色，如显浑浊，与1号浊度标准液比较，不得更浓。

(4) 注意事项：多数药物的澄清度检查以水为溶剂，但也有同时用酸、碱或有机溶剂（如乙醇、甲醇、丙酮）作溶剂的。有机酸的碱金属盐类药物强调用"新沸过的冷水"，以免水中溶有二氧化碳影响其澄清度；若检查后的溶液还需供"酸度"检查时，也应用"新沸过的冷水"。

10. 炽灼残渣检查法

炽灼残渣是指有机药物经碳化或挥发性无机药物加热分解后，高温炽灼所产生的非挥发性无机杂质的硫酸盐。炽灼残渣检查用于控制有机药物和挥发性无机药物中存在的非挥发性无机杂质。

(1) 操作方法：取供试品1.0～2.0g或各药品项下规定的质量，置已炽灼至恒量的坩埚中，精密称定，缓缓炽灼至完全碳化，放冷至室温；除另有规定外，加硫酸0.5～1mL使湿润，低温加热至硫酸蒸气除尽后，在700～800℃炽灼使完全灰化，移置干燥器内，放冷至室温，精密称定后，再在700～800℃炽灼至恒量，即得。

$$\text{炽灼残渣}=\frac{\text{残渣及坩埚质量}-\text{空坩埚质量}}{\text{供试品质量}}\times 100\%$$

恒量是指供试品连续两次炽灼或干燥后的质量差异在0.3mg以下。炽灼至恒量的第二次称量应在继续炽灼30min后进行。

(2) 注意事项：①含氟的药品对瓷坩埚有腐蚀，应采用铂坩埚。②重金属在高温下易挥发，如需将残渣留作重金属检查，则炽灼温度应控制在500℃以下。③供试品的取用量应根据炽灼残渣限量和称量误差决定。如果过多，则碳化和灰化时间过长；如果过少，则称量误差增大。一般应使炽灼残渣量为1～2mg，残渣限量一般为0.1%～0.2%，如限量为0.1%，取样约1g；若为0.05%，取样约2g；限量为1%以上，取样可在1g以下。④供试品应缓缓加热使其完全灰化。为避免供试品骤然膨胀而逸出，可将坩埚斜置直至完全灰化（不再产生烟雾），放冷，加硫酸后，低温加热。⑤坩埚置高温炉内炽灼前，务必蒸发除尽硫酸，以免硫酸蒸气腐蚀炉膛，造成漏电事故。⑥可采用蓝墨水与$FeCl_3$溶液的混合液涂写烘烤供瓷坩埚编号。⑦ChP与BP对炽灼残渣的最终结果均要求为恒量，而USP与JP均规定残渣在限度外时才要求炽灼至恒量。ChP和USP均为先碳化后再加硫酸，BP和JP则加硫酸氧化两次。例如，BP的做法是"加硫酸灼烧，再加硫酸灼烧，至约800℃灼烧15min，重复至前后两次称量相差不超过0.5mg"。

11. 干燥失重测定方法

干燥失重是指药品在规定的条件下经干燥后所减失的量，以百分数表示。干燥失重的量应恒量。由干燥至恒量的第二次及以后各次称量均在规定的条件下继续干燥 1h 后进行。

干燥失重的内容物主要是指水分，也包括其他挥发性物质，如残留的挥发性有机溶剂等。测定方法主要有常压恒温干燥法、干燥剂干燥法、减压干燥法、热分析法。

1）常压恒温干燥法

（1）适用范围：本法适用于受热较稳定的药物，干燥温度一般为 105℃。《中国药典》收载的药物有重酒石酸间羟胺、度米芬、洋地黄毒苷、盐酸乙胺丁醇、格列吡嗪、磺胺嘧啶银、磷酸二氢钠等 40 余种采用本法测定。

（2）操作方法：通常是将样品置于相同条件下已干燥至恒量的扁形称量瓶中，在干燥箱中按规定的温度（一般为 105℃）恒温加热将样品干燥至恒量，按下式计算：

$$干燥失重(\%)=\frac{减失的质量}{样品质量}\times 100\%$$

（3）注意事项：①放入烘箱进行干燥时，应将瓶盖取下，置称量瓶旁，或将瓶盖半开进行干燥。取出时，需先将瓶盖盖好，置干燥器中放至室温，然后称定质量。②为了使水分及挥发性物质易于挥散，供试品应平铺于扁形称量瓶中，其厚度不超过 5mm。如为疏松物质，厚度不超过 10mm；如为大颗粒结晶，应研细至粒度约 2mm。③有的药物含较多结晶水，在 105℃不易除去，可提高干燥温度。例如，磷酸氯喹在 105℃下干燥时，失重缓慢，不易恒量；经试验，改用 120℃干燥，数小时即恒量。硫酸吗啡分子中含 5 个结晶水，理论含水量达 36.3%，但其在 48.2℃以上出现熔化现象，不便直接高温加热，试验时采用先于 40～50℃加热，使结晶水缓缓释去；然后逐渐升高温度，在 105℃干燥至恒量的方式。USP 采用在 40～45℃减压干燥 16h 的方式；JP 采用先减压干燥 2h，再在 105℃干燥 3h 的方式。④某些药物中含有较大量的水分，熔点又较低，如直接在 105℃干燥，供试品即熔化，表面结成一层薄膜，使水分不易继续挥发，应先在低温下干燥，使大部分水分除去后，再于规定温度干燥。例如，硫代硫酸钠，由 40～50℃逐渐升高温度至 105℃并干燥至恒量。⑤供试品如为膏状物，应先取一含洗净的粗砂粒及一小玻棒的称量瓶于规定条件下干燥至恒量，然后称入一定量的供试品，用玻棒搅匀、干燥，并在干燥过程中搅拌数次，促使水分挥发，直至恒量。⑥某些易吸湿或受热发生相变而达不到恒量的药物，可采用一定温度下、干燥一定时间所减失的质量代表干燥失重。例如，烟酸具有升华性，在干燥过程中不能达到恒量，《中国药典》规定其干燥时间为 1h。右旋糖酐 40 极易吸湿，经多次干燥，仍不易恒量，空气湿度较大时，恒量更为困难。《中国药典》规定在 105℃干燥 6h 后，其减失质量不得超过 5.0%。

2）干燥剂干燥法

（1）适用范围：本法适用于受热分解或易于挥发的供试品，《中国药典》收载的药物如盐酸丁丙诺啡、盐酸米托蒽醌、盐酸洛贝林、氯化铵、苯佐卡因、硝酸异山梨酯、马来酸麦角新碱等采用本法测定。

（2）操作方法：将供试品置于干燥器中，利用干燥器内的干燥剂吸收水分，干燥至恒量。

（3）干燥剂：药典中常用的干燥剂有硅胶、硫酸和五氧化二磷。

五氧化二磷的吸水效率、吸水容量和吸水速度均较好，但其价格较高，且不能反复使用。五氧化二磷的使用是将干燥剂铺于培养皿中，置于干燥器内。如发现表层已结块、出现液滴，应将表层刮去，另加新的五氧化二磷再使用；弃去的五氧化二磷不可倒入下水道，应埋入土中。

硫酸的吸水效率与吸水速度次于五氧化二磷，但吸水容量比五氧化二磷大，价格也较低；使用时，将硫酸盛于培养皿或烧杯中，不能直接倾入干燥器，搬动干燥器时，注意勿使硫酸溅出；用过的硫酸经加热除水后可再用。

硅胶的吸水效率仅次于五氧化二磷，大于硫酸，其使用方便、价廉、无腐蚀性且可重复使用，是最常用的干燥剂。变色硅胶是加有氯化钴的硅胶，干燥后生成无水氯化钴而呈蓝色，吸水后生成含两分子结晶水的氯化钴而呈淡红色，可干燥除水。

3）减压干燥法

（1）适用范围：减压干燥法是指在减压下干燥的方法。在减压条件下，可降低干燥温度和缩短干燥时间，因此适用于熔点低，受热不稳定及水分难赶除的药物。《中国药典》收载的药物如盐酸阿糖胞苷、盐酸去甲万古霉素、山梨醇、乙酰半胺氨酸、洛莫司汀、绒促性素、盐酸丁丙诺啡等都采用本法测定。

（2）操作方法：采用减压干燥器（通常为室温）或恒温减压干燥器（温度应按照各品种项下的规定设置，如60℃等）。除另有规定外，压力应在2.67kPa（20mmHg）以下。例如，盐酸阿糖胞苷在较高温度下容易氧化分解，因此采用五氧化二磷室温下减压干燥至恒量；由于盐酸阿糖胞苷在酸性溶液中不稳定，必须控制其含水量。《中国药典》规定：减失质量不超过0.5%。布洛芬熔点为74.5～77.5℃，规定在五氧化二磷干燥器中减压干燥至恒量。肾上腺素规定在五氧化二磷干燥器中减压干燥18h。

（3）注意事项：减压干燥器初次使用时，应用厚布包好再进行减压，以防止炸裂伤人。开盖时，因器外压力大于内压，必须先将活塞缓缓旋开，使空气缓缓进入，勿使气流进入太快，以免将称量瓶中的供试品吹散；在供试品取出后应立即关闭活塞。

4）热分析法

在程序控制温度的情况下，测定物质的物理、化学变化与温度关系的一类仪器分析方法称为热分析法。

（1）热重分析法。

热重分析法是测量物质的质量随温度变化的热分析技术，热重分析仪主要由安装在程序升温炉中的微量分析天平组成。天平不受温度的影响，经过长时间加热仍有良好稳定性。

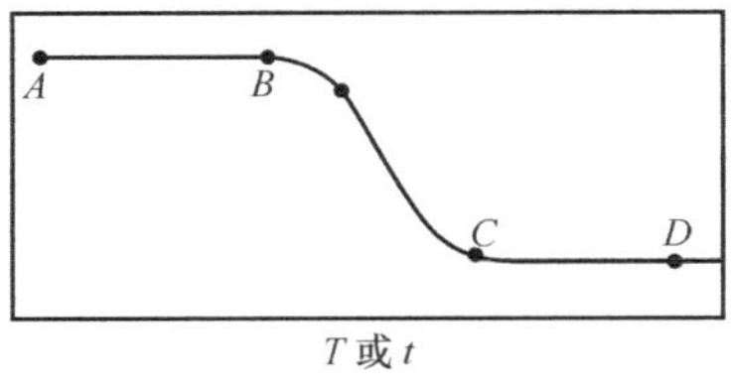

图 1-4　热重分析示意图

操作方法：将样品置于瓷坩埚或铂坩埚等适宜材料制成的容器中，放于天平盘上，按一定速度升高炉温，氮气流下带走挥发性物质。连续记录加热过程中样品质量随温度的变化，得供试品的热重曲线，如图1-4所示。图中*AB*、*CD*为平台，表示TGA曲线中质量不变的部分；*B*点为起始温度（T_i），是指积累质量变化达到天平能检测程度时的温度；*C*点为终止温度，是指积累质量变化达到最大时的温度；*B*、*C*点间温度差为反应区间。测定曲线上平台之间的质量差值，可计算出样品在相应温度范围内减失质量的百分数。

适用范围：适用于贵重药物或在空气中容易氧化药物的干燥失重测定，还可用于药物稳定性的考察。

特点：热重分析法能准确地测量出物质的质量变化及变化速度，样品用量少，较通常干燥失重法测定速度快。

(2) 示差热分析法(DTA)。

示差热分析法是测量供试品和参比物之间的温度差与温度(或时间)关系的热分析技术，基于物质在加热过程中，若发生物理或化学变化，必定会伴随着发生吸热或放热，可影响其温度。如图1-5所示，DTA曲线是以温度(或加热时间)为横坐标，ΔT为纵坐标的曲线。图中，AB和DE为基线，是DTA曲线中ΔT不变部分，表示供试品未发生吸热或放热反应；BCD为吸热峰，表示供试品发生吸热反应，温度低于参比物质，所以ΔT为负值，形成倒峰；若供试品发生放热反应，则将产生吸热峰，ΔT为正值，形成正峰。

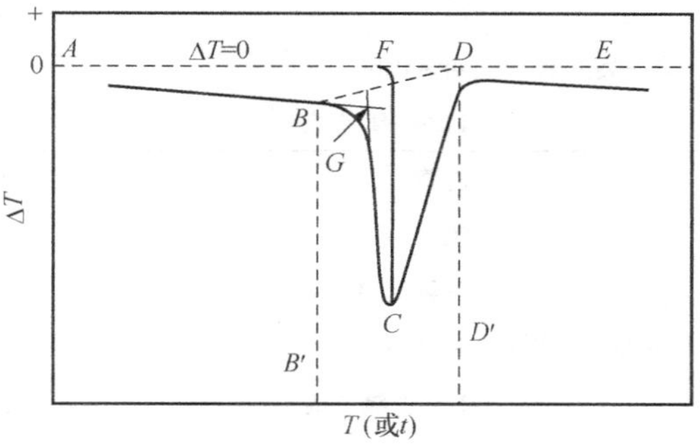

图1-5　ΔT随温度(或时间)变化曲线

操作方法：通过将样品与一种具有相似比热容的惰性参比物质(在加热过程中不发生相变和化学变化的物质)同置于一个可控制的加热器中，利用热电偶分别连接供试品与参比物质，并按一定的程序升温，测量供试品与参比物质之间的温差。

适用范围：DTA曲线上的各种吸热和放热峰的个数、形状和位置与其相应的温度，可用于待测物质的定性鉴别及纯度检查。

特点：DTA法所用样品量为0.1～10mg，加热速度一般为10～20℃/min。

(3) 示差扫描量热法。

示差扫描量热法是测量维持样品与参比物质的温度相同，系统所需输给待测物质和参比物质的能量差随温度(或时间)变化的热分析技术。分析过程中，若供试品发生吸热变化，则温度下降，必须补充较参比物质更多的能量才能使其温度与参比物质相同。反之，样品发生放热反应时，温度升高，则供给的能量应比参比物质少，才能使其温度保持与参比物质相同。由于系统供给的能量差相当于供试品发生变化时所吸收或释放的能量，记录这种维持平衡的能量即所需转化的热量，因此，DSC较DTA更适用于测量物质在物理变化或化学变化中焓的改变。

采用热分析法检查药物纯度时，应具备几个条件：①样品纯度≥98.0%。②杂质不与主成分反应。③杂质不与主成分形成共晶或固熔体。④杂质与熔融样品具有相似的化学特性。⑤药物在熔融中化学性质稳定。⑥药物若存在多晶形，需完全转化为同一晶形。

12. 有机溶剂残留量测定方法

药品中的残留溶剂，又称有机挥发性杂质，是指在合成原料药、辅料或制剂生产过程中使用和产生的，在工艺中未完全除去的有机挥发性化学物质。药品可被来自包装、运输、仓储中的有机溶剂污染。药品的残留溶剂无治疗作用，并可能对人体的健康和环境造成危害。按有机溶剂毒性的程度分四类。第一类毒性最大，有致癌作用并对环境有害，应尽量避免使用；第二类对人有一定毒性，应限量使用；第三类对人的健康危害较小，推荐使用。第一、二、三类溶剂的残留量应符合表1-3中的规定。

表 1-3　药品中常见的残留溶剂及限度

类别	溶剂名称	限度/%	溶剂名称	限度/%
第一类溶剂	苯	0.0002	1,1-二氯乙烯	0.0008
	四氯化碳	0.0004	1,1,1-三氯乙烷	0.15
	1,2-二氯乙烷	0.0005		
第二类溶剂（应该限制使用）	乙腈	0.041	2-乙氧基乙醇	0.016
	氯苯	0.036	乙二醇	0.062
	三氯甲烷	0.006	甲酰胺	0.022
	环己烷	0.388	正己烷	0.029
	1,2-二氯乙烯	0.187	甲醇	0.3
	二氯甲烷	0.06	2-甲氧基乙醇	0.005
第三类溶剂（GMP 或其他质量控制要求限制使用）	1,2-二甲氧基乙烷	0.01	甲基丁基酮	0.005
	N,*N*-二甲氧基乙酰胺	0.109	甲基环己烷	0.118
	N,*N*-二甲氧基甲酰胺	0.088	*N*-甲基吡咯烷酮	0.053
	1,4-二氧六环	0.038	硝基甲烷	0.005
	吡啶	0.02	二甲苯	0.217
	四氢噻吩	0.016	1,1,2-三氯乙烯	0.008
	四氢化萘	0.01	甲苯	0.089
	四氢呋喃	0.072		
	乙酸	0.5	正庚烷	0.5
	丙酮	0.5	乙酸异丁酯	0.5
	甲氧基苯	0.5	乙酸异丙酯	0.5
	正丁醇	0.5	乙酸甲酯	0.5
	仲丁醇	0.5	3-甲基-1-丁醇	0.5
	乙酸丁酯	0.5	丁酮	0.5
	叔丁基甲基醚	0.5	甲基异丁基酮	0.5
第三类溶剂（GMP 或其他质量控制要求限制使用）	异丙基苯	0.5	异丁醇	0.5
	二甲亚砜	0.5	正戊烷	0.5
	乙醇	0.5	正戊醇	0.5
	乙酸乙酯	0.5	正丙醇	0.5
	乙醚	0.5	异丙醇	0.5
	甲酸乙酯	0.5	乙酸丙酯	0.5
	甲酸	0.5		
第四类溶剂（尚无足够毒理学资料）	1,1-二乙氧基丙烷		1,1-二甲氧基甲烷	
	2,2-二甲氧基丙烷		异辛烷	
	异丙醚		甲基异丙基酮	
	甲基四氢呋喃		石油醚	
	三氯乙酸		三氟乙酸	

《中国药典》规定残留溶剂的检查方法为GC法，可采用填充柱，也可采用毛细管柱，检测器通常使用火焰离子化检测器(FID)。试验前应先进行色谱系统适用性试验，然后再测定。

1) 系统适用性试验

在测定残留溶剂之前应做色谱系统适用性试验，确定色谱系统是否符合以下条件：①待测物的理论塔板数应大于1000。②用内标法测定时，内标物与待测物色谱峰的分离度应大于1.5；每个标准溶液(限量待测溶剂与内标液)进样5次，待测物与内标物峰面积之比的相对标准偏差应不大于5%。③若用外标法测定，待测物峰面积的相对标准偏差应不大于10%。

2) 测定方法

对照品溶液的制备：进行有机溶剂残留测定时，若为限度检查，根据残留溶剂的限度规定，确定对照品溶液的浓度；若为定量测定，为保证定量测定结果的准确性，应根据供试品中残留溶剂的实际残留量确定对照品溶液的浓度。通常对照品溶液的色谱峰面积不宜超过供试品溶液中对应的残留溶剂色谱峰面积的2倍。必要时，应重新调整供试品溶液或对照品溶液的浓度。

(1) 毛细管柱顶空进样等温法(第一法)。

该法适用于被检查的有机溶剂数量不多，并且极性差异小的情况。

色谱条件：柱温为40～100℃；氮气为载气，流速为1.0～2.0mL/min；水为溶剂时顶空瓶平衡温度为70～85℃，顶空瓶平衡时间为30～60min；进样口温度为200℃；若采用FID，温度为250℃。

溶液的制备：通常以水为溶剂；对于非水溶性药物，可采用*N*,*N*-二甲基甲酰胺或二甲基甲砜或其他适宜溶剂；根据供试品和待测溶剂的溶解度，选择适宜的溶剂且应不干扰待测溶剂的测定。根据品种正文残留溶剂的限度规定，配制供试品溶液，使其浓度满足系统定量测定的需要。采用与制备供试品溶液相同的方法和溶剂制备对照品溶液。

操作方法：取对照品溶液和供试品溶液，分别连续进样不少于2次，测定待测峰的峰面积。

(2) 毛细管柱顶空进样程序升温法(第二法)。

该法适用于需要检查的有机溶剂数量较多且极性差异较大的情况。

色谱条件：柱温一般先在40℃维持8min，后以8℃/min的速度升至120℃，维持10min；载气为氮气，流速为2.0mL/min；水为溶剂时，顶空瓶平衡温度为70～85℃，平衡时间为30～60min；进样口温度为200℃；若采用FID，温度为250℃。具体药品的残留溶剂检查时，可根据该品种项下残留溶剂的种类调整程序升温速率。

操作方法：同(1)。

(3) 溶液直接进样法(第三法)。

可采用填充柱，也可采用适宜极性的毛细管柱。

溶液的制备：精密称取供试品适量，用水或合适的有机溶剂溶解；根据正文各品种中残留溶剂的限度规定，配制供试品溶液，使其浓度满足测定的需要。同法制备对照品溶液。

操作方法：取对照品溶液和供试品溶液，分别连续进样2～3次，每次约2μL，测定待测组分峰的峰面积。

3) 计算

限度检查：除另有规定外，按各品种项下规定的供试品溶液浓度测定。以内标法测定时，供试品溶液所得被测溶剂峰面积与内标峰面积之比不得大于对照品溶液的相应峰面积。

定量测定：按内标法或外标法计算各残留溶剂的量。

4）注意事项

（1）含氮碱性化合物的测定。采用惰性的硅钢材料或镍钢材料管路，减少其对含氮碱性化合物的吸附性。通常采用弱极性的色谱柱或其填料预先经碱处理过的色谱柱分析含氮碱性化合物，若采用胺分析专用柱分析，效果更好。采用溶液直接进样测定时，供试品溶液应不呈酸性，以免待测物与酸反应后不易气化。

（2）供试液与对照液平行原则。供试品溶液与对照品溶液必须使用相同的顶空条件。

（3）顶空平衡温度的选择。对沸点较高的残留溶剂，通常选择较高的平衡温度，但此时应兼顾供试品的热分解特性，尽量避免供试品产生的挥发性热分解产物对测定的干扰。

（4）顶空平衡时间。顶空平衡时间通常不宜过长，一般为30～45min，以保证供试品溶液的气液两相有足够的时间达到平衡。例如，超过60min，可能引起顶空瓶的气密性变差，导致定量准确性的降低。

（5）检测器的选择。对含卤素元素的残留溶剂如二氯甲烷等，采用电子捕获检测器（ECD），易得到较高的灵敏度。

13. 水分测定方法

药品中的水分包括结晶水和吸附水。过多的水分可使药物的含量降低，甚至导致药物的水解、霉变，从而影响其理化性质及生理作用。因此，应对药品中的水分进行限量控制。《中国药典》（2010年版）采用费休法和甲苯法测定药物中的水分，尤以费休法为主。

1）费休法

（1）原理：费休水分测定方法为氧化还原滴定反应，采用的标准滴定液称为费休试液，由碘、二氧化硫、吡啶和甲醇按一定比例组成。滴定原理是利用碘氧化二氧化硫时，需要一定量的水分参加反应。

$$I_2 + SO_2 + H_2O \longrightarrow 2HI + SO_3$$

消耗1mol碘就证明存在1mol的水，从消耗碘的量可以测定水分含量。上述反应是可逆的，加入无水吡啶能定量地吸收HI和SO_3，形成氢碘酸吡啶和硫酸酐吡啶。

$$I_2 + SO_2 + 3C_5H_5N + H_2O \longrightarrow 2C_5H_5N \cdot HI + C_5H_5N \cdot SO_3$$

但硫酸酐吡啶不稳定，加入无水甲醇可以使其转变成稳定的甲基硫酸氢吡啶。

$$C_5H_5N \cdot SO_3 + CH_3OH \longrightarrow C_5H_5N \cdot HSO_4CH_3$$

所以滴定的总反应为

$$I_2 + SO_2 + 3C_5H_5N + CH_3OH + H_2O \longrightarrow 2C_5H_5N \cdot HI + C_5H_5N \cdot HSO_4CH_3$$

1mol水需要1mol碘、1mol二氧化硫、3mol吡啶和1mol甲醇。吡啶和甲醇不仅参与滴定反应，而且还起溶剂作用。

（2）终点判断：①目视法：化学计量点前溶液呈浅黄色，化学计量点后稍过量一滴的费休试液使溶液呈红棕色（碘的红棕色），即溶液由浅黄色变为红棕色即为滴定终点。当供试品本身有色而干扰终点判断时，应采用永停滴定法。②永停滴定法：当滴定至电流计指针突然偏转，并持续数分钟不退回时，即为滴定终点。本法较目视法灵敏、准确。采用永停法指示终点时，其滴定装置应严密，用磨口塞，进样侧管也应考虑防湿。铂电极临用前活化，可采用含有少量三氯化铁的硝酸或铬酸清洁液浸泡2～3min，水洗干燥后备用。

(3) 计算方法:《中国药典》附录采用水分测定仪直接标定费休试液,或取干燥的具塞玻瓶,精密称入重蒸馏水约 30mg,加无水甲醇 2～5mL,用费休试液滴定至溶液由浅黄色变为红棕色,或用永停滴定法指定终点;另做空白试验,计算供试品中水分含量。

$$\text{供试品中水分含量}=\frac{(A-B)F}{W}\times 100\%$$

式中,A 为样品消耗费休试液的体积,mL;B 为空白消耗滴定液体积,mL;F 为每毫升费休试液相当于水的质量,mg;W 为供试品的质量,mg。

(4) 注意事项:费休试液亲水力极强,因此在配制、标定及滴定中所用试剂及仪器均应干燥。碘使用前应置硫酸干燥器内干燥 48h 以上。整个配制过程应防止空气中水分的侵入,配好的试液很不稳定,应储存在附有滴定装置的密闭棕色磨口洗瓶中于暗处放置 24h 后再标定。费休法不适用于测定氧化剂、还原剂以及能与试液生成水的化合物的药物。一些羰基化合物如活泼的醛、酮可与试剂中的甲醇作用,生成缩醛和水,也会干扰测定。

2) 甲苯法

甲苯法常用于测定颜色较深的药品或氧化剂、还原剂、皂类、油类等药品中的水分。装置如图 1-6 所示。取供试品适量精密称定,置 A 瓶中,加甲苯约 200mL,自冷凝管顶端加入甲苯,至充满 B 管的狭细部分。将 A 瓶置电热套中或用其他适宜方法缓缓加热,待甲苯开始沸腾时,调节温度,使 1s 馏出 2 滴。馏出液甲苯和水分进入水分测定管中,水的相对密度大于甲苯,沉于底部,甲苯流回 A 瓶中。待水分完全馏出,即测定管刻度部分的水量不再增加时,将冷凝管内部先用甲苯冲洗,再用饱蘸甲苯的长刷或其他适当方法,将管壁上附着的甲苯推下,继续蒸馏 5min,放冷至室温,拆卸装置。如有水黏附在 B 管的管壁上,可用蘸甲苯的铜丝推下,放置,使水分与甲苯完全分离(可加显色剂)。检读水量,并计算供试品中含水量。

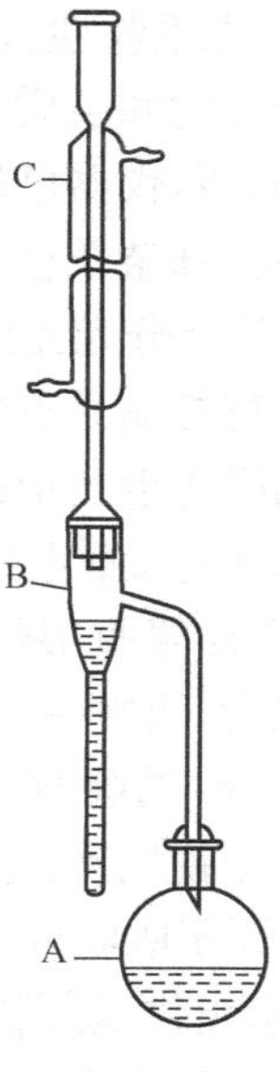

图 1-6　甲苯法测定水分装置图
A. 短颈圆底烧瓶;B. 水分测定管;C. 直形冷凝管

1.6.4　特殊杂质检查

药物中特殊杂质的检查主要是根据药物和杂质在理化性质上的差异来进行的。

1. 利用物理性质的差异

1) 臭味、挥发性、溶解性的差异

本法利用药物和杂质在臭味、挥发性、溶解性等方面的差异,对杂质的存在情况直接进行检查。例如,麻醉乙醚异臭检查,是控制原料乙醇中引入的杂醇油以及乙醛和过氧化物等杂质。方法为:取供试品 10mL,置于瓷蒸发皿中,使其自然挥发,挥散完毕后,不得有异臭。

在乙醇、苯酚、麻醉乙醚、樟脑和碘等挥发性药物中检查不挥发物时,利用药物在室温或加热挥发后,遗留残渣的质量不得超过规定,借以控制不挥发性杂质。例如,检查乙醇中的不挥发物,取本品 40mL,置 105℃恒量的蒸发皿中,于水浴上挥干后,再干燥 2h,遗留残渣不得超过 1mg。

利用双氯非那胺与其杂质在氢氧化钠试液中的溶解行为差异，可以控制合成工艺中可能引入的邻二氯苯或砜类化合物。方法为：取供试品 1.0g，加氢氧化钠试液 10mL 溶解后，溶液应澄清。

2）旋光性质的差异

比旋度（$[\alpha]_{\lambda}^{t}=100\alpha/(Cl)$，式中，$l$ 为样品管的长度，dm；C 为溶液的浓度，g/100mL）可用来区别不同的药物，检查杂质，反映药物的纯度，限定杂质的含量。例如，硫酸阿托品中检查莨菪碱。硫酸阿托品为消旋体，无旋光性，而莨菪碱为左旋体。《中国药典》规定测定供试品溶液(50mg/mL)的比旋度不得超过－0.40°，以控制莨菪碱的量。

3）对光吸收性质的差异

由于药物和杂质的结构不同，因而对光吸收的性质往往有差异。分光光度法的优点为：灵敏度高，简便，仪器已较普及，因此在药物的杂质检查中应用日益广泛。以下介绍不同的分光光度法在特殊杂质检查中的具体应用。

(1) 紫外分光光度法。利用药物和其杂质具有不同的生色体系时，其紫外光谱存在差异，对杂质进行控制。有的杂质紫外吸收光谱与药物的紫外吸收光谱重叠，但可以通过控制供试品溶液的吸光度比值来控制杂质的量。例如，苯丙醇中苯丙酮的检查，在苯丙醇纯品中加入不同量的苯丙酮，测定吸光度比值 A_{247nm}/A_{258nm} 与含酮量呈直线关系。若药物在紫外区有明显吸收，而杂质吸收很弱或没有吸收，可以根据吸光度大小限制杂质的量。规定供试品吸光度的上下限幅度，可在一定程度上控制产品的纯度。头孢噻吩在 237nm 处规定吸收范围为 0.65～0.72，237nm 的吸收特征是噻吩乙酰基产生的。测定值偏大则说明未有效除去噻吩乙酸；测定值偏小则说明产品降解。

(2) 原子吸收分光光度法。是基于测定待分析元素的基态原子对特定波长的光的吸收程度，从而求出供试药物中待检元素含量的方法。此方法灵敏度高，专属性强，主要用于金属元素的测定。用于杂质限量检查时，按以下方法进行：取供试品，按各品种项下的规定，制备供试品溶液；另取等量的供试品，加入限度量的待测元素溶液，制备成对照溶液。先将对照溶液喷入火焰，调节仪器使具有合适的读数 a；在相同条件下测定供试溶液，记录其读数 b。b 相当于供试溶液中待检元素的含量；$(a-b)$ 相当于对照溶液中按限量加入的待检元素的含量。当 $b<(a-b)$ 时，供试品中所含杂质元素符合规定；当 $b>(a-b)$ 时，供试品中所含杂质元素超过限量，不合格。

(3) 红外分光光度法。某些多晶形药物，由于晶形不同，一些化学键的振动情况产生差异，导致红外吸收光谱中的吸收出现明显的区别。该法主要用于药物中无效或低效晶形的检查。例如，甲硝咪唑 C 晶形在 662cm^{-1}处有较强吸收，其无效 A 晶形在 640cm^{-1}处有较强吸收。当供试品中含有 A 晶形时，在上述两个波数处的吸光度比值将发生改变。

(4) 荧光分析法。利用物质的激发和发射光谱，对物质进行分析。例如，利血平中氧化产物的检查，药物无荧光，杂质有荧光，可将供试品置紫外灯下检视，不得显明显的荧光。

4）利用色谱的行为差异

色谱法是通过比较药物和特殊杂质之间色谱行为的不同来进行特殊杂质的检查。主要包括薄层色谱法、气相色谱法、高效液相色谱法及纸色谱法(PC)等。有些药物含有与之结构、性质十分相近的杂质(如反应中间体、副产物、分解产物等)，需要采用先分离，再检测的方法进行杂质检查。色谱可满足这一要求，因而被广泛采用。

(1) 薄层色谱法。薄层色谱法较灵敏、简便、快速，不需要特殊设备，在杂质检查中应用很多，通常有以下几种方法。

杂质对照品法：适用于已知杂质并能制备杂质对照品的情况。要求供试品与所检杂质对显色剂所显的颜色相同，显色灵敏度也相同或相近。根据限量，取供试品溶液和限度量的杂质对照品溶液，分别点样于同一硅胶薄层板上，展开、定位、检查，供试品中所含杂质的斑点，不得超过相应杂质的对照斑点。例如，枸橼酸乙胺嗪中检查 *N*-甲基哌嗪，取供试品加甲醇制成 1mL 中含 50mg 的溶液；另取 *N*-甲基哌嗪对照品，制成 1mL 中含 50μg 的甲醇溶液；取供试品溶液与对照溶液各 10μL，分别点加于同一硅胶 G 薄层板上，以氯仿-甲醇-氨水(13∶5∶1)展开后，晾干，置碘蒸气中显色，供试品溶液如显与对照溶液相应的杂质斑点，其颜色不得深于对照品溶液的主斑点颜色(0.1%)。

供试品自身对照法：适用于杂质的结构不能确定或无杂质对照品的情况。将供试品溶液按限量要求稀释至一定浓度作为对照溶液，与供试品溶液分别点加于同一薄层板上，展开、定位、检查。供试品溶液所显杂质斑点不得深于对照溶液主斑点颜色。例如，《中国药典》(2010年版)对双氯芬酸钠中反应的中间体、副产物、分解产物等有关物质的检查。取供试品，加乙醇制成 10mg/mL 的供试品溶液；精密量取适量，加乙醇稀释制成 0.1mg/mL 对照溶液。吸取上述两种溶液各 10μL，分别点样于同一硅胶 GF_{254} 薄层板上，以乙酸乙酯-氯仿-冰醋酸(25∶25∶0.2)为展开剂，展开后，晾干，置紫外灯(254nm)下检视。供试液如显杂质斑点，与对照液主斑点比较，不得更深(1.0%)。

对照药物法：当无合适的杂质对照品，尤其是供试品显示的杂质斑点颜色与主成分斑点颜色有差异，难以判断限量时，可用与供试品相同的药物作为对照品，此对照物中所含待检杂质需符合限量要求，且稳定性好。例如，检查氢溴酸加兰他敏中的其他生物碱，方法为：取供试品溶液与氢溴酸加兰他敏对照品溶液分别点加于同一薄层板上，经展开显色后，供试品如显色杂质斑点，不得多于对照品，颜色也不得更深。此外，少数药物采用在试验条件下显色剂对杂质的检测限来控制其限量。

(2) 纸色谱法。纸色谱法通常用于极性较大物质的分离、分析。有时也用于检查放射性药物注射液中的放射化学杂质。由于 PC 较 TLC 展开时间长，斑点扩散，不能用强酸等腐蚀性显色剂，方法也不及 TLC 简便，因此 PC 在特殊杂质检查方面的应用不如 TLC 广泛。

(3) 高效液相色谱法。高效液相色谱法分离效能高，应用广泛，已实现仪器化，不仅可以分离，而且可以准确地测定各组分的峰面积和峰高，在杂质检查中应用日益增多。特别是已使用该法测定含量的药物，可同时进行杂质检查。高效液相色谱法检查杂质，主要采用的方法有：峰面积归一化、不加校正因子的主成分自身对照法、加校正因子的主成分自身对照法、内标法加校正因子法、外标法。

峰面积归一化：取供试品溶液，进样，经高效液相色谱分离后，测定各杂质及药物的峰面积，计算各杂质峰面积及其总和占总峰面积的百分数，不能超过限量，即

$$L = \sum A_i \Big/ \left(\sum A_i + A_{主} \right) \times 100\%$$

示例 1-4 利巴韦林中有关杂质的检查。

对照品液(5μg/mL)进样 10μL，调灵敏度，使主峰达满量程的 20%～25%；样品液(0.4mg/mL)进样

10μL，杂质 $\sum A_i < \left(\sum A_i + A_{主} \right)$ 的 1.0%。本法的特点是不需对照品，简便易行，记录图谱的时间应为主峰保留时间的整数倍，通常只能粗略考察供试品的杂质含量。

不加校正因子的主成分自身对照法：用于杂质结构不能确定或无杂质对照品时，杂质的检查。将供试溶液稀释成一定浓度，作为对照液。分别取供试品溶液和对照品溶液进样，将供试品溶液中各杂质峰面积及其总和，与对照液主成分峰面积比较，以控制供试品中杂质的量。该法的特点是简单方便，无须对照品，适用于杂质与主成分峰面积相差悬殊的杂质检查。

加校正因子的主成分自身对照法：杂质结构确定，但杂质对照品不易获得或价格高时，采用该法。将供试品溶液稀释成与杂质限度相当的浓度，作为对照品溶液。分别取供试品溶液和对照品溶液进样，测量供试品溶液色谱图上各杂质峰面积，将测得的峰面积分别乘以相应的校正因子后，与对照溶液主成分峰面积比较，依法计算各杂质的含量。

$$C_X = f \frac{A_X}{A_S/C_S}$$

各品种项下的校正因子是在方法建立时，采用杂质对照品和药物对照品配制一定浓度的溶液，进行色谱分离、分析后，按照下式计算：

$$f = \frac{A_S/C_S}{A_R/C_X}$$

式中，A_X 为供试品溶液中杂质的峰面积；C_X 为杂质的浓度；f 为校正因子；A_S 为药物对照品的峰面积；C_S 为药物对照品的浓度；A_R 为杂质的峰面积。

内标法加校正因子法：以一个供试品中不存在的，但色谱行为与主成分及杂质十分相似的物质作为内标，与供试品同时进样分析，测定供试品中的杂质含量，可减少测定误差。精密量取内标溶液和杂质对照品溶液，配成校正因子测定用的对照品溶液，取一定量注入仪器，记录色谱图，测量杂质对照品和内标物质的峰面积或峰高，计算校正因子。

$$f = \frac{A_S/m_S}{A_R/m_R}$$

式中，A_S 为对照品溶液中内标物质的峰面积或峰高；A_R 为对照品溶液中对照品的峰面积或峰高；m_S 为内标物质的质量；m_R 为对照品的质量。

再将含有内标物质的供试品溶液注入色谱仪，记录色谱图，测量杂质和内标物质的峰面积或峰高，按下式计算杂质的量：

$$杂质的量\ m_X = f \frac{A_X}{A_S/m_S}$$

外标法：用于有杂质对照品的情况。配制杂质对照品溶液和供试品溶液，分别取一定量注入色谱仪，测定对照品和供试品中杂质的峰面积，从而计算杂质的浓度。

$$C_X = \frac{A_X}{A_R/C_R}$$

式中，A_R、A_X 分别为供试溶液和对照溶液的峰面积；C_R 为对照溶液的浓度。

(4) 气相色谱法。气相色谱法主要用于药物中挥发性杂质的检查，如药物中残留的溶剂等。检查的方法与高效液相色谱法相同。此外，气相色谱法还常采用“标准加入法”，将一定量的杂质对照品溶液精密地加入供试品溶液中，根据外标法或内标法测得杂质的含量，再减去加入的对照品溶液中杂质的量，即得供试品溶液中杂质的含量。也可按下式计算：

$$\frac{A_{is}}{A_X}=\frac{C_X+\Delta C_X}{C_X} \qquad C_X=\frac{\Delta C_X}{(A_{is}/A_X)-1}$$

式中，A_X 为供试品溶液中杂质X的峰面积；C_X 为供试品溶液中杂质的浓度；ΔC_X为加入的已知浓度的待测组分对照品的浓度；A_{is}为加入对照品后组分X的峰面积。

2. 利用化学性质的差异

1）杂质与一定试剂反应产生颜色

利用杂质与一定试剂产生颜色的反应检查杂质，可根据限量要求，规定一定反应条件下不得产生某种颜色；或与杂质对照品在相同条件下呈现的颜色进行目视比色；也可用分光光度法测定其吸光度。由于显色反应很多，因此该类方法应用广泛。例如，检查盐酸乙基吗啡中的吗啡，加入亚硝酸钠试液，由于吗啡具有酚羟基，能与亚硝酸钠在酚羟基邻位的碳原子上发生亚硝化反应，生成2-亚硝基吗啡，在氨碱性条件下显黄棕色，与一定量吗啡对照品溶液用相同方法处理后产生的颜色比较，不得更深。

2）杂质与一定试剂反应产生沉淀

利用药物中存在的杂质能与一定试剂发生沉淀反应来检查杂质的方法，应用较多。硝酸毛果芸香碱在提取过程中可能带入的其他生物碱的检查，如毛果芸香次碱、匹鲁新等。这些生物碱盐类的水溶液，遇氨水或重铬酸钾溶液均发生浑浊或沉淀。《中国药典》对它们的检查方法为：取供试品0.2g，加水20mL溶解后，分成两份，一份中加入氨试液数滴；另一份中加重铬酸钾试液数滴，均不得发生浑浊。

3）杂质与一定试剂反应产生气体

检查某些药物中所含微量硫化物，利用其在酸性条件下放出硫化氢气体，与乙酸铅试纸作用，形成棕黑色硫化铅，称为硫斑。与一定量标准硫化钠溶液在相同条件下所显示的标准硫斑比较，不得更深。检查某些药物中的氨或铵盐，在碱性条件下加热，如有铵盐存在，则释放出氨，用石蕊试纸检视，或加碱性碘化汞钾试液显色，与一定量标准硫化钠溶液在相同条件下所显的标准硫斑比较，不得更深。

4）氧化还原性差异

葡萄糖酸亚铁、富马酸亚铁等药物中含有少量高铁盐，高铁离子具有氧化性，《中国药典》采用置换碘量法测定其含量，规定不得超过一定量。例如，葡萄糖酸亚铁中高铁盐的检查，供试品溶液加碘化钾，放置后，被Fe^{3+}氧化产生的碘用硫代硫酸钠滴定液滴定，1mL的硫代硫酸钠滴定液(0.1mol/L)相当于5.585mg的Fe。

5）酸碱性的差异

药物中有的杂质具有酸性或碱性，可据此进行检查。例如，《中国药典》对己酸羟孕酮中过量正己酐及对甲苯磺酸等的检查，通过酸度控制来实现。方法为：取供试品0.20g，加中性无水乙醇25mL溶解后，立即加溴麝香草酚蓝指示液数滴并加氢氧化钠滴定液(0.02mol/L)至微蓝色，消耗氢氧化钠滴定液(0.02mol/L)不得超过0.50mL。

3. 药物经有机破坏后检查杂质

某些环状结构的有机药物在生产中可能引入磷、硫、卤素及硒等杂质，可与有机分子中碳原子以共价键结合而不能直接检出，需经有机破坏，使待检杂质成游离状态才可检出。有的药物在检查条件下不能溶解，干扰检查，也需进行破坏处理。利用药物与这些杂质在破坏分解后性质的差异进行测定。有机破坏方法多采用氧瓶燃烧法。

1.7 含量测定

药品的含量测定是指准确测定药品有效成分或者指标性成分的含量，是评价药品质量、判断药物优劣和保证药品疗效的重要手段。含量测定需在鉴别无误和杂质检查符合规定的基础上进行。除个别品种不收载含量测定项外，原则上均按药品质量标准进行含量测定。药品的含量测定应根据被测成分的理化性质选择相应的测定方法。

测定药物含量时，可选用容量分析法和仪器分析法。容量分析法(滴定分析法)的仪器设备简单、易于操作，不需要使用化学对照品，成本低、速度较快，结果准确、方法耐用性高，但缺乏专属性，主要适用于对结果准确度和精密度要求较高的样品测定。虽然其专属性不如仪器分析法高，但仍作为国内外药典中药物含量测定的首选含量分析法。光谱分析法简便、快速、灵敏度高，并具有一定的准确度，但专属性稍差，主要适用于对灵敏度要求较高、样本量较大的分析项目；色谱分析法则具有高灵敏度与高专属性，并具有一定的准确度，但其结果计算需要对照品，主要适用于对方法的专属性与灵敏度要求较高的组分复杂、干扰成分较多样品的含量测定。随着仪器和检测技术的快速发展，仪器分析法的准确度和精密度越来越高。国内外药典中应用仪器分析法进行药物含量测定日益普及。使用仪器分析方法测定含量时，需要采用化学对照品。

1.7.1 方法选择

药物的含量测定所采用的分析方法一般要求操作简便，结果准确重现。但对于药物的不同形式，其含量测定方法的选择依据有所侧重。对于化学原料药的含量测定，因为纯度较高、所含杂质较少，因此强调测定结果的准确和重现。通常要求方法具有更高的准确度和精密度，首选容量分析法，若用容量法不适宜时，可考虑选用 HPLC 法，尤其在有关物质干扰，或多组分物质时，具有突出优势。因仪器或操作间的偏差较大，一般不选用紫外分光光度法，尤其不首选“吸收系数法”定量，不选用末端吸收峰作测定波长；须用紫外分光光度法时，可采用不受仪器及其他变化影响的“对照品比较法”定量，测定溶液的吸光度宜为 0.3～0.7。元素测定方法如定氮法，在其他方法均不适宜时可采用，但因不能反映化合物含量的变化情况，不可用于稳定性考察中。

对于药物制剂的含量测定，因为制剂组分复杂、干扰物较多，且含量限度一般较宽，因此更加强调方法的灵敏度和专属性或则选择性。选用方法时应考虑辅料等的干扰，首选方法一般为 HPLC 法，在有关物质、辅料不干扰的情况下，也可选用 UV 法或原料药项下的容量法，复方制剂首选 HPLC 法。而对于药物制剂的定量检查，如溶出度、含量均匀度检查中药物的溶出量或含量测定，因为分析样本量较大且限度较宽，在辅料不干扰测定时宜选用光谱分析法。

药品的含量或效价是评定药品的主要指标之一，设计其测定方法时，应根据药品特性、剂型、处方、鉴别试验和纯度检查综合考虑。在鉴别试验和纯度检查保证专属性和纯度的情况下，含量测定方法的选择要着眼于准确性、稳定性和可重复性。

1. 原料药含量测定方法的选择

对于组分单一的原料药，首选精密度高、操作简便、快速的容量法测定含量。可根据药物分子中所具有的官能团及其化学性质，选用不同的容量分析方法，但应符合以下条件：①反应须按一个方向完全进行。②反应要迅速，必要时可通过加热或加入催化剂等方法提高反应速率。③共存物不得干扰主要反应，或能用适当方法消除。④确定等当点的方法要简单、灵敏。⑤标化滴定液所用基准物质易得，并符合纯度高、组成恒定且化学式符合、性质稳定等要求。

方法描述中要强调：①供试品的取用量应满足滴定精度的要求（消耗滴定液约 15mL）。②滴定终点的判断要明确，如选用指示剂法，应考虑其变色敏锐，提供滴定曲线，并用电位法校准其终点颜色。③为排除因加入其他试剂或混入杂质对测定结果的影响，或便于剩余滴定法的计算，可采用“将滴定的结果用空白试验校正”的方法。④最后要给出滴定度（采用四位有效数字）。

容量法测定含量要注意参加反应的应是药物分子活性部分，而不是次要的酸根或碱基部分。例如，盐酸西替利嗪、盐酸氨溴索，有研究者采用氢氧化钠滴定液滴定法直接测定其含量，事实上这种方法测定的是其中盐酸的含量。其成盐工艺中的酸、碱配比不当时，可严重影响成品酸碱度，因此该法的测定结果并不能代表其活性成分有机碱的含量，这种方法不能准确把握其有效成分含量。应采用非水滴定法，以无水冰醋酸为溶剂屏蔽盐酸的干扰，用高氯酸滴定其有机碱的含量。高氯酸非水滴定法因适应性广（适用于有机弱碱及其盐类）、方法简便和测定结果精密等优点，在化学原料药的含量测定中较为常用。

2. 制剂含量测定方法的选择

在进行制剂的含量测定时，应遵循几个原则：①可能时应选用与原料药相同的测定方法，一般首选容量分析法。②共存药物、辅料、附加剂有干扰时，应先通过预处理排除干扰后再用与原料药相同的测定方法。③主要成分含量很少的应选用灵敏度高的方法，如紫外-可见分光光度法或高效液相色谱法。在使用 UV 法时要注意波长的选择，应具有合适的峰形和吸收，避免溶剂或降解产物的干扰，尽量减少使用有机溶剂，尤其避免使用毒害的溶剂。④当所含杂质或赋形剂干扰含量测定时，需先经分离才能测定，各成分间互相干扰的制剂或复方制剂，可选用 HPLC 法。

(1) 共存成分无干扰时，含量测定方法的选择。

当共存成分无干扰时，应选用与原料药相同的测定方法。原料药用何种容量分析法，其也用同种容量分析法。测定之前必须对制剂进行处理。用物理方法将辅料除去或经提取分离并经干燥后才进行测定。

(2) 共存成分有干扰时，含量测定方法的选择。

离子对双相滴定法：在制剂中的有机碱一般不必分离即可直接滴定。其基本原理是有机碱类药物 RX 中的阳离子 R^+ 与阴离子表面活性剂 M-Na 中的阴离子 M^- 形成离子对配合物 RM。滴定至终点时，全部反应产物可被有机相萃取。稍过量的阴离子表面活性剂与指示剂作用，生成配合物溶于有机相，使两相界面处变色，预示已到达终点。

紫外-可见分光光度法：辅料无吸收、主药有特征吸收的制剂选用 UV 法有一定的专属性，大多数辅料对紫外-可见光无特征吸收，对 UV 法无干扰，所以当直接测定不能选用原料药的化学方法测定而且该药物在紫外光区又有特征吸收峰时，则首选 UV 法。为有效消除辅料干的干扰，可在溶解滤过后使用 UV 法测定。

高效液相色谱法：在紫外-可见光区有特征吸收峰的可首选 HPLC 法。对制剂中主药含量少，又容易产生降解物，分离困难的品种，可选用 HPLC 法。先进行色谱分离，然后再测定含量。《中国药典》(2010 年版)中大量采用了 HPLC 法测定制剂的含量。

1.7.2　常用方法及含量计算

药物的含量测定方法包括化学分析法和仪器分析法。化学分析法又包括重量分析法和容量(滴定)分析法；仪器分析法包括紫外-可见分光光度法、红外分光光度法、高效液相色谱法、气相色谱法、电泳法等。

1. 容量分析法

滴定分析法，是指使用滴定管将已知准确浓度的试剂溶液，滴加到被测物质的溶液中，直到所加的试剂与被测组分恰好定量反应完全为止。根据滴定液的浓度和所消耗的体积，计算出待测组分的含量。滴定中滴加的标准溶液与待测组分恰好反应完全这一点，称为化学计量点，而指示剂发生颜色变化的转变点，称为滴定终点。实际操作中，滴定终点(实际终点)与化学计量点(理论终点)不可能恰好重合，它们之间往往存在很小的误差，该误差称为滴定误差，滴定误差是滴定分析的主要误差来源之一。

滴定分析法主要用于组分含量在 1%以上，取样量大于 0.1g 试样的测定，属于常量组分分析，操作简便、快速，仪器简单、价廉。根据滴定反应的方式可分为直接滴定法、间接滴定法；根据反应的类型则分为酸碱滴定、氧化还原滴定、沉淀滴定、配位滴定、非水滴定等。

1) 直接滴定法

用滴定液直接滴定被测物质溶液的方式，是最基本、最常用的滴定方式，如以盐酸滴定液滴定氢氧化钠溶液等。阿司匹林原料药的含量测定就是采用酸碱直接滴定法。

其含量计算公式为

$$含量=\frac{V\times F\times T}{W\times 1000}\times 100\%$$

进行空白试验时，应扣除空白消耗的体积，即

$$含量=\frac{(V-V_0)\times F\times T}{W\times 1000}\times 100\%$$

式中，V 为供试品消耗滴定液的体积，mL；V 为空白试验消耗滴定液的体积，mL；F 为滴定液浓度校正因子；T 为滴定度，mg/mL；W 为供试品的质量，g。

2) 间接滴定法

间接滴定法包括剩余滴定法和生成物滴定法，适用于反应物为固体，或直接滴定反应速率较慢、滴定缺乏合适指示剂等类型的反应。

(1) 剩余滴定法。

剩余滴定法(也称返滴定)是先使被测物质与定量过量的标准溶液 A 作用，待反应完全后，再用另一种滴定液 B 回滴定剩余的标准溶液 A，由实际消耗的滴定液 A 的量，计算被测物质的含量。

本法常需进行空白试验校正，其百分含量计算公式为

$$含量=\frac{(V_0-V)\times F\times T}{W\times 1000}\times 100\%$$

式中，V 为供试品消耗滴定液的体积，mL；V_0 为空白试验消耗滴定液的体积，mL；F 为滴定液浓度校正因子；T 为滴定度，mg/mL；W 为供试品的质量，g。

(2) 生成物滴定法。

被测药物与化合物A作用，定量生成化合物B，再用滴定液滴定化合物B。该法的百分含量计算方法与直接滴定法相同，只是在计算滴定度时需考虑被测药物与化合物B以及化合物B与滴定剂三者之间的化学计量关系。

2. 分光光度法

分光光度法是通过测定被测物质在特定波长处或一定波长范围内的吸光度或发光强度，对该物质进行定性和定量分析的方法。

1) 紫外-可见分光光度法

紫外-可见分光光度法可用于药物的鉴别、检查和含量测定，是药品检验中应用非常广泛的一类仪器分析方法。

(1) 对照品比较法。

按各品种项下的方法，分别配制供试品溶液和对照品溶液，在规定的波长处分别测定其吸光度，按下式计算含量：

$$含量=\frac{A_{样}\times C_{对}\times 稀释倍数}{A_{对}\times \frac{M_{样}}{V}}\times 100\%$$

式中，$A_{样}$ 为样品溶液的吸光度；$A_{对}$ 为对照品溶液的吸光度；$C_{对}$ 为对照品溶液的浓度；$M_{样}$ 为供试品的称样量；V 为供试品溶液的体积。

对照品比较法可在一定程度上克服测定条件对结果的影响，测定时，供试品溶液和对照品溶液的浓度及测定条件应一致。

(2) 吸收系数法。

按各品种项下的方法配制供试品溶液，在规定的波长处测定其吸光度，再以该品种在规定条件下的吸收系数计算含量。用该法测定时，应注意仪器的校正和检定。

$$A=E_{1cm}^{1\%}CL\Rightarrow C=\frac{A}{E_{1cm}^{1\%}L}$$

$$含量=\frac{W_{被测物质}}{W_{样品}}=\frac{C_{被测物质}\times V}{W_{样品}}$$

$$含量=\frac{\frac{C}{100}\times V\times 稀释倍数}{W_{样品}}=\frac{\frac{A}{E_{1cm}^{1\%}\times L\times 100}\times V\times 稀释倍数}{W_{样品}}\times 100\%$$

式中，A 为供试品溶液的吸光度；V 为供试品溶液的体积；$W_{样品}$ 为供试品的质量。

(3) 标准曲线法。

将一系列浓度不同的标准溶液按照一定操作过程分别进行测定，以吸光度为纵坐标，浓度为横坐标绘制标准曲线，回归得线性方程。在相同条件下处理待测物质并测定其吸光度，代入线性方程，即可求出其含量。由于影响因素较多，每次实验都要重新制作标准曲线。

2) 荧光分析法

由于不易测定绝对荧光强度，荧光分析法是在一定条件下，用对照品溶液测定荧光强度与浓度的线性关系后，再于每次测定前，用一定浓度的对照品溶液校正仪器的灵敏度，然后在相同条件下，分别读取对照品溶液及其试剂空白的荧光强度与供试品溶液及其试剂空白的荧光强度，用下式计算供试品浓度：

$$C_X=\frac{R_X-R_{Xb}}{R_r-R_{rb}}\times C_R$$

式中，C_X 为供试品溶液的浓度；C_R 为对照溶液的浓度；R_X 为供试品溶液的荧光强度；R_{Xb}为供试品溶液试剂空白的荧光强度；R_r 为对照品溶液的荧光强度；R_{rb}为对照品溶液试剂空白的荧光强度。

3. 色谱分析法

色谱法具有灵敏度高、选择性高、分析速度快、应用范围广等特点，是分析混合物最有效的手段，广泛应用于药品的鉴别、纯度检查和含量测定中。

1）高效液相色谱法

高效液相色谱法用于定量分析时，常用的计算方法包括内标法和外标法。

（1）内标法。

精密称(量)取对照品和内标物质，分别配成溶液，精密量取各溶液，配成校正因子测定用的对照溶液。取一定量注入仪器，记录色谱图，测量对照品和内标物质的峰面积或峰高，按下式计算校正因子。

$$f=\frac{A_S/C_S}{A_R/C_R}$$

式中，A_S 为内标物质的峰面积或峰高；A_R为对照品的峰面积或峰高；C_S 为内标物质的浓度；C_R为对照品的浓度。

再取各品种项下含有内标物质的供试品溶液，注入液相色谱仪，记录色谱图，测量供试品中待测成分和内标物质的峰面积或峰高，按下式计算含量。

$$C_X=f\,\frac{A_X}{A'_S/C'_S}$$

式中，A_X为供试品峰面积或峰高；C_X为供试品的浓度；A'_S为内标物质的峰面积或峰高；C'_S为内标物质的浓度；f 为校正因子。

采用内标法定量可避免进样体积和样品前处理误差对定量结果的影响。

（2）外标法。

外标法可分为标准曲线法和外标一点法。标准曲线法：配制一系列已知浓度的标准溶液，在同一操作条件下，按同量注入色谱仪，测其峰面积(或峰高)，绘制峰面积(或峰高)与浓度的标准曲线，并求出回归方程。然后在相同条件下，注入等量供试品，测得待测组分的峰面积(或峰高)，根据标准曲线或其回归方程，计算供试品中待测组分的浓度。外标一点法：精密称(量)取对照品和供试品，配制成溶液，分别精密取一定量，注入仪器，记录色谱图，测量对照品溶液和供试品溶液中待测成分的峰面积(或峰高)，用于测定供试品中某个杂质或主成分含量，按下式计算含量(外标法用于含量测定的原理与方法与杂质检查的定量测定相同)：

$$C_X=C_R\,\frac{A_X}{A_R}$$

式中，各符号意义同上。由于微量注射器不易精确控制进样量，当采用外标法测定供试品中某杂质或主成分含量时，以定量环或自动进样器进样为好。

2）气相色谱法

测定供试品中主成分含量时，除高效液相色谱法项下的内标法和外标法外，也可采用标准溶液加入法。

标准溶液加入法测定供试品中某个杂质或主成分含量：精密称（量）取某个杂质或待测成分对照品适量，配制成适当浓度的对照品溶液，取一定量，精密加入到供试品溶液中，根据外标法或内标法测定杂质或主成分含量，再扣除加入的对照品溶液含量，即得供试液溶液中某个杂质和主成分含量。

气相色谱法定量分析，当采用手动进样时，由于留针时间和室温等对进样量的影响，使进样量不易精确控制，因此最好采用内标法定量；而采用自动进样器时，由于进样重复性的提高，在保证进样误差的前提下，也可采用外标法定量。当采用顶空进样技术时，由于供试品和对照品处于不完全相同的基质中，因此可采用标准溶液加入法消除基质效应的影响；当标准溶液加入法与其他定量方法结果不一致时，应以标准加入法结果为准。

1.8　药品分析方法验证

分析方法是揭示药品品质的工具和手段，方法验证是判断采用的分析方法是否科学、可行的过程。方法验证就是根据确定的检测项目的要求，预先设置一定的验证内容，并通过设计合理的试验验证所采用的分析方法是否符合检测项目的要求。

方法验证是一个持续发展的过程，在药物生产方法变更、制剂组分变更、原分析方法进行修订或药典规定方法用于新药时，则质量标准分析方法需要再验证，还有药品质量标准起草时，分析方法须经验证。再验证应证明分析方法能保持其性能适用于相应的检测要求。如采用的分析方法，为了满足系统适用性的要求，需要调整其操作条件，则分析方法需进行适当的再评价、修正和再验证。再验证的程度，取决于变更的性质。

需验证的分析项目有：鉴别试验、杂质定量或限度检查、原料或制剂中有效成分含量测定、制剂中其他成分（降解产物、防腐剂等）的测定、溶出度、释放度等功能检查中的溶出量等的测试方法。

分析方法需验证内容有：准确度、精密度（包括重复性、中间精密度和重现性）、专属性、检测限、定量限、线性、范围和耐用性。方法验证的评价应围绕验证目的进行，同时关注方法验证内容的全面性和试验方案的系统性和合理性以及验证过程的规范性。

1.8.1　准确度

准确度指用待验证的分析方法测得的结果与真实值或者参考值接近的程度，有时也称为真实度，一般用回收率（%）表示，表示分析方法的正确性，应在规定的范围内测试。

1. 原料药含量测定方法的准确度

可用已知纯度的对照品或供试品进行测定，再与真实值或参考值比较；或用本法所得结果与已建立准确度的另一方法测定的结果进行比较，求得回收率。

$$\text{回收率}=\frac{\text{测得量}}{\text{加入量}}\times 100\%$$

2. 制剂含量测定方法的准确度

主要测试制剂中其他组分及辅料对含量测定的影响，可通过模拟处方回收率反映。将被测物与处方中各组分按照配方比例混合制得供试品，按建立的含量测定方法测定。如不能得到制剂的所有组成成分，也可以向制剂中加入已知量的被测物后测定，这种方法称为加样回收率测定方法。加样回收率往往用于比例复杂的制剂，如中成药等的定量方法的准确度评价。

$$回收率=\frac{测得量-本底量}{加入量}\times 100\%$$

制剂含量测定方法也可以通过与另一个已经确定准确度的方法比较所测结果。

容量分析法的回收率一般要求为 99.7%～100.2%，而对于仪器分析，如紫外-可见分光光度法、高效液相色谱法、气相色谱法等的回收率一般要求为 98%～102%，体内药物分析的回收率一般要求为 80%～120%。

3. 杂质定量测定的准确度

杂质定量测定大多用色谱法，其准确度可通过向原料药或制剂中加入已知量杂质进行测定。如果不能得到杂质或降解产物，可用该法测定结果与另一成熟的方法进行比较，如药典标准方法或经过验证的方法。如不能测得杂质或降解产物的相对响应因子，则可用原料药的响应因子。

4. 数据要求

在规定范围内，至少用 9 次测定结果进行评价，如制备 3 个不同浓度，每个浓度各分别制备 3 份供试品，进行测定。例如，一般要求分别配制浓度为 80%，100%和 120%的供试品溶液各 3 份，测定其含量，应报告已知加入量的回收率(%)，或测定结果平均值与真实值之差及其可信限。应明确证明单个杂质和杂质总量相当于主成分的质量比(%)，或是面积比(%)。

1.8.2 精密度

精密度指在规定测试条件下，同一个均匀样品，经多次取样测定所得结果之间的彼此接近程度。精密度一般用偏差、标准差和相对标准偏差表示，其计算公式如下。

$$偏差\ d=x_i-\bar{x}$$

$$标准差\ S=\sqrt{\frac{\sum(x_i-\bar{x})^2}{n-1}}$$

$$相对标准差\ \mathrm{RSD}=\frac{S}{\bar{x}}\times 100\%$$

式中，x_i 和 $\bar{x}$ 分别表示第 i 次的测定值和有限次测定结果的平均值。

精密度是考察分析方法在不同时间、不同人员操作或在不同实验室所得结果的重复性或重现性。涉及定量测定的项目，如含量测定和杂质定量测定均应验证方法的精密度。《中国药典》(2010 年版)规定，方法精密度可从重复性、中间精密度和重现性考察。

1. 重复性

在相同条件下，由同一个分析人员测定所得结果的精密度称为重复性(repeatability)。在规定范围内，至少用 9 次测定结果进行评价，如制备 3 个不同浓度的样品，每个浓度各制备 3 份供试品溶液分别测定，或把被测物浓度当作 100%，用至少 6 次的测定结果进行评价。

2. 中间精密度

在同一个实验室，不同时间由不同分析人员用不同设备测定结果的精密度称为中间精密度（intermediate precision）。为考察随机变动因素（不同日期、不同分析人员、不同设备）对精密度的影响，应设计方案进行中间精密度试验。

3. 重现性

在不同实验室由不同分析人员测定结果的精密度称为重现性（reproducibility）。当分析方法将被法定标准采用时，应进行重现性试验。例如，建立药典分析方法时通过协同检验得出重现性结果，协同检验的过程、重现性结果均应记载在起草说明中。

4. 数据要求

精密度验证中所测数据均应报告标准偏差、相对标准偏差和可信限。

一个分析方法的精密度好，说明方法稳定，测定的结果重复性好。方法的精密度好是准确度高的前提，但是方法的精密度好，准确度不一定高。只有在消除了系统误差的前提下，精密度好，准确度才高。

各种含量测定方法对效能指标的要求是不同的，对于容量分析法一般要求 RSD≤0.2%；对于光谱法，如紫外-可见分光光度法、原子吸收法等一般要求 RSD≤1%；对于色谱法，如高效液相色谱法、薄层色谱法等一般要求 RSD≤2%。

1.8.3　专属性

专属性是该法用于复杂样品分析时抗干扰程度的度量，是指在有其他成分（杂质、降解物、辅料等）可能存在的情况下，采用的方法能准确测定出被测物的特性，能反映该方法在有共存物时对供试品准确而专属的测定能力，即表示分析方法的识别能力。如果分析方法的专属性有个别缺陷，可以用其他方法加以补充。

原料药物中常含有杂质，如合成的原料、中间体、副产物以及降解产物等，制剂中则含有辅料，分析方法的专属性很高，就可以排除这些干扰组分的影响，准确地测定被测组分。鉴别反应、杂质检查和含量测定方法均应考察其专属性。

1. 鉴别反应

鉴别反应应能与可能共存的物质或结构相似化合物区分，不含被测成分的供试品及结构相似物或组分中的有关化合物，均应呈负反应。

2. 含量测定和杂质测定

色谱法和其他分离方法应附代表性图谱，以说明方法的专属性，并标明各成分在图中的位置，色谱法中的分离度应符合要求。

若杂质可获得，进行含量测定时，试样中可加入杂质或辅料，考察测定结果是否受干扰，并可与未加杂质和辅料的试样比较测定结果；对于杂质测定，也可向试样中加入一定量的杂质，考察杂质之间能否得到分离。

若杂质或降解产物不能获得，可将含有杂质或降解物的试样进行测定，与另一经验证了的方法或药典方法比较结果；用强光照射、高温、高湿、酸碱水解或氧化的方法进行加速破坏，以研究可能的降解产物及其降解途径。含量测定方法应比对二法的结果，杂质检查应比对检出的杂质个数，必要时可采用二极管阵列检测和质谱检测，进行纯度检查。

1.8.4 检测限

检测限(limit of detection，LOD)是指样品中所含的被测物质可被检出的最低量或浓度。在检出限内并不意味着一定就能够进行定量，它反映方法是否具备足够灵敏度，无需准确定量，只需指出高于或低于某个浓度或量即可。

1. 检测限的常用方法

(1) 直观评价法。用已知浓度被测物的样品，试验出能被可靠地检测出的最低浓度或量，通常用于非仪器分析法(目视法)。

(2) 信噪比法。用于能显示基线噪声的分析方法，即把已知低浓度试样测量信号与空白样品测量信号进行比较，算出能被可靠检测出的最低浓度或量。一般以信噪比为 3∶1 或 2∶1 时相应浓度或注入仪器的量来确定检测限。本法适用于能直观显示信号与基线噪声水平(强度)的仪器分析方法，如 HPLC 法。

(3) 标准偏差法。用空白样品进行分析，求得方法背景响应值的标准偏差 $S_{空}$，再将 3 倍空白标准偏差作为检测限的估算值。本法适用于不能直接比较信噪比的仪器分析方法，如紫外分光光度法。为使计算得到的 LOD 值和实际测得的 LOD 值相一致，可按下式进行校正：

$$\mathrm{LOD}=f\times 3S_{空}=\frac{C_{样}}{A_{样}}\times 3S_{空}$$

式中，f 为校正因数(将吸光度值单位转换为浓度单位)；$C_{样}$ 为低浓度样品溶液的浓度值；$A_{样}$ 为低浓度样品溶液的吸光度值。

2. 数据要求

无论用何种方法，均应用一定数量的试样，其浓度为近似或等于检测限目标值，以可靠地测定检测限。检测限的数据应附测试图谱，说明测试过程和检测限结果。

1.8.5 定量限

定量限(limit of quantitation，LOQ)是指样品中所含的被测物质可被定量的最小量或最低浓度。其测定结果应具有一定准确度和精密度，它体现方法是否具备灵敏的定量检测能力。

杂质和降解物用定量测定方法研究时，应确定方法的 LOQ，以保证含量很少的杂质能被准确测出。常用信噪比法确定定量限。一般以信噪比为 10∶1 时相应的浓度或注入仪器的量进行确定。

数据要求：应附测试图谱，说明测试过程和定量限及测试结果的准确度与精密度。

1.8.6 线性

线性指在设计的测定范围内，检测结果与供试品中被分析物的浓度呈线性关系的程度。

线性是定量测定的基础，涉及定量测定的项目，如含量测定和杂质定量检查均需要验证线性。应在规定的范围内测定线性关系，可用一储备液精密稀释，制备一系列浓度的供试品溶液（至少 5 个浓度）进行测定，以测得的响应信号为函数，被测物浓度为自变量，最小二乘法回归。浓度和响应信号之间的线性相关程度，可以由相关系数 r 表示。紫外分光光度法的相关系数通常可达 0.9999；气相色谱法和高效液相色谱法则≥0.999；一般分析方法的相关系数至少应大于 0.9950。

数据要求：应绘制标准曲线图，给出回归方程和相关系数。

1.8.7　范围

范围是指能达到一定精密度、准确度和线性的测试方法适用的高低限浓度或量的区间。范围是规定值，应在试验研究开始前确定验证的范围和试验方法。可以采用符合要求的原料药配制成不同的浓度，按照相应的测定方法进行试验。

涉及定量测定的项目均需对范围进行验证，如含量测定、含量均匀度、溶出度或释放度，以及特殊元素或特殊杂质的定量检查等。范围应根据分析方法的具体应用、线性、准确度、精密度结果和要求确定。

各种定量测定方法对效能指标的要求：①原料药和制剂含量测定范围应为测试浓度的 80%～120%。②制剂含量均匀度检查范围应为测试浓度的 70%～130%。根据剂型的特点，如气雾剂和喷雾剂，范围可适当放宽。③溶出度或释放度中的溶出量测定范围应为限度值的±20%。如规定了限度范围，则应为下限的－20%至上限的＋20%。④特殊元素含量测定的范围应为限度值的±20%，如规定限度范围，则应为下限的－20%至上限的＋20%。⑤杂质测定范围应根据初步测试，拟定为规定限度的±20%。如果杂质检查与含量测定同时进行，且用峰面积归一化法计算，则线性范围应为杂质规定限度的－20%至含量限度（或上限）的＋20%。

1.8.8　耐用性

耐用性指测定条件稍有变动时，结果不受影响的承受程度，为常规检验提供依据，是衡量实验室和工作人员之间在正常情况下实验结果重现性的尺度。开始研究分析方法时，就应考虑其耐用性。如果测试条件要求苛刻，则应在方法中写明。

典型的变动因素有：被测溶液的稳定性、样品提取次数、时间等；液相色谱法中典型的变动因素有：流动相的组成和 pH、不同厂牌或不同批号的同类型色谱柱、柱温、流速等；气相色谱法变动因素有：不同厂牌或批号的色谱柱、固定相，不同类型的担体、柱温、进样口和检测器温度等。

上述八项验证内容，并不是每一种分析方法均需进行全面验证。验证内容的选择应依据分析的目的和一般原则进行，试验方案的设计应系统、合理，验证过程应规范、严谨，验证的结果应足以证明采用的分析方法适合于相应的分析要求。药品质量标准分析方法验证内容的一般原则如下：①非定量分析方法，如鉴别试验和杂质的限度检查法，一般需要验证方法的专属性、检测限和耐用性三项指标。②定量分析方法，如原料药或制剂的含量测定及含量均匀度、溶出度或释放度的测定方法，除了验证方法灵敏度的检测限和定量限外，其余六项内容均需验证。③微量定量分析方法，如杂质的定量测定方法，除检测限视情况而定外，其余七项均需验证。分析方法需验证的内容详如表 1-4 所示。

表 1-4　检验项目和验证内容

内验证容	项目	鉴别	杂质测定		含量测定及溶出量测定
			定量	限度	
准确度		－	＋	－	＋
精密度	重复性	－	＋	－	＋
	中间精密度	－	＋①	－	＋①
专属性②		＋	＋	＋	＋
检测限		＋	－③	＋	－
定量限		－	＋	－	－
线性		－	＋	－	＋
范围		－	＋	－	＋
耐用性		＋	＋	＋	＋

①已有重现性验证，不需验证中间精密度；②若一种方法不够专属，可补充其他方法；③视具体情况而定。

1.8.9　系统适用性试验

对一些仪器分析方法，在进行方法验证时，有必要将分析设备、电子仪器与实验操作、测试样品等一起当作完整的系统进行评估。系统适用性便是对整个系统进行评估的指标，其试验参数的设置需根据验证方法类型而定。色谱方法对分析设备、电子仪器的依赖程度较高，因此，所有色谱方法均应进行系统适用性试验，并将该指标作为分析方法的组成部分。

色谱中最难分离物质对或与其相关的物质对的分离度和待测物响应值的重复性是系统适用性试验的重要参数。色谱系统的适用性试验通常包括理论塔板数、分离度、重复性和拖尾因子四个指标。其中分离度和重复性是系统适用性试验中更具实用意义的参数。

按各品种项下要求对色谱系统进行适用性试验，即用规定的对照品对色谱系统进行试验和调整。

1. 色谱柱的理论塔板数(n)

例如，阿替洛尔原料药含量测定中的系统适用性试验关于其理论塔板数的考察：用十八烷基硅烷键合硅胶为填充剂，以磷酸盐缓冲液(取磷酸二氢钾 6.8g，辛烷磺酸钠 1.3g，加水溶解并稀释至 1000mL，用磷酸调节 pH 为 3.0)-甲醇 (70：30)为流动相，检测波长为 226nm，理论板数按阿替洛尔峰计算不低于 2000，阿替洛尔与相邻杂质峰的分离度应符合要求。

2. 分离度(R)

例如，阿托品含量测定中的系统适用性试验关于分离度的考察：用十八烷基硅烷键合硅胶为填充剂，以 0.005mol/L 磺基丁二酸钠二辛酯的甲醇-水(60：40)溶液为流动相，流速为 1mL/min，检测波长为 257nm。取阿托品和后马托品对照品各适量，用流动相溶解并稀释制成 1mL 中各含 1mg 的混合溶液，作为系统适用性试验溶液，取 20μL 注入液相色谱图，阿托品和后马托品的分离度应不低于 2.5。

3. 重复性

用于评价连续进样中，色谱系统响应值的重复性能。采用外标法时，取各品种项下的对照溶液，连续进样 3～5 次，除另有规定外，其峰面积测量值的相对标准偏差应不大于 2.0%。采用内标法时，按品种校正因子项下，配制相当于 80%，100%，120%的对照品溶液，配成 3 种不同浓度的溶液，分别至少进样 2 次，计算平均校正因子，其相对标准偏差不应大于 2.0%。

4. 拖尾因子（T）

用于评价色谱峰的对称性。为保证分离效果和测量精度，应检查待测峰的拖尾因子是否符合各品种项下的规定，拖尾因子可按下式计算。

$$T=W_{0.05h}/2A=(A+B)/2A$$

式中，$W_{0.05h}$ 为 5%峰高处的峰宽；A 为峰顶点至峰前沿之间的距离（图 1-7）。

除另有规定外，峰高法定量时，T 应为 0.95～1.05。峰面积法测定时，T 值偏离过大，也会影响小峰的检测和定量的准确度。

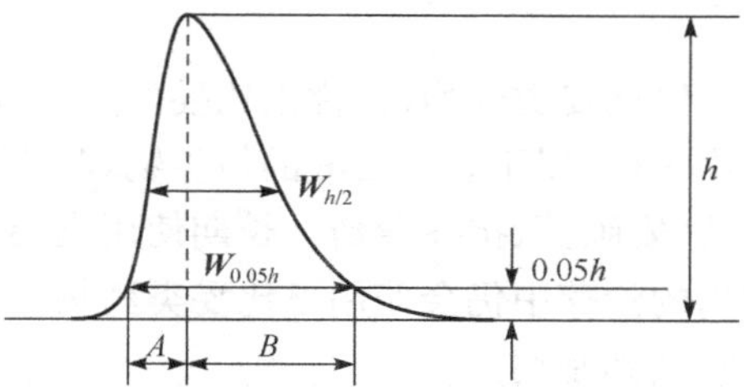

图 1-7　色谱峰拖尾因子计算示意图

思考题与习题

1. 药物分析课程的性质和任务是什么？
2. 简述药物分析的基本内容，举例说明药物检验的程序。
3. 药物质量控制体系包含的法令性条例有哪些？
4. 《中华人民共和国药品管理法》内容包括哪几个方面？
5. 制定药品质量标准的意义和原则是什么？简述药品质量标准的内容。
6. 我国药典由哪些部分构成？
7. 介绍《美国药典》、《英国药典》、《日本药局方》和《国际药典》的概况。
8. 杂质的来源途径有哪些？杂质包括哪些种类？
9. 药用规格与化学试剂规格有什么不同？
10. 简述药物分析中常用的鉴别方法。
11. 简述 HPLC 法用于杂质检测的几种方法及其适用条件。
12. 药物定量分析的效能指标有哪些？
13. 砷盐检查的方法有哪些？每种方法的原理是什么？

第 2 章　化学药物分析

2.1　巴比妥类药物

巴比妥类药物(又称巴比妥酸盐,barbiturate)是一类作用于中枢神经系统的镇静剂,也是抗癫痫药,属于巴比妥酸的衍生物,其应用范围可以从轻度镇静到完全麻醉,还可以用作抗焦虑药、安眠药、抗痉挛药。长期使用则会导致成瘾性,虽然有一定的毒副作用,但在全身麻醉或癫痫的治疗中仍会使用巴比妥类药物。《中国药典》(2010 年版)收载了苯巴比妥、异戊巴比妥药物及其制剂。

2.1.1　结构与性质

1. 基本结构及典型药物

巴比妥类药物的基本结构分为两部分,一部分为母核巴比妥酸的环状丙二酰脲结构,此结构决定该类药物的共性,另一部分为取代基部分。

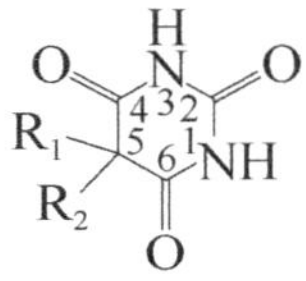

由于 5 位取代基 R_1 和 R_2 的不同,形成不同的巴比妥类药物,取代基长而有分支(如异戊巴比妥)或双键(如司可巴比妥)则作用强;而短或以苯环取代(如苯巴比妥)则有较强的抗惊厥作用;C2 位的 O 被 S 取代(如硫喷妥),则脂溶性增高,静脉注射立即生效,但维持时间很短。常见的巴比妥类药物结构如下:

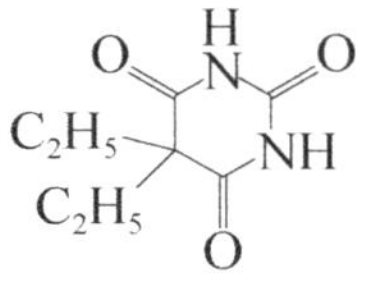

巴比妥
(barbital)

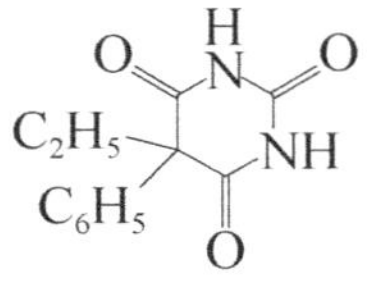

苯巴比妥
(phenobarbital)

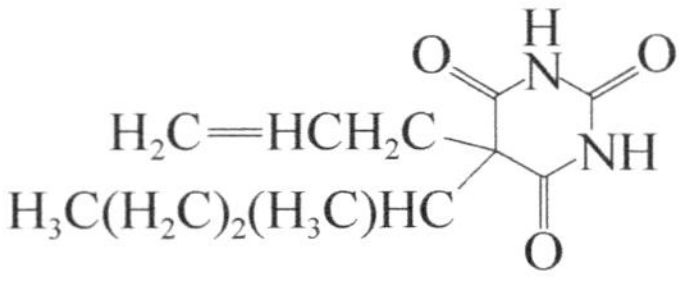

司可巴比妥
(secobarbital)

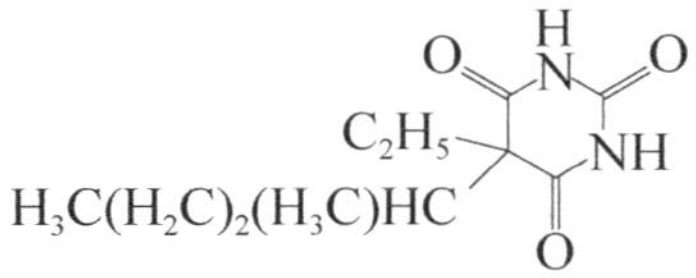

戊巴比妥
(pentobarbital)

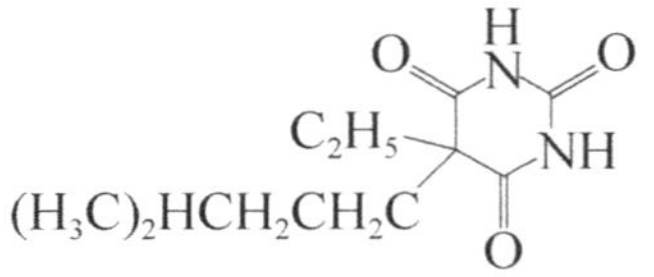

异戊巴比妥
(amobarbital)

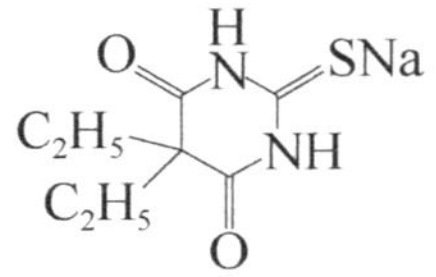

硫喷妥钠
(thiopental sodium)

2. 主要性质

巴比妥类药物通常为白色结晶或结晶性粉末，具有一定的熔点，在空气中较稳定，加热易升华。该类药物一般微溶或极微溶于水，易溶于乙醇等有机溶剂，而其钠盐易溶于水。六元环的结构较稳定，一般遇酸、氧化剂、还原剂不会被破坏，但与碱共沸时开环水解，并产生氨气。

1）弱酸性

巴比妥类药物的母核环状结构中含有 1，3-二酰亚胺结构，因其结构能发生酮式-烯醇式的互变异构，在水溶液中发生二级电离，电离常数分别为 $pK_1=8$，$pK_2=12$。

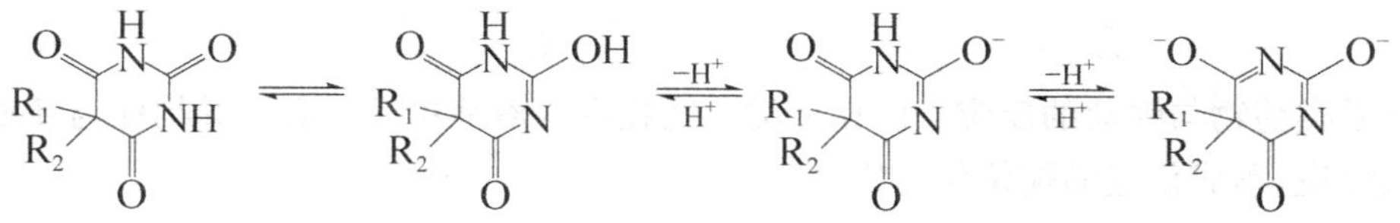

与强碱反应生成水溶性盐，形成钠盐的反应如下：

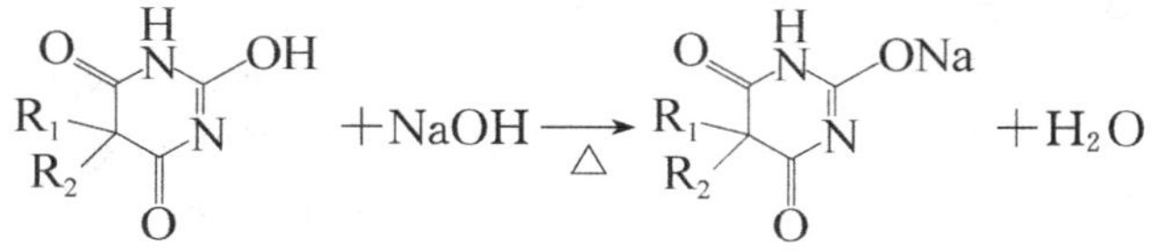

2）水解反应

巴比妥类药物的酰亚胺结构，与碱共沸发生水解放出氨气，可使红色石蕊试纸变蓝色。

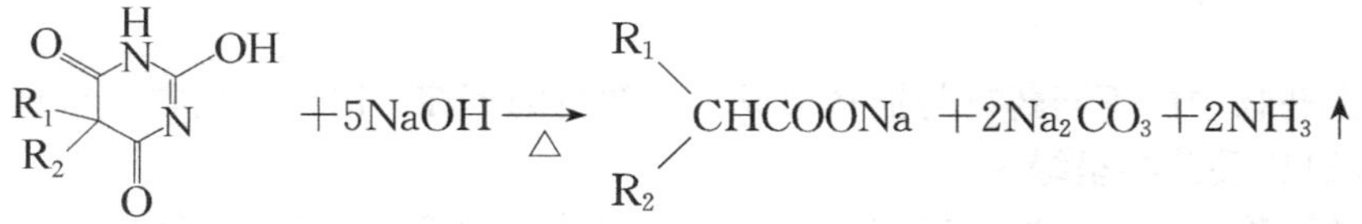

本类药物的钠盐，在吸湿的环境下也能发生水解。一般在室温和 pH 10 以下水解缓慢，在 pH 11 以上随着碱性的增强水解速度加快。

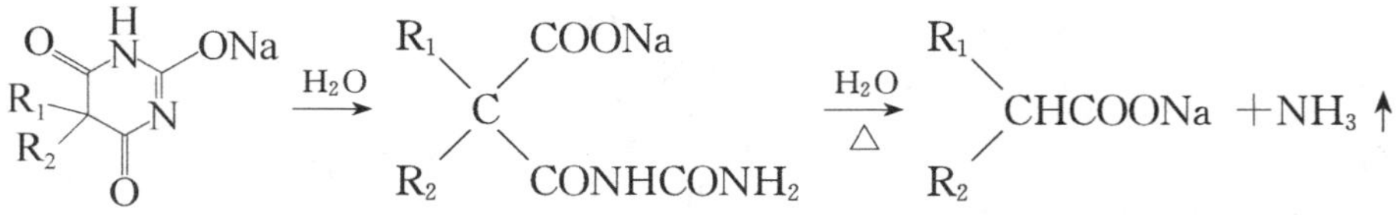

3）与重金属反应

巴比妥类药物的丙二酰脲结构的氧原子或氮原子与重金属如 Ag^+，Cu^{2+}，Co^{2+}，Hg^{2+} 反应生成沉淀或显色。

巴比妥类药物与银盐进行反应。巴比妥类在碳酸钠溶液中形成钠盐而溶解，然后跟硝酸银反应，首先生成可溶性的一银盐；如果加入过量的硝酸银，则生成难溶性的二银盐白色沉淀。此反应可用于本类药物的鉴别和含量测定。

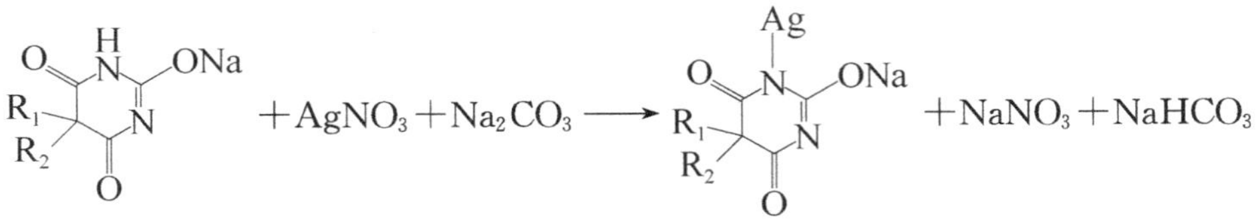

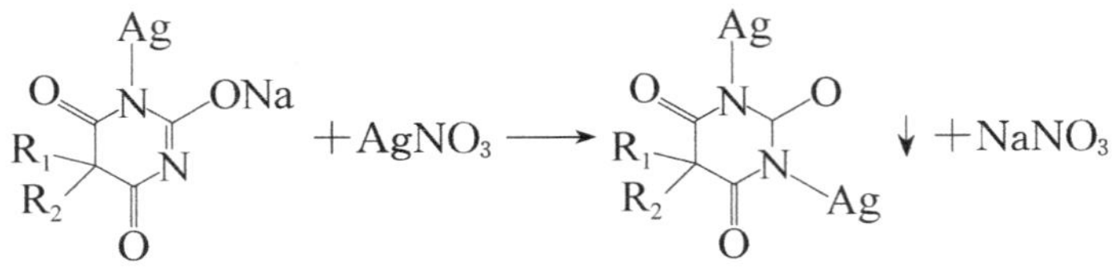

巴比妥类药物与铜盐的反应。巴比妥类药物在吡啶溶液中其烯醇式异构体与新配制的铜吡啶试液反应，形成稳定的配位化合物。

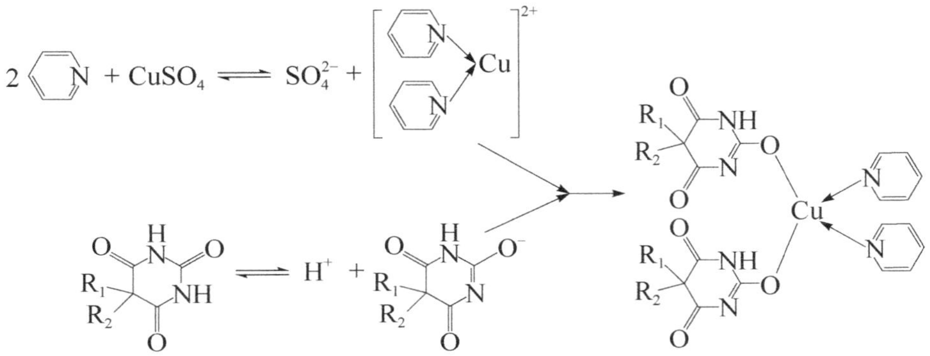

巴比妥类药物中的不同药物与铜盐形成不同颜色的沉淀。巴比妥药物呈紫堇色或生成紫色沉淀，含硫巴比妥药物呈绿色。

巴比妥类药物与钴离子进行反应。在无水的碱性条件下巴比妥类药物与乙酸钴、硝酸钴等钴盐反应生成紫堇色配位化合物，本方法可用于本类药物的鉴别与含量测定。与异丙胺反应的反应式如下：

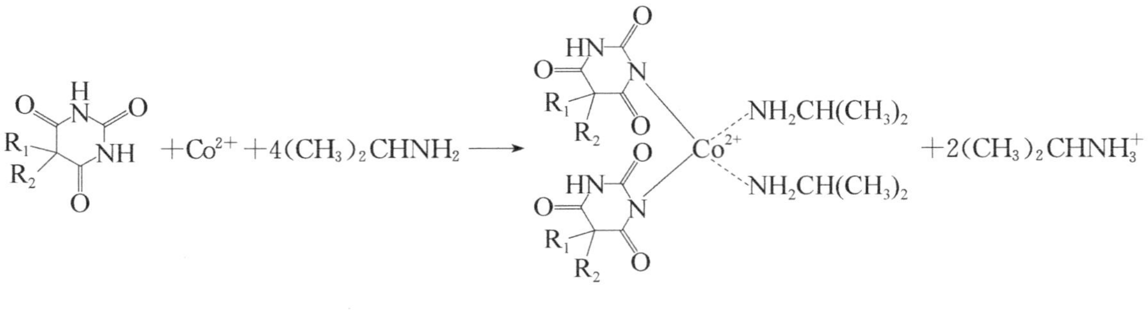

巴比妥类药物与汞离子进行反应。巴比妥类药物与硝酸汞或氯化汞溶液反应，可生成白色汞盐沉淀，此沉淀能在氨试液中溶解，其反应式如下：

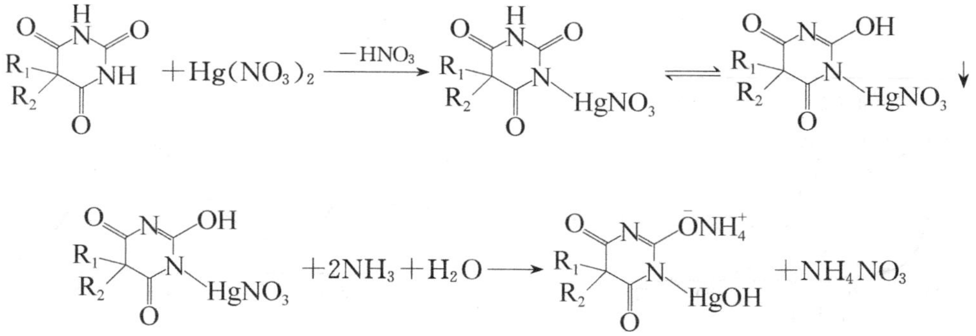

4）与香草醛反应

巴比妥类药物结构中的丙二酰脲基团中的氢比较活泼，在浓硫酸存在下与香草醛发生缩合反应生成棕红色产物，放冷后小心加入乙醇溶液变为紫色至蓝色，其反应式如下：

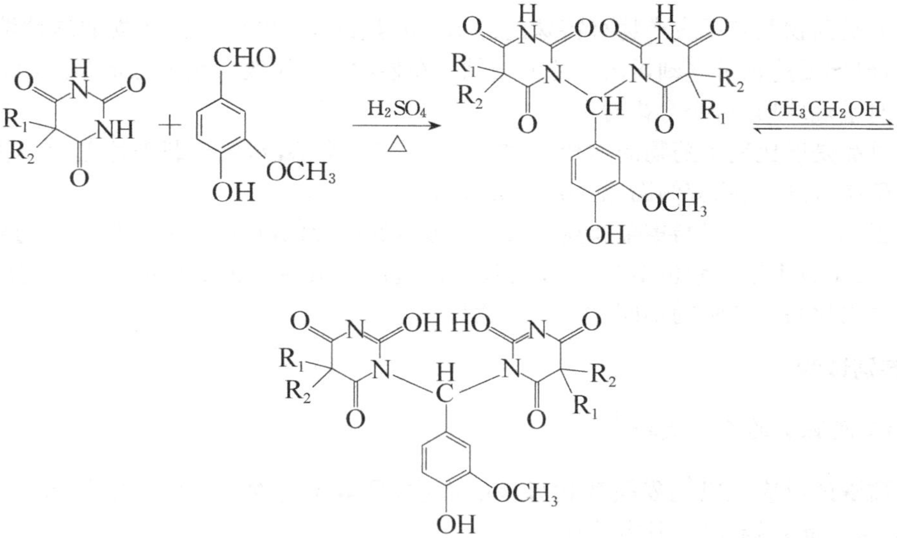

5）紫外吸收

巴比妥类药物的紫外吸收光谱与其电离程度有关，如图 2-1 所示。在酸性条件下 5,5-二取代的巴比妥类药物和 1,5,5-三取代的巴比妥类药物因没有电离而无明显的紫外吸收峰；在 pH 9.2 的碱性条件下巴比妥类药物发生一级电离，使共轭体系变长，在 240nm 有明显的紫外吸收峰；在 pH 13 的碱性条件下 5,5-二取代的巴比妥类药物发生二级电离，使共轭体系延长，紫外吸收波长红移，在 255nm 有吸收。

硫喷巴比妥钠的甲醇溶液在酸性条件下的紫外吸收光谱如图 2-2 所示。与上述巴比妥有所不同，硫喷巴比妥钠 2 位的氧被硫取代，其紫外吸收光谱在甲醇或酸性条件下 287nm，238nm 处有两个吸收峰；在碱性条件下，紫外吸收峰分别红移至 304nm，255nm 处；但是在 pH13 的强碱性溶液中，255nm 处的峰消失。

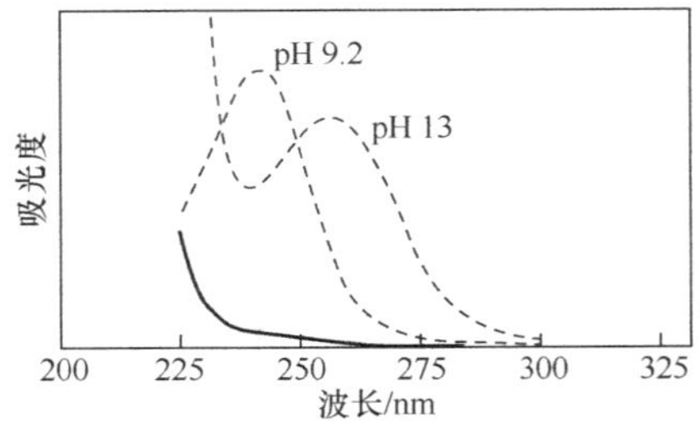

图 2-1　巴比妥类药物的紫外吸收光谱

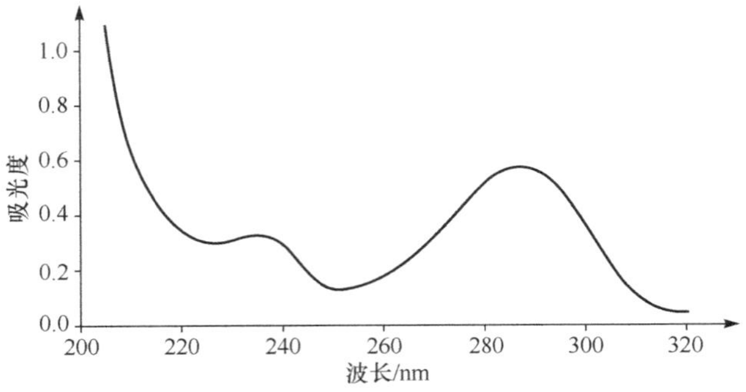

图 2-2　硫喷巴比妥钠甲醇溶液的紫外吸收光谱

巴比妥类药物在不同的酸碱性条件下有不同的紫外吸收特征，此性质可用于本类药物的鉴别、检查和含量测定。

6）显微结晶

巴比妥类药物及其反应产物有特殊的晶形。将热的 1%巴比妥类药物的酸性溶液，置于载玻片上，巴比妥药物可立刻析出其特征结晶。在显微镜下可观察到长方形结晶，而苯巴比妥开始结晶时呈现球形，后变为花瓣状。

若供试品是巴比妥类药物的钠盐，可取 3～4 滴 5%水溶液，置于载玻片上，在其液滴边缘加 1 滴稀硫酸，即析出相应的巴比妥类药物结晶。

某些巴比妥类药物可与重金属离子反应生成特殊晶形的沉淀。例如，巴比妥与硫酸铜-吡啶试液反应，生成十字形紫色结晶，而苯巴比妥反应后生成浅紫色细小不规则或菱形的结晶。这是与其他巴比妥类药物的不同，可用于区别。

2.1.2　鉴别试验

1. 丙二酰脲类的鉴别试验

丙二酰脲的反应是巴比妥类药物母核的性质，是本类药物的共性，《中国药典》(2010 年版)附录收载了此鉴别反应，其方法如下：

(1) 与银盐的反应。取供试品约 0.1g，加碳酸钠试液 1mL 与水 10mL，振摇 2min，过滤，滤液中逐滴加入硝酸银试液，即生成白色沉淀，振摇，沉淀即溶解；继续滴加过量的硝酸银试液，沉淀不再溶解。

(2) 与铜盐的反应。取供试品约 50mg，加吡啶试液(1→10)5mL，溶解后，加铜吡啶试液 1mL，即显紫色生成紫色沉淀。

2. 测定熔点

物质的熔点(melting point)即在一定压力下，纯物质的固态和液态呈平衡时的温度。物质中含有的杂质影响物质的熔点，因此熔点也反映药物的纯度。依照待测物质的性质不同，《中国药典》(2010 年版)附录收载了三种熔点的测定方法。第一法为测定易粉碎的固体药品；第二法为测定不易粉碎的固体药品(如脂肪、脂肪酸、石蜡、羊毛脂等)；第三法为测定凡士林或其他类似物质。各品种项下未注明时，均是指第一法测定熔点。

巴比妥类药物可直接用药典规定的方法测熔点，其钠盐先溶于水，酸化析出相应的巴比妥酸沉淀，将沉淀过滤干燥后测熔点，其方法如下：

(1) 司可巴比妥钠的鉴别。取本品 1g，加水 100mL 溶解后，加稀乙酸 5mL 强力搅拌，再加水 200mL，加热煮沸使溶解成澄清溶液(液面无油状物)，放冷，静置待析出结晶，滤过，结晶在 70℃干燥后，依法测定熔点，熔点约为 97℃。

(2) 苯巴比妥钠的鉴别。取本品约 0.5g，加水 5mL 溶解后，加稍过量的稀盐酸，即析出白色结晶性沉淀，滤过；沉淀用水洗净，在 105℃干燥后，依法测定熔点，熔点为 174～178℃。

3. 利用取代基的鉴别试验

1) 司可巴比妥药物的鉴别

司可巴比妥药物分子中含有不饱和取代基丙烯基，可利用不饱和键与碘、溴以及高锰酸钾的加成反应而褪色进行鉴别，ChP2010 收载的司可巴比妥与碘试液反应的鉴别方法如下：

取本品 0.1g，加水 10mL 溶解后，加碘试液 2mL，所显棕黄色在 5min 内消失。

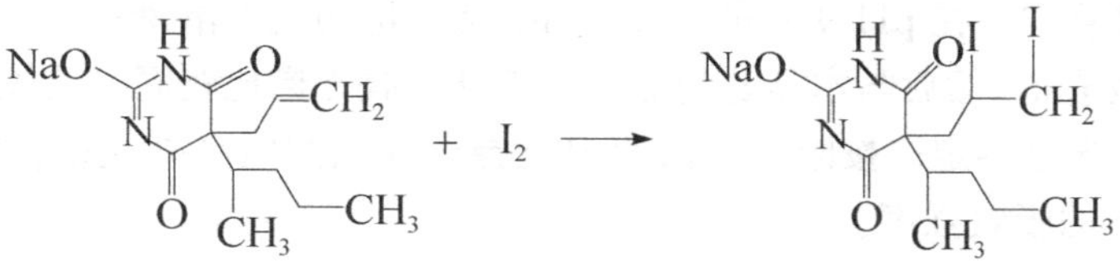

2) 芳环取代基的鉴别试验

苯巴比妥及其钠盐含有苯环取代基，可利用苯环的特征反应。

(1) 硝化反应。取本品 0.1g 于 2mL 硫酸溶液中，再加 5～6mg 硝酸钾摇匀，并放置 10min，溶液颜色黄色变为橙黄色(JP15)。

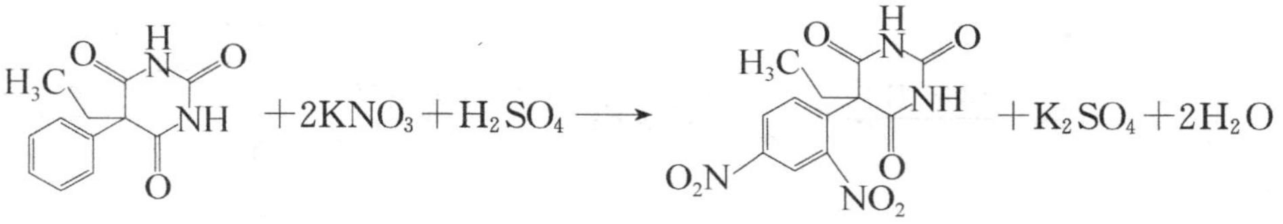

(2) 硫酸-亚硝酸钠的反应。取本品约 10mg，加硫酸 2 滴与亚硝酸钠约 5mg，混合，即显橙黄色，随即转橙红色(ChP2010)。

(3) 甲醛-硫酸反应。取本品约 50mg，置试管中，加甲醛试液 1mL，加热煮沸，冷却，沿管壁缓缓加硫酸 0.5mL，使成两液层，置水浴中加热。接界面显玫瑰红色(ChP2010)。

(4) 硫元素的反应。硫喷巴比妥含有硫元素，在氢氧化钠溶液中与铅离子生成白色沉淀，加热后白色沉淀转变为黑色沉淀(JP15)。该鉴别方法可用于硫喷巴比妥与其他巴比妥类药物的区别。

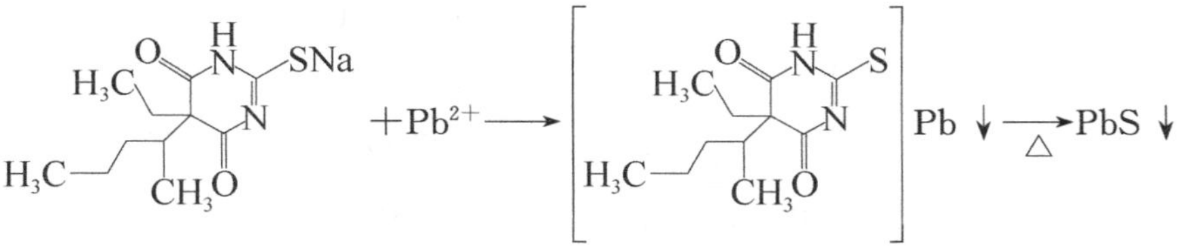

4. 薄层色谱鉴别

巴比妥类药物因含有不同的取代基其色谱行为有差异，可用于鉴别。BP2005 用薄层色谱鉴别苯巴比妥的方法如下：取苯巴比妥供试品和对照品各适量，分别加乙醇制成每毫升中约含有 1mg 药物的溶液作为供试品与对照品溶液，各取 10μL，分别点在同一个硅胶 GF_{254} 薄层板上，以氯仿-乙醇-浓氨水(80：15：5)混合液的下层溶液作为展开剂进行展开，展开后晾干，立即在 254nm 紫外灯下观察。然后分别喷 2%氯化汞乙醇溶液和 0.2%的 1,5-二苯卡巴腙乙醇溶液，晾干，再喷新制的氢氧化钾乙醇溶液(用无醛乙醇 1→5 稀释)，于 100～105℃加热 5min 立即观察。供试品溶液的主斑点与对照品溶液的主斑点应一致。

5. 光谱鉴别

JP16 巴比妥的鉴别采用紫外光谱法与红外光谱法，其方法如下：

(1) 紫外光谱鉴别。在 pH 9.6 硼酸-氯化钙-氢氧化钠缓冲溶液(1→100 000)中测定本品药物的紫外吸收光谱，然后与本品药物的标准紫外吸收光谱比较同一波长下的吸光度。

(2) 红外吸收光谱鉴定。按附录方法用溴化钾压片法测定红外光谱，然后与本品标准谱图对比同一波数下的吸收强度。

2.1.3 特殊杂质检查

1. 苯巴比妥的特殊杂质检查

本类药物的特殊杂质与合成工艺有关，苯巴比妥的合成工艺如下：

方法 1

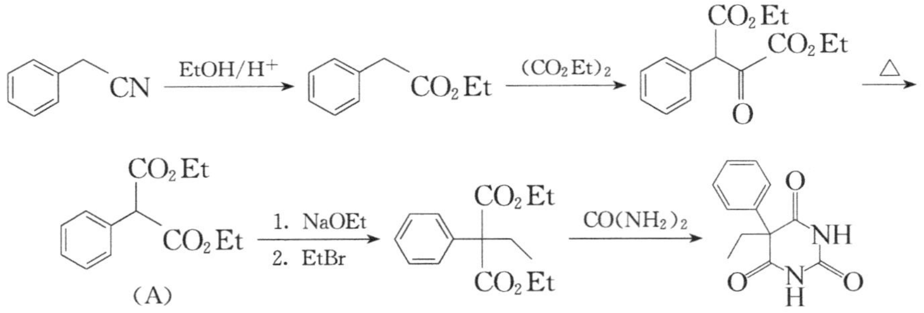

方法 2

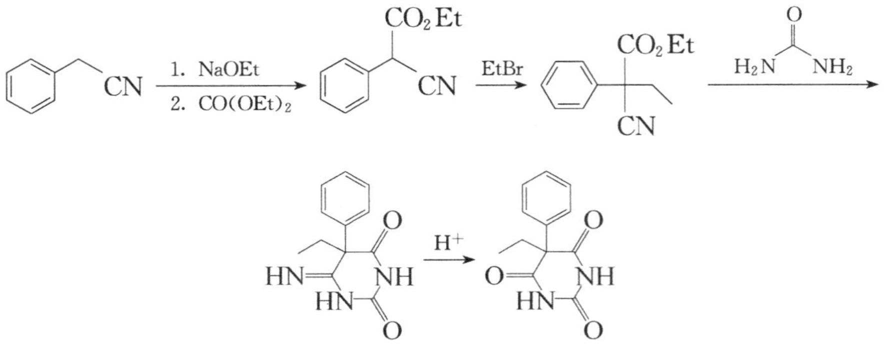

由合成方法 1 可看出，苯巴比妥药物的特殊杂质是中间产物(A)和一些副产物。通常检查酸度、乙醇溶液的澄清度以及中性或碱性物质。

(1) 酸度。取本品 0.20g，加水 10mL，煮沸搅拌 1min，放冷，滤过，取滤液 5mL，加甲基橙指示液 1 滴，不得显红色。

(2) 乙醇溶液的澄清度。取本品 1.0g，加 95%乙醇 5mL，加热回流 3min，溶液应澄清。

(3) 中性或碱性物质。取本品 1.0g，置分液漏斗中，加氢氧化钠试液 10mL 溶解后，加水 5mL 与乙醚 25mL，振摇 1min，分取醚层，用水振摇洗涤 3 次，每次 5mL，取醚液经干燥滤纸滤过，滤液置 105℃恒量的蒸发皿中，蒸干，在 105℃干燥 1h，遗留残渣不得过 3mg。

2. 司可巴比妥钠的特殊杂质检查

司可巴比妥钠的合成工艺如下：

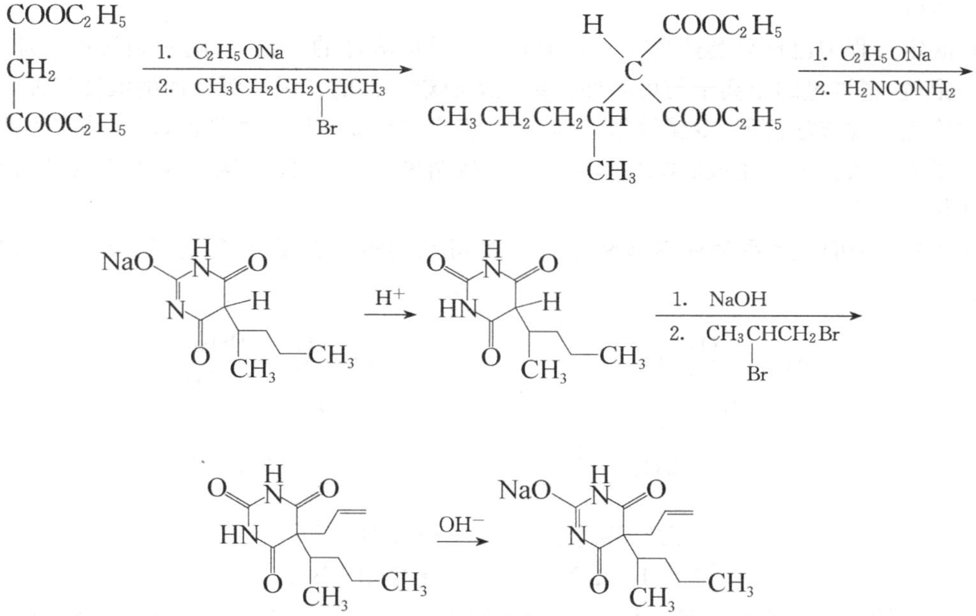

(1) 溶液的澄清度检查。司可巴比妥钠极易溶于水形成澄清的溶液，但如果二氧化碳溶在水中，则溶液变为酸性易析出司可巴比妥，因此溶解样品的水应煮沸去除二氧化碳。其检查方法如下：取本品 1.0g，加新沸过的冷水 10mL 溶解后，溶液应澄清。

(2) 中性或碱性物质检查。检查合成过程中的中间产物、副产物，其检查方法同苯巴比妥。

3. 硫喷妥钠的特殊杂质检查

JP15 硫喷妥钠特殊杂质的检查采用高效液相色谱法。其方法如下：取 50mg 硫喷妥钠溶于 50mL 流动相中作为样品溶液，精取 1mL 样品溶液用流动相稀释至 200mL，此溶液作为对照溶液。分别进样 20μL 样品溶液与对照溶液，求出各色谱峰的峰面积，样品溶液的色谱峰中，除了主峰，硫喷妥钠的其他色谱峰的峰面积之和不能大于对照溶液的硫喷妥钠的峰面积。

2.1.4　含量测定

巴比妥类药物的含量测定方法有银量、溴量、酸碱滴定等容量法，高效液相色谱、气相色谱、高效毛细管电泳等色谱方法以及紫外分光光度法。

1. 容量法

银量法：根据巴比妥类药物与硝酸银定量反应的性质，可建立巴比妥类药物及其制剂的含量测定方法。ChP2010 收载了用银量法测定苯巴比妥、异戊巴比妥药物及其制剂的含量的方法。苯巴比妥的含量测定方法如下：

取本品约 0.2g，精密称定，加甲醇 40mL 使溶解，再加新制的 3%无水碳酸钠溶液 15mL，用硝酸银滴定液（0.1mol/L）滴定。1mL 硝酸银滴定液（0.1mol/L）相当于 23.22mg 的 $C_{12}H_{12}N_2O_3$。

在滴定过程中巴比妥类药物首先与硝酸银形成可溶性的一银盐，随着硝酸银的加入完全形成一银盐，稍过量的银离子与可溶性一银盐形成难溶性的二银盐沉淀而溶液变浑浊，以此作为滴定终点。此方法简便、专属性强，但此滴定终点的判断方法灵敏度低，滴定终点不明确，受温度的影响较大。由于生成的沉淀部分溶解导致结果偏高，因此自从 ChP1985 开始采用电位滴定法指示终点。

溴量法：司可巴比妥含有不饱和双键基团可利用溴量法测定含量，其反应原理及方法如下：

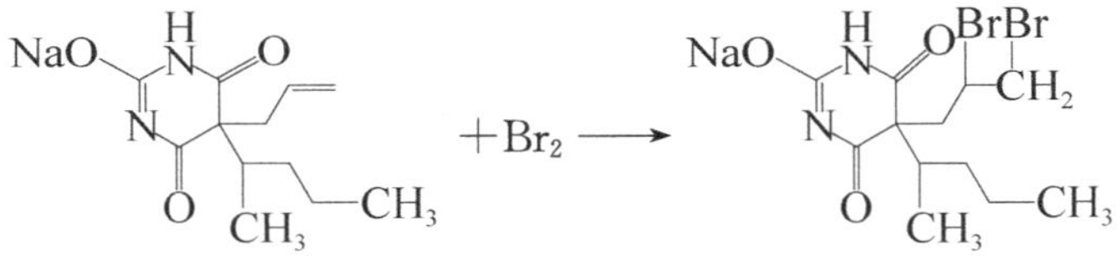

$$Br_2(剩余) + 2KI \longrightarrow 2KBr + I_2$$

$$I_2 + 2\,Na_2S_2O_3 \longrightarrow 2NaI + Na_2S_4O_6$$

取本品约 0.1g，精密称定，置 250mL 碘瓶中，加水 10mL，振摇使溶解，精密加溴滴定液（0.1mol/L）25mL，再加盐酸 5mL，立即密塞并振摇 1min，在暗处静置 15min 后，小心微开瓶塞，加碘化钾试液 10mL，立即密塞，摇匀后，用硫代硫酸钠滴定液（0.1mol/L）滴定，至近终点时，加淀粉指示液，继续滴定至蓝色消失，并将滴定的结果用空白试验校正。1mL 溴滴定液（0.1mol/L）相当于 13.01mg 的 $C_{12}H_{17}N_2NaO_3$。

酸碱滴定法：巴比妥类药物可用碱标准直接滴定。在水溶液中滴定时终点较难判断，应采用空白试验校正。滴定可在胶束水溶液中进行，因为表面活性剂改变巴比妥类药物的电离平衡，使药物的电离变大，酸性增强，滴定终点明显。常用的表面活性剂有溴化十六烷基三甲基苄铵、氯化四癸基二甲基苄铵。为了改善滴定终点的判断，应消除空气中二氧化碳的干扰，滴定可在非水溶液中进行，用玻璃-甘汞电极指示滴定终点。JP15 用酸碱滴定法测定苯巴比妥药物含量，其方法如下：

取本品约 0.5g，精密称定，加 50mL DMF 溶解，加 1mL 茜素黄 GG-麝香草酚酞指示剂，用 0.1mol/L KOH 乙醇溶液滴定至溶液的颜色由黄色变为绿色。用 50mL DMF 溶液和 22mL 95%乙醇混合溶液做空白试验。1mL KOH 乙醇溶液相当于 23.22mg $C_{12}H_{12}N_2O_3$。

2. 紫外分光光度法

巴比妥类药物在碱性溶液中具有显著的紫外吸收特征，因此可采用直接紫外分光光度法测定巴比妥类药物的含量。当供试品中有干扰成分共存时，可经提取分离去除干扰成分后，再进行紫外分光光度法测定。USP24 测定苯巴比妥含量的方法如下：

根据巴比妥类药物易溶于氯仿等有机溶剂而其钠盐易溶于水的特点，先将适量的药物溶于水中，加酸酸化，用三氯甲烷提取巴比妥类药物，再用氢氧化钠溶液自三氯甲烷中提取巴比妥类药物，调节碱提取液的 pH，选用相应的波长进行测定。

3. 色谱法

色谱法进行含量测定方法有面积归一化法、内标法、外标法等。其中利用内标法进行被测组分的分析时，在供试品中加入一种内标物质以校准和消除操作条件的波动对分析结果产生的影响，从而提高分析结果的准确度。内标物应满足以下要求：①内标物应是该试样中不存在的纯物质。②内标物必须完全溶于试样中，并与试样中各组分的色谱峰能完全分离。③加入内标物的量应接近于被测组分。④内标物色谱峰的位置应与被测组分色谱峰的位置相近，或在几个被测组分色谱峰中间。只要混合溶液中被测组分与内标物量的比值恒定，上样体积的变化就不会影响定量结果。因此，内标法抵消了上样体积，乃至流动相、检测器的影响。

高效液相色谱多用于巴比妥类药物制剂与体液中巴比妥类药物的含量测定。

示例 2-1　ChP2010 收载的苯巴比妥片剂的含量测定方法。

色谱条件与系统适用性试验：用辛烷基硅烷键合硅胶为填充剂，以乙腈-水(30：70)为流动相，检测波长为 220nm，以苯巴比妥峰计算的理论塔板数不低于 2000，苯巴比妥与相邻色谱峰的分离度应符合要求。

测定方法：取本品 20 片，精密称定，研细，精密称取适量(相当于苯巴比妥 30mg)，置 50mL 容量瓶中，加流动相适量，超声处理 20min 使苯巴比妥溶解，放冷，用流动相稀释至刻度，摇匀，滤过，精密量取滤液 1mL，置 10mL 容量瓶中，用流动相稀释至刻度，摇匀，精密量取 10μL，注入液相色谱仪，记录色谱图。另取苯巴比妥对照品，精密称定，加流动相溶解并定量稀释制成 1mL 中含苯巴比妥约 60μg 的溶液，同法测定，按外标法计算含量。

示例 2-2　高效液相色谱方法分析主要的抗癫痫药物(乙琥胺、扑米酮、苯巴比妥、苯妥英钠、卡马西平)方法。

色谱条件：ALC/CPC 204/6000A 型液相色谱仪，3.9mm×30cm μBondapak C18 色谱柱，检测波长为 195nm，流动相为乙腈-甲醇-pH 6.0 磷酸缓冲溶液(17：28：55)，流速为 0.7mL/min，柱温 30℃，进样量 5μL。

样品制备：用移液器取 400μL 血清或血浆于 6mm×50mm 玻璃管中，加 400μL 含有 10mg/L 5-乙基-5-(对甲苯基)巴比妥酸内标物的丙酮溶液，混匀 10s，在 4500～5000g 下离心 1min，将上清液取在另一个试管中再离心 30s，取上清液进样分析。

标准曲线绘制：对每一种样品都配制成包含浓度为 10mg/L 内标物，其浓度在亚治疗到毒性浓度的 5 种标准溶液，分别进样计算标准品与内标物的峰面积之比，以峰面积之比为 y 轴，药物的浓度为 x 轴作图，求出线性关系。

精确度评价：不含药物的血清中分别加入亚治疗、治疗、毒性浓度的药物，然后分别进行日内精密度、日间精密度分析。本法的日内标准偏差为 0.0～3.4%，日间标准偏差为 1.5%～5.4%。

准确度评价：精密量取含有内标物的药物标准溶液与等体积的丙酮溶液混合，进样 5μL，分别计算峰面积。精密量取药物溶液加入不含药物的血清中，分别精密量取等体积的血清混合液与含有内标物的丙酮溶液混合，进样 5μL，分别计算峰面积，计算绝对回收率与相对回收率。本法的绝对回收率与相对回收率均为 95%～104%。

2.1.5 体内药物分析

生物样品经处理后，需选择适当的分析方法进行测定。目前可供生物样品药物及其代谢物检测的分析方法很多，归纳起来主要有以下五类：

（1）光谱分析法。光谱分析法是体内药物分析中应用较早的一种方法，主要包括比色法、紫外分光光度法和荧光分光光度法。20 世纪 80 年代以前，光谱分析约占检测血药浓度方法总数的三分之一。80 年代后，随着色谱法的飞速发展，光谱分析的地位有所减弱，但由于光谱法具有操作简便、快速等优点，目前光谱法在体内药物分析中仍占有一定的地位。

（2）色谱法。薄层色谱、气相色谱、高效液相色谱、气相色谱-质谱联用技术（GC-MS）、液相色谱-质谱联用技术（LC-MS）等已成为多组分混合物最重要的分离分析手段，特别是色谱与质谱的联用技术在体内药物分析中发挥着重要的作用。

（3）毛细管电泳法。毛细管电泳法（CE），又称高效毛细管电泳（HPCE），是 20 世纪末发展起来的一种高效、快速、灵敏、进样量少、信息量大、运行成本低、易于自动化的分析方法。HPCE 又分为毛细管区带电泳、胶束电动毛细管色谱、毛细管凝胶电泳、毛细管等电聚焦、毛细管等速电泳和毛细管电色谱法。上述方法近几年来在体内药物分析中均得到一定的应用。

（4）免疫分析法。免疫分析的基本原理是利用抗原-抗体的特异反应来测定体内药物的含量。该法也是体内药物分析的一种方法。免疫分析方法具有灵敏度高、专一性强、操作简便、快速等优点，因此在临床药物浓度检测和生化检验中广泛应用。免疫分析主要包括放射免疫分析、酶免疫分析和荧光免疫分析。

（5）同位素法。同位素技术已成为体内药物分析的一种重要手段。在同位素分析中应用稳定性同位素标记药物，用放射性强度表示标记药物量，用体液中的放射强度表示体液药物浓度。利用放射性同位素药物和其他分析方法相结合建立的同位素稀释分析法，是研究体内药物代谢和药物动力学的一种有效手段，在新药研究过程中得到进一步的应用。

临床上为了提高巴比妥药物的疗效，减少毒副作用防止药物的滥用和成瘾，需要进行血药浓度监测。由于安眠药物的种类多，中毒症状相似，并且生物样品成分复杂，存在大量的干扰物，因此在生物样品中进行安眠药物的定性定量分析较难，给临床检验带来一定困难。目前巴比妥药物的检测方法有紫外检测高效液相色谱、GC-MS、免疫分析、毛细管电泳分析等。

示例 2-3 气相色谱-质谱联用技术（GC-MS）定量检测在尿液、血清、血浆中的异戊巴比妥、布他比妥、巴比妥、司可巴比妥（图 2-3）。

色谱-质谱条件：毛细管气相色谱柱 Zebron ZB-1（15m×0.25mm，0.25μm，Phenomenex，Torrance，California）。6890/5975 型气质联用仪（Agilent Technologies，Wilmington）。柱压 5psi①，进样温度 250℃，检测温度 280℃，程序升温初始温度 90℃维持 1min，升温速度 32℃/min 升温至 170℃维持 2min，升温速度 20℃/min 升温至 270℃维持 1.5min。质谱 MS 模型，EI 离子源（70eV），用选择性离子监测（SIM）模式进行定量。

示例 2-4 液相色谱-质谱联用技术同时检测血浆中的巴比妥、异戊巴比妥、苯巴比妥以及司可巴比妥（图 2-4）。

① psi 为非法定单位，1psi＝6.894 76×10^3Pa。

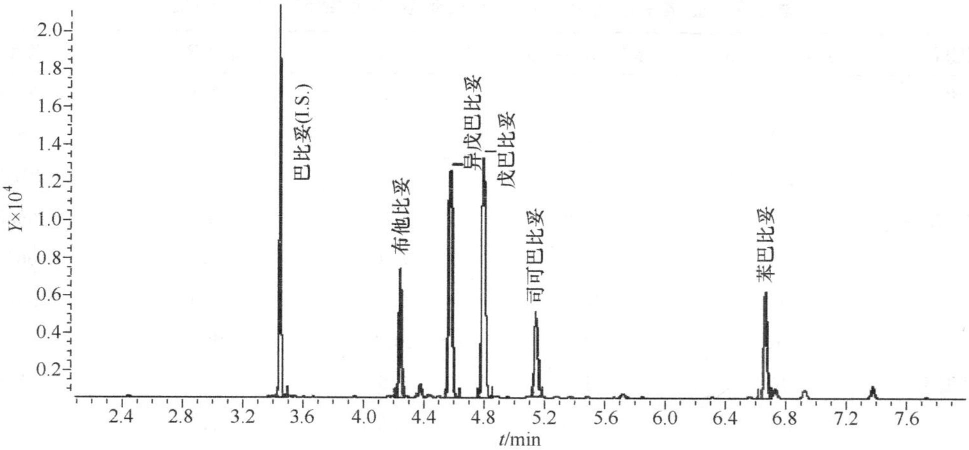

图 2-3　甲基化的巴比妥、异戊巴比妥、苯巴比妥以及司可巴比妥的 GC-MS 色谱图

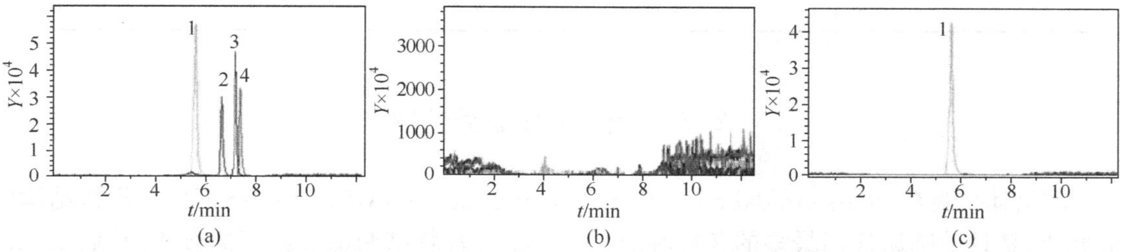

图 2-4　LC-APCI-MS 色谱图

(a) 加标样品(1. 500ng/mL 巴比妥；2. 250ng/mL 异戊巴比妥；3. 250ng/mL 苯巴比妥；4. 250ng/mL 司可巴比妥)；(b) 空白血浆；(c) 法医案例样品

色谱-质谱条件：1200 型液相色谱仪（Agilent），HCT 离子阱质谱仪（Bruker technology）。Zorbax SB-C18 色谱柱（150mm×2. 1mm，5μm），柱温 30℃，流动相为水-甲醇梯度淋洗体系。APCI 检测器，氮气流速 7L/min，温度 350℃，压力 30psi，喷雾温度 400℃，电压 3. 5kV，LC-MS 用选择性离子监测（SIM）模式进行定量。巴比妥、苯巴比妥、异戊巴比妥以及司可巴比妥的定量 m/z 依次为 182. 7，224. 8，230. 8，236. 8。

样品处理：用液-液萃取法制备血浆样品。将 200μL 血浆样品移到 10mL 玻璃试管中，加入 0. 1mol/L HCl 溶液 50μL，加入萃取溶剂乙醚 3mL，混旋 1min，在 3000r/min 条件下离心 5min。将上层的有机层转移到 10mL 玻璃试管中，在 40℃氮气流下干燥，干燥物溶于 200μL 流动相中，取 20μL 进样 LC-APCI-MS 分析。

结果：该方法对巴比妥加标样品、空白血浆样品和法医案例样品，具有优越的批间、批内精密度（相对标准偏差小于 15%），在 10～2000ng/mL 浓度范围内对 10ng/mL，400ng/mL，1600ng/mL 的加标样品的检测结果的相关系数 r^2>0. 99，检测限为 10ng/mL，回收率为 90%～110%（n=3），定量限达到 10ng/mL（表 2-1、表 2-2）。

表 2-1　巴比妥类药物的线性、检测限、最低定量限

药物名	回归方程	LOD/(ng/mL)	LLOQ/(ng/mL)	r^2	线性范围
巴比妥	Y=1209. 58C−412. 36	5	10	0. 9951	10～2000
异戊巴比妥	Y=1446. 77C−361. 35	4	10	0. 9963	10～2000
苯巴比妥	Y=954. 97C−371. 09	5	10	0. 9967	10～2000
司可巴比妥	Y=1181. 49C−308. 49	4	10	0. 9972	10～2000

表 2-2　血浆中巴比妥类药物的精密度、回收率和准确度结果

药物名	浓度/(ng/mL)	提取回收率/%	日间 RSD	日内 RSD	准确度/%
巴比妥	10	75.1	7.5	7.8	97.9
	400	70.8	5.7	4.9	96.1
	1600	78.8	5.4	5.7	101.2
异戊巴比妥	10	70.2	11.6	8.5	96.3
	400	79.8	7.3	6.4	96.5
	1600	72.1	6.0	5.1	103.5
	10	70.5	10.4	8.1	94.6
苯巴比妥	400	78.8	5.5	6.4	97.5
	1600	75.6	4.8	6.7	94.3
	10	70.4	10.2	9.1	94.3
司可巴比妥	400	77.5	8.9	6.4	96.7
	1600	85.9	6.6	5.2	104.8

2.2　芳酸及其酯类药物

非甾体抗炎药(nonsteroidal antiinflammatory drugs,NSAIDs)是一类不含有甾体结构的抗炎药,是目前临床使用最多的药物种类之一。本类药物抑制前列腺素的合成,从而发挥抗炎、抗风湿、止痛、退热和抗凝血等作用,在临床上广泛用于骨关节炎、类风湿性关节炎、多种发热和各种疼痛症状的缓解。本类药物具有不同的化学结构,但多数具有芳羧酸的基本结构。NSAIDs 自阿司匹林于 1898 年首次合成后,100 多年来已有阿司匹林、对乙酰氨基酚、吲哚美辛、萘普生、萘普酮、双氯芬酸、布洛芬、尼美舒利、罗非昔布、塞来昔布等百余种上千个品牌上市。随着 NSAIDs 使用的增多,这类药物的安全使用问题也越来越受到各国的关注。默沙东公司于 2004 年 10 月宣布主动从全球市场撤回万络(罗非昔布);美国食品药品监督管理局认为 NSAIDs 存在潜在的心血管和消化道出血风险,要求生产厂家在其说明书中提出警示,这使 NSAIDs 的安全用药成为目前全球医药界的热点问题。

2.2.1　典型药物的结构与性质

1. 水杨酸类

1) 典型药物

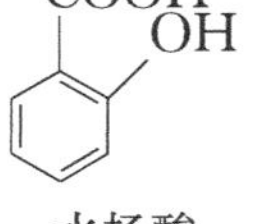

水杨酸
(salicylic acid)

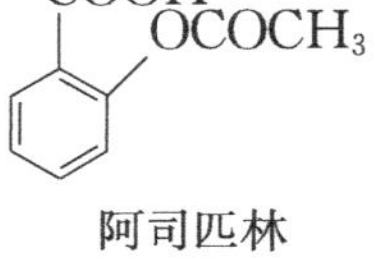

阿司匹林
(aspirin)

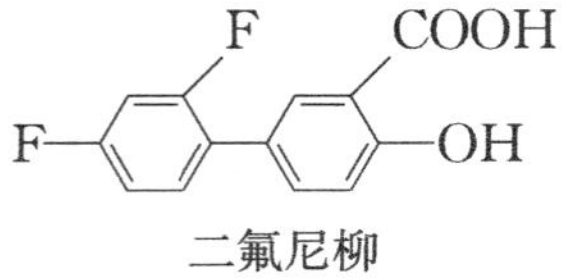

二氟尼柳
(diflunisal)

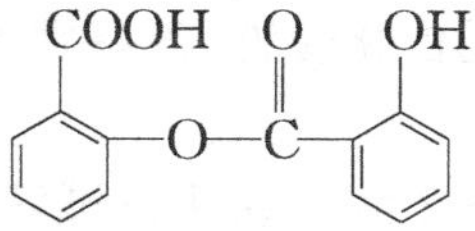

双水杨酯
(salsalate)

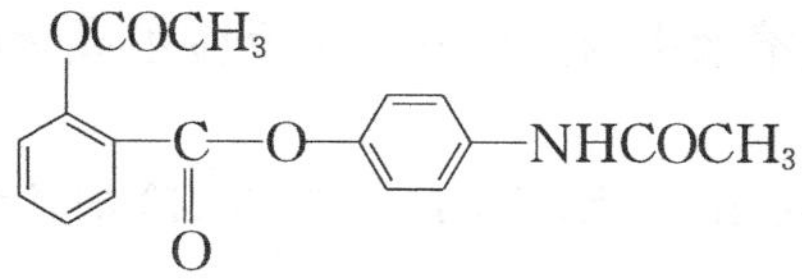

贝诺酯
(benorilate)

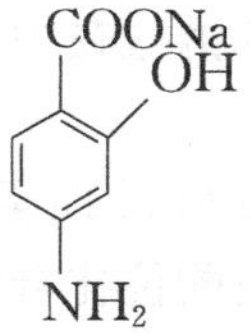

对氨基水杨酸钠
(sodium aminosalicylate)

2）主要性质

本类药物含有苯环，具有特征的紫外吸收与红外吸收特性，可用于鉴别与含量测定。

羧基与苯环直接相连具有较强的酸性，邻位有羟基的药物能与羧基形成分子内氢键使酸性增强，如水杨酸的酸性（$pK_a=2.95$）比苯甲酸的酸性（$pK_a=4.26$）强。水杨酸、阿司匹林、二氟尼柳、双水杨酸等具有较强的酸性，可用酸碱滴定法测定含量。对氨基水杨酸钠结构中具有游离的芳伯胺与亚硝酸钠形成重氮盐，可采用亚硝酸钠滴定法测定含量，贝诺酯含有潜在的芳伯胺，其水解产物有此性质。水杨酸、对氨基水杨酸、双水杨酯含有游离的酚羟基，在弱酸性溶液中可与 Fe^{3+} 生成紫色配位化合物，阿司匹林、贝诺酯的水解产物也具有此性质。

2. 苯甲酸与其他芳酸类

1）典型药物

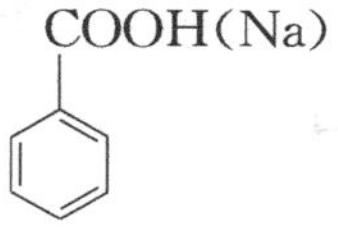

苯甲酸(钠)
benzoic acid(sodium benzoate)

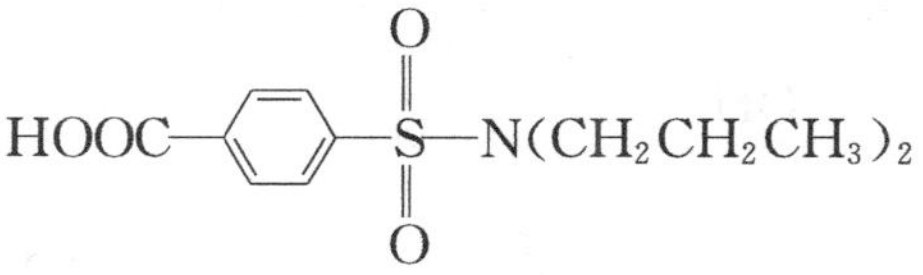

丙磺舒
(probenecid)

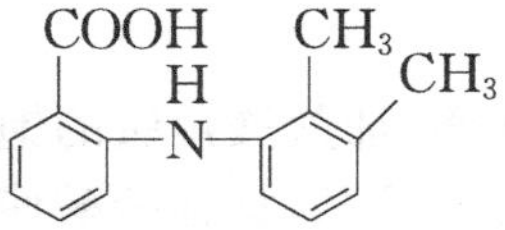

甲芬那酸
(mefenamic acid)

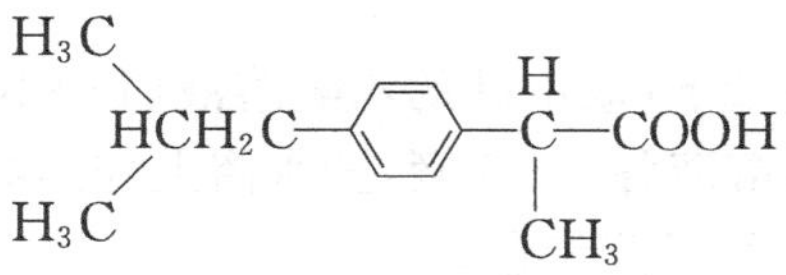

布诺芬
(ibuprofen)

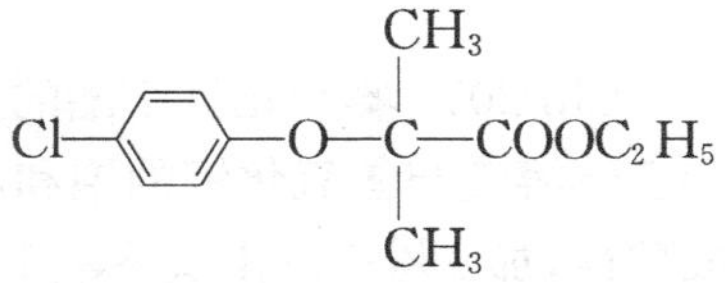

氯贝丁酯
(clofibrate)

2）主要性质

苯甲酸类以及其他芳酸类药物含有苯环，具有特征的紫外吸收与红外吸收特性，可用于鉴别与含量测定。苯甲酸类药物的分子结构中，羧基与苯环直接相连具有较强的酸性，可用碱直接滴定法测定含量。苯甲酸及其钠盐的中性溶液与三氯化铁试液反应生成赭色的铁盐；丙磺舒含有硫原子，受热分解放出二氧化硫(JP15)。

布洛芬的酸性较苯甲酸、水杨酸弱，但在中性乙醇中可用氢氧化钠直接滴定；氯贝丁酯含有氯原子，经氧瓶燃烧后与硝酸银反应生成白色沉淀。

2.2.2 鉴别试验

1. 与铁盐的反应

(1) 水杨酸类。水杨酸类以及水解产物与三价铁离子反应生成紫色至紫红色的溶液，水杨酸及其钠盐在中性或弱酸性溶液中与三价铁离子反应生成紫红色配位化合物，其鉴别方法如下：

称取约 0.1g 阿司匹林加入 5mL 水，煮沸 5～6min，冷却，滴加 1～2 滴三氯化铁试液，生成紫红色配位化合物溶液。

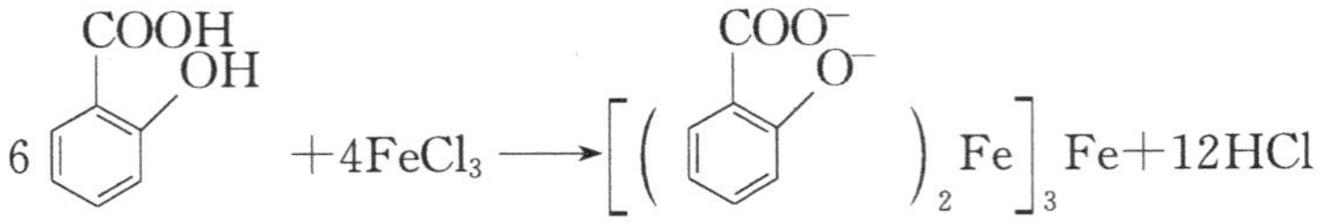

(2) 苯甲酸类。在中性或弱碱性的苯甲酸钠溶液中滴加三氯化铁试液生成赭色沉淀，再滴加稀盐酸生成白色沉淀(JP15)。

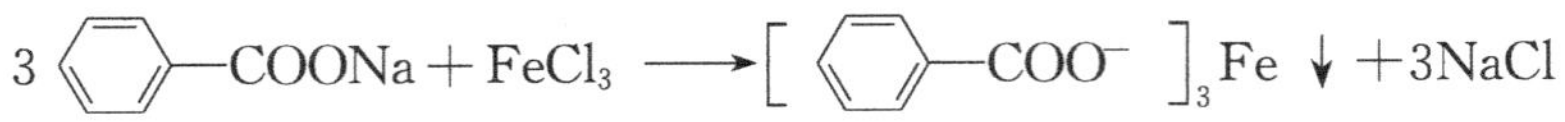

在 pH 为 5.0～6.0 丙磺舒与三氯化铁试液生成米黄色沉淀。

(3) 其他羧酸类。常用 N,N'-双环己基羧二亚胺(DCC)等活化羧基，进行羧基与氨基的反应，并用羟胺终止反应。生成的产物与三价铁离子生成羟肟酸铁配位化合物。

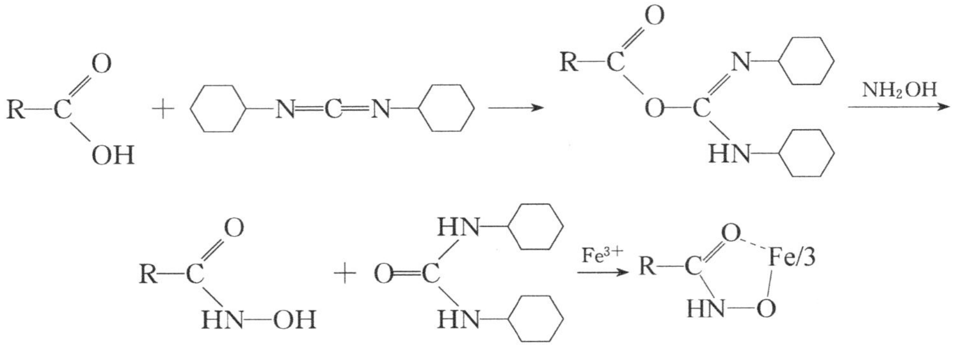

ChP2010 鉴别氯贝丁酯的方法如下：取本品的乙醚溶液(1→10) 数滴，加盐酸羟胺的饱和乙醇溶液与氢氧化钾的饱和乙醇溶液各 2～3 滴，置水浴上加热约 2min，冷却，加稀盐酸使成酸性，加 1%三氯化铁溶液 1～2 滴，即显紫色。

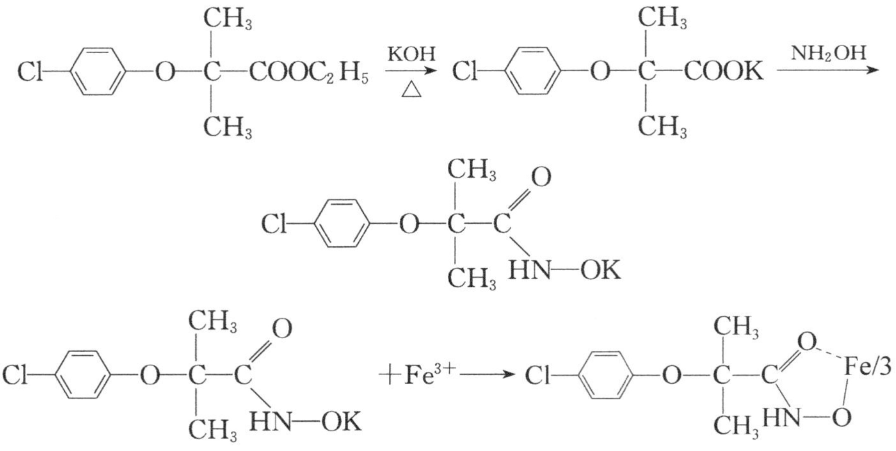

2. 重氮化-偶合反应

含有芳伯胺结构的药物在酸性条件下与亚硝酸钠试液进行重氮化反应生成重氮盐，再与 β-萘酚等偶合试剂生成有颜色的产物。含有潜在芳伯胺结构的药物经水解后游离出芳伯胺也进行重氮化-偶合反应。对氨基水杨酸与 β-萘酚的重氮化-偶合反应如下：

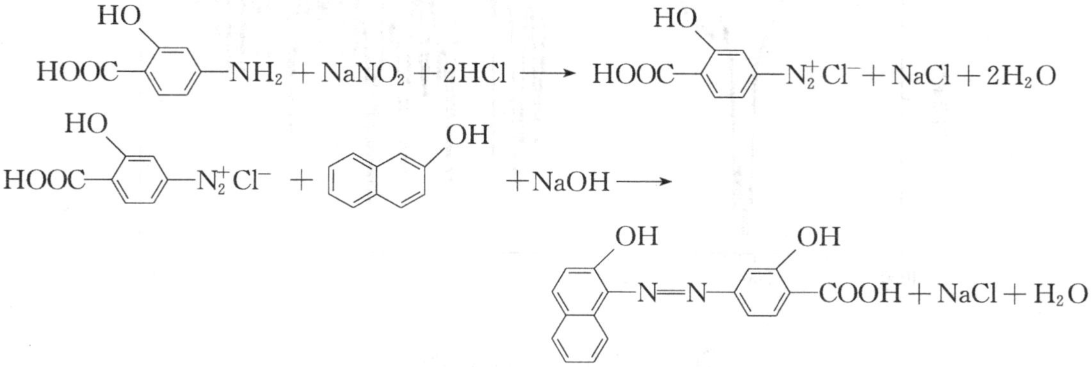

3. 氧化反应

0.01g 甲芬那酸溶于 2mL 硫酸溶液中，加热显黄色，并有绿色荧光；0.01g 甲芬那酸溶于温热的 1mL 甲醇中，冷却，加入 1mL 对硝基苯四氟硼酸重氮盐(NDF)(1→1000)和 1mL 氢氧化钠试液，充分混匀得橘红色溶液(JP15)。

4. 分解产物的反应

苯甲酸盐分解成苯甲酸升华物，可用于鉴别。例如，苯甲酸钠置于干燥试管中，加硫酸，加热(不炭化)，生成的苯甲酸在试管内壁凝成白色升华物。丙磺舒高温加热时，可产生二氧化硫的特殊臭气；与氢氧化钠共熔融，可生成亚硫酸钠，经硝酸氧化的硫酸盐，用氯化钡试验鉴别。

5. 光谱分析

1) 紫外吸收光谱法

紫外吸收光谱的最大吸收波长、最小吸收波长、肩峰等吸收特性以及不同最大吸收波长处吸光度的比值等均被用于药物的鉴别。ChP2010 不同芳酸类紫外吸收特征如表 2-3 所示。

表 2-3　不同药物的紫外吸收特性

药品名	浓度/(μg/mL)	特征
丙磺舒	20	在 225nm，249nm 有最大吸收，在 249nm 处的吸光度约为 0.67
甲芬那酸	20	在 279nm，350nm 有最大吸收，其吸光度分别为 0.69～0.74，0.56～0.60
二氟尼柳	20	在 251nm，315nm 有最大吸收，其吸光度比值为 4.2～4.6
贝诺酯	7.5	在 240nm 有最大吸收，其吸收系数为 730～760
布诺芬	250	265nm，273nm 有最大吸收，245nm，271nm 有最小吸收，259nm 有肩峰
氯贝丁酯	10	10μg/mL 在 226nm 有最大吸收
	100	100μg/mL 在 280nm，288nm 有最大吸收

2）红外吸收光谱法

红外吸收光谱是由分子的振动、转动能级的跃迁所产生的分子光谱，红外光谱广泛用于药物的结构鉴定、晶形的判断。阿司匹林的红外吸收谱图如图 2-5 所示。

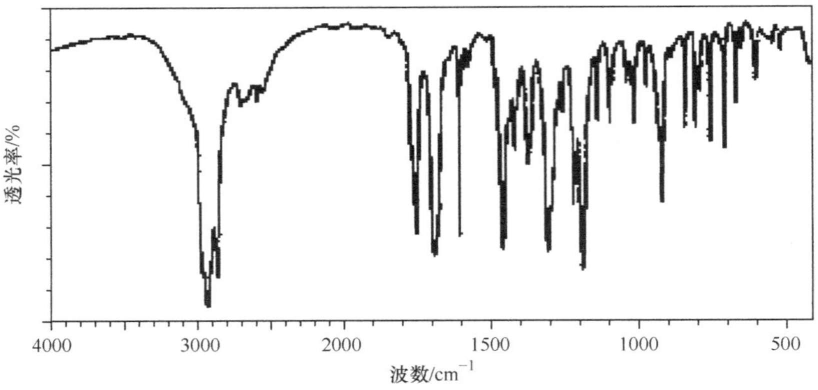

图 2-5　阿司匹林的红外吸收谱图

阿司匹林的红外吸收光谱特征吸收峰位及其归属

峰位	归属
3300～2500cm^{-1}（宽峰）	羧基 $\nu_{O—H}$
3000～2800cm^{-1}（尖峰）	甲基、亚甲基的 $\nu_{C—H}$
1750～1730cm^{-1}	酯基的 $\nu_{C=O}$
1725～1700cm^{-1}	羧基的 $\nu_{C=O}$
1600～1400cm^{-1}	苯环的 $\nu_{C=C}$
1300～1000cm^{-1}	酯基和羧基的苯环的 $\nu_{C—O}$

6. 色谱分析法

薄层色谱与 HPLC 方法都可以用于芳酸类药物的鉴别。如采用薄层色谱鉴别，对照品与供试品在同一个薄层板上进行展开时主斑点的位置和颜色应与对照品的一致。如采用液相色谱鉴别，在相同的色谱分离条件下供试品的主色谱峰的保留时间应与对照品一致。

2.2.3 特殊杂质检查

1. 阿司匹林

以苯酚为原料的阿司匹林的合成方法已有 100 多年的历史，其合成工艺如下：

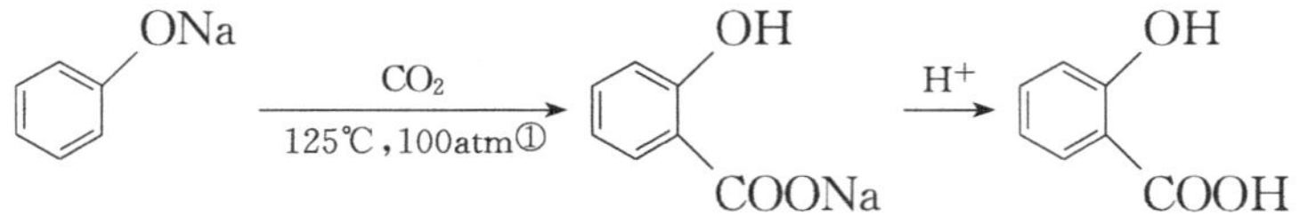

① atm 为非法定单位，1atm=1.013 25×10^5Pa。

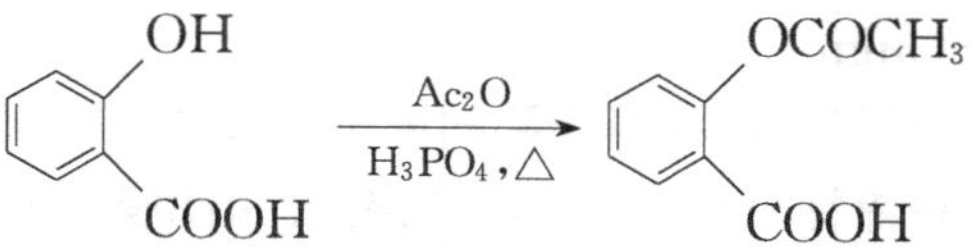

阿司匹林中很可能含有未反应的原料苯酚、中间产物以及副产物。因此有以下特殊项目的检查。

1）溶液的澄清度

此项目检查碳酸钠溶液中不溶解的物质，如未反应的苯酚以及水杨酸的脱羧产物苯酚、副反应生成的乙酸苯酯、水杨酸苯酯、乙酰水杨酸苯酯等。检查方法：取本品 0.5g，用加热至 45℃的碳酸钠试液 10mL 溶解后，溶液应澄清。

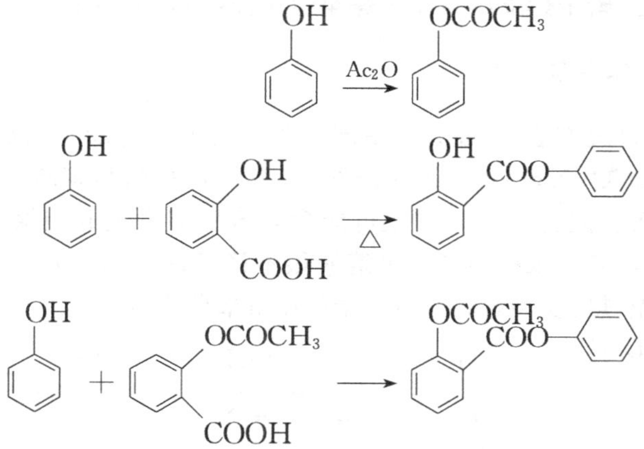

2）水杨酸检查

阿司匹林中可能存在的水杨酸会引起中毒并伴随着复杂的代谢性障碍，因此要严格控制阿司匹林中水杨酸的量。水杨酸在空气中很容易氧化成一系列淡黄、棕色，甚至深棕色醌式有色杂质。水杨酸的检查原理是利用水杨酸在弱酸性的溶液中与三价铁反应呈紫堇色，而阿司匹林因为不含有游离的酚羟基没有显色反应。由于阿司匹林在制剂过程中部分水解，因此 HPLC 法检查游离水杨酸时 ChP2010 对不同的制剂有不同的限量要求。例如，阿司匹林片剂 HPLC 外标法以峰面积计算时，含游离水杨酸不得过阿司匹林标示量的 0.3%；阿司匹林原料药如显杂质峰，除水杨酸峰外，其他各杂质峰面积的和不得大于对照溶液主峰峰面积的 0.5%；阿司匹林肠溶片按外标法以峰面积计算，含水杨酸不得过阿司匹林标示量的 1.5%；阿司匹林泡腾片按外标法以峰面积计算，含游离水杨酸不得过标示量的 3.0%。

用待测组分的纯品作对照物质，以对照物质和样品中待测组分的响应信号相比较进行定量的方法称为外标法。此法可分为工作曲线法及外标一点法等。工作曲线法是用对照物质配制一系列浓度的对照品溶液确定工作曲线，求出斜率、截距。在完全相同的条件下，准确进样与对照品溶液相同体积的样品溶液，根据待测组分的信号大小，从标准曲线上查出其浓度，或用回归方程计算，工作曲线法也可以用外标一点法代替。通常截距应为零，若不等于零说明存在系统误差。工作曲线的截距为零时，可用外标一点法（直接比较法）定量。外标法无需各组分都被检出、洗脱，操作、计算简单，是一种常用的定量方法。但需要标样，标样及未知样品的测定条件要一致，进样体积要准确。

外标法检查阿司匹林片剂的方法如下。

色谱条件：以十八烷基硅烷键合硅胶为填充剂，以乙腈-四氢呋喃-冰醋酸-水（20∶5∶5∶

70)为流动相，检测波长为 303nm。

方法：精密称取本品细粉适量(约相当于阿司匹林 0.5g)，置于 100mL 容量瓶中，用 1%冰醋酸的甲醇溶液振摇溶解，并稀释至刻度，摇匀，用有机相滤膜(0.45μm)滤过，立即精密量取续滤液 10μL，注入液相色谱仪，记录色谱图；另取水杨酸对照品约 15mg，精密称定，置 50mL 容量瓶中，用 1%冰醋酸的甲醇溶液溶解，并稀释至刻度，摇匀；精密量取 5mL，置 100mL 容量瓶中，用 1%冰醋酸的甲醇溶液稀释至刻度，摇匀，同法测定。按外标法以峰面积计算，含游离水杨酸不得过阿司匹林标示量的 0.3%。

3) 干燥失重

阿司匹林原料药需检查干燥失重。

方法：取本品，置五氧化二磷干燥器中减压干燥至恒量，减失质量不得过 0.5%。

2. 对氨基水杨酸中的特殊杂质检查

对氨基水杨酸钠有多种合成方法，合成方法不同所含有的可能的杂质也不同。以间氨基酚为原料的合成方法是在 100℃，0.6～0.8MPa 条件下，将间氨基酚与碳酸钠混合物中通入 CO_2，反应 6h，酸化，碱化制备。因此在成品中很可能含有未反应完全的间氨基酚，以及反应产物经脱羧的间氨基酚。且对氨基水杨酸钠的水溶液很不稳定，被氧化，遇光、热等颜色逐渐变深。在潮湿的空气中，遇光、热、受潮湿时生成二苯醌型等氧化产物。

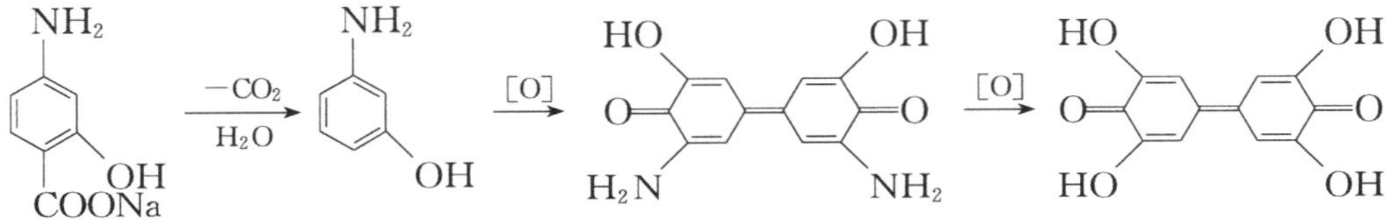

ChP2010 用液相色谱法检查对氨基水杨酸钠的特殊杂质，其方法如下。

色谱条件：用十八烷基硅烷键合硅胶为填充剂；以 0.05mol/L 磷酸氢二钠-0.05mol/L 磷酸二氢钠-甲醇-10%四丁基氢氧化铵溶液(400：400：200：19)为流动相，检测波长为 265nm。理论板数按对氨基水杨酸钠峰计算不低于 3000，对氨基水杨酸钠与相邻杂质峰的分离度应符合要求。

步骤：取本品适量，精密称定，加流动相溶解并稀释制成 1mL 中含 0.7mg 的溶液，作为供试品溶液；精密量取供试品溶液 1mL，置 100mL 容量瓶中，加流动相溶解并稀释至刻度，摇匀，作为对照溶液 A。另取间氨基酚对照品适量，精密称定，加流动相稀释制成 1mL 中含 1.2μg 的溶液，作为对照品溶液 B。取对照溶液 A 20μL，注入液相色谱仪，调节检测灵敏度，使对氨基水杨酸钠色谱峰的峰高为满量程的 20%～25%。另精密量取供试品溶液、对照溶液 A 与对照品溶液 B 各 20μL，分别注入液相色谱仪，记录色谱图至主成分峰保留时间的 3.5 倍。供试品溶液的色谱图中如有与间氨基酚峰保留时间一致的峰，按外标法以峰面积计算，其含量不得超过 0.25%，其他单个杂质峰面积不得大于对照溶液 A 主峰面积的 1/10(限量为 0.1%)，其他各杂质峰面积的和不得大于对照溶液 A 主峰面积(1.0%)。

对氨基水杨酸钠显碱性，在水溶液中易解离；离子型化合物或能解离的化合物用常规 HPLC 分离时，常会出现色谱峰拖尾和保留值不稳定等问题，用离子对色谱则能解决以上问题。离子对色谱是将离子对提取与色谱技术相结合，适用于 pK_a 为 2～8 的弱酸和弱碱性化合物的分离。这是因为离子对试剂在极性流动相中易于溶解，并易于调整控制反离子的浓度和流动相的 pH。

离子对试剂和其他添加剂的一般选用规则：①样品中含有—COOH，—SO_3H 基团时，选用的离子对试剂应是带正电荷的有机铵盐，以此增加样品阴离子在反相色谱中的保留值，选用的流动相一般都为甲醇/水。②除了加入离子对试剂外，还要加入磷酸盐或其他缓冲液，以控制流动相的酸度，从而使这些酸性官能团能完全解离，最大程度形成离子对。③样品中含有—NH_2，—NH—基团或其他阳离子时，选用的离子对试剂应是烷基磺酸盐或硫酸盐。④样品中同时含有—NH_2，—COOH，—SO_3H 等不同性质的基团时，则规则①②或③都适用。

USP29 用离子对高效液相色谱法检查间氨基酚的限量，其方法如下。

色谱条件：C18 柱（250mm×4.6mm，10μm）；流动相为 0.05mol/L NaH_2PO_4-0.05mol/L Na_2HPO_4-甲醇（含氢氧化四丁基铵 1.9g）（425∶425∶150）；检测波长为 254nm；流速约 1.5mL/min。

本法中，鉴于对氨基水杨酸钠，间氨基酚的分子结构中具有—COOH，—OH 和—NH_2 基团，按规则①和②选用了离子对试剂氢氧化四丁基铵和磷酸盐缓冲液，调整了色谱保留行为，从而提高了样品保留值的重现性和色谱峰的对称性。

3. 二氟尼柳中特殊杂质检查

二氟尼柳有多种合成方法，按起始原料分类有 2,4-二氟苯胺、间二氟苯、对硝基苯胺、2,4-二硝基氯苯、2,4-二溴苯、2,4-二氟苯硼酸、5-(2,4-二氟苯基)-2-氨基苯甲酸等方法，以 2,4-二氟苯胺为原料的方法也在不断进行改进，因此二氟尼柳的特殊杂质因合成工艺的不同而不同。以 2,4-二氟苯胺为原料的两种不同的合成工艺如下：

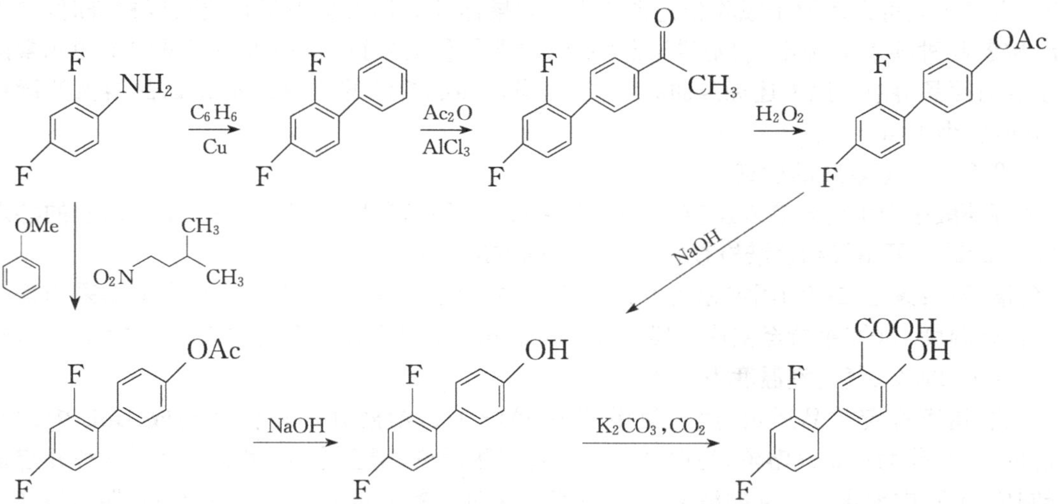

二氟尼柳的产物中可能存在多种苯或联苯的合成中间体或副产物，它们的成分复杂、结构多样、性质相差较大，很难用一种方法检出相关杂质，因此 ChP2010 采用薄层色谱和 HPLC 检查相关杂质。

相关杂质检查 A 法：取本品适量，加甲醇溶解并稀释制成 1mL 中约含有 10mg 的供试品溶液，精密量取适量，加甲醇稀释制成 1mL 中约含有 50μg 的对照溶液。吸取上述两种溶液各 5μL，分别点于同一硅胶 GF_{254} 薄层板上，以正己烷-二氧六环-冰醋酸（85∶10∶5）展开，晾干，紫外灯下观察，供试品溶液如显杂质斑点，不得比对照溶液的主斑更深。

相关杂质检查 B 法：取有关物质检查 A 法下的供试品溶液与对照品溶液进行 HPLC 检查。

色谱条件为：十八烷基硅氧键合硅胶色谱柱，水-甲醇-乙腈-冰醋酸（55∶23∶30∶2）为流动相，检测波长为254nm。分别进样供试品溶液与对照品溶液各5μL，记录主峰保留时间的3倍时间，供试品的色谱图上如有杂质峰，各杂质峰面积的和不能大于对照品溶液主峰面积（0.5%）。

二氟尼柳除此之外还进行干燥失重、含氟量、炽灼残渣、重金属的检查。

4. 甲芬那酸中特殊杂质的检查

甲芬那酸主要以邻氯苯甲酸与2,3-二甲基苯胺在铜催化下缩合而成。

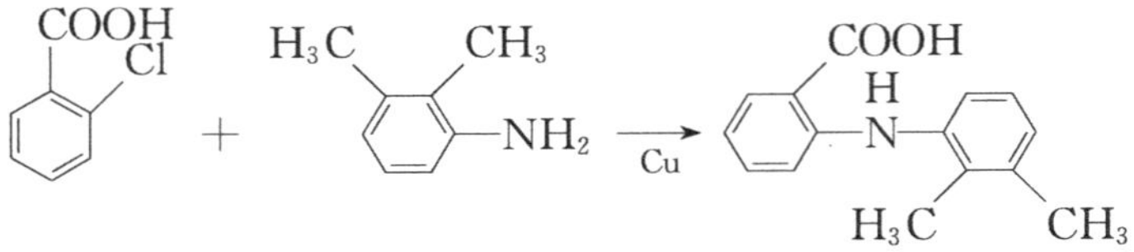

因此，特殊杂质检查包括铜盐的检查和原料药2,3-二甲基苯胺的检查。

1）铜盐的检查

紫外吸收光谱法：取本品1.0g，加硫酸湿润，炽灼至灰化完全后，加0.5mol/L硫酸溶液10mL。放置10min后，用水20mL转移至另一分液漏斗中，加含20%枸橼酸二铵与5%乙二胺四乙酸二钠的混合溶液10mL，加麝香草酚蓝指示液数滴，用氨试液中和后，加0.1%二乙基二硫代氨基甲酸钠溶液10mL与四氯化碳15mL，振摇，放置使分层。分取四氯化碳提取液，在435nm的波长处吸光度不得大于0.35。

原子吸收分光光度法：原子吸收分光光度法进行含量测定方法有标准曲线法与标准品加入法。铜的检查可采用原子吸收分光光度法。如果标准品加入法用于杂质限度检查时，取供试品，按各品种项下的规定，制备供试品溶液；另取等量的供试品，加入限度量的待测元素溶液，制成对照品溶液。照上述标准曲线法操作，设对照品溶液的读数为a，供试品溶液的读数为b，b值应小于$(a-b)$。

2）2,3-二甲基苯胺的检查

甲芬那酸中很可能含有未反应完全的原料2,3-二甲基苯胺，因为2,3-二甲基苯胺的沸点是221～222℃，可用气相色谱检查。ChP2010的方法如下。

色谱条件：聚乙二醇为固定相的毛细管色谱柱，对照品采用恒温150℃，供试品采用程序升温，初始温度150℃维持至主峰出峰后，以70℃/min的升温速率升至220℃，维持20min；检测器温度为260℃；气化室温度为250℃。

方法：精密称定本品适量，用二氯甲烷-甲醇（3∶1）溶解并定量稀释制成1mL中约含25mg的溶液，作为供试品溶液；另取2,3-二甲基苯胺适量，精密称定，用上述溶剂溶解并定量稀释制成1mL中约含2.5μg的溶液，作为对照品溶液。精密量取供试品溶液与对照品溶液各1μL直接进样，记录色谱图。供试品溶液中如有与2,3-二甲基苯胺保留时间一致的色谱峰，其面积不得大于对照品溶液中2,3-二甲基苯胺峰面积（100ppm）。

JP15薄层色谱法检查甲芬那酸中有关杂质的方法如下：

取本品0.1g，溶于5mL氯仿-甲醇（3∶1）溶液，并稀释成1mL中含20mg的供试品溶液和1mL中含20μg的对照溶液。吸取上述二种溶液各25μL分别点于同一硅胶GF_{254}薄层板上，以2-甲基-1-丙醇-浓氨溶液（3∶1）展开至距原点约10cm处，取出，晾干，置紫外光灯（254nm）下检视。供试品溶液如显杂质斑点，与对照溶液的主斑点比较，不得更深（限量0.1%）。

5. 氯贝丁酯中特殊杂质的检查

氯贝丁酯作为降血脂药，能抑制胆固醇和甘油三酯的合成，增加固醇类的排泄，降低血中极低密度脂蛋白（VLDL）的含量。氯贝丁酯的合成工艺如下：

方法 1

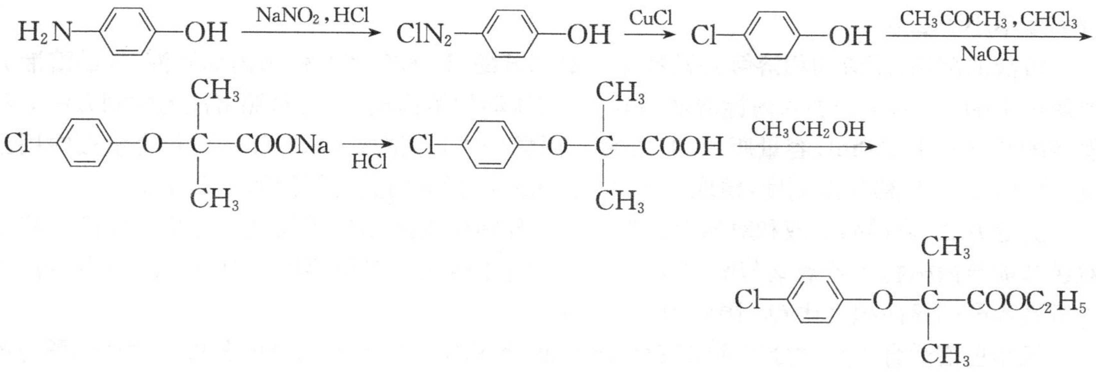

方法 2

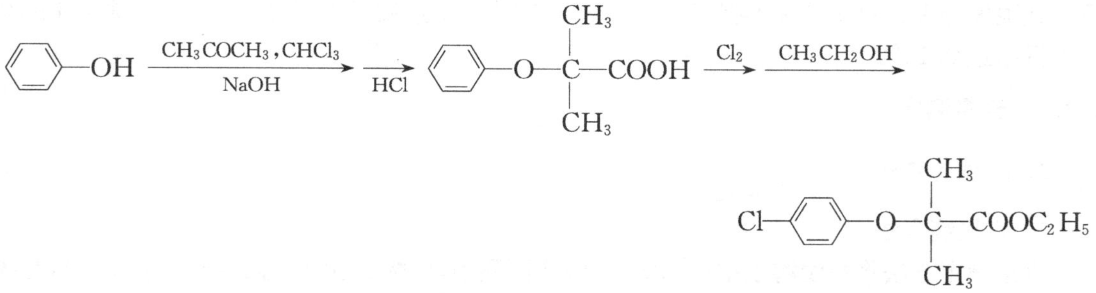

方法 1 或方法 2 中，成品中可能存在中间体对氯苯氧异丁酸（或苯氧异丁酸），产物的放置过程中也可能分解产生相应的对氯苯氧异丁酸（或苯氧异丁酸）。因此，在检查项下应控制其酸度。

酸度检查：取本品 2.0g，加中性乙醇（对酚酞指示液呈中性）10mL 溶解后，加酚酞指示液数滴，滴加 0.1mol/L NaOH 滴定液 0.15mL，应显粉红色。

对氯酚与挥发性物质的检查：ChP2010 对氯酚与挥发性物质的检查方法如下。

取本品 10.0g，加氢氧化钠试液 20mL，振摇提取，分取下层液，用水 5mL 振摇洗涤后，留作挥发性物质检查用。上述水洗液并入碱性提取液中，用三氯甲烷振摇洗涤 2 次，每次 5mL，弃去三氯甲烷液，加稀盐酸使成酸性，用三氯甲烷提取 2 次，每次 5mL，合并三氯甲烷提取液，并加三氯甲烷稀释成 10mL，作为供试液；另取 0.0025％对氯酚的三氯甲烷溶液作为对照液，分别进入气相色谱仪，供试品中对氯酚的峰面积不得大于对照溶液中对氯酚的峰面积，限度为 0.0025％。用检查对氯酚的色谱条件，取对氯酚项下经碱液洗涤后的本品适量，经无水硫酸钠干燥，作为供试品；称取供试品适量，用三氯甲烷溶解并稀释成 1mL 中约含 10mg 的溶液作为预试溶液，取预试溶液适量，注入气相色谱仪，记录色谱图至主峰保留时间的 2 倍。供试品溶液的色谱图如有杂质峰，各杂质峰的面积之和不得大于总峰面积的 0.5％。

JP15 用高效液相色谱内标法检查相关杂质的方法如下。

色谱条件：色谱柱（4mm×300mm，5～10μm）氰基丙基硅烷化硅胶填充柱，柱温 25℃；检测波长 275nm；流动相为己烷-异丙醇-冰醋酸混合溶液（1970：30：1），流速调节至氯贝丁酯的保留时间约为 2min。

对色谱柱的要求：溶解氯贝丁酯 10.0mg，4-氯苯酚 6mg，4-乙氧基苯酚 6mg 于 1000mL 己烷中，在色谱条件下进样 20μL 计算分离度。所选的色谱柱的出峰顺序应为氯贝丁酯、4-氯苯酚、4-乙氧基苯酚，并且氯贝丁酯与 4-氯苯酚的分离度不小于 5.0，4-氯苯酚与 4-乙氧基苯酚的分离度不小于 2.0。

溶液的配制：用流动相溶解并稀释 4-乙氧基苯酚（1→300 00）作为内标溶液；样品溶液为取氯贝丁酯 1.0g，精密加入内标溶液 1mL，并用流动相稀释成 5mL；对照溶液的配制方法取对氯苯酚 0.01g 于 100mL 容量瓶中，加己烷-异丙醇（9：1），精取 10mL 于 50mL 容量瓶中用己烷-异丙醇（9：1）稀释至刻度，精取 6mL 再加 4mL 内标液用流动相稀释至 20mL。

测定方法：取样品溶液和对照溶液各 20μL，分别注入液相色谱仪进行分析。样品溶液中对氯苯酚与内标物 4-乙氧基苯酚的峰面积之比 Q_T 不得大于对照溶液中对氯苯酚与内标物 4-乙氧基苯酚的峰面积之比 Q_S，限度为 0.003%。

气相色谱适合于相对分子质量较小、沸点低、热稳定性较好的物质的分析。对氯苯酚与挥发性杂质的分析可用气相色谱。USP29 在同一色谱条件下分别分析了对氯苯酚以及其他杂质。其限度分别为对氯苯酚不得超过 0.003%；其他单个杂质不得超过 0.01%；其他杂质的总量不得超过 0.12%。

2.2.4 含量测定

1. 酸碱滴定法

1）直接滴定法

直接滴定方法将药物溶于中性乙醇、甲醇或丙酮中，以酚酞、酚红等为指示剂，用氢氧化钠滴定液直接滴定。阿司匹林结构中的游离羧基，可采用碱滴定液直接滴定，其原理与方法如下：

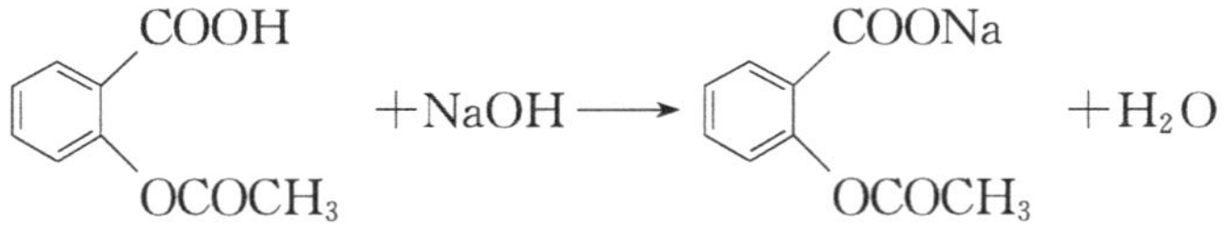

取本品约 0.4g，精密称定，加中性乙醇（对酚酞指示液显中性）20mL，溶解后，加酚酞指示液 3 滴，用氢氧化钠滴定液（0.1mol/L）滴定。1mL 的氢氧化钠滴定液（0.1mol/L）相当于 18.02mg 的 $C_9H_8O_4$。

阿司匹林在水中的溶解度小，易溶于乙醇，所以溶剂可选用乙醇。由于本品是弱酸，用氢氧化钠进行滴定达到计量点时形成强碱弱酸形成的盐显碱性，因此选用在碱性范围内变色的酚酞作为指示剂。而酚酞作为指示剂时，乙醇也消耗部分的氢氧化钠使结果偏高，因此应采用使用之前用氢氧化钠滴定至使酚酞刚好变色的中性乙醇。另外用氢氧化钠进行滴定时应不断地振摇或搅拌，滴定过程中如果滴定液氢氧化钠的浓度局部过大很可能发生酯基的水解使结果偏高。温度过高加快酯基的水解，因此温度不能过高，一般常温不影响测定结果。

本方法缺乏专属性，对含有羧基的药物都能进行反应，因此不适合于水杨酸含量较高的阿司匹林的测定，也不适合于酒石酸等含有羧基辅料的剂型中药物的含量测定。乙酰水杨酸、双水杨酸酯、苯甲酸、丙磺舒、布洛芬、二氟尼柳等因含有游离羧基具有酸性，其原料药或剂型中没有共存组分的干扰时均可采用此法测定含量。

2) 水解后剩余滴定法

利用阿司匹林酯结构在碱性溶液中水解的性质，可以加入定量过量的氢氧化钠滴定液，加热使酯基水解，剩余的碱用酸滴定液回滴定。其反应式如下：

水解作用 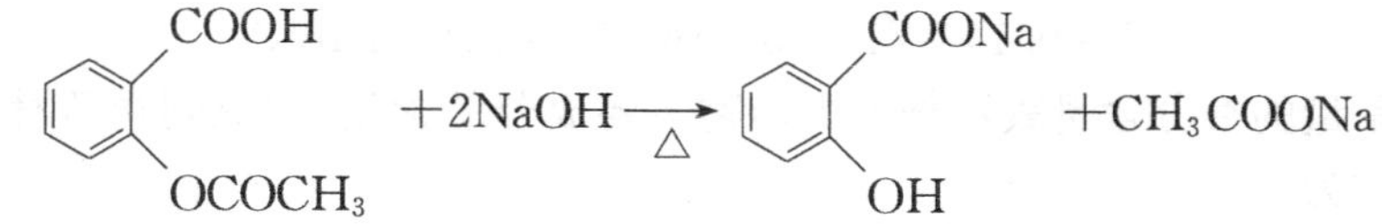

剩余滴定　　$2NaOH + H_2SO_4 \longrightarrow Na_2SO_4 + 2H_2O$

取本品约 1.5g，精密称定，加入 0.5mol/L 氢氧化钠滴定液 50.0mL，混合，缓缓煮沸 10min，放冷，加酚酞指示液，用 0.25mol/L 硫酸滴定液滴定剩余的氢氧化钠，并将滴定结果用空白试验校正。1mL 的 0.5mol/L 氢氧化钠滴定液相当于 45.04mg 的 $C_9H_8O_4$。

因酯基的水解速度较慢，故加热 10min 完全水解。冷却后，滴加 3 滴酚酞指示剂溶液仍未显色时补加氢氧化钠后重新加热 10min。为了消除氢氧化钠溶液吸收空气中二氧化碳使结果偏高的影响，加热时可在回流冷凝管的一端连接二氧化碳吸收管(碱石灰，由氢氧化钙与氢氧化钠/钾混合物组成)。为了消除系统误差在同等条件下进行空白试验。其计算公式如下：

$$T = 0.5 \times 1/2 \times 180.16 = 45.04(\text{mg/mL})$$

$$\text{含量} = \frac{(V_0 - V) \times F \times T}{W} \times 100\%$$

式中，V_0为空白试验中消耗的硫酸滴定液的体积，mL；V 为样品测定时消耗的硫酸滴定液的体积，mL；F 为硫酸滴定液的浓度校正因素；T 为硫酸滴定液的滴定度；W 为阿司匹林的质量。

3) 两步滴定法

两步滴定法用于阿司匹林片和阿司匹林肠溶片的含量测定。片剂中除了加入少量酒石酸或枸橼酸稳定剂外，制剂工艺过程中还可能有水解产物(水杨酸、乙酸)产生，因此不能采用直接滴定法或水解后剩余量滴定的方法。而应先中和与供试品共存的酸，此时阿司匹林反应形成乙酰水杨酸钠，乙酰水杨酸钠在碱性条件下水解后，用硫酸滴定剩余的氢氧化钠。其中和、水解、剩余量滴定的反应式如下：

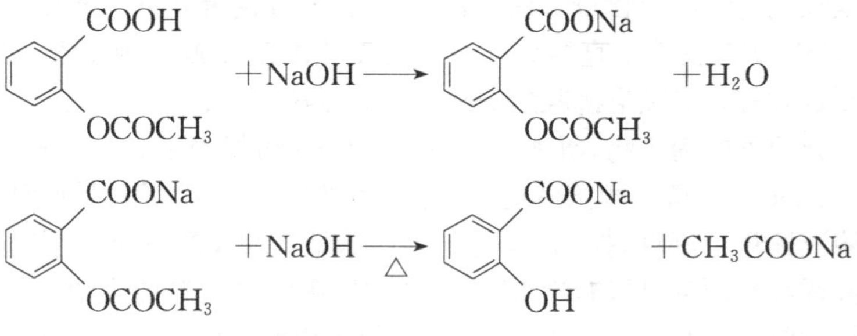

$$2NaOH + H_2SO_4 \longrightarrow Na_2SO_4 + 2H_2O$$

取本品 10 片，精密称定，研细，精密称取片粉适量(约相当于阿司匹林 0.3g)于锥形瓶中，加入中性乙醇溶解后，加 3 滴酚酞指示液，滴加 0.1mol/L 氢氧化钠滴定液至溶液显粉红色。此过程中和了存在的游离酸，使阿司匹林成为钠盐。

在中和后的供试品溶液中，精密加入定量过量的 0.1mol/L 氢氧化钠滴定液 40mL，置水浴上加热 15min 并时时振摇，迅速放冷至室温，再用 0.05mol/L 硫酸滴定液滴定剩余的碱。

在等同的条件下做空白试验。1mL 的 0.1mol/L 氢氧化钠滴定液相当于 18.02mg 的阿司匹林($C_9H_8O_4$)。

由反应式可知两步滴定中，阿司匹林(乙酰水杨酸钠)与氢氧化钠反应的物质的量比为 1∶1，因此 0.1mol/L 氢氧化钠的滴定度为

$$T=0.1\times1/1\times180.16=18.02\text{g}(\text{mg/mL})$$

一般用标示量的百分含量表示剂型中药物主要成分的含量，因此阿司匹林标示量的百分含量的计算公式为

$$\text{标示量}=\frac{(V_0-V)\times F\times T\times\overline{W}}{W\times\text{标示量}}\times100\%$$

式中，V_0为空白试验中消耗的硫酸滴定液的体积，mL；V 为样品测定时消耗的硫酸滴定液的体积，mL；F 为硫酸滴定液的浓度校正因子；T 为硫酸滴定液的滴定度；W 为供试品片粉的质量，g；$\overline{W}$ 为供试品的平均片重，g；标示量为片剂规格项下的表示值。

4) 双相滴定法

苯甲酸钠为芳酸碱金属盐，易溶于水，其水溶液呈碱性，可用盐酸滴定液滴定，但在滴定过程中析出的游离酸不溶于水，并且使滴定终点的 pH 突跃不明显，不利于终点的正确判断。双相滴定法是利用苯甲酸溶于有机溶剂这一性质，在水相中加入与水不相混溶的有机溶剂，在滴定过程中将生成的苯甲酸不断萃取入有机相，减小苯甲酸在水相中的浓度，并减少苯甲酸的解离，使滴定反应进行完全，终点清晰。

JP15 方法：取干燥至恒量的苯甲酸钠供试品约 1.5g，精密称定，置 300mL 具塞烧瓶中，加水 25mL 溶解，加乙醚 75mL 及溴酚蓝指示液 10 滴，用 0.5mol/L 盐酸滴定液进行滴定，边滴定边强烈振摇，以便水相与有机相混合均匀，滴定至水层显持续的亮绿色。1mL 的 0.5mol/L 盐酸滴定液相当于 72.05mg 的苯甲酸钠($C_7H_5O_2Na$)。

2. 紫外分光光度法

1) 直接紫外分光光度法

芳酸类药物结构中含有的苯环对紫外光有吸收，因此只要共存组分对测定没有干扰都可以建立紫外吸收光谱法测定含量方法。JP15 收载了直接紫外分光光度法测定阿司匹林铝的含量的方法，ChP2010 收载了直接紫外分光光度法测定二氟尼柳胶囊、对乙酰氨基酚及其制剂的含量的测定方法。二氟尼柳胶囊的含量测定方法如下：

取装量差异项下的内容物，研细，精密称取适量(约相当于二氟尼柳 0.1g)，置 100mL 容量瓶中，加 0.1mol/L 盐酸乙醇溶液适量，超声处理 10min 使二氟尼柳溶解，放冷，用 0.1mol/L 盐酸乙醇溶液稀释至刻度，摇匀，滤过。精取滤液 5mL，置 100mL 容量瓶中，用 0.1mol/L 盐酸乙醇溶液稀释至刻度，摇匀，在 315nm 处测定吸光度。对照品溶液的配制方法为称取适量的二氟尼柳对照品，用 0.1mol/L 盐酸乙醇溶液溶解并稀释至 1mL 中含有 50μg 的溶液，同法测定吸光度，计算标示量的百分含量。

$$\text{标示量}=\frac{A_S\times C_R\times D\times\overline{W}}{A_R\times W\times\text{标示量}}\times100\%$$

式中，A_S和 A_R分别为供试品和对照品溶液的吸光度；C_R为对照品溶液的浓度，mg/mL；W 为胶囊内容物细粉的称量量，mg；$\overline{W}$ 为每粒胶囊内容物的平均装量，mg；D 为供试品溶液的稀释体积，此试验的稀释体积为 2000；标示量为胶囊剂规格项下的表示值，mg。

2) 离子交换-紫外分光光度法

离子交换树脂是一类具有离子交换功能的高分子材料。在溶液中将树脂本身的离子与溶液中的离子进行交换。按照交换基团的性质不同可分为阳离子交换树脂和阴离子交换树脂两类。阳离子交换树脂又分为强酸性和弱酸性两类，阴离子交换树脂又分为强碱性和弱碱性两类。

强酸性树脂含有大量的强酸性基团，如磺酸基—SO_3H，容易在溶液中解离出 H^+，因此呈强酸性。树脂解离后，本体所含的负电基团，如—SO_3^-，能吸附结合溶液中的其他阳离子。弱酸性阳离子树脂含弱酸性基团，如羧基—COOH，苯酚基—C_6H_4OH，树脂解离后余下的负电基团，如 R—COO^-(R 为碳氢基团)，能与溶液中的其他阳离子吸附结合，从而产生阳离子交换作用。这种树脂的酸性即解离性较弱，在低 pH 下难以解离和进行离子交换，只能在碱性、中性或微酸性溶液中(如 pH 5～14)起作用。

$$2R—SO_3H + Ca^{2+} \rightleftharpoons (R—SO_3)_2Ca + 2H^+$$

强碱性阴离子树脂含有强碱性基团，如季胺基(也称四级胺基)—NR_3OH(R 为碳氢基团)，能在水中解离出 OH^- 而呈强碱性。这种树脂的正电基团能与溶液中的阴离子吸附结合，从而产生阴离子交换作用。弱碱性阴离子树脂含有弱碱性基团，如伯胺基(也称一级胺基)—NH_2，仲胺基(二级胺基)—NHR，或叔胺基(三级胺基)—NR_2，它们在水中能解离出 OH^- 而呈弱碱性。这种树脂的正电基团能与溶液中的阴离子吸附结合，从而产生阴离子交换作用。这种树脂在多数情况下是将溶液中的整个其他酸分子吸附。它只能在中性或酸性条件(如 pH 1～9)下工作。

$$R—N(CH_3)_3OH + Cl^- \rightleftharpoons R—N(CH_3)_3Cl + OH^-$$

由于离子交换作用是可逆的，因此用过的离子交换树脂一般用适当的无机酸或碱进行洗涤，可恢复到原状态而重复使用，这一过程称为再生。酸性阳离子交换树脂用强酸(如 HCl)进行再生；强碱性阴离子交换树脂用强碱(如 NaOH)进行再生，弱碱性阴离子交换树脂可用 Na_2CO_3，NH_4OH 进行再生。

氯贝丁酯在 226nm 有吸收，可用紫外分光光度法测定含量。但可能含有的对氯苯酚、对氯苯氧异丁酸等对测定有干扰。根据对氯苯酚和对氯苯氧异丁酸等可电离成阴离子的性质，利用阴离子交换树脂进行交换分离后进行氯贝丁酯的含量测定。

离子交换树脂的预处理：在烧杯中加入氢氧化钠(1mol/L)75mL 和强碱性阴离子交换树脂(50～100 目)约 3g，浸泡 15min，用水洗涤至对石蕊试纸显中性，最后用甲醇每次 50mL 洗涤 3 次，备用。

离子交换柱的制备：在离子交换管(1cm×15cm)下端垫好适当量的玻璃棉，用甲醇湿法装入柱床高度为 6～8cm 的离子交换树脂。

标准溶液的制备：取氯贝丁酯对照品适量，精密称定，用甲醇稀释成 1mL 中约含有 20μg 的氯贝丁酯溶液

供试品溶液的制备：取氯贝丁酯供试品约 200mg，精密称定，置 100mL 容量瓶中，加入甲醇至刻度，摇匀；精密量取 10mL，移入离子交换柱，将洗脱液收集于 100mL 容量瓶中，再用甲醇 25mL 冲洗柱子，洗脱液收集于同一容量瓶中，用甲醇稀释至刻度，混匀。精密量取 5.0mL，置 50mL 容量瓶中，用甲醇稀释至刻度。

测定方法：以甲醇为空白，在 226nm 处测定标准溶液与供试品溶液的吸光度，并用下式计算供试品氯贝丁酯的百分含量：

$$供试品=\frac{10\times A_U\times C}{W\times A_S}\times 100\%$$

式中，C 为标准溶液中氯贝丁酯标准溶液的浓度，μg/mL；A_U、A_S 分别为供试品溶液、标准溶液的吸光度；W 为称取的氯贝丁酯供试品的质量。

3）柱分配色谱-紫外分光光度法

柱分配色谱法（CPC）是一种简便快速的色谱方法，尽管其分辨率低于气相色谱法、高效液相色谱法和薄层色谱法，但可以分离较大量的样品，柱分配色谱法也常用作分离净化方法。

阿司匹林制剂的含量测定方法除了两步滴定法和高效液相色谱法外，USP29 测定阿司匹林胶囊的含量采用柱分配色谱-紫外分光光度法，经柱色谱分离后，分别测定水杨酸的限量和阿司匹林的含量。

（1）水杨酸限量测定。

原理：水杨酸与三氯化铁-尿素试剂生成紫色水杨酸铁配位化合物，保留于硅藻土色谱柱上，用氯仿洗脱阿司匹林，弃去洗脱液；再以冰醋酸-水饱和乙醚洗脱，紫色配位化合物解离，水杨酸游离出来，继而被氯仿洗脱。于 306nm 波长处测定吸光度。

色谱柱的制备：于层析柱（20cm×2.5cm）下端塞入少量玻棉，装入两种填充剂，下层为硅藻土 1g 和磷酸液（5mol/L）0.5mL 的混合物，上层为硅藻土 3g 和新制三氯化铁-尿素试剂［取尿素 60g 溶于三氯化铁液（6→10）8mL 和盐酸液（0.05mol/L）42mL 混合液中，必要时用盐酸液调节溶液至 pH 3.2］2mL 的混合物。

标准溶液的制备：精称 75mg 已干燥好的水杨酸对照品用三氯甲烷溶解并稀释成 75μg/mL，混匀，精取 10.0mL，置含甲醇 5mL 盐酸 2 滴和冰醋酸-乙醚溶液（1→10）10mL 的 50mL 容量瓶中，用三氯甲烷稀释至刻度，混匀（15μg/mL）。

供试品溶液的制备：取胶囊内容物适量（相当于阿司匹林 100mg），精密称定，加入氯仿 10mL，搅拌 3min 后，转移入色谱柱填充剂上，并用氯仿数毫升洗净容器后，一并移入柱内。用氯仿 50mL 分数次洗脱，并弃去之。再用冰醋酸-水饱和乙醚（1→10）10mL 洗脱水杨酸，收集洗脱液于已盛有甲醇 10mL，盐酸 2 滴的 50mL 容量瓶中，继用氯仿 30mL 洗脱，并用氯仿稀释至刻度。

测定方法：于 306nm 波长处，1cm 吸收池中，以配制对照品溶液的溶剂为空白，测定对照品溶液和供试品溶液的吸光度，供试品溶液的吸光度不得大于标准溶液的吸光度（按阿司匹林标示量计，允许水杨酸限量为 0.75%）。

讨论：洗脱时，若有三氯化铁被洗下，则使洗脱液带黄色，影响测定结果，因此在色谱柱下层加入拌有磷酸的硅藻土，与 Fe^{3+} 生成不溶于洗脱液的磷酸铁而避免干扰；在洗脱水杨酸时，可能有尿素被洗下，因此接收液中加入适量盐酸保持酸性；制备供试液以及整个操作宜快，避免乙酰水杨酸水解；若紫色环谱带扩散，可能样品量大，则应重新填装色谱柱。

（2）阿司匹林的含量测定。

原理：在硅藻土-碳酸氢钠色谱柱中，阿司匹林及水杨酸成钠盐保留于柱上，先用氯仿洗脱除去中性或碱性杂质，再用冰醋酸三氯甲烷溶液（1→50）洗掉水杨酸，最后用冰醋酸三氯甲烷溶液（1→100）洗脱阿司匹林，收集洗脱液，测得其含量。

色谱柱的制备：填充剂为硅藻土 3g 和新制碳酸氢钠液（1→12）2mL 的混合物。

对照品溶液的配制：取阿司匹林约 50mg，精密称定，用冰醋酸三氯甲烷溶液（1→100）溶解并稀释至对照品溶液浓度为 50μg/mL。

供试品溶液的制备：取胶囊 20 粒，尽可能完全倾出内容物，精密称定，研细，混匀；取适量细粉（相当于阿司匹林 50mg），精密称定，置于已盛有盐酸甲醇液（1 →50）1mL 的 50mL 容量瓶中，加氯仿至刻度，混匀。精密量取此液 5mL 转入色谱柱填充剂上，用 5mL，25mL 氯仿相继洗脱后弃去，立即用冰醋酸三氯甲烷溶液（1 →50）10mL 洗脱，再用冰醋酸三氯甲烷溶液（1 →100）85mL 洗脱，将洗脱液收集于 100mL 容量瓶中，并用冰醋酸三氯甲烷溶液（1 →100）稀释至刻度，混匀。

含量测定：于 280nm 波长处，1cm 吸收池中，以三氯甲烷为空白，立即测定对照品溶液和供试品溶液的吸光度，用下式计算所取胶囊内容物细粉中含有阿司匹林的量。

$$所取胶囊细粉中\ C_9H_8O_4 = C(A_U/A_S)$$

式中，C 为阿司匹林对照品溶液浓度，mg/mL；A_U和 A_S分别为供试品溶液和对照品溶液的吸光度。

测定中所用氯仿均应在临用前用水饱和后使用。柱分配色谱-紫外分光光度法不需特殊仪器，结果重现性较好，但操作较烦琐。

3. 液相色谱法

药物制剂中常含有有关杂质、辅料、稳定剂等，对主成分的含量测定有干扰，液相色谱是一种很好的分离分析手段，因此广泛用于药物制剂的含量测定。ChP2010 液相色谱法进行阿司匹林肠溶片中的含量测定方法如下。

色谱条件与系统适用性试验：用十八烷基硅烷键合硅胶为填充剂，以乙腈-四氢呋喃-冰醋酸-水（20 ∶ 5 ∶ 5 ∶ 70）为流动相；检测波长为 276nm。理论板数按阿司匹林峰计算不低于 3000，阿司匹林峰与水杨酸峰分离度应符合要求。

测定方法：取本品 20 片，精密称定，充分研细，精密称取细粉适量（约相当于阿司匹林 10mg），置 100mL 容量瓶中，用 1%的冰醋酸甲醇溶液强烈振摇溶解并稀释至刻度，用有机相滤膜（0.45μm）滤过，精密量取续滤液 10μL，注入液相色谱仪，记录色谱图；另精密称取阿司匹林对照品适量 20mg，精密称定，置 200mL 容量瓶中，加 1%的冰醋酸甲醇溶液强烈振摇溶解并稀释至刻度，摇匀，同法测定。按外标法以峰面积计算，即得。

$$标示量 = \frac{C_R \times A_S \times D \times \overline{W}}{W \times A_R \times 标示量} \times 100\%$$

式中，C_R为对照品溶液的浓度，mg/mL；A_R和 A_S 分别为对照品溶液和供试品溶液的色谱峰面积；D 为稀释体积（100）；$\overline{W}$ 为阿司匹林肠溶片的平均质量；W 为供试品的取样量。

2.2.5 体内药物分析

1. 高效液相色谱法

示例 2-5 高效液相色谱法同时测定双嘧达莫和阿司匹林的血药浓度。

目前预防脑中风最常用的是小剂量阿司匹林及双嘧达莫，阿司匹林能与环氧合酶活性部分丝氨酸发生不可逆的乙酰化反应，使酶失活，抑制花生四烯酸代谢，减少对血小板有强大促聚集作用的血栓烷（TXA2）的产生，抑制血小板功能；双嘧达莫可抗血小板凝集，可抑制血小板释放，用于预防血栓栓塞性疾病。两药合用，强力抑制血小板大量聚集，并可提高各自的血药浓度而起到抗血栓作用。高效液相色谱内标法测定血浆样品中双嘧达莫及阿司匹林的浓度，对复方制剂的药动学及生物利用度的研究有意义。

色谱条件：Hypersil BDS C18（150mm × 4.6mm，5μm）色谱柱，流动相为乙腈-甲醇-水-磷酸-三乙胺

(50∶250∶200∶0.3∶0.1)，流速为0.9mL/min，检测波长为288nm。

样品制备：精密量取离心后的血浆1mL，置于10mL具塞试管中，加入内标物葛根素(500μg/mL)20μL，液体快速混合器上混合振荡3min。加入氯仿-异丙醇(95∶5)4mL，液体快速混合器混合振荡3min。冰箱中冷冻，吸氯仿层。余下血浆再加入磷酸-氯仿-异丙醇(5∶90∶5)4mL，液体快速混合器上混合振荡3min。冰箱中冷冻，吸氯仿层。合并提取液，于45℃水浴上通N_2吹干。残留物用流动相100μL溶解，进样20μL。

结果：在日内和日间，在上述的低、中、高3种浓度下，分别连续或多次进样，计算阿司匹林、双嘧达莫在0.1～16μg/mL浓度内进样量与色谱峰面积呈良好的线性关系。阿司匹林r=0.9942，双嘧达莫r=0.9947，回收率分别为101.21%和100.35%，日内及日间RSD，水杨酸精密度RSD<1.78%，双嘧达莫精密度RSD<0.68%。阿司匹林及双嘧达莫的t_{max}分别为1.75h和3.33h，C_{max}分别为7.71μg/mL，3.68μg/mL，$t_{1/2}$分别为2.71h，3.13h。

示例2-6 尿中丙磺舒的固相萃取净化-高效液相色谱法。

生物体液中丙磺舒及其制剂的含量测定常采用高效液相色谱法。但生物样本净化若应用液-液萃取，需要多次提取操作，分析时间长。高效液相色谱分析中，大多在流动相中利用离子对试剂或磷酸盐缓冲剂。而要获得重现性好的结果，一定要严格控制实验条件，特别是pH、离子强度和温度。另外，因为丙磺舒色谱峰不对称且灵敏度低，样品测定检测限为0.25～10mg/mL。这样，不能检测服药24h后的药物浓度。为了评价尿样中丙磺舒对运动员违禁药物尿排泄的作用，可采用固相萃取净化-高效液相色谱法进行快速、灵敏的测定。

色谱条件：色谱柱为LiChrospher 100 RP 18(125mm×4mm，5μm)，流动相为乙腈-乙酸盐缓冲溶液(pH 4.0)混合溶液：0min，乙腈-乙酸盐缓冲溶液(25∶75)；6min，乙腈-乙酸盐缓冲溶液(60∶40)，流速1mL/min，检测波长为254nm。以浓度为2mg/mL依他尼酸作为内标物进行色谱分析。

尿样的处理：C8固相萃取柱，100mg填料/mL，先通过甲醇1.0mL，然后用0.5mL蒸馏水使活化。内标物依他尼酸的甲醇溶液(10μg/mL)300μL加入2.0mL尿中，样品通过柱子后，用蒸馏水1.0mL洗去生物基质。再用甲醇0.5mL洗脱柱子，所得药物和内标物的洗脱液经0.45μm滤膜滤过，取5mL进样分析，得色谱图(图2-6)。

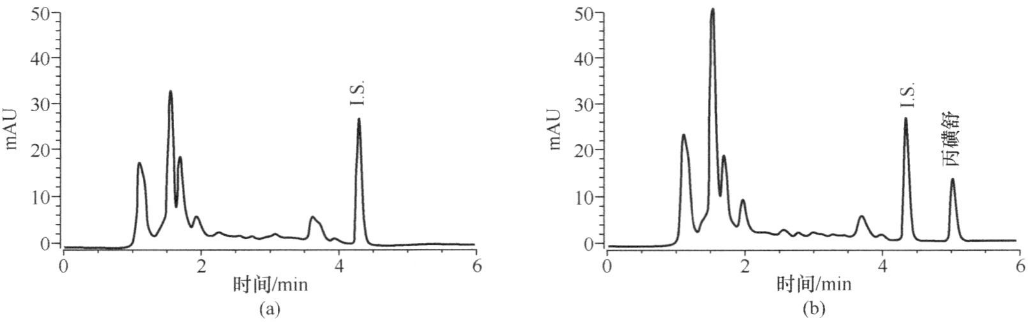

图2-6 丙磺舒的色谱图

(a)空白尿样；(b)2.50μg/mL加标样品

标准曲线和回收率测定：取空白尿样2.0mL，加入不同量的丙磺舒与依他尼酸内标物对照品，使丙磺舒的浓度范围为0.10～100μg/mL。照色谱条件进行分析，以丙磺舒的浓度为横坐标，丙磺舒对内标物的峰面积比值为纵坐标，得相关系数为0.9999的线性关系，其回收率为100%±3%(n=14)，内标物的平均回收率为101%±3%(n=12)。

人尿样品测定：采用固相萃取技术净化丙磺舒尿样，样品预处理省时，回收率高，高效液相色谱分离时间在6min内，且保留时间为3～4min出现的色谱峰为丙磺舒的代谢产物。本法样品的前处理时间短，几乎无需前处理直接进样。

2. 液相色谱-质谱联用技术

体内药物分析是药代动力学研究的基础。药代动力学研究中，由于药物受给药剂量、生物利用度、代谢转化等多种因素的影响，通常在生物样品中浓度低，杂质干扰大，因此需要高灵敏度和高专属性的分析方法研究药代动力学。LC-MS 技术特异性强，灵敏度高，可以多组分同时检测，已成为药代动力学研究中广泛使用的主要研究手段。但是体内药物分析的实际应用中面临着一些药物难电离而导致灵敏度差；一些有机小分子药物保留差；生物样品分析时，易受内源性物质的干扰而产生很强的基质抑制等问题。虽然大多数羧酸类化合物在负离子条件下都能获得较高的质谱响应，但是一些结构较小极性较大的羧酸类化合物因为色谱分离较困难、质谱响应不高有必要进行衍生化过程。

样品的衍生化方法可选多种，但应先寻找有助于提高 LC-MS 检测性能的衍生化试剂，同时要求衍生化试剂具有衍生化反应效率高，操作简单快速，定量生成稳定衍生物的特点。生物基质中基团在 ESI 正电荷模式下通常干扰较大，在负离子模式下也不易电离。因此含有羧基的药物的体内分析中通过衍生化来改善其质谱检测灵敏度。羧基的衍生化方法通常采用酯化反应，其最简单有效的衍生化是甲基化和乙基化。通过羧基的甲基化可改善其在质谱检测中峰形差、灵敏度低的问题。

示例 2-7　LC-MS-MS 同时测定血浆中的对乙酰氨基酚、伪麻黄碱和扑尔敏及其在药代动力学中的应用。

贝诺酯是一种新型抗炎、解热、镇痛药，通常与伪麻黄碱、扑尔敏合用于咳嗽、感冒的治疗。贝诺酯先水解脱乙酰基，进而水解变为对乙酰氨基酚与水杨酸，因此，服用单一贝诺酯的受试者的血浆中只检测到对乙酰氨基酚和水杨酸。因此，贝诺酯的治疗效果介导于对乙酰氨基酚，有必要研究对乙酰氨基酚、伪麻黄碱、扑尔敏的体内药物分析。

色谱与质谱条件：Aquasil-C18 色谱柱（150mm×2.1mm，5μm），流动相为甲醇-乙腈-1%甲酸（60∶20∶20，体积比），流速 0.3mL/min，柱温 25℃。质谱的离子极性为正离子，定量为 SRM 模式，检测对象的母/子离子对的质荷比为对乙酰氨基酚 m/z 152→110；伪麻黄碱 m/z 166→148；扑尔敏 m/z 275→230；内标物苯海拉明 m/z 256→167。喷雾电压 3.5kV，CID 电压 10V，毛细管温度 350℃。

标准溶液的配制：配制 400μg/mL 的对乙酰氨基酚、伪麻黄碱、扑尔敏以及苯海拉明溶液。用甲醇-水（50∶50，体积比）溶液稀释得到 200.0～100 000.0ng/mL 对乙酰氨基酚；10.0～5000.0ng/mL 伪麻黄碱；1.0～500.0ng/mL扑尔敏；200 ng/mL 苯海拉明溶液，4℃保存备用。

样品溶液配制：500μL 血浆样品中加入 200ng/mL 苯海拉明 50μL，甲醇-水（50∶50）溶液 50μL，1.0mol/L NaOH 溶液 0.1mL。摇匀后加入 3mL 乙酸乙酯，旋涡混匀 1min，机械振荡 15min，在 3000r/min 离心 10min 收集上层有机层，在 40℃氮气流下挥干后溶于 200μL 流动相中旋涡混匀，进样 20μL 进行 LC-MS-MS 分析（图 2-7）。

结果：本方法线性范围为对乙酰氨基酚 20.0～100 00.0ng/mL；伪麻黄碱 1.0～500.0ng/mL；扑尔敏 0.1～50.0ng/mL。日间、日内精密度小于 14.5%，标准偏差为－7.3%～2.8%，本方法还应用于健康受试者的体内药物分析。

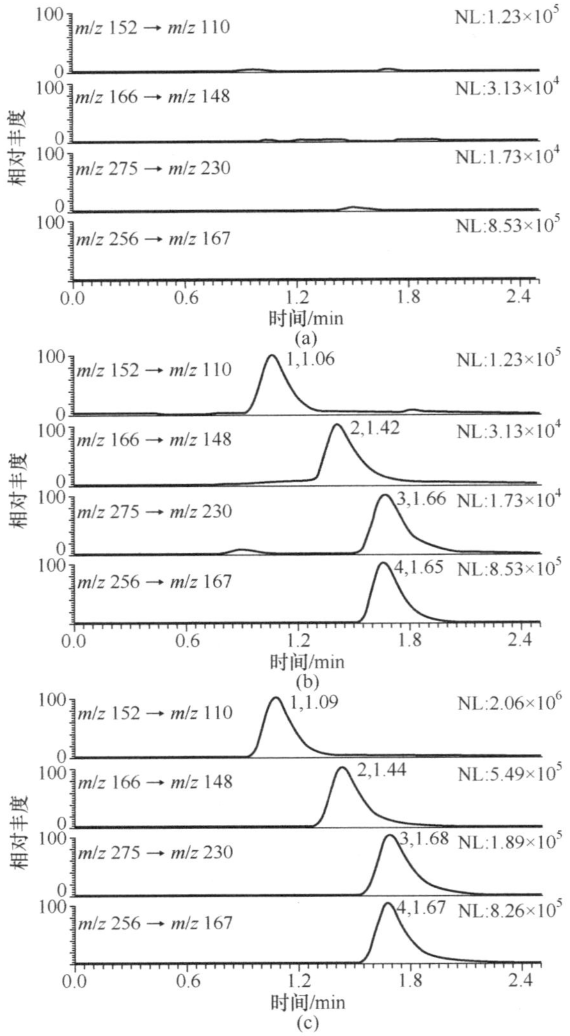

图 2-7　血浆中药物的 SRM 色谱图

(a) 血浆；(b) 加标血浆样品，20.0ng/mL 对乙酰氨基酚，1.0ng/mL 伪麻黄碱，0.1ng/mL 扑尔敏，20.0ng/mL 苯海拉明；(c) 服用含有 300mg 贝诺酯，30mg 伪麻黄碱，2mg 扑尔敏片剂的受试者 1h 血浆样品

峰 1：对乙酰氨基酚，峰 2：伪麻黄碱，峰 3：扑尔敏，峰 4：苯海拉明

2.3　胺类药物

国内外药典收载的胺类药物品种较多，涉及面也较广。本节主要介绍对氨基苯甲酸类、苯乙胺类以及苯丙胺类药物的分析方法。

2.3.1　芳胺类药物

1. 结构与性质

1）对氨基苯甲酸酯及其酰胺类药物

对氨基苯甲酸酯及其酰胺类药物母体结构的通式如下：

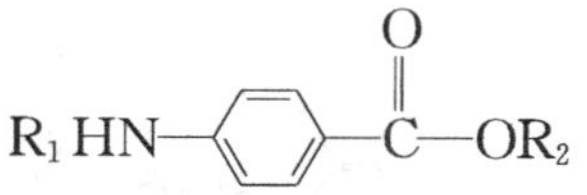

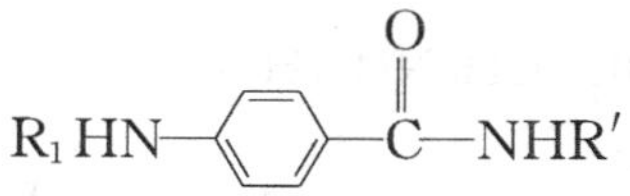

临床上常用于局部麻醉的对氨基苯甲酸酯的典型药物如下：

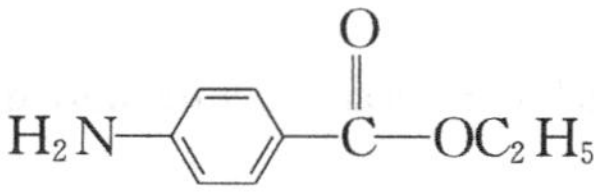

苯佐卡因(benzocaine)

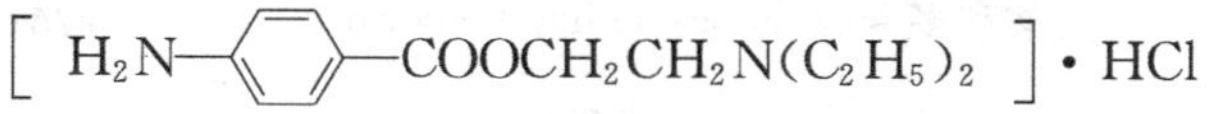

盐酸普鲁卡因(procaine hydrochloride)

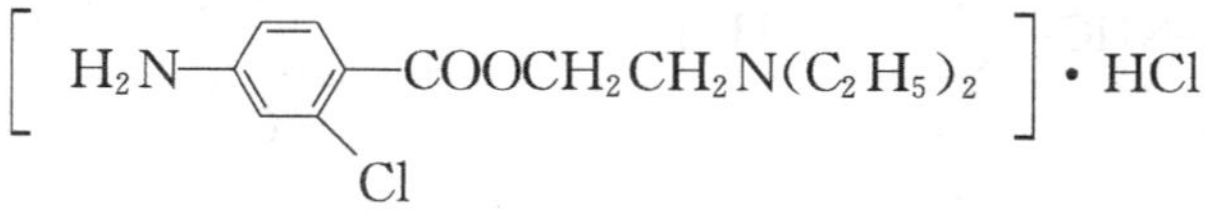

盐酸氯普鲁卡因(chloroprocaine hydrochloride)

盐酸丁卡因(tetracaine hydrochloride)

盐酸普鲁卡因胺是芳胺的苯甲酰胺类药物，适用于阵发性心动过速、频发期前收缩、心房颤动和心房扑动等，是抗心律失常药，ChP2010 收载了盐酸普鲁卡因胺片剂、注射液。

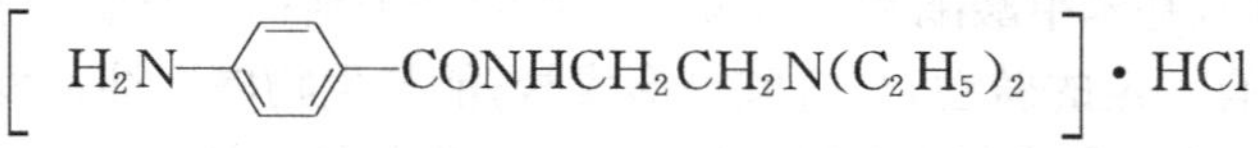

盐酸普鲁卡因胺(procainamide hydrochloride)

主要性质：

(1) 芳伯胺的特性。本类药物的结构中有芳伯胺基团(盐酸丁卡因除外)，有芳伯胺的特征反应，如重氮化-偶合反应；与芳醛缩合形成 Schiff 碱；易被氧化变色等。

(2) 水解反应。本类药物含有的酯基、酰胺基易水解生成相应的酸、醇以及氨基。

(3) 弱碱性。分子结构中含有脂烃叔胺氮原子的药物有碱性，本类药物除了苯佐卡因都含有脂烃叔胺氮原子，因此具有弱碱性；能与生物碱沉淀剂起沉淀反应，但其碱性较弱不能在水溶液中用标准酸直接滴定。

2) 酰胺类药物

本类药物由苯胺的酰基衍生物组成，结构通式如下：

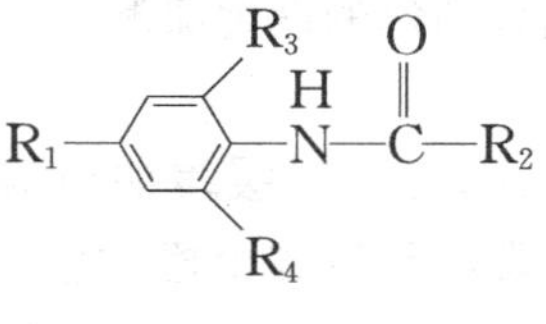

常用的酰胺类药物有

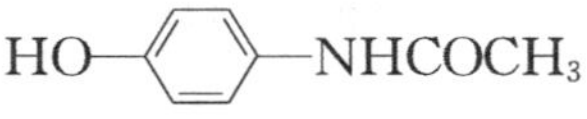

对乙酰氨基酚(paracetamol)

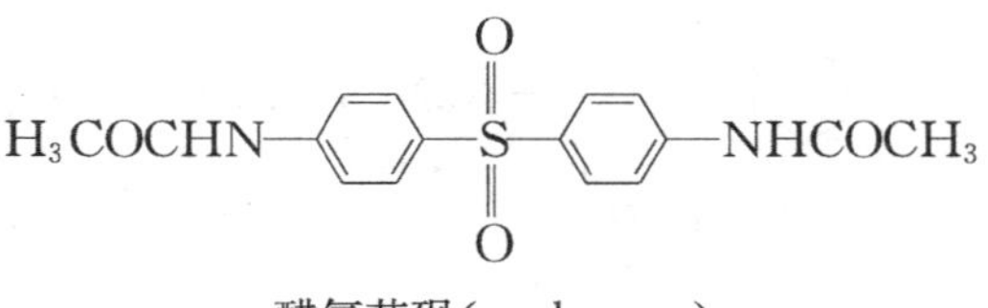

醋氨苯砜(acedapsone)

盐酸利多卡因(lidocaine hydrochloride)

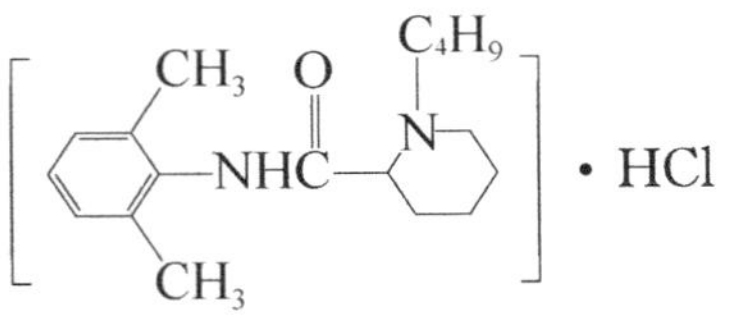

盐酸布比卡因(bupivacaine hydrochloride)

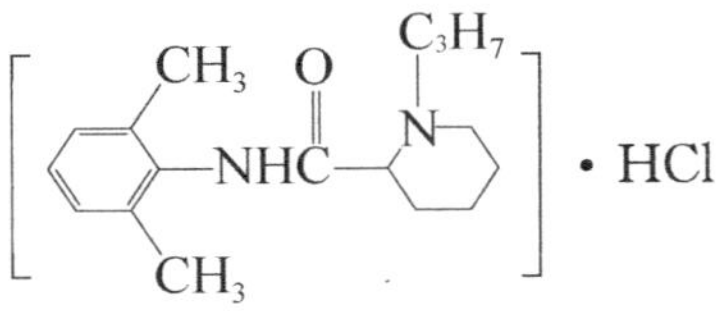

盐酸罗哌卡因(ropivacaine hydrochloride)

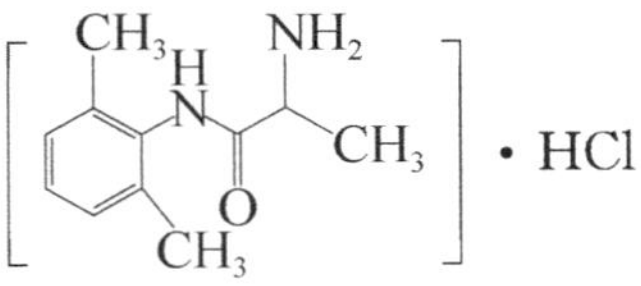

盐酸妥卡尼(tocainide hydrochloride)

主要性质：

(1) 芳伯胺的特性。本类药物的结构中有潜在的芳伯胺基团，芳酰胺经水解后形成芳伯胺，有芳伯胺的特征反应。

(2) 酚羟基特性。对乙酰氨基酚具有酚羟基，与三氯化铁发生显色反应。可与分子结构中不含酚羟基的本类药物进行区分。

(3) 弱碱性。对氨基苯甲酸酯和酰苯胺类药物的分子结构中脂肪烃胺侧链为叔胺氮原子(苯佐卡因除外)，具有一定的碱性，与盐酸等形成盐；能与生物碱沉淀剂发生沉淀反应；但碱性较弱不能在水溶液中用标准碱直接滴定，只能在非水溶液中滴定。

(4) 与重金属离子的反应。盐酸利多卡因、盐酸布比卡因、盐酸罗哌卡因和盐酸妥卡尼分子结构中酰胺基上的氮可与水溶液中的铜离子或钴离子配位，生成有色的配位化合物沉淀。此沉淀可溶于氯仿等有机溶剂而显色。

(5) 光谱特征。对氨基苯甲酸酯和酰苯胺类药物的分子结构中含有苯环，具有特征的紫外和红外吸收特性。

2. 鉴别试验

1) 重氮化-偶合反应

分子结构中含有芳伯胺或潜在的芳伯胺基团的药物均可发生重氮化反应，生成的重氮盐与偶合试剂如β-萘酚进行偶合生成有颜色的偶氮染料。

苯佐卡因的鉴别方法如下：

取供试品约 50mg，加稀盐酸 1mL，必要时缓缓加热溶解，放冷，加 0.1mol/L 亚硝酸钠试液数滴，再滴加β-萘酚试液数滴，可观察到生成由橙黄色到猩红色沉淀。

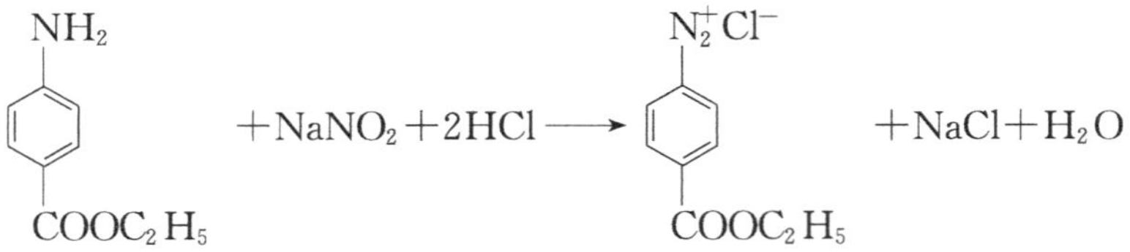

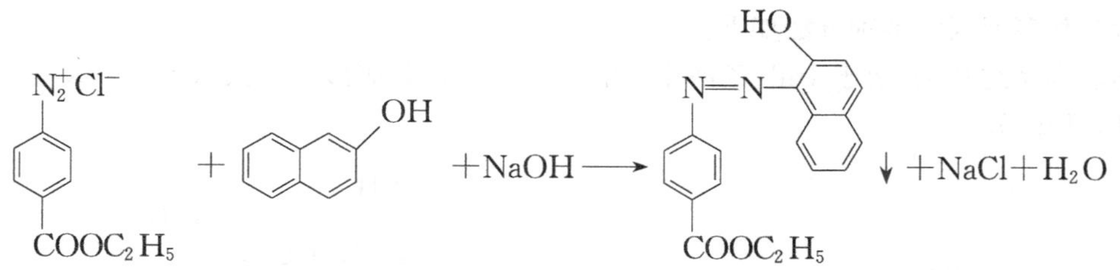

乙酰氨基酚的鉴别方法如下：

取本品约 0.1g，加稀盐酸 5mL，置水浴中加热 40min，放冷，取 0.5mL 滴加亚硝酸钠试液 5 滴，摇匀，用水 3mL 稀释后，加碱性 β-萘酚试液 2mL，即显红色。

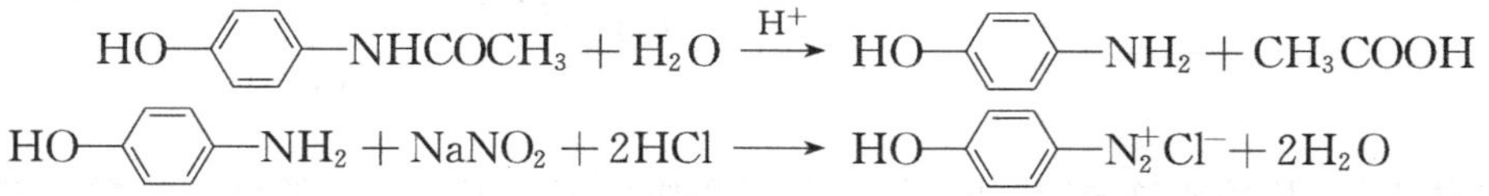

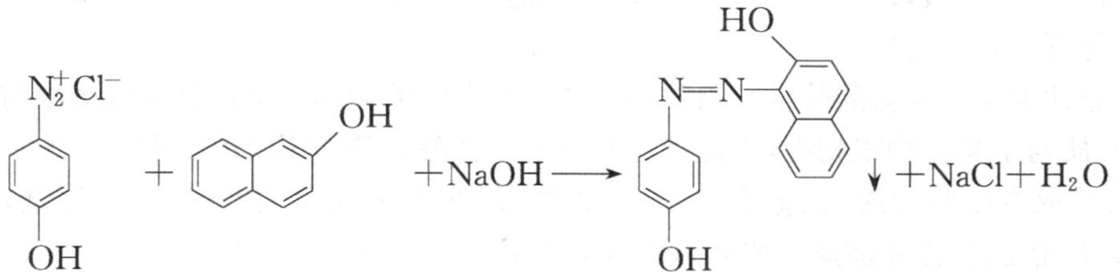

应该注意的是，含有芳香仲胺的药物如盐酸丁卡因虽然没有芳香伯胺，不发生重氮化-偶合反应，但在酸性溶液中与亚硝酸钠反应，生成乳白色 N-亚硝基化合物沉淀。利用此反应可区分芳香伯胺与芳香仲胺药物。

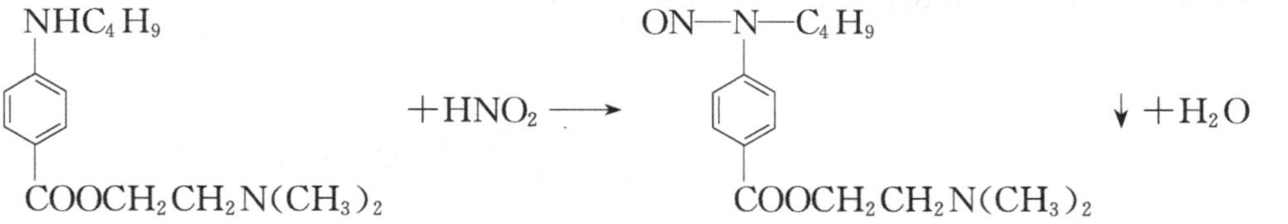

2）与重金属的反应

氮原子外层未成键的电子对与重金属易形成配位键。盐酸利多卡因结构中的酰胺氮原子和叔胺氮原子在碳酸钠试液中与锌离子、铜离子、钴离子生成有颜色配位化合物。ChP2010 盐酸利多卡因胶浆的鉴别方法如下：

取本品约 10g，加水 20mL 稀释后，取溶液 2mL，加硫酸铜试液 0.2mL 与碳酸钠试液 1mL，即显蓝紫色，再加三氯甲烷 2mL，振摇后放置，三氯甲烷层显黄色。

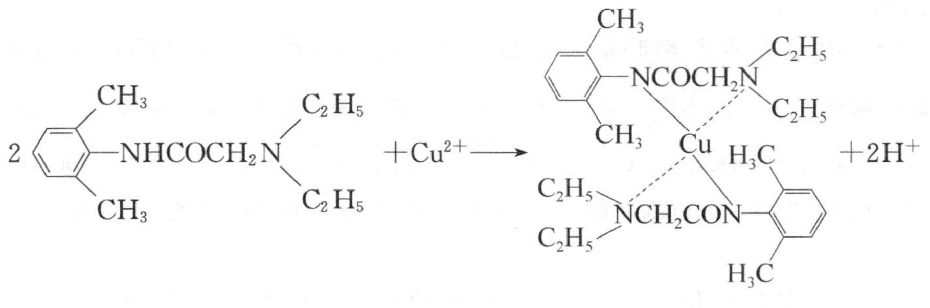

盐酸利多卡因的鉴别方法如下：

称取本品约 0.1g 溶于 1mL 乙醇中，加 0.5mL100g/L 硝酸钴溶液振摇 2min，生成亮绿色沉淀(Ph Eur 5.0)。

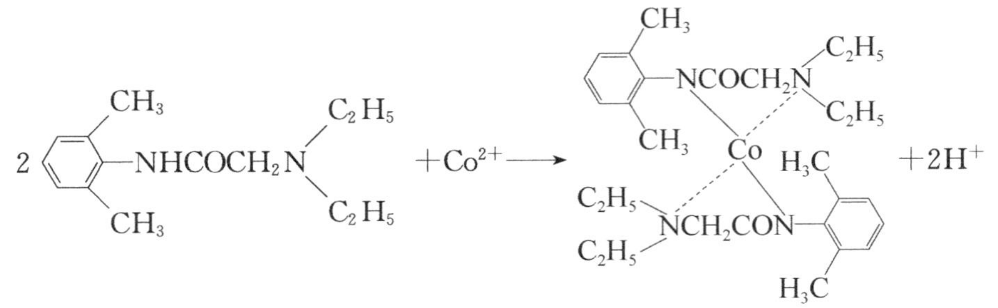

因为苯佐卡因、盐酸普鲁卡因、盐酸氯普卡因和盐酸丁卡因没有能够络合的酰胺基团，所以在相同条件下没有此反应。

由于抗心律失常药物盐酸普鲁卡因胺与盐酸普鲁卡因的化学结构仅存在羧酸酯与酰胺的差异，化学性质与本类药物很相近，因此也在此讨论。盐酸普鲁卡因胺的鉴别方法如下。

方法 1：称取本品药物约 0.1g 溶于 2mL 水中，加 2mL 亚铁氰化钾(45g/L)试液，滴加盐酸试液(70g/L)数滴酸化并加热生成亮绿色沉淀生成(Ph Int 4)。

方法 2：盐酸利多卡因胺分子结构中有芳酰胺，可被过氧化氢氧化成羟肟酸，再与铁离子形成配位化合物羟肟酸铁。

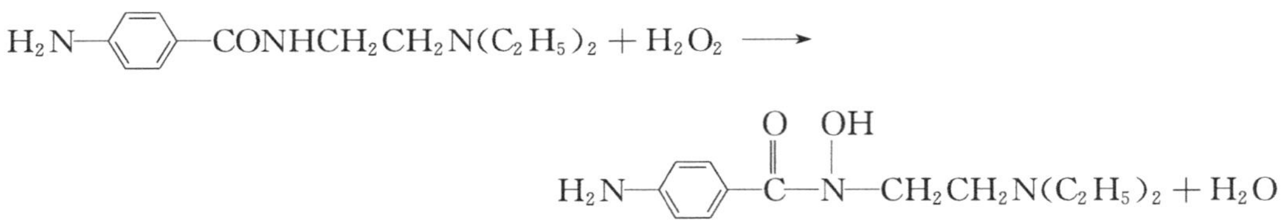

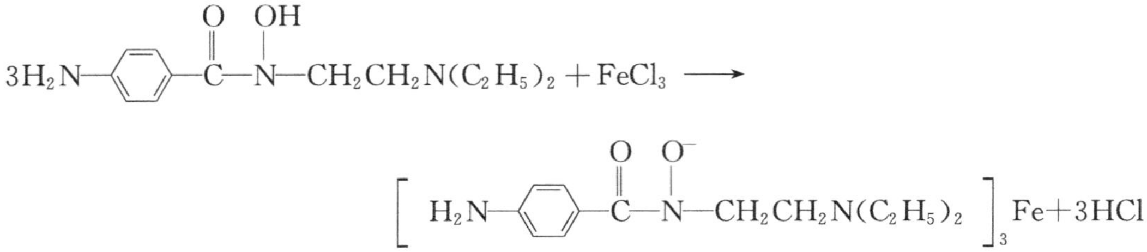

3) 水解产物的反应

部分本类药物含有酯基、酰胺基等，在碱性条件下水解，并与某些试剂反应可进行鉴别。

示例 2-8 温热 0.05g 苯佐卡因，2 滴乙酸和 5 滴硫酸的混合液，能够觉察到乙酸乙酯臭气(JP15)。

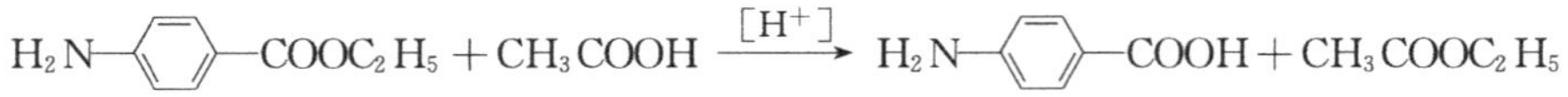

示例 2-9 取乙氨苯砜约 0.1g，加乙醇 5mL 与硫酸 1mL，摇匀，加热，发出乙酸乙酯的香气(ChP2010)。

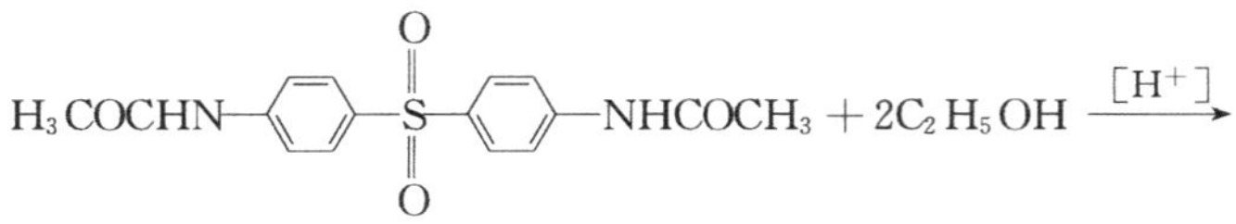

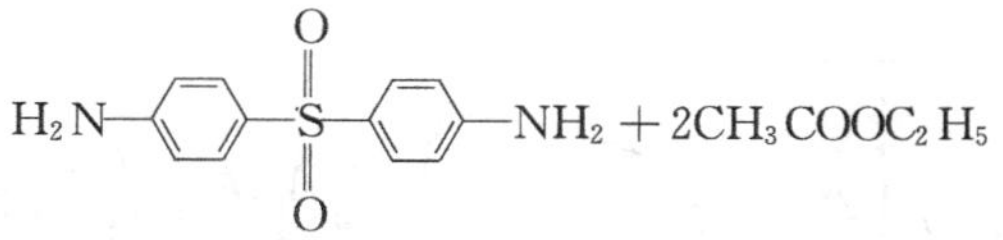

4）制备衍生物测熔点

纯物质具有固有的熔点，熔点测定用于药物的鉴别、确认，还用于药物纯度的检查。制备衍生物测熔点的方法是国内外药典常用的鉴别方法之一，本类药物常见的衍生物有硫氰酸盐衍生物、三硝基苯酚衍生物、乙酰化等。

示例 2-10　盐酸丁卡因的鉴别(硫氰酸盐衍生物)。

取本品约 0.1g，加 5%乙酸钠溶液 10mL 溶解后，加 25%硫氰酸铵溶液 1mL，即析出白色沉淀，滤过，结晶用水洗涤，在 80℃干燥，依法测定熔点，熔点为 131℃(ChP2010)。

示例 2-11　盐酸布比卡因的鉴别(三硝基苯酚衍生物)。

取本品约 0.15g，加水 10mL 溶解后，加三硝基苯酚试液 15mL，即析出黄色沉淀，滤过，沉淀用少量水洗涤后，再以少量甲醇和乙醚冲洗，在 105℃干燥后，依法测定熔点，熔点约为 194℃(ChP2005)。

示例 2-12　氯硝柳胺的鉴别(乙酰化)。

取本品约 0.1g，溶于 1mL 乙酸酐中，煮沸 10min，冷却，加入 10mL 水，过滤收集沉淀，沉淀用水洗涤。在 750g/L 乙醇溶液中重结晶，在 105℃干燥后，依法测定熔点，熔点约为 178℃(Ph Int4)。

硫酸苯丙胺的鉴别：取本品约 0.1g，加水 5mL 溶解后，加氢氧化钠试液 5mL，放冷至 10～15℃，加氯化苯甲酰与无水乙醚（1∶2）的混合液 1mL，密塞，振摇 3min，滤过，沉淀用冷水 10mL 洗涤，再用稀乙醇重结晶 2 次，得到苯丙胺的苯甲酰衍生物结晶。在 80℃干燥 2h，依法测定熔点，熔点为 131～135℃。

5）紫外光谱法

本类药物的结构中含有苯环，具有苯环的吸收特征，用紫外吸收光谱可进行药物的鉴别。

示例 2-13　取利多卡因 0.04g 溶于 10mL 1mol/L HCl 的溶液中，并用水稀释至 100mL。测紫外吸收光谱，并与标准品的紫外吸收光谱进行对比，两个吸收光谱在同一波长处应有相近的紫外吸收(JP15)。

示例 2-14　取盐酸布比卡因，精密称定，按干燥品计算，加 0.01mol/L 盐酸溶液制成 1mL 中含 0.40mg 的溶液，照分光光度法测定。在 263nm 与 271nm 的波长处有最大吸收，其吸光度分别为 0.53～0.58 与 0.43～0.48(ChP2010)。

6）红外光谱法

国内外药典都收载一些药物的红外谱图，参考药典的条件测红外谱图，然后与标准谱图进行对比。根据样品的红外谱图与标准谱图的吻合程度可进行药物的鉴别与区别。

示例 2-15　图 2-8 是利用 KCl 压片法测出的盐酸利多卡因的红外吸收谱图。经分析，谱图中关键几个峰的归属如下：

波数/cm^{-1}	可能归属
3315,3200	伯胺的 ν_{NH_2}
2585	胺基 ν_{N^+-H}
1692	酯基的 $\nu_{C=O}$
1645	胺基的 δ_{N-H}
1604,1520	苯环的 $\nu_{C=C}$
1271,1170,1115	酯基的 ν_{C-O}

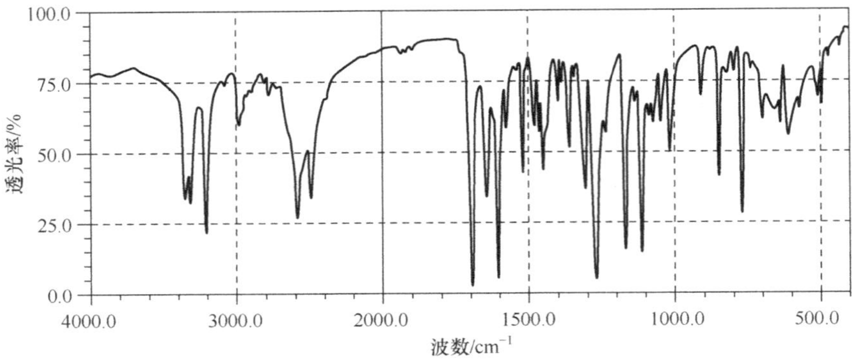

图 2-8　盐酸利多卡因的红外吸收谱图

示例 2-16　图 2-9 是利用 KBr 压片法测出的对乙酰氨基酚的红外吸收谱图。经分析，谱图中主要几个峰的归属如下：

波数/cm^{-1}	可能归属
3326	仲胺的 ν_{N-H}
3165	酚羟基的 ν_{O-H}
2930,2796	甲基的 ν_{C-H}
1654	酰胺的 $\nu_{C=O}$
1607,1565,1610	苯环的 $\nu_{C=C}$
1227	δ_{C-H},δ_{N-H}
1224	酯基的 ν_{C-O}

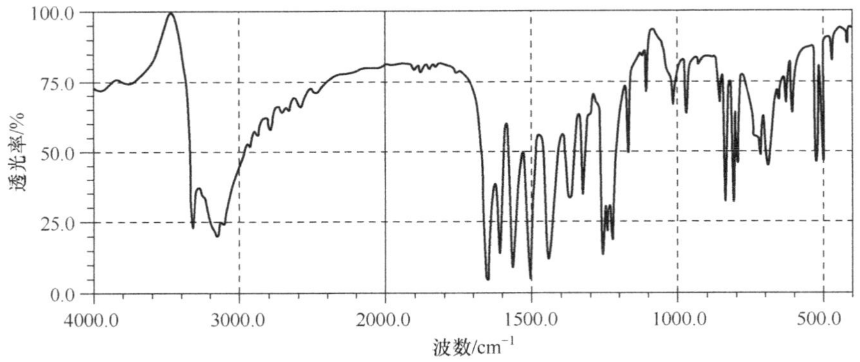

图 2-9　对乙酰氨基酚的红外吸收谱图

3. 特殊杂质检查

1) 对乙酰氨基酚中特殊杂质的检查

对乙酰氨基酚原料药的合成工艺如下。

方法 1：目前国内以对硝基氯苯水解得到对硝基酚，经铁屑还原制得对氨基酚，用乙酸酐酰化获得对乙酰氨基酚。

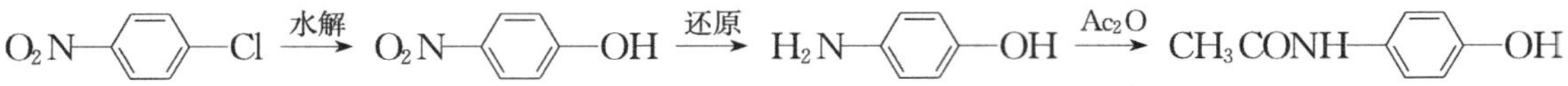

方法 2:以苯酚为原料,经乙酰化、Fries 重排、肟化、Beckmann 重排合成对乙酰氨基酚。

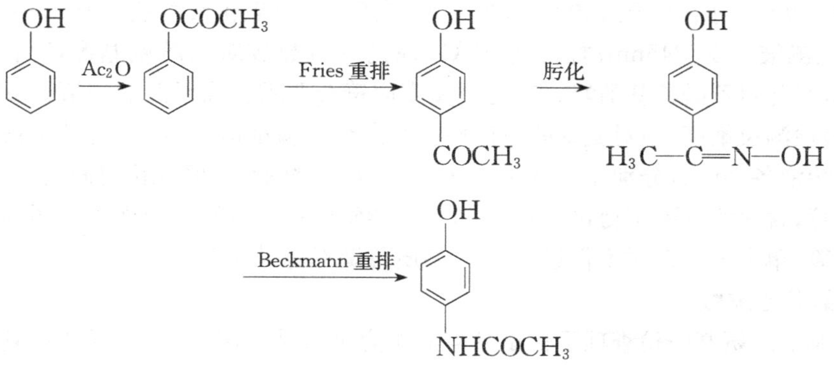

除此之外,还有以硝基酚、对氨基酚以及对羟基苯乙酮为原料的合成方法。在生产过程中除引入一般杂质外,还可能引入特殊杂质。ChP2010 除规定酸度检查、氯化物检查、硫酸盐检查、干燥失重、炽灼残渣、重金属等一般项目的检查以外,还需检查乙醇溶液中的澄清度与颜色检查、对氨基酚以及相关物质检查。

(1) 乙醇溶液中的澄清度与颜色检查。

对乙酰氨基酚原料药的生产工艺中使用铁粉作为还原剂,可能带入到成品中,导致乙醇溶液产生浑浊;中间体对氨基酚有色氧化产物在乙醇溶液中显橙红色或棕色。

检查方法:取本品 1.0g,加乙醇 10mL 溶解后,溶液应澄清,无色;如显浑浊,与 1 号浊度标准液比较,不得更浓;如显色,与棕红色 2 号或橙红色 2 号标准比色液比较,不得更深。

(2) 相关物质检查。

对乙酰氨基酚原料药有多种合成工艺,不同的生产工艺所带来的杂质也不同,这些杂质主要包括原料、中间产物、副产物以及分解产物等。用薄层色谱检查的方法如下:

取本品的细粉 1.0g,置具塞离心管或试管中,加乙醚 5mL,立即密塞,振摇 30min,离心或放置至澄清,取上清液作为供试品溶液;另取 1mL 中含对氯乙酰胺 1.0mg 的乙醇溶液适量,用乙醚稀释成 1mL 中含 50μg 的溶液作为对照溶液。照薄层色谱法试验,吸取供试品溶液 200μL 与对照溶液 40μL,分别点于同一硅胶 GF_{254} 薄层板上。以氯仿-丙酮-甲苯(13∶5∶2) 为展开剂,展开后,晾干,置紫外光灯(254nm)下检视。供试品溶液如显杂质斑点,与对照溶液的主斑点比较,不得更大,更深。

(3) 对氨基酚检查。

取本品 1.0g,加甲醇溶液(1→2)20mL 溶解后,加碱性亚硝基铁氰化钠试液 1mL 摇匀,放置 30min;如显色,与对乙酰氨酚对照品 1.0g 加对氨基酚 50μg 用同一方法制成的对照液比较,不得更深(0.005%)。

$$Na_2[Fe(NO)(CN)_5]+H_2O \longrightarrow Na_2[Fe(CN)_5H_2O]+NO$$

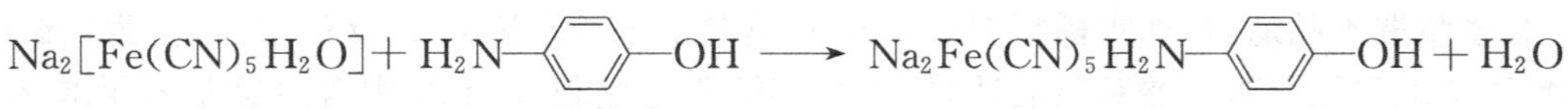

ChP2010 液相色谱法检查对氨基酚及其相关杂质的方法如下:

取本品适量,精密称定,加溶剂[甲醇-水(4∶6)]制成 1mL 中约含对乙酰氨基酚 20mg 的溶液,作为供试品溶液(临用新制);另取对氨基酚和对乙酰氨基酚对照品适量,精密称定,加上述溶剂制成 1mL 中约含对氨基酚 1μg 和对乙酰氨基酚 20μg 的溶液,作为对照品溶液。照高效液相色谱法测定。用辛烷基硅烷键合硅胶为填充剂；磷酸盐缓冲液（取磷酸氢二钠 8.95g，磷酸二氢钠 3.9g，加水溶解至 1000mL，加入 10%四丁基氢氧化铵溶液 12mL）-甲醇（90：10）为流动相；检测波长为 245nm；柱温为 40℃；理论塔板数按对乙酰氨基酚峰计算应不低于 2000，对氨基酚与对乙酰氨基酚峰之间的分离度应符合要求。取对照品溶液 20μL，注入液相色谱仪，调节检测灵敏度，使对氨基酚色谱峰的峰高约为满量程的 10%，再精密量取供试品溶液与对照品溶液各 20μL，分别注入液相色谱仪，记录色谱图至主峰保留时间的 4 倍；按外标法以峰面积计算，含对氨基酚不得过 0.005%，其他杂质相对于对照品溶液色谱图中对乙酰氨基酚峰面积计算，单个未知杂质不得过 0.1%，杂质总量不得过 0.5%。

(4) 对氯苯乙酰胺。

临用新制取对氨基酚检查项下供试品溶液作为供试品溶液；另取对氯苯乙酰胺对照品适量，精密称定，加溶剂甲醇-水（4：6）制成 1mL 中约含 1μg 的溶液，作为对照品溶液。照高效液相色谱法测定。用辛烷基硅烷键合硅胶为填充剂；磷酸盐缓冲液（取磷酸氢二钠 8.95g，磷酸二氢钠 3.9g，加水溶解至 1000mL，加入 10%四丁基氢氧化铵 12mL）-甲醇（60：40）为流动相；检测波长为 245nm；柱温为 40℃；理论塔板数按对乙酰氨基酚峰计算应不低于 2000，对氯苯乙酰胺与对乙酰氨基酚峰之间的分离度应符合要求。取对照品溶液 20μL，注入液相色谱仪，调节检测灵敏度，使对氯苯乙酰胺色谱峰的峰高约为满量程的 10%，再精密量取供试品溶液与对照品溶液各 20μL，分别注入液相色谱仪，记录色谱图；按外标法以峰面积计算，含对氯苯乙酰胺不得过 0.005%。

2) 盐酸普鲁卡因注射液中特殊杂质的检查

盐酸普鲁卡因的合成方法如下：

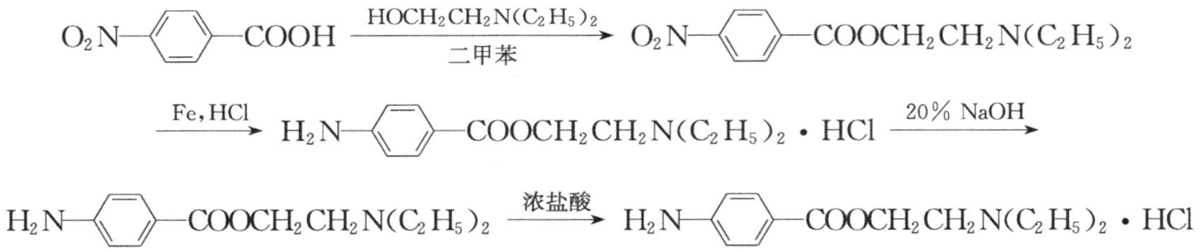

除盐酸普鲁卡因合成工艺中引入杂质外，盐酸普鲁卡因分子结构中的酯基也易发生水解。在注射液的生产过程中受灭菌温度、时间、溶液的 pH、储藏时间、光的照射、金属离子的影响等因素的作用下，可发生水解反应生成对氨基苯甲酸和二乙胺基乙醇。其中，对氨基苯甲酸在储藏过程中进一步脱羧转化为苯胺，又进一步被氧化为有色物质，使注射液颜色变深，疗效降低，甚至产生毒副作用。

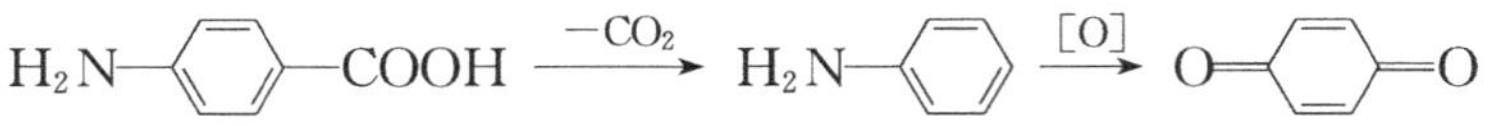

(1) 对氨基苯甲酸的检查。

精密量取本品适量，加水稀释制成 1mL 中含盐酸普鲁卡因 0.2mg 的溶液，作为供试品溶液；精密称取对氨基苯甲酸对照品适量，加水溶解并定量制成 1mL 中含对氨基苯甲酸 2.4μg 的溶液，作为对照品溶液。照高效液相色谱法（附录ⅤD）测定，用十八烷基硅烷键合硅胶为填充剂；以甲醇-缓冲液（0.05mol/L 磷酸二氢钾，0.1%庚烷磺酸钠，pH 3.0）（32：68）为流动相；检测波长为 279nm，理论板数按对氨基苯甲酸峰计算应不低于 2000。取对照品溶液 10μL 注入液相色谱仪，调节检测灵敏度，使主成分色谱峰的峰高约为满量程的 20%；盐酸普鲁卡因和对氨基苯甲酸之间的分离度应大于 2.0。精密量取供试品溶液与对照品溶液各 10μL，分别注入液相色谱仪，记录色谱图。供试品溶液色谱图中如有与对氨基苯甲酸对照品相应的杂质峰，按外标法以峰面积计算，含量不得过 1.2%。

(2) 细菌内毒素。

取本品，加细菌内毒素，依法检查用水稀释成浓度为 0.30mg/mL 的溶液，1mg 盐酸普鲁卡因中含内毒素的量应小于 0.20EU。

(3) 无菌。

取本品，用薄膜过滤法处理后，照附录无菌检查法依法检查，应符合规定。

3) 盐酸氯普鲁卡因注射液中特殊杂质的检查

盐酸氯普鲁卡因与盐酸普鲁卡因结构类似都含有酯基，在生产和储藏过程中存在稳定性问题。其注射剂在一定的灭菌温度、时间、溶液的 pH 等条件下，易发生水解反应，生成对氨基苯甲酸和 4-氨基-2-氯苯甲酸。USP34-NF29 采用高效液相色谱法进行杂质限量检查。规定盐酸氯普鲁卡因中 4-氨基-2-氯苯甲酸的限量不得超过 0.625%，盐酸氯普鲁卡因注射液中 4-氨基-2-氯苯甲酸的限量不得超过 3.0%。

4. 含量测定

1) 亚硝酸钠滴定法

含有芳伯胺或潜在的芳伯胺的芳胺类药物可用亚硝酸钠滴定法测定含量。其方法是在酸性条件下芳胺类药物与亚硝酸钠反应，根据滴定剂亚硝酸钠的体积计算芳胺类的含量。

(1) 基本原理。

含有芳伯胺药物或经水解后生成芳伯胺的水解产物在酸性条件下与亚硝酸钠反应生成重氮盐。当达到滴定终点时，过量一滴的亚硝酸在一定的电压下改变电流的大小从而判断滴定终点。

$$Ar—NH_2 + NaNO_2 + 2HCl \longrightarrow Ar—N_2^+ Cl^- + NaCl + 2H_2O$$

(2) 滴定条件。

重氮化反应的进行以及反应速率受多种因素的影响，并且亚硝酸钠滴定液以及生成的重氮盐不稳定，因此应注意滴定条件的选择。

酸性条件：重氮化反应是在酸性条件下进行的，因此滴定时应加入酸溶液使溶液酸化。在不同的矿酸溶液中，重氮化反应速率不同，即氢溴酸＞盐酸＞硝酸、硫酸。由于氢溴酸较昂贵，并且药物的盐酸盐比硫酸盐溶解度大，因此一般多用盐酸溶液(1→2)。从反应式的计量关系可知，芳伯胺与盐酸的物质的量比为 1∶2，而实际滴定中盐酸的用量大得多。因为过量的盐酸有利于较难溶解的药物的溶解；加快重氮化反应速率；使重氮盐在酸性介质中稳定存在；防止生成偶氮氨基化合物而影响测定结果。

$$Ar—N_2^+ Cl^- + H_2N—Ar \rightleftharpoons Ar—N{=}N—NH—Ar + HCl$$

但是如果酸度过大，妨碍芳伯胺的游离反而影响重氮化反应速率，并且太浓的盐酸溶液中亚硝酸易分解，所以一般多用盐酸溶液(1→2)，芳伯胺药物与酸的物质的量比为 1∶2.5～1∶6。

溴化钾的作用：为了加快反应速率以便适合于滴定反应，往往加入适量的溴化钾。因为反应体系中含有盐酸，因此溴化钾在盐酸体系中起氢溴酸加快反应速率的作用，重氮化的反应机理如下：

$$NaNO_2 + HCl \longrightarrow HNO_2 + NaCl$$

$$HNO_2 + HCl \longrightarrow NO^+Cl^- + H_2O$$

$$Ar—NH_2 \xrightarrow[(1)]{NO^+Cl^-} Ar—NH—NO \xrightarrow[(2)]{} Ar—N{=}N—OH \xrightarrow[(3)]{} Ar—N_2^+Cl^-$$

上述反应步骤中，反应(1)是慢反应，而(2)和(3)是快反应，因此整个反应的反应速率取决于第一步的慢反应。为了加快反应速率，在滴定中一般加入适量的溴化钾。溴化钾加快反应速率的机理如下：

溴化钾与盐酸生成溴化氢，再与亚硝酸作用生成溴化亚硝酰(NOBr)。

$$HNO_2 + HBr \longrightarrow NOBr + H_2O \qquad (1)$$

如果仅含有盐酸，则生成氯化亚硝酰(NOCl)。

$$NHO_2 + HCl \longrightarrow NOCl + H_2O \qquad (2)$$

由于反应式(1)的平衡常数比反应式(2)的平衡常数约大 300 倍，因此相同条件下生成的 NOBr 量多。又因为 NO^+ 的浓度大得多，所以加快了重氮化反应。

反应温度：温度升高有利于重氮化反应的进行，但生成的重氮盐随着温度的升高而加速分解。因此一般在室温(10～30℃)下进行，15℃以下结果较准确。

$$Ar—N_2^+Cl^- + H_2O \rightleftharpoons Ar—OH + N_2\uparrow + HCl$$

滴定速度：虽然催化剂加快了反应速率，但重氮化反应速率相对较小，因此滴定速度不易过快。为了避免滴定过程中亚硝酸的挥发与分解，滴定时将滴定管的尖端插入液面下约 2/3 处，在搅拌下一次迅速加入根据计算或预实验得到的大部分亚硝酸滴定液使其尽快反应。然后，将滴定管的尖端提出液面用少量的水淋洗尖端，再缓慢滴定。近滴定终点时，加入最后一滴后搅拌 1～5min，再确认是否达到滴定终点。

(3) 指示终点的方法。

滴定终点的判断可采用电位法、永停滴定法、外指示剂法、内指示剂法等。ChP2010 收载的是永停滴定法指示终点。

永停滴定法采用两支相同的铂电极，当在电极间加一低电压(如 50mV)时，若电极在溶液中极化，则在未到滴定终点时，仅有很小或无电流通过；但当到达终点时，滴定液略有过剩，使电极去极化，溶液中即有电流通过，电流计指针突然偏转，不再回复。反之，若电极由去极化变为极化，则电流计指针从有偏转回到零点，也不再变动。

操作方法：用作重氮化法的终点指示时，调节 R_1 使加于电极上的电压约为 50mV。取供试品适量，精密称定，置烧杯中，除另有规定外，可加水 40mL 与盐酸溶液(1→2)15mL，而后置电磁搅拌器上，搅拌使溶解；再加溴化钾 2g，插入铂-铂电极后，将滴定管的尖端插入液面下约 2/3 处，用亚硝酸钠滴定液(0.1mol/L 或 0.05mol/L)迅速滴定；随滴随搅拌，至近终点时，将滴定管的尖端提出液面，用少量水淋洗尖端，洗液并入溶液中；继续缓缓滴定，至电流计指针突然偏转，并不再回复，即为滴定终点。

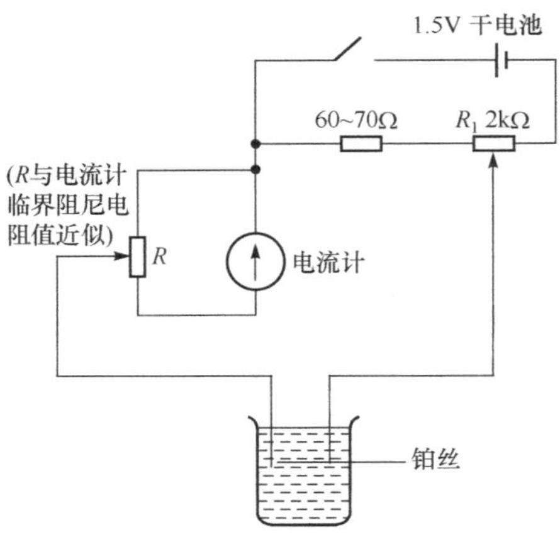

图 2-10　永停滴定装置图

永停滴定装置可用两个铂电极、检流计、干电池、若干个电阻组装，如图 2-10 所示。目前出售多种半自动或全自动永停滴定仪。

2) 非水滴定

非水滴定是指在非水介质中进行滴定的方法。现多指在非水溶液中的酸碱滴定法，在容量分析中水是常用的滴定介质。但有的药物不溶于水，有时因滴定过程产生的盐水解使指示剂没有敏锐的终点，有时因弱酸或弱碱太弱不能滴定；而采用非水滴定可以增加某些物质的溶解度和酸碱的强度，对有机弱酸、弱碱可以得到明显的终点突跃。水中只能滴定 $pK_a<8$(K_a 为电离常数)的化合物，在非水溶液中则可滴定 $pK_a<13$ 的物质，因此，此法已广泛应用于有机酸碱的测定中。

以酸 HA 为例，在水溶液中，酸释放出的质子和能接受质子的溶剂水分子结合形成水合质子。如果 HA 是酸性较水强得多的酸，此反应可向右进行完全。各种强酸在水中均形成 H_3O^+，因此无论该强酸的酸性多强，在水溶液中其固有的酸强度已不能表现出来，而被溶剂水均化到水合质子的强度水平，结果这些酸的强度相等。溶剂的这种作用称为拉平效应。水对各种强酸有拉平作用，但对弱酸则无此效应。这是因为水本身的碱性很弱，质子转移反应很不完全，如乙酸与水反应只进行到一定程度，溶液中尚存在有大量乙酸分子，水合质子则很少。因此乙酸和强酸在水中的酸强度有所区别。这种效应称为区分效应。$pK_a>8$ 的酸在水溶液中很少有 H_3O^+ 存在，不能被碱滴定。

在非水的碱性溶剂中，由于溶剂本身有一定碱性，可以促使上述质子转移反应向右进行得趋于完全。即弱酸在碱性溶剂中的酸强度可均化至溶剂合质子的水平，而溶剂合质子是在该溶剂中能存在的最强酸。此时弱酸也可被碱滴定。有机弱碱的情况与弱酸相仿，同理可在酸性溶剂中用酸滴定，它们的盐类也都可以滴定。

例如，某一弱碱 B，在水中的 $pK_b>8$，由于 B 的碱性太弱，而溶剂水的酸性不够强，碱 B 在水溶液中的质子转移反应很不完全，即溶剂水对碱 B 不能起均化作用，因此不能被滴定。若更换酸性溶剂，将弱碱 B 溶于冰醋酸中，其质子反应向右进行得趋于完全。碱 B 溶于乙酸后，其碱度已被均化到溶剂阴离子的碱强度水平，因此可用高氯酸进行滴定。

$$B+HAc \rightleftharpoons BH^+ + Ac^-$$

$$BH^+ + Ac^- + HClO_4 \longrightarrow BH^+ ClO_4^- + HAc$$

根据可释放或接受质子的性质，非水滴定常用的溶剂可分为以下四种：

(1) 酸性溶剂。有机弱碱在酸性溶剂中可显著增强其相对碱度，最常用的酸性溶剂为冰醋酸。

(2) 碱性溶剂。有机弱酸在碱性溶剂中可显著增强其相对酸度，最常用的碱性溶剂为二甲基甲酰胺。

(3) 两性溶剂。兼有酸碱两性，最常用的为甲醇。

(4) 惰性溶剂。无酸碱性，常用的有甲苯、三氯甲烷、丙酮等。

有时也可混合使用。滴定酸时多用碱性溶剂，如胺类、酰胺等，滴定用的标准溶液多用甲醇钠的苯-甲醇溶液或碱金属氢氧化物的醇溶液，以百里酚蓝等为指示剂。滴定弱碱时多用酸性溶剂，如乙酸、乙酸酐等，标准溶液多用高氯酸的冰醋酸溶液，常以结晶紫、甲基紫为指示剂。

对碱性较弱的药物进行滴定时，加入适量乙酸酐。乙酸酐解离生成乙酸酐合乙酰阳离子和乙酸根，其乙酸酐合乙酰阳离子的酸性比乙酸合质子的酸性还强，因此有利于弱碱的滴定。

$$2(CH_3CO)_2O \longrightarrow (CH_3CO)_3O^+ + CH_3COO^-$$

使用高氯酸非水滴定法时，应根据不同情况采取相应的测定条件。其一般方法是除另有规定外，精密称取供试品适量(约消耗 0.1mol/L 高氯酸滴定液 8mL)，加冰醋酸 10～30mL 溶解，加一定量的乙酸酐或乙酸汞试液，滴加指示液 1～2 滴，用 0.1mol/L 高氯酸滴定液进行滴定至滴定终点，并进行空白试验。滴定终点的判断可采用电位滴定方法，终点颜色的判断应以电位滴定为准。

应注意的是，加入乙酸酐应防止氨基的乙酰化，氨基乙酰化后其碱性显著减弱。伯胺的乙酰化产物不能以结晶紫为指示剂进行滴定，用电位滴定法滴定突跃很小，这样使滴定结果偏低；仲胺的乙酰化产物以指示剂法和电位滴定法都不能准确滴定。有效防止乙酰化的方法是加冰醋酸溶解样品后，在放冷的条件下再加乙酸酐。

示例 2-17　盐酸妥卡尼的含量测定。

取本品约 0.2g，精密称定，加冰醋酸 10mL 溶解后，加乙酸汞试液 5mL 与结晶紫指示液 1 滴，用高氯酸滴定液(0.1mol/L)滴定，至溶液显蓝绿色，并将滴定的结果用空白试验校正。1mL 高氯酸滴定液(0.1mol/L)相当于 22.87mg 的 $C_{11}H_{16}N_2O \cdot HCl$。

示例 2-18　盐酸丁卡因的含量测定。

取本品约 0.2g，精密称定，加冰醋酸 25mL 与乙酸酐 5mL 溶解后，加热回流 2min，放冷，加乙酸汞试液 5mL 与结晶紫指示液 1 滴，用高氯酸滴定液(0.1mol/L)滴定，至溶液显蓝色，并将滴定的结果用空白试验校正。1mL 高氯酸滴定液(0.1mol/L)相当于 30.08mg 的 $C_{15}H_{24}N_2O_2 \cdot HCl$。

盐酸利多卡因、盐酸托卡因、盐酸布比卡因、盐酸妥卡尼等在滴定时由于碱性较强无需加乙酸酐，但盐酸丁卡因碱性较弱滴定时需要加一些乙酸酐，这有利于丁卡因碱性的碱性增强，使滴定突跃更加敏锐。由于本类药物均为盐酸盐，因此滴定前应加入乙酸汞溶液，生成氯化汞以消除氢卤酸的干扰。

3) 分光光度法

苯胺类药物含有苯环，对紫外区有吸收。ChP2010 收载了对乙酰氨基酚原料药及其制剂的含量测定方法。对乙酰氨基酚含量测定方法如下：

取本品约 40mg，精密称定，置 250mL 容量瓶中，加 0.4%氢氧化钠溶液 50mL 溶解后，加水至刻度，摇匀，精密量取 5mL，置 100mL 容量瓶中，加 0.4%氢氧化钠溶液 10mL，加水至刻度，摇匀，照分光光度法在 257nm 的波长处测定吸光度，按 $C_8H_9NO_2$ 的吸收系数($E_{1cm}^{1\%}$)为 715 计算，即得。

4) 高效液相色谱法

芳胺类药物的含量测定方法除了亚硝酸钠滴定法、非水滴定法等，还可用高效液相色谱方法。ChP2010 对乙酰氨基酚注射液的含量测定方法如下。

色谱条件与系统适应性试验：用十八烷基硅烷键合硅胶为填充剂；以 0.05mol/L 乙酸铵溶液-甲醇(85∶15)为流动相；检测波长为 257nm。理论板数按对乙酰氨基酚峰计算应不低于 2000，对乙酰氨基酚色谱峰与相邻色谱峰的分离度应符合要求。

测定方法：精密量取本品适量，加流动相制成 1mL 中含对乙酰氨基酚 0.125mg 的溶液，精密量取 10μL 注入液相色谱仪，记录色谱图；另取对乙酰氨基酚对照品适量，精密称定，同法测定。按外标法以峰面积计算，即得。

2.3.2　苯乙胺类药物

苯乙胺类拟肾上腺素的药物是指激动肾上腺素受体的药物，其中包括肾上腺素、去甲肾上腺素、麻黄碱及一些合成药，如异丙肾上腺素、间羟胺等。其主要作用为收缩血管、升高血压、散大瞳孔、舒张支气管、弛缓胃肠肌、加速心率、加强心肌收缩力等，临床上主要用作升压药、平喘药、治鼻充血药等。

1. 结构与性质

苯乙胺类拟肾上腺素类药物的基本结构为

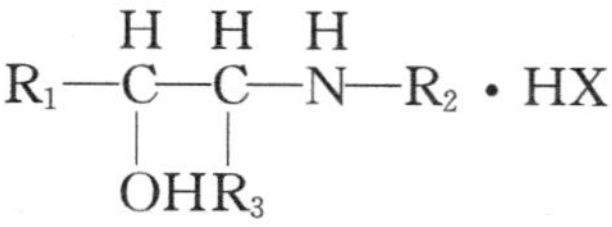

本类药物的结构中具有苯乙胺的基本结构，苯环常被活泼的酚羟基取代，并具有碱性的脂肪乙胺侧链，因此易被氧化变质。表 2-4 列举了 ChP2010 收载的部分苯乙胺类药物。

表 2-4　苯乙胺类典型药物

药物名称	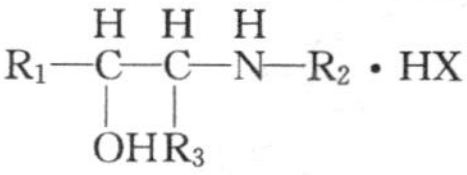			
	R_1	R_2	R_3	HX
肾上腺素(adrenaline)		$-CH_3$	$-H$	
盐酸异丙肾上腺素 (isoprenaline hydrochloride)		$-CH(CH_3)_2$		HCl
重酒石酸去肾上腺素 (noradrenaline bitartrate)		$-H$		CH(OH)COOH | CH(OH)COOH
盐酸多巴胺 (dopamine hydrochloride)		$-H$		HCl
硫酸特布他林 (terbutaline sulfate)		$-C(CH_3)_3$		H_2SO_4
盐酸多巴酚丁胺 (dobutamine hydrochloride)	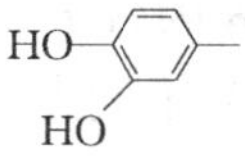	$-H$	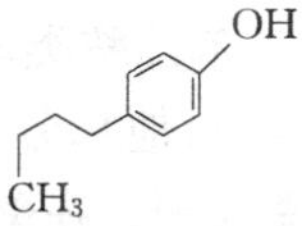	HCl
硫酸苯丙胺 (amphetamine sulfate)		$-H$		H_2SO_4
盐酸麻黄碱 (ephedrine hydrochloride)	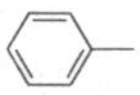	$-CH_3$	$-CH_3$	HCl
盐酸伪麻黄碱(pseudoephedrine hydrochloride)		$-CH_3$		HCl
盐酸苯乙双胍 (phenfomin hydrochloride)			$-H$	HCl
盐酸去氧肾上腺素(phenylephrine hydrochloride)	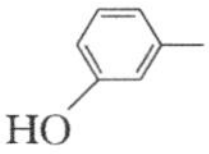	$-CH_3$	$-H$	HCl

续表

药物名称	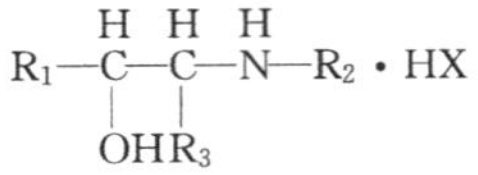			
	R_1	R_2	R_3	HX
重酒石酸间羟胺(metaraminol bitartrate		—H	$—CH_3$	CH(OH)COOH | CH(OH)COOH
硫酸沙丁胺醇(salbutamol sulfate)	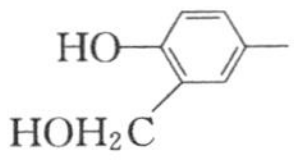	$—CH(CH_3)_2$	—H	H_2SO_4
盐酸甲氧明(methoxamine hydrochloride)	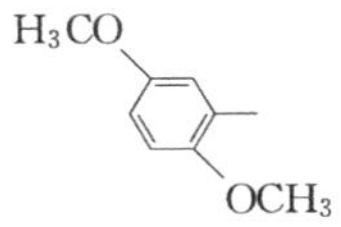	—H	$—CH_3$	HCl
盐酸氯丙那林 (clorprenaline hydrochloride)	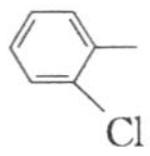	$—CH(CH_3)_2$	—H	HCl
盐酸克伦特罗(clenbuterol hydrochloride)	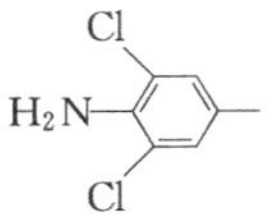	$—C(CH_3)_3$	—H	HCl
盐酸氨溴索(ambroxol hydrochloride)	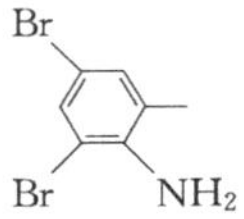	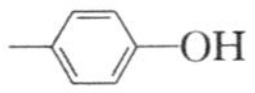	—H	HCl

(1) 酚羟基特性。苯乙胺类药物，如肾上腺素、盐酸异丙肾上腺素、重酒石酸去甲肾上腺素、盐酸多巴胺、硫酸特布他林分子结构中具有邻苯二酚结构，可与重金属离子配位显色，遇氧气、光、热易氧化，色泽变深。在碱性溶液中易变深。

(2) 弱碱性。本类药物的母体结构中具有烃氨基侧链，其中氮为仲胺显弱碱性。

(3) 大多数本类药物苯乙胺结构中具有手性碳原子，具有光学活性。

(4) 紫外吸收。苯乙胺类药物的分子结构中具有苯环，具有紫外吸收特性。苯环上取代基不同，紫外吸收以 254nm 为中心发生红移或蓝移，可用于药物的定性鉴别与定量分析。

2. 鉴别试验

1) 与铁离子的反应

本类药物中含有酚羟基取代基的药物可与 Fe^{3+} 配位而显色，大多数的显色产物为绿色，在碱性溶液中变为紫色并被氧化为紫红色。ChP2010 中利用 Fe^{3+} 显色反应鉴别本类部分药物的方法如表 2-5 所示。

表 2-5　苯乙胺类典型药物与三氯化铁的显色反应

药物	鉴别方法
肾上腺素	加盐酸溶液(9→1000)2～3 滴溶解后，加水 2mL 与三氯化铁试液 1 滴，显翠绿色，再加氨试液 1 滴显紫色，最后变为紫红色
盐酸异丙肾上腺素	加三氯化铁试液 2 滴，显深绿色，再滴加新制的 5%碳酸氢钠溶液显蓝色，最后变为红色
重酒石酸去甲肾上腺素	加三氯化铁试液 1 滴，振摇显翠绿色，再缓缓加碳酸氢钠试液显蓝色，最后变为红色
盐酸去氧肾上腺素	加三氯化铁试液 1 滴，即显紫色
盐酸多巴胺	加三氯化铁试液 1 滴，显黑绿色，再滴加 1%氨溶液，即转变为紫红色
硫酸沙丁胺醇	加三氯化铁试液 2 滴，振摇显紫色，再加碳酸氢钠试液即成橙黄色浑浊液

2）与甲醛-硫酸反应

具有苯羟基取代的本类药物在硫酸介质中与甲醛反应形成具有醌式结构的有色化合物。

盐酸甲氧明的鉴别：取本品约 1mg，加甲醛硫酸试液 3 滴，即显紫色，渐变为棕色，最后成绿色。

3）氧化反应

大多数本类药物的结构中具有酚羟基，易被碘、过氧化氢、铁氰化钾等氧化剂氧化而呈不同颜色。

肾上腺素：取本品 10mg，加盐酸溶液(9→1000)2mL 溶解后，加过氧化氢试液 10 滴，煮沸，即显血红色。

酒石酸去甲肾上腺素：取本品约 1mg，加酒石酸氢钾的饱和溶液 10mL 溶解后，加碘试液 1mL，放置 5min，加硫代硫酸钠试液 2mL，溶液为无色或仅显微红色或淡紫色（与肾上腺素或异丙肾上腺素的区别）。

盐酸异丙肾上腺素：取本品 10mg，加水 10mL 溶解后，取溶液 2mL，加盐酸滴定液(0.1mol/L)0.1mL，再加(0.1mol/L)碘溶液 1mL，放置 5min，加 0.1mol/L 硫代硫酸钠溶液 4mL，即显淡红色。

肾上腺素在酸性条件下被过氧化氢氧化，生成肾上腺素红显血红色，放置可变为棕色多聚体。酒石酸去甲肾上腺素在酸性条件下比较稳定，几乎不被碘氧化，因此加碘试液放置 5min 后加硫代硫酸钠试液，溶液为无色或仅显微红色或淡紫色；盐酸肾上腺素与盐酸异丙肾上腺素在此条件下可被碘氧化生成明显的红棕色或紫色。但在 pH 6.5 条件下，这三种药物都被碘氧化变为红色，因此在此条件下无法区分这三种药物。

4）双缩脲反应

本类药物分子结构中，芳环侧链具有氨基醇结构，可显双缩脲特征反应。

麻黄碱的鉴别：取本品约 10mg，加水 1mL 溶解后，加硫酸铜试液 2 滴与 20%氢氧化钠溶液 1mL，即显蓝紫色；加乙醚 1mL，振摇后，放置，乙醚层即显紫红色，水层变成蓝色。

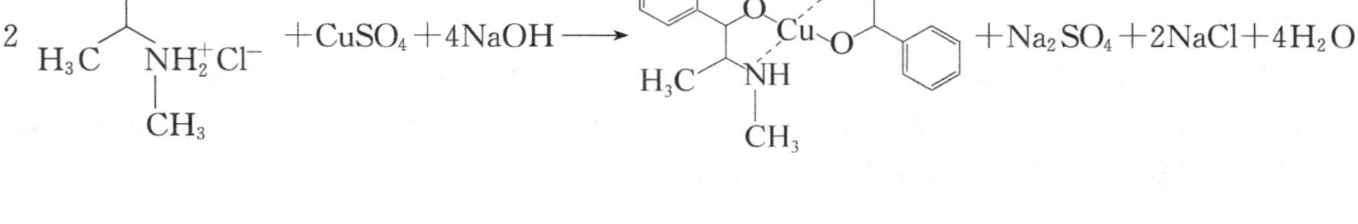

盐酸麻黄碱的 R_1 位置上有苯环，与铜离子形成的配位产物溶于乙醚，因此乙醚层显紫红色；而去氧肾上腺素的 R_1 位置上有苯酚结构，在碱性条件下其铜离子配位产物在乙醚中溶解度小，因此乙醚层不显色，此性质可与盐酸麻黄碱相区别。

5）亚硝基铁氰化钠的反应

亚硝基铁氰化钠的反应(Rimini 试验)是脂肪族伯胺的专属鉴别反应，即在脂肪伯胺水溶液中滴加亚硝基铁氰化钠试液和丙酮，再加入碳酸氢钠少量，加热后即生成在 550nm 有吸收的红紫色溶液。部分本类药物的 R_2 为 H 时变为脂肪伯胺的结构，显脂肪族伯胺的特征反应——Rimini 试验。利用本方法可区分脂肪伯胺与其他脂肪仲胺和叔胺。Rimini 试验也可用于脂肪伯胺的含量测定。脂肪伯胺的线性范围可达到 0.2～3mg/mL。

6）光谱分析

苯乙胺类药物的结构中具有苯环，可利用紫外光谱法进行鉴别，表 2-6 是 ChP2010 紫外光谱法鉴别本类药物的方法。

表 2-6　苯乙胺类典型药物的紫外吸收光谱分析方法

药物	鉴别方法
盐酸异丙肾上腺素	取本品，加水制成 1mL 中含 0.05mg 的溶液，于 240～350nm 波长范围内，仅在 280nm 的波长处有最大吸收，吸光度约为 0.50
盐酸多巴胺	取本品，加 0.5%硫酸溶液制成 1mL 中约含 30μg 的溶液，在 280nm 的波长处有最大吸收
硫酸特布他林	取本品，加 0.1mol/L 盐酸溶液制成 1mL 中含 0.1mg 的溶液，在 276nm 的波长处有最大吸收
重酒石酸间羟胺	取本品，加水制成 1mL 中含 0.10mg 的溶液，在 272nm 的波长处有最大吸收
硫酸沙丁胺醇	取本品，加水制成 1mL 中含 0.08mg 的溶液，在 276nm 的波长处有最大吸收
盐酸苯乙双胍	取本品，加水制成 1mL 中含 10μg 的溶液，在 234nm 的波长处有最大吸收，吸光度约为 0.60
盐酸克伦特罗	取本品，加 0.1mol/L 盐酸溶液制成 1mL 中含 30μg 的溶液，在 243nm 与 295nm 的波长处有最大吸收
盐酸伪麻黄碱	取本品，加水制成 1mL 中含 0.5mg 的溶液，在 251nm，257nm 与 263nm 的波长处有最大吸收

苯乙胺类药物的鉴别可利用红外光谱。

3. 特殊杂质检查

1）酮体检查

苯乙胺类拟肾上腺素类药物除了生物合成外，部分由人工合成。去甲肾上腺素、肾上腺素和异丙肾上腺素的制备方法如下：

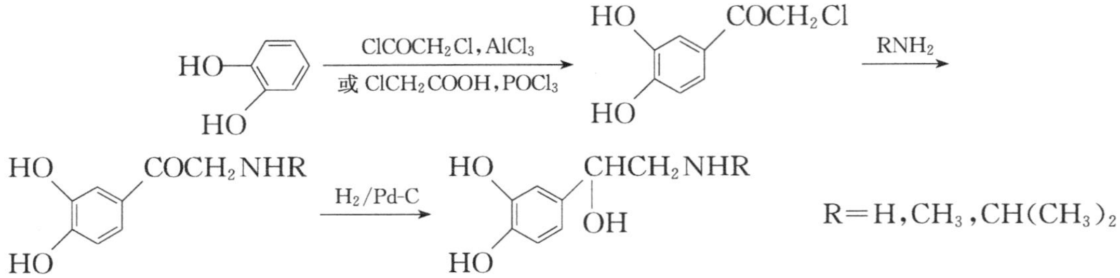

其生产过程中有酮体的还原，若氢化过程不完全，易引入酮体杂质影响药品质量。因此，ChP2010 对于苯乙胺类肾上腺素的药物，规定检查相应的酮体。紫外分光光度法检查苯乙胺类拟肾上腺素药物酮体杂质的条件与要求如表 2-7 所示。

表 2-7　用紫外吸收光谱检查苯乙胺类药物中酮体的条件与要求

药物	溶剂	样品浓度/(mg/mL)	检测波长/nm	吸光度
肾上腺素	HCl(9→2000)	2.0	310	≤0.05
酒石酸去甲肾上腺素	水	2.0	310	≤0.05
盐酸去氧肾上腺素	水	2.0	310	≤0.20
盐酸甲氧明	水	1.5	347	≤0.06
硫酸沙丁胺醇	10% HCl	0.24	310	≤0.10
硫酸特布他林	0.01mol/L HCl	20	330	≤0.47

大多数苯乙胺类拟肾上腺素药物分子结构中具有手性碳原子，具有光学活性。对于光学纯度检查方法，常用的方法为色谱法和电泳法。ChP2010 收载的苯乙胺类拟肾上腺素药物对映体的光学纯度检查方法采用测定比旋度值法。苯乙胺类拟肾上腺素药物对映体的比旋度值测定条件与要求如表 2-8 所示。

表 2-8　用比旋度值法检查苯乙胺类药物光学纯度的条件与要求

药物	溶剂	样品浓度/(mg/mL)	比旋度值
肾上腺素	HCl(9→2000)	20	−50.0°～−53.5°
酒石酸去甲肾上腺素	水	50	−10.0°～−12.0°
盐酸去氧肾上腺素	水	20	−42°～−47°
硫酸沙丁胺醇	水	10	−0.10°～+0.10°
盐酸麻黄碱	水	50	−33°～−35.5°
盐酸伪麻黄碱	水	50	+61.0°～+62.5°

2）有关杂质检查

ChP2010 收载了检查相关杂质的检查方法有：盐酸去氧肾上腺素采用薄层色谱；盐酸苯乙双胍采用纸色谱法；除盐酸克伦特罗以外的其他苯乙胺类药物采用高线液相色谱法。

示例 2-19　薄层色谱法检查盐酸去氧肾上腺素相关杂质。

取本品，加甲醇制成 1mL 中含 20mg 的溶液，作为供试品溶液；精密量取适量，加甲醇稀释成 1mL 中含 0.10mg 的溶液，作为对照溶液。照薄层色谱法试验，吸取上述两种溶液各 10μL，分别点于同一硅胶 G 薄层板上，以异丙醇-氯仿-浓氨溶液(80∶5∶15) 为展开剂，展开后，晾干，喷以重氮苯磺酸试液使显色。供试品溶液如显杂质斑点，与对照溶液的主斑点比较，不得更深。注意要避光操作。

示例 2-20　纸色谱法检查盐酸苯乙双胍相关杂质。

取本品 1.00g，置 10mL 容量瓶中，加甲醇溶解并稀释至刻度，摇匀，照纸色谱法试验，精密吸取上述溶液 0.2mL，分别点于两张色谱滤纸条(7.5cm×50cm) 上，并以甲醇作空白点于另一色谱滤纸条，样点直径均为 0.5～1cm；照下行法，将上述色谱滤纸条同置展开室内，以乙酸乙酯-乙醇-水(6∶3∶1) 为展开剂，展开至前沿距下端约 7cm 处，取出，晾干，用显色剂(取 10%铁氰化钾溶液 1mL，加 10%亚硝基铁氰化钠溶液与 10%氢氧化钠溶液各 1mL，摇匀，放置 15min，加水 10mL 与丙酮 12mL，混匀)喷其中一张点样纸条(有关双胍显红色带，R_f 值约为 0.1)，参照此色谱带，在另一张点样及空白纸条上，剪取其相应部分并向外延伸 1cm，分剪成碎条，精密吸取甲醇各 20mL 分别进行萃取后，照分光光度法在 232nm 的波长处测定吸光度，不得超过 0.48。

示例 2-21　高效液相色谱法检查硫酸沙丁胺醇特殊杂质检查。

取本品适量，用水溶解并稀释制成 1mL 中约含 2mg 的溶液，作为供试品溶液；精密量取 1mL，置 100mL 容量瓶中，加水稀释至刻度，摇匀，作为对照溶液。照高效液相色谱法测定，用十八烷基硅烷键合硅胶为填充剂，以磷酸盐缓冲液 0.08mol/L 磷酸二氢钠溶液(用磷酸调节 pH 至 3.10±0.05)-甲醇(85：15)为流动相，检测波长为 220nm，硫酸沙丁胺醇峰与相邻杂质峰的分离度应符合要求。取对照溶液 20μL 注入液相色谱仪，调节检测灵敏度，使主成分色谱峰的峰高约为满量程的 20%。再精密量取供试品溶液与对照溶液各 20μL，分别注入液相色谱仪，记录色谱图至主成分峰保留时间的 12 倍。供试品溶液色谱图中如有杂质峰，单个杂质峰面积不得大于对照溶液主峰面积的 1/2(0.5%)，各杂质峰面积的和不得大于对照溶液主峰面积(1.0%)。

4. 含量测定

1) 非水溶液滴定法

采用非水溶液滴定法测定本类药物时，肾上腺素等为游离碱，可用高氯酸直接滴定。

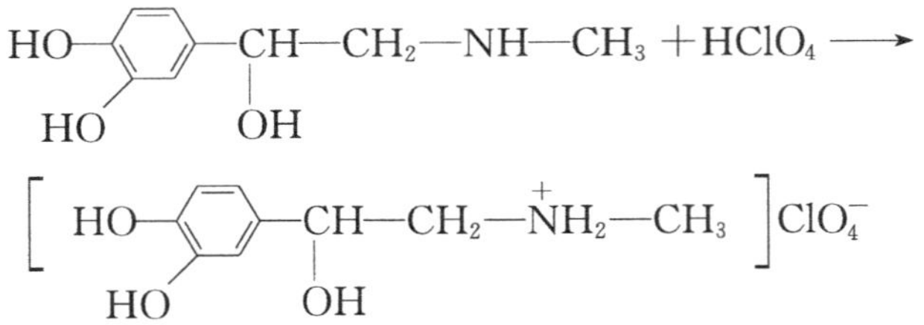

盐酸异丙肾上腺素等盐类药物的高氯酸非水滴定法实际上是一个强酸置换弱酸的置换过程。其反应原理可用下式表示：

$$BH^+ \cdot A^- + HClO_4 \longrightarrow BH^+ \cdot ClO_4^- + HA$$

一些典型药物的非水滴定法测定的条件如表 2-9 所示。

表 2-9　非水滴定法测定苯乙胺类药物方法

药物	取样量/g	冰醋酸/mL	乙酸汞/mL	指示剂	终点颜色
肾上腺素	0.15	10	—	结晶紫	蓝绿色
重酒石酸去甲肾上腺素	0.2	10	—	结晶紫	蓝绿色
硫酸特布他林	0.3	30	—/乙腈 30	电位法	—
硫酸沙丁胺醇	0.4	10	—/乙酸酐(15)	结晶紫	蓝绿色
盐酸多巴胺	0.15	25	5	结晶紫	蓝绿色
盐酸异丙肾上腺素	0.15	30	5	结晶紫	蓝色
盐酸甲氧明	0.2	10	5	萘酚苯甲醇	黄绿色
盐酸苯乙双胍	0.1	20	—/乙酸酐(20)	电位法	—
盐酸氯丙那林	0.15	20	3	结晶紫	蓝绿色
盐酸麻黄碱	0.15	10	4	结晶紫	蓝绿色
盐酸伪麻黄碱	0.3	10	6	结晶紫	蓝绿色

2) 溴量法

ChP2010 收载了采用溴量法测定盐酸去氧肾上腺素和重酒石酸间羟胺原料药含量的测定方法。其测定原理是药物分子的结构中含有苯酚结构，在酸性溶液中酚羟基的邻、对位活泼氢能与过量的溴定量地发生溴代反应，再以碘量法测定剩余的溴。根据消耗的硫代硫酸钠滴定液的量即可计算供试品的含量。盐酸去氧肾上腺素的含量测定原理如下：

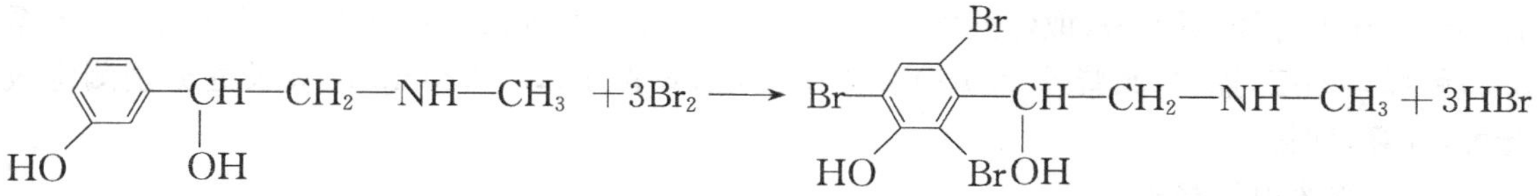

$$Br_2 + 2KI \longrightarrow 2KBr + I_2$$

$$I_2 + 2Na_2S_2O_3 \longrightarrow 2NaI + Na_2S_4O_6$$

测定方法：取本品约 0.1g，精密称定，置碘量瓶中，加水 20mL 使溶解，精密加 0.05mol/L 溴滴定液 50mL，再加盐酸 5mL，立即密塞放置 15min 并时时振摇，小心微开瓶塞加碘化钾试液 10mL，立即密塞振摇后，用 0.1mol/L 硫代硫酸钠滴定液滴定至近终点时，加淀粉指示液，继续滴定至蓝色消失，并将滴定的结果用空白试验进行校正。1mL 溴滴定液相当于 3.395mg 的盐酸去氧肾上腺素（$C_9H_{13}NO_2 \cdot HCl$，M_w＝203.67）。

3）紫外分光光度法与比色法

（1）紫外分光光度法。

苯乙胺类拟肾上腺素药物结构中的取代苯环具有特征的紫外吸收，ChP2010 收载了多种药物的原料药及其制剂的紫外分光光度法含量测定方法。

盐酸甲氧明注射液的含量测定方法如下。

测定方法：精密量取本品适量（约相当于盐酸甲氧明 100mg）置 250mL 容量瓶中，加水稀释至刻度，摇匀，在 291mL 处测定吸光度，以盐酸甲氧明（$C_{11}H_{17}NO_3 \cdot HCl$，$E_{1cm}^{1\%}$＝137）计算含量。

（2）比色法。

利用本类药物分子结构中芳伯胺基进行重氮化-偶合反应显色，以及利用药物分子结构中的酚羟基与亚铁离子进行配位显色，从而利用比色法进行含量测定。

比色法测定盐酸克伦特罗栓剂的含量测定方法如下。

对照品溶液的制备：精密称取盐酸克伦特罗对照品适量，加盐酸溶液（9→100）制成 1mL 中含 7.2μL 的溶液。

供试品溶液的制备：取本品 20 粒，精密称定，切成小片，精密称取适量（约相当于盐酸克伦特罗 0.36mg），置分液漏斗中，用温热的氯仿 20mL 使溶解，用盐酸溶液（9→100）振摇提取 3 次（20mL，15mL，10mL），分取酸提取液，置 50mL 容量瓶中，用盐酸溶液（9→100）稀释至刻度，摇匀，滤过，收集续滤液，即得。

测定方法：精密量取对照品溶液与供试品溶液各 15mL，分置 25mL 容量瓶中，各加盐酸溶液（9→100）5mL 与 0.1%亚硝酸钠溶液 1mL，摇匀，放置 3min，各加 0.5%氨基磺酸铵溶液 1mL，混匀，时时振摇 10min，再各加 0.1%盐酸萘乙二胺溶液 1mL，混匀，放置 10min，用盐酸溶液（9→100）稀释至刻度，摇匀，在 500nm 的波长处分别测定吸光度，计算，即得。

盐酸多巴胺注射液的含量测定方法如下。

对照品溶液的制备：取盐酸多巴胺对照品约 0.1g，精密称定，置 100mL 容量瓶中，用硫酸溶液（1→350）溶解并稀释至刻度，摇匀，即得。

供试品溶液的制备：精密量取本品 10mL，置 100mL 容量瓶中，用硫酸溶液（1→350）稀释至刻度，摇匀，即得。

测定方法：精密量取对照品溶液与供试品溶液各 5mL，分置 100mL 容量瓶中，各加新制的硫酸亚铁-酒石酸盐溶液（取硫酸亚铁 1g，加酒石酸钾钠 2g 与亚硫酸氢钠 0.1g，用水稀释至

1000mL)5mL,再加缓冲液(取乙酸铵 50g,溶于 20%乙醇 1000mL 中,并以氨试液调节 pH 至 8.5)稀释至刻度,摇匀,照紫外-可见分光光度法(附录Ⅳ B),在 520nm 的波长处分别测定吸光度,计算,即得。

4) 高效液相色谱法

ChP2010 收载了盐酸肾上腺素注射液、重酒石酸去甲肾上腺素注射液、盐酸异丙肾上腺素注射液、盐酸多巴胺注射液、盐酸沙丁胺醇(片剂、注射液、胶囊、缓释片剂、缓释胶囊)、盐酸苯乙双胍片、盐酸氯丙那林片、盐酸麻黄碱注射液、盐酸氨溴素(口服液、片剂、胶囊、缓释胶囊)等的含量测定方法。

2.4　杂环类药物

杂环类化合物分子结构中含有杂环,环中杂原子一般为氧、硫、氮等。杂环化合物种类繁多,数量庞大,在自然界分布很广,其中不少具有生理活性,如一些生物碱、抗生素等;在化学合成药物中,杂环类药物也占有相当数量,并已成为现代药物中应用最多、最广的一大类药物。杂环类药物的共性为:多为五元环或六元环,单环或并合环;杂环结构较稳定,不易开环,其性质受杂原子种类、数目、位置影响;杂环上取代基性质较活泼,可用于分析;含氮杂环,其碱性的强弱往往用于分析。

本节主要介绍应用比较广泛的吡啶类、吩噻嗪类、苯骈二氮杂䓬类、喹啉类、托烷类等五类杂环化合物。

2.4.1　吡啶类药物

本类药物均含吡啶环结构,具有代表性的药物为异烟肼、尼可刹米、解磷定、烟酰胺、托比卡胺、硝苯地平等,其结构如下:

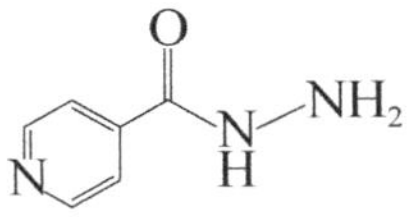

异烟肼

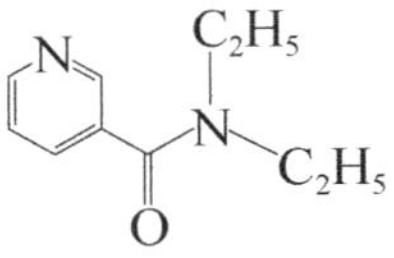

尼可刹米

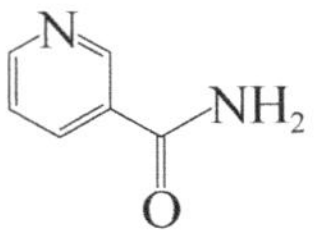

烟酰胺

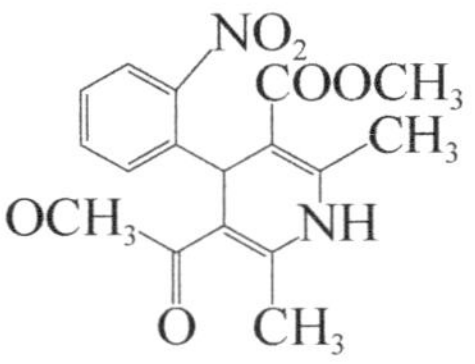

硝苯地平

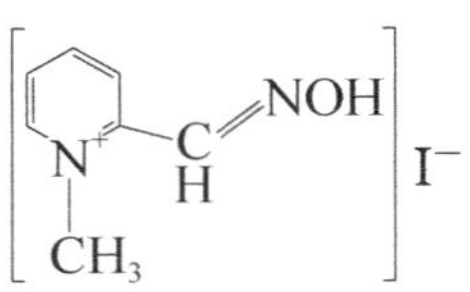

碘解磷定

1. 主要理化性质

吡啶类药物的理化性质见表 2-10。

表 2-10　吡啶类药物的理化性质

物性	特征
性状	大多数药物为白色结晶性粉末;尼可刹米为无色或淡黄色澄明油状液体,放置冷处,即成结晶
溶解性	异烟肼与烟酰胺易溶于水,在乙醇中微溶;尼可刹米能与水、乙醇、氯仿或乙醚任意混溶
酸碱性	本类药物母核吡啶环上的氮原子具有叔胺性质,为碱性氮原子,可以和一些沉淀试剂如重金属盐等生成有色沉淀
吡啶环的特性	吡啶环可发生开环反应,降解产物可与某些试剂缩合显色
光谱特性	结构中含有芳杂环,有共轭体系,在紫外区有吸收;结构中具有硝基、氨基、羰基等基团,具有特征的红外吸收

2. 鉴别试验

1) 吡啶环的开环反应

(1) 戊烯二醛反应(König 反应)。

吡啶环在一定条件下可发生开环反应,产生的醛类成分与羰基试剂缩合,生成有色物质。通常先使溴化氰加到吡啶环上,使环上氮原子由 3 价转变成 5 价,吡啶环水解形成戊烯二醛,再与芳伯胺缩合生成有色席夫碱类(聚甲炔染料),反应式如下:

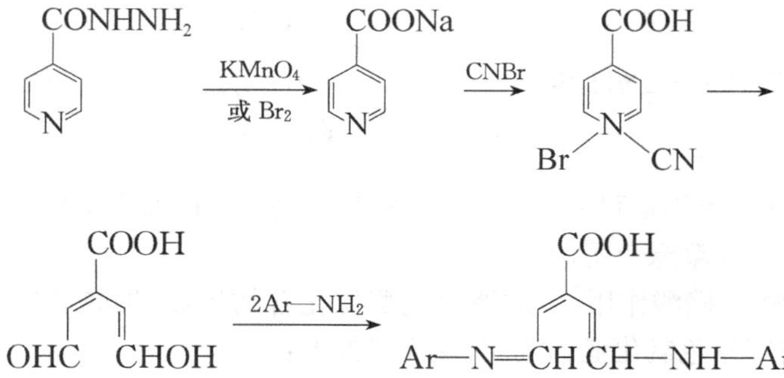

鉴别方法:取尼可刹米供试品 1 滴,加水 50mL,摇匀,分取 2mL,加溴化氰试液 2mL 与 2.5%苯胺溶液 3mL,摇匀,溶液渐显黄色。

注意事项:①用于异烟肼鉴别时,应先用高锰酸钾或溴水氧化为异烟酸,再与溴化氰作用,然后再与芳伯胺缩合形成有色的戊烯二醛衍生物。②沉淀颜色随所用芳伯胺不同而变化,与苯胺缩合生成黄色至黄棕色,与联苯胺缩合显粉红色至红色。③本反应适用于吡啶环 α、α' 位未取代,以及 β 或 γ 位为烷基或羧基的衍生物。异烟肼和尼可刹米均具有此反应,而 ChP2010 只用于尼可刹米的鉴别,所用芳伯胺为苯胺。

(2) 二硝基氯苯反应(Vongerichten 反应)。

在无水条件下,吡啶及其某些衍生物与 2,4-二硝基氯苯混合,加热或使其热至熔融,冷却后,加醇制氢氧化钠(钾)溶液将残渣溶解,溶液呈紫红色,反应式如下:

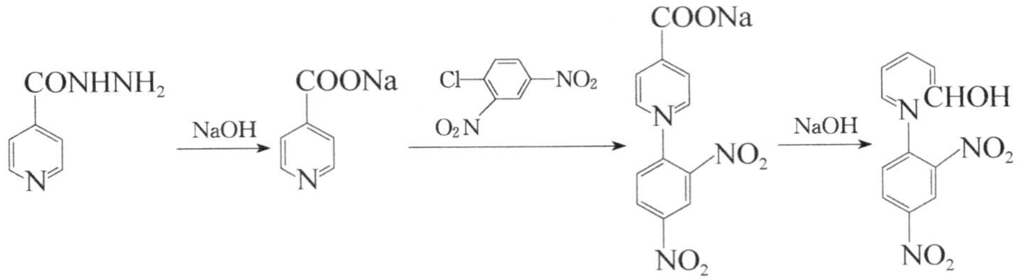

鉴别方法(ChP2010):取托比卡胺供试品 5mg,加乙醇 1mL 使其溶解,加入 2,4-二硝基氯苯 0.1g,置水浴上加热 5min,放冷,加氢氧化钠乙醇溶液(1 →100)1mL 后,溶液显鲜明的红紫色。

注意事项:①尼可刹米、异烟肼和异烟腙等,需经适当处理,即将酰肼氧化成羧基或将酰胺水解为羧基后才有此反应。《中国药典》只用于异烟腙的鉴别。②用于异烟肼鉴别时,可取其乙醇溶液加入硼砂及 5% 2,4-二硝基氯苯乙醇溶液,蒸干,继续加热 10min,残渣加甲醇搅拌后,即显紫红色。

2) 形成沉淀的反应

本类药物吡啶环上的叔胺基团呈碱性,可与重金属盐类(如氯化汞、硫酸铜、碘化铋钾)及苦味酸等试剂形成沉淀。

尼可刹米可与硫酸铜-硫氰酸铵作用生成草绿色配位化合物沉淀,反应式如下:

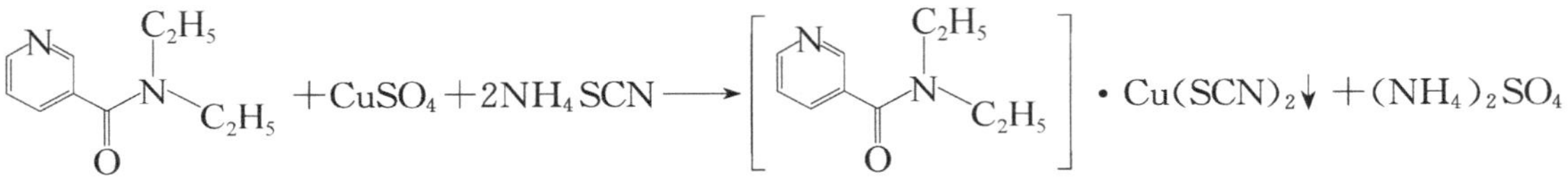

ChP2010 采用此法鉴别尼可刹米:取本品 2 滴,加水 1mL,摇匀,加硫酸铜试液 2 滴与硫氰酸铵试液 3 滴,即生成草绿色沉淀。

异烟肼与硫酸铜-枸橼酸作用,生成淡绿色配位化合物沉淀,加热后铜离子氧化肼基为氮气,自身被还原生成红棕色氧化亚铜沉淀,反应式如下:

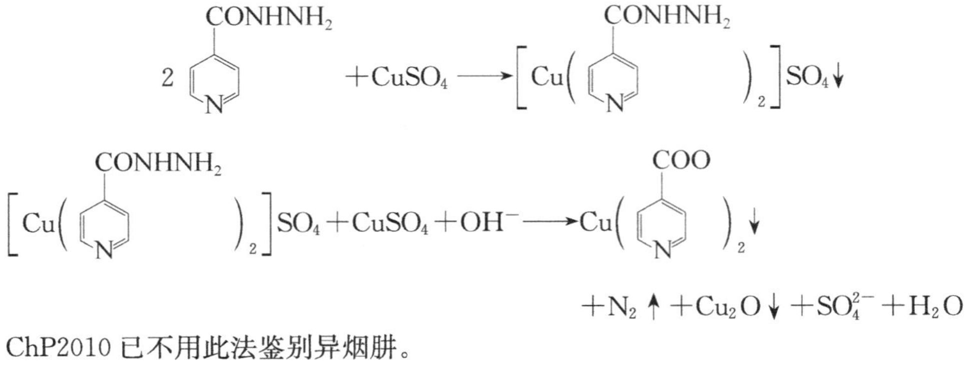

ChP2010 已不用此法鉴别异烟肼。

异烟肼、尼可刹米可与氯化汞形成白色沉淀,反应式如下:

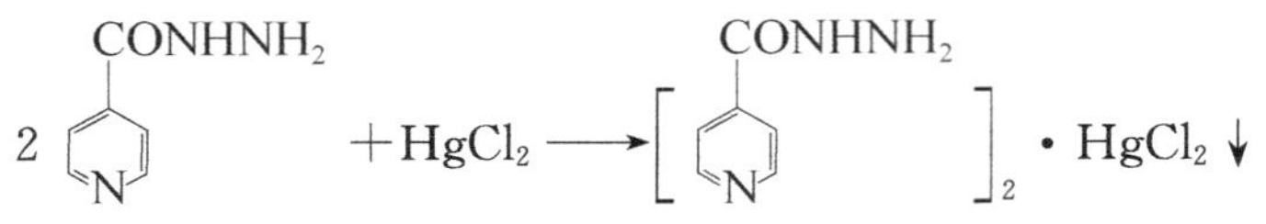

ChP2010 已不用此法鉴别异烟肼和尼可刹米。

3) 酰肼基团的反应

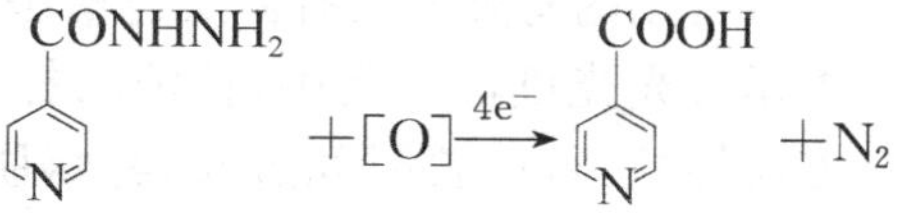

$[O]=I_2, Br_2, KBrO_3, AgNO_3$

(1) 银镜反应。

异烟肼与硝酸银作用，生成白色异烟酸银盐沉淀（可溶于稀硝酸），加热后生成银镜。ChP2010 采用此法对异烟肼、异烟肼片及注射用异烟肼进行鉴别。反应式如下：

$$\text{异烟肼} + AgNO_3 \longrightarrow \text{异烟酸银}\downarrow + Ag + N_2\uparrow$$

鉴别方法：取异烟肼约 10mg，置试管中，加水 2mL 溶解后，加氨制硝酸银试液 1mL，即产生气泡与黑色浑浊，并在试管壁上生成银镜。

(2) 缩合反应。

酰肼基与芳醛缩合形成腙，析出结晶，可测定其熔点，反应式如下：

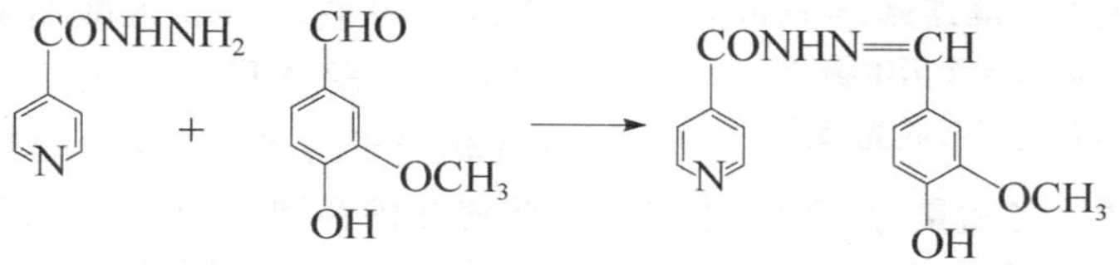

ChP2005 收载的异烟肼及注射用异烟肼采用此法鉴别，ChP2010 已不用。

鉴别方法：取本品约 0.1 g，加水 5mL 溶解后，加 10%香草醛的乙醇溶液 1mL，摇匀，微热，放冷，即析出黄色结晶；过滤，用稀乙醇重结晶，在 105℃干燥后，测定熔点为 228～231℃，熔融时同时分解。

注意事项：①最常用的芳醛为香草醛，其次是对二甲氨基苯甲醛、水杨醛等。②与 1,2-萘醌-4-磺酸在碱性介质中可缩合显红色，凡具有—NH_2或活性—CH_2—基者均有此反应。

(3) 分解产物的反应。

尼可刹米与氢氧化钠试液共热，水解生成二乙胺，具有臭味，能使红色石蕊试纸变蓝；丙硫异烟胺与盐酸共热，产生硫化氢气体，能使乙酸铅试纸显黑色；硝苯地平在丙酮溶液中与氢氧化钠反应显橙红色。

$$\text{尼可刹米} \xrightarrow[NaOH]{\text{无水 } Na_2CO_3 \text{ 或钠石灰/加热}} NH(C_2H_5)_2\uparrow$$

用红色石蕊试纸检查

ChP2010 采用此法鉴别尼可刹米及其注射液。

鉴别方法：取尼可刹米注射液 5mL，加碳酸钠使饱和后，即析出油层（与烟酰胺注射液的区别），分取油层，加氢氧化钠试液 3mL，加热，即产生二乙胺的臭气，能使湿润的红色石蕊试纸变蓝色。

3. 杂质检查

1) 异烟肼中游离肼的检查

异烟肼是一种不稳定的药物，其中的游离肼由制备时原料引入，或在储存过程中降解而产生。而肼又是一种诱变剂和致癌物质，因此国内外药典多数规定了异烟肼原料药及其制剂中游离肼的限量检查。

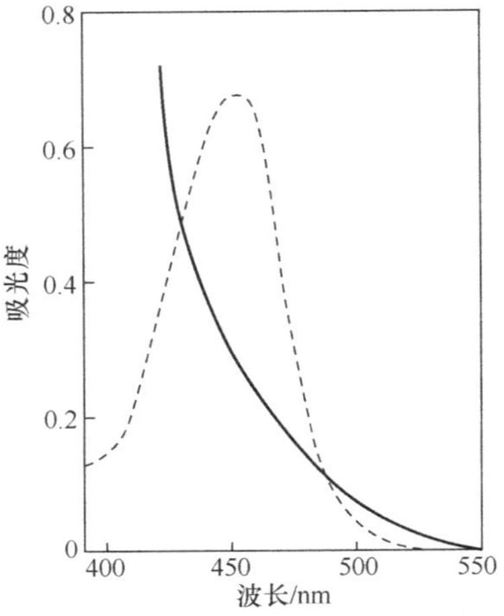

图 2-11　对二甲氨基苯甲醛连氮（3.125μmol/L，虚线）与异烟肼的对二甲氨基苄叉衍生物（3.62mmol/L，实线）的可见光区吸收光谱图

常用的检查方法有薄层色谱法、比浊法和差示分光光度法。其中，比浊法操作简单，但专属性差，若放置时间过长，异烟肼的反应产物也会浑浊；差示分光光度法是利用游离肼与对二甲氨基苯甲醛可形成黄色缩合产物（对二甲氨基苯甲醛连氮），于 456nm 波长处有最大吸收，而异烟肼与上述试剂形成的缩合产物（对二甲氨基苄叉）在此波长处无吸收进行检查（图 2-11）。ChP2010 对异烟肼原料和注射用异烟肼中游离肼的检查均采用薄层色谱法。

检查方法：取本品，加丙酮-水（1∶1）溶解并稀释制成 1mL 中约含 100mg 的溶液，作为供试品溶液。另取硫酸肼对照品，加丙酮-水（1∶1）溶解并稀释制成 1mL 中约含 0.08mg（约相当于游离肼 20μg）的溶液，作为对照品溶液；取异烟肼与硫酸肼各适量，加丙酮-水（1∶1）溶解并稀释制成 1mL 中分别含异烟肼 100mg 及硫酸肼 0.08mg 的混合溶液，作为系统适用性试验溶液。照薄层色谱法试验，吸取上述三种溶液各 5μL，分别点于同一硅胶 G 薄层板上，以异丙醇-丙酮（3∶2）为展开剂，展开，晾干，喷以乙醇制对二甲氨基苯甲醛试液，15min 后检视。系统适用性试验溶液所显游离肼与异烟肼的斑点应完全分离，异烟肼的 R_f 值约为 0.56，游离肼的 R_f 值约为 0.75。在供试品溶液主斑点前方与对照品溶液主斑点相应的位置上，不得显黄色斑点。

2）有关物质检查

异烟肼、尼可刹米、烟酰胺和硝苯地平等药物在生产和储存过程中易引入杂质。例如，尼可刹米在合成过程中会产生副产物乙基烟酰胺以及原料烟酸会带入硝基化合物，而硝苯地平遇光极不稳定，在储存过程中能降解生成硝基苯吡啶衍生物及亚硝基苯吡啶衍生物，后者对人体极为有害。

ChP2010 采用薄层色谱法或高效液相色谱法中的高低浓度对照法检查异烟肼、尼可刹米和烟酰胺等药物中的有关物质。

测定方法：以尼可刹米中的有关物质检查为例。取本品适量，用水稀释制成 1mL 中约含 4mg 的溶液，作为供试品溶液；精密量取 1mL，置 100mL 容量瓶中，用水稀释至刻度，摇匀，作为对照溶液。照高效液相色谱法试验，用十八烷基硅烷键合硅胶为填充剂，以甲醇-水（30∶70）为流动相，检测波长为 263nm。理论塔板数按尼可刹米峰计算不低于 2000，尼可刹米峰与其相邻杂质峰的分离度符合要求。取对照溶液 10μL 注入液相色谱仪，调节检查灵敏度，使主成分色谱峰的峰高约为满量程的 20%。精密量取供试品溶液与对照溶液各 10μL，分别注入液相色谱仪，记录色谱图至主成分峰保留时间的 2 倍。供试品溶液色谱图中如有杂质峰，各杂质峰面积的和不得大于对照溶液主峰面积的 0.5 倍（0.5%）。

ChP2005 采用高效液相色谱法检测硝苯地平原料药中的有关物质，采用薄层层析法检查硝苯地平片及胶囊中的有关物质。在 ChP2010 中均已采用高效液相色谱法进行检查。

硝苯地平中有关物质检查的测定方法:须避光操作。取本品,精密称定,加甲醇溶解并定量稀释制成1mL中约含1mg的溶液,作为供试品溶液;另取2,6-二甲基-4-(2-硝基苯基)-3,5-吡啶二甲酸二甲酯(杂质Ⅰ)对照品与2,6-二甲基-4-(2-亚硝基苯基)-3,5-吡啶二甲酸二甲酯(杂质Ⅱ)对照品,精密称定,加甲醇溶解并定量稀释制成1mL中各约含10μg的混合溶液,作为对照品储备液;分别精密量取供试品溶液与对照品储备液各适量,用流动相定量稀释制成1mL中分别含硝苯地平2μg、杂质Ⅰ 1μg与杂质Ⅱ 1μg的混合溶液,作为对照品溶液。用十八烷基硅烷键合硅胶为填充剂;以甲醇-水(60∶40)为流动相;检测波长为235nm。取硝苯地平对照品、杂质Ⅰ对照品与杂质Ⅱ对照品各适量,加甲醇溶解并稀释制成1mL中各约含1mg,10μg与10μg的混合溶液,取20μL,注入液相色谱仪,调节检测灵敏度,使硝苯地平色谱峰的峰高约为满量程的50%;再精密量取供试品溶液与对照品溶液各20μL,分别注入液相色谱仪,记录色谱图至主成分峰保留时间的2倍。供试品溶液的色谱图中如有与杂质Ⅰ峰、杂质Ⅱ峰保留时间一致的色谱峰,按外标法以峰面积计算,均不得过0.1%;其他单个杂质峰面积不得大于对照溶液中硝苯地平峰面积(0.2%);杂质总量不得过0.5%。

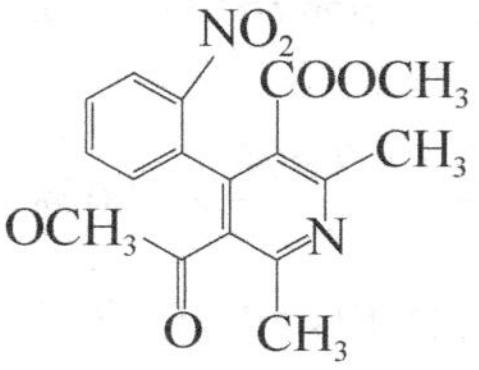

杂质Ⅰ

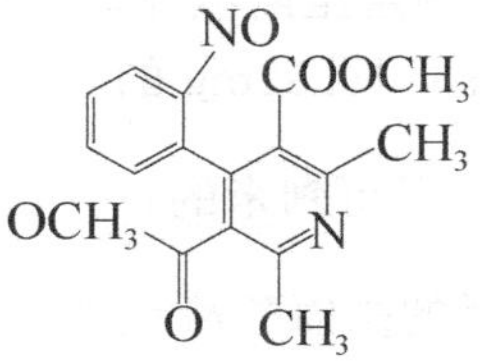

杂质Ⅱ

4. 含量测定

本类药物如异烟肼和尼可刹米等常利用其具有还原性的酰肼基以及吡啶的碱性进行定量分析。常见的方法有溴酸钾法、碘量法、溴量法、非水滴定法、分光光度法,其中以溴酸钾法、非水滴定法、紫外分光光度最为常用。对以硝苯地平为代表的二氢吡啶类药物,原料药多采用铈量法进行含量测定,而片剂、胶囊和注射剂等制剂常采用高效液相法进行含量测定。

1) 溴酸钾法

ChP1963曾采用溴量法测定异烟肼的含量,利用溴在稀盐酸介质中氧化异烟肼,剩余的溴液用碘量法进行测定。因本法操作烦琐、准确度差等,在ChP1977中改为溴酸钾法,用不可逆指示剂乙氧基黄吡精指示终点。由于溴酸钾法操作简单、准确,ChP1995仍用此法,但改用甲基橙指示剂指示终点。ChP2005采用本法测定异烟肼原料、异烟肼片和注射用异烟肼的含量。ChP2010将异烟肼原料及其片剂改用HPLC测定含量,注射用异烟肼仍采用此法测定含量。

原理:

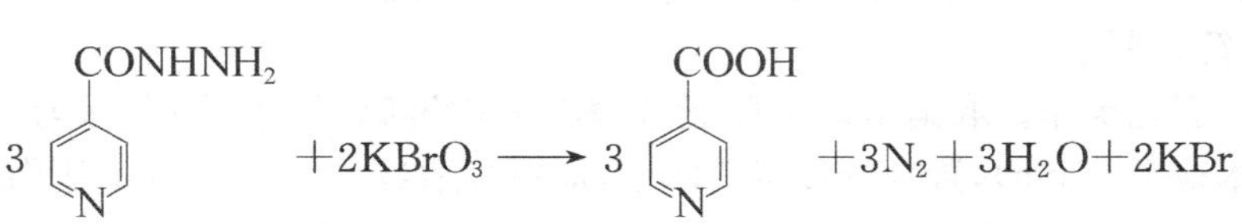

测定方法:取本品约0.2g,精密称定,置100mL容量瓶中,加水使溶解并稀释至刻度,摇匀;精密量取25mL,加水50mL,盐酸20mL与甲基橙指示剂1滴,用溴酸钾滴定液

(0.016 67mol/L)缓缓滴定(温度保持为 18～25℃)至粉红色消失。1mL 的溴酸钾滴定液(0.016 67mol/L)相当于 3.429mg 的 $C_6H_7N_3O$。

注意事项:①供试液中含有适量盐酸是获得定量反应的基本条件,稀释度对指示剂的反应速率有影响,测定时加水 75mL,可获得理想的终点指示。②指示剂褪色是不可逆的,滴定过程中必须充分振摇,以避免因滴定剂局部过浓而引起指示剂提前褪色。实验时,可补加 1 滴指示剂以验证终点。

2) 非水溶液滴定法

吡啶类药物多以游离碱形式存在,基于分子结构中氮原子的弱碱性,可用非水滴定法测定含量。由于这些药物的碱性强弱不同,因此采用的溶剂、指示剂及其指示终点的方法也不同。例如,ChP2010 中收载的尼可刹米、烟酰胺原料药等采用此法测定含量,用结晶紫作为指示剂,加冰醋酸溶解后,用高氯酸作为滴定液,滴定至溶液显蓝绿色;异烟腙和异烟腙片加冰醋酸和乙酸酐溶解后,用高氯酸作滴定液,采用电位法指示终点。

测定方法:取尼可刹米约 0.15g 精密称定,加冰醋酸 10mL 与结晶紫指示液 1 滴,用高氯酸滴定液(0.1mol/L)滴定至溶液显蓝绿色,并将滴定的结果用空白试验校正。1mL 高氯酸滴定液(0.1mol/L)相当于 17.82mg 的 $C_{10}H_{14}N_2O$。

$$\text{尼可刹米的百分含量}=\frac{(V-V_0)\times T\times F}{m}\times 100\%$$

式中,V 为供试品消耗的高氯酸滴定液(0.1mol/L)的体积,mL;V_0 为空白试验消耗的高氯酸滴定液(0.1mol/L)的体积,mL;T 为滴定度,即 1mL 高氯酸滴定液(0.1mol/L)相当于 17.82mg 的 $C_{10}H_{14}N_2O$,mg/mL;F 为高氯酸滴定液的浓度校正系数;m 为供试品取样量,mg。

3) 紫外分光光度法

尼可刹米分子结构中含有芳香环,在紫外区有特征吸收,国内外药典多采用紫外分光光度法测定其注射液的含量。ChP2010 采用此法测定尼可刹米注射液的含量。

测定方法:用内容量移液管精密量取本品 2mL,置 200mL 容量瓶中,用 0.5%硫酸溶液分次洗涤移液管内壁,洗液并入容量瓶中,加 0.5%硫酸溶液稀释至刻度,摇匀,精密量取适量,加 0.5%硫酸溶液定量稀释成 1mL 中约含尼可刹米 20μg 的溶液。照紫外-可见分光光度法,在 263nm 波长处测定吸光度,按 $C_{10}H_{14}N_2O$ 的吸收系数 $E_{1cm}^{1\%}$ 为 292 计算,即得。

ChP2010 中烟酰胺片、烟酰胺注射液、碘解磷定注射液及尼群地平软胶囊等也采用此法测定含量。

4) 高效液相色谱法

ChP2010 中硝苯地平等二氢吡啶类药物的片剂、胶囊及软胶囊等制剂的含量大多采用高效液相色谱法测定。

色谱条件与系统适用性试验:用十八烷基硅烷键合硅胶为填充剂,以甲醇-水(60∶40)为流动相,检测波长为 235nm。理论塔板数按硝苯地平峰计算不低于 2000,硝苯地平峰与相邻峰的分离度应符合要求。

测定方法:避光操作。取硝苯地平胶囊 20 粒,去内容物,研细,混合均匀,精密称取适量(约相当于硝苯地平 10mg),置 50mL 容量瓶中,加甲醇适量,振摇使溶解,用甲醇稀释至刻度,摇匀,滤过,精密量取续滤液 5mL,置 50mL 量瓶中,用甲醇稀释至刻度,摇匀,滤过,精密量取 20μL 注入液相色谱仪,记录色谱图;另取硝苯地平对照品,精密称定,加甲醇溶解并定量稀释制成 1mL 中约含 20μg 的溶液,同法测定。按外标法以峰面积计算,即得。

2.4.2 吩噻嗪类药物

吩噻嗪类药物具有共同的母核——硫氮杂蒽，10 位氮上 R 取代基通常为烃胺类，具有一定碱性，临床上使用的药物多为其盐酸盐和马来酸盐。ChP2010 收载的药物主要为盐酸异丙嗪、盐酸氯丙嗪、奋乃静、癸氟奋乃静等，其结构如下：

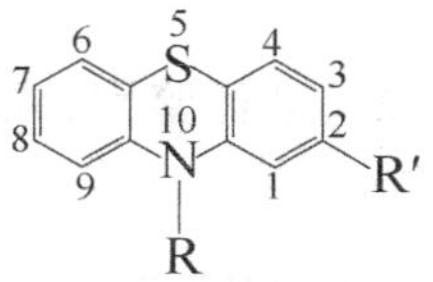

酚噻嗪类药物母核

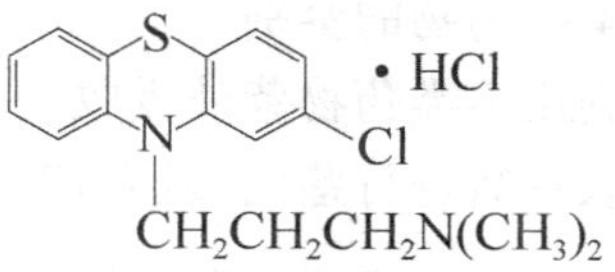

盐酸氯丙嗪

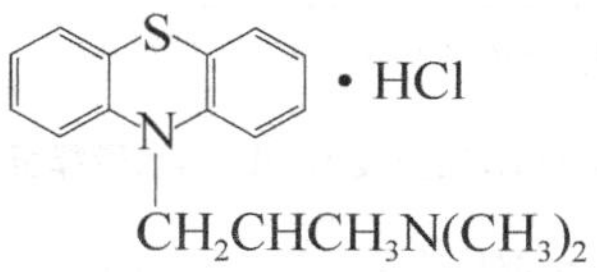

盐酸异丙嗪

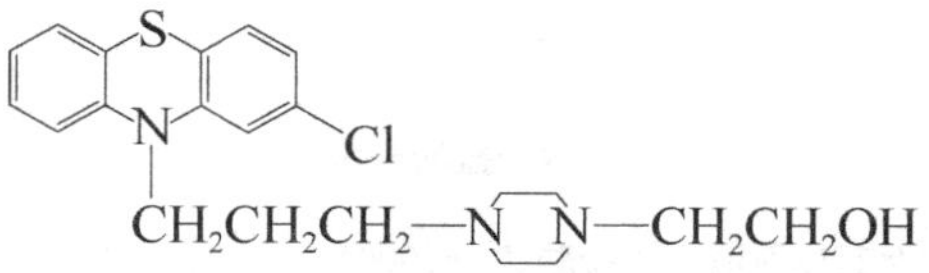

奋乃静

母核的结构特点：

(1) 含 S,N 三环共轭的大 π 键体系，S、N 与苯环形成 p-π 共轭，具有紫外吸收光谱特征。

(2) 硫氮杂蒽环上硫原子为－2 价，具有还原性，易氧化生成砜或亚砜而显色，可用于分光光度测定或铈量法测定。

(3) 硫氮杂蒽环上硫原子有两对孤对电子，易与金属离子络合，生成有色物，可用于比色测定。

1. 主要理化性质

吩噻嗪类药物的理化性质见表 2-11。

表 2-11 吩噻嗪类药物的理化性质

物性	特征
性状	多为白色或类白色粉末。盐酸氯丙嗪味极苦，有引湿性，遇光易变色；盐酸异丙嗪和奋乃静几乎无臭，味苦
溶解性	盐酸异丙嗪和盐酸氯丙嗪在水、乙醇和氯仿中易溶，在乙醚等小极性溶剂中不溶或几乎不溶。奋乃静在氯仿中极易溶，在乙醇中溶解，在水中几乎不溶，在稀盐酸中溶解
酸碱性	吩噻嗪类药物母核中的氮原子碱性极弱，氮原子上的取代基具有一定碱性，可用于分析
稳定性	硫氮杂蒽母核中的硫原子具有还原性，易氧化生成砜或亚砜，随取代基不同而呈现不同颜色
光谱特性	药物母核为三环共轭体系，有较强的紫外吸收，一般有三个峰值分别在 205nm，254nm 和 300nm 附近，两个波谷分别在 220nm 和 280nm 附近

2. 鉴别试验

1) 紫外特征吸收光谱

本类药物的紫外特征吸收，主要由母核三环的 π 系统产生。一般具有三个峰值，即 204～

209nm(205nm 附近)，250～265nm(254nm 附近)和 300～325nm(300nm 附近)。最强峰多在 250～265nm(ε 为 2.5×10^4～3×10^4)；两个最小吸收峰则在 220nm 及 280nm 附近。2 位上的取代基(R′)不同，会引起吸收峰发生位移。例如，2 位上卤素的取代(—Cl 及—CF_3)可使吸收峰红移 2～4nm，同时会使 250～265nm 区段的峰强度增大。R′引起吸收峰位移，可能是通过对位效应影响三环 π 系统的 S，而间位效应又影响三环 π 系统的 N 所发生的。因此，利用其紫外特征吸收可进行本类药物的鉴别。

国内外药典常利用本类药物紫外吸收光谱中的 λ_{max}、λ_{min} 进行鉴别，或同时利用最大吸收的吸光度或百分吸收系数进行鉴别(表 2-12)。

表 2-12　药典中收载的常用酚噻嗪类药物及其制剂的紫外鉴别(ChP2010)

药物及制剂	溶剂	λ_{max}/nm	备注
奋乃静	甲醇	258,313	$A_{313}/A_{258}=0.12\sim0.13$
奋乃静片	乙醇＋盐酸＋水	255	乙醇 500mL，加盐酸 10mL，加水稀释至 1000mL
盐酸氯丙嗪及其注射液	盐酸(9→1000)	254,306	在 254nm 波长处吸光度约为 0.46
盐酸三氟拉嗪片	盐酸(1→20)	256	
盐酸硫利达嗪	乙醇	264,315	
盐酸硫利达嗪片	乙醇	264	
癸氟奋乃静	乙醇	260	

ChP2010 收载的奋乃静原料药的鉴别采用此法。

鉴别方法：取本品，加甲醇溶解并稀释制成 1mL 中约含 10μg 的溶液，照紫外-可见分光光度法测定，在 258nm 与 313nm 波长处有最大吸收，在 313nm 与 258nm 处的吸光度比值应为 0.12～0.13。

2) 显色反应

(1) 氧化显色。

吩噻嗪类药物母核中的二价硫原子具有还原性，可被不同氧化剂如硫酸、硝酸、过氧化氢等氧化成自由基型产物和非离子型产物(砜、亚砜、3-羟基吩噻嗪)，随药物上取代基不同而呈不同颜色。

$$\text{母核}\xrightarrow{\text{氧化剂}}\text{显色（樱红-红色）}\qquad [O]=H_2SO_4,\text{溴水},H_2O_2,HNO_3$$

ChP2010 采用此法对奋乃静、盐酸异丙嗪、盐酸氯丙嗪等原料及制剂进行鉴别(表 2-13)。

表 2-13　药典中收载的常用酚噻嗪类药物与氧化剂的显色反应(ChP2010)

药物及制剂	硫酸	硝酸	过氧化氢
奋乃静及其片剂			深红色，放置后，红色渐褪去
奋乃静注射剂	显樱桃红色，放置后色渐深；硫酸溶液加温，转为品红色；硫酸溶液加重铬酸钾渐变成深红色至红棕色，最后显棕绿色		显深红色，放置后，红色渐褪去

续表

药物及制剂	硫酸	硝酸	过氧化氢
盐酸氟奋乃静及其片剂	显淡红色，温热后变成红褐色		
盐酸氟奋乃静注射液	显红黄色，加热后变绿色		
盐酸氯丙嗪及其片剂、注射液		显红色，渐变淡黄色	
盐酸异丙嗪及其片剂、注射剂	樱桃红色，放置后，色渐变深	红色沉淀，加热，沉淀溶解，溶液由红色变为橙黄色	
盐酸三氟拉嗪		生成微带红色的白色沉淀，放置后，红色变深，加热后变为黄色	
盐酸三氟拉嗪片		溶液由粉红色变为棕色，加热后显黄色	
盐酸硫利达嗪及其片剂	蓝色		

奋乃静的鉴别：取奋乃静 5mg，加盐酸与水各 1mL，加热至 80℃，加入过氧化氢溶液数滴，即显深红色；放置后，红色渐褪去。

盐酸异丙嗪的鉴别：①方法 1，取本品约 5mg，加硫酸 5mL 溶解后，溶液显樱桃红色；放置后，色渐变深。②方法 2，取本品约 0.1g，加水 3mL 溶解后，加硝酸 1mL，即生成红色沉淀；加热，沉淀即溶解，溶液由红色转变为橙黄色。

(2) 与金属离子络合显色。

与钯离子络合：吩噻嗪类药物分子结构中未被氧化的硫原子上有两对孤对电子，能与金属离子(如 Pd^{2+})络合形成有色络合物，其氧化产物砜和亚砜无此反应。本法专属性强，可排除氧化产物的干扰。

ChP2010 采用此法对癸氟奋乃静进行鉴别。

原理：

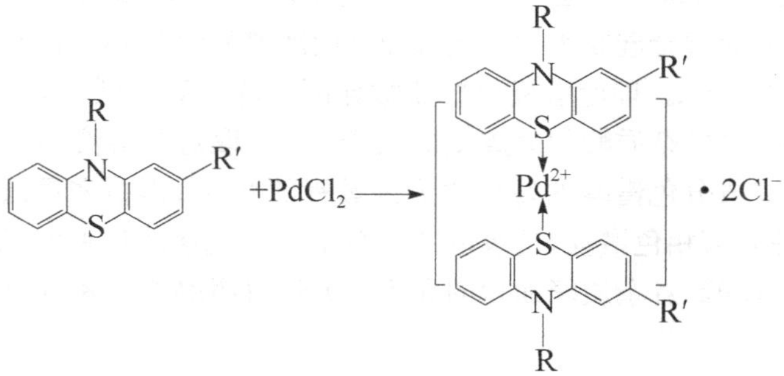

鉴别方法：取本品约 50mg，加甲醇 2mL 溶解后，加 0.1% 氯化钯溶液 3mL，即有沉淀生成，并显红色，再加过量的氯化钯溶液，颜色变深。

注意事项：①本法专属性强，Pd^{2+} 只与未氧化的硫络合，因此可选择性地测定未被氧化的酚噻嗪类药物,《中国药典》曾采用此法测定氯丙嗪和异丙嗪的含量。②测定溶液的酸碱性对显色强度有影响,因此反应多在 pH 2 左右的缓冲液中进行。③使用氯化钯为显色试剂时,所形成的配位化合物溶解度小,易出现浑浊,影响测定,若使用二烷基硫酸酯钯盐,可增大有色配位化合物的溶解度,且灵敏度也有所增加。④本法为 USP23 收载,用于奋乃静、盐酸奋乃静的片剂、口服液等的含量测定。

与锆离子络合:酚噻嗪类药物 2 位的含氟取代基,经有机破坏(与碳酸钠及碳酸钾共热)分解成氟化合物,在酸性条件下与茜素锆反应生成$[ZrF_6]^{2-}$,使溶液由紫红色变为黄色(茜素游离)。

ChP2010 鉴别癸氟奋乃静和盐酸奋乃静注射液采用此法。

鉴别方法:取盐酸氟奋乃静注射液适量(约相当于盐酸氟奋乃静 20mg),加碳酸钠和碳酸钾各约 100mg,混匀,先用小火小心加热,并蒸干,然后在 600℃灰化,加水 2mL 使溶解,加盐酸溶液(1→2)酸化,滤过,滤液加茜素锆试液 0.5mL,溶液由红变黄。

注意事项:先通过小火加热蒸干,排除注射液中溶剂的干扰。

(3) 红外吸收光谱法。

ChP2010 收载的盐酸异丙嗪及其片剂、盐酸氯丙嗪、奋乃静、盐酸奋乃静等药物均可采用红外光谱法进行鉴别,供试品的红外吸收谱图与对照品比较应一致。

(4) 氯化物反应。

本类药物大多数结构中含有氯原子,或以盐酸盐的形式存在,因此可应用氯化物的鉴别反应,ChP2010 收载的盐酸异丙嗪、盐酸氯丙嗪等药物的原料及其制剂要求其水溶液显氯化物反应。

3. 杂质检查

本类药物合成过程中易发生副反应,生成一系列中间体。此外,在储存过程中也会因储存不当或存放时间过长,产生分解产物。ChP2010 对本类药物如盐酸异丙嗪、盐酸氯丙嗪、盐酸氟奋乃静、奋乃静、癸氟奋乃静等都要求进行有关物质检查,通常采用高效液相色谱高低浓度对比法检查。

检查方法:以盐酸异丙嗪原料中有关物质检查为例。避光操作,取本品适量,加 0.1mol/L 盐酸溶液溶解并稀释制成 1mL 中约含 0.2mg 的溶液,作为供试品溶液;精密量取 1mL,置 100mL 容量瓶中,用 0.1mol/L 盐酸溶液稀释至刻度,摇匀,作为对照溶液。照高效液相色谱法试验,用十八烷基硅烷键合硅胶为填充剂,以水(用冰醋酸调节 pH 至 2.3)-甲醇(55∶45)为流动相,检测波长为 254nm。理论塔板数按盐酸异丙嗪峰计算不低于 3000,盐酸异丙嗪峰与相对保留时间 1.1～1.2 的杂质峰的分离度应大于 2.0。取对照溶液 20μL 注入液相色谱仪,调节检测灵敏度,使主成分色谱峰的峰高约为满量程的 20%;再精密量取供试品溶液与对照溶液各 20μL,分别注入液相色谱仪,记录色谱图至主成分色谱法保留时间的 3 倍。供试品溶液的色谱图中如有杂质峰,各杂质峰面积的和不得大于对照溶液主峰面积的(1.0%)。

4. 含量测定

1) 非水溶液滴定法

吩噻嗪类药物母核上 10 位取代基的烃胺($—NR_2$)、哌嗪基及哌啶基具有碱性,可在非水介质中以高氯酸溶液滴定。

国内外药典多采用非水碱量法测定吩噻嗪类原料药物含量，所用溶剂大多为酸性溶剂，如乙酸、乙酸酐等，以结晶紫作为指示剂；也有采用中性或近中性溶剂的，如丙酮、二氧六环、乙腈等，以甲基橙为指示剂或用电位法指示终点。ChP2010 中盐酸氯丙嗪的含量采用此法测定，并用电位法指示终点，而奋乃静、奋乃静注射液和癸氟奋乃静等仍以结晶紫指示剂来指示终点。

测定方法：精密称定奋乃静样品约 0.15 g，加冰醋酸 20mL 使溶解，加结晶紫指示液 1 滴，用高氯酸滴定液（0.1mol/L）滴定至溶液显蓝绿色，并将滴定结果用空白试验校正。1mL 高氯酸滴定液（0.1mol/L）相当于 20.20mg 的 $C_{21}H_{26}ClN_3OS$。

$$奋乃静的百分含量=\frac{(V_1-V_0)\times T\times F}{m}\times 100\%$$

式中，V_1 为供试品消耗的高氯酸滴定液（0.1mol/L）的体积，mL；V_0 为空白对照消耗的高氯酸滴定液（0.1mol/L）的体积，mL；T 为滴定度，即 1mL 高氯酸滴定液（0.1mol/L）相当于 20.20mg 的 $C_{21}H_{26}ClN_3OS$，mg/mL；F 为高氯酸滴定液的浓度校正系数；m 为供试品取样量，mg。

注意事项：①当某些吩噻嗪类药物在冰醋酸和乙酸汞介质中用高氯酸标准液滴定时，由于高氯酸具有强氧化性，可氧化酚噻嗪类药物产生红色的氧化物，干扰结晶紫指示剂终点颜色变化的观察。对此可采用电位法指示终点，或采用中性溶剂，也可加入抗坏血酸消除干扰，而且不影响终点颜色变化的敏锐度。因抗坏血酸及其氧化后的产物去氢抗坏血酸，对高氯酸是中性的，不干扰测定。②当用电位法指示终点时，加抗坏血酸可使滴定终点的电位突跃更为敏锐。③片剂与注射液，因其赋形剂与稳定剂或助溶剂的干扰，不能直接测定，需碱化提取后再用本法测定，如 ChP2010 收载的奋乃静注射液的含量测定。④对于吩噻嗪的盐酸盐类药物，需先加入过量的乙酸汞冰醋酸溶液，消除盐酸的干扰，再用高氯酸滴定。

2）紫外分光光度法

吩噻嗪类药物基于母核三环 π 系统产生紫外特征吸收光谱，在其最大吸收波长处测定吸光度，利用百分吸收系数计算；或与对照品溶液同时测定，计算含量。此法多用于本类药物制剂的含量测定。

（1）直接分光光度法。

测定方法：以盐酸氯丙嗪片为例（ChP2010）。避光操作，取本品 10 片，除去包衣后，精密称定，研细，精密称取适量（约相当于盐酸氯丙嗪 10mg），置 100mL 容量瓶中，加溶液[盐酸溶液（9→1000）]70mL，振摇使盐酸氯丙嗪溶解，用溶剂稀释至刻度，摇匀，滤过，精密量取续滤液 5mL，置 100mL 容量瓶中，加溶剂稀释至刻度，摇匀，照紫外-可见分光光度法，在 254nm 的波长处测定吸光度，按 $C_{17}H_{19}ClN_2S\cdot HCl$ 的吸收系数（$E_{1cm}^{1\%}$）为 915 计算。

$$含量占标示量百分数=\frac{A\times 100\times \overline{w}}{E_{1cm}^{1\%}\times 5\times w}\times 100\%$$

式中，A 为测得的吸光度；w 为称样量，g；$\overline{w}$ 为平均片重，g/片。

ChP2010 中盐酸氯丙嗪注射液、奋乃静片也采用此法测定含量。ChP2005 对于盐酸异丙嗪片和异丙嗪注射液的含量测定采用此法，ChP2010 均已改用高效液相色谱法。

（2）萃取后分光光度法。

盐酸氯丙嗪注射液的含量测定：精密量取本品适量（约相当于盐酸氯丙嗪 100mg），以盐酸溶液（0.1mol/L）稀释至 500mL。分取上述溶液 5mL，置分液漏斗中，加水 20mL，加氨水呈碱性，用乙醚振摇提取 4 次，每次 25mL。合并乙醚液，用水洗涤 2 次，每次 10mL，合并洗液，用乙醚 20mL 提取，弃去洗液。合并前后两次得到的乙醚液，分 4 次用盐酸溶液（0.1mol/L）萃取，每次 25mL，合并酸液，并稀释制成 0.0005%浓度的溶液。以盐酸溶液（0.1mol/L）作空白，用分光光度计，在 254nm±1nm 处测定，以盐酸氯丙嗪吸收系数（$E_{1cm}^{1\%}$）为 915，计算供试品中盐酸氯丙嗪的量，即得。ChP2010 已采用直接分光光度法测定含量。

（3）高效液相色谱法。

ChP2010 采用高效液相色谱法测定盐酸异丙嗪片及注射液的含量。

色谱条件与系统适用性试验：用十八烷基硅烷键合硅胶为填充剂，以水（用冰醋酸调节 pH 至 2.3）-甲醇（55∶45）为流动相，检测波长为 254nm。理论塔板数按盐酸异丙嗪峰计算不低于 3000，盐酸异丙嗪峰与相对保留时间 1.1～1.2 的杂质峰的分离度应大于 2.0。

测定方法：精密量取盐酸异丙嗪注射液适量（约相当于盐酸异丙嗪 50mg），置 250mL 容量瓶中，用 0.1mol/L 盐酸溶液稀释至刻度，摇匀，作为供试品储备溶液，精密量取 5mL，置 50mL 容量瓶中，用水稀释至刻度，摇匀，精密量取 20μL 注入液相色谱仪，记录色谱图；另取盐酸异丙嗪对照品，精密称定，加 0.1mL/L 盐酸溶液溶解并定量稀释制成 1mL 中约含 0.02mg 的溶液，同法测定。按外标法以峰面积计算，即得。

2.4.3 苯骈二氮杂䓬类药物

苯骈二氮杂䓬类药物为含氮杂原子、六元和七元环骈合而成的有机化合物，其中 1，4-苯骈二氮杂䓬类药物是目前临床应用最广泛的镇静催眠药。《中国药典》收载的品种有地西泮（安定）、硝西泮（硝基安定）、艾司唑仑、氯氮䓬（利眠宁）、阿普唑仑、三唑仑、盐酸氟西泮、氯硝西泮和奥沙西泮等药物。上述药物除氯氮䓬外，均为地西泮的衍生物。典型药物的结构如下：

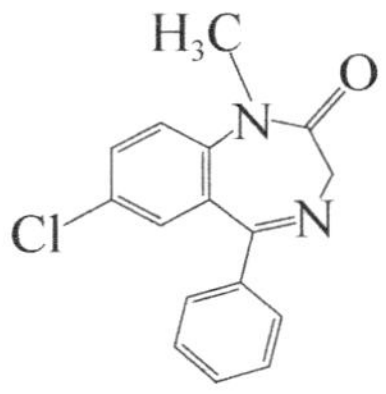

地西泮

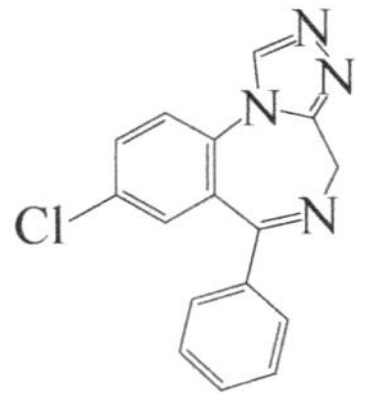

艾司唑仑

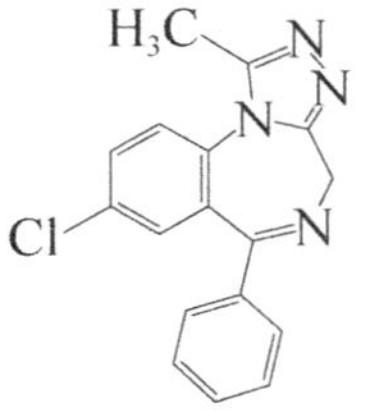

阿普唑仑

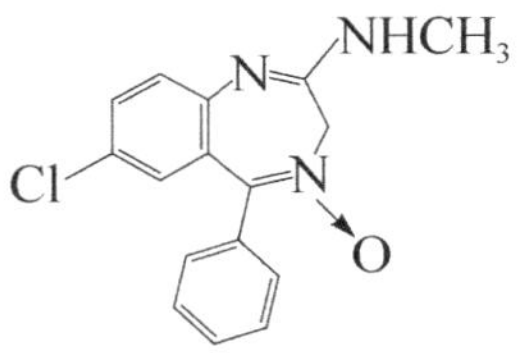

氯氮䓬

1. 主要理化性质

苯骈二氮杂䓬类药物的理化性质见表 2-14。

表 2-14　苯骈二氮杂䓬类药物的理化性质

物性	特征
性状	多为白色或类白色结晶性粉末，无臭，味微苦
溶解性	多为游离碱，不溶于水，易溶于甲醇、乙醇和氯仿中
酸碱性	二氮杂䓬七元环上氮原子具有强的碱性，苯基骈合后使碱性降低
水解性	本类药物的环通常比较稳定，但在强酸性溶液中可水解，生成相应的二苯甲酮衍生物
光谱特性	本类药物分子结构中有共轭体系，在紫外区有吸收

2. 鉴别试验

1）化学鉴别法

（1）沉淀反应。

本类药物显碱性，能与生物碱沉淀试剂反应。

鉴别方法 1：取氯氮䓬样品约 10mg，加盐酸溶液（9 →1000）10mL 溶解后，加碘化铋钾试液 1 滴，即生成橙红色沉淀。

鉴别方法 2：取阿普唑仑样品约 5mg，加盐酸溶液（9 →1000）2mL 溶解后，分为两份。一份加硅钨酸试液 1 滴，即生成白色沉淀；另一份加碘化铋钾试液 1 滴，即生成橙红色沉淀。

（2）芳香第一胺反应。

1 位上的氮未被取代的苯二氮䓬类化合物，水解后能生成含芳伯胺基的二苯甲酮衍生物，可发生重氮化-偶合反应。ChP2010 用此法鉴别氯氮䓬、艾司唑仑、奥沙西泮和硝西泮。

反应式如下：

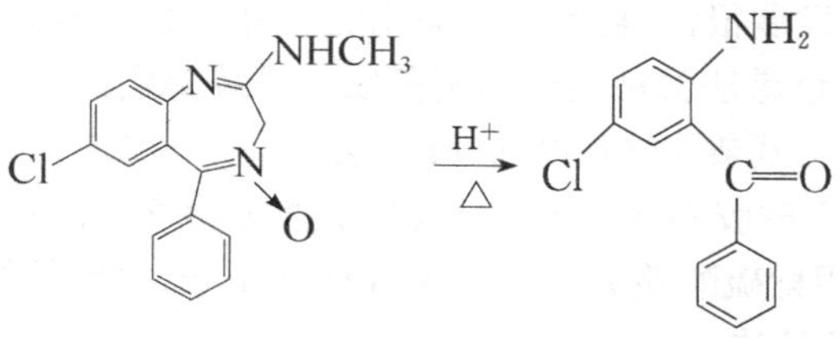

氯氮䓬　　　　二苯甲酮衍生物

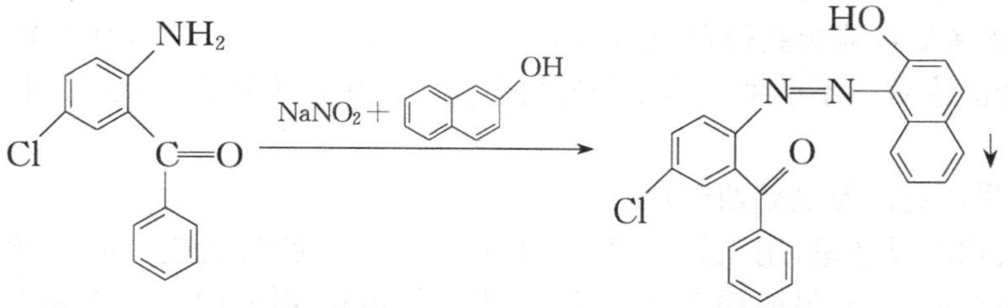

鉴别方法：取奥沙西泮或氯氮䓬样品约 10mg，加盐酸溶液（1 →2）15mL，缓缓煮沸，置冰水中冷却，加亚硝酸钠试液 4mL，用水稀释成 20mL，再置冰浴中，10min 后，滴加碱性 β-萘酚试液，即产生橙红沉淀，放置色渐变暗。

（3）硫酸-荧光反应。

苯骈二氮杂䓬类药物溶于硫酸后，在紫外光（365nm）下，呈现不同颜色的荧光，为此类药物的特征鉴别反应。例如，地西泮为黄绿色；氯氮䓬为黄色；艾司唑仑呈现天蓝色；硝西泮则显淡蓝色。若在稀硫酸中反应，其荧光颜色略有差别。

ChP2010 收载的地西泮及其片剂，艾司唑仑及其片剂、注射液均采用此法鉴别。

2）紫外吸收光谱

苯骈二氮杂䓬类药物分子结构中均有共轭体系，在紫外区有特征吸收。可利用本类药物最大吸收波长处的吸光度或吸光度比值进行鉴别。ChP2010 收载的地西泮原料及其片剂，奥沙西泮原料及片剂等采用此法鉴别（表 2-15）。

表 2-15　药典中收载的常用苯二氮䓬类药物紫外鉴别(ChP2010)

药物及制剂	溶剂	λ_{max}/nm	备注
氯氮䓬	盐酸(9→1000)	245,308	
奥沙唑仑	乙醇	229,315(弱)	
地西泮	0.5%硫酸的甲醇溶液	242,284,366	A_{242}:0.51;A_{284}:0.23
硝西泮	乙醇	220,260,310	A_{260}/A_{310}=1.45~1.65
三唑仑	乙醇	221	
氯硝西泮	0.5%硫酸的乙醇溶液	252,307	

鉴别方法:取地西泮样品,加 0.5%硫酸的甲醇溶液制成 1mL 中含 5μg 的溶液,用分光光度计进行测定,在 242nm,284nm 与 366nm 波长处有最大吸收;在 242nm 波长处的吸光度约为 0.51,在 284nm 波长处的吸光度约为 0.23。

3) 薄层色谱法

苯骈二氮杂䓬类药物发展很快,目前临床应用的品种不断增多。由于本类药物结构相似,不易分离、鉴别,因此薄层色谱法常被用于本类药物的系统鉴别。

(1) 常用的五种苯骈二氮杂䓬类药物的 TLC 法。

按常规法点样 10μL 于硅胶 G 薄层板上,以苯-丙酮(3∶2)为展开剂,饱和 15min,用上行法展开 15cm,挥散溶剂,用稀硫酸喷雾,于 105℃干燥 30min,置紫外灯下检视荧光斑点。

(2) 酸水解产物的 TLC 法。

利用苯骈二氮杂䓬类药物经酸水解产生的二苯甲酮衍生物进行鉴别。由于不同的苯骈二氮杂䓬类药物水解后可能会获得相同的二苯甲酮衍生物,因此本法的专属性较差。但三唑仑、阿普唑仑等,经酸水解后不产生二苯甲酮的衍生物。利用这个特点,本法可用于体液中本类药物的鉴别。

ChP2010 采用此法鉴别硝西泮片。

鉴别方法:取本品适量,用三氯甲烷-甲醇(1∶1)溶液稀释,制成 1mL 中含硝西泮 2.5mg 的溶液,作为供试品溶液;另取硝西泮对照品,用三氯甲烷-甲醇(1∶1)溶液溶解并制成 1mL 中含 2.5mg 的溶液,作为对照品溶液。照薄层色谱法试验,吸取供试品溶液和对照品溶液各 10μL,分别点于同一硅胶 GF_{254} 薄层板上,以硝基甲烷-乙酸乙酯(85∶15)为展开剂,展开后,晾干,置紫外灯(254nm)下检视。供试品溶液所显主斑点的位置和颜色应与对照品溶液的主斑点相同。

3. 杂质检查

苯骈二氮杂䓬类药物生产工艺过程或储藏期间出现分解,使药物中存在中间体、副产物等杂质(有关物质)和降解产物。目前国内外药典多采用高效液相色谱法和薄层色谱法进行有关物质和降解产物的检查。

1) 地西泮中有关物质杂质检查

地西泮在合成过程中,N′甲基化不完全时,能引入 *N*-去甲基苯甲二氮䓬等杂质,在储存过程中,也可能分解产生 2-甲氨基-5-氯-二苯甲酮等杂质,ChP2010 采用高效液相色谱法进行检查。

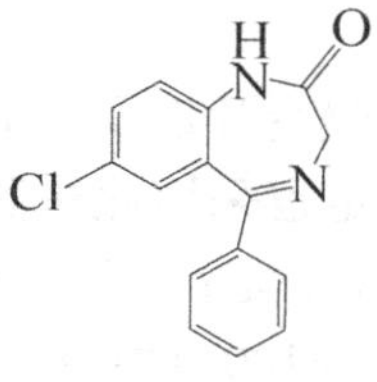

N-去甲基苯甲二氮䓬

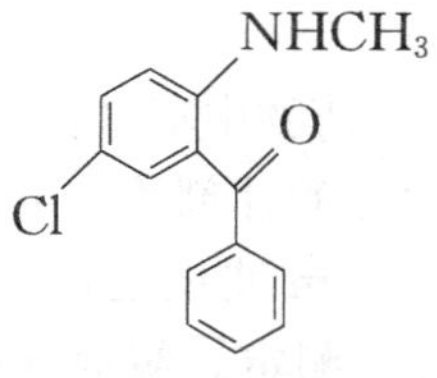

2-甲氨基-5-氯-二苯甲酮

测定方法：取本品，加甲醇溶解并稀释制成 1mL 中含 1mg 的溶液作为供试品溶液；精密量取供试品溶液 1mL，置 200mL 容量瓶中，用甲醇稀释至刻度，摇匀，作为对照溶液。照高效液相色谱法测定，用十八烷基硅烷键合硅胶为填充剂；以甲醇-水（70∶30）为流动相；检测波长为 254nm。理论塔板数按地西泮峰计算不低于 1500。取对照溶液 10μL 注入液相色谱仪，调节检测灵敏度，使主成分色谱峰的峰高为满量程的 25%；再精密量取供试品溶液与对照溶液各 10μL，分别注入液相色谱仪，记录色谱图至主成分峰保留时间的 4 倍。供试品溶液色谱图如有杂质峰，各杂质峰面积和不得大于对照液主峰面积的 0.6 倍（0.3%）。

2）氯氮䓬中有关物质的检查

ChP2010 采用高效液相色谱法检查氯氮䓬中的有关物质。USP23 用薄层色谱法检查氯氮䓬中有关化合物，规定其分解产物 2-甲氨基-5-氯-二苯甲酮（简称氨基物）含量不得超过 0.01%；中间体 7-氯-1，3-二氢-5-苯基-2*H*-1，4-苯骈二氮杂䓬-2-酮-4-氧化物（简称氧化物）含量不得超过 0.1%。

测定方法：取本品 50.0mg，加丙酮 2.5mL，振摇，待不溶颗粒下沉后，取其上清液 50μL 与氨基物对照溶液（10μg/mL）、氧化物对照液（100μg/mL），分别点于同一块硅胶薄层板上；用乙酸乙酯展开（不必预先饱和），先喷 1mol/L 硫酸溶液并于 105℃加热 15min，再喷亚硝酸溶液（1→1000）、氨基磺酸氨溶液（1→200）及 *N*-(1-萘基)乙二胺二盐酸盐（1→1000）溶液。供试品溶液所显任一斑点及其颜色均不得较对照品溶液所显斑点更大、色泽更深。

4. 含量测定

本类药物含量测定的法定方法为非水溶液滴定法、分光光度法。此外，还有比色法、荧光法和色谱法。现以药典收载的本类药物为例，简述其含量测定的方法。

1）非水溶液滴定法

该类药物结构中，苯骈二氮杂䓬七元杂环上氮原子显弱碱性，因此可用非水溶液滴定法测定其含量。由于该类药物的碱性强弱和存在状态不同，测定时所采用的溶剂、指示剂及指示终点的方法也不尽相同。ChP2010 收载的地西泮、氯氮䓬、阿普唑仑、艾司唑仑等原料药均采用此法测定。

测定方法：精密称定地西泮样品约 0.2g，加冰醋酸与乙酸酐各 10mL 使溶解，加结晶紫指示液 1 滴，用高氯酸滴定液（0.1mol/L）滴定至溶液显绿色。1mL 高氯酸滴定液（0.1mol/L）相当于 28.47mg 的 $C_{16}H_{13}ClN_2O$。

$$\text{地西泮的百分含量}=\frac{V\times T\times F}{m}\times 100\%$$

式中，V 为供试品消耗的高氯酸滴定液（0.1mol/L）的体积，mL；T 为滴定度，即 1mL 高氯酸滴定液（0.1mol/L）相当于 28.47mg 的 $C_{16}H_{13}ClN_2O$，mg/mL；F 为高氯酸滴定液的浓度校正系数；m 为供试品取样量，mg。

2）紫外分光光度法

ChP2010 收载的本类药物中奥沙西泮原料药、艾司唑仑片以及氯氮䓬片采用本法测定含量，同时其他药物如地西泮的片剂均匀度与溶出度的测定也采用此法测定。地西泮可在硫酸乙醇溶液中，于 368nm±2nm 波长处有最大吸收，可用于测定；也可在 0.5%的硫酸甲醇溶液中于 284nm±1nm 处进行测定。氯氮䓬在盐酸溶液（9→1000）中，在 308nm 处有最大吸收，可用于定量测定。

测定方法：以氯氮䓬片的含量测定为例。取本品 20 片，精密称定，研细，精密称取适量（约相当于氯氮䓬 30mg），置 100mL 容量瓶中，加盐酸溶液（9→1000）70mL，充分振摇使氯氮䓬溶解，用盐酸溶液（9→1000）稀释至刻度，摇匀，滤过，精密量取续滤液 5mL，置 100mL 容量瓶中，用盐酸溶液（9→1000）稀释至刻度，摇匀。照紫外-可见用分光光度法，在 308nm 波长处测定吸光度，另取氯氮䓬对照品，精密称定，用盐酸溶液（9→1000）溶解并稀释制成 1mL 中约含 15μg 的溶液，同法测定。计算，即得。

$$\text{氯氮䓬的百分含量}=\frac{\dfrac{A_{供}}{A_{对}}\times 15\times 10^{-3}\times 100\times 100}{5\times m_{供}}\times 100\%$$

式中，$A_{供}$为供试品的吸光度；$A_{对}$为对照品的吸光度；$m_{供}$为供试品的取样量，mg。

3）高效液相色谱法

高效液相色谱法在杂环类药物的含量测定中应用越来越广泛，其中 80%以上是采用反相高效液相色谱法。利用本法可以十分有效地分离和测定本类药物及其分解产物。USP24 收载的本类药物有数十个品种采用本法测定，如三唑仑和阿普唑仑的原料药及其制剂的测定；ChP2010 采用此法对地西泮片及注射液、阿普唑仑片、艾司唑仑注射液等的含量进行测定。下面以地西泮注射液的高效液相色谱法为例介绍。

色谱条件与系统适用性试验：用十八烷基硅烷键合硅胶为填充剂；甲醇-水（70∶30）为流动相；检测波长为 254nm。理论板数按地西泮峰计算应不低于 1500。

测定方法：精密量取本品适量（约相当于地西泮 10mg），置 50mL 容量瓶中，用甲醇稀释至刻度，摇匀。精密量取 10μL 注入液相色谱仪，记录色谱图；另取地西泮对照品约 10mg，精密称定，同法测定，按外标法以峰面积计算，即得。

2.4.4　喹啉类药物

喹啉类药物分子结构中含有吡啶与苯稠合而成的喹啉杂环，环上杂原子的反应性能基本与吡啶相同。临床上最常用的典型药物为硫酸奎宁、硫酸奎尼丁和盐酸环丙沙星等，其结构式如下：

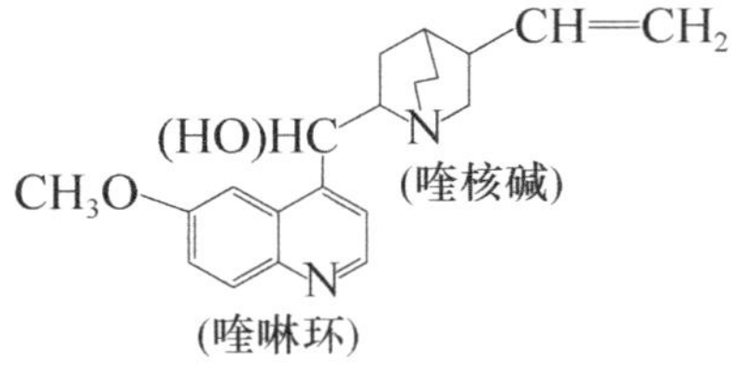

喹啉类药物结构母核

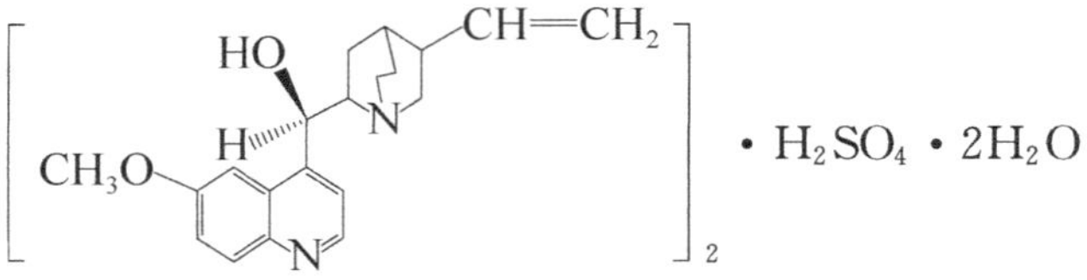

硫酸奎宁

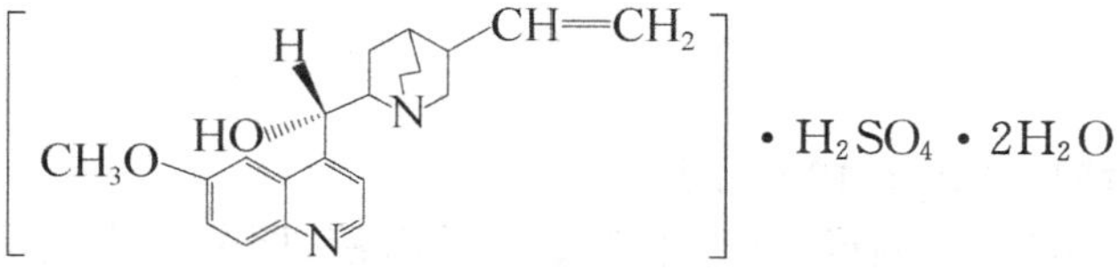

硫酸奎尼丁

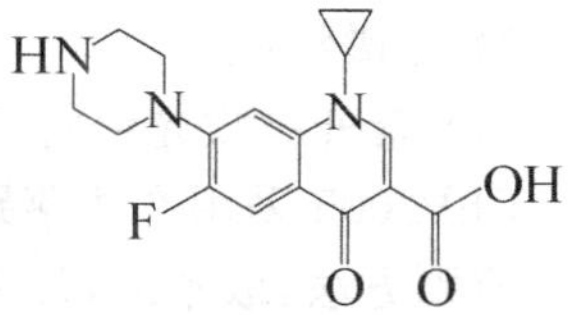

环丙沙星

1. 主要理化性质

喹啉类药物的理化性质见表 2-16。

表 2-16　喹啉类药物的理化性质

物性	特征
性状	环丙沙星为白色至微黄色结晶性粉末，几乎无臭，味苦；硫酸奎宁和硫酸奎尼丁为白色针状结晶，无臭，味极苦，遇光渐变色
溶解性	环丙沙星在乙酸中溶解，在乙醇和三氯甲烷中极微溶解，在水中几乎不溶；硫酸奎宁在三氯甲烷-无水乙醇(2∶1)中易溶，在水、乙醇、三氯甲烷或乙醚中微溶；硫酸奎尼丁易溶于沸水，在乙醇和三氯甲烷中溶解，在水中微溶，在乙醚中几乎不溶
酸碱性	喹啉环上的氮原子具有碱性，与强酸形成稳定的盐，其中环丙沙星与盐酸成盐；而奎宁和奎尼丁均与二元酸成盐，结构中喹核碱含脂环氮，碱性强，可与硫酸成盐；而喹啉环为芳环氮，碱性较弱，不能与硫酸成盐
旋光性	含有手性原子，硫酸奎宁为左旋体，其比旋度为－237°～－244°；硫酸奎尼丁为右旋体，其比旋度为＋275°～＋290°；而盐酸环丙沙星无旋光性
光谱特性	具有平面共轭结构，一般具有荧光，硫酸奎宁和硫酸奎尼丁在稀硫酸溶液中均显蓝色荧光，而盐酸环丙沙星则无荧光；吡啶与苯环具有共轭结构，也具有紫外吸收光谱特性

2. 鉴别试验

1）绿奎宁反应

奎宁和奎尼丁盐在弱酸性溶液中能被微过量的溴或氯氧化，生成 6 位含氧喹啉衍生物，遇过量的氨水溶液，可以发生绿奎宁(thalleioquin)反应，显翠绿色。以 6-羟基喹啉为例，经氯化反应，再以氨水处理，生成绿色的二醌基吲胺的铵盐，反应式如下：

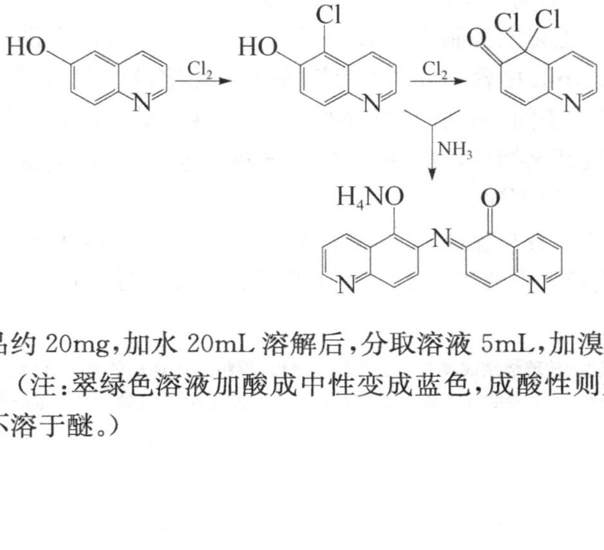

鉴别方法：取本品约 20mg，加水 20mL 溶解后，分取溶液 5mL，加溴试液 1～2 滴，加氨试液 1mL，即显翠绿色。（注：翠绿色溶液加酸成中性变成蓝色，成酸性则呈紫红色。翠绿色可转溶于醇、氯仿中而不溶于醚。）

2）光谱特征

(1) 紫外吸收光谱特征。

ChP2005 采用本法鉴别盐酸环丙沙星，ChP2010 已不用。

鉴别方法：取本品，加 0.1mol/L 盐酸溶液制成 1mL 中含 8μg 的溶液，照分光光度法测定，在 277nm 与 315nm 的波长处有最大吸收。

(2) 荧光光谱特征。

ChP2010 利用硫酸奎宁和硫酸奎尼丁在稀硫酸溶液中均显蓝色荧光，而盐酸环丙沙星无荧光的特性，鉴别或区别本类药物。

(3) 红外吸收光谱特征。

硫酸奎宁和盐酸环丙沙星在《中国药典》均采用红外光谱的方法进行鉴别，而硫酸奎尼丁未采用此法。

3）无机酸盐

利用硫酸奎宁和硫酸奎尼丁中的硫酸根，在酸性条件下与氯化钡反应生成白色的沉淀，即显硫酸盐的鉴别反应进行鉴别；盐酸环丙沙星中具有盐酸根，在酸性条件下与硝酸银反应生成白色的沉淀（显氯化物的鉴别反应）进行鉴别。其反应式如下：

$$B_2 \cdot H_2SO_4 + BaCl_2 \longrightarrow 2B + 2HCl + BaSO_4 \downarrow$$

3. 特殊杂质检查

1）硫酸奎宁中杂质检查

根据硫酸奎宁的合成工艺，产品中特殊杂质主要是合成中产生的中间体以及副产物，可以通过检查氯仿-乙醇中不溶物和其他金鸡纳碱等加以控制。

(1) 氯仿-乙醇中不溶物。

本项检查主要控制药物制备过程引入的醇不溶性的杂质或无机盐类等。

检查方法：取本品 2.0g，加氯仿-无水乙醇（2∶1）的混合液 15mL，在 50℃加热 10min 后，用已称定质量的垂熔坩埚（垂熔玻璃滤器①）滤过，滤渣用上述混合液分 5 次洗涤，每次 10mL，在 105℃干燥至恒量，遗留残渣不得超过 2mg。

(2) 其他金鸡纳碱。

本项检查主要控制硫酸奎宁中其他生物碱。其化学结构不十分明确且没有合适的对照品，因此采用薄层色谱中的高低浓度对比法进行检查。

检查方法：取本品，加稀乙醇制成 1mL 中含 10mg 的溶液，作为供试品溶液；精密称取适量，加稀乙醇稀释制成 1mL 中含 50μg 的溶液，作为对照溶液。照薄层色谱法试验，吸取上述两种溶液各 5μL，分别点于同一硅胶 G 薄层板上，以三氯甲烷-丙酮-二乙胺（5∶4∶1.25）为展开剂，展开后，微热使展开剂挥散，喷以碘铂酸钾试液使显色。供试品溶液如显杂质斑点，与对照溶液的主斑点比较，不得更深。

硫酸奎尼丁中杂质检查与硫酸奎宁相似，只是三氯甲烷-乙醇中不溶物质要求于 105℃干燥 1h 后，称量，残渣质量不得超过 0.1%；有关物质检查要求使用硅胶 H 薄层板，展开后先喷

---

① 垂熔玻璃滤器是以硬质玻璃烧结成具有一定孔径的滤板，再粘连不规格的漏斗、滤球而成。按滤板孔径大小分为 1～6（C1～C6）六种规格。一般 1～2 号滤除大颗粒的沉淀，3～4 号滤除细沉淀物，5～6 号滤除细菌。应用时在板上面盖 1～2层纸，以减压抽即可。

乙酸，在紫外灯(365nm)下检视，然后再喷碘铂酸钾试液，供试品溶液除产生奎尼丁和二氢奎尼丁主斑点外，其他杂质斑点的荧光强度或颜色与对照品的主斑点比较，不得更深。

2）环丙沙星中杂质检查

环丙沙星在生产和储藏过程中引入的特殊杂质，通过结晶性、溶液的澄清度与颜色、有关物质等项目的检查进行控制。ChP2010 采用改进的高效液相色谱法进行环丙沙星中有关物质的检查。环丙沙星及部分杂质的结构见表 2-17。

表 2-17　环丙沙星及部分杂质的结构

通式		R_1	R_2	R_3
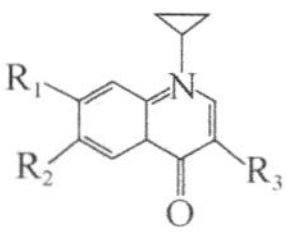	环丙沙星	—N　NH	F	$—CO_2H$
	杂质 A	Cl	F	$—CO_2H$
	杂质 B	—N　NH	H	$—CO_2H$
	杂质 C	$—NH—[CH_2]—NH_2$	F	$—CO_2H$
	杂质 D	Cl	—N　NH	$—CO_2H$
	杂质 E	—N　NH	F	H
	杂质 H	Cl	H	$—CO_2H$
	杂质 I	Cl	$—NH—[CH_2]—NH_2$	$—CO_2H$

检查方法：取本品约 25mg，精密称定，加 7%磷酸溶液 0.2mL 溶解后，用流动相 A 定量稀释制成 1mL 中约含 0.5mg 的溶液，作为供试品溶液；精密量取适量，用流动相 A 定量稀释制成 1mL 中约含 1μg 的溶液，作为对照溶液。另精密称取杂质 A 对照品约 15mg，置 100mL 容量瓶中，加 6mol/L 氨溶液 0.6mL 与水适量使溶解，用水稀释至刻度，摇匀，精密量取 1mL，置 100mL 容量瓶中，用流动相 A 稀释至刻度，摇匀，作为杂质 A 对照品溶液，用于杂质 A 定量。照高效液相色谱法测定，用十八烷基硅烷键合硅胶为填充剂；流动相 A 为 0.025mol/L 磷酸溶液-乙腈(87：13)(用三乙胺调节 pH 至 3.0±0.1)，流动相 B 为乙腈，按表 2-18 进行线性梯度洗脱，流速为 1.5mL/min。称取氧氟沙星对照品、环丙沙星对照品和杂质 I 对照品各适量，用流动相 A 溶解并稀释制成 1mL 中约含氧氟沙星 5μg，环丙沙星 0.5mg 和杂质 I 10μg 的混合溶液，取 20μL 注入液相色谱仪，以 278nm 为检测波长，记录色谱图，环丙沙星峰的保留时间约为 12min。环丙沙星峰与氧氟沙星峰和杂质 I 峰的分离度均应符合要求，如图 2-12 所示。取对照溶液 20μL 注入液相色谱仪，以 278nm 为检测波长，调节检测灵敏度，使主成分色谱峰的峰高约为满量程的 20%。精密量取供试品溶液、对照溶液和杂质 A 对照品溶液各 20μL，分别注入液相色谱仪，以 278nm 和 262nm 为检测波长，记录色谱图(图 2-13)，环丙沙星色谱峰的相对保留时间为 1，杂质 E，杂质 B，杂质 C，杂质 I 和杂质 D 的相对保留时间分别约为 0.3，0.6，0.7，1.1 和 1.2。供试品溶液色谱图中如有杂质峰，杂质 A(262nm 检测)按外标法以峰面积计算，不得过 0.3%；杂质 B，C，D 和 E(278nm 检测)按校正后的峰面积计算(分别乘以校正因子 0.7，0.6，1.4 和 6.7)，均不得大于对照溶液主峰面积(0.2%)；其他单个杂质(278nm 检测)峰面积不得大于对照溶液主峰面积(0.2%)，各杂质(278nm 检测)校正后峰面积的和不得大于对照溶液主峰面积的 2.5 倍(0.5%)。供试品溶液色谱图中任何小于对照溶液主峰面积 0.1 倍的峰可忽略不计。

表 2-18　梯度洗脱程序

时间/min	流动相 A/%	流动相 B/%
0	100	0
16	100	0
53	40	60
54	100	0
65	100	0

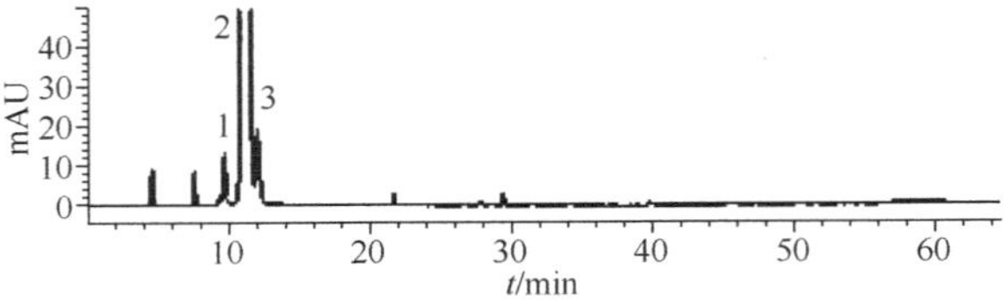

图 2-12　有关物质检查系统适用性溶液色谱

1. 氧氟沙星；2. 环丙沙星；3. 杂质

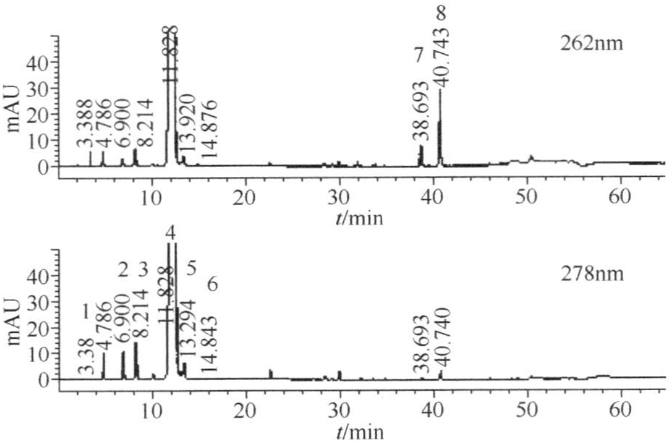

图 2-13　混合对照品溶液色谱图(梯度洗脱)

1. 杂质 E；2. 杂质 B；3. 杂质 C；4. 环丙沙星；5. 杂质 I；

6. 杂质 D；7. 杂质 H；8. 杂质 A

4. 含量测定

1) 非水滴定法

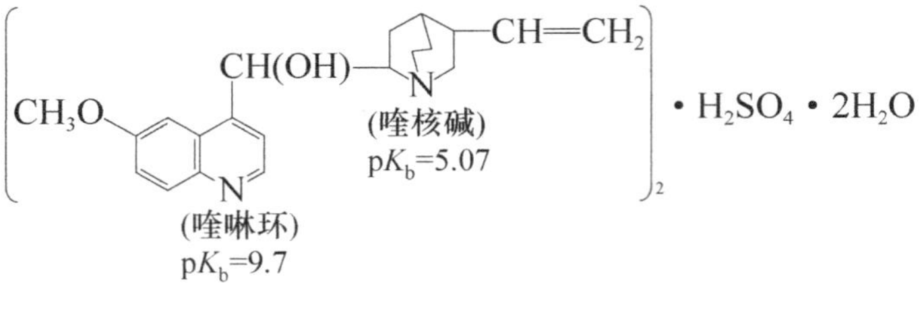

奎宁或奎尼丁为二元碱，其中喹核上的 N 与硫酸成盐，喹啉环上氮碱性较弱，不能与硫酸成盐，但在冰醋酸介质中用高氯酸滴定时，可与高氯酸成盐。反应式如下：

$$(C_{20}H_{24}N_2O_2 \cdot H^+)_2SO_4 + 3HClO_4 \longrightarrow (C_{20}H_{24}N_2O_2 \cdot 2H^+) \cdot 2ClO_4 + (C_{20}H_{24}N_2 \cdot 2H^+) \cdot HSO_4 \cdot ClO_4$$

其中，1mol 硫酸奎宁(奎尼丁)消耗 3mol 高氯酸滴定液。

测定方法：取供试品适量，加冰醋酸溶解，加乙酸酐与结晶紫指示液 1～2 滴，用高氯酸滴定液(0.1mol/L)滴定至溶液显蓝绿色，并将滴定结果用空白试验校正。1mL 高氯酸滴定液(0.1mol/L)相当于 24.90mg 的$(C_{20}H_{24}N_2O_2)_2 \cdot H_2SO_4$，计算，即得。

注意事项：

(1) 该方法也可以在测定时，先加入定量过量的 $Ba(Ac)_2$，形成 $BaSO_4$ 沉淀，同时奎宁被游离出来，过量的 $Ba(Ac)_2$ 和游离的奎宁再用 $HClO_4$ 滴定，同时空白试验校正。

反应式如下：

$$(C_{20}H_{24}N_2O_2 \cdot H^+)_2SO_4 + Ba(Ac)_2 \longrightarrow 2C_{20}H_{24}N_2O_2 + 2HAc + BaSO_4 \downarrow$$

$$2C_{20}H_{24}N_2O_2 + 4HClO_4 \longrightarrow 2(C_{20}H_{24}N_2O_2 \cdot 2HClO_4)$$

(2) 硫酸奎宁片剂中含有辅料，如润滑剂硬脂酸镁、防腐剂苯甲酸钠等，也会消耗高氯酸，因此含量测定时须先用强碱(如氢氧化钠等)碱化，消除赋形剂、添加剂的干扰再滴定。经碱化后，1mol 硫酸奎宁释放出 2mol 奎宁，1mol 奎宁消耗 2mol 高氯酸，因此硫酸奎宁与高氯酸物质的量比为 1∶4，反应式如下：

$$(C_{20}H_{24}N_2O_2 \cdot H^+)_2SO_4 + NaOH \longrightarrow 2C_{20}H_{24}N_2O_2 + Na_2SO_4 + 2H_2O$$

$$2C_{20}H_{24}N_2O_2 + 4HClO_4 \longrightarrow 2[(C_{20}H_{24}N_2O_2 \cdot 2H^+) \cdot (ClO_4^-)_2]$$

ChP2010 测定硫酸奎宁片时，采用碱化及三氯甲烷提取的方法来避免辅料等干扰成分的影响。

2) 高效液相色谱法

《中国药典》收载以环丙沙星为代表的喹诺酮类药物及其制剂大多采用高效液相色谱测定含量。以 ChP2010 中环丙沙星含量测定为例。

色谱条件与系统适用性试验：用十八烷基硅烷键合硅胶为填充剂；以 0.025mol/L 磷酸溶液-乙腈(87∶13)(用三乙胺调节 pH 至 3.0±0.1)为流动相。检测波长为 278nm；流速为 1.5mL/min。称取氧氟沙星对照品、环丙沙星对照品和杂质 I 对照品各适量，用流动相 A 溶解并稀释制成 1mL 中约含氧氟沙星 5μg，环丙沙星 0.5mg 和杂质 I 10μg 的混合溶液，取 20μL 注入液相色谱仪，以 278nm 为检测波长，记录色谱图，环丙沙星峰的保留时间约为 12min。环丙沙星峰与氧氟沙星峰和杂质 I 峰的分离度均应符合要求。

测定方法：取本品约 25mg，精密称定，加 7%磷酸溶液 0.2mL 溶解后，用流动相定量稀释制成 1mL 中约含 0.1mg 的溶液，精密量取 20μL 注入液相色谱仪，记录色谱图；另取环丙沙星对照品，同法测定。按外标法以峰面积计算，即得。

$$环丙沙星含量 = \frac{A_{供} \times m_{对}}{A_{对} \times m_{供}} \times 100\%$$

式中，$A_{供}$为供试品溶液的峰面积；$A_{对}$为对照品溶液的峰面积；$m_{供}$为供试品的称取量，mg；$m_{对}$为对照品的称取量，mg。

2.4.5 托烷类药物

托烷类药物大多数是由莨菪烷衍生的氨基醇与不同的有机酸缩合成酯的生物碱，常见的有颠茄生物碱和古柯生物碱，根据其结构特征均属于杂环类药物。现仅以典型药物硫酸阿托品和氢溴酸东莨菪碱为例进行讨论，其结构式如下：

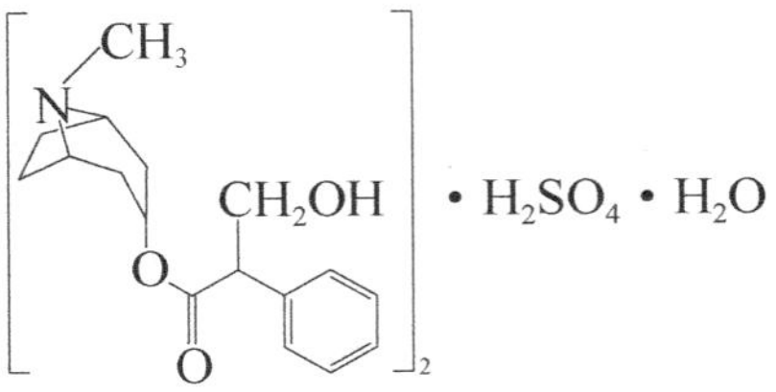

硫酸阿托品

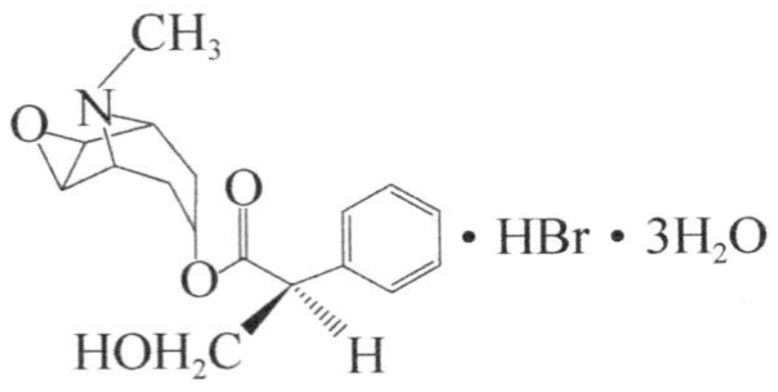

氢溴酸东莨菪碱

1. 主要理化性质

托烷类药物的理化性质见表 2-19。

表 2-19　托烷类药物的理化性质

物性	特征
性状	硫酸阿托品和氢溴酸东莨菪碱均为无色结晶或白色结晶性粉末，无臭
溶解性	二者在水中均极易溶解，硫酸阿托品在乙醇中易溶；氢溴酸东莨菪碱在乙醇中略溶，在三氯甲烷中极微溶解，在乙醚中不溶
酸碱性	阿托品和东莨菪碱的分子结构中，五元脂环上含有叔胺氮原子，因此，具有较强的碱性，易与酸成盐，如阿托品的 pK_{b_1} 为 4.35
稳定性	阿托品和东莨菪碱分子结构中，具有酯的结构，易水解；阿托品能水解生成莨菪醇和莨菪酸
旋光性	氢溴酸东莨菪碱分子结构中含有不对称碳原子，呈左旋体。比旋度为 $-240°\sim-270°$；阿托品结构中有不对称碳原子，但因外消旋化而为消旋体，无旋光性
光谱特性	结构中有芳环和不饱和双键，在紫外及红外光谱区有特征吸收

2. 鉴别试验

1）托烷生物碱一般鉴别试验

本类药物为酯类生物碱，水解后生成的莨菪酸，经发烟硝酸加热处理，转变为三硝基衍生物，再与氢氧化钾醇溶液和固体氢氧化钾作用，则转成有色的醌型产物，而显深紫色。这是托烷类生物碱的特征反应，通常称为 Vitali 反应。ChP2010 用此方法鉴定托烷类生物碱，以阿托品为例，其反应式如下：

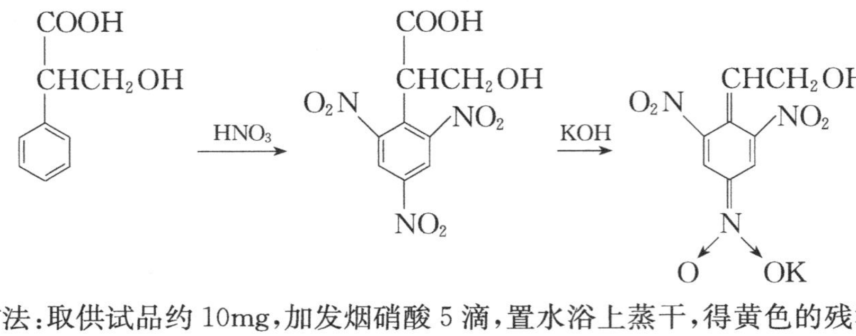

鉴别方法：取供试品约 10mg，加发烟硝酸 5 滴，置水浴上蒸干，得黄色的残渣，放冷，加乙醇 2～3 滴湿润，加固体氢氧化钾一小粒，即显深紫色。

2）氧化反应

本类药物水解后，生成的莨菪酸可与硫酸和重铬酸钾在加热的条件下，发生氧化反应，生成苯甲醛，而逸出类似苦杏仁的臭味，其反应式如下：

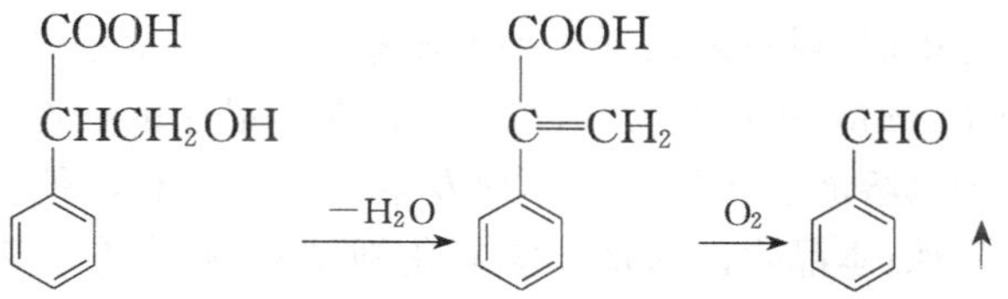

3）沉淀反应

本类药物具有碱性，可与生物碱沉淀剂生成沉淀。例如，阿托品与氯化汞醇试液反应，生成黄色沉淀；东莨菪碱与氯化汞醇试液反应，生成白色复盐沉淀。ChP2010 中硫酸阿托品不用此方法鉴别，而氢溴酸东莨菪碱仍然用此方法鉴别。

鉴别方法：取氢溴酸东莨菪碱约 10mg，加水 1mL 溶解后，置分液漏斗中，加氨试液使成碱性后，加三氯甲烷 5mL，振摇，分取三氯甲烷液，置水浴上蒸干，残渣加氯化汞的乙醇溶液（取氯化汞 2g，加 60%乙醇使成 100mL）1.5mL，即生成白色沉淀（与阿托品及后马托品的区别）。

4）硫酸盐与溴化物反应

硫酸阿托品的水溶液，加氯化钡试液，即生成白色沉淀，沉淀在盐酸或硝酸中均不溶解；加乙酸铅试液，也生成白色沉淀，但沉淀在乙酸铵或氢氧化钠试液中溶解。

氢溴酸东莨菪碱的水溶液，加硝酸银试液，即生成淡黄色凝乳沉淀，沉淀能在氨试液中微溶，但在硝酸中几乎不溶；滴加氯试液，溴即游离，加三氯甲烷振摇，三氯甲烷层显黄色或红棕色。

3. 特殊杂质检查

1）硫酸阿托品中特殊杂质检查

硫酸阿托品由左旋体莨菪碱经消旋化制得，无旋光性。若消旋化不完全，则会有左旋体莨菪碱存在，而左旋莨菪碱具有较强的毒性，应控制其含量，《中国药典》根据旋光性差异进行检测。另外，ChP2010 新增了有关物质检查，删去了其他生物碱的检查项。

莨菪碱：取本品，按干燥品计算，加水制成 1mL 中含 50mg 的溶液，依法测定，比旋度不得超过$-40°$。

有关物质：取本品，加水制成 1mL 中含硫酸阿托品 0.5mg 的溶液，作为供试品溶液；精密量取供试品溶液 1mL，置 100mL 容量瓶中，用水稀释至刻度，摇匀，作为对照溶液。照高效液相色谱法（附录Ⅴ D）测定。用十八烷基硅烷键合硅胶为填充剂，以 0.05mol/L 磷酸二氢钾溶液（内含 0.0025mol/L 庚烷磺酸钠）-乙腈（84∶16）（用磷酸或氢氧化钠试液调 pH 至 5.0）为流动相，检测波长为 225nm；阿托品峰与相邻杂质峰间的分离度应符合要求。取对照溶液 20μL 注入液相色谱仪，调节检测灵敏度，使主峰的峰高约为满量程的 20%；再精密量取供试品溶液与对照溶液各 20μL 注入液相色谱仪，记录色谱图至主成分峰保留时间的 2 倍。供试品溶液色谱图中如有杂质峰，除相对主峰保留时间 0.17 前的溶剂峰外，各杂质峰面积之和不得大于对照溶液主峰面积（1.0%）。

2）氢溴酸东莨菪中特殊杂质检查

氢溴酸东莨菪碱是从茄科植物颠茄、白曼陀罗、莨菪等中提取得到的莨菪碱的氢溴酸盐。

我国是从茄科植物白曼陀罗的干燥品(洋金花)中提取东莨菪碱,然后制成氢溴酸盐。

根据其制备工艺,本品在生产和储藏过程中可能引入特殊杂质,通过对酸度、其他生物碱、有关物质和易氧化物等指标检查进行控制。

酸度:东莨菪碱碱性很弱,对石蕊试纸几乎不显碱性反应。氢溴酸东莨菪碱为强酸弱碱形成的盐,其5%水溶液的pH应为4.0～5.5,以此来控制本品中的酸性杂质。

其他生物碱:本品的水溶液加入氨试液不得发生浑浊。当有其他生物碱,如阿扑阿托品、颠茄碱存在时,则发生浑浊;本品水溶液加入氢氧化钾试液,则有东莨菪碱析出显浑浊。因东莨菪碱在碱性条件下水解,生成异东莨菪碱醇和莨菪酸,前者在水中易溶;后者生成碱式盐在水中也能溶解,因此可使瞬即发生的浑浊消失。

检查方法:取本品0.10g,加水2mL溶解后,分成两等份。一份中加氨试液2～3滴,不得发生浑浊;另一份中加氢氧化钾试液数滴,只许发生瞬即消失的类白色浑浊。

易氧化物:主要是检查本品在生产过程中可能引入的杂质阿扑阿托品及其他含有不饱和双键的有机物质,可使高锰酸钾溶液褪色。

检查方法:取本品0.15g,加水5mL溶解后,在15～20℃加高锰酸钾滴定液(0.02mol/L)0.05mL,10min内红色不得完全消失。

4. 含量测定

硫酸阿托品具有较弱的碱性,ChP2010规定采用非水滴定法(高氯酸滴定法)测定含量,而硫酸阿托品片及注射液采用酸性染料比色法测定含量;氢溴酸东莨菪碱及其片剂和注射液的含量测定在ChP2005中采用的测定方式与硫酸阿托品一样,在ChP2010中则均采用高效液相色谱测定含量。

1) 酸性染料比色法

在适当的介质中,生物碱类药物可与氢离子结合生成生物碱阳离子,一些酸性染料如溴百里酚蓝、溴酚蓝等可解离成阴离子,而上述阳离子与阴离子定量结合成有机络合物,即离子对,用有机溶剂定量提取,在一定的波长处测定该溶液有色离子对的吸光度,即可计算出生物碱的含量。也可将显色的有机相碱化,使与有机碱结合的酸性染料释放出来,测定其吸光度,再计算出碱性药物的含量。

在适当的pH介质中

$$\left.\begin{array}{l} B + H^+ \longrightarrow BH^+ \\ HIn \rightleftharpoons H^+ + In^- \end{array}\right\} In^- + BH^+ \rightleftharpoons \begin{array}{c} (BH^+In^-) \quad \text{水相} \\ \| \\ (BH^+In^-) \quad \text{有机相} \end{array}$$

该法具有一定专属性和准确度;样品需用量少,灵敏度高,适用于少量供试品、小剂量药物及其制剂或生物体内碱性药物的定量分析。

对酸性染料的要求为能与生物碱定量结合,生成的离子对在有机溶剂中有较大的溶解度,在紫外-可见光区有特征吸收,而染料本身在有机相中不溶或很少溶解。常用的酸性染料多为磺酸酞类指示剂:

(1) 溴麝香草酚蓝(brom thymol blue,BTB),pH 6.0～7.6 (黄～蓝)。

(2) 溴甲酚绿(brom cresol green,BCG),pH 3.6～5.2 (黄～蓝)。

(3) 溴酚蓝(bromphenol blue,BPB),pH 3.8～4.6 (黄～紫)。

(4) 溴甲酚紫(brom cresol purple,BCP),pH 5.2～6.8 (黄～紫)。

测定中的影响因素：

(1) 水相的最适 pH(最主要的条件)。

采用本法测定的关键是离子对(BH^+In^-)的定量生成，要求能使有机碱全部以阳离子形式存在，而酸性染料能够解离成阴离子，以便它们定量地结合成离子对而转溶于有机相，且又能将剩余的染料完全保留在水相。水相的 pH 过高过低，都会影响离子对的形成而影响测定结果。

pH 过低(溶液呈酸性)，则抑制酸性染料的解离，使 BH^+ 浓度高，In^- 浓度低，BH^+In^- 生成量少，有机溶剂提取的主要是酸性染料(HIn)。

pH 过高(溶液呈碱性)，则有机碱解离受到抑制，使 In^- 浓度高，BH^+ 浓度低，BH^+In^- 生成量少，有机溶剂提取的是有机碱(B)。

(2) 提取溶剂的选择。

适宜的有机溶剂应对所形成的离子对具有较高的提取率且不与水混溶，常用溶剂有三氯甲烷、二氯甲烷、苯、四氯化碳等。其中三氯甲烷最常用，因其具有提取效率高，与离子对形成氢键能力强，在水中溶解度小，混存的微量水易于除去等特点。

(3) 水分的影响。

微量水分的存在会使有机溶剂发生浑浊，影响比色，也会带入过量的染料使测定结果偏高，因此需要严防水分混入有机层，可以加入无水硫酸钠等脱水剂或经干燥滤纸滤过等方法除去。

(4) 有色杂质的排除。

酸性染料中的有色杂质混入有机相会干扰测定，应先用有机溶剂提取后再进行酸性染料比色法。

示例 2-22　硫酸阿托品中的碱性 N 原子在适宜的 pH 条件下，可生成阳离子，而酸性染料则解离成阴离子，生物碱阳离子与酸性染料阴离子生成有色离子对，用氯仿将离子对提取出来进行比色测定。

测定方法：取本品 20 片，精密称定，研细，精密称取适量(约相当于硫酸阿托品 2.5mg)，置 50mL 容量瓶中，加水振摇使硫酸阿托品溶解并稀释至刻度，用干燥滤纸滤过，收集续滤液，作为供试品溶液。另取硫酸阿托品对照品约 25mg，精密称定，置 25mL 容量瓶中，加水溶解并稀释至刻度，摇匀，精密量取 5mL，置 100mL 容量瓶中，加水稀释至刻度，摇匀，作为对照品溶液。

精密量取对照品溶液与供试品溶液各 2mL，分别置预先精密加入三氯甲烷 10mL 的分液漏斗中，各加溴甲酚绿溶液(取溴甲酚绿 50mg 与邻苯二甲酸氢钾 1.021g，加 0.2mol /L 氢氧化钠溶液 6.0mL 使溶解，再加水稀释至 100mL，摇匀，必要时滤过)2.0mL，振摇提取 2min 后，静置使分层，分取澄清的三氯甲烷液。照分光光度法(附录ⅣA)，在 420nm 波长处分别测定吸光度，计算，并将结果与 1.027 相乘，即得。

$$\text{硫酸阿托品含量} = \frac{(A_{供}/A_{对}) \times C_{对} \times 50 \times 1.027 \times \overline{m}}{m \times \text{标示量}} \times 100\%$$

式中，$A_{供}$ 和 $A_{对}$ 为供试品和对照品溶液的吸光度；$C_{对}$ 为对照品溶液的浓度，mg/mL；$\overline{m}$ 为平均片重，mg；m 为样品重，mg；1.027 为相对分子质量换算因数，是 1g 无水硫酸阿托品相当于硫酸阿托品$(C_{17}H_{23}NO_3)_2 \cdot H_2SO_4 \cdot H_2O$ 的质量(g)。

注意事项：①实验中应严格控制水相 pH，并保证离子对化合物能定量提取进入三氯甲烷层。②分液漏斗活塞处宜涂甘油淀粉糊作润滑剂，以防被三氯甲烷溶解。③须小心振摇，避免乳化，可在分液漏斗颈部放置少许脱脂棉以吸附三氯甲烷中的少量水分。

2）高效液相色谱法

以氢溴酸东莨菪碱含量测定为例。

色谱条件与系统适用性试验：用辛烷基硅烷键合硅胶为填充剂，以 0.25％十二烷基硫酸钠溶液（用磷酸调节 pH 至 2.5）-乙腈（60∶40）为流动相；检测波长为 210nm。理论板数按氢溴酸东莨菪碱峰计算不低于 6000。

测定方法：取本品适量，精密称定，加水溶解并稀释制成 1mL 中含 0.3mg 的溶液，作为供试品溶液；精密量取 20μL 注入液相色谱仪，记录色谱图；另取氢溴酸东莨菪碱对照品，精密称定，用水溶解并稀释制成 1mL 中含 0.26mg 的溶液，同法测定，按外标法以峰面积计算，即得。

2.4.6　体内药物分析

1. 气相色谱法——苯并二氮䓬类药物的体内分析

苯骈二氮杂䓬类药物，常见于成瘾滥用和麻醉后犯罪以及过量服用自杀，尤以三唑仑、阿普唑仑、氟硝西泮、氯硝西泮和地西泮等在麻醉抢劫案中使用较多。血、尿等生物检材中，该类药物及其代谢物的分析在司法鉴定中具有重要的意义。

已报道的该类药物的分析方法有免疫分析法、薄层色谱法、气相色谱法、气相色谱-质谱联用法和高效液相色谱法等。此处采用气相色谱法对血浆和尿中的 11 种该类药物及其 9 种代谢物的非衍生化和三甲硅烷基（TMS）衍生化的化合物进行分析，并用电子捕获检测器检测。

色谱仪及色谱条件：HP-6890 气相色谱仪（美国惠普公司），配置 μ-ECD 检测器和 HP-化学工作站。HP-5 柱：30m×0.32mm i.d.（膜厚 0.25μm）；柱温 200℃（1min），以 20℃/min 的速度升至 280℃（15min），气化温度 250℃，检测器温度 300℃；不分流进样（阀关闭时间 0.7min），载气高纯氮（恒压，压力 116.7kPa），尾吹高纯氮（60mL/min）。HP-50＋柱：30m×0.32mm i.d.（膜厚 0.1μm），柱温 200℃（1min），以 20℃/min 的速度升至 280℃（15min），载气高纯氮（恒压，压力 121.1kPa），其余条件同 HP-5 柱。

检测药物：地西泮、硝西泮、奥沙西泮、艾司唑仑、阿普唑仑、三唑仑、氯硝西泮、利眠宁、氟西泮、氟硝西泮、劳拉西泮及其代谢物 1-羟基三唑仑、1-羟基阿普唑仑、去甲西泮、7-氨基氟硝西泮、7-氨基氯硝西泮、去甲氟硝西泮、羟乙基氟西泮、去烃基氟西泮和去甲氧西泮。以上试剂分别用甲醇配制成 100mg/L 标准储备液，临用时稀释成 10mg/L 及 1mg/L 标准工作液，并根据在所用色谱条件下的 t_R 分布，配制成各分析物浓度均为 10mg/L 的混合标准液数种。

样品处理：取待检尿 1mL 放入试管中，加 pH 4.8 缓冲溶液 50μL，加 β-葡萄糖醛酸酶溶液 100μL，置 37℃水浴中水解 14h（过夜），放冷，加 pH 10.8 缓冲溶液 0.5mL，或取待检血浆 1mL 放入试管中，加 pH 10.8 缓冲溶液 0.5mL，加苯-异戊醇（98.5∶1.5）5mL，旋涡 2min，3000 r/min 离心 6min，分取有机相置于带 1mL 刻度尾管的 20mL 鸡心瓶中，置 100～110℃甘油浴中挥干，加无水乙酸乙酯 50μL 溶解剩余物，抽取 1μL 进样，直接进行分析。剩余溶液中加入 BSTFA（硅烷化试剂）20μL，加塞密闭，尾管插入 60℃甘油浴中进行衍生化反应 30min，然后在缓慢的氮气流下 60℃挥干（除去剩余 BSTFA），加无水乙酸乙酯 50μL 溶解剩余物，抽取 1μL 进样，进行衍生化后的分析。

结果和讨论：

（1）色谱分离。非衍生化及 TMS 衍生化 HP-5 柱分析空白尿及添加标准对照品尿的色谱图如图 2-14 和图 2-15 所示。

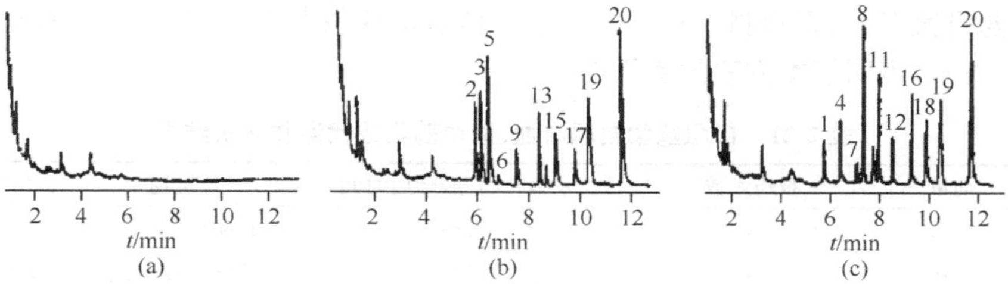

图 2-14　尿液提取物色谱图(非衍生化分析，HP-5 色谱柱)

(a) 空白尿；(b)、(c) 空白尿添加 200μg/L 各分析物

色谱峰：1. 奥沙西泮；2. 劳拉西泮；3. 地西泮；4. 去烃氟西泮；5. 去甲西泮；6. 利眠宁；7. 7-氨基氟硝西泮；8. 氟硝西泮；9. 羟乙基氟西泮；10. 去甲氧西泮；11. 去甲氟硝西泮；12. 氟西泮；13. 硝西泮；14. 1-羟基阿普唑仑；15. 7-氨基氯硝西泮；16. 氯硝西泮；17. 1-羟基三唑仑；18. 艾司唑仑；19. 阿普唑仑；20. 三唑仑

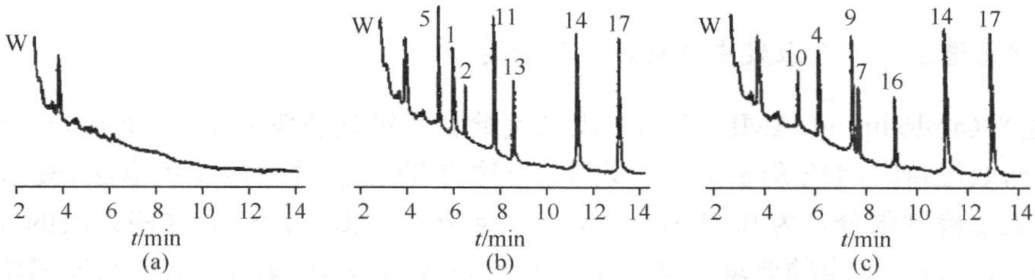

图 2-15　尿液提取物色谱图(TMS 衍生化分析，HP-5 色谱柱)

(a)、(b)、(c)和峰 1～20 同图 2-13

从所得色谱图可知，在所用色谱条件下，分析物可以很好地分离，未发现杂质色谱峰干扰，国内常用巴比妥类、吩噻嗪类等安眠镇静药物标准品分析也未发现对本类药物及代谢物分析的干扰。

(2) 定量分析。用所建立的方法进行了定量分析，结果表明该筛选分析方法也可用于定量分析(表 2-20)。

表 2-20　线性关系和回收率

分析物	检材	方法	内标物	线性关系		回收率
				线性范围/(μg/L)	相关系数	
地西泮	血浆	非衍生化	氟硝西泮	20～2000	0.999	88.9～105.3
奥沙西泮	尿	非衍生化	氟硝西泮	20～2000	0.999	94.4～107.6
劳拉西泮	尿	非衍生化	氟硝西泮	25～2000	0.997	91.2～108.2
氟硝西泮	血浆	非衍生化	地西泮	5～1000	1.000	94.3～106.5
羟乙基氟西泮	尿	衍生化	劳拉西泮	10～1000	0.994	89.1～107.3
硝西泮	血浆	非衍生化	氟硝西泮	10～1000	0.993	95.5～103.9
去甲西泮	尿	非衍生化	氟硝西泮	10～1000	0.999	91.1～104.3
氯硝西泮	血浆	非衍生化	氟硝西泮	20～2000	0.997	94.0～105.2
艾司唑仑	血浆	非衍生化	阿普唑仑	10～1000	1.000	94.9～103.5
阿普唑仑	尿	非衍生化	艾司唑仑	10～1000	0.999	93.8～104.0
三唑仑	尿	非衍生化	艾司唑仑	10～1000	0.998	93.6～101.8

(3) 服药自愿者血、尿检测。若干名自愿者口服治疗量药物后取血、尿进行分析，部分结果如表 2-21 所示，表明了本方法的实用性。

表 2-21　口服药物自愿者血、尿中药物或代谢物分析结果

药物	剂量/mg	服药人数	检材及采集时间(服药后时间)/h	分析物	检出浓度/(μg/L)
三唑仑	0.5	3	尿　20～24	1-羟基三唑仑	17.7,71.4,36.6
阿普唑仑	0.8	3	尿　20～24	1-羟基阿普唑仑	31.0,24.7,31.0
艾司唑仑	2.0	2	血浆　24	艾司唑仑	20.5,20.2
氟硝西泮	1.0	2	血浆　9	氟硝西泮	1.8,1.0
劳拉西泮	2.0	3	尿　20～24	劳拉西泮	221,204,149
地西泮	10.0	2	血浆　12	地西泮	51,34
地西泮	10.0	2	尿　22～24	奥沙西泮	21,17

2. *液相色谱法——人血浆中氨氯地平的测定*

氨氯地平(amlodipine，AML)为第二代二氢吡啶类钙通道阻滞剂，具有服药剂量低、不良反应轻微、药效维持时间长等特点。主要测定方法有荧光法、高效液相色谱法、液相色谱-质谱联用法等，最低检测限分别为 0.35ng/mL，0.10ng/mL，0.12 ng/mL，这些方法的灵敏度不能很好地满足血药浓度测定的要求。现以莫沙比利为内标，采用液相色谱串联质谱法(LC-MS/MS)测定人血浆中氨氯地平的含量，最低定量限达 0.0313ng/mL。

色谱条件：GminiC18110A(50mm×3mm，5μm)，流动相为甲醇-水-甲酸(55∶45∶0.025)，流速为 0.2mL/min，柱温为室温。采用电喷雾离子源(ESI)，正离子 MRM 模式测定，离子源喷雾电压为 5kV，干燥气温度为 450℃，干燥气流速 7L/min。AML 和内标莫沙比利的二级质谱图及结构解析如图 2-16 所示，其测定离子对 m/z 分别为 409.4→237.9 和 422.1→198.0。

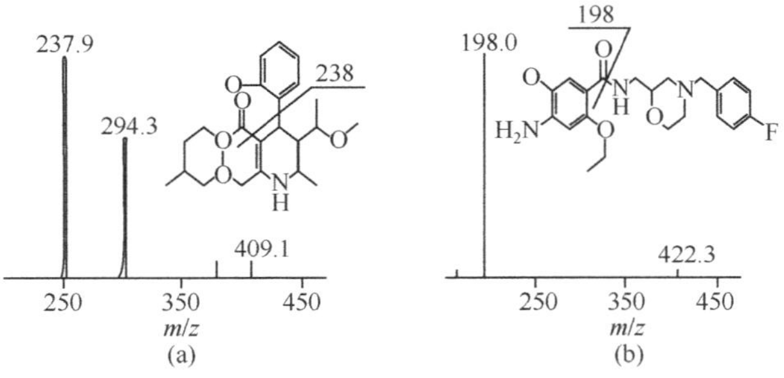

图 2-16　氨氯地平(a)和内标(b)的二级质谱图及结构解析

血浆样品的预处理：取血浆样品 200μL，加入内标工作液 100μL 以及 1mol/L 氢氧化钠溶液 100μL，混匀，用 3.5mL 乙酸乙酯旋涡提取 7min，3.2×10^3 r/min 低温离心 7min，转移上层液体于尖底试管内，置 45℃水浴中通空气流挥干。残渣溶于 100μL 流动相，2.5×10^3 r/min 离心 3min 后上清液进样 30μL。以上操作均在避光下进行。

首先对非洛地平、阿折地平、尼群地平、硝苯地平等同类药物进行考察，发现其 t_R 均大于 13min；再对甲氧苄啶、利多卡因、莫沙比利等进行考察，前两者 t_R 太短，与溶剂峰重叠，均不宜用作内标。而莫沙比利色谱行为和萃取回收率与 AML 相近，因此选作内标。与一些文献报道相比，本研究显著缩短了分析时间，且精密度、重现性良好。

对乙醚、二氯甲烷、乙酸乙酯、正己烷、乙酸乙酯-二氯甲烷(1∶1)等作为萃取剂进行考察。结果发现，正己烷、乙醚的萃取回收率较低，二氯甲烷萃取回收率尚可，但有色谱干扰峰，而用乙酸乙酯萃取时，药物萃取回收率较高、且稳定，无干扰药物的峰，因此选用乙酸乙酯作为萃取剂。高、中、低 3 个浓度血浆样品的基质效应均为 85%～100%，表明离子抑制程度较轻且稳定，对测定结果无明显影响。

文中所用方法操作简便、灵敏度高、血浆用量少、分析时间短，可用于氨氯地平血药浓度的测定及生物利用度的研究。

2.5　维生素类药物

维生素(vitamin)是人和动物为维持正常的生理功能而必需的一类微量有机物质，在人体生长、代谢、发育过程中发挥着重要的作用。人体对维生素的需求量很少，但不可或缺，大多数的维生素机体不能合成或合成量不足，不能满足机体的需要，必须从食物中获取或以药物形式补充。《中国药典》收载的维生素类原料及制剂有四十余种，各类维生素结构各不相同，一般按照脂溶性的大小分为脂溶性维生素和水溶性维生素两大类。本节主要介绍脂溶性维生素 A，D，E 和水溶性维生素 B，C。

2.5.1　维生素 A

维生素 A 基本结构为多不饱和的一元醇类，具有许多立体异构体，并不是单一的化合物，天然维生素 A 多以酯的形式存在，主要为乙酸酯和棕榈酸酯。临床常用维生素 A 主要包括 A_1 和 A_2 两种，A_1 存在于动物肝脏、血液和眼球的视网膜中，又称为视黄醇；A_2 主要存在于淡水鱼的肝脏中。由于维生素 A_2 活性较低，只有维生素 A_1 的 30%～40%，通常所说的维生素 A 是指维生素 A_1。《中国药典》收载的维生素 A 是指人工合成的维生素 A_1 乙酸酯结晶加精制植物油制成的油溶液，其中可能含有脂溶性杂质，影响维生素 A 的质量。

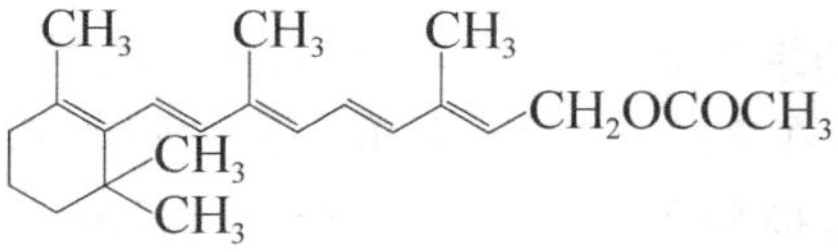

$C_{20}H_{30}O$　286.46

1. 主要理化性质

维生素 A 的理化性质见表 2-22。

表 2-22　维生素 A 的理化性质

物性	特征
性状	淡黄色油溶液或结晶与油的混合物(加热至 60℃应为澄清溶液)，其中维生素 A_1 多为淡黄色片状结晶，熔点 62～64℃；维生素 A_2 多为金黄色油状物，熔点 17～19℃；无臭
溶解性	与石油醚、环己烷、乙醚、氯仿能任意混合，微溶于乙醇，不溶于水和甘油
氧化还原性	结构中有共轭多烯醇侧链，性质不稳定，在空气中易被氧化；受紫外线照射易裂解失效；遇热或有金属离子存在时更易氧化变质，生成无活性的环氧化合物，其油溶液很稳定
光谱特性	维生素 A 含有共轭双键，其环己烷或乙醇溶液在波长 325～328nm 处有最大吸收

2. 鉴别试验

1）三氯化锑反应

维生素 A 与三氯化锑（Ⅲ）中存在的亲电试剂氯化高锑（Ⅴ）反应，生产不稳定的正碳离子，显蓝色（Carr-Price 反应）。

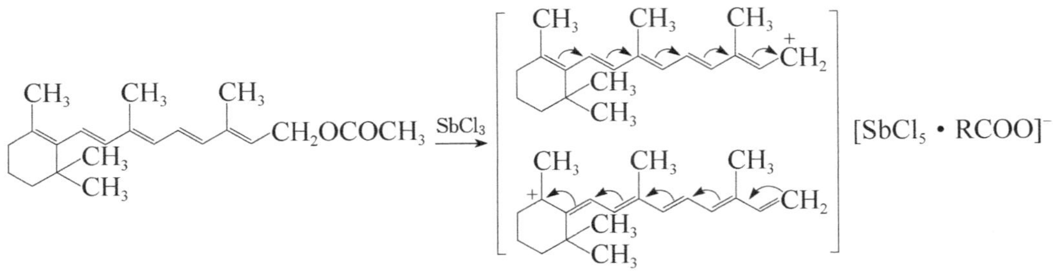

取维生素 A 的氯仿溶液（含维生素 A 10～20 单位/mL）1mL，加 25%三氯化锑的氯仿溶液 2mL，即显蓝色，渐变成紫红色。

注意事项：反应须在无水、无醇条件下进行，因为水可使三氯化锑水解成氯化氧锑（SbOCl），乙醇会与正碳离子作用使其正电荷消失。

ChP2010 收载的维生素 A 及其软胶囊、维生素 AD 软胶囊、维生素 AD 滴剂均可采用此法鉴别。

2）紫外吸收光谱法

BP1993 鉴别浓缩维生素 A 酯采用此法。

鉴别依据：维生素 A 分子中含有 5 个共轭双键，其无水乙醇（或异丙醇）溶液在 326nm 附近有最大吸收。在盐酸催化下加热脱水生成去水维生素 A，比维生素 A 多一个共轭双键，使最大吸收红移，在 340～390nm 出现 3 个最大吸收峰。

鉴别方法：取含 10 单位的维生素 A 供试品，加入无水乙醇-盐酸（100∶1）溶液，溶解后立即在紫外光谱仪上进行扫描，在 326nm 附近有单一最大吸收峰。将溶液在水浴上加热 30s，迅速冷却，在 300～400nm 扫描紫外光谱，在 348nm，367nm 和 389nm 波长处有尖锐的吸收峰。

3. 杂质检查

ChP2010 规定维生素 A 需检查酸值及过氧化值。

1）酸值

维生素 A 主要以酯的形式存在，在制备和储存过程中易发生水解，生成相应的酸，影响维生素 A 的稳定性。

取乙醇与乙醚各 15mL，置锥形瓶中，加酚酞指示液 5 滴，滴加 0.1mol/L 氢氧化钠滴定液至微粉红色，中和溶剂所含酸性杂质，再加本品 2.0g，振摇使完全溶解，用 0.1mol/L 氢氧化钠滴定液至微粉红色，酸值不得超过 2.0。

2）过氧化值

维生素 A 结构中含有共轭双键，易被氧化成过氧化物杂质。该杂质在酸性溶液中可将碘化钾氧化为碘，遇淀粉溶液显蓝色。

取本品 1.0g，加冰醋酸-氯仿（6 ∶ 4）30mL，振摇使溶解，加碘化钾饱和溶液 1mL，振摇 1min，加水 100mL，加淀粉指示液 1mL，用 0.01mol/L 硫代硫酸钠滴定至蓝色消失，并将滴定结果用空白试验校正。消耗硫代硫酸钠滴定液（0.01mol/L）不得超过 1.5mL。

4. 含量测定

维生素 A 含量测定方法有三氯化锑比色法、紫外分光光度法、高效液相色谱法。目前各国药典多采用紫外分光光度法和高效液相色谱法。三氯化锑比色法由于具有显色不稳定，测定结果受水分、温度影响较大，反应专属性差等缺点，现已不作为药物分析方法使用，但该法具有简便、快速的优点，目前主要应用于食品和饲料中维生素 A 含量测定。

1）紫外-可见分光光度法（第一法）

（1）三点校正法的建立：维生素 A 在 325～328nm 具有最大吸收，可用于含量测定。但维生素 A 制剂中含有稀释用油，并且维生素 A 原料中常混有其他杂质，干扰维生素 A 的测定。为消除非维生素 A 物质引起的无关吸收所引入的测定误差，以求得维生素 A 的真实含量，建立了三点校正法。即在规定条件下用校正公式计算吸光度 A_{max}（校正）后，再进行计算。可消除无关吸收，测得维生素 A 的真实含量。

（2）测定原理：本法是在三个波长处测得吸光度，根据校正公式计算吸光度 A 校正值后，再计算含量，因此本法称为“三点校正法”。其原理主要基于以下两点：①杂质的无关吸收在 310～340nm 的波长范围内几乎呈一条直线，且随波长的增大吸光度下降。②物质对光吸收呈加和性的原理。即在某一样品的吸收曲线上，各波长处的吸光度是维生素 A 与杂质吸光度的代数和，因而吸收曲线也是二者吸收的叠加。

（3）波长选择：三点波长的选择原则为一点选择在维生素 A 的最大吸收波长处（λ_1）；其他两点选择在 λ_1 的两侧各选一点（λ_2 和 λ_3）。

（4）测定方法：取供试品适量，精密称定，加环己烷溶解并定量稀释制成 1mL 中含 9～15 单位的溶液，照紫外-可见分光光度法，测定其吸收峰的波长，并分别在 300nm，316nm，328nm，340nm 和 360nm 波长处测定吸光度，计算各波长处的吸光度与波长 328nm 处吸光度的比值（表 2-23）和波长 328nm 处的 $E_{1cm}^{1\%}$ 值。

表 2-23　维生素 A 在不同波长处的吸光度比值

波长/nm	吸光度比值	波长/nm	吸光度比值
300	0.555	340	0.811
316	0.907	360	0.299
328	1.000		

如果供试品中干扰测定的杂质较少，可直接用供试品测定；否则须先经皂化提取，除去干扰物质后再测定。具体要求如下：

（1）如果吸收峰波长为 326～329nm，且所测得各波长吸光度比值不超过表中规定的 ±0.02，则用 A_{328}（实测）计算。

$$1\text{g 供试品中含有的维生素 A 的单位} = E_{1cm}^{1\%}(328\text{nm}) \times 1900$$

$$E_{1cm}^{1\%} = \frac{A_{328}}{C \times L \times 100}$$

（2）如果吸收峰波长为 326～329nm，但所测得的各波长吸光度比值超过表中规定值的±0.02，应按下式求出校正后的吸光度，并计算校正吸光度与实测吸光度的差值对实测吸光度的百分数（简称差值百分数）。

$$A_{328}(\text{校正})=3.52(2A_{328}-A_{316}-A_{340})$$

$$\text{差值百分数}=\frac{A_{328}(\text{校正})-A_{328}(\text{实测})}{A_{328}(\text{实测})}\times 100\%$$

（3）如差值百分数为－3.0%～＋3.0%，则不用校正吸光度，仍以实测吸光度计算含量。

（4）如差值百分数为－15%～ －3%，则以校正吸光度计算含量。

（5）如差值百分数＜－15%或＞＋3%，或者吸收峰波长不在 326～329nm，说明样品中无关吸收太多，影响测定准确性，则供试品须按下述方法先皂化提取后再测定。皂化提取法在过去称为三点校正法中的第二法，在 ChP2010 中已废除此叫法。该法适用于维生素 A 含量不高的试样，可减少脂溶性物质的干扰，但全部实验过程费时，且易导致维生素 A 损失。具体操作如下：

精密称取供试品适量（约相当于维生素 A 总量 500 单位以上，质量不多于 2g），置皂化瓶中，加乙醇 30mL 与 50%氢氧化钾溶液 3mL，置水浴中煮沸回流 30min，冷却后，自冷凝管顶端加水 10mL 冲洗冷凝管内部，将皂化液移至分液漏斗中（分液漏斗活塞涂以甘油淀粉润滑剂①），皂化瓶用水 60～100mL 分数次洗涤，洗液并入分液漏斗中，用不含过氧化物的乙醚②振摇提取 4 次，每次振摇约 5min，第一次 60mL，以后各次 40mL，合并乙醚液，用水洗涤数次，每次约 100mL，洗涤应缓缓旋动，避免乳化，直至水层遇酚酞指示液不再显红色，乙醚液用铺有脱脂棉与无水硫酸钠的滤器滤过，滤器用乙醚洗涤，洗液与乙醚液合并，放入 250mL 量瓶中，用乙醚稀释至刻度，摇匀；精密量取适量，置蒸发皿内，在水浴上低温挥去乙醚，迅速加异丙醇溶解并定量稀释制成 1mL 中含维生素 A 9～15 单位，照紫外-可见分光光度法，在 300nm，310nm，325nm 与 334nm 四个波长处测定吸光度，并测定吸收峰的波长。

吸收峰的波长应在 323～327nm，且 300nm 波长处的吸光度与 325nm 波长处的吸光度的比值应不超过 0.73，按下式计算校正吸光度。

$$A_{325}(\text{校正})=6.815A_{325}-2.555A_{310}-4.260A_{334}$$

$$1\text{g 供试品中含有的维生素 A 的单位}=E_{1\text{cm}}^{1\%}(\text{供试品})\times 1830$$

其中，1830 为换算因子。

如果校正吸光度在未校正吸光度的 97%～103%之间，则仍以未经校正的吸光度计算含量；如果校正吸光度在未校正吸光度的 97%～103%以外，则以校正的吸光度计算含量。

如果吸收峰的波长不在 323～327nm，或 300nm 波长处的吸光度与 325nm 波长处的吸光度的比值超过 0.73，则应自上述皂化后的乙醚提取液 250mL 中，另精密量取适量（相当于维生素 A 300～400 单位），微温挥去乙醚至约剩 5mL，再在氮气流下吹干，立即精密加入甲醇 3mL，溶解后，精密量取 500μL，注入维生素 D 测定方法第二法项下的净化用色谱柱系统，准确

① 甘油淀粉润滑剂：取甘油 22g，加入可溶性淀粉 9g，加热至 140℃，保持 30min 并不断搅拌，放冷，即得。

② 不含过氧化物的乙醚：照麻醉乙醚项下的过氧化物检查，如不符合规定，可用 5%硫代硫酸钠溶液振摇，静置，分取乙醚层，再用水振摇洗涤 1 次，重蒸，弃去首尾 5%部分，馏出的乙醚再检查过氧化物，应符合规定。

收集含有维生素 A 的流出液，在氮气流下吹干，而后照上述方法自"迅速加异丙醇溶解"起，依法操作并计算含量。

示例 2-23　《中国药典》收载的维生素 A 胶丸、维生素 AD 胶丸和维生素 AD 滴剂等均采用本法测定含量。

维生素 AD 胶丸的测定：精密称取维生素 AD 胶丸装量差异项下的内容物 0.1287g（每丸内容物的平均装量 0.079 85g，标示量每丸含维生素 A 10 000 单位），置 10mL 烧杯中，加环己烷溶解并定量转移至 50mL 容量瓶中，用环己烷稀释至刻度，摇匀；精密量取 2mL，置另一 50mL 容量瓶中，用环己烷稀释至刻度，摇匀。以环己烷为空白，测得最大吸收波长为 328nm，并分别于 300nm，316nm，328nm，340nm 和 360nm 的波长处测得吸光度如下，求胶丸中维生素 A 占标示量的百分含量。

波长/nm	300	316	328	340	360
测得吸光度(A)	0.374	0.592	0.663	0.553	0.228

(1) 计算各波长处的吸光度与 328nm 波长处的吸光度比值，并与规定比值比较。

波长/nm	300	316	328	340	360
吸光度比值(A_i/A_{328})	0.564	0.893	1.000	0.834	0.344
规定比值	0.555	0.907	1.000	0.811	0.299
比值之差	+0.009	−0.014	0	+0.023	+0.045

其中，比值 A_{360}/A_{328} 与规定比值之差为+0.045，超过规定的±0.02 限度，因此需计算校正吸光度。

(2) 计算校正吸光度，并与实测值比较。

$$A_{328}(\text{校正})=3.52\times(2A_{328}-A_{316}-A_{340})=3.52\times(2\times0.663-0.592-0.553)=0.637$$

$$\frac{A_{328}(\text{校正})-A_{328}(\text{实测})}{A_{328}(\text{实测})}\times100=\frac{0.637-0.663}{0.663}\times100=-3.92$$

因为校正吸光度与实测值之差已超过实测值的−3.0%，所以应以 A_{328}(校正)计算含量。

(3) 计算供试品的吸收系数 $E_{1\text{cm}}^{1\%}$(328nm)值。

$$E_{1\text{cm}}^{1\%}(328\text{nm})=\frac{A_{328}(\text{校正})}{100m_s/D}=\frac{0.637}{100\times0.1287/1250}=61.87$$

式中，A_{328}(校正)为经校正的、在 328nm 的波长处测得的吸光度；m_s为取样量；D 为稀释体积。

(4) 计算供试品中维生素 A 效价(单位/g)及占标示量的百分含量。

$$\text{供试品中维生素 A 效价}=E_{1\text{cm}}^{1\%}(328\text{nm})\times1900=61.87\times1900=117\ 553(\text{单位/g})$$

$$\text{标示量}=\frac{\text{维生素 A 效价(单位/g)}\times\text{每丸内容物平均装量(g/丸)}}{\text{标示量(单位/丸)}}\times100\%$$

$$=\frac{117\ 553\times0.079\ 85}{10\ 000}\times100\%=93.87\%$$

2) 高效液相色谱法(第二法)

本法适用于维生素 A 乙酸酯原料及其制剂中维生素 A 的含量测定。

色谱条件与系统适用性试验：用硅胶为填充剂，以正己烷-异丙醇(997：3)为流动相，检测波长为 325nm。取系统适用性试验溶液 10μL，注入液相色谱仪，维生素 A 乙酸酯主峰与其顺式异构体峰的分离度应大于 3.0。精密量取对照品溶液 10μL，注入液相色谱仪，连续进样 5 次，主成分峰面积的相对标准偏差不得过 3.0%。

系统适用性试验溶液的制备：取维生素 A 对照品适量(约相当于维生素 A 乙酸酯 300mg)，置烧杯中，加入碘试液 0.2mL，混匀，放置约 10min，定量转移至 200mL 容量瓶中，用正己烷稀释至刻度，摇匀，精密量取 1mL，置 100mL 容量瓶中，用正己烷稀释至刻度，摇匀。

含量测定：精密称取供试品适量（约相当于 15mg 维生素 A 乙酸酯），置 100mL 容量瓶中，用正己烷稀释至刻度，摇匀，精密量取 5mL，置 50mL 容量瓶中，用正己烷稀释至刻度，摇匀，作为供试品溶液。另精密称取维生素 A 对照品适量（约相当于 15mg 维生素 A 乙酸酯），同法制成对照品溶液。精密量取供试品溶液与对照品溶液各 10μL，分别注入液相色谱仪，记录色谱图，按外标法以峰面积计算，含量应符合规定。

注意事项：若维生素 A 对照品中含有维生素 A 乙酸酯顺式异构体，则可直接用作系统性适用性分离度考察，不必再做破坏性实验。

2.5.2　维生素 D

维生素 D 是一种脂溶性维生素，有五种化合物，均为不同的维生素 D 原经紫外照射后形成的类固醇衍生物，只是侧链有所不同。维生素 D 与动物骨骼的钙化有关，因此又称为钙化醇。天然的维生素 D 有两种，麦角钙化醇（D_2）和胆钙化醇（D_3），两种维生素 D 具有同样的生理作用。植物油或酵母中所含的麦角固醇（24-甲基-22 脱氢-7-脱氢胆固醇）经紫外线激活后可转化为维生素 D_2。在动物皮下的 7-脱氢胆固醇，经紫外线照射可以转化为维生素 D_3，因此麦角固醇和 7-脱氢胆固醇常称为维生素 D 原。

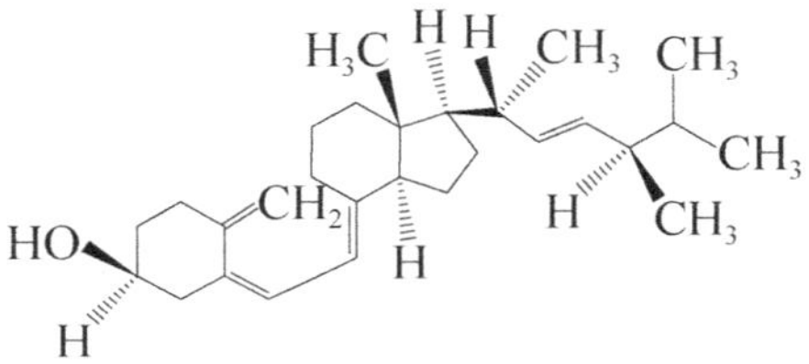

$C_{28}H_{44}O$　396.65

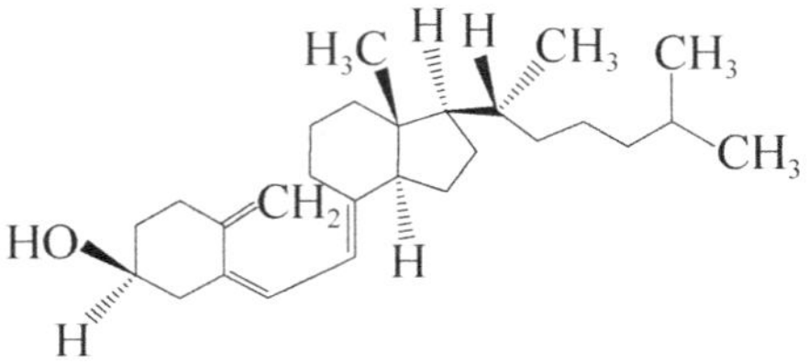

$C_{27}H_{44}O$　384.64

1. 主要理化性质

维生素 D 的理化性质见表 2-24。

表 2-24　维生素 D 的理化性质

物性	特征
性状	无色针状结晶或白色结晶性粉末，熔点 115～118℃；无臭，无味
溶解性	在三氯甲烷中极易溶解，在乙醚、丙酮或乙醇等有机溶剂中易溶，在植物油中略溶，在水中不溶
氧化还原性	在中性或碱性溶液中化学性质稳定，在 200℃下仍能保持生物活性，不易被氧化，但在酸性溶液中则逐渐分解；遇光、空气及氧化剂易氧化变质，一般应保存在棕色瓶中
旋光性	维生素 D 具有甾体母核结构，有多个手性中心，有光学活性。维生素 D_2 的比比旋度为＋102.5°～＋107.5°；维生素 D_3 的比比旋度为＋105°～＋112°（应于容器开启后 30min 内取样，并在溶液配制后 30min 内测定）
光谱特性	紫外光谱的最大吸收峰为 265nm，在此波长处吸收系数（$E_{1cm}^{1\%}$）维生素 D_2 为 460～490，维生素 D_3 为 465～495

2. 鉴别试验

维生素 D 是甾醇衍生物，可根据甾体母核和侧链的性质，通过显色反应、测定物理常数、薄层层析、高效液相色谱法、紫外光谱和红外光谱等方法进行鉴别，其中常用的为显色反应鉴别。

甾体母核在强酸（硫酸、磷酸、高氯酸）、中等强酸（三氯醋酸）或 Lewis 酸（氯化锌、三氯化铝、三氯化锑）作用下，羟基脱水，增加双键结构，经过移位、缩合等反应生成共轭双烯结构，再在酸的作用下形成正碳离子，会产生颜色变化或荧光。

1）与乙酸酐-浓硫酸反应

取维生素 D 约 0.5g，加 5mL 氯仿溶解后，再加入 0.3mL 乙酸酐与 0.1mL 浓硫酸，振摇，初显黄色，渐变为红色，迅速变为紫色。维生素 D_2 最后变成绿色；维生素 D_3 再变为蓝绿色，最后变为绿色。

2）与三氯化锑反应

取维生素 D 适量（含维生素约 1000 单位），加 1，2-二氯乙烷 1mL 溶解，加 25％三氯化锑的氯仿溶液 42mL，溶液即显橙红色，渐变成粉红色。

注意事项：反应须在无水、无醇条件下进行，因为水可使三氯化锑水解成氯化氧锑（SbOCl），乙醇会与正碳离子作用使其正电荷消失。

ChP2010 采用乙酸酐-浓硫酸法鉴别维生素 D_2 原料及其软胶囊和注射液，维生素 D_3 原料及其注射液。

3. 杂质检查

维生素 D 在生产过程中会引入杂质，因此 ChP2010 规定维生素 D_2 原料药应检查麦角甾醇和有关物质；维生素 D_3 原料药应检查有关物质。

1）麦角甾醇的检查

含有 C3 位 β-OH 的甾醇（如 β-谷甾醇、豆甾醇、麦角甾醇等）均可与皂苷结合生成难溶性分子复合物，利用此性质进行检查。

取本品 10mg，加 90％乙醇 2mL 溶解后，加洋地黄皂苷溶液（取洋地黄皂苷 20mg，加 90％乙醇 2mL，加热溶解制成）2mL，混合，放置 18h，不得发生浑浊或沉淀。

2）有关物质的检查

取维生素 D_2 约 25mg，置 100mL 棕色容量瓶中，加异辛烷 80mL，避免加热，超声处理 1min 使完全溶解，放冷，用异辛烷稀释至刻度，摇匀，作为供试品溶液；精密量取 1mL，置 100mL 棕色容量瓶中，用异辛烷稀释至刻度，摇匀，作为对照溶液。照含量测定项下的色谱条件，取对照溶液 100μL 注入液相色谱仪，调节检测灵敏度，使主成分色谱峰的峰高约为满量程的 20％，再精密量取供试品溶液与对照溶液各 100μL，分别注入液相色谱仪，记录色谱图至维生素 D_2 峰保留时间的 2 倍。供试品溶液的色谱图中如有杂质峰，除前维生素 D_2 峰外，单个杂质峰面积不得大于对照溶液主峰面积的 0.5 倍（0.5％），各杂质峰面积的和不得大于对照溶液主峰面积（1.0％）。

4. 含量测定

维生素 D 含量测定方法包括比色法、紫外-可见分光光度法、荧光法、高效液相色谱法以及电化学方法等。比色法显色不稳定，测定结果受水分、温度等影响较大；紫外-可见分光光度法操作较烦琐，并且易受外界因素影响，现已少用。

《美国药典》(USP24)：化学法、色谱法、微生物法。

《英国药典》(BP2000)：化学法、光谱法、色谱法。

ChP2010 规定采用高效液相色谱法测定维生素 D 含量，包括测定维生素 D_2 和维生素 D_3 原料及其制剂、维生素 AD 制剂或鱼肝油中所含维生素 D 及前维生素 D 折算成维生素 D 的总量，以单位表示，每单位相当于维生素 D 0.025μg。

测定应在半暗室中及避免氧化的情况下进行。

维生素 D 的高效液相色谱法测定分为三种方法，无维生素 A 醇及其他杂质干扰的供试品可用第一法测定，否则应按第二法处理后测定；如果按第二法处理后，前维生素 D 峰仍受杂质干扰，仅有维生素 D 峰可以分离时，则应按第三法测定。

1) 第一法

对照品储备溶液的制备：根据各制剂中所含维生素 D 的成分，精密称取相应的维生素 D_2 或维生素 D_3 对照品 25mg，置 100mL 棕色容量瓶中，加异辛烷 80mL，避免加热，用超声处理助溶 1min 使完全溶解，加异辛烷稀释至刻度，摇匀，作为储备溶液(1)；精密量取 5mL，置 50mL 棕色容量瓶中，加异辛烷稀释至刻度，摇匀，充氮密塞，避光，0℃以下保存，作为储备溶液(2)。

测定维生素 D_2 时，应另取维生素 D_3 对照品 25mg，同法制成维生素 D_3 对照品储备溶液，供系统适用性试验用。

色谱条件与系统适用性试验：用硅胶为填充剂，正己烷-正戊醇(997∶3)为流动相，检测波长为 254nm。量取维生素 D_3 对照品储备溶液(1)5mL，置具塞玻璃容器中，通氮后密塞，置 90℃水浴中加热 1h，取出迅速冷却，加正己烷 5mL，摇匀，置 1cm 具塞石英吸收池中，在 2 支 8W 主波长分别为 254nm 和 365nm 的紫外光灯下，将石英吸收池斜放成 45°，并距灯管 5～6cm，照射 5min，使溶液中含有前维生素 D_3、反式维生素 D_3、维生素 D_3 和速甾醇 D_3；量取该溶液注入液相色谱仪，进样 5 次，记录峰面积，维生素 D_3 峰的相对标准偏差应不大于 2.0%；前维生素 D_3 峰(与维生素 D_3 相对保留时间约为 0.5)与反式维生素 D_3 峰(与维生素 D_3 的相对保留时间约为 0.6)以及维生素 D_3 与速甾醇 D_3(与维生素 D_3 的相对保留时间约为 1.1)的峰分离度均应大于 1.0。

校正因子测定：精密量取对照品储备溶液(2)5mL，置 50mL 容量瓶中，加正己烷稀释至刻度，摇匀；作为对照品溶液；取 10μL 注入液相色谱仪，计算维生素 D 的校正因子 f_1。

$$f_1 = C_1/A_1$$

式中，C_1 为维生素 D 对照品溶液的浓度，μg/mL；A_1 为对照品溶液色谱图中维生素 D 峰的峰面积。

另精密量取对照品储备溶液(1)5mL，置 50mL 容量瓶中，加 2,6-二叔丁基对甲酚结晶 1 粒，通氮排除空气后，密塞，置 90℃水浴中加热 1.5h，取出迅速冷却至室温，用正己烷稀释至刻度，摇匀，作为混合对照品溶液；取 10μL 注入液相色谱仪，记录色谱图，计算前维生素 D 的校正因子 f_2。

$$f_2 = (C_1 - f_1 A_1)/A_2$$

式中，C_1 为 f_1 测定项下维生素 D 对照品溶液的浓度，μg/mL；f_1 为维生素 D 的校正因子；A_1 为混合对照品溶液色谱图中维生素 D 的峰面积；A_2 为混合对照品溶液色谱图中前维生素 D 的峰面积。

含量测定：取各该制剂项下制备的供试品溶液进行测定，按下式计算维生素 D 及前维生素 D 折算成维生素 D 的总量(C_i)。

$$C_i = f_1 A_{i1} + f_2 A_{i2}$$

式中，A_{i1} 为维生素 D 的峰面积；A_{i2} 为前维生素 D 的峰面积。

2) 第二法

供试品溶液 A 的制备：精密称取供试品适量(相当于维生素 D 总量 600 单位以上，质量不超过 2.0g)，置皂化瓶中，加乙醇 30mL，维生素 C 0.2g 与 50%(质量分数)氢氧化钾溶液 3mL(若供试量为 3g，则加 50%氢氧化钾溶液 4mL)，置水浴上加热回流 30min；冷却后，自冷凝管顶端加水 10mL 冲洗冷凝管内壁，将皂化液转移至分液漏斗中，皂化瓶用水 60～100mL 分数次洗涤，洗液并入分液漏斗中，用不含过氧化物的乙醚振摇提取 3 次，第一次 60mL，以后每次 40mL，合并乙醚液，用水洗涤数次，每次约 100mL，洗涤时应缓缓旋动，避免乳化，直至水层遇酚酞指示液不再显红色；静置，分取乙醚提取液，加入干燥滤纸条少许振摇除去乙醚提取液中残留的水分，分液漏斗及滤纸条再用少量乙醚洗涤，洗液与提取液合并，置具塞圆底烧瓶中，在水浴上低温蒸发至约 5mL，再用氮气流吹干，迅速精密加入甲醇 3mL，密塞，超声处理助溶后，移入离心管中，离心，取上清液作为供试品溶液 A。

净化用色谱柱系统分离收集维生素 D：精密量取上述供试品溶液 A 500μL，注入以十八烷基硅烷键合硅胶为填充剂的液相色谱柱中，以甲醇-乙腈-水(50：50：2)为流动相进行分离，检测波长为 254nm，记录色谱图，维生素 D 与前维生素 D 应为重叠峰，并能与维生素 A 及其他干扰含量测定的杂质分开。准确收集含有维生素 D 及前维生素 D 混合物的全部流出液，置具塞圆底烧瓶中，用氮气流迅速吹干，精密加入正己烷溶液适量，使 1mL 中含维生素 D 为 50～140单位，密塞，超声处理使溶解，即得供试品溶液 B。

取供试品溶液 B，按第一法进行含量测定，进样量为 100～200μL。

3) 第三法

供试品溶液的制备：取各该制剂项下制备的供试品溶液 A，按上述第二法净化用色谱柱系统分离维生素 D 项下的方法处理，至“用氮气流迅速吹干”后，加入异辛烷 2mL 溶解，通氮排除空气后，密塞，置 90℃水浴中，加热 1.5h 后，立即通氮在 2min 内吹干，迅速精密加入正己烷 2mL，溶解后，即为供试品溶液 C。

对照品溶液的制备：精密量取对照品储备溶液(1)适量，加异辛烷定量稀释制成 1mL 中约含维生素 D 50 单位，精密量取 2mL 置具塞圆底烧瓶中，照供试品溶液制备项下的方法，自“通氮排除空气后”起，依法操作，得对照品溶液。

含量测定：照第一法项下的色谱条件，精密量取对照品溶液与供试品溶液 C 各 200μL，注入液相色谱仪，按外标法以峰面积计算维生素 D 的含量。

2.5.3 维生素 E

维生素 E 又名生育酚，为苯骈二氢吡喃的衍生物，主要存在于蔬菜、豆类之中，在麦胚油中含量最丰富。天然存在的维生素 E 有 8 种，根据其化学结构可分为生育酚及生育三烯酚两类，每类又可根据甲基的数目和位置不同，分为 α-、β-、γ-和 δ-四种，其中以 α-生育酚生理活性最高。天然维生素 E 为右旋体，一般商品维生素 E 是合成品，为消旋体。

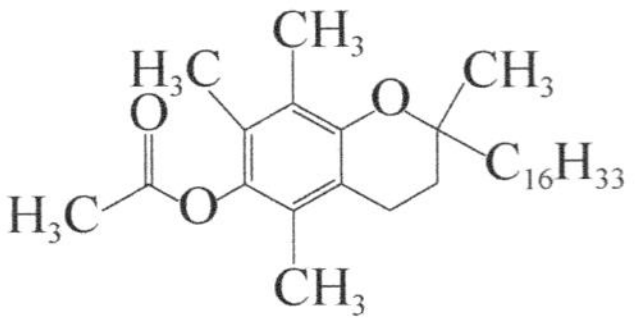

$C_{29}H_{50}O_2$　430.71

1. 主要理化性质

维生素 E 的理化性质见表 2-25。

表 2-25　维生素 E 的理化性质

物性	特征
性状	微黄色至黄色或黄绿色澄清的黏稠液体，天然型放置会固化，25℃左右熔化；几乎无臭
溶解性	易溶于乙醇、丙酮、乙醚或植物油中，不溶于水
氧化还原性	维生素 E 苯环上有乙酰化的酚羟基，在酸性或碱性溶液中加热，可水解生成游离生育酚，在空气中极易被氧化，生成有色的醌型化合物，尤其在碱性条件下，氧化反应更易发生，颜色变深
折光率	折光率为 1.494～1.499
旋光性	维生素 E 结构中有多个手性中心，有光学活性，比旋度(按 D-α-生育酚计)为+24°
光谱特性	紫外吸收最大吸收波长在 284nm，在此波长处吸收系数($E_{1cm}^{1\%}$)为 41.0～45.0

2. 鉴别试验

1) 硝酸氧化显色

ChP2010 收载的维生素 E、维生素 E 片、维生素 E 软胶囊、维生素 E 注射液、维生素 E 粉均用此法进行鉴别。

维生素 E 在酸性条件下水解生成生育酚，可被硝酸氧化成生育红，具有邻醌结构，显橙红色。

取本品约 30mg，加无水乙醇 10mL 溶解后，加硝酸 2mL，摇匀，在 75℃加热约 15min，溶液显橙红色。

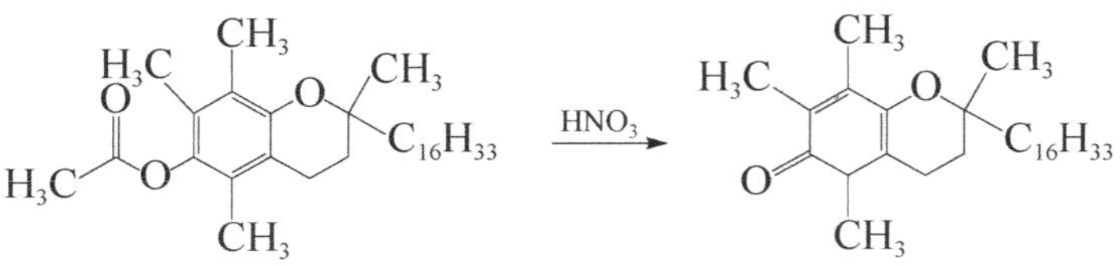

2) 三氯化铁-联吡啶反应

在碱性条件下，维生素 E 水解生成游离生育酚，被 Fe^{3+} 氧化生成对生育醌；同时 Fe^{3+} 被还原为 Fe^{2+}，后者与联吡啶络合成红色配位离子。

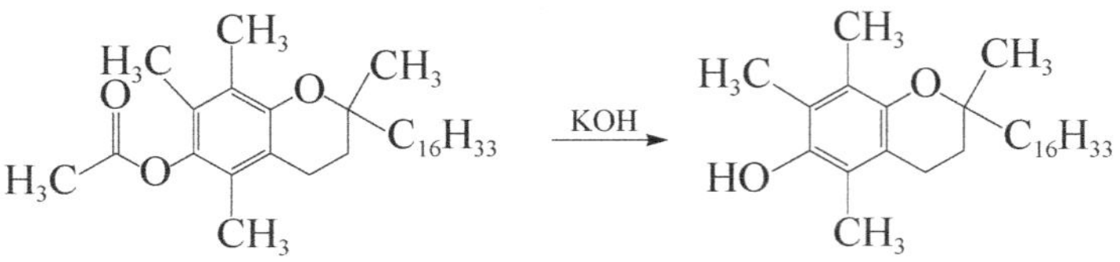

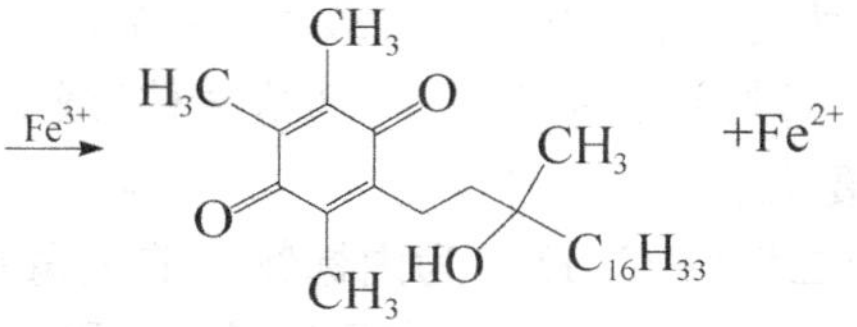

取本品约 10mg，加乙醇制氢氧化钾试液 2mL，煮沸 5min，放冷，加水 4mL 与乙醚 10mL，振摇，静置分层；取乙醚层 2mL，加入 2，2′-联吡啶的乙醇溶液（0.5→100）数滴与三氯化铁的乙醇溶液（0.2→100）数滴，显血红色。

3）红外吸收光谱

从 ChP2010 开始新增采用红外吸收光谱法鉴别维生素 E，供试品的谱图与对照品谱图比较应一致。

3. 杂质检查

ChP2010 收载的维生素 E 需进行酸度检查，天然型维生素 E 需进行游离生育酚检查及残留溶剂（正己烷）检查，合成型维生素 E 需要进行有关物质检查。

1）酸度检查

维生素 E 合成过程中，可能引入乙酸，需检查酸度。利用氢氧化钠进行酸碱滴定检测。

取乙醇与乙醚各 15mL，置锥形瓶中，加酚酞指示液 0.5mL，滴加氢氧化钠滴定液（0.1mol/L）至微显粉红色，加本品 1.0g，溶解后，用氢氧化钠滴定液（0.1mol/L）滴定，不得超过 0.5mL。

2）游离生育酚检查

天然型维生素 E 中未酯化的游离生育酚是制备过程中产生的一种特殊杂质，游离生育酚具有还原性，可与硫酸铈定量发生氧化还原反应。因此在一定条件下，以消耗硫酸铈滴定液的体积数为限量指标，即可控制游离生育酚的限量。

取本品 0.1g，加无水乙醇 5mL 溶解后，加二苯胺试液 1 滴，用硫酸铈滴定液（0.01mol/L）滴定，消耗硫酸铈滴定液（0.01mol/L）不得超过 1.0mL。

3）正己烷含量限度检查

正己烷是天然型维生素 E 生产中引入的杂质，对人体有危害，正己烷具挥发性，可用气相色谱法检测。

取本品适量，精密称定，加二甲基甲酰胺溶解并定量稀释制成 1mL 约含 50mg 的溶液，制成供试品溶液；另取正己烷适量，加二甲基甲酰胺溶解并定量稀释制成 1mL 约含 10μg 的溶液，制成对照品溶液。采用气相色谱法，以 5%苯基甲基聚硅氧烷为固定液（或极性相近的固定液），以氮气为载气，起始柱温 50℃保持 8min，然后以 45℃/min 的速率升温至 260℃，保持 15min，用氢火焰离子化检测器检测，含正己烷量应符合规定。

4. 含量测定

维生素 E 的含量测定方法很多，利用其水解产物生育酚的还原性，可用铈量法测定；或将铁（Ⅲ）还原为铁（Ⅱ）后，再与不同试剂生成配位化合物进行比色测定。近年来，ChP，USP 和 BP 等国家药典多采用气相色谱法。下面主要介绍气相色谱法。

色谱条件与系统适用性试验：以硅酮（OV-17）为固定相，涂布浓度为 2%，或以 HP-1 毛细管柱(100%二甲基聚硅氧烷)为分析柱,以氮气为载气,柱温为 265℃,用氢火焰离子化检测器(FID)。理论塔板数按维生素 E 峰计算不低于 500(填充柱)或 5000(毛细管柱),维生素 E 峰与内标物峰的分离度应符合要求。

校正因子测定:以正三十二烷(n-$C_{32}H_{66}$)为内标物。取适量正三十二烷,加正己烷溶解并稀释成 1.0mL 中含 1.0mg 的溶液,摇匀,作为内标溶液;另取维生素 E 对照品约 20mg,精密称定,置棕色具塞锥形瓶中,精密加入内标溶液 10mL,振摇使溶解;取 1～3μL 注入气相色谱仪中,计算校正因子 f。

含量测定:取本品约 20mg,精密称定,置棕色具塞锥形瓶中,精密加入内标溶液 10mL,振摇使溶解,取 1～3μL 注入气相色谱仪中,测定,计算,即得。

2.5.4　维生素 B_1

维生素 B_1 是由嘧啶环和噻唑环结合而成的一种季铵化合物,通常以盐酸盐的形式存在,也可以硝酸盐或氢溴酸盐的形式存在。因其分子中含有硫及氨基,故称为硫胺素,缺少它会患脚气病、神经性皮炎等,又称抗脚气病维生素或抗神经炎素。

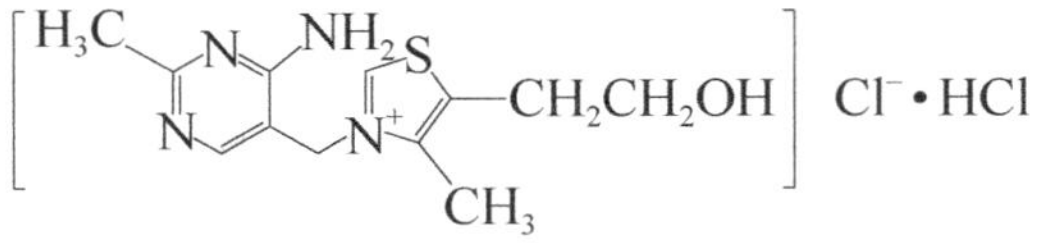

$C_{12}H_{17}ClN_4OS \cdot HCl$　337.27

1. 主要理化性质

维生素 B_1 的理化性质见表 2-26。

表 2-26　维生素 B_1 的理化性质

物性	特征
性状	白色结晶或结晶性粉末,有微弱的特臭,味苦,有引湿性,露置在空气中易吸收水分
溶解性	在乙醚等小极性溶剂中不溶,在乙醇中微溶,在水中易溶,水溶液显酸性
氧化还原性	在酸性介质中稳定,在碱性介质中易被氧化生成有荧光的硫色素
光谱特性	紫外光谱在 246nm 有最大吸收,在此波长处吸收系数($E_{1cm}^{1\%}$)为 406～436

2. 鉴别试验

1) 硫色素反应

硫色素反应为维生素 B_1 特有的反应,各国药典均收载此法用于鉴别。ChP2010 收载的维生素 B_1 及其片剂、注射剂均采用此法鉴别。

维生素 B_1 的噻唑环在碱性溶液中开环,再与嘧啶环上的氨基结合,经铁氰化钾氧化生成硫色素。硫色素溶于正丁醇或异丁醇中,显蓝色荧光。

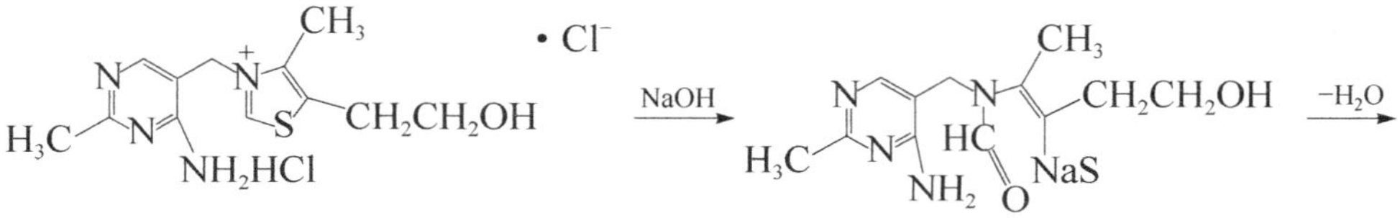

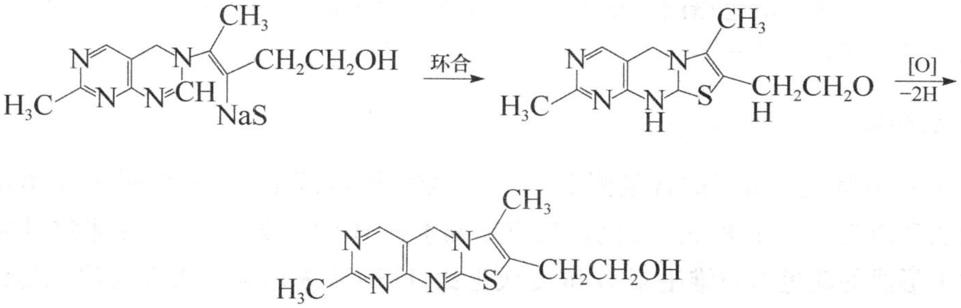

鉴定方法：取本品约 5mg，加氢氧化钠试液 2.5mL 溶解后，加铁氰化钾试液 0.5mL 与正丁醇 5mL，强力振摇 2min，放置分层，上面的醇层显强烈的蓝色荧光，加酸使醇层成酸性，荧光消失，再加碱，荧光又出现。

2）沉淀反应

维生素 B_1 结构中含有两个含氮杂环，能与一些生物碱沉淀试剂发生沉淀反应，生成难溶于水的复盐或分子络合物，具有特征的颜色。常用的生物碱沉淀试剂有碘化汞钾（生成淡黄色沉淀）、碘（生成红色沉淀）、硅钨酸（生成白色沉淀）等。

鉴定方法：取本品的稀酸水溶液 1mL，加碘化汞钾试剂 1～2 滴，即生成淡黄色或黄白色沉淀。

3）氯化物反应

维生素 B_1 为生物碱的盐酸盐，其水溶液显氯化物反应。

鉴定方法 1：取本品适量置试管中，加等量二氧化锰，混匀，加硫酸润湿，缓缓加热，即产生氯气，能使湿润的碘化钾淀粉试纸显蓝色。

鉴定方法 2：取本品加水溶解，先加氨试液使成碱性，将析出的沉淀滤过除去，取滤液加硝酸使成酸性，再加入硝酸银试液，产生乳白色絮状沉淀；分离沉淀，加入氨试液沉淀即消失，再加硝酸，又出现沉淀。

3. 杂质检查

1）酸度检查

维生素 B_1 在酸性溶液中比较稳定，在中性和碱性溶液中不稳定，易分解，因此 ChP2010 规定要进行酸度检查。

检查方法：取本品 0.50g，加水 20mL 溶解后，测其 pH 应为 2.8～3.3。

2）有关物质检查

维生素 B_1 在生产和储存过程中会引入相关杂质，ChP2010 对维生素 B_1 原料药及其制剂维生素 B_1 片和维生素 B_1 注射剂规定了有关物质检查。

检查方法：取本品，精密称定，用流动相溶解并稀释制成 1mL 中约含 1mg 的溶液，作为供试品溶液；精密量取 1mL，置 100mL 容量瓶中，用流动相稀释至刻度，摇匀，作为对照溶液。采用高效液相色谱法，以十八烷基硅烷键合硅胶为填充剂，以甲醇-乙腈-0.02mol/L 庚烷磺酸钠溶液（含 1%三乙胺，用磷酸调节 pH 至 5.5）(9∶9∶82)为流动相，检测波长为 254nm，理论塔板数按维生素 B_1 峰计算不低于 2000，维生素 B_1 峰与前后峰的分离度均应符合要求。取对照溶液 20μL 注入液相色谱仪，调节检测灵敏度，使主成分色谱峰的峰高约为满量程的 20%。再精密量取供试品溶液与对照品溶液各 20μL，分别注入液相色谱仪，记录色谱图至主峰保留时间的 3 倍。供试品溶液色谱图中如有杂质峰，各杂质峰面积的和不得大于对照品溶液主峰面积的 0.5 倍(0.5%)。

4. 含量测定

维生素 B_1 及其制剂常用的含量测定方法有：非水溶液滴定法、紫外-可见分光光度法、硅钨酸重量法和硫色素荧光法等。硫色素反应为维生素 B_1 的专属性反应，并非定量完成，但在一定条件下形成的硫色素与维生素 B_1 浓度成正比，USP24 采用硫色素荧光法测定维生素 B_1 的含量。硅钨酸重量法是测定维生素 B_1 的经典方法，结果准确、稳定，ChP1990 采用此法测维生素 B_1 的含量，但本法操作烦琐、费时。《中国药典》从 1995 年版开始，采用非水溶液滴定法测定维生素 B_1 原料药含量，采用紫外-可见分光光度法测定其片剂和注射液中维生素 B_1 的含量。ChP2010 又将原料药的含量测定方法改为非水溶液电位滴定法。

1) 非水溶液电位滴定法

维生素 B_1 分子中含有两个碱性的已成盐的伯胺(嘧啶环)和季铵(噻唑环)基团，在非水溶液中均可与高氯酸作用，反应的物质的量比为 1∶2，即滴定度为 1mL 高氯酸滴定液(0.1mol/L)相当于 16.86mg 的维生素 B_1。根据消耗高氯酸的量可计算维生素 B_1 的含量。

测定方法：取维生素 B_1 样品约 0.12g，精密称定，加冰醋酸 20mL 微热溶解后，放冷，加乙酸酐 30mL，采用电位滴定法，用高氯酸滴定液(0.1mol/L)滴定，并将滴定结果用空白试验校正。

$$\text{维生素 } B_1 \text{ 百分含量} = \frac{(V - V_0) \times T \times F}{\text{样品量}} \times 100\%$$

式中，V 为供试品消耗高氯酸滴定液(0.1mol/L)的体积，mL；V_0 为空白试验消耗高氯酸滴定液(0.1mol/L)的体积，mL；T 为滴定度；F 为高氯酸滴定液的浓度校正系数。

注意事项：①本法用电位计来取代指示剂，使测定结果更加准确、可控。②实验过程严格控制非水状态。

2) 紫外-可见分光光度法

维生素 B_1 分子中含有共轭双键结构，在 246nm 波长处有最大吸收，可测其吸光度进行含量测定。

维生素 B_1 分子中含有的共轭双键在紫外区的特征吸收峰随溶液 pH 的变化而变化。在 pH 7 的磷酸盐缓冲液中具有两个吸收峰：在 232～233nm 处 $E_{1cm}^{1\%}=345$；在 266nm 处，$E_{1cm}^{1\%}=255$。在 pH 2 时，有一个最大吸收在 246nm，$E_{1cm}^{1\%}=421$，可用于维生素 B_1 的测定。

测定方法：取维生素 B_1 片 20 片，精密称定，研细，精密称取样品适量(约相当于 25mg 维生素 B_1)，置 100mL 容量瓶中，加盐酸溶液(9→1000)约 70mL，振摇 15min 使维生素 B_1 溶解，加盐酸溶液(9→1000)稀释至刻度，摇匀，用干燥滤纸滤过，精密量取续滤液 5mL，置另一个 100mL 容量瓶中，再加盐酸溶液(9→1000)稀释至刻度，摇匀，用紫外-可见分光光度计在 246nm 波长处测定吸光度，按 $C_{12}H_{17}ClN_4OS \cdot HCl$ 的吸收系数($E_{1cm}^{1\%}$)为 421 计算，即得。

$$\text{维生素 } B_1 \text{ 标示百分含量} = \frac{\dfrac{A}{E_{1cm}^{1\%}} \times \dfrac{1}{100} \times \text{稀释倍数}}{\text{标示量}} \times 100\%$$

2.5.5　维生素 C

维生素 C 是一种已糖醛基酸，结构与糖相似，有抗坏血病的作用，所以又称为抗坏血酸。抗坏血酸分子中有两个手性碳原子，有四种光学异构体，维生素 C 通常指 L-抗坏血酸，D-抗坏血酸具有与 L-抗坏血酸相近的理化性质，但生物活性只为后者的 5%，因此，《中国药典》及美国、英国、日本等药典收载的均为 L-抗坏血酸。

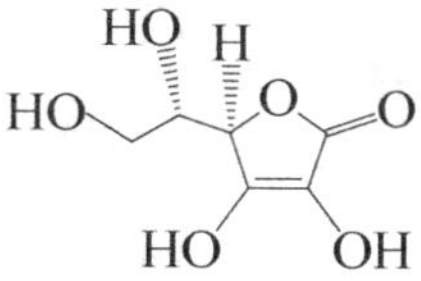

$C_6H_8O_6$　176

1. 主要理化性质

维生素 C 的理化性质见表 2-27。

表 2-27　维生素 C 的理化性质

物性	特征
性状	白色结晶或结晶性粉末，熔点为 190～192℃，熔融同时分解；无臭，有酸味，久置颜色渐变成微黄
溶解性	在水溶液中易溶并呈酸性；在乙醇中略溶，在氯仿或乙醚中不溶
氧化还原性	结构中有二烯醇结构，有强还原性，其水溶液极不稳定，尤其在碱性介质或有微量 Cu^{2+} 存在时，氧化作用明显加速
旋光性	维生素 C 结构中有两个手性碳原子，有四种光学异构体，比旋度为＋20.5°～＋21.5°
光谱特性	有共轭双键，其稀盐酸溶液在 245nm 波长处有最大吸收；在中性或碱性条件下，最大吸收在 265nm
酸碱性	分子中 C3 上的羟基受共轭效应的影响，易于解离出 H^+，酸性较强（pK_1 4.17）；C2 上的羟基酸性极弱（pK_2 11.57），因此维生素 C 一般表现为一元酸

2. 鉴别试验

维生素 C 的结构与糖类化合物相似，分子中的二烯醇基性质非常活泼，可以反复接受和放出氢原子，具有既易氧化又能还原的可逆性质。维生素 C 的鉴别反应多基于二烯醇基团所具有的强还原性。另外，还可用薄层色谱法、红外光谱法和紫外光谱法等进行鉴别。

1）氧化还原反应

维生素 C 分子结构中的二烯醇基具有极强的还原性，可以被多种氧化剂氧化为二酮基，成为去氢抗坏血酸，而这些氧化剂本身被还原后产生沉淀或颜色发生变化，可用于鉴别。常用抗氧化剂有硝酸银、2,6-二氯吲哚酚、碱性酒石酸铜溶液等。

（1）与 2,6-二氯吲哚酚反应。

2,6-二氯吲哚酚是一种染料，其氧化型在酸性介质中显玫瑰红色，在碱性介质中显蓝色，与维生素 C 反应后被还原生成无色酚亚胺。反应式如下：

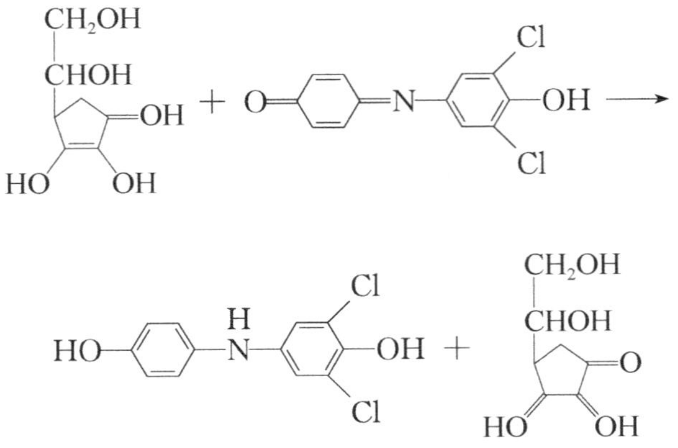

鉴别方法：取本品 0.2g 加水 10mL 溶解后，加 2，6-二氯吲哚酚试液 1～2 滴，试液颜色消失。

(2) 与其他氧化剂反应。

维生素 C 可将硝酸银还原为黑色的单质银；还可还原高锰酸钾、亚甲蓝、磷钼酸等氧化剂，使这些试剂褪色，产生沉淀或显色，从而用于鉴别。因维生素 C 具有较强的还原性，即使较弱的氧化剂也可使其氧化为去氢抗坏血酸，如与碱性酒石酸铜反应可生成砖红色氧化亚铜沉淀，加热时反应更快；在碱性溶液中可使苦味酸还原呈红色。

ChP2010 收载的维生素 C、维生素 C 片、维生素 C 泡腾片、维生素 C 泡腾颗粒以及维生素 C 颗粒等采用与 2，6-二氯吲哚酚反应和与硝酸银反应进行鉴别；维生素 C 注射液用与亚甲蓝反应进行鉴别；维生素 C 钠用与碱性酒石酸铜反应进行鉴别；维生素 C 钙用与 2，6-二氯吲哚酚反应进行鉴别。

2) 紫外吸收光谱法

维生素 C 分子中有共轭双键，在酸性介质中，在 243nm 波长处有唯一最大吸收，可用于鉴别。

取本品 0.1g，置 100mL 容量瓶中，加水溶解并稀释至刻度，摇匀；吸取 1mL 溶液，用盐酸溶液(0.01mol/L)稀释至 100mL，立即进行紫外扫描，在 243nm 处有最大吸收。

3) 薄层色谱法

取维生素 C 片细粉适量(约相当于维生素 C 10mg)，加水 10mL，振摇使维生素 C 溶解，滤过，取滤液作为供试品溶液；另取维生素 C 对照品，加水溶解并稀释成 1mL 约含 1mg 的溶液，作为对照品溶液。吸取上述两种溶液各 2μL，分别点于同一硅胶 GF_{254} 薄层板上，以乙酸乙酯-乙醇-水(5∶4∶1)为展开剂，展开，晾干，立即(1h 内)置紫外灯(254nm)下检视。供试品溶液所显主斑点的位置和颜色应与对照品溶液的主斑点相同。

3. 含量测定

测定维生素 C 含量的方法有碘量法、2，6-二氯吲哚酚滴定法、2，4-二硝基苯肼比色法、荧光法及高效液相色谱法等。2，6-二氯吲哚酚滴定法测定的是还原型抗坏血酸，该法简便，也较灵敏，但特异性差，样品中的其他还原性物质(如 Fe^{2+}，Sn^{2+}，Cu^{2+} 等金属离子，含羟基的化合物等)会干扰测定，使测定值偏高，另外对深色样液滴定终点不易辨别。2，4-二硝基苯肼比色法和荧光法测得的是抗坏血酸和脱氢抗坏血酸的总量。

ChP2010 用碘量法测定维生素 C 原料及制剂含量。

原理：在一定量的盐酸酸性试液中加碘化钾-淀粉指示剂，用已知浓度的碘酸钾滴定。当碘酸钾滴入后即释放出游离的碘，此碘被维生素 C 还原，直至维生素 C 完全氧化后，再滴以碘酸钾液时，释放出的碘因无维生素 C 的作用，可使淀粉指示剂呈蓝色，即为终点。其反应式如下：

$$KIO_3 + 5KI + 6HCl \longrightarrow 6KCl + 3H_2O + 3I_2$$

测定方法：取维生素 C 约 0.2g，精密称定，加新沸过的冷水 100mL 与稀乙酸 10mL 使溶解，加淀粉指示液 1mL，立即用碘滴定液(0.05mol/L)滴定，至溶液显蓝色并在 30s 内不褪色。

说明：

(1) 维生素 C 与碘的反应物质的量比是 1∶2，1mL 碘滴定液(0.1mol/L)相当于 8.806mg 的维生素 C。

(2) 对于有色制剂，可采用电位滴定或极化双铂电极的永停滴定法来确定终点。

(3) 对维生素 C 注射液的含量进行测定时，其中加入了亚硫酸氢钠或焦亚硫酸钠作抗氧剂，而亚硫酸氢钠等也要消耗碘液，致使测定结果偏高。因此《中国药典》规定维生素 C 注射液含量采用碘量法测定，需加丙酮作掩蔽剂，以消除亚硫酸氢钠的干扰。

$$Na_2S_2O_5 + H_2O \longrightarrow 2NaHSO_3$$

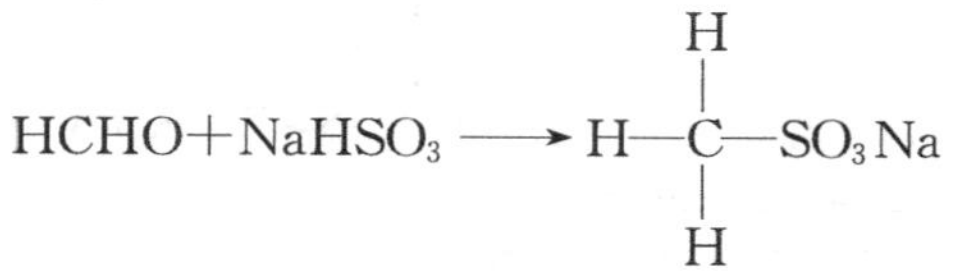

(4) 滴定需在酸性溶液中进行，因在酸性介质中维生素 C 受空气中氧的氧化作用减慢，但样品溶于稀酸后仍需立即进行滴定。

(5) 加新沸过的冷水也是为了减少水中溶解氧对测定影响。

2.5.6 体内药物分析

1. 高效液相色谱法——人血浆中维生素血药浓度的测定

维生素 E 具有清除自由基，增强人体免疫功能，预防心脏病，保护肝脏和抗癌等作用。临床上一些疾病可导致体内维生素 E 含量降低，如非酒精性脂肪性肝患者，体内维生素 E 的浓度常低于正常人。测定人体内维生素 E 浓度可用于诊断维生素 E 缺乏症，监视营养状况，或作为营养评价和疾病防治与抗衰老考察指标。目前，测定人体内维生素 E 的方法中以高效液相色谱法最多。

色谱条件：Symmetry C18 色谱柱(4.6mm×150mm，5μm)；流动相为四氢呋喃-甲醇(18∶82，体积比)；流速 1.0mL/min；柱温 40℃；检测波长 280nm。维生素 E 和维生素 K 的保留时间分别为 4.21min 和 5.19min(图 2-17)。

血浆样品处理：取血浆样本 200μL，置 10mL 具塞试管中，加入内标液 40mg/L 维生素 K 20μL，加入甲醇 400μL，再加入正己烷 3mL，旋涡振荡 30s，3000r/min 离心 20min，吸取上清液 2.8mL，于 25℃空气吹干，10μL 进样。

维生素 E 的测定方法有紫外-可见分光光度法、示波滴定法、荧光法、红外光谱法、薄层色谱法等。各方法的灵敏度、检测限等均有自身的优缺点。高效液相色谱法是检测人体内维生素 E 的首选方法，具有准确、分辨率高、被测物损失少等优点。

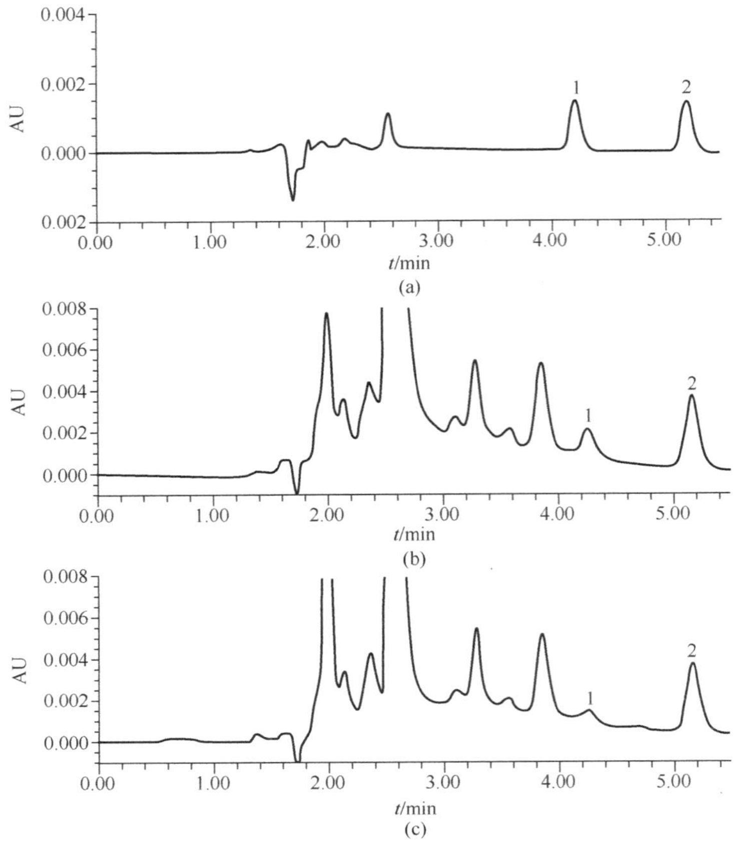

图 2-17　维生素 E 和内标的色谱图

(a) 纯标；(b) 空白血浆＋维生素 E 2.5mg/L＋维生素 K；(c) 样本 1:维生素 E,2:维生素 K

采用高效液相色谱方法,以维生素 K 为内标,对流动相进行优化,以四氢呋喃和甲醇为流动相,相比文献报道的流动相甲醇-水(95∶5)、甲醇-水(98∶2)、甲醇-乙醇(20∶80),甲醇-乙腈-乙醇-水(20∶55∶25∶6)检测时间短,方法精密度高。

由于维生素 E 容易被氧化破坏,因此无论是维生素 E 的标准溶液,还是血浆样本,均应避光。血浆样本采血后应尽快将血样离心分离,密封后低温冻存。考察处理后的样本在进样瓶中的稳定性时发现,维生素 E 经甲醇复溶后,样本在 2h 内峰面积没有明显下降,但不宜放置时间过长,应尽早检测。

2. 微粒子酶免疫法——甲钴胺在人血清中的含量测定

甲钴胺(mecobalamin,MEC)是维生素 B_{12} 的衍生物——甲基维生素 B_{12},是存在于血液、脊髓液中的辅酶维生素 B_{12},适用于周围神经障碍的治疗。目前甲钴胺制剂中主药甲钴胺的含量很低 0.5mg/片(粒),口服 1.5mg 甲钴胺后 1mL 血清中甲钴胺的浓度为皮克级,很难用一般的方法检测,国内外文献报道的测定方法有同位素法、微粒子酶免疫法和高效液相色谱法分离后以微生物法检测,其中以微粒子酶免疫法的准确性、专一性、灵敏性和简便性最好。因此,选择以微粒子酶免疫法测定血清中甲钴胺浓度。采用美国雅培公司的 IMx 仪(微粒子酶免仪,microparticle enzyme immunoassay,MEIA,Abbott Laboratories,USA)及 IMx 仪专用试剂盒进行测试。

血清样品测定方法：按照 Abbott Laboratories IMx 维生素 B_{12}试剂盒血清样品预处理操作要求进行血清样品预处理。取反应杯置于测试转盘中，在第一个反应杯的预稀释池中加入 1 号萃取剂 12 滴，样品池中加入 1 号标准液 4 滴；第二个反应杯的预稀释池中加入 2 号萃取剂 12 滴，将被测定样品依次分别加入样品池中，且每次加入量不少于 150μL，将测试转盘放入仪器测定，分析结束后仪器自动打印结果。

血药浓度测定：用 IMx 仪测定 24 名受试者口服甲钴胺胶囊与甲钴胺片后不同时间血清中的甲钴胺浓度，口服受试品（国产）与口服参比品（进口）甲钴胺的达峰时间基本一致（以实测值相比），甲钴胺浓度-时间变化趋势基本一致，但两种制剂的血药浓度值及个体间血药浓度值存在一定的差异，平均血药浓度-时间曲线如图 2-18 所示。

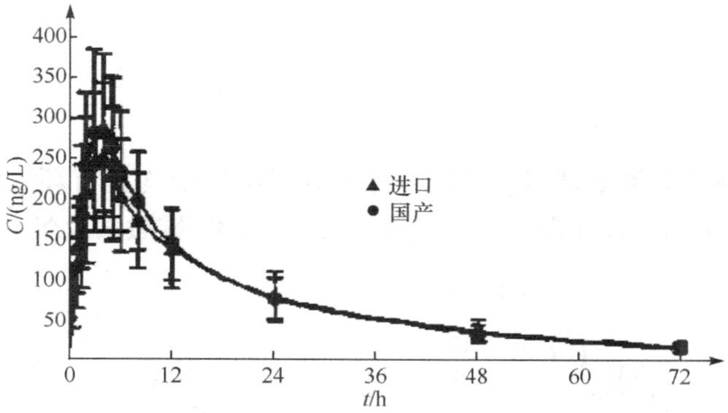

图 2-18　健康受试者口服 1.5mg 甲钴胺胶囊和片剂后血清中甲钴胺增加值的平均血药浓度-时间曲线

药动学研究：统计处理 24 名健康受试者交叉口服 1.5mg 甲钴胺胶囊与片剂后的血药浓度-时间数据。结果表明，两种制剂在健康受试者体内的处置均符合口服一级吸收一室开放模型，其主要药代动力学参数如表 2-28 所示。

表 2-28　24 名健康受试者口服 1.5mg 甲钴胺胶囊和片剂后药代动力学参数($\bar{x}\pm s$, $n=24$)

参数	甲钴胺胶囊	甲钴胺片
C_{max}/(ng/L)	310±106	270±98
T_{max}/h	3.15±0.95	3.10±0.88
$T_{1/2}$ke/h	18.60±1.76	19.23±2.54
MRT(0～72h)/h	18.96±1.73	20.27±2.18
MRT(0～inf)/h	23.78±2.96	25.98±4.60
AUC(0～72h)/[ng/(h·L)]	5588±1706	5408±1828
AUC(0～inf)/[ng/(h·L)]	5939±1799	5822±1984

2.6　甾体激素类药物

甾体激素类药物化学结构中都具有甾体母核，在甾体母核 C3 上都有羟基，并可和糖结合成苷，C17 上有侧链，根据 C17 侧链不同可以分为胆酸类、强心苷、甾醇和昆虫变态激素、C21 甾体类、甾体皂苷和甾体生物碱等。甾体化合物广泛存在于动植物体内，许多具有各种生物活性，是临床上较为重要的一类药物，如治疗过敏性疾病的氢化可的松、避孕药黄体酮、利尿剂安体舒通、有强心作用的地高辛等。

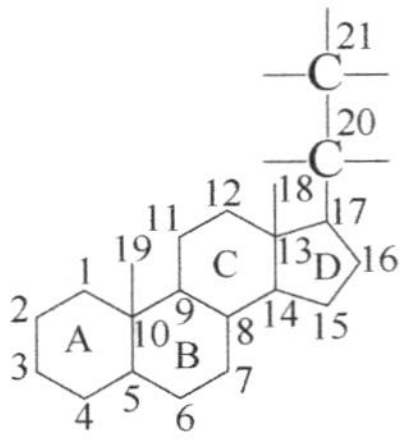

《中国药典》收载的甾体激素类药物主要包括肾上腺皮质激素和性激素两大类，性激素又分为雌激素、雄激素及蛋白同化激素和孕激素等。

2.6.1　结构与性质

1. 基本结构

甾体激素类药物种类繁多，但基本骨架相同，分子结构中均具有环戊烷并多氢菲的母核。根据母核上取代基团的不同，分为肾上腺皮质激素、雌激素、雄激素及蛋白同化激素和孕激素。

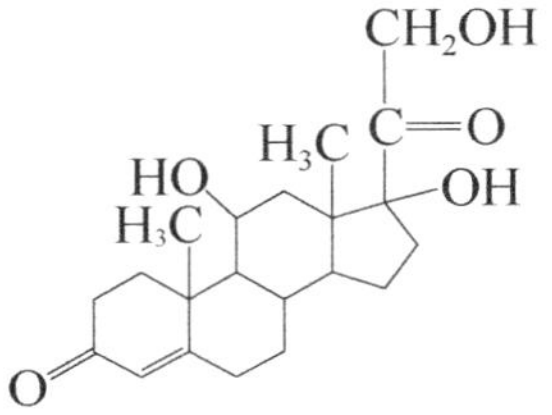

肾上腺皮质激素

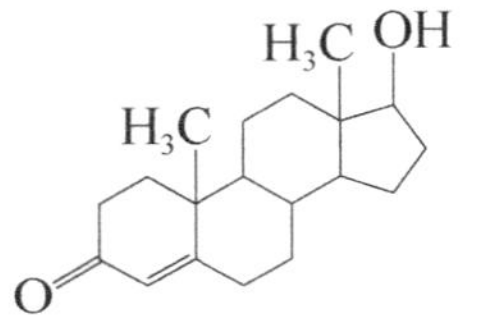

雄激素及蛋白同化激素

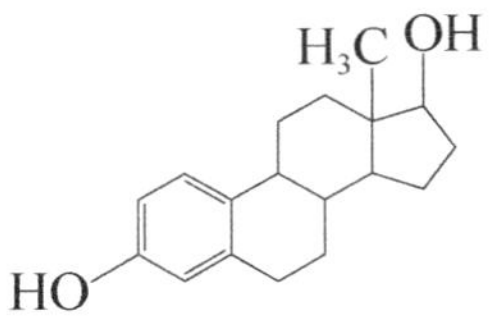

雌激素

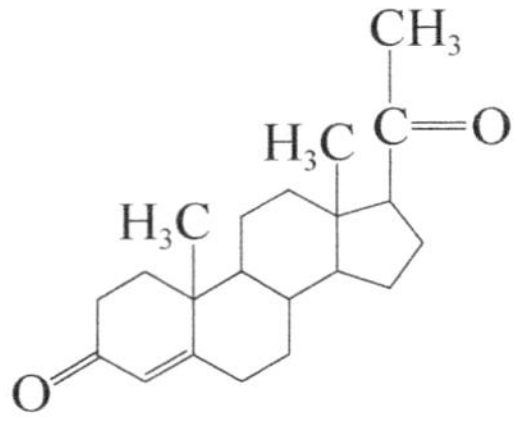

孕激素

1）肾上腺皮质激素

结构特点：A 环具有的$\triangle^4$-3-酮结构；D 环具有的 17α-醇酮基或 17、21 位上二羟基-20 酮基等是可供分析的主要基团；另外在 6α 和 9α 位可能引入氟等卤素，也可用于药物分析。

ChP2010 收载药物：醋酸可的松、氢化可的松、醋酸氢化可的松、丁酸氢化可的松、醋酸氟泼尼松、泼尼松、醋酸泼尼松、泼尼松龙、醋酸泼尼松龙、醋酸氟轻松、醋酸氟氢可的松、地塞米松、醋酸地塞米松、倍他米松、丙酸倍氯米松、丙酸氯倍他索、哈西奈德、曲安奈德、曲安西龙等的原料药及其制剂。

2）雄激素及蛋白同化激素

结构特点：A 环具有的$\triangle^4$-3-酮结构，可供分析用。

ChP2010 收载药物：甲睾酮、丙酸睾丸素、十一酸睾酮、苯丙酸诺龙等原料药及其制剂。

3）雌激素

结构特点：A 环为苯环，并有 C3-酚羟基；结构中还可能有 α-乙炔基，可供药物分析用。

ChP2010 收载药物：炔雌醇、苯甲酸雌二醇、戊酸雌二醇、炔雌醚等原料药及其制剂。

4）孕激素

结构特点：A 环具有的 $\triangle^4$-3-酮结构，D 环具有的 17-甲基酮，结构中还可能有羟基和乙炔基可供定性、定量分析。

ChP2010 收载药物：黄体酮、醋酸甲羟孕酮、醋酸甲地孕酮、己酸羟孕酮、炔诺酮、左炔诺孕酮、炔诺孕酮、炔孕酮原料药及其制剂。

2. 理化性质

甾体激素类药物的理化性质见表 2-29。

表 2-29　甾体激素类药物的理化性质

物性	特征
性状	白色或类白色结晶性粉末，无臭，熔点均较高；均有旋光性，多为左旋
溶解性	大多数甾体激素易溶于醇、酮类有机溶剂，难溶于水；制成无机酸盐后，易溶于水
氧化性	大多数药物结构中含有酮基或醇酮基，易与硫酸、磷酸、高氯酸、盐酸等反应氧化显色，可用于鉴别，其中以硫酸最常用
还原性	醇酮基具有还原性，能与四氮唑盐、碱性酒石酸铜、硝酸银等氧化剂反应显色，可用于定性、定量鉴别
光谱特性	甾体激素药物分子中存在共轭体系，在紫外区有特征吸收

2.6.2　鉴别试验

甾体激素类药物主要根据甾体母核结构以及各种官能团的反应进行鉴别。常用的方法有化学鉴别法（显色法、沉淀法）、制备衍生物测其熔点、光谱法（如紫外光谱法、红外光谱法）以及色谱法（如薄层层析法、高效液相色谱法等）。

1. 化学鉴别法

1）甾体母核的颜色反应

甾体激素类药物能与硫酸、磷酸、高氯酸、盐酸等反应，发生颜色变化。其中以硫酸最常用。ChP2010 收载的醋酸可的松及其片剂、注射剂、眼膏，氢化可的松及其片剂，醋酸氢化可的松及其注射剂、滴眼剂、软膏，氢化泼尼松及其片剂，醋酸泼尼松及其片剂，醋酸氢化泼尼松及其片剂、倍他米松片、地塞米松磷酸钠及其注射剂等均采用此法进行鉴别。

甾体激素类药物大多具有$\triangle^4$-3-酮结构或 A 环为苯环，并有 C3-酚羟基，在酸的作用下发生质子化反应，形成正碳离子，发生颜色变化或出现荧光（表 2-30）。

表 2-30　甾体激素与硫酸显色及荧光

药物	浓硫酸		加水稀释
	颜色	荧光	
倍他米松	红橙色变成红褐色		
地塞米松	淡橙色变成橙色		析出黄色絮状沉淀

续表

药物	浓硫酸		加水稀释
	颜色	荧光	
醋酸可的松	黄色或微带橙色		颜色消失，溶液澄清
氢化可的松	橙黄色至红色	有绿色荧光	变成黄色至橙黄，微带绿色荧光，并产生少量絮状沉淀
醋酸氢化泼尼松	红色		红色消失，产生灰色沉淀
氢化泼尼松	红色		红色消失，产生灰色絮状沉淀
醋酸泼尼松	橙色		变成黄色，渐变为蓝绿色
醋酸泼尼松龙	玫瑰红色		颜色消失并有灰色絮状沉淀
醋酸氢化可的松	显黄色至棕黄色	有绿色荧光	
炔雌醇	橙红色	有黄绿色荧光	生成玫瑰红色絮状沉淀
苯甲酸雌二醇	黄绿色	有蓝色荧光	显淡橙色

鉴别方法：取供试品 2mg，加硫酸(或其他酸)使其溶解，放置后显色，并呈现荧光；再加水稀释后，继续观察溶液的颜色及荧光以及有无絮状沉淀生成。

硫酸也常与甲醇或乙醇一起作为显色剂，如鉴别十一酸睾酮用硫酸-乙醇(2∶1)，呈现黄色并带有黄绿色荧光；炔孕酮与无水乙醇-硫酸(1∶1)共热，呈现红色，在紫外灯(365nm)下呈亮红色荧光；雌激素与硫酸-乙醇共热生成黄色产物，用水或稀硫酸稀释后重新加热发生颜色改变显桃红色，并在 515nm 附近有最大吸收，可用于定量。雌激素与硫酸-乙醇之间的反应称为 Kober 反应，Kober 反应的第一步需要在无水条件下与酸进行反应，此反应专属性不强，某些强碱、生物碱类药物也会发生反应

2) 官能团的颜色反应

(1) 酮基的显色反应。

许多甾体激素药物结构中含有羰基，如 C3-酮基和 C20-酮基，能与一些羰基试剂，如 2,4-二硝基苯肼、异烟肼、硫酸苯肼等发生反应生成腙类化合物显色。ChP2010 收载的醋酸可的松及其片剂、注射液，醋酸氢化可的松及其制剂(包括片剂、乳膏、注射液、眼膏、滴眼液)，醋酸氯地孕酮，黄体酮，氢化可的松及其制剂(包括片剂、乳膏、注射液)等采用此法进行鉴别。反应式如下：

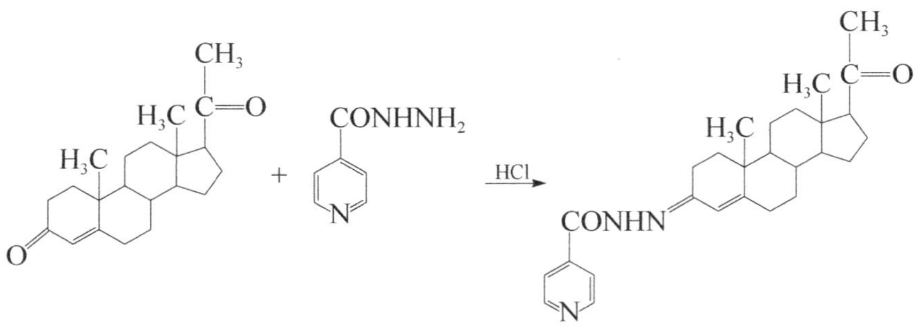

鉴别方法：取样品(醋酸可的松或氢化可的松)适量，加甲醇或乙醇溶液溶解，加新制的硫酸苯肼试液，70℃加热 15min 显黄色。

黄体酮的甲醇溶液在稀盐酸溶液中与异烟肼反应也显黄色。

注意事项：①反应在无水甲醇中的稳定性较好，显色强度也比在无水乙醇中高，但甲醇对制剂辅料的溶解度较小，因此一般多选用无水乙醇作为溶剂。②溶剂中含水量增高，吸光度会降低，因水分可促使反应逆转而水解；温度升高，逆反应加速。③含有$\triangle^4$-3-酮基结构的甾体激素在室温下不到 1h 即可定量与酸性异烟肼发生反应，其他甾酮类化合物需长时间放置或加热才能反应，因此本法对含$\triangle^4$-3-酮基结构的甾体激素具有一定的专属性。④此反应能定量生成腙类化合物，在一定波长处有最大吸收，可用于定量，如较常用的异烟肼比色法，在 ChP2005 收载主要用于倍他米松软膏、哈西耐德软膏等甾体激素制剂的定性、定量检测。

(2) 甲酮基的显色反应。

甾体激素分子结构中含有甲酮基和活泼亚甲基时，能与亚硝基铁氰化钠、间二硝基苯、芳香醛类反应显色。反应式如下：

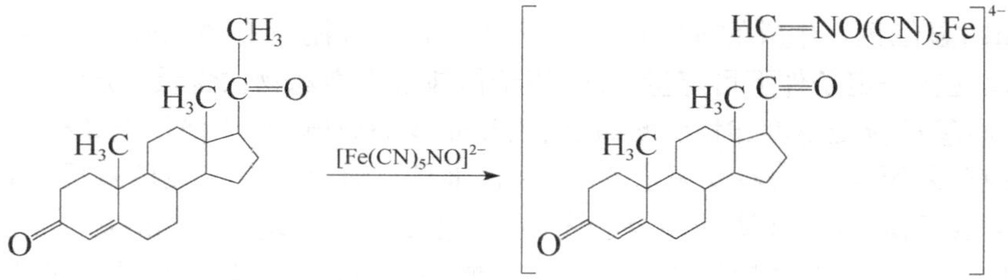

鉴别方法：取黄体酮约 5mg，加甲醇 0.2mL 溶解后，加亚硝基铁氰化钠细粉约 3mg，碳酸钠及乙酸铵各约 50mg，摇匀，放置 10～30min，黄体酮显蓝紫色。

这是黄体酮灵敏、专属的鉴别方法，其他甾体激素均不显蓝紫色，而呈现淡紫色或不显色。

(3) α-醇酮基的显色反应。

甾体激素结构中 17 位上的α-醇酮基具有还原性，能与许多氧化剂如费林试剂、氨制硝酸银、四氮唑盐等发生氧化还原反应显色，不但可用作薄层色谱法的显色剂，还可用于含量测定。

醋酸泼尼松原料及其片剂主要采用四氮唑盐反应进行鉴别；醋酸地塞米松原料药及其乳膏、注射剂，曲安奈德原料药，醋酸泼尼松龙原料药及其片剂、乳膏、注射剂，醋酸氟轻松原料药，醋酸氟氢可的松原料药，醋酸曲安奈德原料及注射液，倍他米松等采用费林试剂(碱性酒石酸铜)进行鉴别。

与费林试剂的反应式如下：

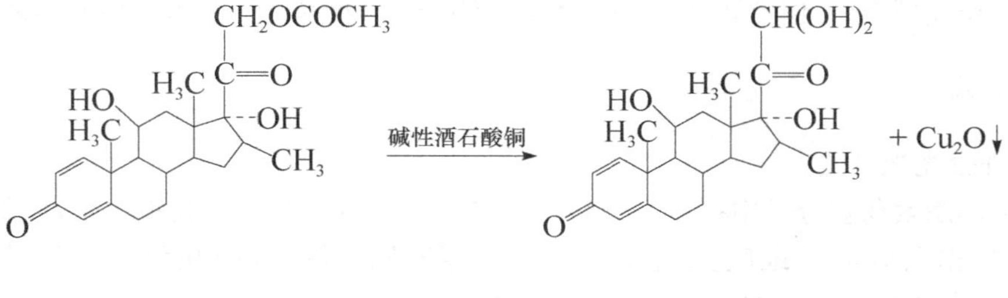

与四氮唑盐的反应式如下：

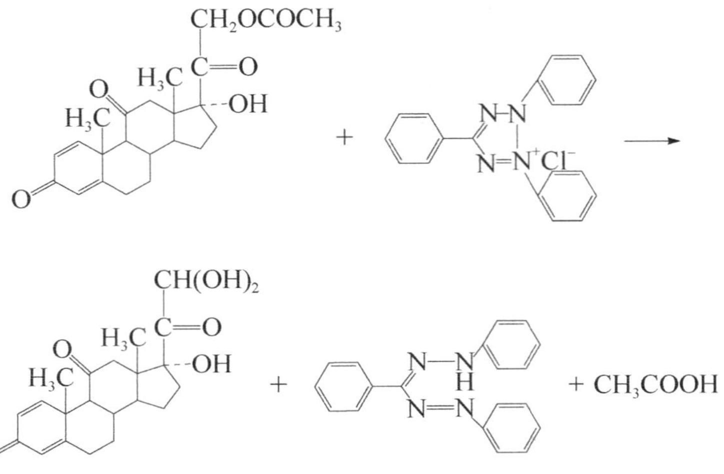

鉴别方法 1：取醋酸泼尼松 1mg，加乙醇 2mL 溶解，加 10% 氢氧化钠 2 滴，加氯化三苯四氮唑试液 1mL，显红色。生成的深红色三苯甲臜在 485nm 附近有最大吸收，并且具有一定的稳定性。该反应在一定条件下可定量完成，用于甾体激素类药物的含量测定。

注意事项：①反应受温度、时间、酸碱度、氧和光线的影响，须严格控制条件才能用于定量测定。②反应多采用 95%乙醇或无水乙醇，因含水量大时会使反应显色减慢，但含水量不超过 5%时，对结果无影响。醛具有一定的还原性，会使吸光度增高，一般采用无醛醇作溶剂。③还原性物质如维生素 C、还原性糖、多元酚、硫醇等能与四氮唑盐反应造成干扰。一些赋形剂如聚乙二醇、丙二醇、羊毛脂以及山梨醇、角鲨烯等对反应也有干扰，因此对制剂进行测定时需将这些物质分离后再测定。

鉴别方法 2：取醋酸地塞米松约 10mg，加甲醇 1mL，微温溶解后，加费林试剂 1mL 加热，即生成红色沉淀。

因与费林试剂反应生成红色氧化亚铜沉淀，与氨制硝酸银生成游离金属银，所以也把与这两种试剂发生的反应称为沉淀反应。

2. 制备衍生物测定熔点

甾体母核或其官能团与一些试剂反应生成的酯、肟、缩氨脲等衍生物具有特征性强的熔点，可用于鉴别。例如，炔雌醇与苯甲酰氯反应生成苯甲酸酯，熔点为 200～202℃；苯丙酸诺龙与盐酸氨基脲反应生成的衍生物熔点为 178～185℃；黄体酮与盐酸羟胺反应生成黄体酮双酮肟，熔点为 235～240℃。

本法操作烦琐费时，但专属性强，属于传统鉴别方法，目前有一些国家药典仍采用。

3. 光谱法

1）紫外分光光度法

一些甾体激素药物分子中存在 C═C—C═O 和 C═C—C═C 共轭体系，在紫外区有特征吸收，可根据吸收波长或吸光度比值进行定性鉴别。例如，丙酸倍氯米松的乙醇溶液（20μg/mL），在 239nm 波长处有最大吸收，吸光度为 0.57～0.60，239nm 与 263nm 波长处的吸光度比值为 2.25～2.45，可用于丙酸倍氯米松原料及制剂的定性鉴别。

ChP2010 用该法鉴别雌二醇、炔孕酮片、炔诺酮片、炔雌醚、丙酸倍氯米松及其粉雾剂、十一酸睾酮软胶囊等。

2) 红外分光光度法

甾体激素类药物结构复杂，但该类药物的红外光谱具有很强的特征性，是鉴别此类药物有效而可靠的方法，已经取代了大多数经典的颜色反应，广泛为各国药典所采用。ChP2010 收载的甾体激素原料药大多采用该法进行鉴别。

(1) 肾上腺素类药物的红外光谱主要特征。

以醋酸可的松为例，结构特征：分子中含有 A 环上的$\triangle^4$-3-酮基、羟基、多个酮基和 C21 上的乙酸酯链。

峰位/cm^{-1}	归属
3420	ν_{-OH}(17 位上羟基)
1750	$\nu_{C=O}$(醋酸酯链上的羰基)
1720	$\nu_{C=O}$(20 位酮基)
1698	$\nu_{C=O}$(11 位酮基)
1648	$\nu_{C=O}$(3 位酮基)
1232	ν_{C-O}(酯基)
1050	ν_{C-O}(酯基)

(2) 雄激素类药物的红外光谱特征。

以丙酸睾酮为例，结构特征：分子中含有 A 环上的$\triangle^4$-3-酮基、17 位羟基成酯。

峰位/cm^{-1}	归属
1734	$\nu_{C=O}$(17 位上酯基)
1672	$\nu_{C=O}$(3 位酮基)
1615	$\nu_{C=C}$(4 位烯基)
1242,1080	ν_{C-O}(酯基)
870	ν_{-CH}(烯基)

(3) 孕激素类药物的红外光谱特征。

以黄体酮为例，结构特征：分子中含有 A 环上的$\triangle^4$-3-酮基、17 位上有甲酮基。

峰位/cm^{-1}	归属
1700	$\nu_{C=O}$(20 位酮基)
1665	$\nu_{C=O}$(3 位酮基)
1615	$\nu_{C=C}$(4 位烯基)
870	ν_{-CH}(烯基)

黄体酮的红外吸收光谱如图 2-19 所示。

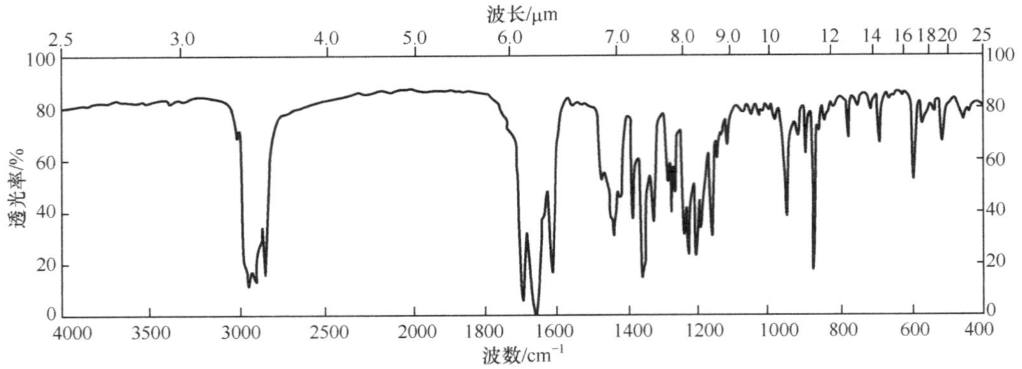

图 2-19　黄体酮的红外吸收光谱

(4) 雌激素类药物的红外光谱特征。

以炔雌醇为例，结构特征：A 环为苯环，C3 位上有酚羟基，D 环 17 位上有羟基和乙炔基。

峰位/cm^{-1}	归属
3600	ν_{-OH}(3 位上酚羟基)
3500	ν_{-OH}(17 位上羟基)
3295	$\nu_{\equiv CH}$(炔基)
1612,1585,1502	$\nu_{C=C}$(苯环)
1260	ν_{-OH}(酚羟基)

4. 色谱法

1) 薄层色谱法

薄层色谱主要用于甾体激素的鉴别、纯度检查及含量测定前分离和制剂稳定性研究，具有简便、快速、灵敏、分离度高等优点。

采用对照品法，要求供试品溶液所显主斑点的颜色和位置与对照品溶液的主斑点相同。

ChP2010 收载的甲羟孕酮片及其分散片、胶囊，醋酸地塞米松乳膏及注射液，醋酸氯地孕酮，醋酸地塞米松乳膏，醋酸甲羟孕酮片及分散片、胶囊，雌二醇缓释贴片，醋酸泼尼松片及眼膏，倍他米松磷酸钠，丙酸睾酮注射液，哈西奈德软膏，苯丙酸诺龙注射液，炔诺孕酮炔雌醚片，十一酸睾酮软胶囊及注射液，戊酸雌二醇注射液，苯甲酸雌二醇注射液，复方己酸羟孕酮注射液，复方左炔诺孕酮片及滴丸，复方炔诺孕酮片及滴丸，复方炔诺酮片等均采用薄层色谱法的标准品对照法进行鉴别。

测定方法：以醋酸氯地孕酮为例。取本品与醋酸氯地孕酮对照品，分别加三氯甲烷溶解并稀释制成 1mL 中约含 20mg 的溶液。照薄层色谱法试验，吸取上述两种溶液各 5μL，分别点于同一硅胶 G 薄层板上，以苯-无水乙醇(95∶5)为展开剂，展开，晾干，喷以硫酸-无水乙醇(1∶1)，在 105℃加热使显色，供试品溶液所显主斑点的位置和颜色应与对照品溶液的主斑点相同。

2) 高效液相色谱法

在一定的色谱条件下，可比较甾体激素样品与其对照品峰的保留时间进行鉴别。一般都规定在含量测定项下的高效液相色谱图中，供试品峰的保留时间应与对照品峰的保留时间一致。

ChP2010 中规定大多数的甾体激素药物原料及制剂均可采用高效液相色谱法进行鉴别，如丙酸睾酮及注射液、甲地孕酮原料及制剂、醋酸地塞米松原料及制剂、苯甲酸雌二醇原料及注射液等。

2.6.3　杂质检查

甾体激素类药物多由其他甾体化合物或结构类似的甾体激素经结构改造而来，所以可能带来原料、中间体、异构体、降解产物以及试剂和溶剂等杂质。为保证甾体激素类药物的质量，本类药物主要进行以下项目的检查。

1. 有关物质的检查

在药物合成过程中，特别是经过其他甾体激素结构改造而来的药物，有些杂质与该甾体激素药物结构类似，也具有一定的药理作用而又互不相同，因此在甾体激素类药物的质量控制中，"有关物质"的限度检查显得很重要。我国药典和一些国家的药典均采用薄层色谱法或高效液相色谱法检查甾体激素类药物中的有关物质。

1）薄层色谱法

甾体激素类药物中的杂质种类多，结构相似，因此多用薄层法进行质量控制。常采用硅胶 G 板，有时也用硅胶 GF_{254} 或 HF_{254} 板；展开剂多用不同比例的二氯甲烷-乙醚-甲醇-水等混合溶剂；显色剂可采用碱性四氮唑蓝、硫酸-乙醇、20%硫酸、10%磷钼酸-乙醇溶液。

检查方法：采用高低浓度对比法（主成分自身对照法），供试液与对照液均为同一物，但分别配成两种不同浓度的溶液，即先配制一定浓度的供试品溶液，然后稀释一定倍数得到另一低浓度溶液，作为对照溶液。将两种溶液点样，展开后，比较所得斑点。

结果判断：《中国药典》中对供试品规定了杂质斑点数目和每个杂质斑点的颜色（杂质限量）。要求供试品溶液中杂质斑点的颜色不得深于对照溶液的主斑点，供试品溶液杂质斑点个数不得超过规定数目。

特点：简便易行，不需特殊的仪器；需对照品；只能控制单个杂质的限量；要求杂质与主成分的显色灵敏度接近。

示例 2-24　炔孕酮中有关物质的检查。

测定方法：取本品适量，加三氯甲烷-甲醇（3∶1）溶解并稀释制成 1mL 中约含 10mg 的溶液，作为供试品溶液；精密量取 1mL，置 200mL 容量瓶中，用上述溶液稀释至刻度，摇匀，作为对照溶液。照薄层色谱法试验，吸取上述两种溶液各 10μL，分别点于同一硅胶 G 薄层板上，以三氯甲烷-甲醇（95∶5）为展开剂，展开，晾干，喷以硫酸-乙醇（2∶8），在 120℃加热 5min，置紫外灯（365nm）下检视。供试品溶液如显杂质斑点，其荧光强度与对照溶液的主斑点比较，不得更深（0.5%）。

2）高效液相色谱法

采用十八烷基硅烷键合硅胶色谱柱，以不同配比的甲醇-水为流动相，紫外吸收检测器。

检查方法：采用高低浓度对比法（主成分自身对照法）或归一化法。将供试品配制成高、低两种浓度的溶液，高浓度者为溶液（1），低浓度者为溶液（2）。

结果判断：《中国药典》规定了杂质峰数目和杂质峰面积。即溶液（1）显示的杂质峰数不得超过 1 个或规定的个数；各杂质峰面积或其总和不得大于溶液（2）主峰面积的一定比例。

特点：需特殊的仪器，不需对照品，可以控制杂质的总量。

示例 2-25 氢化可的松中有关物质的检查。

测定方法：取本品适量，精密称定，加甲醇溶剂并定量稀释制成 1mL 中约含 0.5mg 的溶液，作为供试品溶液；精密量取 1mL，置 100mL 容量瓶中，用甲醇稀释至刻度，摇匀，作为对照溶液；另取泼尼松龙对照品，精密称定，加甲醇溶剂并定量稀释制成 1mL 中约含 5μg 的溶液，作为对照品溶液。照含量测定项下的色谱条件，取对照溶液 20μL 注入液相色谱仪，调整仪器灵敏度，使主成分色谱峰的峰高约为满量程的 30%。再精密量取供试品溶液、对照溶液与对照品各 20μL，分别注入液相色谱仪。记录色谱图至供试品溶液主成分峰保留时间的 3 倍。供试品溶液色谱图中如有与对照品溶液色谱图中泼尼松龙峰保留时间一致的峰，按外标法以峰面积计算，不得过 0.5%；其他单个杂质峰面积不得大于对照溶液主峰面积的 0.5 倍(0.5%)，各杂质峰面积的和不得大于对照溶液主峰面积的 1.5 倍(1.5%)。供试品溶液色谱图中任何小于对照溶液主峰面积 0.01 倍的峰可忽略不计。

2. 硒的检查

本类药物中有一些需要用二氧化硒脱氢，因此应检查硒。

硒经氧瓶燃烧转化为高价硒(Se^{6+})，用盐酸羟胺将之还原为 Se^{4+}，在酸性条件下与 2,3-二氨基萘反应，生成 4,5-苯并硒二唑，在 378nm 处有最大吸收。

测定方法：以醋酸氟轻松中硒的检查为例。取本品 50mg，照氧瓶燃烧法进行破坏后，将吸收液转移至 100mL 烧杯中，用水 15mL 分次冲洗燃烧瓶及铂丝，洗液并入吸收液中，作为供试品溶液。取硒对照液(0.125μg/mL)和上述供试品溶液分别用氨试液调节 pH 至 2.0±0.2 后，转移至分液漏斗中，用水少量分次洗涤烧杯，洗液并入分液漏斗中，使成 60mL，各加盐酸羟胺溶液(1 →2) 1mL，摇匀后，立即精密加二氨基萘试液 5mL，摇匀，在室温下放置 100min，精密加环己烷 5mL，强烈振摇 2min，静置分层，弃去水层，环己烷用无水硫酸钠脱水后，在 378nm 波长处分别测吸光度。供试品溶液的吸光度不得大于硒对照溶液的吸光度，即 $A_{供}<A_{对}$。

3. 残留溶剂的检查

地塞米松磷酸钠在生产中大量使用甲醇和丙酮。甲醇为二类限制使用的溶剂，丙酮为三类限制使用的溶剂，ChP2010 采用气相色谱法进行检查。

测定方法：以地塞米松磷酸钠中甲醇、乙醇和丙酮检查为例。取本品约 1.0g，精密称取，置 10mL 容量瓶中，加内标溶液[取正丙醇，用水稀释制成 0.02%(体积分数)的溶液]溶解并稀释至刻度，摇匀，精密量取 5mL，置顶空瓶中，密封，作为供试品溶液；另取甲醇约 0.3g，乙醇约 0.5g 与丙酮约 0.5g，精密称定，置 100mL 容量瓶中，用上述内标溶液稀释至刻度，摇匀，精密量取 1mL，置 10mL 容量瓶中，用上述内标溶液稀释至刻度，摇匀，精密量取 5mL，置顶空瓶中，密封，作为对照品溶液。照残留溶剂测定方法试验，用 6%氰丙基苯基-94%二甲基聚硅氧烷毛细管色谱柱，起始温度为 40℃，以 5℃/min 的速率升温 120℃，维持 1min，顶空瓶平衡温度为 90℃，平衡时间为 60min，理论塔板数按正丙醇计算不低于 10 000，各成分峰间的分离度均应符合要求。分别量取供试品溶液与对照品溶液顶空瓶上层气体 1mL，注入气相色谱仪，记录色谱图。按内标法以峰面积计算，含丙酮不得过 5.0%，并不得出现甲醇和乙醇峰。

4. 游离磷酸盐的检查

甾体药物地塞米松磷酸钠、倍他米松磷酸钠等在制备过程中，由磷酸酯化时会残存有过量磷酸盐，ChP2010 对这些药物进行游离磷酸盐的检查。

在酸性溶液中磷酸盐与钼酸铵作用生成磷钼酸铵，再经过还原形成磷钼酸蓝（钼蓝）在 740nm 处有最大吸收。

检查方法：以地塞米松磷酸钠中游离磷酸检查为例。精密称取本品 20mg，置 25mL 容量瓶中，加水 15mL 溶解，作为供试品溶液；另取标准磷酸盐溶液[精密称取经 105℃ 干燥 2h 的磷酸二氢钾 0.35g，置 1000mL 容量瓶中，加硫酸溶液（3→10）10mL 与水适量使溶解，用硫酸稀释至刻度，摇匀；临用时再稀释 10 倍]4.0mL，置另一 25mL 容量瓶中，加水 11mL，作为对照溶液；上述配好的两种溶液各精密加钼酸铵硫酸试液 2.5mL 与 1-氨基-2-萘酚-4-磺酸溶液（取无水亚硫酸钠 5g，亚硫酸氢钠 94.3g 与 1-氨基-2-萘酚-4-磺酸 0.7g，充分混合，临用时取此混合物 1.5g 加水 10mL 使溶解，必要时滤过）1mL，加水至刻度，摇匀，在 20℃ 放置 30～50min。照紫外-可见分光光度法，在 740nm 波长处测定吸光度，供试品溶液的吸光度不得大于对照溶液的吸光度。

2.6.4　含量测定

甾体类药物常用定量方法有容量法、比色法、紫外-可见分光光度法、荧光法、气相色谱法、高效液相色谱等。其中紫外-可见分光光度法和高效液相色谱法在药典中收载较多。

1. 高效液相色谱法

高效液相色谱法具有样品用量少，分离效果好，分析速度快等优点，广泛用于甾体激素原料及其制剂的定量分析。ChP2010 收载的甾体激素类药物中，绝大多数采用高效液相色谱进行含量测定。

各国药典一般采用内标法进行含量分析，色谱条件为：多采用反相高效液相色谱柱，填充剂为十八烷基硅烷化键合硅胶；流动相多为甲醇-水、乙腈-水-异丙醇、甲醇-四氢呋喃-水等混合溶剂；检测器均为紫外光检测器，检测波长为 240nm 或 254nm。

为了提高分离效率，获得满意的峰形，有时在流动相中加入乙酸缓冲液或磷酸缓冲液调节流动相的 pH。

示例 2-26　醋酸泼尼松龙的含量测定。

色谱条件与系统适用性试验：用十八烷基硅烷键合硅胶为填充剂；以乙腈-水（35∶65）为流动相；检测波长为 246nm。取泼尼松龙、醋酸氢化可的松对照品适量，加甲醇溶解并稀释制成 1mL 中各含 0.1mg 的溶液，精密量取 1mL，置 10mL 容量瓶中，用醋酸泼尼松龙对照品浓溶液稀释至刻度，摇匀，作为系统适用性试验溶液。取 10μL 注入液相色谱仪，理论塔板数按醋酸泼尼松龙峰计算应不低于 3000，醋酸泼尼松龙峰与醋酸氢化可的松峰的分离度应大于 2.0。

测定方法：取本品，精密称定，加甲醇溶解并定量稀释制成 1mL 约含 1mg 的溶液；精密量取 5mL，置 100mL 容量瓶中，用甲醇稀释至刻度，摇匀，精密量取 10μL 注入液相色谱仪，记录色谱图；另取醋酸泼尼松龙对照品 25mg，精密称定，置 25mL 容量瓶中，用甲醇溶解并稀释至刻度，摇匀，作为对照品浓溶液，精密量取 5mL，置 100mL 容量瓶中，用甲醇稀释至刻度，摇匀，同法测定。按外标法以峰面积计算，即得。

2. 紫外-可见分光光度法

紫外-可见分光光度法准确、简便，可用于甾体激素原料及片剂、注射剂等的测定。ChP2010 中本类药物原料及制剂常采用此法定量，使用频率仅次于高效液相色谱法。

本类药物分子结构中有共轭体系$\triangle^{4}$-3-酮、$\triangle^{1,4}$-3-酮、苯环、酚羟基等结构。例如，皮质激素、雄激素、孕激素及口服避孕药中有 α、β-不饱和酮结构，在紫外光区 240nm 附近有最大吸收；具有苯酚结构的雌激素在 280nm 附近有最大吸收，均可用紫外-可见分光光度法直接测定含量。另外，为了分析无合适发色团可利用的甾体激素，或提高灵敏度和选择性，可采用适当的化学反应使之产生新的发色团，或使试剂发生转变，以进行定量分析，这可称为反应分光光度法。

1）直接紫外-可见分光光度法

对于$\triangle^{4}$-3-酮、$\triangle^{1,4}$-3-酮甾体或具有酚羟基的雌激素类药物，紫外-可见分光光度法是重要的定性、定量分析方法，在我国和英国药典中，许多甾体激素原料药和注射剂、片剂等的含量测定，均采用此方法。例如，ChP2010 收载的炔孕酮、炔雌醚、醋酸氯地孕酮、醋酸去氧皮质酮、泼尼松龙片、氢化可的松片以及醋酸可的松片等都采用直接紫外-可见分光光度法。

对于原料药的含量测定，应注意可能共存的其他甾体。

在测定 α,β-不饱和酮甾体时，为了避免背景干扰，可采用硼氢化钠差示分光光度法，用硼氢化钠将待测物还原，即可扣除背景；对于反应性较差的$\triangle^{1,4}$-3-酮甾体，可用硼氢化锂的四氢呋喃溶液作为还原剂。

用酚羟基的紫外吸收进行含量测定，虽然其吸收波长较不饱和酮甾体高约 40nm，但强度却为后者的 1/10。为避免其他甾体干扰，可用硼氢化物将酮基甾体还原或利用强碱性溶液中雌激素吸收光谱的红移或增色作用，用差示分光光度法测定其含量。

示例 2-27　醋酸可的松片的含量测定。

测定方法：取本品 20 片，精密称定，研细，精密称取适量（约相当于醋酸可的松 20mg），置 100mL 容量瓶中，加无水乙醇 75mL，时时振摇 1h 使醋酸可的松溶解，加无水乙醇稀释至刻度，摇匀，滤过，精密量取续滤液 5mL，置另一 100mL 容量瓶中，加无水乙醇稀释至刻度，摇匀，照紫外-可见分光光度法，在 238nm 波长处测定吸光度，按 $C_{23}H_{30}O_6$ 的吸收系数（$E_{1cm}^{1\%}$）为 390 计算，即得。

2）反应分光光度法

此方法中采用的化学反应常是显色反应，其目的是使待测成分的光谱发生位移，以避免背景或混合物中其他成分干扰；增加测定灵敏度；增加选择性。用于反应的基团是甾体激素分子中的酮基、羟基及醇酮基侧链等。

（1）四氮唑比色法。

本法用于测定皮质激素类药物，是基于 C17 位的 α- 醇酮基具有的还原性质。最常用的氧化剂是氯化三苯四氮唑（triphenyltetrazolium chloride，TTC）或二聚体蓝四氮唑（blue tetrazolium，BT）。它们的还原产物是有色的甲臜（formazan）衍生物，反应在强碱性溶液中进行，甾体激素分子中 C21 位的醇被氧化为醛。

四氮唑法对光敏感，反应需要在暗处进行；氯化三苯四氮唑法形成的甲臜衍生物对氧敏感，在加入试剂后应通氮除氧；反应混合物中的水分和 pH 对吸光度有影响，应控制水分在 6%以下，pH 在 13.75 以上。

本法的优点是测试结果能反应药品的稳定性，样品降解最易发生在 C17 位敏感的侧链上，其氧化和水解产物不发生四氮唑反应。因此，尽管存在一些影响因素，此法在甾体激素原料及其制剂中应用仍然较多。

ChP2010 中醋酸泼尼松眼膏、醋酸泼尼松龙乳膏、醋酸氢化可的松片、醋酸地塞米松注射液、醋酸可的松眼膏、氢化可的松乳膏等均采用此法进行定量。

（2）异烟肼比色法。

甾体激素 C3 上酮基及某些其他位置上的酮基与常用的羰基试剂如异烟肼、2,4-二硝基苯肼及氨基脲等发生缩合反应，可作为含量测定的依据。异烟肼是目前最常用的一种试剂。

异烟肼（INN）试剂可与一些甾酮在酸性条件下形成黄色异烟腙，在一定波长下具有最大吸收。某些具有$\triangle^{4}$-3-酮和 C20-酮基的甾体激素可形成双腙，如黄体酮、可的松和氢化可的松等。例如，异烟肼与$\triangle^{4}$-3-酮甾体在室温下，迅速、定量地反应，生成黄色的酰腙衍生物，在 380nm 处有最大吸收，ε 约为 1×10^{4}，可用分光光度法进行含量测定。

（3）Kober 反应比色法

Kober 反应是指雌激素与硫酸-乙醇共热显色，用水和稀硫酸稀释后重新加热发生颜色改变，在一定波长处有最大吸收的反应。

Kober 反应包括两步：①与硫酸-乙醇共热产生黄色，在 465nm 处有最大吸收。②加水和稀硫酸稀释重新加热显桃红色，雌二醇等在 515nm 处有最大吸收，其他雌激素最大吸收略有差异。

采用 Kober 反应测定雌激素制剂，显色强度和稳定性受到试剂浓度、组成、反应时间和温度影响，同时还受制剂稳定性、赋形剂、溶剂等干扰。使测定结果重现性较差，现已不多用。ChP2010 只收载复方炔诺孕酮滴丸用此法进行定量。

测定方法：取本品 10 丸，除去包衣后，置 20mL 容量瓶中，加乙醇约 12mL 微温使炔诺孕酮与炔雌醇溶解，放冷，用乙醇稀释至刻度，摇匀，滤过，取续滤液作为供试品溶液；另取炔诺孕酮与炔雌醇对照品，精密称定，加乙醇溶解并定量稀释制成 1mL 中约含炔诺孕酮 0.15mg 与炔雌醇 15μg 的溶液，作为对照品溶液。精密量取供试品溶液与对照品溶液各 2mL，分别置具塞锥形瓶中，置冰浴中冷却 30s 后，各精密加硫酸-乙醇（4∶1）8mL（速度必须一致），随加随振摇，加完后继续冷却 30s，取出，在室温放置 20min，照紫外-可见分光光度法，在 530nm 的波长处分别测定吸光度，计算，即得。

2.6.5　体内药物分析

左炔诺孕酮（levonorgestrel）为孕激素，具有较强抑制垂体分泌促性腺激素的作用而抑制排卵；能使宫颈黏液变稠，阻碍精子穿透，并能使子宫内膜萎缩不利于孕卵着床，从而起到避孕作用。本研究采用液相色谱-质谱联用法，以坎地沙坦作内标物，测定左炔诺孕酮的血药浓度。

给药方案：采用自身对照、随机交叉试验设计。20 名受试者随机分成 2 组，每组 10 人，每组受试者按照试验方案在不同试验周期中服用试验制剂和参比制剂。洗脱期为 3 周，受试者禁食 10h 后，于次日早晨空腹服用受试制剂或参比制剂，药物用 150～200mL 温开水送服，4h 后方进食；每组受试者按自身对照随机交叉服用试验制剂或参比制剂，给药剂量为 1.5mg。服药前（0h）、服药后 0.5h，1.0h，1.25h，1.5h，1.75h，2.0h，4.0h，6.0h，8.0h，12.0h，24.0h，48.0h 和 72.0h 从静脉采血 4mL。立即离心，分离血浆在−40℃保存。

样品测定：

（1）色谱质谱条件。色谱柱为 BDS Hypersil C18 柱（50mm×2.1mm，3μm，Thermo 公司）；流动相为水（含 0.05%甲酸）-乙腈-甲醇（18∶32∶50）；流速为 0.20mL/min；柱温为 40℃；进样体积为 10μL。ESI 离子源电压为 5.0kV，加热毛细管温度为 300℃，氮气（N_2）流速为 20L/min，辅助气流速为 2L/min，用于定量分析的离子通道分别为：左炔诺孕酮 m/z：313.5→295；坎地沙坦（内标）：441→263。

(2) 样品处理。精密吸取血样 1mL，置 10mL 离心管中，精密加入内标溶液 100μL(浓度为 400ng/mL)，加提取溶剂乙酸乙酯 4mL，涡流振荡 1min，4000r/min 离心 5min，吸取有机相，氮气流吹干，残渣用 100μL 流动相溶解，进样 10μL。

方法学考察：

本研究样品测定采用液相色谱串联质谱法进行，以坎地沙坦为内标。结果表明，左炔诺孕酮在 0.313ng/mL～40.0ng/mL 线性关系良好，最小可定量浓度为 0.313ng/mL，左炔诺孕酮的保留时间约为 2.9min，血浆内源性物质及其他杂质不干扰样品的分离测定，回收率及精密度符合生物样品测定要求。

实验结果：

20 名中国女性健康受试者口服试验制剂和参比制剂后的平均血药浓度-时间曲线如图 2-20 所示。

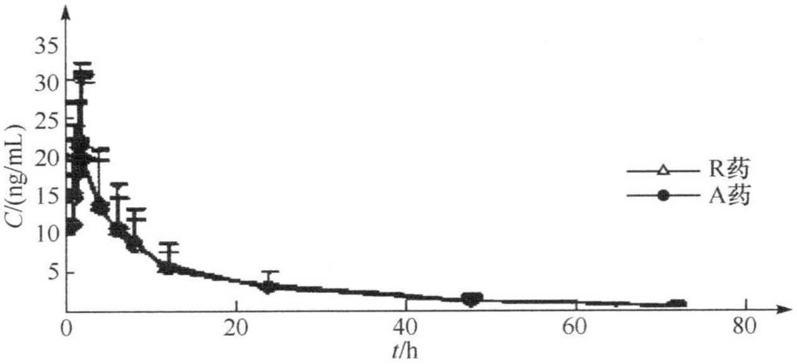

图 2-20　健康受试者口服 1.5mg 左炔诺孕酮受试制剂(A)和参比制剂(R)后的平均血药浓度-时间曲线

20 名受试者单剂量口服试验制剂和参比制剂 1.5mg 后，其血药浓度-时间数据用 DAS 2.0软件(等效性)程序处理，得主要药动学参数结果如表 2-31 所示。

表 2-31　受试者口服左炔诺孕酮后主要药动学参数

参数	试验制剂	参比制剂
C_{max}/(ng/L)	24.09±10.15	24.58±10.48
T_{max}/h	1.7±0.2	1.8±0.2
$T_{1/2}$/h	17.3±6.4	17.8±7.0
$AUC_{0\sim t}$/[ng/(h·L)]	244.9±105.8	241.9±99.8
$AUC_{0\sim\infty}$/[ng/(h·L)]	258.7±105.7	256.6±98.4

国外常用 RIA、GC-MS/MS、LC-MS/MS 等方法测定左炔诺服酮血药浓度后进行药动学研究，在文中建立的色谱条件下，左炔诺孕酮及内标的测定均不受血浆中内源性物质的干扰，其回收率及精密度均能达到生物样本测定的要求。

思考题与习题

1. 了解各类药物的结构特征及其理化性质，建立鉴别、检查、含量测定方法。
2. 常用的鉴别巴比妥类药物的方法有哪些？如何用化学方法鉴别巴比妥、苯巴比妥、司可巴比妥和含硫巴比妥？
3. 理解重氮化-偶合反应的反应条件，掌握鉴别、检查、含量测定方面的应用。
4. 掌握各类药物典型的鉴别反应与人名反应。

5. 取标示量为 0.5g 阿司匹林 10 片，称得总质量为 5.7680g，研细后，精密称取 0.3576 g，按药典规定的两步滴定方法测定。消耗硫酸滴定液(0.0502mol/L) 22.92mL，空白试验消耗 39.84mL。阿司匹林的相对分子质量为 180.16。试回答下列问题：

(1) 写出反应原理。

(2) 计算滴定度。

(3) 求阿司匹林的标示量(%)。

6. 精密称取丙磺舒片粉(标示量：0.25g/片)0.2946g(约相当于丙磺舒 60mg)，已知平均片重为 1.2750g，将片粉置于 200mL 容量瓶中，加乙醇 150mL 与盐酸(9→100)4mL，置于 70℃水浴上加热 30min，放冷，用乙醇稀释至刻度，摇匀，滤过，弃去初滤液，精密量取续滤液 5mL，置于 100mL 容量瓶中，加盐酸(9→100)2mL，用乙醇稀释至刻度，摇匀。于 1cm 吸收池中以溶剂为空白，在 249nm 的波长处测定吸光度为 0.512，按丙磺舒吸收系数($E_{1cm}^{1\%}$)为 338，计算丙磺舒的标示量的百分含量。

7. 芳胺类药物的含量测定可用非水滴定，对非水滴定回答以下几个问题：

(1) 有机弱碱性的药物为什么采用非水滴定？

(2) 在滴定时有时为什么加入乙酸汞的冰醋酸溶液？

(3) 用 $HClO_4$ 测定碱性物质的含量时，在溶解样品的溶剂冰醋酸中加入适量的乙酸酐又是为什么？

8. 取待检对乙酰氨基酚，精密称定其质量为 0.0401g，置 250mL 容量瓶中，加 0.4%氢氧化钠溶液 50mL 溶解后，加水至刻度，振摇，滤过，精密量取滤液 5mL，置 100mL 容量瓶中，加 0.4%氢氧化钠溶液 10mL，加水至刻度，摇匀，照紫外-可见分光光度法，在 257nm 波长处测定吸光度为 0.570，按对乙酰氨基酚吸收系数($E_{1cm}^{1\%}$)为 715 计算，求其百分含量。

9. 某一个原料药经色谱分析得只有一个色谱峰的色谱图，经元素分析和核磁分析证明为分子式是 C_8H_7N，其红外谱图有以下吸收带：$3030cm^{-1}$，$2920cm^{-1}$，$2220cm^{-1}$，$1610cm^{-1}$，$1510cm^{-1}$，$1450cm^{-1}$，$1380cm^{-1}$等。试回答下列问题：

(1) 计算出该化合物的不饱和度。

(2) 推出该化合物可能的结构。

(3) 写出 $3030cm^{-1}$，$2920cm^{-1}$，$2220cm^{-1}$，$1610cm^{-1}$，$1380cm^{-1}$的归属。

10. 盐酸普鲁卡因的鉴别方法如下：取本品约 0.1g，①加水 2mL，加 10% NaOH 10mL，②即生成白色沉淀，③加热变为油状物；继续加热④产生蒸气，此蒸气能使湿润的红色石蕊试纸变为蓝色；热至油状物消失后，放冷，加盐酸酸化，⑤即得白色沉淀，⑥此沉淀溶于过量的盐酸。试对划线部分进行解释，有化学反应的写出相关的反应式。

11. 用薄层色谱法检查异烟肼中游离肼杂质的鉴别试验方法如下：吸取浓度为 50mg/mL 的供试品溶液 10μL 与浓度为 0.2mg/mL 的硫酸肼($H_2NNH_2 \cdot H_2SO_4$)对照品溶液 2μL，分别点于同一硅胶板上，以异丙醇-丙酮(3∶2)为展开剂，展开后，晾干，喷以乙醇制的对二甲氨基苯甲醛试液，15min 后检视，在供试品主斑点前方与硫酸肼斑点相应的位置上，不得显黄色斑点。试回答下列问题：

(1) 异烟肼中游离肼的限量是多少？

(2) 写出对二甲氨基苯甲醛试液显色游离肼的原理(写出反应式)。

(3) 为什么对二甲氨基苯甲醛试液显色游离肼的反应产物在可见区有吸收？

12. 某一研究人员用反相高效液相色谱法测定氯氮䓬注射液(规格为 2mL∶10mg) 的方法如下：①内标溶液的配制。精称萘 50mg，置 25mL 容量瓶中，加甲醇至刻度，摇匀。②标准溶液的配制。精称氯氮䓬对照品 25mg，置 25mL 容量瓶中，加甲醇溶解并稀释到刻度，摇匀。③测定。精密量取内标溶液和对照溶液各 5mL，置 25mL 容量瓶中加甲醇到刻度，摇匀。准确进样 10μL，得到的色谱图中分离度 $R=3.5$，内标物和对照品的峰面积分别为 6300 和 4800。另取氯氮䓬注射液 1mL 和内标溶液 5mL 置 25mL 容量瓶中，加甲醇并稀释到刻度，摇匀。准确进样 10μL，得到的内标物和样品的峰面积分别为 6100 和 4650。试回答下列问题：

(1) 计算氯氮䓬注射液标示量的百分含量。

(2) 说明内标法的优缺点，选择内标物应遵循什么原则？

(3) 试建立氯氮䓬的鉴别方法，并写出相关的反应式。

13. 维生素 B_1 的含量测定方法如下：取本品 20 片，精密称定(W)，研细，精密称取细粉适量，置 100mL 容量瓶中，加盐酸溶液(9→1000)约 70mL，振摇 15min 使维生素 B_1 溶解，加盐酸溶液(9→1000)稀释至 100mL，摇匀，用干燥滤纸滤过，弃去初滤液，精密量取续滤液 5mL，置另一个 100mL 容量瓶中，再加盐酸溶液(9→1000)稀释至 100mL，摇匀，用紫外-可见分光光度法在 246nm 处测定吸光度 A，维生素 B_1 ($C_{12}H_{17}ClN_4OS \cdot HCl$)的吸收系数($E_{cm}^{1\%}$)为 421。试回答下列问题：

(1) 试推导维生素 B_1 标示量的百分含量的计算公式。

(2) 上述试验步骤中的稀释倍数 D 是多少？

(3) 如果采用非水滴定法测定维生素 B_1 的含量，0.1mol/L $HClO_4$ 的滴定度是多少？

(4) 试说明维生素 B_1 的鉴别方法(一种)，并写出相关的反应式。

第3章 抗生素类药物分析

3.1 概 述

3.1.1 抗生素的定义

抗生素(antibiotics)是生物(包括微生物、植物和动物)在其生命活动过程中产生的(或在生物产物的基础上经生物、化学或生物化学方法衍生的)、在低微浓度下即能选择性地抑制或影响其他生物机能的相对分子质量低的化学物质的总称。抗生素类药物是临床上常用的一类重要药物,ChP2010 共收载抗生素类原料药和制剂约 300 个品种。

目前工业生产的抗生素,多是利用微生物发酵,通过生物合成获得的天然代谢产物,如青霉素(penicillin)、头孢菌素(cephalosporin)、链霉素(streptomycin)、红霉素(erythromycin)、四环素(tetracycline)等。将生物合成法制得的天然代谢产物利用生物、化学或生物化学方法进行分子结构改造,制成的各种衍生物,称为半合成抗生素,如氨苄西林(ampicillin)为半合成青霉素,头孢噻肟(cefotaxime)为半合成头孢菌素。根据天然抗生素的结构,完全采用化学合成方法合成的化合物,称为全合成抗生素。

抗生素的生理活性非常强,在微摩尔甚至纳摩尔浓度时就会有显著的活性。但在高浓度下,即使是一些普通的细胞组分如甘氨酸、亮氨酸,也会对某些细菌的生长有抑制作用。另外,一些厌氧发酵的产物,如乙醇、丁醇在高浓度下也有杀菌或抑菌作用。但是,这些物质都不属于抗生素的范畴。抗生素的主要来源是土壤微生物,包括各种细菌、放线菌、丝状真菌和霉菌等。抗生素属于次生代谢产物,相对分子质量一般不超过几千。溶菌酶(lysozyme)及其他复杂的蛋白质分子虽然也具有抗菌活性,但由于它们的相对分子质量很大,因而习惯上不将它们纳入抗生素类。此外,不能由生物产生而只能用化学方法合成的抗菌药(如抗真菌的克霉唑等)也不属于抗生素范畴。

3.1.2 抗生素的分类

抗生素的种类繁多,光是从自然界获得的抗生素就不下万种,且抗生素性质复杂,用途广泛,随着新抗生素的不断出现,将抗生素进行分类刻不容缓。不同领域的科学家提出了不同的分类方法,其中生物来源、作用对象、作用机制以及化学结构等都可作为抗生素分类的依据。

1. 根据抗生素的生物来源分类

微生物是产生抗生素的主要来源,其中以放线菌产生的抗生素最多,真菌其次,细菌次之,而动植物来源最少。根据抗生素的来源可分为以下 4 类。

1) 放线菌产生的抗生素

在已发现的抗生素中,放线菌是产生抗生素最多的一类微生物,由其产生的抗生素占一半以上,其中又以链霉菌属产生的抗生素为最多,诺卡氏菌属、小单孢菌属次之。这类抗生素中主要有:①氨基糖苷类,如链霉素等。②四环类,如四环素、土霉素等。③大环内酯类,如红霉素、螺旋霉素等。④多烯类,如制霉菌素、抗滴虫霉素等。⑤放线菌素类,如放线菌素 D。⑥蒽沙类，如利福霉素等。

2）真菌产生的抗生素

真菌的四个纲[藻状菌纲（Phycomycetes）、子囊菌纲（Ascomycetes）、担子菌纲（Basidiomycetes）和半知菌纲（Deuteromycetes）]中，半知菌纲中的青霉菌属和头孢菌属是产生抗生素的代表菌属，它们分别产生一些很重要的抗生素，如青霉素、头孢菌素；其次为担子菌纲；藻状菌纲和子囊菌纲产生的抗生素很少。真菌产生的抗生素是脂环芳香类或简单的氧杂环类，多为酸性化合物。

3）细菌产生的抗生素

由细菌产生的抗生素的主要来源是多黏杆菌、枯草杆菌、芽孢杆菌等。属这类抗生素的有丁胺菌素、多黏菌素、杆菌肽等。细菌产生的抗生素多数对肾有毒性且其化学性质一般为碱性。

4）植物或动物产生的抗生素

能够产生抗生素的高等植物大部分是被子植物，如从被子植物蒜中制得的蒜素；较低等的地衣、藻类能产生地衣酸和绿藻素；裸子植物如银杏、红杉等也能产生抗生素。植物产生的抗生素大多是杂环或酯环类物质。动物产生的抗生素如从动物细胞中提取的内源抗生肽素等。

按照生物来源进行抗生素的分类，对寻找新抗生素有一定帮助。其局限性是：一些抗生素能由多种不同的生物产生，不但同一属的生物能产生同一抗生素，不同属甚至不同门的生物也能产生同一抗生素。例如，能产生青霉素的菌种很多，其中不少是属于青霉菌属的，但也有属于头孢菌属或曲菌属的。除此之外，一种菌株可以产生许多不同的抗生素，如灰色链霉菌能产生链霉素，也能产生放线菌酮。

2. 根据抗生素的作用对象分类

根据抗生素的作用对象，可分为以下 9 类：

(1) 广谱抗生素，如氨苄青霉素，它既能抑制革兰氏阳性菌，又能抑制革兰氏阴性菌。

(2) 抗革兰氏阳性菌的抗生素，如青霉素、红霉素等。

(3) 抗革兰氏阴性菌的抗生素，如链霉素、多黏菌素等。

(4) 抗真菌抗生素，如制霉菌素、两性霉素、克念霉素等。

(5) 抗结核分枝杆菌抗生素，如链霉素、卡那霉素等。

(6) 抗病毒和噬菌体抗生素，如四环素、艾霉素等。

(7) 抗癌（肿瘤）抗生素，如阿霉素、放线菌素 D 等。

(8) 抗原虫抗生素，如嘌呤霉素、巴龙霉素等。

(9) 降血脂抗生素，如新霉素等。

按照抗生素的作用对象分类便于临床医师应用时参考。一些抗生素的抗菌谱较广，如四环素和氯霉素等能抑制几类微生物；而一些抗生素的作用对象专一，如青霉素 G 对革兰氏阴性菌有效，灰黄酶素对发癣菌有效等。因此，了解不同抗生素的抗菌谱，便于合理用药，提高疗效。

3. 根据抗生素的作用机制分类

根据抗生素对致病菌的作用机制，可分为以下 5 类：

(1) 抑制细胞壁合成的抗生素，如青霉素、头孢菌素等。

(2) 影响细胞膜功能的抗生素,如制霉菌素、多黏菌素等。

(3) 抑制病原菌蛋白质合成的抗生素,如四环素类抗生素、氨基糖苷类抗生素等。

(4) 抑制或干扰细胞 DNA、RNA 合成的抗生素,如影响 DNA 螺旋结构的丝裂霉素、博来霉素和柔红霉素等,以及抑制 RNA 合成的利福霉素和色霉素等。

(5) 抑制生物能作用的抗生素,如抑制电子转移的抗霉素 A,抑制氧化磷酸化作用的短杆菌肽和寡霉素等。

按照抗生素的作用机制分类,有助于了解抗生素影响病原体的代谢作用机理,从而找出治疗规律,使抗生素的使用更加合理,并为研究新的抗生素奠定基础。但其局限性是:对致病菌作用机制清晰的抗生素为数不多,且存在一种抗生素有多种作用机制,而不同种抗生素也可有相同的作用机制,如氨基糖苷类抗生素和大环内酯类抗生素都能抑制蛋白质的合成等。

4. 根据抗生素的化学结构分类

抗生素的化学结构决定其理化性质、作用机制和疗效,采用化学结构分类是目前较常用的方法。但是,许多抗生素的结构复杂,而且有些抗生素的分子中还含有几种结构,因此按此法分类时,不仅应考虑其整个化学结构,还应着重考虑其活性部分的化学构造。现按习惯法分类如下:

(1) β-内酰胺类抗生素。此类抗生素分子中都包含一个具有抗菌活性的 β-内酰胺环。虽然在微生物和高等植物中都发现有 β-内酰胺环结构的代谢产物,但目前只有从微生物产生的代谢产物用于临床,如青霉素类、头孢菌素类等。这是目前最受重视的一类抗生素。

(2) 氨基糖苷类抗生素。这是氨基糖与配糖基以糖苷键形式结合的苷类衍生物,有 100 多种,组成这类抗生素的单糖与氨基糖,大部分是未曾在天然化合物中见到的特殊糖。目前工业生产的有 10 多种,如链霉素、庆大霉素、卡那霉素、新霉素、巴龙霉素和核糖霉素等。该类抗生素的毒副作用较大,主要用于农业和畜牧业。

(3) 四环类抗生素。四环类抗生素是一大类广谱抗生素。此类抗生素的分子结构中都有一个由 4 个缩聚环呈线性排列的核即四并苯母核。临床上应用较广的有四环素和金霉素等。该类抗生素的抗菌谱较广,几乎无过敏反应且口服效果较好,但容易产生耐药性,对牙齿和骨骼有不良反应。

(4) 大环内酯类抗生素。此类抗生素以一个大环内酯作配糖体,通过羟基以苷键和 1～3 个分子的糖相连。按大环内酯环的组元数分为 12、14 和 16 元环三类。其中临床应用较多的有红霉素、小诺米星、西索米星、妥布霉素、螺旋霉素、柱金白霉素和麦迪加霉素等。该类抗生素毒性较低,在临床上应用较广。

(5) 聚烯烃大环内酯类抗生素。此类抗生素的结构中不仅含有 26～38 元内酯环,内酯环上还含有一系列的不饱和烃键和 3～7 个共轭双键。这类抗生素有两性霉素 B、制霉菌素和灰黄霉素等,主要用于抗真菌感染。该类抗生素的主要缺点是毒性较大。

(6) 多肽类抗生素。此类抗生素由多种氨基酸经肽键缩合成线状、环状或带侧链的环状多肽,相对分子质量一般在 800 以上,通常具有多肽特性。除放线菌、真菌外,尤以细菌(芽孢杆菌)产生最多。较重要的有多黏菌素、杆菌肽、博莱霉素、放线菌素和万古霉素等。其中,博莱霉素属于多肽类抗肿瘤抗生素,直接作用于肿瘤细胞的 DNA,使 DNA 链断裂最终导致肿瘤细胞死亡。

(7) 蒽环类抗生素。此类抗生素大都是临床上常用的抗肿瘤抗生素。其结构特点是有 4

个聚缩环即四并苯醌的糖苷作为糖配基与1～3个残糖基结合，如道诺红霉素、阿霉素和柔红霉素等。阿霉素与柔红霉素的结构中含有蒽醌环与糖基，易溶于水，是酸碱两性化合物。阿霉素的抗瘤谱广，对急性白血病、淋巴瘤、乳腺瘤、甲状腺癌和肺癌等实体瘤有效，但对心脏毒性大，其衍生物表阿霉素的心脏毒性低于阿霉素。柔红霉素用于白血病治疗，也有心脏毒性。为减小阿霉素等的心脏毒性，设计了以蒽醌为母核的合成药物米托蒽醌，其抗瘤谱广，对晚期乳腺癌、白血病有较好疗效，心脏毒性较阿霉素小。丝裂霉素C是由放线菌培养液中分离出的一种抗生素，其结构中含醌、氨基甲酸酯与乙撑亚胺基团，在进入体内后经酶作用生成双功能的烷化剂，导致DNA交联，可用于消化道癌的治疗。

(8) 环桥类抗生素。此类抗生素结构中都具有一个芳香族发色团，发色团两端通过酰胺键、醚键或碳碳键与脂肪族多酮的衍生物(脂肪链桥)相连，如利福霉素、利福平等。

(9) 核苷类抗生素。此类抗生素的结构中都含有碱基和戊糖缩合而成的苷，其种类较少，主要为农用抗生素，如灭孢素、多氧菌素等。

(10) 苯烃基胺类抗生素。这是一类分子中含有芳香环的抗生素，常用于临床的有氯霉素、无味氯霉素和硫霉素等。其中，氯霉素是自然界发现的第一个芳香族硝基化合物，也是第一个用全合成法制成的抗生素。

(11) 酰胺醇类(氯霉素类)抗生素。如氯霉素、甲砜霉素和氟苯尼考等。

(12) 林可胺类抗生素。如林可霉素、克林霉素等。

(13) 聚醚类(离子载体类)抗生素。如盐霉素、莫能菌素、海南霉素、马杜霉素和拉沙里菌属等。

3.1.3 抗生素类药物的特点

抗生素主要由微生物发酵、经化学纯化、精制和化学修饰等过程，最后制成适当制剂。与化学合成药物相比，其结构、组成更复杂，表现为以下3点：

(1) 化学纯度较低。有三多，即异构体多，半合成β-内酰胺抗生素、氨基糖苷类抗生素具有旋光性，均存在光学异构体，如药用巴龙霉素为两个立体异构体巴龙霉素Ⅰ和巴龙霉素Ⅱ的混合物；同系物多，如新霉素、庆大霉素等含有多个组分；降解产物多，如四环素类存在脱水、差向异构体。

(2) 活性组分易发生变异。微生物菌株的变化、发酵条件的改变等均可导致产品质量发生变化，如组分的组成或比例的改变。又如发酵液中的杂质非常复杂，包括脂肪、无机盐、各种蛋白质及其降解产物，以及热原、色素、毒性物质等，产品虽经提纯，成品中仍不可避免含有各种杂质。

(3) 稳定性差。抗生素分子结构中通常含有活泼基团，而这些基团往往是抗生素的活性中心，如青霉素、头孢菌素类结构中的β-内酰胺环，链霉素结构中的醛基等均具有稳定性差的特点。一些抗生素在生产、销售、储存和使用过程中容易发生化学结构的变化或分解，使其疗效降低乃至失效，有时甚至引起毒副作用。

3.1.4 抗生素类药物的质量分析

根据抗生素的性质以及生产方法的特殊性和复杂性，为保证用药的安全与有效，抗生素类药物与一般化学药品一样需要通过鉴别、检查和含量(效价)测定三个主要方面来判断其质量的优劣。

1. 鉴别试验

鉴别试验是运用理化方法或生物学方法证明是何种抗生素或属于抗生素的何种盐，其中，理化方法较为常用。

(1) 官能团的显色反应。如 β-内酰胺环的羟肟酸铁反应；链霉素的麦芽酚反应、坂口反应；四环素类的浓硫酸显色反应、三氯化铁反应等。对于抗生素盐类，通常鉴别酸根或金属离子或有机碱等。

(2) 光谱法。包括红外吸收光谱、紫外吸收光谱的鉴别。对抗生素进行红外光谱分析时需注意抗生素存在的多晶现象，当对照品与供试品图谱不一致时，用相同溶剂同时重结晶对照品和供试品，使两者处于相同晶形情况下进行测定。若多晶效应是由研磨和压片过程中的晶相转变所致，则应采用溶液法试验。若各类抗生素药物分子结构中具有特定的发色团和助色团，在紫外光区有特征吸收，也可用来进行鉴别。

(3) 色谱法。包括薄层色谱法和高效液相色谱法，采用标准品对照法，根据各组分比移值(R_f)或保留时间(t_R)进行鉴别。

(4) 旋光性。许多抗生素类药物分子结构中具有手性碳原子，因此具有旋光性，可用于鉴别。

(5) 生物学法。是检查抗生素灭活前后的抑菌能力，并与已知含量的对照品对照后进行鉴别。此法现已少用。

2. 检查项目

抗生素类药物的检查项目包括：

(1) 影响产品稳定性的指标。酸碱度、结晶性、水分或干燥失重等。

(2) 控制有机和无机杂质的指标。溶液的澄清度与颜色、有关物质、残留溶剂、重金属、炽灼残渣等。

(3) 与临床安全性密切相关的指标。异常毒性、热原或细菌内毒素、降压物质、无菌等。

(4) 其他检查项目。由于各种抗生素及其制剂的生产过程和性质不同，规定的检查项目也不完全相同。对于多组分抗生素要进行组分分析等(如硫酸庆大霉素的"庆大霉素 C 组分的测定"等)。此外，有些抗生素还规定"吸碘物质"(如氨苄西林钠等)、"聚合物"(如 β-内酰胺类抗生素等)、"悬浮时间与抽针试验"(如注射用普鲁卡因青霉素等)、"杂质吸光度"(如四环素类抗生素等)等项目的检查。

3. 含量或效价测定

抗生素的含量或效价测定方法主要分为微生物检定法和理化方法两大类。理化方法称为含量测定，生物学方法或生化方法测定称为效价测定。

1) 微生物检定法

微生物检定法是利用抗生素在低微浓度下有选择地抑制或杀死微生物的特点，以抗生素的抗菌活性为指标，来衡量抗生素效价(potency)的一种方法。

其测定原理与临床应用的要求一致，更能确定抗生素的医疗价值。该法的设计是根据量反应平行线原理，在实验所用的剂量范围内，对数剂量与反应呈直线关系，供试品和标准品的直线应平行。

测定方法可分为稀释法、管碟法（琼脂扩散法）和浊度法，其中后两种为抗生素微生物检定的国际通用方法。

(1) 稀释法。常用的是琼脂稀释法，该法是将不同剂量的标准品与供试品抗生素药物加入融化并冷却至50℃左右的定量琼脂培养基中，制成含不同递减浓度抗生素药物的平板，随后接种受试菌，并在规定条件下培养一段时间，观察其消长情况，比较标准品与供试品对受试菌生长的抑制程度，进而测定供试品效价。

(2) 管碟法。是利用抗生素在琼脂培养基内的扩散作用，比较标准品与供试品两者对接种的实验菌产生抑菌圈的大小，以测定供试品效价的一种检测方法。此方法是抗生素含量测定的一种经典方法，我国历版药典均收载了此方法。

(3) 浊度法。是利用抗生素在液体培养基中对试验菌生成的抑制作用，通过测定培养后细菌浊度值的大小，比较标准品与供试品对试验菌生成抑制的程度，以测定供试品效价的一种方法。ChP2005 首次收载此方法，应用此方法进行含量测定的只有氨基糖苷类的庆大霉素及其制剂共 6 个药品。

微生物检定法灵敏度高、所需供试品量小，测定结果较直观；测定原理与临床应用的要求一致，更能确定抗生素的医疗价值；而且适用范围广，较纯的精制品、纯度较差的制品、已知的或新发现的抗生素均能应用；对同一类型的抗生素不需分离，可一次测定其总效价，是抗生素药物效价测定的最基本方法。但有操作步骤多、测定时间长、误差大等缺点，随着抗生素类药物分析技术的进步，理化方法逐渐取代了生物学法；但对于分子结构复杂、多组分的抗生素，微生物检定法仍是首选的效价测定方法。

2) 理化方法

理化方法是根据抗生素的化学结构特点，利用其特有的理化性质及反应而进行的。对于提纯的产品以及化学结构已确定的抗生素，能较迅速、准确地测定其含量，并具有较高的专属性。但本法也存在不足，如化学方法依赖于其化学结构上官能团的特殊化学反应，对含有同样官能团杂质的供试品不适用，或需采取适当方法加以校正。另外，当该法是利用某一类型抗生素的共同结构部分的反应时，所测得的结果往往只能代表药物的总含量，并不一定能代表抗生素的生物效价；只有当本法的测定结果与生物效价吻合时，才可用于效价测定。因此，通常在以理化方法测定抗生素含量时，不但要求方法正确可靠、操作简单、专属性强、省时、样品用量少和试剂易得，而且要求测定结果必须与生物效价吻合。目前，世界各国药典所收载的抗生素检测理化方法主要是 HPLC 法，如 β-内酰胺类、四环素类、大环内酯类等抗生素大多采用 HPLC 法测定含量。

3) 抗生素活性表示方法

抗生素的活性以效价单位表示，即每毫升或每毫克中含有某种抗生素的有效成分的多少，用单位(U)或微克(μg)表示。各种抗生素的效价基准是人们为了生产科研方便而规定的，如1mg 青霉素钠定为 1670 单位；1mg 硫酸卡那霉素定为 670 单位。一种抗生素有一个效价基准，同一种抗生素的各种盐类的效价可根据其相对分子质量与标准盐类进行换算。例如，1mg 青霉素钾的单位(U)＝1670×356.4/372.5＝1598(U/mg)。以上为抗生素的理论效价，实际样品往往低于该理论效价。

3.2　β-内酰胺类抗生素

3.2.1　结构

本类抗生素包括青霉素类(penicillins)和头孢菌素类(cephalosporins),它们的分子中都含有β-内酰胺环,因此统称为β-内酰胺类抗生素。它们的分子中都有一个游离羧基和酰胺侧链。二者都含有连续的—C—CO—NH—C—CO—N—C—COO—基。其基本结构如图 3-1 所示。

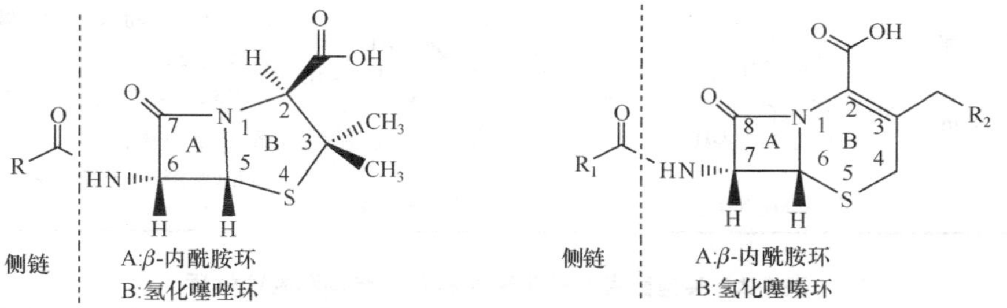

青霉素类　　　　头孢菌素类

图 3-1　青霉素类和头孢菌素类的基本结构

青霉素类的结构由侧链 RCO—和母核 6-氨基青霉烷酸(6-aminopenicillanic acid,6-APA)两部分结合而成,母核是由β-内酰胺环和氢化噻唑环并合而成的双杂环。头孢菌素类的结构由侧链 R_1CO—和母核 7-氨基头孢烷酸(7-aminocephalosporanic acid,7-ACA)两部分结合而成,母核是由β-内酰胺环和氢化噻嗪环并合而成的双杂环。不同类型的青霉素和头孢菌素仅是它们分子中的取代基 R,R_1,R_2不同。

青霉素分子中含有三个手性碳原子(C2,C5,C6)、头孢菌素分子中含有两个手性碳原子(C6,C7)。由于酰胺基上 R 以及 R_1的不同,构成各种不同的青霉素和头孢菌素。ChP2010 收载的部分青霉素类和头孢菌素类药物分别列于表 3-1 及表 3-2。

表 3-1　青霉素类抗生素原料药的结构和物理性质

药物名称	结构式/分子式/相对分子质量	物理性质
阿莫西林 amoxicillin	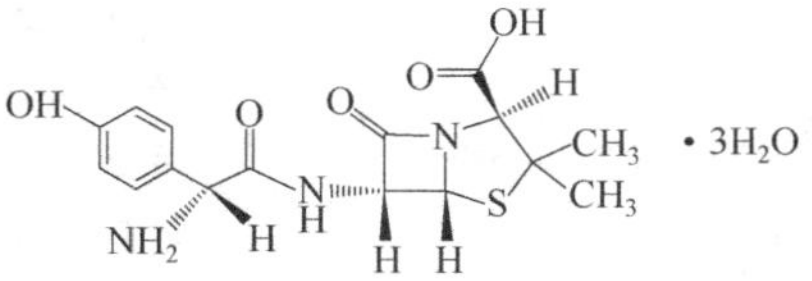 $C_{16}H_{19}N_3O_5S \cdot 3H_2O$　419.46	白色或类白色结晶性粉末,味微苦; 在水中微溶,在乙醇中几乎不溶 $[\alpha]_D$(水溶液)+290°～+315°
青霉素钠 benzylpenicillin sodium	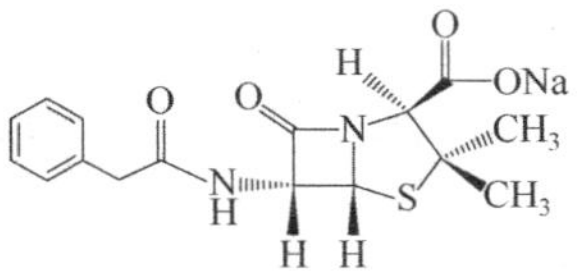 $C_{16}H_{17}N_2NaO_4S$　356.38	白色结晶性粉末;无臭或微有特异性臭;有引湿性;遇酸、碱或氧化剂等迅速失效,水溶液在室温放置易失效; 在水中极易溶解,在乙醇中溶解,在脂肪油或液状石蜡中不溶

续表

药物名称	结构式/分子式/相对分子质量	物理性质
氨苄西林 ampicillin	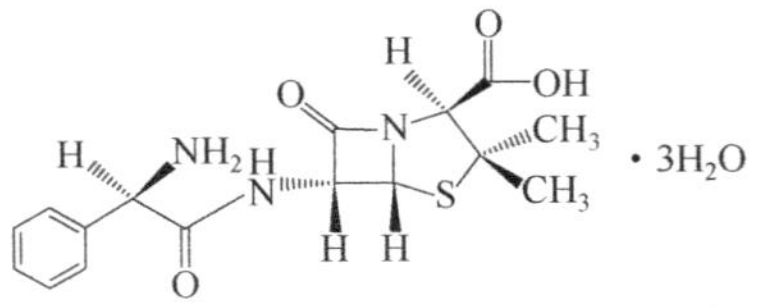 $C_{16}H_{19}N_3O_4S \cdot 3H_2O$　403.45	白色结晶性粉末；味微苦； 在水中微溶，在三氯甲烷、乙醇、乙醚或不挥发油中不溶；在稀酸溶液或稀碱溶液中溶解 $[\alpha]_D$(水溶液)+280°～+305°
普鲁卡因青霉素 procaine benzylpenicillin	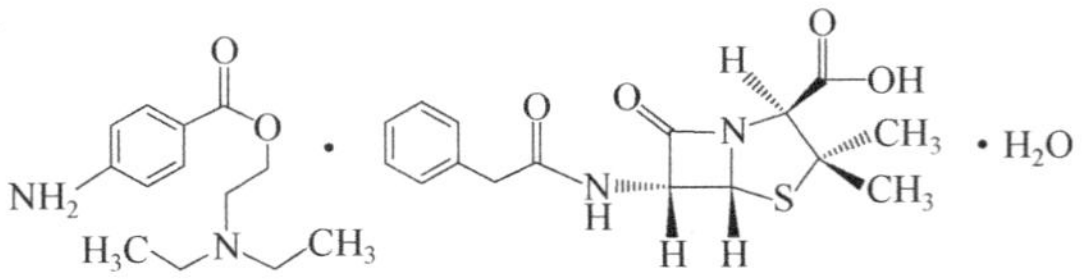 $C_{13}H_{20}N_2O_2 \cdot C_{16}H_{18}N_2O_4S \cdot H_2O$　588.72	白色微晶性粉末；遇酸、碱或氧化剂等迅速失效； 在甲醇中易溶，在乙醇或三氯甲烷中略溶，在水中微溶 $[\alpha]_D$(水溶液)+280°～+305°

表 3-2　头孢菌素类抗生素原料药的结构和物理性质

药物名称	结构式/分子式/相对分子质量	物理性质
头孢他啶 ceftazidime	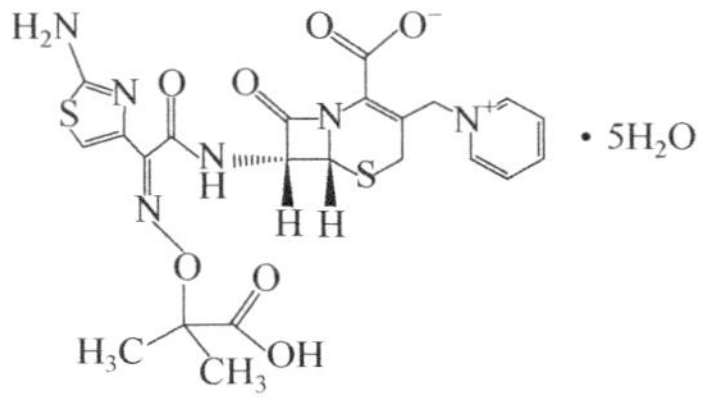 $C_{22}H_{22}N_6O_7S_2 \cdot 5H_2O$　636.65	白色或类白色结晶性粉末；无臭或微有特臭； 在磷酸盐缓冲液(pH 6.0)中略溶，在水或甲醇中微溶，在丙酮或三氯甲烷中不溶 $E_{1cm}^{1\%}$(磷酸盐缓冲液 pH 6.0)400～430
头孢克洛 cefaclor	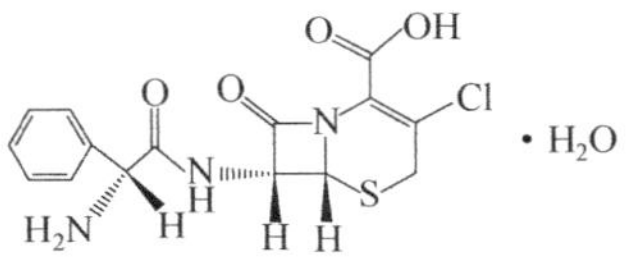 $C_{15}H_{14}ClN_3O_4S \cdot H_2O$　385.82	白色至微黄色粉末或结晶性粉末；微臭； 在水中微溶，在甲醇、乙醇、三氯甲烷或二氯甲烷中几乎不溶 $[\alpha]_D$(水溶液)+105°～+120° $E_{1cm}^{1\%}$(水溶液)230～255
头孢呋辛酯 cefuroxime axetil	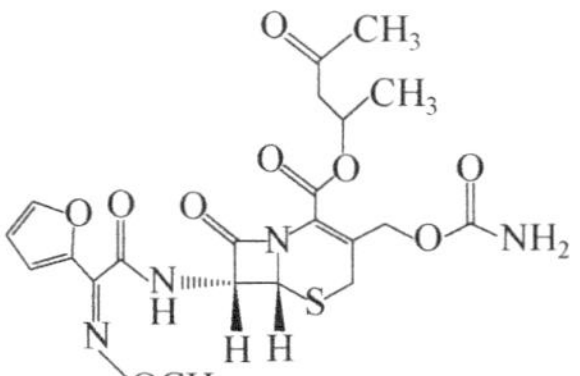 $C_{20}H_{22}N_4O_{10}S$　510.48	白色或类白色粉末；几乎无臭，味苦； 在丙酮中易溶，在三氯甲烷中溶解，在甲醇或乙醇中略溶，在乙醚中微溶，在水中不溶 $E_{1cm}^{1\%}$(甲醇)390～420
头孢拉定 cephradine	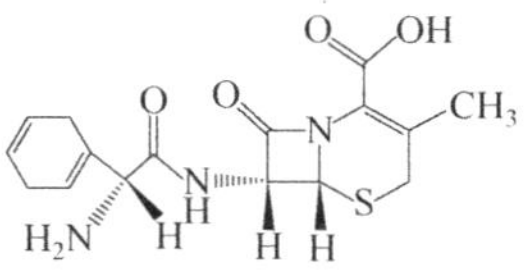 $C_{16}H_{19}N_3O_4S$　349.40	白色或类白色结晶性粉末；微臭； 在水中略溶，在乙醇、三氯甲烷或乙醚中几乎不溶 $[\alpha]_D$(乙酸盐缓冲液 pH 4.6)+80°～+90°

续表

药物名称	结构式/分子式/相对分子质量	物理性质
头孢氨苄 cefalexin	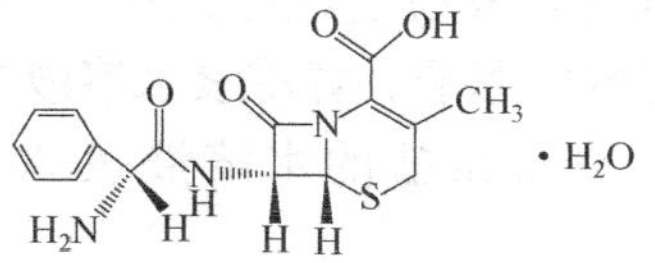 $C_{16}H_{17}N_3O_4S \cdot H_2O$　385.41	白色或乳黄色结晶性粉末；微臭； 在水中微溶，在乙醇、三氯甲烷或乙醚中不溶 $[\alpha]_D$(水溶液)＋149°～＋158° $E_{1cm}^{1\%}$(水溶液)220～245
头孢羟氨苄 cefadroxil	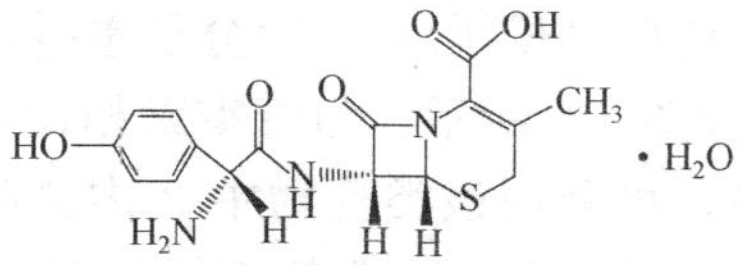 $C_{16}H_{17}N_3O_5S \cdot H_2O$　381.41	白色或类白色结晶性粉末；有特异臭味； 在水中微溶，在乙醇、三氯甲烷或乙醚中几乎不溶
头孢克肟 cefixime	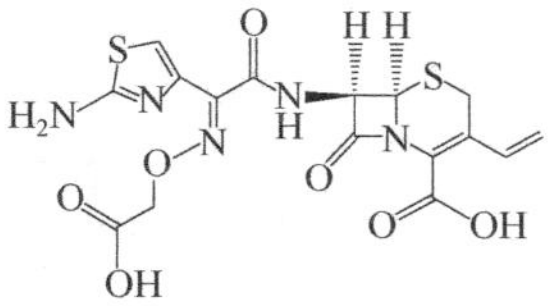 $C_{16}H_{15}N_5O_7S_2$　453.45	白色至淡黄色结晶性粉末，无味，具轻微特异臭； 易溶于甲醇、二甲基亚砜，略溶于丙酮，难溶于乙醇，几乎不溶于水、乙酸乙酯、乙醚、乙烷中

3.2.2　性质

1. 酸性

青霉素类和头孢菌素类分子中的游离羧基具有相当强的酸性(大多数青霉素的 pK_a 为 2.5～2.8)，能与无机碱或某些有机碱作用成盐。例如，青霉素钠(钾)、氨苄西林钠、普鲁卡因青霉素、头孢噻吩钠以及头孢唑啉钠等。可利用本类药物各种盐的反应进行鉴别。

2. 溶解性

青霉素类和头孢菌素类分子中的游离羧基具有强酸性，易与碱成盐，其碱金属盐易溶于水，而有机碱盐难溶于水，易溶于甲醇等有机溶剂。青霉素的碱金属盐水溶液遇酸则析出游离体的白色沉淀。

3. 旋光性

青霉素分子中有 3 个手性碳原子，头孢菌素分子中有 2 个手性碳原子，因此两者均有旋光性。例如，氨苄西林的比旋度为＋280°～＋305°，头孢克洛的比旋度为＋105°～＋120°。可利用此性质进行定性和定量分析。

4. 紫外吸收特性

青霉素类分子中的环状母核部分无紫外吸收，但其侧链部分由于有苯环或萘基等共轭体系则有紫外吸收特性。例如，青霉素钠的 R 为苄基，因而其水溶液在 264nm 波长处具有较强的紫外吸收；头孢菌素类分子中母核部分有 O═C—N—C═C 结构，因此有紫外吸收，如头孢氨苄的水溶液在 262nm 波长处有最大吸收。可利用这一性质进行鉴别、检查和含量测定。

5. β-内酰胺环的不稳定性

干燥状态下，青霉素和头孢菌素类药物均较稳定，室温条件下密封保存可储存 3 年以上，但二者的水溶液很不稳定，易受 pH 和温度的影响。青霉素水溶液在 pH 6～6.8 时较稳定，但有水存在时，易水解和发生分子重排。青霉素盐的水溶液在 30℃ 放置 24h 后，效价下降达 56%。

β-内酰胺环是青霉素结构中最不稳定的部分，与酸碱、青霉素酶、羟胺及某些金属离子(铜、铅、汞和银等)或氧化剂等作用时，易水解开环，并发生分子重排，导致 β-内酰胺环的破坏而失去抗菌活性。青霉素的降解过程如图 3-2 所示。与青霉素相比，头孢菌素不易发生开环反应，对稀酸和青霉素酶相对稳定得多。可利用该类药物中 β-内酰胺环的不稳定性，即在一定条件下根据降解产物的性质，分别选用碘量法、酸碱滴定法、电位配位滴定法、紫外-可见分光光度法测定该类药物的含量。

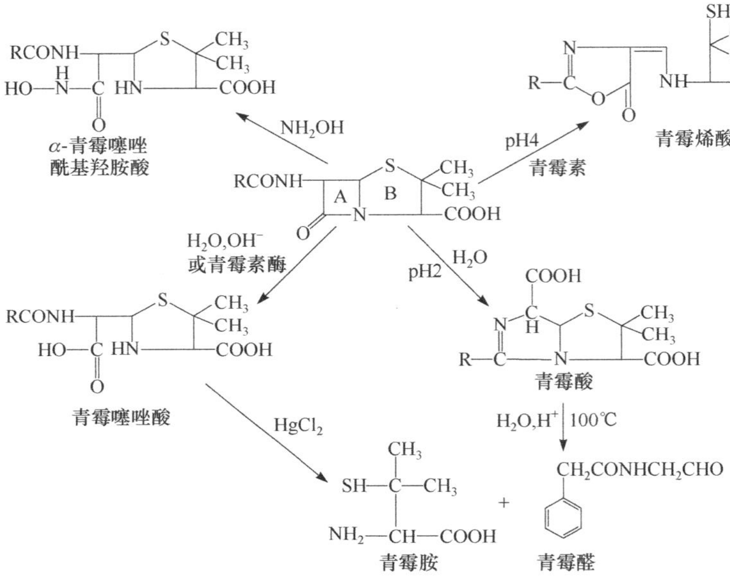

图 3-2 青霉素的降解过程

6. 引湿性及晶形

粉末药物的引湿性大小与适宜的包装、储存条件、制剂工艺及剂型有着密切的关系。包装或储存条件不当，易引起药物外观的变化，如结团、潮解、变色，从而发生内在质量的改变。因此 ChP 已把粉末药物的引湿性列为药物性状的考核项目之一。

粉末药物因生产工艺的差别产生粉末状态(结晶形或非结晶形)的差别，从而对引湿性特征有所影响。例如，头孢唑啉钠，因精制工艺的不同，有 α 型、β 型、γ 型等晶形及非结晶形粉末。α 型含 5 分子结晶水，在 185～186℃分解；β 型含 1 分子结晶水，在 188～189℃分解；γ 型含 1 分子乙二醇，在 172～174℃分解。结晶形和非结晶形之间可以相互转化，如 α 型结晶用适当溶剂处理失水后可转为 β 型，进一步失水可转变成不含结晶水的非晶形粉末，反之 β 型结晶暴露于 100%湿度条件下会转变成 α 型结晶。

由于晶形的不同，红外吸收图谱也有显著差别，因此可借助红外吸收图谱判断其晶形。

此外，青霉素可与羟胺作用生成羟肟酸衍生物。头孢菌素也有类似反应。这一性质，可作为二者鉴别和比色分析的根据。青霉素遇费林试剂或土伦试剂等氧化性试剂，可被氧化并伴随有红色氧化亚铜或黑色金属银沉淀生成，可用于一般鉴别反应。

3.2.3　鉴别试验

β-内酰胺类抗生素的几种常用的鉴别试验介绍如下。

1. 显色反应

1）羟肟酸铁反应

青霉素及头孢菌素在碱性条件下与羟肟作用，β-内酰胺环破裂生成羟肟酸；在稀酸中与高铁离子显色。反应式如图 3-3 所示。

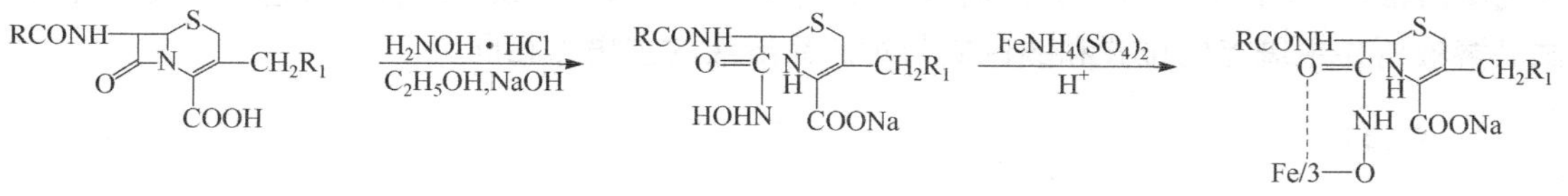

图 3-3　β-内酰胺类抗生素的羟肟酸铁反应

2）类似肽键的反应

（1）茚三酮反应。茚三酮在微酸性条件下与含有 α-氨基、亚氨基的氨基酸一起加热，发生氧化、脱氨、脱羧等作用，可形成还原茚三酮氨基衍生物。此衍生物与茚三酮反应生成蓝紫色化合物，称为茚三酮反应，是鉴别含有游离状态 α-氨基的特征性试验。例如，氨苄青霉素（氨苄西林）钠是 6[D-(一)-α-氨基-苯乙酰胺基]青霉烷酸的钠盐，其分子中含有 α-氨基，因此显茚三酮反应。

（2）双缩脲反应。青霉素与头孢菌素类药物分子结构中含有—CONH 酰胺基团，可显双缩脲反应。

3）其他显色反应

（1）变色酸-硫酸显色反应。阿莫西林加变色酸-硫酸试剂混合后，于 150℃加热 2～3min，因分解出的甲醛与变色酸缩合而显深褐色。

（2）与重氮苯磺酸显色反应。青霉素与头孢菌素类药物的侧链含有苯酚基团（$—C_6H_5OH$）时，可与重氮苯磺酸试液发生偶合反应，显橙黄色。

（3）硫酸-硝酸显色反应。头孢菌素与硫酸-硝酸反应后显色，此显色反应可区别某些头孢菌素类抗生素。例如，头孢噻吩钠显红棕色，头孢氨苄显黄色，头孢噻肟钠显亮黄色。

（4）与铜盐显色反应。头孢氨苄加乙酸、硫酸铜、氢氧化钠试液后，生成铜配位盐，显橄榄绿色。此反应可与其他头孢菌素类抗生素区别。

2. 焰色反应

钾、钠盐的焰色反应：青霉素类、头孢菌素类药物中，许多制成钾盐或钠盐供临床使用，因而可利用钾、钠离子的火焰反应进行鉴别。

3. 色谱法

(1) HPLC。利用比较供试品与对照品主峰的保留时间进行鉴别。一般都规定在含量测定项下的高效液相色谱图中，供试品和对照品主峰的保留时间应一致。各国药典对收载的β-内酰胺类抗生素几乎均采用了本法进行鉴别，如 ChP2010 收载的头孢羟氨苄、头孢噻吩钠、头孢克洛等均采用本法鉴别。

(2) TLC。ChP2010 对头孢克洛的鉴别。取本品适量，加水溶解并制成 1mL 中约含 2mg 的溶液，作为供试品溶液；另取头孢克洛对照品适量，加水制成 1mL 中约含 2mg 的溶液，作为对照品溶液；再取对照品和供试品适量，加水制成 1mL 中各含 2mg 的溶液，作为混合溶液。照薄层色谱法试验，吸取上述三种溶液各 2μL，分别点于同一硅胶 H 薄层板[取硅胶 H 2.5g，加 0.1%羧甲基纤维素钠溶液 8mL，研磨均匀后铺板(10cm×20cm)，经 105℃活化 1h，放入干燥器中备用]上，以新配制的 0.1mol/L 枸橼酸溶液-0.1mol/L 磷酸氢二钠溶液-6.6%茚三酮的丙酮溶液(60∶40∶1.5)为展开剂展开，晾干，110℃加热 15min，混合溶液应显一个斑点，供试品溶液所显主斑点的位置和颜色应与对照品溶液的主斑点相同。

4. 光谱法

1) IR

红外吸收光谱反映了分子的结构特征，各国药典对收载的β-内酰胺类抗生素几乎均采用本法进行鉴别。该类抗生素的β-内酰胺环羰基的伸缩振动($1750\sim1800cm^{-1}$)，仲酰胺的氨基，羰基的伸缩振动($3300cm^{-1}$，$1525cm^{-1}$，$1680cm^{-1}$)，羧酸离子的伸缩振动($1600cm^{-1}$，$1410cm^{-1}$)是该类抗生素共有的特征峰。现以阿莫西林的红外光谱图说明β-内酰胺类抗生素分子的结构特征(图 3-4)。

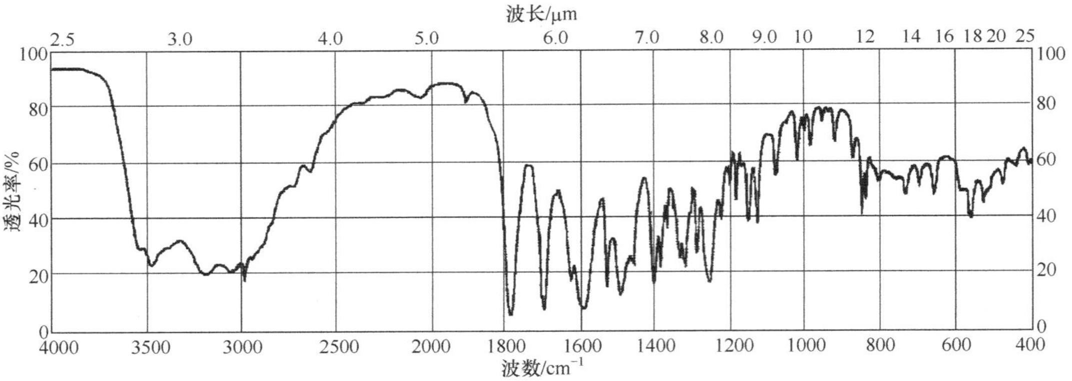

图 3-4　阿莫西林的红外光谱图

特征吸收峰归属

峰位/cm^{-1}	归属
3600～2600	ν_{O-H}
1780	$\nu_{C=O}$
1690	$\nu_{C=O}$
1585，1480	ν_{COO^-}
1250	ν_{C-O}

2) UV

(1) 直接鉴别法。将供试品配成适当浓度的水溶液，根据其紫外-可见吸收光谱的最大吸收波长或最大吸收波长处的吸光度进行鉴别。例如，ChP2010头孢替唑钠的紫外鉴别法：取本品适量，加水溶解并稀释制成1mL中约含16μg的溶液，照紫外-可见分光光度法测定，在272nm波长处有最大吸收。

(2) 利用水解产物鉴别。先将供试品在一定条件下水解，测定水解产物的最大吸收波长。例如，苯唑西林钠的鉴别是利用苯唑西林钠在弱酸性条件下经微量铜离子的催化，β-内酰胺环发生分子重排，产生的苯咗青霉烯酸在339nm波长处有最大吸收。鉴别方法：取本品，加乙酸-乙酸钠缓冲液(pH 3.8)制成1mL中含50μg的溶液，量取10mL，在水浴中加热30min，立即冷却，以未加热的供试品缓冲液作空白，照紫外-分光光度法测定，在339nm波长处有最大吸收，吸光度约为0.6。

3) 核磁共振光谱

核磁共振光谱是利用构成分子的原子核本身性质的差异进行分析，而不是利用核外电子性质的差异进行分析，因而专属性很高。由于各种药物在重水(D_2O)中的NMR谱有明显差别，JP13收载的头孢氨苄、头孢噻吩、头孢拉定等37种药物均采用本法进行鉴别。

5. 青霉素酶法试验

青霉素被青霉素酶水解而失去抗菌作用，再用敏感型金黄色葡萄球菌试验其是否已被水解，如供试品已失去抗菌作用，则证明本品是青霉素。实验方法：将青霉素供试品与对照品制备成一定浓度的溶液，各取出一部分用青霉素酶灭活。用滤纸片测定生物活性。经青霉素酶灭活的供试品溶液和对照品青霉素溶液的滤纸片周围应无抑菌圈，未经青霉素灭活的供试品和对照品青霉素溶液的滤纸片周围均有抑菌圈。

3.2.4 特殊杂质检查

本类抗生素的特殊杂质主要有聚合物、有关物质和异构体等，一般采用HPLC法控制其限量，也有采用测定杂质的吸光度来控制杂质量的。此外，有的还进行结晶性、抽针与悬浮时间等有效性试验，部分抗生素还检查有机溶剂残留量。

1. 聚合物

《中国药典》对头孢他啶、头孢曲松钠、头孢噻肟钠等规定了聚合物的检查。检查方法采用分子排阻色谱法。

分子排阻色谱法主要根据待测组分的分子大小进行分离，分离原理为凝胶色谱的分子筛机制。多以亲水硅胶、凝胶或经修饰凝胶为填充剂，其表面分布着不同尺寸的孔径，药物分子进入色谱柱后，它们中的不同组分按其分子大小分别进入相应的孔径内，大于所有孔径的分子则不能进入填充剂颗粒内部，在色谱过程中不被保留，最早被流动相洗出，表现为保留时间较短；小于所有孔径的分子能自由进入填充剂表面的所有孔径，在柱中滞留时间较长；其余分子则按分子大小依次被洗脱。

在药物分析中的相对分子质量或相对分子质量分布测定中，通常采用高效分子排阻色谱法(HPSEC)。色谱柱的填充剂应与供试品分子大小相适应。流动相通常为水溶液或缓冲液，其pH不宜超出填充剂的耐受范围，一般pH为2～8。除此之外，流动相中也可加入适量有机溶剂,但不宜过浓,一般不应超过30%,且流速不宜过快,一般为0.5～1.0mL/min。

高效分子排阻色谱法的系统适用性试验中色谱柱的理论板数(n)、重复性、分离度、拖尾因子的测定方法,在一般情况下,同高效液相色谱法项下方法,但在高分子杂质检查时,某些药物分子的单体与其二聚体不能达到基线分离,其分离度以下面的公式计算,除另有规定外,分离度应大于2.0。

$$R=\frac{\text{二聚体的峰高}}{\text{单体与二聚体之间的谷高}}$$

聚合物杂质定量方法:

(1) 主成分自身对照法。一般用于聚合物杂质含量较低的品种。

(2) 限量法。一般用于混合物中聚合物杂质的控制。通常规定不得检出保留时间小于对照品保留时间的组分。

(3) 自身对照外标法。一般用于 Sephadex G-10 凝胶色谱系统 β-内酰胺抗生素中聚合物杂质的检查。在该分离系统中,除部分寡聚物外,β-内酰胺抗生素中聚合物杂质在色谱过程中均不保留,即所有的聚合物杂质均表现为单一的色谱峰,以供试品自身为对照品,按外标法计算供试品中聚合物杂质的相对百分含量。

(4) 面积归一化法。

示例 3-1　现以头孢曲松钠为例,说明聚合物的检查方法。按照 ChP2010 附录ⅤH 分子排阻色谱法测定。

色谱条件与系统适用性试验:以葡聚糖凝胶 G-10(40～120μm)为填充剂,玻璃柱内径1.0～1.4cm,柱高30～40cm。以 pH 7 的磷酸盐缓冲溶液(0.1mol/L)为流动相 A,以水为流动相 B,流速1.5mL/min,检测波长为254nm。分别以 A、B 为流动相,以0.5mg/L 的蓝色葡聚糖2000溶液100～200μL 注入液相色谱仪,记录色谱图,理论板数以蓝色葡聚糖2000计,不低于400,拖尾因子均应小于2.0。两种流动相系统中蓝色葡聚糖2000峰的保留时间的比值应为0.93～1.07。称取头孢曲松钠约0.2g,置10mL 容量瓶中,用0.4mg/mL 的蓝色葡聚糖2000溶解并稀释至刻度,摇匀。取100～200μL 注入液相色谱仪,用流动相 A 进行测定,记录色谱图,高聚体的峰高与单体与高聚体之间的谷高比应大于2.0。另以流动相 B 为流动相,精密量取对照溶液100～200μL,连续进样5次,峰面积的相对标准偏差应不大于5.0%。

对照溶液的制备:取头孢曲松钠对照品适量,精密称定,加水溶解并稀释制成1mL 中约含0.1g 的溶液。

测定方法:取本品0.2g,精密称定,置10mL 容量瓶中,加水溶解并稀释至刻度,摇匀,立即取100～200μL 注入液相色谱仪,以流动相 A 为流动相进行测定,记录色谱图。另精密量取对照液100～200μL 注入液相色谱仪,以流动相 B 为流动相,同法测定。按照外标法以头孢曲松钠进行计量,聚合物的含量应不大于0.5%。

2. 有关物质和异构体

β-内酰胺类抗生素中的有关物质和异构体通常采用色谱法检查。本类药物多数规定有关物质检查,部分还检查异构体杂质。

示例 3-2　头孢呋辛酯中有关物质和异构体的检查。

头孢呋辛酯为口服头孢菌素前药,在体内羧酸酯经酯酶水解后形成头孢呋辛酯,起抗菌作用。头孢呋辛酯异构体结构式如图3-5所示。

头孢呋辛酯异构体的制备:取头孢呋辛酯对照品适量,加流动相溶解,并稀释制成1mL 中约含0.2mg 的溶液,取此液在60℃水浴中加热至少1h,冷却,得含头孢呋辛酯$\triangle^3$-异构体的溶液;另取本品适量,加流动相溶解并制成1mL 中约含0.2mg 的溶液,经紫外光照射24h,得含头孢呋辛酯两个 E 异构体的溶液。

色谱条件与系统适用性试验:以十八烷基硅胶键合硅胶为填充剂;以0.2mol/L 磷酸二氢铵溶液-甲醇

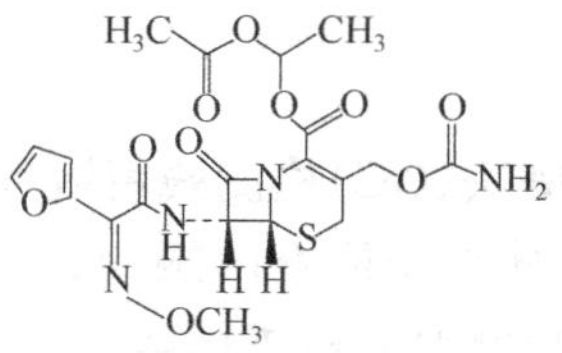

头孢呋辛酯A, B异构体

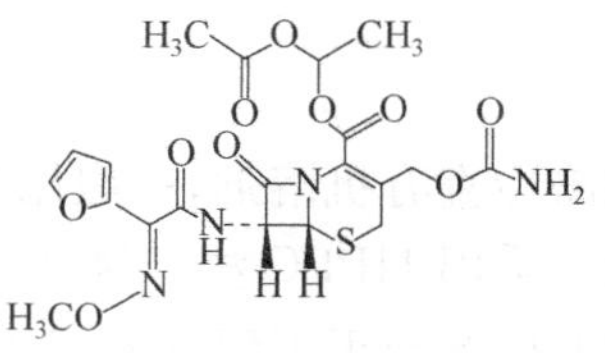

E异构体

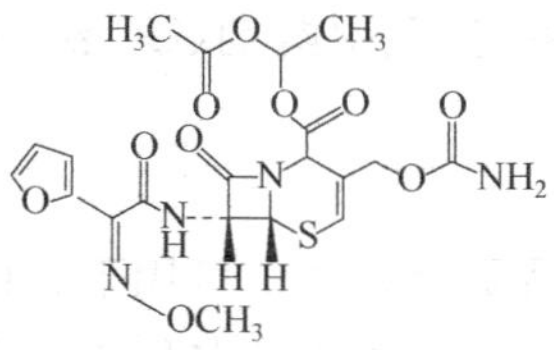

△^{3}-异构体

图 3-5　头孢呋辛酯异构体结构式

(62：38)为流动相；检测波长为 278nm。取上述制得的两种异构体溶液各 20μL，分别注入液相色谱仪，记录色谱图。头孢呋辛酯 A、B 异构体、△^{3}-异构体与两个 *E* 异构体峰的相对保留时间分别约为 1.0，0.9，1.2 及 1.7 和 2.1。头孢呋辛酯 A、B 异构体之间，头孢呋辛酯 A 异构体与△^{3}-异构体之间的分离度应符合要求。

有关物质：取本品适量，精密称定(约相当于头孢呋辛酯 50mg)，置 100mL 容量瓶中，加甲醇 10mL，强力振摇溶解，再用流动相稀释并制成 1mL 中含 0.25mg 的溶液，作为供试品溶液；精密量取 1mL，置 100mL 容量瓶中，加流动相稀释至刻度，摇匀，作为对照溶液。取对照溶液 20μL，注入液相色谱仪，调节检测灵敏度，使两主成分中任一主成分色谱峰的峰高约为满量程的 20%，立即精密量取供试品溶液与对照溶液各 20μL，分别注入液相色谱仪，记录色谱图至头孢呋辛酯 A 异构体峰保留时间的 3.5 倍。供试品溶液色谱图中如有杂质峰，计算各杂质峰的面积，其中两个 *E* 异构体峰面积之和不得大于对照溶液两个主峰面积之和(1.0%)，△^{3}-异构体峰面积不得大于对照溶液两个主峰面积之和的 1.5 倍(1.5%)，其他单个杂质峰面积不得大于对照溶液两个主峰面积之和的 0.5 倍(0.5%)，所有杂质峰面积的和不得大于对照溶液两个主峰面积之和的 3 倍(3.0%)，供试品溶液色谱图中任何小于对照溶液两个主峰面积之和 0.05 倍的峰可忽略不计。

异构体：取本品适量，精密称定，加流动相溶解并稀释成 1mL 中约含 0.25mg 的溶液，立即精密量取 20μL 注入液相色谱仪，记录色谱图。头孢呋辛酯 A 异构体峰面积与头孢呋辛酯 A、B 异构体峰面积和之比应为 0.48～0.55。

讨论：头孢呋辛酯是由两个非对映异构体头孢呋辛酯 A 和 B 组成的混合物。与《中国药典》(2005 年版)方法相比，色谱条件与系统适用性试验中增加了各色谱峰的相对保留时间，头孢呋辛酯 A、B 异构体之间的分离度要求，取消了对柱效的要求。这显示了在多组分色谱分析中，分离度要求比柱效更能体现色谱系统的分离效能。此外，对各个有关物质的限度规定得更加细致严谨：*E* 异构体不得过 1.0%；△^{3}-异构体不得过 1.5%；其他单个杂质不得过 0.5%，并规定了总杂质量不得过 3.0%。

3. 吸光度

药典常利用药物和杂质的吸光度不同，采用测定杂质吸光度的方法来控制本类抗生素的杂质含量。例如，ChP2010 规定青霉素钠(钾)的吸光度检查方法为：取本品，精密称定，加水溶解并定量稀释制成 1mL 中含 1.88mg 的溶液，照紫外-可见分光光度法测定，在 280nm 与 325nm 波长处，吸光度均不得大于 0.10；在 264nm 波长处有最大吸收，吸光度应为 0.80～0.88。此法中 264nm 处吸收值用来控制青霉素钠(钾)的含量，280nm 处的吸收值用来控制杂质的量。

4. 有机溶剂

部分本类药物需检查有机溶剂，一般用气相色谱法(GC)检测残留溶剂，但 ChP2010 检测头孢他啶中残留吡啶采用 HPLC 法。例如，氨苄西林钠需检查丙酮、乙酸乙酯、异丙酮、二氯甲烷、甲基异丁基酮、甲苯与正丁醇(GC 法)；头孢哌酮钠需检查丙酮、乙醇、异丙醇、正丙醇、正丁醇、乙酸乙酯、甲基异丁基酮、甲醇、环已烷、四氢呋喃、二氯甲烷与乙腈(GC 法)；头孢硫脒需检查甲醇、乙醇、丙酮与二氯甲烷、残留溶剂(GC 法)；头孢他啶需检查吡啶(HPLC 法)。

5. 结晶性

固态物质分为结晶质和非结晶质两大类。可用下列两种方法检查物质的结晶性：

(1) 偏光显微镜法。许多晶体具有光学各向异性，当光线通过这些透明晶体时会发生双折射现象。取供试品颗粒少许，置载玻片上，加液状石蜡适量使晶粒浸没其中，在偏光显微镜下检视，当转动载物台时，应呈现双折射和消光位等各品种项下规定的晶体光学性质。

(2) X 射线粉末衍射法。结晶质的衍射图呈现尖锐的特征衍射峰，而非晶质的衍射图则呈弥散状。

《中国药典》对头孢曲松钠、头孢呋辛酯、青霉素 V 钾和青霉素钠等规定了结晶性检查。

3.2.5 含量测定

β-内酰胺环类抗生素药物的含量测定可采用微生物检定法和理化测定方法。各国药典对本类药物的含量测定除少数几个样品采用微生物检定法外，大多数采用 HPLC 法、碘量法和汞量法。

1. 高效液相色谱法

高效液相色谱法是近年来发展最快的方法，它能有效地分离供试品中可能存在的降解产物、未除尽的原料及中间体等杂质，并能准确定量，适用于本类药物的原料、各种制剂及生物样本的分析测定。《中国药典》收载的本类抗生素中除磺苄西林钠采用微生物检定法测定含量外，其余均采用 HPLC 法测定含量。

示例 3-3　阿莫西林克拉维酸钾分散片的含量测定。

阿莫西林克拉维酸钾分散片为混合制剂，主要成分是阿莫西林和克拉维酸钾。阿莫西林为广谱青霉素类抗生素，克拉维酸钾本身只有微弱的抗菌活性，但具有强大的广谱 β-内酰胺酶抑制作用，两者合用，可保护阿莫西林免遭 β-内酰胺酶水解。阿莫西林克拉维酸钾分散片为一有效的 β-内酰胺酶抑制药。

色谱条件与系统适用性试验：用十八烷基硅烷键合硅胶为填充剂；以 0.05mol/L 磷酸二氢钠溶液(取磷酸二氢钠 7.8g，加水 900mL 溶解，用 10%磷酸溶液或氢氧化钠试液调节 pH 至 4.4±0.1，加水稀释至 1000mL)-甲醇(95：5)为流动相；检测波长为 220nm。取阿莫西林峰和克拉维酸系统适用性试验对照品，加流动相溶解并稀释制成 1mL 中约 0.8mg 的溶液，取 20μL 注入液相色谱仪，记录色谱图，应与标准图谱一致。阿莫西林峰和克拉维酸峰的分离度应大于 3.5。

测定方法：取本品 10 片，精密称定，研细，精密称取适量(约相当于平均片重)，加水适量，超声使溶解并定量稀释制成 1mL 中含阿莫西林 0.8mg 的溶液，滤过，立即精密量取续滤液 20μL 注入液相色谱仪，记录色谱图；另精密称取阿莫西林对照品与克拉维酸对照品各适量，加水溶解并定量稀释制成与供试品溶液浓度相同的混合溶液，同法测定。按外标法以峰面积分别计算供试品中 $C_{16}H_{19}N_3O_5S$ 和 $C_8H_9NO_5$ 的含量。

讨论：本品为阿莫西林和克拉维酸钾的混合制剂[阿莫西林($C_{16}H_{19}N_3O_5S$)与克拉维酸($C_8H_9NO_5$)标示

量之比为4∶1或7∶1],采用HPLC法同时测定两成分的含量,片中含阿莫西林和克拉维酸均应为标示量的90.0%～120.0%。

示例3-4 ChP头孢克洛含量的HPLC测定法。

色谱条件与系统适用性试验:以十八烷基硅烷键合硅胶为填充剂,以磷酸二氢钾溶液(取磷酸二氢钾6.8g,加水溶解并稀释成1000mL,用磷酸调节pH至3.4)-乙腈(92∶8)为流动相;检测波长为254nm。取头孢克洛对照品及头孢克洛δ-3-异构体对照品适量,加流动相溶解并稀释制成1mL中分别含头孢克洛及头孢克洛δ-3-异构体约0.2mg的混合溶液,取20μL注入液相色谱仪,记录色谱图,头孢克洛峰与头孢克洛δ-3-异构体峰的分离度应符合要求。

测定方法:取本品约20mg,精密称定,置100mL容量瓶中,加流动相溶解并稀释至刻度,摇匀,取20μL注入液相色谱仪,记录色谱图;另取头孢克洛对照品适量,同法测定。按外标法以峰面积计算出供试品中$C_{15}H_{14}ClN_3O_4S$的含量。规定按无水物计算,含$C_{15}H_{14}ClN_3O_4S$不得少于95.0%。

示例3-5 USP头孢克洛含量的HPLC测定法。

流动相的制备:将1g 1-戊烷磺酸钠溶于780mL水与10mL三乙胺的混合溶液中,用磷酸调pH至2.5±0.1,再加220mL甲醇,混匀。

标准溶液的制备:取头孢克洛对照品约15mg,精密称定,置50mL容量瓶中,加流动相溶解并稀释至刻度(注:如标准溶液室温保存,储存期为8h;如标准溶液冷藏保存,储存期为20h)。

供试品溶液的制备:取头孢克洛约15mg,精密称定,置50mL容量瓶中,加流动相溶解并稀释至刻度(注:如样品溶液室温保存,储存期为8h;如样品溶液冷藏保存,储存期为20h)。

分离度溶液的制备:取头孢克洛对照品及头孢克洛δ-3-异构体对照品适量,加流动相溶解并稀释制成1mL中分别含头孢克洛及头孢克洛δ-3-异构体约0.3mg的混合溶液。

色谱条件与系统适用性试验:用十八烷基硅烷键合硅胶为填充剂(4.6mm × 25cm,5μm),流速为1.5mL/min,检测波长为265nm,头孢克洛及头孢克洛δ-3-异构体的相对保留时间约为0.8和1.0,头孢克洛及头孢克洛δ-3-异构体的分离度不小于2.5,拖尾因子不大于1.5,重复进样的相对标准偏差小于2.0%。

测定方法:分别精密量取对照品溶液和供试品溶液20μL,注入液相色谱仪,记录色谱图。按外标法以峰面积计算供试品中$C_{15}H_{14}ClN_3O_4S$的含量。规定按无水物计算,含$C_{15}H_{14}ClN_3O_4S$应为950～1020μg/mg。

USP32-NF27与ChP方法相比,USP方法更为严谨。

示例3-6 USP氨苄西林含量的HPLC测定法。

流动相的制备:经滤过和脱气处理的水-乙腈-1mol/L磷酸二氢钾-1mol/L乙酸(909∶80∶10∶1)作为流动相。

稀释液:将10mL 1mol/L的磷酸二氢钾与1mL 1mol/L的乙酸混匀,加水稀释至1000mL,混匀。

标准溶液的制备:取氨苄西林对照品适量,精密称定,加流动相溶解并稀释至刻度,制成1mL溶液中含有氨苄西林1mg的溶液,摇匀并超声处理。此溶液需现配现用。

供试品溶液的制备:取氨苄西林适量,精密称定,使其质量与约100mg无水氨苄西林中的氨苄西林含量相等,置于100mL容量瓶中,加75mL稀释液,摇匀并超声处理,继续加稀释液溶解并稀释至刻度。此溶液需现配现用。

分离度测试溶液的制备:将适量的咖啡因溶入标准溶液中,制成咖啡因含量为0.12mg/mL的溶液。

色谱系统:检测波长254nm,色谱柱为用十八烷基硅烷键合硅胶为填充剂(4mm×5cm,5～10μm),流速为2mL/min,咖啡因峰与氨苄西林峰之间的分离度(R)不小于2.0,咖啡因及氨苄西林的相对保留时间约为1.0和0.5,标准溶液的色谱图中,容量因子不得大于2.5,拖尾因子不大于1.4,重复进样的相对标准偏差小于2.0%。

测定方法:分别精密量取标准溶液和供试品溶液20μL,注入液相色谱仪,记录谱图。测量其主峰面积,以μg计量,可算出每mg供试品中氨苄西林($C_{13}H_{19}NO_4S$)的含量。计算公式为

$$含量=100\times(C\times P/W)\times(R_U/R_S)$$

式中,C为标准溶液的浓度,mg/mL;P为氨苄西林的标示量,μg/mg;W为供试品氨苄西林的质量,mg;R_U、R_S分别为供试品、标准品氨苄西林峰面积。

2. 碘量法

碘量法是测定 β-内酰胺类抗生素的经典方法。

1）原理

β-内酰胺类抗生素分子不消耗碘，但其碱水解生成的降解产物可被碘氧化，从而消耗碘，如青霉素经水解生成的青霉噻唑酸可与碘作用，根据消耗的碘量计算青霉素的含量。头孢菌素类也可经碱水解，β-内酰胺开环后可与碘发生氧化还原反应，根据消耗的碘量计算含量。

反应分两步进行（图 3-6）：第一步，青霉素的 β-内酰胺环与碱作用定量水解，生成青霉噻唑酸，该反应是按化学计量进行的；第二步，青霉噻唑二钠在酸性条件下被碘氧化，由于整个氧化反应受温度、pH、时间等多因素影响，耗碘量没有固定的化学计量关系，尤其是温度的影响，因此在实验过程中要严格控制温度，同时应与青霉素标准品平行对照测定，以抵消上述可变因素的影响。

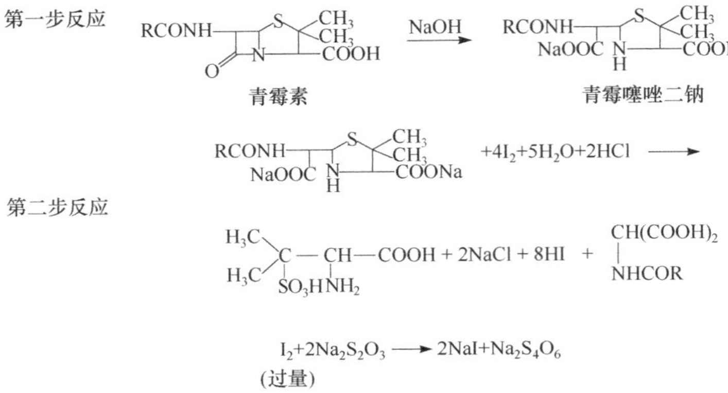

图 3-6　碘量法测定青霉素的两步反应

青霉素类分子的降解产物等杂质也可消耗碘而影响测定结果，因此，常用未经水解的样品液做空白试验校正。

经验证认为碘与青霉噻唑酸的作用，条件以 pH 为 4.5，温度在 24～26℃加碘滴定液后避光放置 15～20min 为好。由于 1mol 青霉素能消耗 8mol 碘，因此本法的灵敏度较高。

2）测定方法

现以注射用普鲁卡因青霉素为例，介绍用碘量法测定含量的方法。

取装量差异项下的内容物，精密称取本品 0.12g，置 100mL 容量瓶中，加水使溶解并稀释至刻度，摇匀，精密量取 5mL，置碘瓶中，加 1mol/L 氢氧化钠溶液 1mL，放置 20min，再加 1mol/L 盐酸溶液 1mL 与乙酸-乙酸钠溶液（pH 4.5）5mL，精密加入碘滴定液（0.01mol/L）15mL，密塞，摇匀，在 20～25℃避光处放置 20min，用硫代硫酸钠滴定液（0.01mol/L）滴定，至近终点时加淀粉指示液，继续滴定并强力振摇，至蓝色消失；另精密量取供试品溶液 5mL，置碘瓶中，加乙酸-乙酸钠溶液（pH 4.5）5mL，精密加入碘滴定液（0.01mol/L）15mL，密塞，摇匀，在 20～25℃避光处放置 20min，用硫代硫酸钠滴定液（0.01mol/L）滴定，作为空白。同时用已知含量的青霉素钠（钾）标准品按上法测定作对照，可计算出供试品的含量。

注意事项：测定中应注意在滴定至近终点时，放慢滴定速度，并强力振摇；如果滴定至终点时又显蓝色，说明真正的终点尚未到达。

3）计算

$$标示量=\frac{V_{T0}-V_T}{V_{S0}-V_S}\times\frac{C_S\times U\times D\times 平均片重}{W\times 样品标示量}$$

式中，V_{T0}、V_{S0}分别为滴定供试品空白液、对照品液所消耗的硫代硫酸钠滴定液（0.01mol/L）的体积，mL；V_T、V_S分别为滴定供试品、对照品所消耗的硫代硫酸钠滴定液（0.01mol/L）的体积，mL；C_S为对照品的取样量；W 为供试品的取样量；D 为供试品的稀释倍数；U 为对照品效价。

按上法测定含量时，测得的结果与微生物检定法基本一致，但供试液浓度低于 10mg/mL 时，所测结果与微生物检定法有差距。

3.3 氨基糖苷类抗生素

本类抗生素的化学结构都是以碱性环己多元醇为苷元与氨基酸缩合而成的苷，因此称为氨基糖苷类抗生素。由于它们的分子结构中都含有多羟基，因此又称为多羟基类抗生素。本类抗生素主要有链霉素、庆大霉素、卡那霉素、新霉素及巴龙霉素、硫酸阿米卡星、硫酸奈替米星、硫酸依替米星等。这些药物的抗菌谱和化学性质都有共同之处。

3.3.1 结构

下面以链霉素和奈替米星为例，说明本类抗生素的结构特征。

(1) 链霉素。链霉素（streptomycin，链霉素 A）是由链霉胍（streptidine）、链霉糖（streptose）和 *N*-甲基-L-葡萄糖胺（*N*-methyl-L-glucosamine）以糖苷键彼此相连结合而成的碱性苷（图 3-7）。链霉胍通过苷键与链霉糖相接，此键结合较弱，链霉糖以另一个苷键与 *N*-甲基-L-葡萄糖胺连接成链霉双糖胺（streptobiosamine），此键结合较牢固。

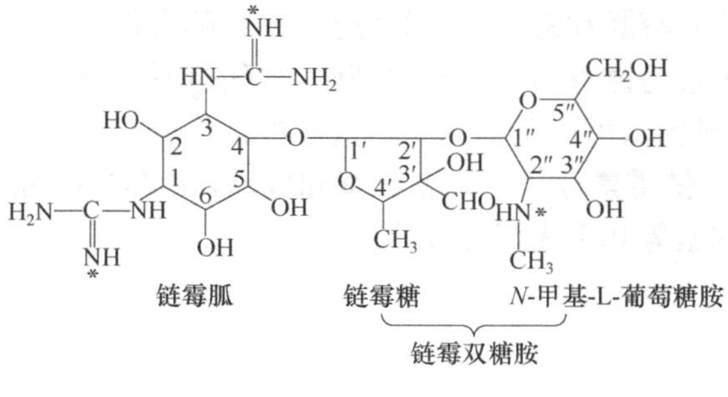

图 3-7 链霉素的化学结构

(2) 奈替米星。奈替米星（netilmicin）是半合成水溶性氨基糖苷类抗生素，其作用机理可能是抑制敏感细菌的正常蛋白质合成。ChP2010 收载的是硫酸奈替米星。二者的结构式如图 3-8 所示。

3.3.2 性质

氨基糖苷类抗生素具有相同或相似的性质。

(1) 溶解度与碱性。该类抗生素的分子中含有多个羟基和碱性基团（分子式中有 * 号处），同属碱性、水溶性抗生素，能与矿酸或有机酸成盐，临床上应用的主要为硫酸盐。此类硫

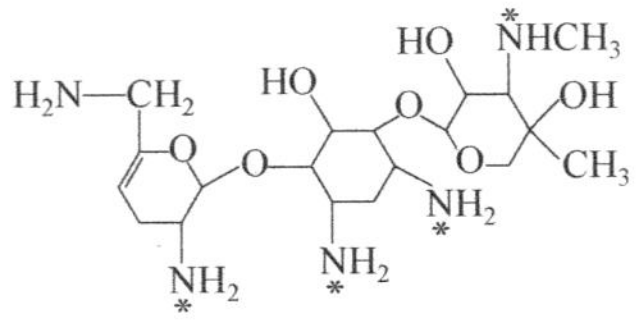

奈替米星

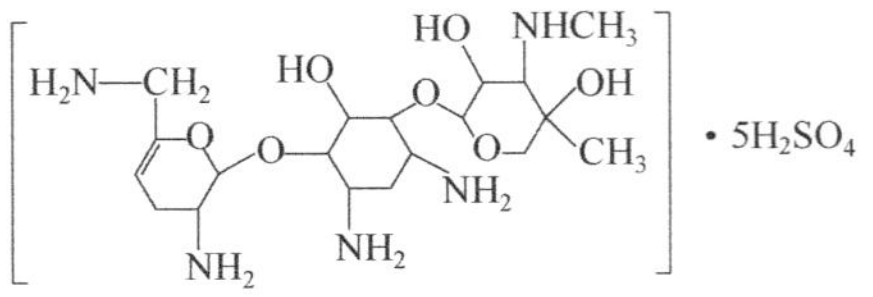

硫酸奈替米星

图 3-8　奈替米星和硫酸奈替米星的化学结构

酸盐易溶于水，不溶于三氯甲烷、乙醇、乙醚等有机溶剂。

(2) 旋光性。本类抗生素分子结构中含有多个手性中心，具有旋光性。例如，1mL 中含硫酸奈替米星 50mg 的水溶液，其比旋度为＋88°～＋96°；1mL 中含硫酸依替米星 50mg 的水溶液，其比旋度为＋100°～＋115°；1mL 中含硫酸庆大霉素 50mg 的水溶液，其比旋度为＋107°～＋121°；1mL 中含硫酸阿米卡星 50mg 的水溶液，其比旋度为＋72°～＋85°。

(3) 氧化还原性。链霉素分子结构中具有醛基，遇氧化剂如过氧化氢、高锰酸钾和氯酸钾等易被氧化成链霉酸而失效；遇还原剂如半胱氨酸、维生素 C 和葡萄糖等被还原为双氢链霉素，毒性增加。

(4) 苷的水解与稳定性。含有二糖胺结构的氨基糖苷类抗生素如链霉素或新霉素，分子结构中氨基葡萄糖与链霉糖或 D-核糖之间的苷键结合力较强，而链霉胍与链霉双糖胺间的苷键结合力较弱。一般的化学反应只将它们分解为一分子苷元和一分子双糖。硫酸链霉素水溶液在 pH 5～7.5 最为稳定，超出此范围，无论在酸性还是在碱性条件下均易水解失效。在酸性条件下，链霉素水解为链霉胍和链霉双糖胺，进一步水解则得 *N*-甲基-L-葡萄糖胺。在碱性条件下，也能使链霉素水解为链霉胍和链霉双糖胺，并使链霉糖部分发生分子重排，生成麦芽酚，这一性质为链霉素所特有，可用于鉴别和定量分析。

(5) 紫外特征吸收。链霉素分子中含有胍基和醛基，在 230nm 处有紫外吸收。而奈替米星、新霉素和硫酸庆大霉素等几乎无紫外吸收。

3.3.3　鉴别试验

1. 茚三酮反应

1) 原理

氨基糖苷类药物具有氨基糖苷结构，具有羟基胺类和 α-氨基酸的性质，可与茚三酮缩合成蓝紫色配合物。其反应机理如图 3-9 所示。

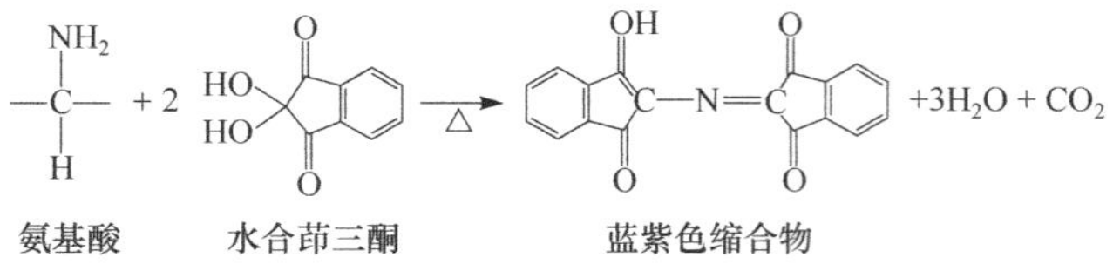

图 3-9　氨基糖苷类抗生素的茚三酮反应机理

2）方法

《中国药典》采用此法鉴别硫酸庆大霉素、硫酸小诺米星和硫酸核糖霉素等。硫酸庆大霉素的鉴别：取本品约 5mg，加水 1mL 溶解后，加 0.1%茚三酮的水饱和正丁醇溶液 1mL 与吡啶 0.5mL，在水浴中加热 5min，即显蓝紫色。

2. 莫利希反应

1）原理

具有五碳糖或六碳糖结构的氨基糖苷类抗生素经酸水解后，在盐酸（或硫酸）作用下脱水生成糠醛（五碳糖）或羟甲基糠醛（六碳糖）。这些产物遇蒽酮或 α-萘酚显色，此反应称为莫利希（Molisch）反应。

（1）蒽酮的显色原理（图 3-10）。

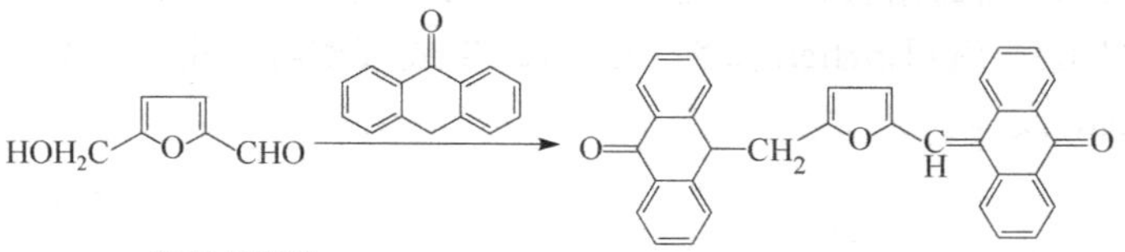

羟甲基糠醛
（含六碳糖结构氨基糖苷类酸性水解产物）　　（蓝紫色）

图 3-10　蒽酮的显色原理

（2）α-萘酚的显色原理（图 3-11）。

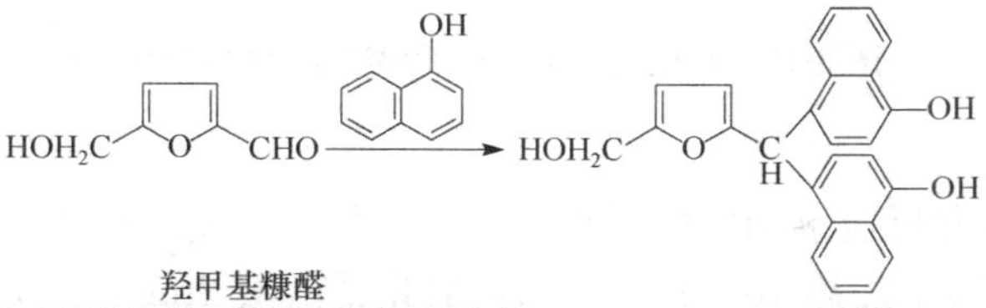

羟甲基糠醛
（含六碳糖结构氨基糖苷类酸性水解产物）　　（红紫色）

图 3-11　α-萘酚的显色原理

2）方法

《中国药典》采用此反应鉴别阿米卡星、硫酸核糖霉素和硫酸卡那霉素。阿米卡星的蒽酮显色鉴别反应：取本品约 10mg，加水 1mL 溶解后，加 0.1%蒽酮的硫酸溶液 4mL，即显蓝紫色。

3. 麦芽酚反应

1）原理

链霉素的水溶液中加入氢氧化钠后，水浴加热，加硫酸铁铵溶液即显紫红色，此反应称为麦芽酚（maltol）反应，为链霉素特有的反应。链霉素在碱性溶液中时，分子中的链霉糖经分子重排使五元环扩大，形成六元环化合物，然后消除 *N*-甲基-L-葡萄糖胺和链霉胍，生成麦芽酚（α-甲基-β-羟基-γ-吡喃酮）。在酸性溶液中，麦芽酚与 Fe^{3+} 生成配位化合物而显紫红色。其反应机理如图 3-12 所示。

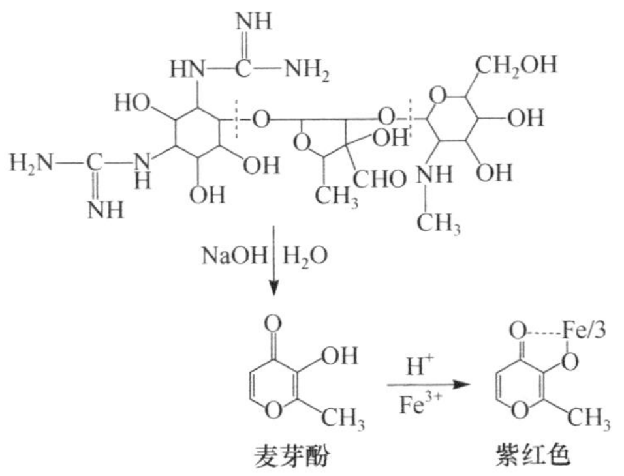

图 3-12　麦芽酚反应机理

2）方法

此反应比较灵敏。《中国药典》采用此反应鉴别硫酸链霉素：取本品约 20mg，加水 5mL 溶解后，加氢氧化钠试液 0.3mL，置水浴上加热 5min，加硫酸铁铵溶液（取硫酸铁铵 0.1g，加 0.5mol/L 硫酸溶液 5mL 使其溶解）0.5mL，即显紫红色。

4. *N*-甲基葡萄糖胺反应

1）原理

此类抗生素药物经水解后产生葡萄糖胺衍生物，如链霉素中的 *N*-甲基葡萄糖胺，硫酸新霉素、硫酸巴龙霉素中的 D-葡萄糖胺，在碱性溶液中与乙酰丙酮缩合成吡咯衍生物（Ⅰ），与对二甲氨基苯甲醛的酸性醇溶液（Ehrlich 试剂）反应，即生成樱桃红色缩合物（Ⅱ）（图 3-13）。此反应称为 Elson-Morgan 反应。

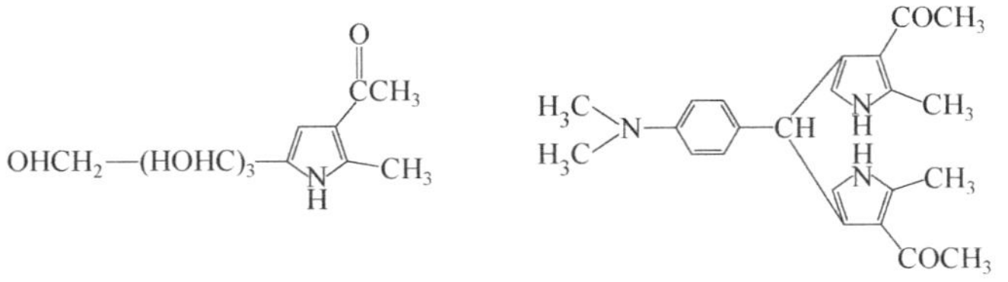

（Ⅰ）　　（Ⅱ）

图 3-13　吡咯衍生物（Ⅰ）和樱桃红色缩合物（Ⅱ）

2）方法

《中国药典》采用此反应鉴别硫酸新霉素：取本品约 10mg，加水 1mL 溶解后，加盐酸溶液（9→100）2mL，在水浴中加热 10min，加 8%氢氧化钠溶液 2mL 与 2%乙酰丙酮水溶液 1mL，置水浴中加热 5min，冷却后，加对二甲氨基苯甲醛试液 1mL，即显樱桃红色。

5. 坂口反应

1）原理

链霉素的碱性溶液加入 8-羟基喹啉（或 α-萘酚）的乙醇溶液，放冷至 15℃后，再加次溴酸钠试液，即显橙红色。此为链霉素水解产物链霉胍的特有反应，称为坂口（Sakaguchi）反应。其反应机理如图 3-14 所示。

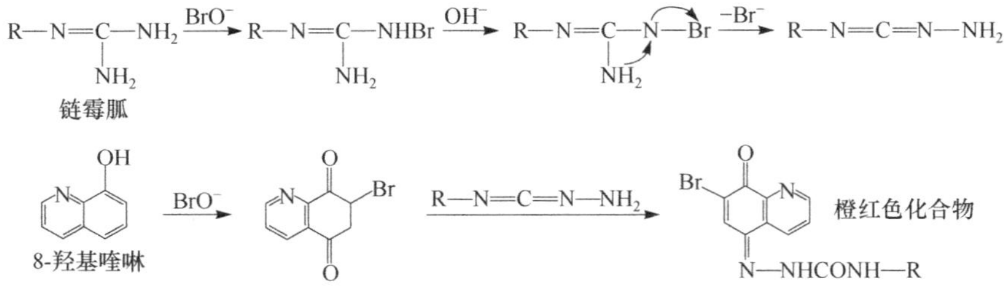

图 3-14　坂口反应机理

2）方法

《中国药典》采用此反应鉴别硫酸链霉素：取本品约 0.5mg，加水 4mL 溶解后，加氢氧化钠试液 2.5mL 与 0.1% 8-羟基喹啉的乙醇溶液 1mL，放冷至约 15℃，加次溴酸钠试液 3 滴，即显橙红色。

6. 硫酸盐反应

本类药物多为硫酸盐，可利用硫酸盐能与氯化钡试液生成白色硫酸钡沉淀，沉淀在盐酸或硝酸中均不溶解来进行鉴别。

7. 色谱法

1）TLC

ChP2010、USP19-NF27 和 BP2010 均采用 TLC 法对本类抗生素进行鉴别。多以硅胶为薄层板，三氯甲烷-甲醇-浓氨水为展开剂，茚三酮或碘蒸气为显色剂。《中国药典》采用薄层色谱法鉴别硫酸新霉素、硫酸庆大霉素等。

示例 3-7 ChP 对硫酸新霉素的鉴别。

取本品与新霉素标准品，分别加水制成 1mL 中含 20mg 的溶液。照薄层色谱法试验。吸取上述两种溶液各 1μL，分别点于同一硅胶 H 薄层板（硅胶 H 1.5g 用 0.25%羧甲基纤维素钠 6mL 调浆制板）上，以甲醇-乙酸乙酯-丙酮-8.8%乙酸铵溶液（25 : 15 : 10 : 40）为展开剂，展开，晾干，在 110℃干燥 20min，趁热喷以 10%次氯酸钠溶液，将薄层板于通风处冷却片刻，再喷碘化钾淀粉溶液（0.5%淀粉溶液 100mL 中含碘化钾 0.5g），立即检视，供试品溶液所显主斑点的颜色和位置应与标准品溶液的主斑点相同。

示例 3-8 ChP 对硫酸庆大霉素注射液的鉴别。

取本品与硫酸庆大霉素标准品，分别加水制成 1mL 中含 2.5mg 的溶液，作为供试品溶液和标准品溶液；照薄层色谱法试验，吸取上述两种溶液各 2μL，分别点于同一硅胶 G 薄层板（临用前于 105℃活化 2h）上；另取三氯甲烷-甲醇-氨溶液（1 : 1 : 1）混合振摇，放置 1h，分取下层混合液为展开剂，展开，取出于 20～25℃晾干，置碘蒸气中显色，供试品溶液所显主斑点数、位置和颜色应与标准品溶液斑点数、位置和颜色相同。

示例 3-9 BP 对硫酸庆大霉素注射液的鉴别。

硅胶 G 薄层板（Merck 硅胶 G-60 板比较合适），展开剂是等体积的 13.5mol/L 氨水，三氯甲烷和甲醇混合振摇后分层的下层溶液，分别取相当于庆大霉素注射液 30μg 的体积和 0.1mg 硫酸庆大霉素对照品用水溶解制成相应的溶液，点相同体积于硅胶 G 薄层板上，晾干。展开，取出晾干，喷茚三酮试液（取 1.0g 茚三酮用 50mL 96%乙醇溶解，加 10mL 冰醋酸，混匀），105℃加热 2min。在供试品色谱中，在与对照品色谱相应的位置上，显三个相同颜色的斑点。

2）HPLC

本类药物也可按组分检查或含量测定项下 HPLC 方法，通过比较供试品溶液和对照品溶液的色谱图进行鉴别。例如，BP2010 利用本法鉴别庆大霉素，根据组分分析测得的色谱图，供试品溶液色谱图中庆大霉素 C1，C1a，C2，C2a 和 C2b 五组分的色谱峰保留时间应与对照品溶液的色谱峰保留时间一致。

8. 光谱法

1）IR

《中国药典》和《英国药典》均采用 IR 法鉴别本类药物，如硫酸庆大霉素、硫酸阿米卡星、硫酸巴龙霉素、硫酸新霉素和硫酸卡那霉素等。

2) UV

本类药物多无紫外吸收，因此其鉴别试验中很少采用 UV 法。《中国药典》采用此法鉴别硫酸庆大霉素：取硫酸庆大霉素 10mg，加水 1mL 和 40%硫酸溶液 5mL；在水浴中加热 100min，冷却，用水稀释至 25mL。取该溶液进行紫外扫描，在 240～330nm 应无最大吸收。

3.3.4 特殊杂质检查

1. 硫酸链霉素中有关物质的检查

ChP2010 规定硫酸链霉素中有关物质的 HPLC 检查：取本品适量，加水溶解并稀释制成 1mL 中约含链霉素 3.5mg 的溶液，作为供试品溶液；精密量取适量，用水定量稀释制成 1mL 中约含链霉素 35μg，70μg 和 140μg 的溶液，作为对照溶液(1)，(2)和(3)。照 HPLC 法测定，用十八烷基硅烷键合硅胶为填充剂，以 0.15mol/L 的三氟乙酸溶液为流动相，流速为 0.5mL/min，用蒸发光散射检测器检测(载气流速为 2.8L/min，漂移管温度为 110℃)。取链霉素对照品适量，加水溶解并稀释制成 1mL 中约含链霉素 3.5mg 的溶液，置日光灯(3000lx)下照射 24h，作为分离度试验用溶液，取妥布霉素对照品适量，用分离度试验用溶液溶解并稀释制成 1mL 中约含妥布霉素 0.06mg 的混合溶液，量取 10μL 注入液相色谱仪，记录色谱图。链霉素峰保留时间约为 10～12min，链霉素峰与相对保留时间约为 0.9 处的杂质峰的分离度和链霉素峰与妥布霉素峰的分离度应分别大于 1.2 和 1.5，连续进样 5 次，链霉素峰面积的相对标准偏差应不大于 2.0%。量取对照溶液(1)10μL 注入液相色谱仪，调节检测灵敏度，使主成分色谱峰的峰高约为满量程的 20%，精密量取对照溶液(1)，(2)和(3)各 10μL，分别注入液相色谱仪，记录色谱图。以对照溶液浓度的对数值与相应峰面积的对数值计算线性回归方程，相关系数(r)应不小于 0.99。另取供试品溶液，同法测定，记录色谱图至主成分峰保留时间的 2 倍，供试品溶液色谱图中如有杂质峰(硫酸峰除外)，用线性回归方程计算，单个杂质不得过 2.0%，杂质总量不得过 5.0%。

链霉素 B 是指甘露糖链霉素，它是由链霉素分子中 *N*-甲基葡萄糖胺的 C4 位上的羟基连接一个 D-甘露糖组成的。链霉素 B 本身是发酵中由菌种(球形孢子放线菌)产生的，其生物活性仅为链霉素的 20%～25%，能被甘露糖链霉素 B 苷酶水解成甘露糖和链霉素。因此，如果提取、精制不彻底，链霉素中很可能残存活性较低的链霉素 B。ChP2010 规定了该项检查，采用的检查方法为薄层色谱法。

供试品溶液：取本品 0.25g，精密称定，置回流用圆底烧瓶中，加入新配制的硫酸-甲醇(3：97)混合液 5mL 溶解，回流加热 1h，冷却，用甲醇冲洗冷凝器，合并冲洗液，并用甲醇定量稀释成 1mL 中含 10mg 的溶液作为供试品溶液。

对照品溶液：精密称取 36mg 甘露糖对照品，置回流瓶中，同法处理后定量制成 1mL 中含 72μg 的溶液，作为对照品溶液(1mg 甘露糖相当于 4.13mg 的链霉素 B)。

点样和展开：取上述两种溶液各 10μL，分别点于同一硅胶 G 薄层板上；以甲苯-乙酸-甲醇(50：25：25)为展开剂，展开，晾干。

显色：喷以新鲜配制的显色剂(取 0.2% 1，3-萘二酚乙醇溶液与 20%硫酸溶液等体积混合，即得)，在 110℃加热数分钟显色。

限度：供试品溶液所显链霉素 B 斑点的颜色与对照品溶液的主斑点比较，不得更深(3.0%)。

2. 硫酸奈替米星中西梭米星的检查

奈替米星是由西梭米星经化学衍生而成的半合成抗生素，因此在奈替米星成品中有可能残留西梭米星，需进行质量控制。《中国药典》规定用薄层色谱法检查硫酸奈替米星中的有关物质。

供试品溶液：取本品，加水制成 1mL 中约含 150mg 硫酸奈替米星的溶液。

标准品溶液：另取奈替米星标准品，分别加水制成 1mL 中约含 1.5mg 和 3mg 奈替米星的溶液，作为标准品溶液（Ⅰ），（Ⅱ）；取西梭米星标准品，加水制成 1mL 中约含 1.44mg 西梭米星的溶液，作为标准品溶液（Ⅲ）。

点样和展开：取上述四种溶液各 2μL，分别点于同一硅胶 G 薄层板上；以二氯甲烷-甲醇-浓氨溶液（4∶4∶2）为展开剂，展开后，晾干。

显色：喷以 0.2%茚三酮的水饱和正丁醇溶液（将正丁醇和蒸馏水以 1∶1 的比例混合，振摇，混匀，放置过夜，也可利用超声，超声时间为 10min，这样可不必过夜。得到的混合液分层，上层为水饱和的正丁醇溶液，下层为正丁醇的饱和水溶液。），在 110℃加热 20min。

限度：供试品溶液如杂质斑点，西梭米星斑点的颜色与标准品溶液（Ⅲ）所显主斑点相比较，不得更深（1%），其他杂质与标准品溶液（Ⅰ）所显主斑点相比较，均不得更深（1%），如有一点超过，应不深于标准品溶液（Ⅱ）的主斑点（2%）。

3. 硫酸盐检查

本类抗生素临床应用主要为硫酸盐，各国药典规定 HPLC 法或 EDTA 络合滴定法测定硫酸盐含量，作为组分分析。现以硫酸依替米星和硫酸卡那霉素中硫酸盐测定方法为例，说明硫酸盐检查方法。

硫酸依替米星中硫酸盐测定方法（HPLC 法）：精密量取硫酸滴定液适量，用水定量稀释制成 1mL 中约硫酸盐（SO_4）0.075mg，0.150mg 和 0.300mg 的溶液作为对照溶液（Ⅰ），（Ⅱ）和（Ⅲ）。用十八烷基硅烷键合硅胶为填充剂；以 0.2mol/L 三氟乙酸-甲醇（84∶16）为流动相；流速为 0.5mL/min；用蒸发光散射检测器检测（载气流速为 2.6L/min，漂移管温度 100℃），取依替米星和奈替米星对照品各适量，加水溶解并稀释制成 1mL 中各 0.200mg 的混合溶液，取 20μL 注入液相色谱仪，记录色谱图，依替米星峰和奈替米星峰的分离度应大于 1.2，连续 5 次进样，依替米星峰面积的相对标准偏差应不大于 2.0%。精密量取对照品溶液（Ⅰ），（Ⅱ），（Ⅲ）各 20μL，分别注入液相色谱仪，记录色谱图，以对照品溶液浓度的对数值与相应的峰面积的对数值计算线性回归方程，相关系数（r）应不小于 0.99；另精密量取本品适量，加水溶解并定量稀释制成 1mL 中约含 0.500mg 的溶液，作为供试品溶液，同法测定，用线性回归方程计算供试品中硫酸盐的含量。按无水物计算应为 23.0%～26.0%。

硫酸卡那霉素中硫酸盐测定方法（EDTA 络合滴定法）：取本品约 0.18g，精密称定，加水 100mL 使溶解，加浓氨溶液调节 pH 至 11 后，精密加氯化钡滴定液（0.1mol/L）10mL，酞紫指示液 5 滴，用乙二胺四乙酸二钠滴定液（0.05mol/L）滴定，注意保持滴定过程中的 pH 为 11，滴定至紫色开始消褪，加乙醇 50mL，继续滴定至蓝紫色消失，并将滴定结果用空白试验进行校正。1mL 氯化钡滴定液（0.1mol/L）相当于 9.606mg 硫酸盐，本品含硫酸盐的量按无水物计算应为 23.0%～26.0%。

3.3.5 含量测定

氨基糖苷类抗生素的效价测定主要有微生物检定法和 HPLC 法。氨基糖苷类抗生素的 HPLC 测定方法可分为离子交换（酸性条件下在阳离子交换柱上分离）、离子对（以烷基磺酸盐为反离子）和反相 HPLC 法。由于本类抗生素多无紫外吸收，不能直接用紫外或荧光检测器，需进行柱前或柱后衍生化，或采用电化学检测器、蒸发光检测器检测。

1. 抗生素微生物检定法

《中国药典》收载的硫酸链霉素、硫酸庆大霉素、硫酸新霉素、硫酸巴龙霉素、硫酸核糖霉素以及硫酸西索米星等氨基糖苷类药物均采用抗生素微生物检定法测定其含量。例如，硫酸庆大霉素含量测定：精密称取本品适量，加灭菌水定量制成 1mL 中含 1000 单位的溶液，照 ChP2010 附录ⅪA 管碟法或浊度法测定，可信限率不得大于 7%。1000 庆大霉素单位相当于 1mg 庆大霉素。又如硫酸西索米星含量测定：精密称取本品适量，加 pH 7.8 磷酸盐缓冲液溶解定量并稀释制成 1mL 中约含 1000 单位的溶液，照 ChP2010 抗生素微生物检定法（附录ⅪA 管碟法或浊度法）测定，可信限率不得大于 7%。1000 西索米星单位相当于 1mg 的 $C_{19}H_{37}N_5O_7$。

2. 高效液相色谱法

示例 3-10 ChP2010 收载的硫酸卡那霉素及其制剂采用 HPLC 法测定含量。

色谱条件与系统适用性试验：用十八烷基硅烷键合硅胶为填充剂；以 0.2mol/L 三氟乙酸溶液-甲醇（95：5）为流动相；用蒸发光散射检测器检测（参考条件：载气流量为 3.0L/min，漂移管温度 110℃）。分别称取卡那霉素对照品与卡那霉素 B 对照品适量，加水溶解并制成 1mL 中各约含 80μg 的混合溶液；取 20μL 注入液相色谱仪，卡那霉素峰与卡那霉素 B 峰的分离度不应小于 5.0；计算 5 次进样结果，卡那霉素峰面积的相对标准偏差不得过 2.0%。

测定方法：取卡那霉素对照品适量，精密称定，加水溶解并制成 1mL 中约含卡那霉素 0.10mg，0.15mg，0.20mg 的溶液。精密量取上述三种溶液各 20μL，分别注入液相色谱仪，记录色谱图；以对照品溶液浓度的对数值与相应的峰面积对数值计算回归方程，相关系数（r）应不小于 0.99；另取本品适量，精密称定，加水溶解并定量稀释制成 1mL 中约含卡那霉素 0.15mg 的溶液，同法测定。由回归方程计算供试品中 $C_{18}H_{36}N_4O_{11}$ 的含量。

硫酸卡那霉素注射液测定方法同上；测定硫酸卡那霉素滴眼液时，精密量取本品适量，用水定量稀释制成 1mL 中含 0.15mg 的溶液，照上述方法测定。测定注射用硫酸卡那霉素时，取装量差异项下的内容物，混合均匀，精密称取适量，照上述方法测定。

示例 3-11 USP34-NF29 中收载的硫酸链霉素的 HPLC 检测方法。

流动相：以 70mmol/L 的氢氧化钠溶液为流动相。

对照溶液的制备：精密量取本品适量，加水溶解并稀释制成 1mL 中约含 0.03mg 的溶液，超声处理 1min，混匀后备用。

供试品溶液的制备：取本品 30mg，精密称定，置 100mL 容量瓶中，加水溶解并稀释至刻度，超声处理 1min，混匀。另取上述溶液至 100mL 容量瓶中，加水溶解并稀释至刻度，混匀后备用。

系统适应性溶液的制备：取 10mL 标准品溶液，在 75℃下加热 1h 并自然冷却。

色谱系统：以系统适应性溶液为流动相进行测定，流速设定为 0.5mL/min，测量其峰面积并以此作为基准。其中，主要降解产物和链霉素的相对保留时间分别为 0.5 和 1.0，两峰之间的分离度（R）不得小于 3。对对照溶液进行色谱分析，并以其峰面积作为基准，其拖尾因子不得大于 2；柱效应不小于 1000 理论塔板数，重复进样结果的相对标准偏差不得大于 5.0%。

测定方法：等量取用对照溶液和供试品溶液约 20μL，分别注入液相色谱仪，记录色谱图。测量主峰面积，可算出每毫克硫酸链霉素中链霉素的含量。计算公式为

$$含量=1000\times(C\times P/W_U)\times(R_U/R_S)$$

式中，C 为对照溶液的浓度，mg/mL；P 为链霉素的标示量，μg/mg；W_U 为供试品硫酸链霉素的质量，mg；R_U、R_S 分别为供试品、对照品链霉素峰面积。

3.4　四环素类抗生素

四环素类抗生素及其衍生物的理化性质和生物学性能都很相似，其分子结构都是由 4 个环组成，因此总称为四环类抗生素。临床上常用的主要有土霉素（oxytetracycline，OTC）、四环素（tetracycline，TC）、金霉素（chlortetracycline，CTC）和多西环素（doxycycline，DOXC）等。

3.4.1　结构

四环素类抗生素可以看作是四并苯或萘并萘的衍生物。其结构特点是由 A，B，C，D 四个环组成，均为氢化骈四苯的衍生物。母核上的特征官能团为：C4 位上的二甲氨基[—$N(CH_3)_2$]、C2 位上的酰氨基（—$CONH_2$）、C10 位上的酚羟基（—OH）；有两个含有酮基和烯醇基的共轭双键系统。结构式如图 3-15 所示。

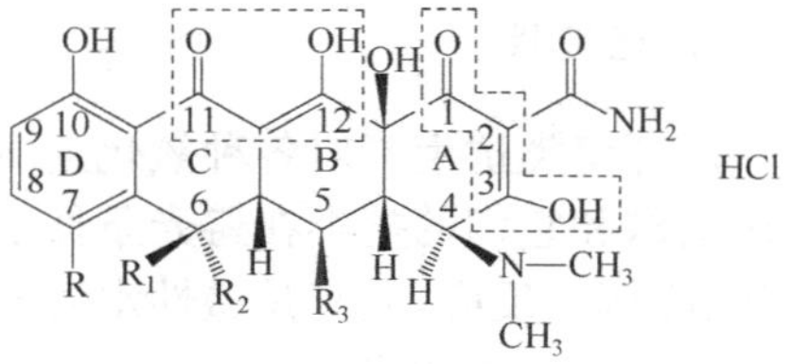

图 3-15　四环素类抗生素的结构

此外，由于四环素中各取代基 R，R_1，R_2，R_3 的不同而构成各种四环素类抗生素，常用的如表 3-3 所示。

表 3-3　常用四环素类抗生素的取代基

药物名称及缩写符号	R	R_1	R_2	R_3
金霉素（CTC）	CL	OH	CH_3	H
多西环素（DOXC）	H	H	CH_3	OH
土霉素（OTC）	H	OH	CH_3	OH
美他环素（METC）	H	$=CH_2$		OH
四环素（TC）	H	OH	CH_3	H

3.4.2　性质

1. 酸碱性与溶解度

本类抗生素的母核上 C4 位上的二甲氨基[—$N(CH_3)_2$]显弱碱性；C10 位上的酚羟基（—OH）和两个含有酮基和烯醇基的共轭双键系统显弱酸性，因此四环素类抗生素是两性化合物。遇酸及碱均能生成相应的盐，临床上多应用盐酸盐。

这类抗生素是结晶性物质，具引湿性。其盐酸盐易溶于水，并溶于碱或酸性溶液中，而不溶于氯仿、乙醚等有机溶剂。四环素类抗生素的游离碱在水中的溶解度很小，其溶解度与溶液的 pH 有关，当 pH 为 4.5～7.2 时难溶于水；当 pH 高于 8 或低于 4 时，水中溶解度增加。其盐类在水中会水解，当溶液浓度较大时，会析出游离碱。

2. 旋光性

四环素类抗生素分子中具有不对称碳原子，因此有旋光性。各国药典测定该类抗生素的比旋度，如《中国药典》规定盐酸土霉素在盐酸(9→1000)溶液中的比旋度为－188°～－200°；盐酸多西环素的比旋度为－105°～－120°[10mg/mL 盐酸(9→1000)的甲醇溶液(1→100)]；盐酸四环素的比旋度为－240°～－258°(0.01mol/L 盐酸溶液)。

3. 紫外吸收和荧光性质

本类抗生素分子内含有共轭双键系统，在紫外光区有吸收，如《中国药典》中盐酸美他环素的水溶液在 345nm，282nm 和 353nm 波长处有最大吸收，在 264nm 和 222nm 波长处有最小吸收；盐酸多西环素的甲醇溶液在 269nm 和 353nm 波长处有最大吸收，在 234nm 和 296nm 波长处有最小吸收。这些抗生素在紫外光照射下产生荧光，其降解产物也具有荧光，如盐酸金霉素经碱降解后在紫外光下呈蓝色荧光；盐酸土霉素经酸性降解后，在紫外光下呈绿色荧光；盐酸土霉素经碱降解后呈绿色荧光，加热，荧光转为蓝色；盐酸四环素经碱降解后呈黄色荧光，可用于区别不同的四环素类抗生素。这一性质在 TLC 鉴别法中常用于斑点检出。

4. 稳定性

四环素类抗生素对各种氧化剂(包括空气中氧在内)、酸、碱都是不稳定的。干燥的四环素类游离碱和它们的盐类在避光条件下保存均较稳定，但其水溶液随 pH 的不同会发生差向异构化、降解等反应，尤其是碱性水溶液特别容易氧化，颜色很快变深，形成色素。

1) 差向异构化性质

四环素类抗生素在 pH 2.0～6.0 弱酸性溶液中会发生差向异构化。这个反应是由于 A 环上手性碳原子 C4 上的二甲氨基构型改变而发生差向异构化，形成差向四环素类。此反应是可逆的，达到平衡时溶液中差向化合物的含量可达 40%～60%。四环素、金霉素均容易发生差向异构化，生成差向四环素(4-epitetracycline，ETC)和差向金霉素，其抗菌性能极弱或完全消失。而土霉素、多西环素、美他环素由于 C5 上的羟基和 C4 上的二甲氨基形成氢键，因而较稳定，C4 上不易发生差向异构化。某些阴离子如枸橼酸根、磷酸根、乙酸根离子的存在，可加速这种异构化反应的进行。

2) 降解性质

(1) 酸性降解。在 pH<2 酸性条件下，特别是在加热情况下，四环素类抗生素 C6 上的醇羟基和 C5a 上的氢发生反式消去反应生成脱水四环素(anhydrotetracycline，ATC)。四环素的差向异构化和酸性条件下的降解反应如图 3-16 所示。

金霉素在酸性溶液中也能生成脱水金霉素。在脱水四环素和脱水金霉素的分子中，共轭双键的数目增加，因此色泽加深，对光的吸收程度也增大。橙黄色的脱水金霉素或脱水四环素，分别在 435nm 及 445nm 处有最大吸收。

(2) 碱性降解。在碱性溶液中，由于氢氧离子的作用，C6 上的羟基形成氧负离子，向 C11 发生分子内亲核进攻，经电子转移，C 环破裂，生成无活性的具有内酯结构的异构体，四环素变成异四环素。

脱水四环素也可形成差向异构体，称为差向脱水四环素(4-epianhydro-tetracycline，EATC)。四环素为黄色结晶性粉末；差向四环素为淡黄色，因其不稳定又易变成黑色；脱水四环素为橙红色；差向脱水四环素为砖红色。此类杂质的存在均可影响四环素外观色泽变深。

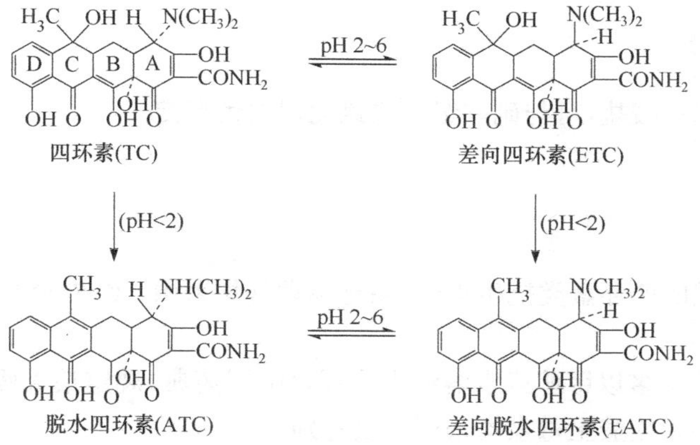

图 3-16　四环素的差向异构化和降解反应

5. 与金属离子形成配位化合物

四环素类抗生素分子中具有酚羟基和烯醇基，能与许多金属离子形成不溶性盐类或有色配位化合物。例如，与 Ca^{2+}，Mg^{2+} 形成不溶性的钙盐或镁盐；与 Fe^{3+} 形成红色配位化合物；与 Cl^{-} 形成黄色配位化合物；与 Al^{3+} 形成黄色配位化合物。

配位化合物的性质依赖于金属离子的种类和电荷，在 pH 3～7.5，多价阳离子与酚二酮系统形成的配位化合物具有较强荧光，可用于四环素类抗生素的分析鉴定。

3.4.3 鉴别试验

四环素类抗生素的鉴别多采用以下方法：显色法、氯化物鉴别法、光谱法、色谱法。

1. 显色法

1）三氯化铁显色反应

四环素类抗生素分子结构中具有酚羟基，其水溶液遇三氯化铁试液即显色。《中国药典》采用此法鉴别盐酸四环素及其制剂。

2）硫酸显色反应

四环素类抗生素遇硫酸立即产生颜色，不同的四环素类抗生素具有不同的颜色，有的有颜色变化，据此可以区别各种四环素类抗生素。

以上显色反应如表 3-4 所示。

表 3-4　四环素类抗生素的显色反应

名称	三氯化铁显色	浓硫酸显色
盐酸四环素	红棕色	紫红色→黄色
盐酸多西环素	褐色	黄色
盐酸美他环素		橙红色
盐酸金霉素	深褐色	蓝色，橄榄绿色→金黄色或棕黄色
盐酸地美环素		紫色→黄色
盐酸土霉素	橙褐色	深朱红色→黄色
盐酸米诺环素		亮黄色→淡黄色

2. 氯化物鉴别法

本类抗生素多用盐酸盐，可与硝酸银生成氯化银白色沉淀。

3. 光谱法

1) IR

《中国药典》收载的四环素类抗生素中，除土霉素外均采用了红外吸收光谱法鉴别。

2) UV

本类药物的 UV 法多以甲醇或水溶液为溶剂，《中国药典》规定最大吸收波长和最小吸收波长。盐酸美他环素和盐酸土霉素均采用此法鉴别。

盐酸美他环素的鉴别方法如下：取本品，加水溶解并稀释制成 1mL 中约含 10μg 的溶液，照紫外-可见分光光度法测定，在 345nm，282nm 和 241nm 波长处有最大吸收，在 264nm 和 222nm 波长处有最小吸收。

4. 色谱法

1) HPLC

《中国药典》采用高效液相色谱法鉴别盐酸土霉素、盐酸四环素、盐酸金霉素和盐酸多西环素等。在含量测定项下记录的色谱图中，供试品溶液主峰的保留时间应与对照品溶液主峰的保留时间一致。

2) TLC

由于薄层色谱法操作简单，分离效果好，ChP2010 和 BP2010 都采用此法鉴别四环素类抗生素。现以盐酸土霉素为例，说明薄层色谱鉴别法。

(1) 薄层板的制备：取硅藻土适量，以用浓氨溶液调节 pH 至 7.0 的 4%乙二胺四乙酸二钠溶液-甘油(95：5)为黏合剂，将干燥硅藻土-黏合剂(1g：3mL)混合物调成糊状后，涂布成厚度约为 0.4mm 的薄层板，在室温下放置干燥，在 105℃干燥 1h 后，备用。黏合剂中加入甘油的量可影响斑点的荧光强度，加入量以 5.0%为宜。

(2) 展开剂：以乙酸乙酯-三氯甲烷-丙酮(2：2：1)溶液 200mL 中加 4%乙二胺四乙酸二钠溶液(pH 7.0)5mL 作为展开剂。

(3) 点样：取供试品与盐酸土霉素对照品，分别加甲醇溶液并稀释制成 1mL 中含 1mg 的溶液，作为供试品溶液与对照品溶液；另取盐酸土霉素与盐酸四环素对照品，加甲醇溶解并稀释制成 1mL 中各含 1mg 的混合溶液，照薄层色谱法试验，吸取上述三种溶液各 1μL，分别点于同一薄层板上。

(4) 检测：展开，晾干，用氨蒸气熏后，置紫外光灯(365nm)下检视，混合溶液应显示两个完全分离的斑点，供试品溶液所显主斑点的位置和荧光应与对照品溶液主斑点位置和荧光相同。

四环素类抗生素的 TLC 法多采用硅藻土作载体，为了获得良好的分离，常在黏合剂中加入甘油及中性的 EDTA 缓冲液。EDTA 可以克服因痕量金属离子存在而引起的斑点拖尾(四环素类化合物中含有 1 个 N 原子和多个 O 原子配位中心，与金属离子配位后产生拖尾)。本类抗生素及其降解产物在紫外光(365nm)下产生荧光，可用于检出斑点并以对照品对照进行鉴别。BP2010 则以盐酸土霉素、盐酸米诺环素和盐酸四环素对照品的混合溶液来考察薄层系统的有效性。

5. 荧光法

四环素类抗生素分子中具有共轭双键，在紫外光照射下能产生荧光，其降解产物也具有荧光，可供鉴别。例如，土霉素经酸性降解后，在紫外光下成绿色荧光；金霉素经碱降解后，在紫外光下显蓝色荧光；土霉素经碱降解后显绿色荧光，加热，转为蓝色荧光；四环素经碱降解后显黄色荧光。盐酸金霉素可用下列方法鉴别：取供试品约50mg，加0.4%氢氧化钠溶液5mL使溶解，于100℃加热1min，在紫外光灯(365nm)下检视，显强烈的蓝色荧光。

3.4.4 特殊杂质检查

1. 酸度

《中国药典》中盐酸四环素的酸度检查：取本品，加水制成1mL含10mg的溶液，依法测定pH应为1.8～2.8。

2. 有关物质

盐酸四环素中的杂质及有关物质主要是指在生产和储藏过程中易形成的异构杂质、降解杂质(ETC，ATC，EATC)等。临床上有因服用变质四环素引起Fanconi综合征的报道，患者出现恶心、呕吐、酸中毒、蛋白尿、糖尿等现象。ChP2010，USP34-NF29和BP2010均采用HPLC法控制四环素类抗生素中的有关物质。

示例3-12 盐酸四环素中有关物质的检查。

检查方法：临用现配，取本品，加0.01mol/L盐酸溶液溶解并稀释制成1mL中含0.5mg的溶液，作为供试品溶液；精密量取2mL，置100mL容量瓶中，用0.01mol/L盐酸溶液稀释至刻度，摇匀，作为对照溶液。

照含量测定下的液相色谱条件，用十八烷基硅烷键合硅胶为填充剂；乙酸铵溶液[0.15mol/L乙酸铵溶液-0.01mol/L乙二胺四乙酸二钠溶液-三乙胺(100∶10∶1)，用乙酸调节pH至8.5]-乙腈(83∶17)为流动相；检测波长为280nm。取差向脱水四环素、4-差向四环素、盐酸金霉素、土霉素及脱水四环素对照品各约3mg与盐酸四环素对照品约48mg，置100mL容量瓶中，加0.1mol/L盐酸溶液10mL使溶解后，用水稀释至刻度，摇匀，作为系统适用性试验溶液，取10μL注入液相色谱仪，记录色谱图，出峰顺序为：4-差向四环素、土霉素、差向脱水四环素、盐酸四环素、盐酸金霉素、脱水四环素，盐酸四环素峰的保留时间约为14min。4-差向四环素峰、土霉素峰、差向脱水四环素峰、盐酸四环素峰、盐酸金霉素峰间的分离度均应符合要求，盐酸金霉素峰及脱水四环素峰的分离度应大于1.0。取对照溶液10μL注入液相色谱仪，调节检测灵敏度，使主成分色谱峰的峰高约为满量程的20%；再精密量取供试品溶液与对照溶液各10μL，分别注入液相色谱仪，记录色谱图至主峰保留时间的2.5倍，供试品溶液如有杂质峰，土霉素、4-差向四环素、盐酸金霉素、脱水四环素、差向脱水四环素按校正后的峰面积计算(分别乘以校正因子1.0，1.42，1.39，0.48和0.62)分别不得大于对照溶液主峰面积的0.25倍(0.5%)，1.5倍(3.0%)，0.5倍(1.0%)，0.25倍(0.5%)，其他各杂质峰面积的和不得大于对照溶液主峰面积的0.5倍(1.0%)。

3. 杂质吸光度

四环素类抗生素多为黄色结晶性粉末；而其异构体、降解产物颜色较深，如差向四环素为淡黄色，因其不稳定又易变成黑色；脱水四环素为橙红色；差向脱水四环素为砖红色。此类杂质的存在均可使四环素类抗生素的外观色泽变深。杂质吸光度越大，四环素类药物的脱水物及差向脱水的含量也越高。因此，ChP2010规定了采用分光光度法检查盐酸土霉素中的杂质吸光度的限量。

检查方法：取本品，加 0.1mol/L 盐酸甲醇溶液（1 → 100）溶解并稀释制成 1mL 中含 2.0mg 的溶液，照紫外-可见分光光度法，于 1h 内，在 430nm 波长处测定，吸光度不得超过 0.50。另取本品，加上述盐酸甲醇溶液溶解并定量稀释制成 1mL 中含 10mg 的溶液，在 490nm 波长处测定，吸光度不得超过 0.20。

注意：测定 430nm 波长处的吸光度是用以控制碱性降解物的含量。在测定时，温度越高，加氢氧化钠液后放置的时间越长，吸光度越高，因此应严格控制温度和时间。

4. 残留有机溶剂

一些四环素类药物需要控制残留有机溶剂，如 ChP 和 BP 规定盐酸多西环素检查乙醇，限量均为 4.3%～6.0%。

3.4.5　含量测定

ChP2010 采用 HPLC 法测定盐酸四环素及其制剂的含量。

色谱条件与系统适用性试验：用十八烷基硅烷键合硅胶为填充剂；乙酸铵溶液[0.15mol/L乙酸铵溶液-0.01mol/L 乙二胺四乙酸二钠溶液-三乙胺（100∶10∶1），用乙酸调节 pH 至 8.5]-乙腈（83∶17）为流动相；检测波长为 280nm。称取盐酸四环素对照品约 48mg，4-差向四环素、土霉素、差向脱水四环素、盐酸金霉素及脱水四环素对照品各约 3mg，置 100mL 容量瓶中，加 0.1mol/L 盐酸溶液 10mL 使溶解，并用水稀释至刻度，摇匀，作为系统适用性试验溶液，取 10μL 注入液相色谱仪，记录色谱图；出峰顺序为：4-差向四环素、土霉素、差向脱水四环素、盐酸四环素、盐酸金霉素、脱水四环素，盐酸四环素峰的保留时间约为 14min。4-差向四环素峰、土霉素峰、差向脱水四环素峰、盐酸四环素峰、盐酸金霉素峰间的分离度均应符合要求，盐酸金霉素峰及脱水四环素峰的分离度应大于 1.0。

测定方法：取本品约 25mg，精密称定，置 50mL 容量瓶中，加 0.01mol/L 盐酸溶液使溶解并稀释至刻度，摇匀，精密量取 5mL，置 25mL 容量瓶中，用 0.01mol/L 盐酸溶液稀释至刻度，摇匀，精密量取 10μL 注入液相色谱仪，记录色谱图；另取盐酸四环素对照品适量，同法测定。按外标法以峰面积计算出供试品中盐酸四环素的量。

测定盐酸四环素片剂含量时，取本品 10 片，精密称定，研细，精密称取适量（约相当于盐酸四环素 0.25g），置 250mL 容量瓶中，加 0.01mol/L 盐酸溶液使溶解并稀释至刻度，摇匀，滤过，精密量取续滤液 5mL，置 50mL 容量瓶中，用 0.01mol/L 盐酸溶液稀释至刻度，摇匀，照上述方法测定。

测定盐酸四环素胶囊含量时，取装量差异项下的内容物，混合均匀，精密称取适量（约相当于盐酸四环素 250mg），加 0.01mol/L 盐酸溶液溶解并定量制成 1mL 中含 0.1mg 的溶液，滤过，取续滤液，照上述方法测定。

3.5　抗生素药物分析中的生物测定法

3.5.1　抗生素的微生物检定法

1. 概述

抗生素多为结构复杂的多组分物质，异构体多且不稳定，易产生降解杂质，各国药典均以微生物检定法为主要含量(效价)测定方法。抗生素微生物检定法多用于结构十分复杂和多组分的抗生素的含量(效价)测定,此法是利用抗生素在低微浓度下选择性抑制或杀死微生物的特点,以抗生素的抗菌活性为指标,来衡量抗生素中有效成分效力的方法,是国际上通用的、经典的抗生素效价测定方法。

目前,微生物检定法测定抗生素含量(效价)根据试验方法不同可分为:稀释法、浊度法、管碟法。

2. 管碟法的原理

管碟法(琼脂扩散法)是利用抗生素在琼脂培养基内的扩散作用,采用量反应平行线原理的设计,比较标准品与供试品两者对接种的试验菌产生抑菌圈的大小,以测定供试品效价的一种方法。

将不锈钢小管安置在摊布特定试验菌的琼脂培养基平板上,加抗生素溶液于小管内,抗生素就随溶剂向培养基内呈球形扩散。同时将培养基平板置培养箱中培养,试验菌就开始繁殖。抗生素分子在琼脂培养基中的浓度,随离开小管的距离增大而降低。当抗生素分子扩散到 T 时间时,琼脂培养基中抗生素的浓度恰高于该抗生素对试验菌的最低抑菌浓度,试验菌的繁殖被抑制而呈现出透明的抑菌圈(图 3-17),在抑菌圈的边缘处,琼脂培养基中所含抗生素的浓度即为该抗生素对试验菌的最低抑菌浓度。将已知效价的抗生素标准品溶液与未知效价的供试品溶液在同样试验条件下进行培养,比较两者抑菌圈大小。由于同质的抗生素对特定试验菌所得的两条剂量反应曲线为平行直线,因此可根据此原理,设计一剂量法、二剂量法及三剂量法,从而可以较准确地测定供试品的效价。

根据抗生素在琼脂培养基中的扩散现象,可以推出以下公式:

$$\lg M=\frac{1}{9.21DT}r^2+\lg c^1 4\pi DTH$$

式中,D 为扩散系数,mm^2/h;T 为扩散时间(细菌刚繁殖到显示抑菌圈所需的时间),h;M 为抗生素在小钢管内的总量,U;r 为抑菌圈的半径,mm;c^1 为最低抑菌浓度,U/mL;H 为培养基的厚度,mm。

上式相当于直线方程 $y=bx+c$,可作图 3-18。

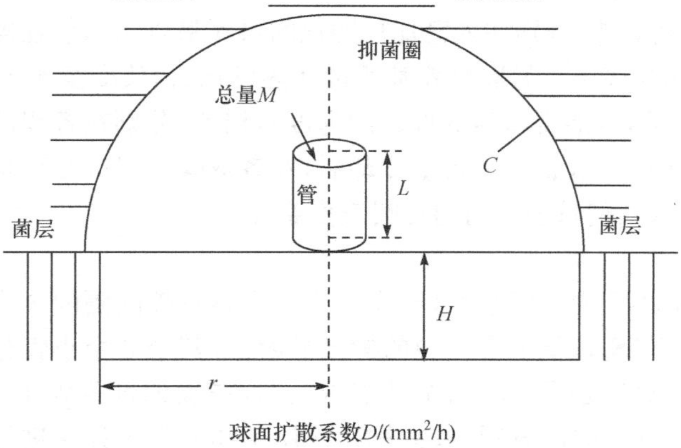

图 3-17　抗生素在管碟法中呈球形扩散示意图

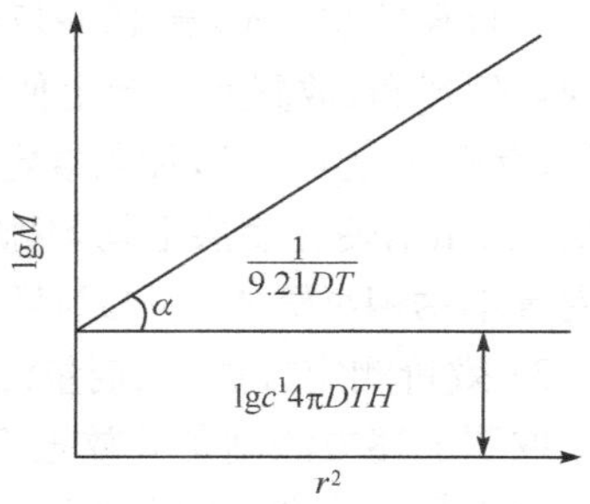

图 3-18　管碟法测定抗生素的剂量反应线

由上式及图 3-18 可知，抗生素对数剂量与抑菌圈半径平方值呈直线关系，抗生素的量可根据抑菌圈的大小来推算。这就是抗生素微生物检定法的理论依据。抗生素所产生的抑菌圈大小不仅与抗生素的量有关，而且与抗生素的最低抑菌浓度(c^1)、琼脂培养基厚度(H)、抗生素在琼脂培养基内的扩散系数(D)和细菌生长到显示抑菌圈的时间(T)等因素有关，其中任何一个因素的改变都能影响抑菌圈的大小，因此，在测定抗生素效价时，标准品与供试品必须在相同条件下进行对比试验。应用生物检定平行线设计原理，即可测出相对效价的比例，然后根据标准品的已知效价就可计算出供试品的效价。

1）试验材料准备

（1）培养基。

ChP2010 二部附录抗生素生物检定法中收载有多种不同配方的培养基，配制方法详见 ChP2010 二部附录ⅪA，应根据品种要求选用不同的培养基。

（2）缓冲液。

ChP2010 二部附录抗生素生物检定法中收载有 5 种不同 pH 的磷酸盐缓冲液，配制方法详见 ChP2010 二部附录ⅪA，应根据品种要求选用不同 pH 的磷酸盐缓冲液。

（3）试验菌。

抗生素微生物检定所采用试验菌是由中国药品生物制品检定所发放的标准菌种，为冷冻干燥菌种，用前需经复苏，然后制备菌悬液供检定用。

ChP2010 二部附录抗生素生物检定法规定的试验菌包括金黄色葡萄球菌[*Staphyloccus aureus*，CMCC(B)26 003]，大肠埃希菌[*Escherichia coli*，CMCC(B)44 103]，枯草芽孢杆菌[*Bacillus subtilis*，CMCC(B)63 501]，啤酒酵母菌(*Saccharomyces cerevisiae*，ATCC 9763)，肺炎克雷伯菌[*Klebosiella Pneumoniae*，CMCC(B)46 117]，支气管炎博德特菌[*Bordetella bronchiseptica*，CMCC(B)58 403]，短小芽孢杆菌[*Bacillus pumilus*，CMCC(B)63 202]，藤黄微球菌[*Micrococcus luteus*，CMCC(B)28 001]等。

（4）双碟及其制备方法。

玻璃双碟：选用硬质玻璃制品，碟底内径约 90mm，碟高 16～17mm，碟底面应平，厚薄均匀无凹凸现象。新购的双碟应按上述要求进行检查。检查时可将双碟底平放在水平台上，每碟内加入 2mL 染料液，仔细观察碟底反映的颜色深浅是否一致，挑选底部平的双碟，洗净晾干，置高温烘箱内 140～160℃干热灭菌 2h 后备用。

取直径约 90mm，高 16～17mm 的平底双碟，分别注入已加热融化的培养基 20mL，使在碟底内均匀摊布，放置水平台上使其凝固，作为底层。另取培养基适量加热融化后，放冷至 48～50℃(芽孢可至 60℃)，加入规定的菌悬液适量(能得清晰的抑菌圈为度)，摇匀，分别在各双碟中加入 5mL，使在底层上均匀摊布，作为菌层。放置水平台上冷却后，在各双碟中以等距离均匀安置不锈钢小管 4 个(二剂量法)或 6 个(三剂量法)，用陶瓦圆盖覆盖备用。

2）效价测定方法(三剂量法)

取照上述方法制备并放置 6 个不锈钢小管的双碟数个(至少 6 个)，在各双碟间隔的 3 个不锈钢小管中分别滴装高浓度(S_1)、中浓度(S_2)、低浓度(S_3)的标准品溶液，其余 3 个小管分别滴装相应的高浓度(T_1)、中浓度(T_2)、低浓度(T_3)的供试品溶液，三种浓度的剂距为 1∶0.8。照药典规定的条件培养后，测量各个抑菌圈的直径(或面积)，采用生物检定统计法进行可靠性测验、可信限及效价计算。

3）影响效价测定的因素

微生物法测定各种抗生素药品的效价，除了试验用菌种及培养条件、培养基配方及其 pH、供试品溶液的配制方法、缓冲液浓度及其 pH 等略有不同，其操作步骤基本相同。因此，影响抗生素药品效价测定的因素也基本相同。现对可能影响各种抗生素药品效价的因素及其防止方法进行简述。

（1）抑菌圈圈正的控制。

在某些情况下，抑菌圈出现破裂，呈卵圆形、椭圆形等不正常形状，其原因可能有以下几点：

（i）玻璃双碟、小钢管被抗生素或其他杀菌剂污染，导致抑菌圈破裂。对这些被污染的双碟及小钢管需用清洁液洗净，方可使用。

（ii）小钢管两端面不够平整，使抗生素溶液漏出，导致扩散不均匀。因此，需使用加工相同的小钢管。

（iii）在滴加抗生素溶液至小钢管时，抗生素溶液溅出落至琼脂培养基表面。防止方法：毛细管内不得有气泡且管口避免太细，毛细管距小钢管口不能太高，应适当调节，避免液滴下落时溅出。

（iv）在制备琼脂培养基菌层时，培养基温度过高或受热时间过长，均可使试验菌部分或全部被杀死，导致抑菌圈破裂甚至无抑菌圈形成。培养基温度应按照试验菌种不同分别进行调节。

（v）小钢管彼此间隔距离太小而抑菌圈较大时，形成互相影响的卵圆形或椭圆形抑菌圈。在双碟培养基上放置小钢管的距离要合适。可增加菌层培养基内的试验菌量或降低抗生素溶液的浓度，以调整抑菌圈的直径。

（vi）在双碟培养的过程中，温度不均。控制方法：培养箱的温度要均匀，每组双碟放在同一层盘内。在培养过程中，培养箱不宜再开启，以免影响箱内各部分温度的均匀性。

（vii）双碟底部不平整或制备琼脂培养基平板时，工作台不够水平，这些均会导致抑菌圈不圆。应挑选底平的双碟及用水平仪，设法使工作台水平。

（2）抑菌圈边缘清晰度的控制。

在某些情况下，抑菌圈边缘出现模糊、不光滑、呈双圈或锯齿形等现象，其原因可能如下：

（i）试验菌种不纯。当试验菌群中含有两种对抗生素敏感度不同的菌株时，可能出现双圈。因此，需定期对试验菌种作单菌落分离，挑选典型的菌落移种后，再做抑菌圈试验。

（ii）培养基 pH 的影响。通常，酸性抗生素在偏酸性的培养基和缓冲液条件下，抗菌效力较强；碱性抗生素在偏碱性的条件下，抗菌效力较强；而两性抗生素在偏酸性条件下，其溶解度增高，抗菌效力较强。

（iii）试验菌的菌量和菌龄在某些试验菌菌量过少时，会致使抑菌圈边缘模糊不清。但试验菌量过多，也会使抑菌圈太小，并且影响试验的灵敏度。因此，需通过实验来调节。陈旧的试验菌培养物，通常会使抑菌圈模糊。用经过纯化的菌种，以转种后经 18～20h 的培养物为好；芽孢悬液也以新鲜制备的为好。

（iv）双碟培养时间的影响。双碟培养时间约为 16h，注意密切观察。培养时间过短，抑菌圈边缘模糊；培养时间过长，往往使菌丝向抑菌圈内生长，使边缘不整齐。

（v）抗生素溶液浓度的影响。对某些溶解度较低的抗生素，应先用适当的溶剂使其溶解，再用缓冲液稀释，调节至合适浓度。

(vi) 抗生素对试验菌杀菌作用或抑菌作用的强弱不同，也可影响抑菌圈边缘的清晰度，因此必须选择适当的试验菌。

(3) 标准品与供试品同质的要求。

效价测定的计算式的前提是两者剂量反应直线互相平行。如不相平行，计算结果会发生较大误差。两者不相平行的原因，一方面是操作上引入的误差；另一方面主要是标准品与供试品内在质量有质的不同。除此之外，标准品与供试品所用的稀释用缓冲液不同时，两者剂量反应直线也不平行。

3.5.2 热原检查法

热原是指在药品中能引起人及动物的体温异常升高的致热性物质，目前一般都认为热原反应主要是由细菌内毒素(革兰氏阴性菌细胞壁外层上特有的结构成分，其本质是脂多糖)引起的。由于抗生素大部分采用微生物发酵生产，工艺较复杂，生产过程中很容易被热原污染，因此注射用抗生素均必须进行热原检查。

热原检查法是一种限度实验法，即将一定剂量的供试品溶液静脉注入家兔，在规定期间内观察家兔体温升高的情况，以判定供试品中所含热原的限度是否符合规定。

1. 供试验用家兔

(1) 供试验用家兔应健康合格，雌者无孕，体重 1.7kg 以上。预测体温前 7 日即应用同一饲料饲养。在此期间内，体重应不减轻，精神、食欲、排泄等不得有异常。

(2) 未曾用于热原检查的家兔；或供试品判定为符合规定，但组内升温达 0.6℃的家兔；且已休息两周以上的家兔；或三周内未曾使用的家兔，均应在检查供试品前 3～7 日内预测体温，进行挑选。挑选试验的条件与检查供试品时相同，但不注射药液，每间隔 30 min 测量体温 1 次，共测 8 次，8 次内各兔体温均为 38.0～39.6℃，且最高与最低体温相差不超过 0.4℃的家兔，方可供热原检查用。用于热原检查后的家兔，若供试品判为符合规定，家兔至少应休息 48 h后方可第二次供热原检查使用。其中升温达 0.6℃的家兔应休息 2 周以上。如供试品判定为不符合规定，则组内全部家兔不再使用。

2. 试验

取适用的家兔 3 只，测定其正常体温后 15min 以内，自耳静脉缓缓注入规定剂量并温热至约 38℃的供试品溶液，然后每隔 30min 按前法测量其体温 1 次，共测 6 次，以 6 次体温中最高的一次减去正常体温，即为该兔体温的升高温度。若 3 只家兔中有 1 只体温升高 0.6℃或 0.6℃以上，或 3 只家兔体温升高的总和达 1.3℃或 1.3℃以上，应另取 5 只家兔复试，检查方法同上。

3. 结果判断

在初试的 3 只家兔中，体温升高均低于 0.6℃，并且 3 只家兔体温升高总和低于 1.3℃；或在复试的 5 只家兔中，体温升高 0.6℃或 0.6℃以上的家兔不超过 1 只，并且初试、复试合并 8 只家兔的体温升高总和为 3.5℃或 3.5℃以下，均判为供试品的热原检查符合规定。

在初试的 3 只家兔中，体温升高 0.6℃或 0.6℃以上的家兔超过 1 只；或在复试的 5 只家兔中，体温升高 0.6℃或 0.6℃以上的家兔超过 1 只；或在初试、复试合并 8 只家兔的体温升高总和超过 3.5℃，均判为供试品的热原检查不符合规定。

当家兔升温为负值时，均以 0℃计。

3.5.3　细菌内毒素检查法

目前一般都认为热原反应主要是由细菌内毒素引起的，内毒素的量用内毒素单位(EU)表示。ChP2010 收载的细菌内毒素检查法包括两种方法，即凝胶法和光度测定方法，光度测定方法又可分为浊度法和显色基质法。ChP2010 规定，供试品检测时，可使用其中任何一种方法进行试验，当测定结果有争议时，除另有规定外，以凝胶法(利用鲎试剂与细菌内毒素凝聚反应的原理定性或半定量检测细菌内毒素的方法)结果为准。与经典的热原检查法相比，细菌内毒素检查法具有灵敏度高、特异性强、操作简便等优点，现正逐步被推广使用。

1) 检查方法

取装有 0.1mL 鲎试剂溶液的 10mm×75mm 试管 8 支，其中的 A 组(2 支)加入 0.1mL 按最大有效稀释倍数(MVD)稀释并且已经排除干扰的供试品溶液；B 组(2 支)加入 0.1mL 的含 2λ(λ 为鲎试剂的标示灵敏度，EU/mL)的内毒素按 MVD 稀释并且已经排除干扰的供试品溶液，作为供试品阳性对照；C 组(2 支)加入 0.1mL 含 2λ 内毒素的检查用水溶液，作为阳性对照；D 组(2 支)加入 0.1mL 的检查用水作为阴性对照。分别将上述的 8 支试管轻轻混匀后，封闭管口，垂直放入 37℃±1℃的恒温器中，保温 60min±2min。

2) 结果判断

(1) 将试管轻轻取出，缓缓倒转 180°，若管内形成凝胶，并且凝胶不变形，不从管壁滑落者为阳性(＋)；未形成凝胶或形成的凝胶不坚实、变形并从管壁滑落者为阴性(－)。

(2) B 组的供试品阳性对照溶液和 C 组的阳性对照溶液的 4 支管均为阳性，D 组的 2 支阴性对照溶液管均为阴性，本次试验有效。

(3) A 组的 2 支供试品溶液管均为阴性，判供试品符合规定；第 1 组的 2 支供试品溶液管均为阳性，判供试品不符合规定。

(4) 若 A 组的 2 支供试品溶液管中 1 支为阳性，另外 1 支为阴性，需进行复试。复试时，A 组需做 4 支平行管，若所有平行管均为阴性，判定供试品符合规定；否则判定供试品不符合规定。

3.5.4　无菌检查法

抗生素能抑制或杀死对其敏感的微生物，但不一定能将所有的微生物杀死。因此，抗生素药品仍然可能被微生物污染，必须进行无菌检查，且抗生素药品的无菌检查，要采用特殊的方法使抗生素分解失去抗菌活性，但杂菌不受影响。抗生素药品的无菌检查方法包括利用青霉素酶灭活的青霉素法和薄膜过滤法，尤其以后者的应用更广泛。

现以薄膜过滤法为例，说明无菌检查法。

(1) 检查方法：取该品种最大规格量的供试品不少于 2 瓶(支)，原料药按制剂规格项下取最大规格量 2 份，分别按该药品项下规定的方法处理后，加入 0.9%的无菌 NaCl 溶液至少 100mL。或其他适宜的溶剂中，摇匀，通过无菌操作加入装有直径约 50mm、孔径不大于 0.45μm±0.02μm 的微孔滤膜薄膜过滤器内，减压抽干后，用 0.9%的无菌 NaCl 溶液或其他适宜的溶剂冲洗滤膜 3 次，每次至少 100mL；取出滤膜，分成 4 片，取 3 片分别放在 3 管各 40mL 需气菌、厌气菌培养基中，其中 1 管接种对照用菌液 1mL，供作阳性对照，另 1 片放在霉菌培养基中。取 1 支需气菌、厌气菌培养基管作阴性对照。

(2) 结果判断：当阳性对照管显浑浊并确有细菌生长，阴性对照管呈阴性时，可根据观察所得的结果判定。如需气菌、厌气菌及霉菌培养管均为澄清或虽显浑浊但经证明并非有菌生长，均应判定供试品合格；如需气菌、厌气菌及霉菌培养管中任何一管显浑浊并确证为有菌生长，应重新取样，分别依法倍量复试，除阳性对照管外。其他各管不得有菌生长，否则应判定供试品不合格。

3.5.5 异常毒性检查法

抗生素异常毒性主要由于其在生产过程中所用原材料比较复杂，使产品混进杂质而产生的。为保证用药安全，抗生素药物制剂都必须进行毒性试验。

抗生素的异常毒性检查法是将一定剂量的供试品溶液注入小鼠体内或口服给药，在规定时间内观察小鼠出现的死亡情况，以判断供试品是否符合规定的方法。

(1) 供试验用小鼠：应健康合格，体重为 17～20g，在试验前及试验的观察期内，均应按正常饲养条件饲养。做过本试验的小鼠不得重复使用。

(2) 供试品溶液的配制：除另有规定外，用 NaCl 注射液按各品种项下规定的浓度配制成供试品溶液。

(3) 检查方法：除另有规定外，取上述小鼠 5 只，按各品种项下规定的给药途径，每只小鼠分别给予供试品溶液 0.5mL。给药途径分为以下几种：①口服给药，将供试品溶液通过适宜的导管，灌入小鼠胃中。②皮下注射，将供试品溶液注入小鼠腹部或背部两侧皮下。③腹腔注射，将供试品溶液注入小鼠腹腔。④静脉注射，将供试品溶液注入小鼠尾静脉，应在 4～5s 匀速注射完毕。

(4) 结果判断：除另有规定外，全部小鼠在给药后 48h 内不得有死亡；如有死亡时，应另取体重为 18～19g 的小鼠 10 只复试，全部小鼠在 48h 内不得有死亡。

思考题与习题

1. 检查青霉素的水分、酸碱度和吸光度的目的各是什么？
2. 用碘量法测定 β-内酰胺类抗生素的含量时，其反应原理是什么？怎样确定终点？影响测定准确度的因素有哪些？怎样消除？
3. 如何检查头孢呋辛酯中的有关物质和异构体？
4. 氨基糖苷类抗生素的茚三酮鉴别反应的原理是什么？
5. 一般存在于硫酸奈替米星中的特殊杂质是什么？如何对其进行检查？
6. 比较两大类 β-内酰胺抗生素的化学结构及理化性质，简述其结构特点。
7. 写出麦芽酚反应的反应式并说明其反应条件。
8. 盐酸四环素成品中的主要异构化杂质和降解杂质有哪些？
9. 称取青霉素钠供试品 53.2mg，按 ChP2010 测定总青霉素含量，消耗硝酸汞滴定液(0.0202mol/L)7.39mL。另取上述供试品 530.0mg，按 ChP2010 规定不经水解，直接测定降解物含量，消耗硝酸汞滴定液(0.0202mol/L)1.48mL。求供试品中青霉素的百分含量。
10. 盐酸土霉素片含量测定：取本品 10 片，精密称定，其总质量为 1.4960g，研细，精密称取细粉 0.0021g，置 100mL 容量瓶中，加无水乙醇 70mL，振摇，使土霉素溶解，用无水乙醇稀释至刻度，摇匀。用干燥滤纸过滤，取滤液在 349nm 波长处测得吸光度 A 为 0.448. 已知：土霉素的百分吸收系数为 330，其标示量为 100mg/片。求盐酸土霉素片的标示百分含量。

第 4 章　药物制剂分析

4.1　常用制剂种类及制剂分析的特点

药物制剂由主药加附加剂制备而成，以便适合于临床使用及发挥其功效。一种药物可以有多种剂型。《中国药典》(二部)(2010 年版)附录“制剂通则”中收载的药物制剂有：片剂、注射剂、酊剂、栓剂、胶囊剂、软膏剂、乳膏剂、糊剂、眼用制剂、丸剂、植入剂、糖浆剂、气雾剂、粉雾剂、喷雾剂、膜剂、颗粒剂、口服溶液剂(口服混悬剂、口服乳剂)、散剂、耳用制剂、鼻用制剂、洗剂、冲洗剂、灌肠剂、搽剂、涂剂、涂膜剂、凝胶剂和贴剂等。片剂和注射剂是应用最广泛的两种制剂形式。

和原料药一样，药物制剂的分析也主要包括鉴别、检查和含量测定三个方面。但药物制剂与原料药的分析有所不同。制剂中主成分含量通常较低，对于复方制剂还需测量多个有效成分；另外，加入的多种辅料对主成分的含量测定可能会产生影响；对于一些新制剂，如脂质体、微球、骨架型制剂等，需要先把药物从载体中释放出来，才能进行测定。

因此，制剂分析之前常需对药品进行一些预处理，如过滤、萃取和色谱分离等，以消除干扰，或者选择一些专属性更强的分析方法进行测定。

4.1.1　药物制剂的鉴别

若附加剂对鉴别试验不干扰，可借鉴原料药鉴别的方法。可以按处方比例取测定组分以外的成分制成制剂的阴性对照品，同法试验，若呈负反应，说明没有干扰。

例如，阿司匹林原料药的鉴别采用了水解-$FeCl_3$反应、水解反应、红外光谱。阿司匹林片的鉴别采用了水解-$FeCl_3$反应、HPLC 法，未采用红外光谱法，因为辅料对主药的红外光谱法有干扰。又如，醋酸甲羟孕酮原料药的鉴别之一采用红外光谱法，其片剂的鉴别之一采用薄层色谱法，或经提取分离后采用红外光谱法。

4.1.2　药物制剂的检查

制剂的检查之一是杂质检查。由于制剂是由符合要求的原料药和辅料制备而成的，因此制剂的杂质检查一般不需完全重复原料药的检查项目，主要检查在制剂的制备和储藏过程中可能产生的杂质。例如，盐酸普鲁卡因注射液需检查“对氨基苯甲酸”；阿司匹林片剂需检查“水杨酸”。制剂的杂质限量要求一般与原料药不相同，如阿司匹林原料药中，要求“水杨酸”$\leqslant$0.1%；而阿司匹林片剂中，要求“水杨酸”$\leqslant$0.3%。

除杂质的检查外，还有制剂方面的常规、特殊检查，如“含量均匀度”、“溶出度”测定等。

4.1.3　药物制剂的含量测定

由于药物制剂的主要成分含量低，且组成较复杂，因此含量的测定方法应根据药物的性质、含量比的高低以及辅料对测定是否有干扰来确定。原料药含量测定强调准确度、精密度，而制剂含量测定强调选择性、灵敏度。对药物含量较低的制剂，应选择灵敏度高的方法来测定；当辅料对测定有干扰时，则应选择专属性较强的方法。例如，硫酸阿托品原料药的含量测定采用非水滴定法；片剂、注射剂则采用酸性染料比色法。又如，盐酸氯丙嗪原料药含量测定采用非水滴定法，片剂采用 UV 法（$\lambda_{测}=254nm$），注射剂采用 UV 法（$\lambda_{测}=306nm$）。

药物制剂含量测定结果的计算方法与原料含量测定有所不同。在制剂的质量标准中，以含量占标示量的百分数来表示含量限度，因此制剂含量测定的结果一般也以含量占标示量的百分数来表示，便于判断。测定片剂的含量时，按药品标准的规定，取一定的片数，如 10 片，称定质量，并计算出平均片质量。然后研磨成粉，取片粉一定量，按规定的方法测定，用下式计算含量占标示量的百分数：

$$标示量=\frac{m\times\overline{W}}{W\times标示量(mg/片)}\times100\%$$

式中，m 为供试样品中药物的含量；$\overline{W}$ 为平均片质量；W 为片粉的称样质量，g。

	阿司匹林	维生素 C	肌苷	红霉素
原料/%	≥99.0	≥99.0	98.0～102.0(干)	≥920 单位/g
片剂标示量/%	95.0～105.0	93.0～107.0	93.0～107.0	90.0～110.0

总之，在进行药物制剂的分析时，应根据药物的剂型、附加剂的种类、药物的理化性质以及含量的多少等因素，选择适当的方法。表 4-1 比较了维生素 C 原料药和片剂分析的异同。

表 4-1　维生素 C 原料药和片剂分析的异同

	维生素 C 原料药	维生素 C 片剂
[性状]	熔点、比旋度	外观、颜色
[鉴别]	化学法、IR	化学法
[检查]	溶液的澄清度与颜色、炽灼残渣、铁、铜、重金属	溶液的颜色、质量差异、崩解时限
[含量测定]	碘量法	碘量法

4.2　片剂的分析

《中国药典》制剂通则的片剂项下有以下要求。

4.2.1　片剂的常规检查

片剂的常规检查项目有性状、质量差异、崩解时限、微生物限度。《中国药典》制剂通则的片剂项下规定必须检查的项目为“质量差异”、“崩解时限”。

1. 片剂性状

要求外观完整光洁、色泽均匀、硬度适度。素片要求检查色泽、光洁度、片形完整性、硬度；包衣片要求检查光亮度、色泽均匀度、包衣完整性。

2. 质量差异

质量差异是指按规定称量方法测得片剂每片的质量与平均片质量之间的差异程度。在片剂的生产过程中，颗粒的均匀度、流动性以及生产设备等，都会引起片剂质量的差异，每片质量的差异又会引起片间主药含量的差异。因此质量差异是片剂均匀性的快速、简便的检查方法，为各国药典所收载。

检查方法：取供试品 20 片，精密称定总质量，求得平均片质量，再分别精密称定每片质量，计算其与平均片质量差异的百分数，即质量差异。片剂质量差异的限度如表 4-2 所示。

表 4-2　片剂质量差异的限度

平均片重	质量差异限度
0.30g 以下	±7.5%
0.30g 或 0.30g 以上	±5%

糖衣片和肠溶衣片应在包衣前检查片芯的质量差异，符合规定后方可包衣，包衣后不再检查质量差异。

3. 崩解时限

片剂经口服后在胃肠道中首先要经过崩解、溶出，药物才能被释放、吸收。崩解是药物溶出的前提。否则，药物就无法吸收，起不到治疗作用。崩解时限是指固体制剂在规定的介质中，以规定的方法进行检查，崩解溶散并通过筛网所需时间的限度。检查时不溶性的包衣材料或破碎的胶囊壳除外。不同种类的片剂崩解时限的检查条件和限度有所不同。《中国药典》采用升降式崩解仪检查崩解时限，其示意图如图 4-1 所示。

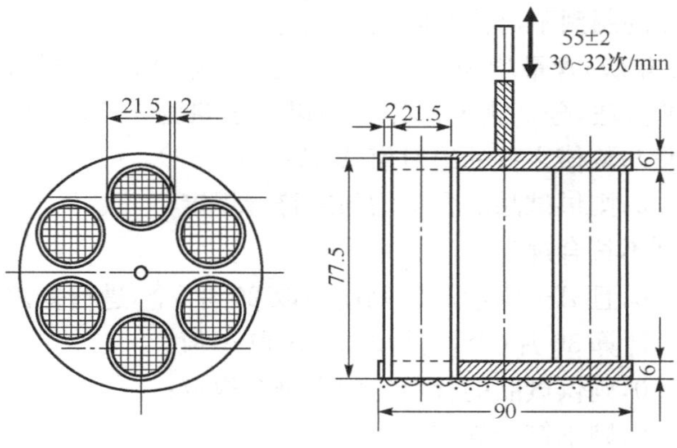

图 4-1　升降式崩解仪(单位:mm)

检查方法：除另有规定外，取药片 6 片，分别置于上述崩解仪的吊篮中进行检查，各片剂均在 15min 内全部崩解。如有一片崩解不完全，应另取 6 片，按上述方法复试，均应符合规定。

糖衣片、薄膜衣片或浸膏片也按上述装置和方法检查。糖衣片应在 1h 内全部崩解。如有 1 片不能完全崩解，应另取 6 片复试，均应符合规定。薄膜衣片可改在盐酸溶液(9 →1000)中检查，应在 30min 内全部崩解。如有 1 片不能崩解，应另取 6 片复试，均应符合规定。

肠溶衣片按上述装置与方法，先在盐酸溶液(9 →1000)中检查 2h，每片均不得有裂缝、崩解或软化现象；继将吊篮取出，用少量水洗涤后，每管各加入挡板一块，再按上述方法在磷酸盐缓冲液(pH 6.8)中进行检查，1h 内应全部崩解。如有 1 片不能崩解，应另取 6 片，按上述方法复试，均应符合规定。

检查泡腾片时，取供试品1片，置盛有200mL水的250mL烧杯中，水温为15～25℃，应有许多气泡放出，当片剂或者碎片周围气体停止逸出时，片剂应崩解、溶解或分散在水中，无聚集的颗粒剩留。除另有规定外，按上述方法检查6片，各片均应在5min内崩解。

4. 微生物限度

采用微生物检定法检查非规定灭菌制剂及其原料、辅料受微生物污染程度。应在环境洁净度10 000级，局部洁净度100级单向流空气区域内进行。规定：①口服给药制剂的细菌数不得超过1000个/g，霉菌和酵母菌数不得超过100个/g，大肠杆菌不得检出。②局部给药制剂，如眼部给药制剂的细菌数不得超过10个/g，霉菌、酵母菌、大肠杆菌等不得检出。

4.2.2 片剂含量均匀度和溶出度的检查

1. 含量均匀度的检查

含量均匀度是指小剂量或单剂量的固体制剂、半固体制剂和非均相液体制剂（片剂、胶囊剂、膜剂或注射用无菌粉末）等每片（个）含量符合标示量的程度。这是因为，如果每片（个）主药的含量较低，其在颗粒中的均匀度较难控制，仅靠质（装）量差异的检查已不能完全反映药物含量的均匀程度。《中国药典》从1985年起，收载了含量均匀度检查的项目。需检查含量均匀度的制剂有：片（个）标示量不大于25mg或主药含量小于片（个）质量25%的片剂、硬胶囊剂或注射用无菌粉末；内容物非均一的软胶囊、单剂量包装的口服混悬剂、透皮贴剂、吸入剂和栓剂。凡检查含量均匀度的制剂不再检查质（装）量差异。

《中国药典》（2010年版）含量均匀度的检查方法为：除另有规定外，取供试品10片（个），按照各药品项下规定的方法，分别测定每片（个）以标示量为100的相对含量 X，求其均值 $\overline{X}$ 和标准差 S 以及标示量与均值之差的绝对值 A（$A=|100-\overline{X}|$）。

若 $A+1.80S\leqslant 15.0$，则供试品的含量均匀度符合规定；

若 $A+S>15.0$，则不符合规定；

若 $A+1.80S>15.0$，且 $A+S\leqslant 15.0$，则应另取20片（个）进行复试。

根据初、复试结果，计算30片（个）的均值 $\overline{X}$、S 和 A 值。

若 $A+1.45S\leqslant 15.0$，则供试品的含量均匀度符合规定；

若 $A+1.45S>15.0$，则不符合规定。

上述各判断式中的15.0代表含量均匀度的限度为15%。如该药品项下规定含量均匀度的限度为±20%或其他百分数时，应将上述各判断式中的15.0改为20.0或其他相应的数值，但判别式中的系数不变。

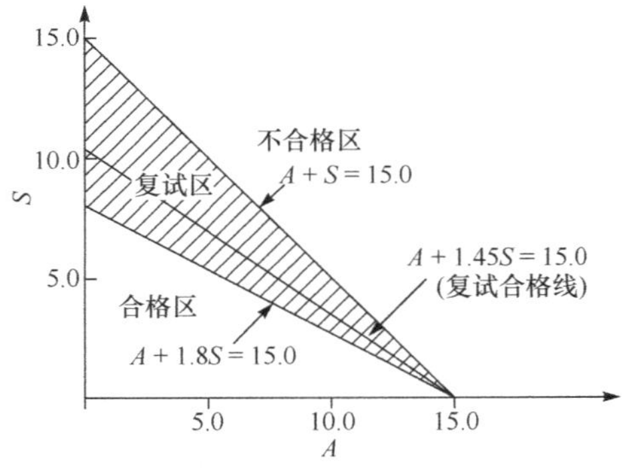

图 4-2　片剂含量均匀度判断图

若各片含量差别大，相对含量的标准差 S 就大；若含量较一致，S 就小。结果的判定是综合 S 以及均值与标示量之差 A 来考虑的。如果初试结果落在合格区与不合格区之间，如图4-2的阴影部分所示，应另取20片进行复试。复试的合格区比初试的合格区向上扩展了，从而减小了错判的可能。

2. 溶出度的测定

溶出度是指药物在规定溶剂中从片剂等固体制剂溶出的速度和程度。受辅料、工艺条件的影响，崩解以后药物溶出的速度仍会不同。所以，溶出度是片剂质量控制的一个重要指标，对难溶性的药物片剂一般都应做溶出度的检查。凡检查溶出度的制剂，不再进行崩解时限的检查。

《中国药典》(2010 年版)收载有三种测定溶出度的方法。

第一法为转篮法。使用带恒温装置并配有 6 套转篮的溶出度仪。电机通过篮轴带动转篮，转速可调(常为 50～200r/min)。转篮置于盛有溶出介质的 1000mL 烧杯中，烧杯置于水浴中。测定时，取经脱气处理的溶剂 900mL，注入烧杯中，加温，使溶剂温度保持在 37℃±0.5℃，取供试品 6 个，分别置 6 个转篮中，将转篮降至溶剂中，按规定速度旋转，除另有规定外，至 45min 时，在规定取样点(转篮上端和液面中间距烧杯壁不小于 10cm 处)取样，立即经不大于 0.8μm 的微孔滤膜过滤，按该药品项下的方法测定，计算每片(个)的溶出度。

第二法为桨法。桨法使用搅拌桨搅拌，测定时将供试品分别放入容器中，启动搅拌桨，除另有规定外，45min 时取样测定。其余装置和要求与转篮法相同。

第三法为小杯法。小杯法的操作容器为 250mL 的圆底烧杯，用搅拌桨搅拌，测定时取经脱气处理的溶剂 100～250mL，注入容器内，其余操作和要求同第二法。小杯法溶剂的体积较小，适用于药物含量较低的片剂溶出度的测定。

溶出度的测定结果，符合下列条件之一者可判合格：

如 6 片(粒、袋)中每片(粒、袋)的溶出量按标示量计算，均大于等于规定限度(Q)；

如 6 片(粒、袋)中有 1～2 片(粒、袋)在(Q－10%)～Q，且平均溶出度≥Q；

如 6 片(粒、袋)中有 1 片(粒、袋)＜Q－10%，但不低于 Q－20%，且其平均溶出量不低于 Q 时，需另取 6 片(粒、袋)复试；初、复试的 12 片(粒、袋)中仅有 1 片(粒、袋)＜Q－10%，但不低于 Q－20%，且平均溶出度≥Q。

以上判断中所示的 10%、20%是指相对于标示量的百分数(%)。

温度是影响溶出速度的重要因素，转篮或搅拌桨的转速对溶出速度也会有影响，测定时应按药品质量标准的规定进行。

4.3 注射剂的分析

注射剂可分为注射液、注射用无菌粉末与注射用浓溶液。由于其特殊的给药途径，所以必须严格控制注射剂的质量。注射剂的检查项目有：注射液的装量、注射用无菌粉末装量差异、可见异物(澄明度)检查、不溶性微粒、无菌检查、细菌内毒素或热原、渗透压摩尔浓度等。有些注射剂还要检查 pH、异常毒性、过敏反应、溶血与凝聚和降压物质等。

4.3.1 注射液的装量

为保证注射液及注射用浓溶液的注射用量不少于标示量，需对其装量进行检查。《中国药典》规定，注射液的标示装量不大于 2mL 者取供试品 5 支，2mL 以上至 50mL 者取供试品 3 支。开启时应注意避免损失，将内容物分别用相应体积的干燥注射器及注射针头抽尽，注入经标化的量具(大小应使待测体积至少占其额定体积的 40%)内，在室温下检视。测定油溶液和混悬液的装量时，应先加温摇匀，再用干燥注射器抽尽，同前法操作，放冷至室温检视。

标示量为 50mL 以上的注射液及注射用浓溶液照“最低装量检查法”检查，应符合规定。

4.3.2 注射用无菌粉末的装量差异

注射用无菌粉末需检查装量差异，以保证药物含量的均匀性。

检查方法：取供试品 5 瓶(支)，除去标签、铝盖，容器外壁用乙醇擦净，干燥，开启时注意避免玻璃屑等异物落入容器中，分别迅速精密称定，倾出内容物，容器用水或乙醇洗净，在适宜条件下干燥后，再分别精密称定每一容器的质量，求出每瓶(支)的装量与平均装量。每瓶(支)装量与平均装量相比较，应符合规定。如有 1 瓶(支)不符合规定，应另取 10 瓶(支)复试，均应符合规定。

《中国药典》对注射用无菌粉装量差异的规定如下：

平均装量/g	≤0.05	0.05～0.150	0.15～0.5	>0.50
装量差异限度	±15%	±10%	±7%	±5%

4.3.3 大体积注射液的 pH、渗透压

1. 注射液的 pH

在注射剂的制备过程中，pH 对产品的稳定性起着决定性的作用，其质量的一切变化如水解、氧化、变色、分解及澄明度等都与 pH 有关。在注射剂的制备过程中，大多数产品采用高压或常压流通蒸汽灭菌。由于在灭菌过程中受热的影响，有些品种的 pH 发生变化，或升高，或降低。这主要与主药的性质、结构有关，也与处方设计、辅料的使用和用量、主辅料的质量控制有关。因此在生产过程中，要考虑到灭菌后 pH 的变化。

pH 的变化影响到药物的溶解度、降解与否，促成氧化还原反应而造成药液变色，影响药物的吸收。如果是静脉给药，药液的 pH 与血液的 pH 不能相差过大，尤其是大输液制剂。否则易发生刺激，甚至引起静脉炎。

《中国药典》(2010 年版)二部附录Ⅵ H pH 测定方法规定溶液的 pH 使用酸度计测定。

2. 注射液的渗透压

溶剂通过半透膜由低浓度向高浓度扩散的现象称为渗透，阻止渗透所需施加的压力，即为渗透压。人体的细胞膜或毛细血管壁等生物膜，一般具有半透膜的性质。在涉及溶质扩散或通过生物膜的液体转运各种生物过程中，渗透压都起着极其重要的作用。对于注射剂和滴眼剂，药物的刺激性、疼痛性多数是由 pH 与渗透压不适当引起。注射液渗透压过高或过低，肌肉注射也能产生刺激性，且影响吸收。对于静脉注射，在低渗溶液中，水分子穿过细胞膜进入红细胞内，使红细胞胀破，造成溶血现象。高渗溶液会使红细胞萎缩。因此，在制备大体积注射剂、眼用液体制剂时，必须控制渗透压，以提高药物制剂安全性。注射剂和滴眼剂在配制过程中要根据情况，在处方中加有不同用途的添加剂和 pH 调节剂，可以通过控制调节剂的加入量，尤其是 pH 调节剂的加入量，达到控制渗透压的目的。

渗透压依赖于溶液中溶质粒子的数量，是溶液的依数性之一，通常以渗透压摩尔浓度表示。渗透压摩尔浓度是指 1kg 溶剂中含有溶质的物质的量，通常采用测量溶液的冰点下降来

测定渗透压摩尔浓度。

处方中添加了渗透压调节剂的制剂，需控制其渗透压摩尔浓度。《中国药典》(2010 年版)二部中控制渗透压的输液品种有 29 种、滴眼液品种有 25 种，二部附录ⅠB 注射剂通则项下规定，静脉输液和脊椎腔注射的注射剂应尽可能与血液等渗[正常人体血液的渗透压摩尔浓度范围为 285～310mOsmol/kg(毫渗透压摩尔浓度)，0.9%氯化钠溶液与 5%葡萄糖溶液的渗透压摩尔浓度与人体血液相当]。在附录 G 眼用制剂通则中规定，应与泪液等渗。

《中国药典》(2010 年版)二部附录渗透压摩尔浓度测定方法中规定了两种测定方法：渗透压摩尔浓度测定(也称绝对值测定方法，即先用已知渗透压摩尔浓度的标准溶液校正仪器，然后测定供试液的渗透压摩尔浓度)和渗透压摩尔浓度比测定(也称相对值测定方法，即分别测定供试液和 0.9% 氯化钠标准溶液的渗透压摩尔浓度，取其比值)。

4.3.4　可见异物检查

可见异物是指在规定条件下目视可以观测到的存在于注射剂、滴眼剂中的不溶性物质，其粒径或长度通常大于 50μm。注射液中若有不溶性微粒，使用后可能引起静脉炎、过敏反应，较大的微粒甚至可以堵塞毛细血管。因此注射液的可见异物检查是注射液的常规检查项目之一。《中国药典》(2005 年版)将原来的"澄明度检查法"改称为"可见异物检查法"，对判断标准作了较大改动，更加严格。注射剂、滴眼剂在出厂前应采用适宜的方法逐一检查可见异物，以剔除不合格品。

可见异物检查法有灯检法和光散射法。一般常用灯检法(所用装置见图 4-3)，某些不适用灯检法的品种(如用有色透明容器包装或液体色泽较深的品种)应选用光散射法。

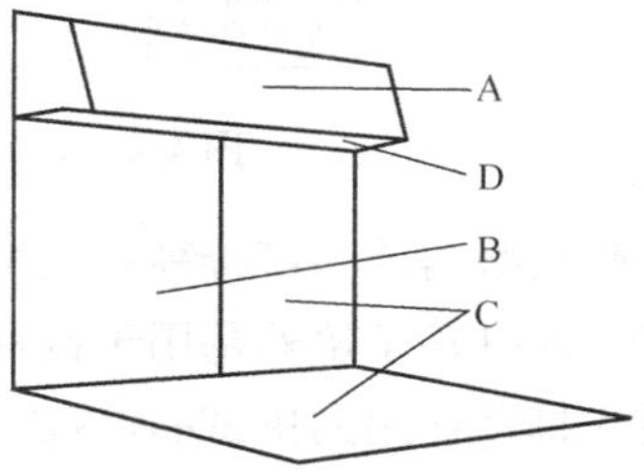

图 4-3　可见异物检查灯检法的伞棚式装置

A. 带遮光板的日光灯；1000～4000lx 光照度可调；B. 不反光的黑色背景；C. 不反光的白色背景和底部(供检查有色异物)；D. 反光白前景(遮光板内侧)

1. 灯检法

在暗室中采用装有日光灯的伞棚式装置进行。除另有规定外，取供试品 20 支(瓶)，除去容器标签，擦干净外壁，置供试品于遮光板边缘处，在明视距离(指供试品与人眼的距离，通常为 25cm)，分别在黑色和白色背景下，手持供试品使药液轻轻翻转，使药液中存在的可见异物悬浮，用目检视。无色溶液注射剂或滴眼剂、透明塑料容器或有色溶液注射剂或滴眼剂、混悬注射剂或混悬滴眼剂的检查光照度应分别为 1000～1500lx，2000～3000lx，4000lx。

2. 光散射法

《中国药典》(2005 年版)新增了本法，即采用仪器测量可见异物造成的激光光散射能量，来检查可见异物。

4.3.5　不溶性微粒检查

可见异物的目视检查一般只能检出 50μm 以上的微粒，较小的微粒则难以检出。静脉滴注用注射液直接进入静脉，用量大，更应严格控制不溶性微粒。《中国药典》(2010 年版)

规定静脉滴注用注射液且装量在 100mL 以上者，在可见异物检查符合规定后，仍需检查不溶性微粒的大小及数量。不溶性微粒检查有显微计数法和光阻法两种方法。除另有规定外，一般先采用光阻法；当光阻法测定结果不符合规定，或供试品（如黏度过高和易析出结晶的制剂）不适于用光阻法测定时，应采用显微计数法，并以显微计数法的测定结果作为判定依据。

4.3.6　无菌检查

无菌检查是检查注射剂以及其他要求无菌的品种是否无菌。无菌检查应在洁净度 100 级单向流空气区域内进行，其全过程应严格遵守无菌操作，防止微生物感染。检查中应取相应的溶剂和稀释法同法操作，作为阴性对照。

《中国药典》的"无菌检查法"有直接接种法和薄膜过滤法两种。直接接种法适用于供试品本身对检查无影响的药物，如非抗生素类药物。原理如图 4-4 所示。

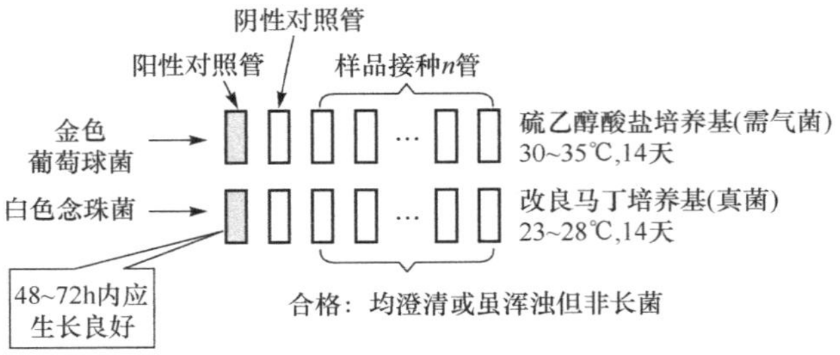

图 4-4　非抗生素类药物无菌检查的直接接种法

硫乙醇酸盐培养基可接种需气菌和厌气菌，如金色葡萄球菌、大肠埃希菌、枯草芽孢杆菌、生孢梭菌。改良马丁培养基用于接种培养真菌，如白色念珠菌、黑曲霉。

针对无抑菌作用的供试品，硫乙醇酸盐培养基中的阳性对照管接种金色葡萄球菌。

样品接种的管数 n 需根据样品的种类、性质及批产量来确定。

《中国药典》规定，在对供试品进行检查之前，需先验证检查方法。对每种试验菌取使用的培养基 2 份，分别加入规定量的试验菌，并于其中一管加入规定量的供试品，另 1 管作为对照，在规定温度下培养 3～5 日。如与对照管比较，含供试品各容器中的试验菌生长良好，则供试品的该检验量在该检验条件下无抑菌作用，可照此检查法和检查条件进行供试品的无菌检查。否则应调整方法和检查条件。

薄膜过滤法适用于对直接接种法有影响的药物，如抗生素类药物的无菌检查。此外，抗生素类药物的无菌检查方法还有利用青霉素酶灭活的青霉素法。薄膜过滤法具体参见第 3 章。

4.3.7　热原和细菌内毒素检查

热原检查和细菌内毒素检查均为控制引起体温升高杂质的检查，两项中选做一项即可，详见第 3 章。

4.4　制剂中常见附加剂对含量测定的干扰及其排除

药物制剂中常加入某些附加剂，如片剂的稀释剂、润滑剂和崩解剂等，注射剂的助溶剂、抗氧化剂、pH 调节剂、渗透压调节剂、溶剂油、防腐剂和抑菌剂等。附加剂可能会对药物的测定产生干扰，需予以排除。

4.4.1　糖类

淀粉、糊精、蔗糖和乳糖均是片剂常用的稀释剂。乳糖本身有还原性，淀粉、糊精、蔗糖虽然本身没有还原性，但它们水解后可产生葡萄糖，具有还原性。因此糖类可能干扰氧化还原测定，特别是使用具有较强氧化性能的滴定剂时，如高锰酸钾法、溴酸钾法等。在选择含糖类附加剂片剂的含量测定方法时，应避免使用氧化性强的滴定剂。同时应用阴性对照品做对照实验，若阴性对照品要消耗滴定剂，则说明附加剂有干扰，应改用其他的方法。

例如，硫酸亚铁的原料药，《中国药典》采用高锰酸钾法测定含量。硫酸亚铁片采用铈量法进行测定，硫酸铈的氧化能力比高锰酸钾弱，可以避免可能含有的糖类附加剂的干扰。

4.4.2　硬脂酸镁

片剂中常用的润滑剂硬脂酸镁是以硬脂酸镁（$C_{36}H_{70}MgO_4$）和棕榈酸镁（$C_{32}H_{62}MgO_4$）为主要成分的混合物。硬脂酸镁可造成两个方面的干扰：Mg^{2+} 可干扰配位滴定法，而硬脂酸根离子可干扰非水滴定法。

Mg^{2+} 与 EDTA 配合物的稳定常数（$\lg K_{MY}$）为 8.64，在 pH10 左右可与 EDTA 形成稳定配合物，若被测金属离子与 EDTA 配合物的稳定常数远比 Mg^{2+}-EDTA 配合物的大，则 Mg^{2+} 无干扰。若 Mg^{2+} 有干扰，可以加掩蔽剂掩蔽，如在 pH 6～7.5 条件下，酒石酸可和 Mg^{2+} 形成稳定的配位化合物而将其掩蔽。

非水滴定法中的非水碱量法常在弱酸介质冰醋酸中进行，这使硬脂酸根离子的碱性增强，能消耗滴定剂高氯酸，干扰测定。若主药含量大，硬脂酸镁的含量小，则硬脂酸镁对测定影响不大，可不考虑其干扰，直接进行测定；若主药含量少，硬脂酸镁含量大，则硬脂酸镁的存在可使测定结果偏高。如果药物是脂溶性的，可用合适的有机溶剂提取出药物后再测定。

例如，硫酸奎宁原料药采用非水滴定法测定含量，而硫酸奎宁片剂则是取片粉，加氯化钠与氢氧化钠溶液，用三氯甲烷提取出药物，提取液加乙酸酐后用高氯酸滴定液滴定。另有文献报道，加入乙二酸与硬脂酸镁反应，生成硬脂酸和难溶性的乙二酸镁，从而消除硬脂酸根的干扰。

也可改用其他方法测定含量来避免硬脂酸镁的干扰。例如，盐酸吗啡、盐酸氯丙嗪等多种有机碱性药物，其原料药采用非水滴定法测定含量，片剂采用紫外分光光度法测定。

还应注意，除硬脂酸镁干扰非水滴定法的测定外，片剂中若添加有苯甲酸、羧甲基纤维素钠及聚乙烯吡咯烷酮等，也可消耗高氯酸滴定液，使测定结果偏高。

4.4.3　抗氧化剂

具有还原性药物的注射剂，常需加入抗氧化剂以增加药物的稳定性。常用的抗氧化剂有亚硫酸钠、亚硫酸氢钠、焦亚硫酸钠、硫代硫酸钠以及维生素 C 等。它们均具有较强的还原性，可能对主药的含量测定方法如氧化还原滴定法有干扰，可采用适当的方法排除干扰。

1. 加入掩蔽剂

当注射剂中加入了亚硫酸钠或亚硫酸氢钠作抗氧剂时，如采用碘量法、铈量法或亚硝酸钠滴定法测定注射剂中的主药时，这些抗氧化剂就会产生干扰作用，使测定结果偏高。甲醛或丙酮可与亚硫酸钠、亚硫酸氢钠及焦亚硫酸钠反应，从而消除它们的干扰。《中国药典》规定，采用碘量法测定维生素 C 注射液的含量时，加入丙酮做掩蔽剂，以消除亚硫酸氢钠（或亚硫酸钠）的干扰。其反应式如下：

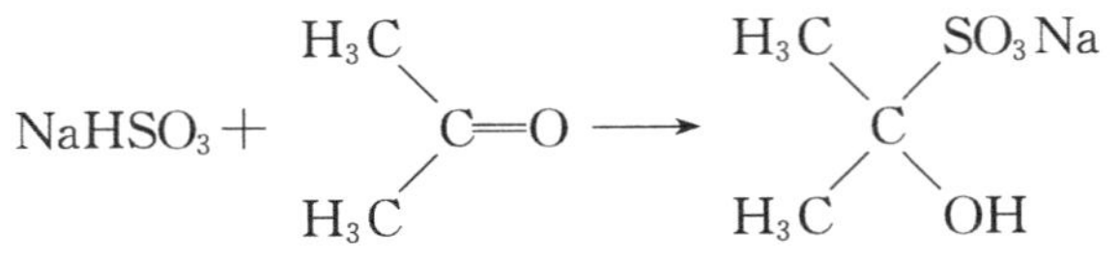

2. 加酸分解

亚硫酸钠、亚硫酸氢钠、焦亚硫酸钠均可被强酸分解，产生二氧化硫气体，经加热逸出，除去。例如，采用亚硝酸钠滴定法测定磺胺嘧啶钠注射液含量时，因磺胺嘧啶钠注射液中添加有亚硫酸氢钠，可消耗亚硝酸钠滴定液。因此在滴定前加入一定量的盐酸使亚硫酸钠分解，从而排除了干扰。其分解反应如下：

$$NaHSO_3 + HCl \longrightarrow NaCl + H_2O + SO_2 \uparrow$$

3. 加入弱氧化剂

加入一种弱氧化剂将亚硫酸盐或亚硫酸氢盐氧化，而不会氧化被测的药物，也不消耗滴定的溶液，以此排除干扰。常用弱氧化剂为过氧化氢和硝酸。其反应式如下：

$$Na_2SO_3 + H_2O_2 \longrightarrow Na_2SO_4 + H_2O$$

$$NaHSO_3 + H_2O_2 \longrightarrow NaHSO_4 + H_2O$$

$$Na_2SO_3 + 2HNO_3 \longrightarrow Na_2SO_4 + H_2O + 2NO_2 \uparrow$$

$$2NaHSO_3 + 4HNO_3 \longrightarrow Na_2SO_4 + 2H_2O + H_2SO_4 + 4NO_2 \uparrow$$

4. 利用主药和抗氧剂紫外光谱的差别进行测定

盐酸氯丙嗪注射液中常含有抗氧剂维生素 C，盐酸氯丙嗪的紫外吸收光谱在 254nm 和 306nm 波长处有两个吸收峰，而维生素 C 的最大紫外吸收在 243nm 波长处。《中国药典》采用紫外分光光度法测定盐酸氯丙嗪注射液，在 306nm 波长处测定吸光度，按吸收系数（$E_{1cm}^{1\%}$）为 115 计算其含量。在此条件下维生素 C 不干扰测定。

4.4.4　溶剂油

有些脂溶性药物（如甾体激素类药物）的注射液是用植物油，如麻油、茶油或核桃油配制成的。溶剂油对以水为溶剂的分析方法可产生影响，如容量法、反相高效液相色谱法等。消除干扰的方法有以下几种：

（1）有机溶剂稀释法。对某些药物含量较高，取样量较少的注射剂，可用有机溶剂稀释后测定，油溶液不致对测定产生影响。

(2) 萃取法。可选择适当的溶剂,如甲醇、乙醇或乙醚等,将药物提取后再进行测定。

(3) 色谱法。利用柱色谱法、薄层色谱法或高效液相色谱法,对药物进行分离和测定。

4.4.5　等渗溶液

注射液为了配成等渗,常加入氯化钠。氯化钠对某些测定方法有干扰,如复方乳酸钠注射液用离子交换-酸碱滴定法测定乳酸钠含量,氯化钠存在干扰作用。排除干扰的方法是先用银量法测定氯化钠,再从消耗氢氧化钠标准溶液的量中减去氯化钠所消耗的量,从而求得供试品中待测主药的含量。

4.5　制剂分析实例

4.5.1　复方制剂分析实例

单方制剂分析实例在第 2 章各节中已有介绍。本节仅介绍复方制剂分析实例。复方制剂因含有两种或者两种以上的药物,分析时,不仅要考虑附加剂的影响,还要考虑药物之间的相互影响。若各成分之间无干扰,就可以不经分离直接测定各成分的含量;若各成分之间相互有干扰,则可根据它们的理化性质,采取适当的分离处理后,再分别进行测定。高效液相色谱法、气相色谱法等色谱法因同时具有分离和测定的功能,是复方制剂分析中应用最广泛的分析方法。下面举 2～3 个典型的复方制剂分析的例子。

示例 4-1　复方对乙酰氨基酚片剂的含量测定。

(1) 容量法。

复方对乙酰氨基酚片剂含对乙酰氨基酚、阿司匹林和咖啡因三种药物,我国部颁标准采用容量法分别测定三种药物的含量。

采用亚硝酸钠滴定法测定对乙酰氨基酚的含量。供试品在稀盐酸介质中加热回流,使对乙酰氨基酚水解,游离出芳伯胺基,再用亚硝酸钠滴定液滴定。阿司匹林和咖啡因无芳伯胺基,不干扰测定。测定方法如下:

取本品 20 片,精密称定,研细,精密称取细粉适量(约相当于对乙酰氨基酚 0.25g),加稀盐酸 50mL,加热回流 1h,冷却至室温,加水 50mL 与溴化钾 3g,将滴定管的尖端插入液面下约 2/3 处,用亚硝酸钠液(0.1mol/L)迅速滴定,随滴随搅拌,近终点时,将滴定管尖端提出水面,用少量水将尖端洗涤,洗液并入溶液中,继续缓缓滴定,用细玻璃棒蘸取溶液少许,划过涂有含锌碘化钾淀粉指示剂[取水 100mL,加碘化钾溶液(3→20)5mL 与氯化锌溶液(1→5)10mL,煮沸,加淀粉混悬液(取可溶性淀粉 5g,加水 30mL 搅匀制成),随加随搅拌,继续煮沸 2min,放冷,即得。凉处密闭保存]的白板上,显蓝色的条痕时停止滴定,5min 后,再蘸取少许划过一次,如仍显蓝色条痕,即为终点。1mL 的亚硝酸钠滴定液(0.1mol/L)相当于 15.12mg 的$C_8H_9NO_2$。

阿司匹林具有羧基,采用中和滴定法测定其含量,对乙酰氨基酚和咖啡因不干扰测定。在片剂中常含有为防止阿司匹林水解而加入的稳定剂枸橼酸或酒石酸,它们也会消耗氢氧化钠滴定液,致使测定结果偏高。为了消除枸橼酸或酒石酸的干扰,先用氯仿提取阿司匹林,而枸橼酸或酒石酸在氯仿中溶解度小,不会被提出。测定方法如下:

精密称取细粉适量(约相当于阿司匹林 0.4 g),置分液漏斗中,加水 15mL,加三氯甲烷振摇提取 4 次(20mL,10mL,10mL 和 10mL),三氯甲烷提取液用同一份水 10mL 洗涤,合并三氯甲烷提取液,置水浴上蒸干,残渣中加入中性乙醇 20mL,使其溶解后,加酚酞指示液 3 滴,用氢氧化钠滴定溶液(0.1mol/L)滴定,至溶液显粉红色。

咖啡因为生物碱类药物,其碱性很弱,K_b 为 0.7×10^{-14}(19℃),1%水溶液的 pH 为 6.9,几乎近中性,因此一般生物碱的测定方法均不适用。咖啡因在酸性条件下可与碘定量生成沉淀,可采用剩余碘量法测定其

含量，滴定反应为

$$C_8H_{10}N_4O_2+2I_2+KI+H_2SO_4 \longrightarrow C_8H_{10}N_4O_2\cdot HI\cdot I_4\downarrow+KHSO_4$$

$$I_2(\text{剩余})+2Na_2S_2O_3 \longrightarrow 2NaI+Na_2S_4O_6$$

精密称取本品的细粉适量(约相当于咖啡因 50mg)，加稀硫酸 5mL，振摇数分钟使咖啡因溶解，滤过，滤液置 50mL 容量瓶中，滤器与滤渣用水洗涤 3 次，每次 5mL，洗液并入容量瓶中，精密加入碘液(0.1mol/L) 25mL，用水稀释至刻度，摇匀，在约 25℃避光放置 15 min，滤过，弃去初滤液，精密量取续滤液 25mL，用硫代硫酸钠滴定液(0.05mol/L)滴定，至近终点时，加淀粉指示液，继续滴定至蓝色消失，并将滴定结果用空白试验校正。1mL 的碘滴定液(0.1mol/L) 相当于 5.305mg 的 $C_8H_{10}N_4O_2\cdot H_2O$。

因为 1mol I 相当于 1/4mol 的咖啡因，所以 1mL 碘滴定液(0.1mol/L)相当于 5.305mg 的咖啡因(咖啡因 $C_8H_{10}N_4O_2\cdot H_2O$ 的相对分子质量为 212.21)。

咖啡因含量测定结果的计算公式为

$$\text{含量占标示量的百分数}=\frac{(V_0-V)\times C\times 5.305\times \frac{50}{25}\times \overline{m}}{0.1\times m\times \text{标示量}}\times 100\%$$

式中，V_0、V 分别为空白试验、样品测定时消耗硫代硫酸钠滴定液的体积，mL；C 为硫代硫酸钠滴定液的浓度，mol/L；m 为样品的称量，g；$\overline{m}$ 为平均片质量，g/片。

(2) HPLC 法。

USP29 采用高效液相色谱法测定复方对乙酰氨基酚片的含量。色谱条件为十八烷基硅烷键合硅胶柱，流动相为水-甲醇-冰醋酸(69∶28∶3，体积比)，275nm 处检测，柱温为 45℃，流速约为 2.0mL/min。

内标溶液的制备：制备苯甲酸的甲醇溶液，1mL 约含苯甲酸 6mg。

标准储备液的制备：分别精密量取对乙酰氨基酚对照品、阿司匹林对照品和咖啡因对照品适量，加混合溶剂甲醇-冰醋酸(95∶5)溶解并稀释至已知浓度，其中对乙酰氨基酚的浓度为 0.25mg/mL，阿司匹林的浓度为 0.25$j$mg/mL(j 为阿司匹林和对乙酰氨基酚标示量的比值)，咖啡因的浓度为 0.25j'mg/mL(j'为咖啡因和对乙酰氨基酚标示量的比值)。

标准溶液的制备：精密量取标准储备液 20mL 和内标溶液 3mL，置 50mL 容量瓶中，加混合溶剂稀释至刻度，摇匀。其中对乙酰氨基酚的浓度为 0.1mg/mL，阿司匹林的浓度为 0.1$j$mg/mL，咖啡因的浓度为 0.1j'mg/mL。

供试品溶液：取不少于 20 片复方对乙酰氨基酚片，精密称定，充分研细，精密称取适量(约相当于 250mg 对乙酰氨基酚)，置 100mL 容量瓶中，加混合溶剂 75mL，振摇 30min，加混合溶剂稀释至刻度，摇匀，滤过，精密量取续滤液 2mL，内标溶液 3mL，置 50mL 容量瓶中，加混合溶剂稀释至刻度。

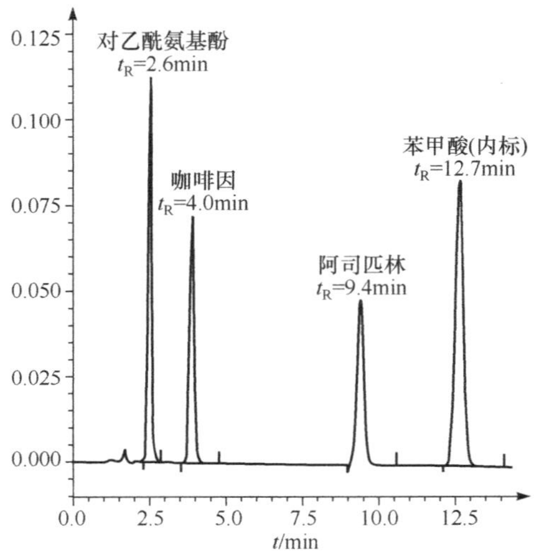

图 4-5　复方对乙酰氨基酚片含量测定的色谱图

测定方法：分别准确量取对照品溶液和供试品溶液各 10μL 注入液相色谱仪，记录色谱图(图 4-5)，测定峰面积值，按下式计算供试品中各测定组分的含量：

$$\text{含量}=2500C(R_U/R_S)$$

式中，C 为标准溶液中测定组分的浓度，mg/mL；R_U、R_S 分别为供试品溶液、标准溶液中测定组分与内标峰面积的比值；2500 为稀释体积。

示例 4-2　复方炔诺酮片剂的含量测定。

口服避孕药复方炔诺酮片剂含两种甾体激素类药物活性成分：炔诺酮、炔雌醇。它们结构相近，但片剂中含量差异大，炔诺酮 0.54～0.66mg，炔雌醇 31.5～38.5μg。《中国药典》采用 HPLC 法测定该制剂的含量。

色谱条件与系统适用性试验：用十八烷基硅烷键合硅胶柱，乙腈-水（45∶55，体积比）为流动相，检测波长为 200nm。理论塔板数按炔诺酮峰计算应不低于 3000，炔诺酮峰与内标物质峰的分离度应符合要求（大于 1.5）。

测定方法：取本品 20 片，精密称定，研细，精密称取细粉适量（约相当于炔诺酮 3mg），置 50mL 容量瓶中，加乙腈 25mL，超声处理使溶解，用水稀释至刻度，摇匀，离心，精密量取上清液 50μL 注入液相色谱仪，记录色谱图；另精密称取炔诺酮和炔雌醇对照品适量，用乙腈适量溶解后，加入与乙腈等量的水，再用乙腈-水（1∶1）定量稀释制成 1mL 中约含炔诺酮 60μg 与炔雌醇 3.5μg 的溶液，同法测定。按外标法以峰面积计算，即得。

示例 4-3　复方磺胺甲恶唑片剂的含量测定。

本品含磺胺甲恶唑（SMZ）、磺胺增效剂甲氧苄啶（TMP）。《中国药典》曾采用亚硝酸钠滴定法直接测定本品中磺胺甲恶唑的含量，甲氧苄啶不干扰测定。甲氧苄啶则是先用氯仿和乙酸溶液萃出，再用紫外分光光度法测定含量，较为烦琐，误差较大。因两者均有紫外吸收，《中国药典》（2000 年版）又采用双波长法光度法直接测定它们的含量。2005 年版起收录了 HPLC 法。在此介绍双波长光度法。

(1) SMZ 的含量测定。257nm 处 SMZ 有最大吸收（图 4-6）。而 TMP 在此波长处吸收较小，并在 304nm 波长附近有等吸收点。取适量供试品的粉末、SMZ 对照品分别配制成 0.4%氢氧化钠-2%乙醇的溶液后，在 257nm 和 304nm 波长处测定吸光度，则

$$\text{SMZ 含量(mg/片)}=[(A_{257}-A_{304})_{\text{供试品}}\times \text{mR}\times \overline{w}]/[(A_{257}-A_{304})_{\text{对照品}}\times W]$$

式中，mR 为 SMZ 对照品的质量，mg；W 为样品的质量，g；$\overline{w}$ 为平均片重，g/片。

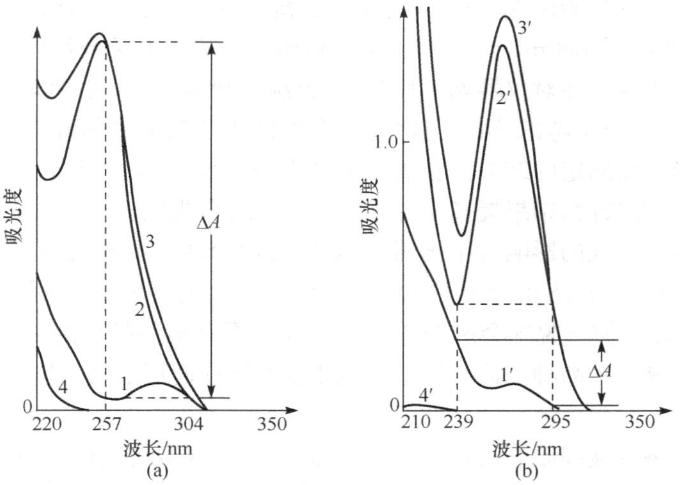

图 4-6　SMZ(a)和 TMP(b)的紫外吸收光谱

1. TMP(2.0μg/mL)；2. SMZ(10.0μg/mL)；3. SMZ+TMP；4. 辅料

1′. TMP(5.0μg/mL)；2′. SMZ(25.0μg/mL)；3′. SMZ+TMP；4′. 辅料

(2) TMP 的含量测定。239nm 处 TMP 有较大吸收。而 SMZ 在此波长处的吸收最小，且在 295nm 波长附近有等吸收点。取适量供试品的粉末（W，g）、TMP 对照品（mR，mg）分别制成盐酸-氯化钾溶液，在 239nm 和 295nm 波长处测定吸光度，则

$$\text{TMP 含量 (mg/片)}=[(A_{239}-A_{295})_{\text{供试品}}\times mR\times \overline{w}]/[(A_{239}-A_{295})_{\text{对照品}}\times W]$$

4.5.2　缓释制剂分析实例及影响因素

1. 几种特殊缓释药品释放度测定的影响因素

缓释制剂的释放度测定比普通制剂的溶出度测定影响因素更多、难度更大，容易出现测定

偏离。有文献报道并分析了硝酸异山梨酯缓释片、硝苯地平缓释片(Ⅱ)、布洛芬缓释胶囊释放度测定的影响因素。

过滤材料的吸附作用:在检验某种硝酸异山梨酯缓释片的缓释度时,结果很容易偏低,且几次测定的偏低点和偏低程度均有所不同。考虑了各方面因素:溶剂脱气、控温、控时、控制样品吸取量、换仪器及人员重做等,仍未解决问题。分析估计该品种对滤膜可能有较大的吸附性,因为多次取样,取样量严格按标准规定仅取了 5mL,而取 5mL 后弃去的初滤液很有限,不足以消除吸附的影响,另外按操作规程在第 2 次、第 3 次取样时换了滤膜,则更不易消除吸附的影响。后经试验,弃去少量初滤液后测得的含量比弃去足够量的初滤液后测得的含量要偏低 10%以上,因此将取样量增加到 10mL,将初滤液全部打回原溶出杯中,剩余的约 2mL 直接注入液相测定用样品瓶中,经过这样的调整后,使滤膜的吸附充分饱和,从而消除了吸附的影响。

而有另一个特例,取样量虽然从 5mL 增加到了 10mL,在第一时间段冲洗量还不足以使滤膜饱和。改为取样 20mL 以上,将所有初滤液均打回溶出杯,同时对照品溶液也同法过滤后,释放量上升到 25%~30%,符合 1h 释放量应为标示量的 20%~45%的要求。

试剂质量的影响:在溶出度、释放度的测定中,表面活性剂的质量直接影响检测结果。特殊情况下也要考虑有机相试剂的质量,以减少配制介质用试剂对检验结果的影响。

硝苯地平缓释片(Ⅱ)释放度测定规定:“以酸性溶液(取异丙醇 200mL,加 0.1mol/L 盐酸溶液至 1000mL)1000mL 为溶剂”,经 60min 后更换缓冲液[取异丙醇 200mL,加磷酸盐缓冲液(pH 5.8)至 1000mL]1000mL 为溶剂。在检验某种硝苯地平缓释片(Ⅱ)时,发现 3 个时间段的释放量均处于边缘。在对仪器调整校正后,控制实验温度、时间、吸取量,并考虑溶液的吸附性后,仍未改善。经分析考虑,可能是由于测定中使用了较大量的异丙醇,所以异丙醇质量的优劣会影响到释放度测定的结果。在更换了异丙醇(分析纯)生产厂家,并对其主要指标进行检测后,重新测定释放度,结果提高了 2~3 百分点,符合规定。

溶出介质的脱气方式的影响:《中国药典》规定溶出介质需要经过脱气处理。一般采用煮沸法、抽滤法或超声法,若溶出介质为盐酸溶液、氢氧化钠溶液等,需在加热脱气后冷至约 37℃ 时配制,先配好再加热脱气会影响酸度。脱气与否对某些品种的药品影响较大,尤其对转速低并用第一法测定的品种。此时需采用减压抽滤法或超声法对配制后的溶出介质进行脱气,不宜用加热法。

在检验某种布洛芬缓释胶囊时,发现 4 个时间段的释放量均较低,复做时按操作规程进行了各种条件的控制,尤其关注了介质的 pH 及滤膜的吸附性等,但改善不多。经重新试验,发现介质的脱气方式至关重要。按常规,在配制介质前对纯化水进行脱气处理,配制后不再脱气,否则对介质的 pH 会有影响。而该品种很特殊的一点是脱气与否影响很大,因为标准规定的转速很低(30r/min),溶解在介质中的气体在试验过程中形成的气泡,对实验产生明显干扰,所以需要在配制后脱气,以消除配制过程中产生的气泡。配好磷酸盐缓冲液后,采用了减压抽滤法进行脱气,并将溶剂介质缓缓到入溶出杯中,尽量避免气泡的产生,如此改进后,溶出量大大提高,各时间段提高 10%~20%不等。

2. 马钱子总生物碱复合磷脂脂质体样品处理方法

文献报道了马钱子总生物碱复合磷脂脂质体的 HPLC 指纹图谱质量控制方法。以 Licrospher C18(4.6mm×300mm,5μm)色谱柱,(乙腈-水)-0.2%乙酸-0.2%三乙胺流动相,柱温 30℃,流速 1mL/min,进样量 10μL,梯度(0~20min,乙腈 10%~14%;20~30min,乙腈

14%；30～50min，乙腈 14%～30%）洗脱，检测波长为 254nm；采用指纹图谱相似度软件进行数据分析。确定了马钱子总生物碱复合磷脂脂质体 8 个共有峰。精密度、稳定性、重现性试验 RSD 均小于 3%，10 批马钱子复合磷脂脂质体相似度均高于 0.95。

对马钱子总生物碱复合磷脂脂质体供试品溶液制备方法的考察发现，不加破膜剂直接氮气吹干复溶进样生物碱色谱峰分离效果不好。破膜剂的加入有助于此问题的解决，因此选择 1∶1 的比例加入破膜剂：精密吸取马钱子总生物碱复合磷脂脂质体 1mL 至尖底离心试管中，并加入 1mL 破膜剂[异丙醇-无水乙醇（4∶1）]，80℃氮气吹干，以 0.5mL 甲醇至试管中旋涡复溶，作为供试品溶液。混合标样及马钱子总生物碱复合磷脂脂质体供试品的色谱分析结果如图 4-7 和图 4-8 所示。而且，按同法处理的空白复合磷脂脂质体溶液的色谱图表明，空白复合磷脂脂质体对测定无干扰。

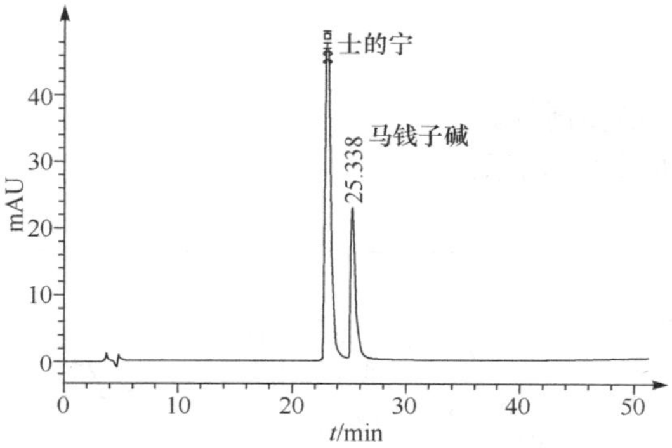

图 4-7　马钱子碱和士的宁 HPLC 图谱

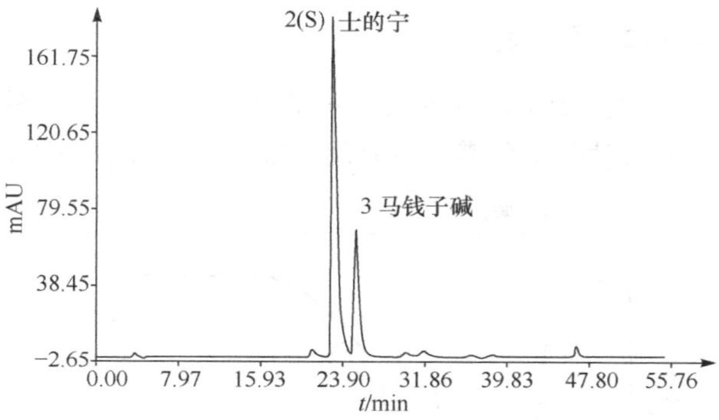

图 4-8　马钱子总生物碱复合磷脂脂质体对照指纹图谱

4.6　制剂用辅料的分析

药用辅料是药物制剂的基础材料和重要组成部分，在制剂剂型和生产中起着关键的作用。药用辅料不仅赋予药物一定剂型，而且与药物的疗效、降低不良反应有很大的关系，如注射剂中一部分的不良反应其实是由辅料所导致的。因此对制剂辅料进行分析对于保障临床用药安全性十分重要。

目前世界制剂辅料发展迅速，近 10 年来开发的新辅料已达 300 多种，其中新剂型、新系统及其他制剂用辅料就达 100 多种。美国目前药剂辅料已达 1000 种以上，共分 40 多类。

为了加强药用辅料生产的质量管理，保证药用辅料质量，我国制定了《药用辅料生产质量管理规范》（国家食品药品监督管理总局[2006]120 号），明确规定了"生产药品所需的原料、辅料必须符合药用要求"，旨在确定药用辅料生产企业实施质量管理的基本范围和要点，以确保辅料具备应有的质量和安全性，并符合使用要求。

《中国药典》收录了包括乙酸乙酯、硬脂酸镁、糊精、聚乙烯醇、羧甲基纤维素钠、琼脂、淀粉、胶囊用明胶、胆固醇、枸橼酸、果胶、果糖、明胶空心胶囊、亚硫酸氢钠、甘油（供注射用）、丙二醇、石蜡和蛋黄卵磷脂在内的 132 种药用辅料。下面介绍硬脂酸镁等几种辅料的分析。

作为药物制剂的原料成分之一，辅料分析的主要内容也包括鉴别、检查和含量测定。

4.6.1　硬脂酸镁

硬脂酸镁（magnesium stearate）是以硬脂酸镁与棕榈酸镁为主要成分的混合物。

鉴别：①在不含过氧化物的乙醚存在下，稀硝酸加热回流至供试品全溶，水层显镁盐的鉴别反应。②在硬脂酸与棕榈酸相对含量检查项下记录的色谱图中，供试品溶液两主峰的保留时间应分别与对照品溶液两主峰的保留时间一致。

检查：包括酸碱度、氯化物、硫酸盐、干燥失重、铁盐、重金属、硬脂酸与棕榈酸相对含量（三氟化硼的甲醇溶液中加热回流，正庚烷提取，用 GC 法测定，按面积归一化法计算硬脂酸相对含量不得低于 40%，同法计算棕榈酸相对含量。硬脂酸与棕榈酸相对含量的总和不得低于 90%）项目。

微生物限度：1g 供试品中细菌数不得过 1000 个，霉菌及酵母菌数不得过 100 个，不得检出大肠埃希菌。

含量测定：氨-氯化铵缓冲液（pH 10.0）介质中，以 EDTA 滴定液滴定。

4.6.2　丙二醇

丙二醇（propylene glycol）在制剂中用作溶剂和增塑剂等。

鉴别：①色谱保留时间。②红外光吸收图谱，如图 4-9 所示。

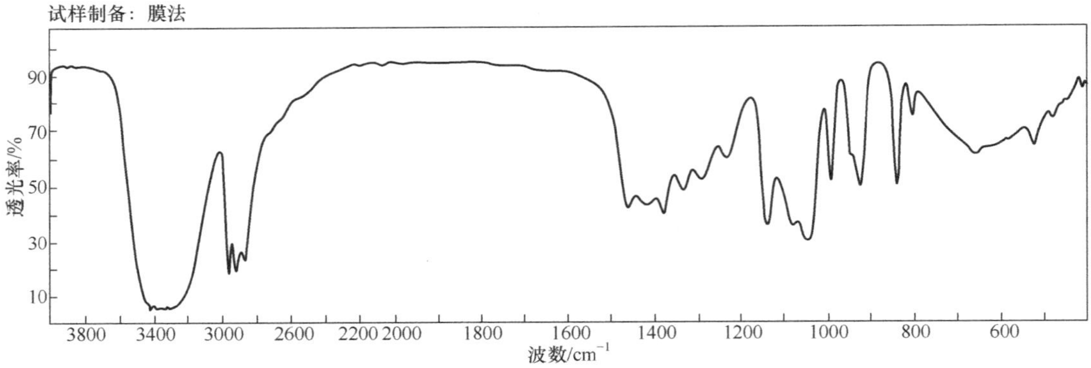

图 4-9　丙二醇的红外吸收光谱

检查：包括酸度、氯化物（限量 0.007%）、硫酸盐（0.006%）、有关物质（一缩二乙二醇、一缩二丙二醇、二缩三丙二醇及环氧丙烷，四种物质的限量分别为 0.001%，0.1%，0.03%，0.001%）、氧化性物质、还原性物质、水分（照附录Ⅷ M 第一法 A 测定，不得过 0.2%）、炽灼残渣、重金属（水溶液以附录Ⅷ H 第一法检查，限量百万分之五）、砷盐（依附录Ⅷ J 检查，限量 0.0002%）项目。

含量测定：照气相色谱法（附录Ⅴ E）测定。

色谱条件与系统适用性试验：以聚乙二醇 20M 为固定相，起始温度为 130℃，维持 1min，以 10℃/min 的速率升温至 240℃，维持 1min，进样口温度 230℃，检测器温度 250℃。理论板数按丙二醇峰计算不低于 10 000。

测定方法：取本品，精密称定，用无水乙醇稀释制成 1mL 中约含 1mg 的溶液，精密量取 1μL 注入气相色谱仪，记录色谱图；另取丙二醇对照品，同法测定，按外标法以峰面积计算，不得少于 99.5%。

4.6.3　明胶空心胶囊

明胶空心胶囊（vacant gelatin capsules）是由胶囊用明胶加辅料制成的空心硬胶囊。

鉴别：①加热使溶化制成水溶液，遇重铬酸钾试液-稀盐酸液产生橘黄色絮状沉淀。②水溶液与鞣酸试液反应，产生浑浊。③与钠石灰反应，产生的气体能使湿润的红色石蕊试纸变蓝色。

检查：包括松紧度、脆碎度、崩解时限、黏度、亚硫酸盐（限量 0.01%）、对羟基苯甲酸酯类（含羟苯甲酯、羟苯乙酯、羟苯丙酯与羟苯丁酯的总量不得过 0.05%，此项适用于以对羟基苯甲酸酯类作为抑菌剂的工艺）、氯乙醇（正己烷溶样后水提，以 GC 法测定，适用于环氧乙烷灭菌的工艺）、环氧乙烷（适用于环氧乙烷灭菌的工艺）、干燥失重、炽灼残渣、铬（限量百万分之二）、重金属（取炽灼残渣项下遗留的残渣，以第二法测定，限量百万分之四十）、微生物限度（依附录ⅪJ 检查，1g 供试品中细菌数不得过 1000 个，霉菌及酵母菌数不得过 100 个，不得检出大肠埃希菌；10g 供试品中不得检出沙门菌）项目。

4.6.4 羧甲基纤维素钠

羧甲基纤维素钠（carboxyl methyl cellulose sodium）在制剂中用作崩解剂和填充剂等。

鉴别：①加硫酸铜试液 1mL，即生成蓝色絮状沉淀。②加氯化钡试液，即生成白色沉淀。③显钠盐的火焰反应（附录Ⅲ）。

检查：包括酸碱度（用水制成胶体溶液测定 pH，应为 6.5～8.0）、黏度、氯化物、乙醇酸钠（限量 0.4%）、干燥失重、铁盐（不得超过 0.016%）、重金属（按附录Ⅷ H 第二法，不得过百万分之十）、砷盐（于 500～600℃炽灼灰化，盐酸溶解后，附录ⅧJ 第一法，限量 0.0003%）项目。

含量测定：冰醋酸中加热回流后，照电位滴定法（附录ⅦA），用高氯酸滴定。

思考题与习题

1. 原料药分析与制剂分析有什么不同？制剂分析时需要考虑哪些影响因素？
2. 片剂、注射剂的检查项目有哪些？
3. 片剂、注射剂的分析常会遇到哪些干扰因素？可采用哪些方法来消除干扰？
4. 为什么对制剂用辅料也要进行质量检验？

第5章 中药及其制剂分析

5.1 概 述

5.1.1 中药的起源和发展

中药的起源和发展是与人类求生存分不开的，人类在寻找食物的同时也发现药物。因此，中药与人类的饮食有密切的关系，可以说药食同源。我国古代就有“神农尝百草之滋味……一日而遇七十毒”的故事，生动形象地说明了古人经过无数次有意识的试验、观察，逐步形成了最初的药物知识。据医史学家研究，猿人和最早的人类用以充饥的食物，大多是植物类，因此最早发现的也是植物药。在渔猎生产和生活开始以后，人类才有可能接触较多的动物及其肉类、甲壳、骨骼、血液、脂肪及内脏等，并逐渐掌握了某些动物类药物的医疗作用。直至原始社会的后期，随着采矿和冶炼的兴起，又相继发现了矿物药。在这一时期，人们从野果与谷物自然发酵的启示中，还逐步掌握了酒的酿造技术。酒不仅是一种饮料，更重要的是其具有温通血脉、行药势和作为溶媒等方面的作用，因此古人将酒誉为“百药之长”。

现知的最早本草著作称为《神农本草经》，收载药物包括动、植、矿三类，共365种，每药项下载有性味、功能与主治以及丸、散、膏、酒等剂型，可说是汉以前中国药物知识的总结。到了南北朝，梁代陶弘景对《神农本草经》进行整理补充，著成《本草经集注》一书，增加了汉魏以下名医所用药物365种，称为《名医别录》。每药之下不但对原有的性味、功能与主治有所补充，并增加了产地、采集时间和加工方法等，大大丰富了《神农本草经》的内容。

到了唐代，由于生产力的发展以及对外交通日益频繁，药物品种日见增加。为了适应形势需要，政府指派李勣等主持增修陶氏所著《本草经集注》，称为《唐本草》。后又命苏敬等重加修正，增药114种，称为《新修本草》或《唐新本草》，可算是中国也是世界上最早的一部药典。这部本草载药844种，并附有药物图谱，开创了中国本草著作图文对照的先例，不但对中国药物学的发展有很大影响，而且不久即流传国外，对世界医药的发展作出了重要贡献。

明代伟大的医学家李时珍总结了历代药学家用药的丰富经验，著成《本草纲目》，全书收载药物1892种，方剂13 000余首，剂型约40种，是中国本草史上最伟大的著作，也是中国科学史上极其辉煌的成就。

中华人民共和国成立后，政府十分重视中医药事业的发展，先后编写了《中药志》、《全国中成药处方集》等，编撰并修订了以《中国药典》为代表的中药质量标准，将中药及其制剂的质量管理纳入了法制化、规范化的轨道。《中国药典》(2010年版)一部收载品种2165种，其中新增1019种，修订634种。现代分析技术得到进一步的扩大应用；制剂通则中新增了药用辅料总体要求；积极引入了国际协调组织在药品杂质控制、无菌检查法等方面的要求和限度。此外，本版药典不再收载濒危野生药材，体现了对野生资源保护与中药可持续发展的理念。

中药及其制剂的内在质量和稳定性，是中药现代化研究的关键技术之一，是研制开发“安全、有效、稳定、可控”现代中药的根本保证。运用现代的科学技术，研制、开发现代中药制剂，阐明其药效物质基础和作用机制，并能为国际市场所接收，才能使中药产品走向世界，为人类的健康服务。

5.1.2 中药及其制剂分析的特点

1. 中药及其制剂中化学成分复杂，有效成分非单一性

中药是以中医理论为指导运用于临床的传统药物，包括植物药、动物药及矿物药。中药制剂是以中药为原料，根据中医药学理论基础配伍、组方，按照一定的制备工艺和方法制成的一定剂型，又称中成药。一味中药里面的化学成分复杂，既含有有效成分，也包含无效成分，是一个混合的体系，由多种中药组成的中药制剂比单味中药更复杂。目前，多数中药的有效成分及作用机制还没有完全被阐明，中药质量控制的方法只对其中少数已知成分进行分析，无法体现中医药的整体性特点。中药制剂产生的疗效并非是某单一成分的结果，也不是某些成分作用的简单加和，而是各种成分之间的协同作用。用一种成分来衡量其质量的优劣并不合理，也并不能体现其整体疗效。

日本汉方药的主要生产企业在20世纪80年代就采用液相指纹图谱作为企业内部生产的控制方法，欧洲也采用指纹图谱来控制草药的质量。总之，中药及其制剂的药效物质基础多是复杂化学成分的混合体系，建立中药制剂质量标准和分析手段时，应采用准确、灵敏、可行的分析方法对多种有效成分进行检测，才能更加科学、客观地评价中药及其制剂的质量。

2. 以中医理论为指导思想

中药制剂是按照中医理论和君、臣、佐、使地位组方而成的，在进行质量控制时，首选君药、贵重药和毒药建立分析方法。君药是针对主病或主症起主要治疗作用的药味，臣药是辅助君药治疗的中药药味。在进行质量分析时，首先对组方进行分析，按功能主治分出君、臣、佐、使药味，选择合适的化学成分来评价中药制剂的质量，如果忽略对君药和臣药的成分检测，只抓住佐、使药味进行研究，则不能得到合理和满意的结果。

3. 原药材差异较大，要考虑药材来源、炮制等对含量的影响

按照来源分类，中药可分为植物药、动物药和矿物药；按加工方法又分为中药材、饮片、中药提取物和中药制剂等。中药材品种复杂，往往出现同名异物或同科不同种，如《中国药典》(2010年版)一部收载了黄柏和关黄柏，规定是芸香科植物黄皮树或黄檗的干燥树皮，二者所含小檗碱含量差异较大。药典规定前者不得少于3.0%，后者不得少于0.60%。

中药饮片是指为了改变药性，保持药效、减小毒性，通过对中药材进行净制、切制、炮制等所制成的一定规格的成品，可直接用于中药临床或制剂生产。中药提取物是指以中药为原料，按照一定工艺制备而成的中间体，用于制剂生产。中药材经过炮制后，其化学成分、性味、药理作用等方面会发生一些变化，为了保证中药制剂的质量，药材要严格遵守中药炮制规范，对炮制工艺、成品质量都要严格控制。此外，药材的生长环境、产地、采收季节和加工方法等也会影响药材中有效成分的含量，从而影响到中药制剂的质量和临床疗效。

4. 针对不同中药制剂工艺、剂型和辅料选择适宜的分析方法

中药制剂工艺和辅料具有一定的特殊性，对相同的药材，不同的生产工艺会影响制剂中化学成分的含量。丹参酮ⅡA是丹参药材中脂溶性成分的代表，水溶性成分的代表是丹酚酸B和丹参素，复方丹参片中丹参的提取工艺为先用乙醇提取，再用水提取，这样就使得二类成分都被提取出来，丹参酮ⅡA和丹酚酸B作为质量控制指标。而采取水提取工艺制备的复方丹

参滴丸，脂溶性成分含量较少，因此只测定丹参素的含量。因此，为了提高制剂成品的内在质量，要设计合理的提取工艺，最大限度地保留有效成分或有效部位，同时建立科学合理的检测指标。

5. 杂质来源的多途径性

中药制剂的杂质来源比化学药物制剂要复杂。中药在生长、采收、加工、生产和储藏等过程中都可能引入杂质。例如，在生长过程中，可能引入重金属、砷盐及有机农药残留，在采收过程中可能混入非药用部位及泥沙，在洗涤过程中，水质污染引入杂质，包装、保管不当会发生霉变、虫蛀等杂质。重金属、砷盐和有机农药残留等是最常见的杂质。

5.1.3 中药及其制剂分析的一般程序

1. 取样

中药及其制剂分析的基本程序包括取样、检验(鉴别、检查、含量测定等)、记录与报告等过程。中药的形式多种多样，既有中药材，也有粉末状、提取物和制剂；既有液体也有固体，所以取样时应分别对待，要考虑取样的科学性、真实性和代表性。因此，取样的原则应该均匀、合理。另外，要严格按照规定的取样方法进行取样，否则会影响取样的代表性。一般应从四角和中央五处取样，深度可达 1/3～2/3 处。所取样品应该装入清洁、干燥、具塞磨口的容器中或密封塑料袋中，标上品名、批号、数量、取样日期及取样人。采集的样品一般应立即进行分析，否则应妥善保存，防止放置过程中变质。

1) 中药材取样方法

药材在取样前要注意品名、产地、规格等级等信息，检查包装是否完整，有无水迹、霉变或其他污染等情况。凡有异常情况的包件应单独检查。从同批药材包件中抽取供检验样品的原则为：药材总包件数不足 5 件的，逐件取样；5～99 件，随机抽 5 件取样；100～1000 件，按 5%比例取样；超过 1000 件，超过部分按 1%比例取样；对于贵重药材，不论包件多少均应逐件取样。对破碎、粉末状的或大小在 1cm 以下的药材，可用采样器(探子)抽取样品；每一包件至少在 2～3 个不同部位各取样品 1 份；包件大的应从 10cm 以下的深处在不同部位分别抽取。每一包件的取样量：一般药材抽取 100～500g；粉末状药材抽取 25～50g；贵重药材抽取 5～10g。对包件较大或个体较大的药材，根据实际情况抽取有代表性的样品。

将抽取样品混合均匀，即为抽取样品总量。当抽取样品量超过检验用量数倍时，再按照四分法取样。

2) 中药制剂取样方法

对于散剂或颗粒剂等粉末状中药制剂，可在包装的上、中、下三层或间隔相等部位取样，一般取样 100g，然后按照“四分法”取出所需供试量。对于口服液、酊剂、酒剂、糖浆等液体中药制剂，取样前要注意是否有沉渣，取样时要彻底摇匀，均匀取样，取样量一般为 200mL。对于丸剂、片剂或胶囊等固体中成药，通常片剂取样量为 200 片，未成片前已制成颗粒者可取 100g，丸剂一般取 10 丸。胶囊按药典规定取样不得少于 20 个胶囊，倾出其内容物并仔细将附着在胶囊上药物刮下，合并，混匀，并称定空胶囊的质量，由原来的总质量减去，即为胶囊内药物的质量，一般取样量为 100g。对于注射剂，通常要取样 2 次，配制后在灌封、熔封、灭菌前进行一次取样，经灭菌后的注射剂按原方法进行，分析检验合格后方可供药用。已封好的安瓿取样量一般为 200 支。各类中药制剂的取样量至少为检测用量的 3 倍，对贵重药物可酌情取样。

2. 检验

中药及其制剂的检验包括性状观察、样品预处理、鉴别和含量测定等过程，其中鉴别、检查和含量测定是主要分析内容。

1）性状

药材的性状指药材的形状、大小、色泽、表面特征、质地、断面特征及气味等的规定，中药制剂的性状是指中药制剂的颜色、外形、气味的规定。这些特征一般只用于药品质量的初步判断。

2）样品的预处理

样品在分析之前一般需要经过预处理，处理过程一般包括提取、纯化、浓缩等过程，这样才能获得准确的分析结果。根据分析样品的特点和检测物质的性质，选用合理的预处理方法，如冷浸法、回流提取法、连续回流提取法、超声提取法、水蒸气蒸馏法和超临界提取法等。常用的有机破坏法有干法、湿法和氧瓶燃烧法等。样品经提取后，还要进一步纯化或富集才能进行分析测定。根据待测成分的理化性质，有选择的除去干扰的物质。常用的纯化方法有萃取法、色谱法、沉淀法、盐析法和蒸馏法等。

3）鉴别

鉴别是利用药材的形态、组织学特征及药材或制剂中所含有的化学成分的结构特性、主要的化学反应、光谱特性、色谱特性及某些物理化学常数来鉴别中药的真伪。鉴别是中药及制剂分析的首项工作，通常按照下面的原则进行：中药材及单方制剂直接采用适宜的方法进行鉴别，复方制剂应首选君药、臣药、贵重药和剧毒药进行鉴别，凡有药材原粉入药的，应进行显微鉴别，复方制剂原则上所有药味都要进行鉴别，如有困难，至少要对处方中三分之一药味进行鉴别，化学方法和仪器方法应相互结合，这样可以使得鉴别项目之间相互补充和佐证。鉴别包括性状鉴别、显微鉴别和理化鉴别。常用方法有显微鉴别法、化学鉴别法、光谱鉴别法和色谱鉴别法等。

4）检查

检查项目主要围绕中药及其制剂的安全性、有效性、纯度和均一性四个方面进行。中药材的杂质检查包括水分、灰分、掺伪物、酸碱度、毒性成分、重金属及有害元素和农药残留量等项目，中药制剂检查项目包括灰分、干燥失重、重金属、砷盐、有机溶剂残留和农药残留等。微生物限度检查也是中药检查的重要内容，一般的中药制剂都应检查细菌数、霉菌数、酵母菌数和控制菌，所有的这些检查项目都应严格按照《中国药典》中该品种项下规定要求进行。

5）含量测定

含量测定是指用物理、化学、物理化学或生物学方法，对中药及其制剂中含有的有效成分、指标成分或类别成分的含量进行测定的质量控制过程，包括挥发油及主成分的含量、生物效价测定等。常用的方法有化学分析法、仪器分析法和生物学方法等。

3. 检验记录与报告

1）检验记录

检验记录是检验过程的原始记录，是出具检验报告的依据。主要内容包括：检品的名称、批号、规格、数量、来源、取样方法、外观性状、包装情况、检验目的、检验项目、检验方法与依据、取样日期和报告日期、检验结果等。检验工作完成后，应将检验记录逐页顺序编号。检验人签名后，由复核人对所采用标准的适用性、检验内容的完整性、计算过程和结果的正确性进行复核并签名。最后经室负责人审核后，送业务主管部门审核并存档。检验记录应用钢笔或签字笔书写，应真实、完整、具体，不得任意涂改。

2）检验报告

检验报告是药品质量检验结果的证明书，要求内容完整、文字简洁、字迹清晰、结论明确。检验报告的主要内容包括：检品的名称、批号、规格、数量、来源、包装情况、检验目的、检验项目、检验依据、取样日期、报告日期、检验结果和结论等。最后必须有检验人、复核人及有关负责人签字或盖章。签字或盖章应写全名，否则无效。

5.2 中药及其制剂的分析方法

5.2.1 中药及其制剂的提取分离和纯化

1. 待测组分的提取方法

中药及其制剂分析的对象包括原药材、中药饮片、提取物和中药制剂等。中药材、饮片和提取物中含有很多复杂的化学成分；中药制剂在生产过程中，由于剂型多样，生产工艺也各不相同，另外还含有辅料。因此，中药及其制剂在测定前要对待测组分进行提取纯化处理。

1）萃取法

根据组分的溶解性选择萃取溶剂，待测组分在萃取溶剂中的溶解度越大越好，而杂质在其中的溶解度越小越好。根据相似相溶原理，极性较强的有机溶剂如正丁醇等适用于提取皂苷类成分；对于极性小的亲脂性的物质，如萜类、生物碱等，一般多采用石油醚、苯、氯仿或乙醚等亲脂性有机溶剂提取；如果有效成分是亲脂性弱的物质，即在亲脂性溶剂中难溶解，就需要改用亲脂性弱的有机溶剂，如提取黄酮类成分多采用乙酸乙酯作为萃取溶剂。

水相的 pH 可影响弱酸弱碱性物质在两相的分配。酸性有机组分在酸性条件下不电离，在有机相中溶解度增大而有利于提取；而碱性组分则在碱性条件下不电离，易被有机相提出。溶液的 pH 应根据组分的 pK_a 来确定，酸性组分提取的 pH 一般应比其 pK_a 低 1～2 个 pH 单位，碱性组分提取的 pH 则应比其 pK_a 高 1～2 个 pH 单位。酒剂和酊剂在萃取前应先挥去乙醇，因为乙醇可使有机溶剂部分或全部溶解于水中。

萃取通常在分液漏斗中进行，加入有机溶剂后，缓缓振摇几分钟，放置分层后分取有机相。要避免剧烈振摇，以免产生乳化现象，影响萃取效果。若提取液作为鉴别用，一般只提取一次即可；若作为含量测定用，应尽量提取完全，一般需提取 3～4 次，可根据测定提取回收率来考察待测组分是否被提取完全。

2）冷浸法

冷浸法是将溶剂加入样品粉末中，室温下放置一定时间后，组分因扩散而从样品中浸出的提取方法。冷浸法适用于固体样品中待测成分的提取，提取前要把样品粉碎，否则内部的组分不易浸出。做鉴别时，待测组分大部分被浸出即可；含量测定时，扩散需达平衡后方能分取浸取液。通常的方法是精密称取一定量样品粉末，置具塞锥形瓶中，精密加入一定体积的溶剂，密塞，称定质量，室温下放置一定时间，通常 8～24h，并不时振摇，浸泡后再称量，并补足减失质量，摇匀，滤过，精密量取一定量续滤液备用。浸泡时间的确定可取同一样品，加溶剂后分别浸取不同时间，测定溶液中浸出组分的含量，当浸出量不再随放置时间的延长而增加时，说明扩散已达平衡。冷浸法操作简便，适用于遇热不稳定组分的提取，但较费时。

3）回流提取法

回流提取法是指在乙醇等易挥发的有机溶剂中加热提取药材成分，受热馏出的溶剂又被冷凝，重复流回浸出器内浸提药材，直至有效成分提取完全。在加热条件下组分溶解度增大，溶出速度加快，有利于提取。用于含量测定时，可更换溶剂，多次提取，至组分提取完全，合并各次提取液供分析用。也可精密加入一定体积溶剂至供试品中，称定质量，加热回流至组分浸出达到平衡，放冷后补足减失的质量，滤过，取续滤液作为供试品溶液。

回流提取法由于连续加热，浸提液受热时间较长，因此不适用于受热不稳定和挥发性的组分。一般适用于固体样品的提取，为了将组分尽量提取完全，样品在提取前应粉碎成细粉。

4）连续回流提取法

连续回流提取法又称动态连续提取法，所需有机溶剂量较少，提取效率高。实验室常用索氏提取器进行提取。提取前将固体物质粉碎，以增加固液接触的面积，然后将固体物质放入滤纸套内，置于提取器中，提取器的下端与盛有溶剂的圆底烧瓶相连，上面接冷凝管。加热圆底烧瓶，蒸气通过提取器的支管上升，被冷凝后滴入提取器中，溶剂与固体接触进行萃取，当溶剂液面超过虹吸管的最高处时，含有萃取物的溶剂虹吸回烧瓶，因而萃取出一部分物质。如此不断重复，使固体物质不断为纯的新鲜的溶剂所萃取，将萃取出的物质富集在烧瓶中。连续回流提取法一般需数小时才能提取完全，遇热不稳定的物质不宜采用此法。

5）水蒸气蒸馏法

水蒸气蒸馏法适用于能随水蒸气蒸馏而不被破坏、与水不发生反应、难溶或不溶于水的挥发性化学成分的提取。例如，中草药中的挥发油，某些小分子生物碱如麻黄碱、槟榔碱等，以及某些小分子的酚性物质如牡丹酚等，都可采用本法提取。

6）超声提取法

超声波是指频率在声频以上，即超过人耳所能感受的频率——20kHz 的弹性波。超声提取的原理是利用超声波辐射产生的强烈的空化效应、机械振动、扰动效应、高的加速度、乳化、扩散、击碎和搅拌等多种作用，增加物质分子运动的频率和速度、溶剂的穿透力，从而加速目标成分进入溶剂，实现击破植物细胞壁，高效、快速提取细胞内容物的过程。

中药中许多有效成分为细胞内成分，提取时需要破碎细胞壁或细胞膜，而现有的化学和机械方法很难达到理想的破碎效果，从而影响提取结果。超声提取法因其独特的提取机制与理想的效果，在中药化学成分的提取中已经显示出明显的优势。超声提取法简便，不需加热，提取时间短，适用于固体样品中待测组分的提取。

提取时将供试品粉末置具塞锥形瓶中，加入适量的提取溶剂，放置一段时间，再将锥形瓶置超声振荡器槽内，槽内应加有适量水，开启超声振荡器，进行超声提取。由于超声波有助溶作用，超声提取较冷浸法速度快，一般仅需数十分钟浸出即达到平衡。由于超声提取过程中溶剂可能会有一定损失，因此用作含量测定时，应于超声提取前称定质量，提取完毕后，放冷至室温，并补足减少的质量，滤过后，取续滤液备用。

7）超临界流体萃取技术

超临界流体萃取（supercritical fluid extraction，SFE）技术是把气体压缩到临界点以上，使之达到超临界状态，从而使之同时具有气体的黏度和液体的密度，这种超临界状态会大大增加气体对溶质的溶解能力。而当改变压力和温度时处于超临界状态的气体会恢复气态，溶解于其中的溶质就会解吸出来。例如，CO_2的临界温度为31℃，临界压力为7390kPa，当压力和温度超过此临界点时，便成为超临界流体。

超临界流体既不同于气体，也不同于液体。它的特殊性质使其在中药组分的萃取中具有以下特点：①具有与液体相似的密度，因而具有与液体相似的较强的溶解能力。②超临界流体的状态类似气体，溶质在其中扩散系数与气体相似，这使它很容易渗透到样品的里面，因而具有传质快、提取时间短的优点，提取完全一般仅需数十分钟。③超临界流体萃取的选择性强，通过改变萃取的条件，如温度、压力等，可以选择性地萃取某些组分。④超临界流体在通常状态下即成为气体，因此萃取后溶剂立即变为气体而逸出，容易得到待测组分。⑤超临界流体萃取时，全过程不用有机溶剂，防止了提取过程对人体的毒害和对环境的污染。因为CO_2具有较低的临界温度和临界压力，同时还具有惰性、无毒、纯净、价格低廉等优点，所以CO_2是最常用的超临界流体。

影响超临界萃取的因素主要有温度、压力、改性剂和提取时间等。在恒压下温度升高，超临界流体的密度虽有所下降，但组分蒸气压可大大提高，从而增加组分的溶解度，提高萃取效率。在恒温下提高压力，超临界流体的溶解性参数(δ)将增加，因此有利于极性组分和高相对分子质量组分的提取；在较低压力下，溶解性参数(δ)较小，则有利于非极性组分的提取。由于CO_2为非极性化合物，因此对极性组分的溶解性较差。在提取极性组分时，可在超临界流体中加入适量有机溶剂作为改性剂，如甲醇、氯仿等。改性剂的种类可根据萃取组分的性质来选择，加入的量一般通过实验来确定。例如，用10%二乙胺或三乙胺作为改性剂，可使三尖杉酯碱的得率提高28%，用80%的乙醇作为改性剂，可以提取分离得到刺五加中的总黄酮。此外，超临界流体萃取对植物中的香豆素和木质素的提取也是非常有效的方法。

8) 微波辅助萃取技术

微波频率范围为300～300 000MHz，是电磁波的一种。微波量子能级属于范德华力的范畴，与物质相互作用时，不改变物质分子的内部结构，只改变其运动状态。极性分子在微波场中做高速极性变换运动，分子间相互摩擦碰撞，因而迅速产生大量热能。微波在传输过程中依介质不同，会产生反射、吸收和穿透现象。例如，水和一些强极性物质可以吸收微波，而金属类物质则会反射微波。

微波辅助萃取(microwave-assisted extraction，MAE)技术的原理是基于不同物质的介质损耗因数值不同，对微波能的吸收程度也不同。微波辅助萃取即是利用不同物质的这种差异，对体系中不同组分进行选择性加热，从而使被萃取物质从基体或体系中分离出来，进入到萃取液中。微波萃取仪器一般由磁控管、炉腔、萃取罐、压力和温度监控装置及其他电子元件组成，根据萃取状态不同分为密闭高压微波萃取和常压回流微波萃取两类。密闭高压微波萃取仪器使用方便，但对萃取罐要求能耐高温高压和耐腐蚀。常压回流微波萃取易引起萃取溶剂暴沸，需常采用间断式的微波辐射。国内实验室中常采用普通微波炉或带有冷凝装置的改良微波炉进行微波辅助萃取。

目前微波辅助萃取技术在中药活性成分的提取中有着广泛的应用，相对于传统的提取方法如加热回流法、冷浸法、索氏提取法等，具有萃取时间短、溶剂用量少、提取率高等优点。例如，可以采用微波辅助萃取法提取黄芪多糖、人参皂苷、槐花中的黄酮类化合物等。

9) 加速溶剂萃取法

加速溶剂萃取(accelerated solvent extraction，ASE)法是在密闭容器内，升高温度(50～200℃)和压力(10.3～20.6MPa)，用有机溶剂萃取固体或半固体样品的处理方法。提高温度使溶剂溶解待测物的容量增加。在提高的温度下能极大地减弱由范德华力、氢键、溶质分子和样品基体活性位置的偶极吸引力所引起的溶质与基体之间的强的相互作用力。加速了溶质分子的解吸动力学过程，减小解吸过程所需的活化能，降低溶剂的黏度，因而减小溶剂进入样品基体的阻滞，增加了溶剂进入样品基体的扩散，有利于被萃取物与溶剂的接触。液体的沸点一般随压力的升高而提高，液体对溶质的溶解能力远大于气体对溶质的溶解能力，因此欲在提高的温度下仍保持溶剂是液体，则需增加压力。

加速溶剂萃取法与索氏、超声、微波、超临界等常规提取方法相比，具有有机溶剂用量少、快速、萃取效率高、选择性好等优点，且使用方便、安全性好、自动化程度高，已广泛运用于药物分析、环境、食品、农残等领域。

2. 样品的纯化方法

中药及其制剂中的待测组分经过不同方法被提取出来后，样品的体积大、成分复杂、待测成分含量低，为了提高分析结果的准确性和可靠性，还需要采用适当的方法对样品进一步处理，以除去干扰成分，纯化富集待测组分。

1）萃取法

萃取法除了可用于待测组分的提取分离，还可以被用来纯化富集待测组分，如对非极性溶剂提取的脂溶性色素类物质可用石油醚、乙醚等来萃取除去。当测定制剂中生物碱的含量时，可先用酸性水溶液萃取出生物碱，生物碱因成盐在水相中溶解度大而被提出，分取出酸水相，用氨水调节溶液使呈碱性，生物碱游离出来，再用有机溶剂如氯仿将生物碱从水相中萃取出来，这样就达到了纯化富集的目的。

2）柱色谱法

根据待测组分和杂质的性质差异可选择不同的柱色谱填料，常用的填料有硅胶、大孔吸附树脂等。柱内径一般为1～2cm，填料的量根据杂质和待测组分的量确定。纯化时将提取液从柱顶加入，再用适当溶剂进行洗脱，可使组分保留在柱上，将杂质洗去，再换用其他溶剂将组分洗下；也可先将组分洗下而杂质保留于柱上，从而达到纯化的目的。例如，用大孔吸附树脂纯化人参皂苷类成分时，先用水洗去糖等水溶性杂质，再用70%的乙醇洗脱人参皂苷。

5.2.2 中药及其制剂的定性鉴别

中药中化学成分复杂，有的有效成分不一定能完全代表中药的药效，还有不少中药未进行深入研究，对有效成分还不是很清楚；单一的含量测定指标往往不能全面地评价中药及其制剂的质量，部分中药甚至还没有含量测定项目。因此，为了保证临床的安全和疗效，对中药及其制剂进行定性鉴别，从多方位对中药及其制剂的质量进行整体评价，显得尤为重要。

中药及其制剂的鉴别主要是根据中药材、中药制剂的性状、组织学特征以及所含化学成分的理化性质，采用一定的分析方法来判断该中药材及其制剂的真伪。可以通过对所含药味或某些特征性成分的检验来达到鉴别的目的。中药及其制剂的鉴别主要有性状鉴别、显微鉴别和理化鉴别等方法，各鉴别项目之间应该相互补充，相互佐证。薄层色谱鉴别法是应用最多的一种鉴别手段。中药及其制剂鉴别的选取原则为：单味制剂直接选取单一药味进行鉴别，中药复方制剂应按照君、臣、佐、使依次选择药味鉴别；当药味较多时，应首选君药、臣药、贵重药、毒性药进行鉴别；凡有原粉入药者，应该进行显微鉴别，同时也进行其他方法的鉴别；原则上处方中每一药味均应进行鉴别，最少也要对超过处方三分之一的药味进行鉴别。

1. 性状鉴别

中药及其制剂的性状鉴别是利用其外观、性状及感官性质等特征作为真伪鉴别的依据。例如，药材及其炮制品的性状、大小、色泽、表面特征、质地、折断面特征以及气味等；中药制剂的外观及内容物的形状、颜色、气味等，均可作为描述的内容。各类药材在外形上有一定的共同点，即有一般的形态规律，但由于来源不同及本身所含化学成分不同等，在性状上又各具特异点。掌握各类药材的一般形态规律和形态特异点，并参照国家药典、药品标准和中药鉴定学等有关专著，遵循药材检定的通则规定操作，就能正确地鉴定药材的真伪。例如，《中国药典》(2010 年版)收载的对半夏及其炮制品的性状鉴别方法如下所示。

半夏：半夏为天南星科植物半夏 *Pinellia ternate*（Thunb.）Breit. 的干燥块茎。夏、秋二季采挖，洗净，除去外皮及须根，晒干。本品呈类球形，有的稍偏斜，直径 1～1.5cm。表面白色或浅黄色，顶端有凹陷的茎痕，周围密布麻点状根痕；下面钝圆，较光滑，断面洁白，富粉性。气微，味辛辣、麻舌而刺喉。

生半夏：用时捣碎。

法半夏：本品呈类球形或破碎成不规则颗粒状。表面淡黄白色、黄色或棕黄色。质较松脆或硬脆，断面黄色或淡黄色，颗粒者质稍硬脆。气微，味淡略甘、微有麻舌感。

姜半夏：本品呈片状、不规则颗粒状或类球形。表面棕色至棕褐色。质硬脆，断面淡黄棕色，常具角质样光泽。气微香，味淡、微有麻舌感，嚼之略粘牙。

清半夏：本品呈椭圆形、类圆形或不规则的片，切面淡灰色至灰白色，可见灰白色点状或短线状维管束迹，有的残留栓皮处下方显淡紫红色斑纹。质脆，易折断，断面略呈角质样。气微，味微涩、微有麻舌感。

2. 显微鉴别

显微鉴别法是利用显微镜来观察药材及含药材粉末的中成药的组织结构、细胞形状以及化合物的特征，以鉴别中药的真伪。显微鉴别法通常在下列情况下应用较多：第一，药材及炮制品的外形鉴别不明显或外形相似难于鉴别而组织结构不同；第二，药材破碎或粉末肉眼不易辨认或区分；第三，含原药材粉末的中药制剂，如大部分散剂、丸剂、片剂等以药材细粉掺和制粒成型的中成药。《中国药典》(2010 年版)一部附录中载有常用药材和制剂的显微鉴别的详细规定，具体药物的显微鉴别特征在各个药品标准的鉴别项下有详细描述，这是进行显微鉴别必须参照和遵循的依据。

对药材进行显微鉴别，首先选择药材的适当部位，制成显微标本片，根据在显微镜下观察的组织碎片和内含物特征，进行真伪鉴别。例如，羊开口药材粉末淡棕红色。石细胞类圆形、类长方形、类三角形及不规则形，长 30～140μm，直径 5～55μm，壁稍厚，胞腔大，纹孔明显。韧皮纤维大多单个散在，少成束，长条形，两端钝圆或略尖，长 90～400μm，直径 5～35μm，壁增后，纹孔明显。具缘纹孔及网纹导管碎片易见，直径 15～85μm。乙二酸钙簇晶直径 12～45μm，棱角不甚分明。木纤维梭形，单个散在或成束，两端尖或一端呈斜截形，长至 470μm，直径 2.5～35μm，壁稍厚，纹孔呈十字状或裂缝状。木栓细胞表面观多角形，栓内层细胞呈短棒状或类钝三角形，一端膨大，长 25～50μm，直径 5～30μm。木射线细胞类长方形，壁稍厚，纹孔明显。羊开口药材粉末显微特征如图 5-1 所示。

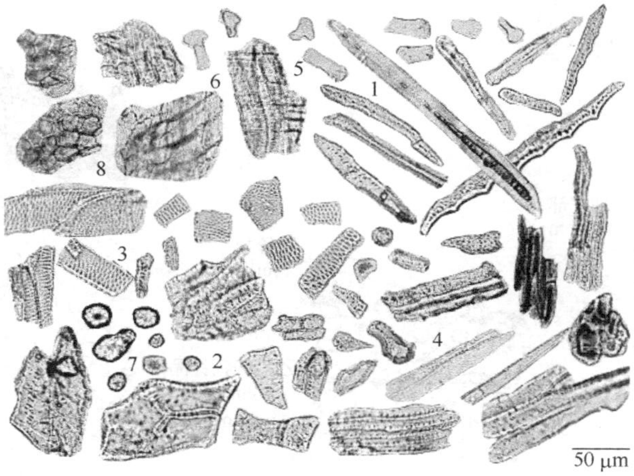

图 5-1　羊开口药材粉末显微特征

1. 韧皮纤维；2. 石细胞；3. 导管；4. 木纤维；5. 栓内层细胞；6. 射线细胞；7. 簇晶；8. 木栓细胞

中药制剂由于药味多，成分复杂，原药材和辅料的显微特征有可能相互干扰，而且炮制后的药材制成各种剂型，有的药材粉末可能发生变化，从而导致显微特征改变甚至消失，因此必须选择专属性和特征性较强的方法进行鉴别。处方中多味药物共同具有的显微特征不能作为定性鉴别的方法，否则，有可能作出假阳性的判断。例如，左金丸由黄连、吴茱萸两味药组成，因为它们均含有石细胞，所以不能采用石细胞作为鉴别的显微特征。多来源的药材应选择其共有的显微特征，如黄连有黄连、三角叶黄连、云连三种，其中前两种含有石细胞，云连不含，所以黄连的鉴别不能选用石细胞，而选其黄色纤维束作为显微鉴别的特征。

延胡索为罂粟科植物延胡索的干燥块茎，除去须根，置沸水中煮至恰无白心，取出晒干即得。薯蓣科植物薯蓣零余子和薯蓣科植物黄独零余子常被作为其伪品或经工业染料染色、焙干后作为延胡索销售。其显微特征显示，延胡索为双子叶植物，具韧皮部、形成层、木质部和髓，而伪品为单子叶植物，维管束外韧性；伪品含有乙二酸钙针晶束，而延胡索不含有；延胡索有髓，靠近髓部有聚集的导管，而伪品无髓，无聚集的导管，如图 5-2 所示。在某些药物的特殊炮制工艺中，经长时间的蒸制后，又常经“整形”处理，因此其切片后的组织结构、细胞特征及其排列已非正常，如天麻、熟地黄等，应与生药饮片作相应的对照而鉴别。

取样时要有代表性，一般取 10 片(丸)研成细粉，混匀后取样。水丸可粉碎后直接取样，糖衣片应先将糖衣除去再研粉取样，蜜丸、含浸膏的片剂和冲剂等含糖较多的制剂，可先加水搅拌洗涤，离心后取沉淀装片，蜡丸可加极性小的有机溶剂搅拌，倾去溶剂，反复处理尽蜡质后再装片检视。显微鉴别除用光学显微镜外，也可用电子显微镜，特别是用扫描电镜对样品进行观察，可以获得更多的微观信息和形态特征，使显微鉴别达到很高的水平。

3. 理化鉴别

根据中药及其制剂中所含有效成分、主成分、特征成分的理化性质，采用物理、化学或仪器分析的方法进行鉴别，这种方法称为理化鉴别。理化鉴别法主要包括显微化学反应、微量升华法、颜色反应与沉淀反应、荧光法与分光光度法和色谱法等。

1）显微化学反应法

将中药及其制剂先制成切片或粉末，取少许置载玻片上，滴加各种试剂，加盖玻片，在显微

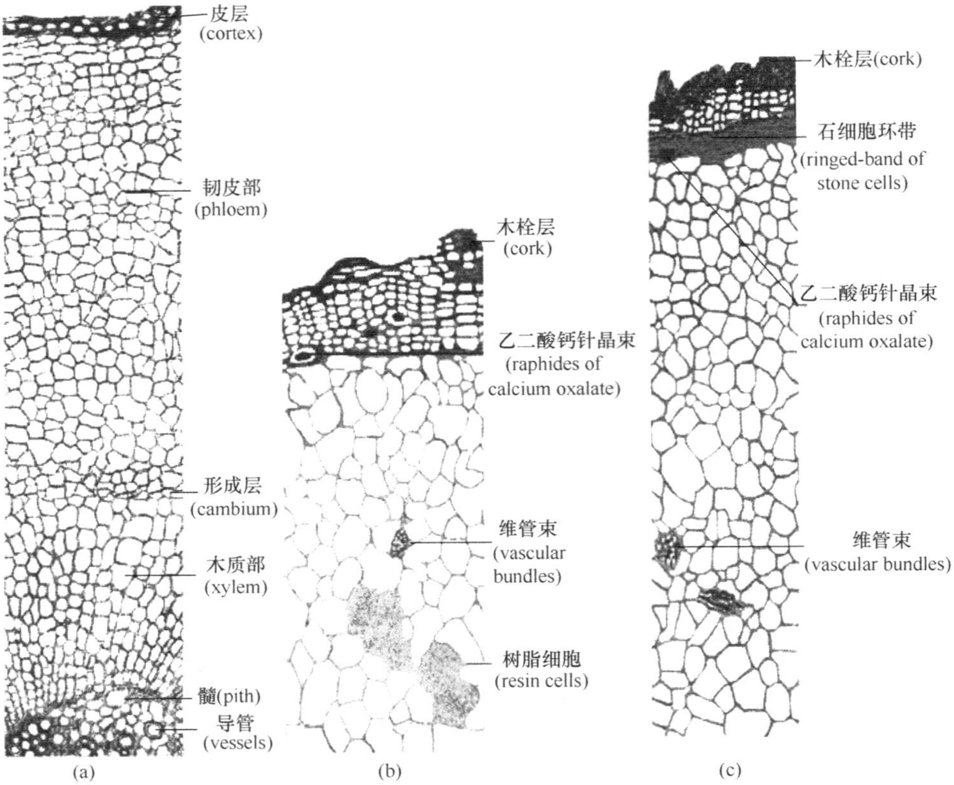

图 5-2　延胡索(a)、薯蓣零余子(b)和黄独零余子(c)横切面显微特征

镜下观察产生的结晶、沉淀物，以及特殊的颜色变化，作为鉴别特征。例如，黄连粉末滴加稀盐酸，放置 5min，可见盐酸小檗碱的黄色结晶析出；丁香切片滴加 3%氢氧化钠的氯化钠饱和溶液，油室内有针状丁香酚钠结晶析出；肉桂粉末加三氯甲烷 2～3 滴，略浸渍，速加 2%盐酸苯肼 1 滴，可见黄色针状或杆状结晶；槟榔粉末 0.5g，加水 3mL 及稀盐酸 1 滴，微热振摇提取数分钟，滤过，取续滤液 1 滴于载玻片上，加碘化铋钾试液 1 滴，即发生浑浊，放置在显微镜下可见石榴红球形或方形槟榔碱结晶析出。

2）微量升华法

微量升华法是利用中药中某些化学成分在一定的温度下可以升华的性质对药材进行鉴别。例如，大黄升华物为黄色棱柱状或羽毛状的蒽醌类化合物结晶；牡丹皮升华后得到白色丹皮酚的簇晶；薄荷升华物为无色针晶簇的薄荷醇；斑蝥为片状斑蝥素结晶。

操作时，先取一块与载玻片大小相似的金属片，放在一块有一小孔的石棉板上，金属片中央放一金属圈，对准石棉板的圆孔。在圈内加药材或中成药粉末适量，圈上方覆盖一载玻片，在石棉板圆孔下用酒精灯加热，至粉末开始焦黄时，去火，放冷，将载玻片取下，反转，可见载玻片上有升华物凝集，置显微镜下观察升华物的结晶性状和颜色等，并可加适当化学试剂观察反应的结果。

3）颜色反应与沉淀反应法

利用特定的化学试剂与中药及其制剂中特定的化学成分或组分发生反应，通过颜色的变化或产生的沉淀，来判别某种成分存在与否。中药中有效成分复杂，对鉴别反应干扰较多，所以要采取一切可行的方法把干扰因素排除。颜色反应与沉淀反应通常可在试管中进行操作，半微量试验可在点滴板、薄层板或纸色谱上进行。例如，《中国药典》(2010 年版)收载的冬葵果、白前和石榴皮的化学鉴别方法如下。

冬葵果的化学鉴别：取本品粉末 2g，加水 20mL，振摇 15min，滤过，滤液加活性炭 1g，置水浴上加热 15min，滤过，取滤液 2mL，加碱性酒石酸铜试液 4 滴，置水浴上加热 5min，生成棕红色沉淀；另取滤液 2mL，加 10%α-萘酚乙醇溶液 3 滴，摇匀，沿管壁加硫酸 0.5mL，两液接界处显紫红色环。

白前的化学鉴别：取本品粗粉 1g，加 70%乙醇 10mL，加热回流 1h，滤过。取滤液 1mL 蒸干，残渣加乙酸酐 1mL 使溶解，再加硫酸 1 滴，柳叶白前显红紫色，放置后变为污绿色；芫花叶白前显棕红色，放置后不变色。

石榴皮的化学鉴别：取本品粉末 1g，加水 10mL，置 60℃水浴中加热 10min，趁热滤过。取滤液 1mL，加 1%三氯化铁乙醇溶液 1 滴，即显墨绿色。

4）荧光法与紫外-可见分光光度法

利用中药及其制剂中某些组分在紫外光下能激发显示不同颜色的荧光，或在紫外-可见光区有明显的特征吸收峰等，进行药物的定性鉴别，来评价药物的真伪。一般采用的紫外光波长为 254～265nm 和 365nm，但两者的荧光现象不同。例如，大黄和土大黄粉末，两者的显微特征和化学反应都很相似，但在紫外光下检视，前者显深棕色荧光，后者显蓝紫色荧光；熊胆粉末紫外光下显黄白色，伪品(牛胆、羊胆)显淡蓝色或绿色；秦皮的水浸液或醇浸液显天蓝色荧光，伪品核桃楸皮的水浸液无荧光。

有些药材本身不产生荧光，但经酸、碱或其他化学方法处理后，可使某些成分在紫外光下显示可见荧光。例如，芦荟溶液与硼砂共热，所含芦荟素起反应后显黄绿色荧光；羌活的碱性乙醚提取液紫外下有荧光；木瓜的醇提液滴在滤纸上，喷 1%的三氯化铝乙醇液，紫外光下观察，皱皮木瓜显黄色荧光，光皮木瓜显鲜黄色荧光。

中药材中有些化学成分在紫外-可见光区有特征吸收光谱，在一定条件下不同成分的特征吸收光谱有差异。利用这一特点，可以对中药材及其制剂进行鉴别。例如，中成药三黄片中含大黄、黄连和黄芩三味药，三味药材中各自的主要成分也是特征成分大黄素、小檗碱和黄芩素分别在 420nm，350nm 和 275nm 波长处有最大吸收，因此可以作为定性鉴别的特征；槐花醇提液在 204nm，255nm 和 360nm 波长处有特征吸收，而伪品茉莉花只在 202nm 波长处有特征吸收，利用这个特征差异可以鉴别药材的真伪。

5）红外光谱法

中药含有多种化学成分，其红外光谱是各个组分的红外光谱的叠加，光谱的吸收强度和峰形是相同或不同官能团相互作用的结果，比较中药材红外光谱是比较光谱图的全貌，而不是对吸收峰进行归类。只要中药中各种化学成分相对稳定，且处理方法一致，其红外光谱也应相对稳定。因此，只需比较红外光谱的峰数、峰位、峰形和峰强度，以及某一波数吸收峰的有无，指纹区的面貌就可以作出判断，而不需要对各个峰作出确切的归属。例如，采用傅里叶红外光谱法对巴戟天及其伪品羊角藤、铁箍散、假巴戟和恩施巴戟进行测定，通过比较一、二级红外光谱相似度和特定谱段相似系数可以对其真伪进行鉴别。羊角藤在 1642cm^{-1}处峰形状、位置，1107cm^{-1}处肩峰位置与 1031cm^{-1}处峰性状与巴戟天有一定差异，且巴戟天药材在 1031cm^{-1}和 1642cm^{-1}处峰强度比值要明显大于羊角藤相应处比值；铁箍散在 1622cm^{-1}，1436cm^{-1}处峰位与巴戟天差别很大，935cm^{-1}处没有特征峰，且 1622cm^{-1}处峰强度大于 1436cm^{-1}处，导致峰形与巴戟天不一致；假巴戟和恩施巴戟在 1600～1030cm^{-1}峰形状和峰位置与巴戟天有显著差异，很容易识别真伪，红外光谱如图 5-3 所示。

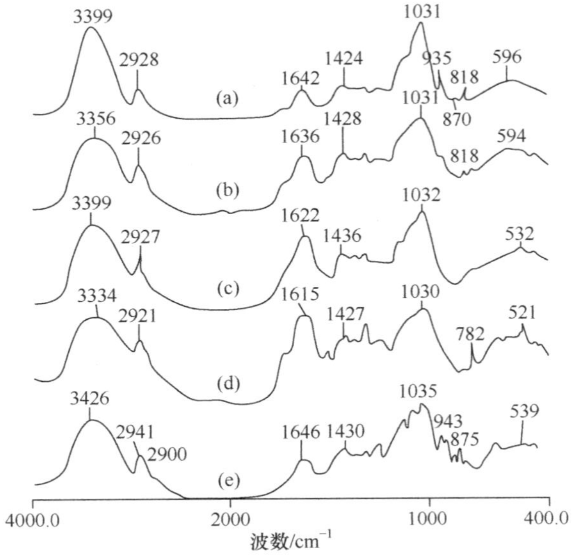

图 5-3　巴戟天药材和伪品的红外光谱图

(a) 巴戟天；(b) 羊角藤；(c) 铁箍散；(d) 假巴戟；(e) 恩施巴戟

红外光谱一般不单独用于中药制剂的鉴别。但可利用红外光谱技术结合对比软件，并借助计算机辅助图谱处理技术，建立对中药制剂的快速鉴别方法。例如，仿冒的京都念慈庵蜜炼川贝枇杷膏与真品的比较，相似度极差，相关系数大于 0.99 的为真品，小于 0.99 为伪品；其红外图谱差异非常明显，在 1800～650cm^{-1} 的指纹区内，二者差别较大，真品的 992cm^{-1}，1140cm^{-1}处的峰非常明显，而伪品在这两个波长处没有峰，同时伪品在 1148cm^{-1}多了 1 个峰，在 1076cm^{-1}和 924cm^{-1}处真伪品的相对峰强度有明显的区别。如图 5-4 所示。

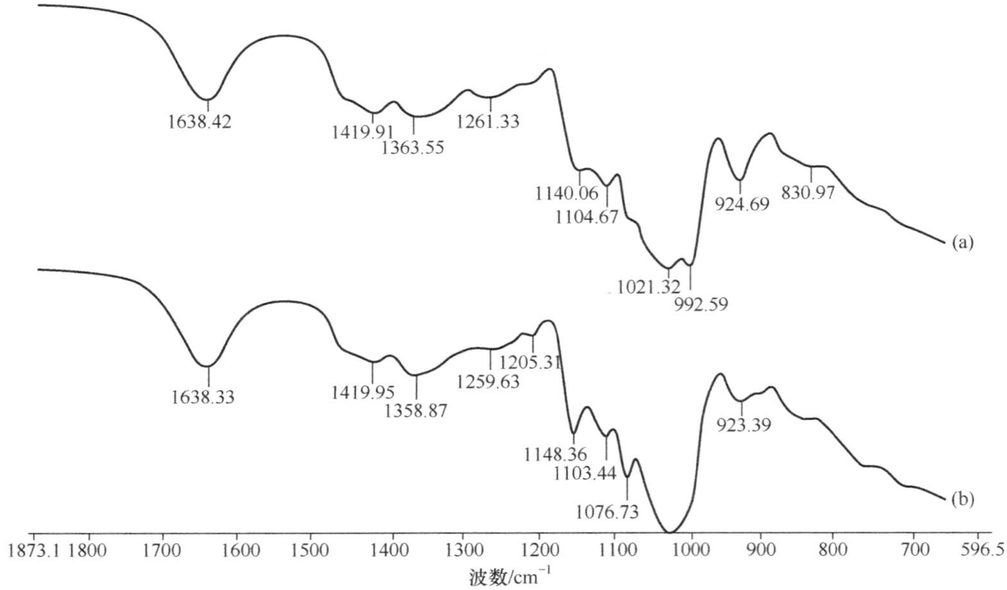

图 5-4　京都念慈庵蜜炼川贝枇杷膏真品(a)和伪品(b)的红外光谱图

6）薄层色谱法

薄层色谱具有分离和鉴定的双重功能，操作简单，是中药及其制剂中最常用的鉴别方法。操作时，通常是在同一薄层板上点入样品和适宜的对照品，在同一条件下层析展开，经显色或用其他方法检出色谱斑点后，将样品与对照品的色谱图进行对比，作出判断。薄层色谱法可鉴别中药的真伪，区别多基源或类同品种、控制成分或有毒成分的限度。

中药及其制剂中所含化学成分复杂，容易干扰组分之间的分离和显色结果。所以，在进行薄层色谱鉴别之前，首先要对样品进行初步的分离、富集，有的还要进行适当精制纯化，以消除共存组分的干扰，有利于微量成分的鉴别。商品化的氧化铝小柱、聚酰胺小柱、硅胶小柱及大孔吸附树脂小柱等具有良好的分离功能，可获得满意的薄层色谱效果。

为了获得好的分离和鉴别效果，展开剂的选择和优化也是一个重要的影响因素。展开系统选择的原则应突出主斑点，有利于主斑点的分析比较。理想的分离是得到一组 R_f 值为 0.3～0.7清晰的斑点。分离亲脂性较强的成分，宜选用极性较小的展开剂；分离亲水性较强的成分，宜选用极性较大的展开剂，即展开剂的极性与被分离成分的极性相适应。鉴别时，首先选用已有的、较成熟的展开剂，减少分析的盲目性，再根据展开的效果，调整展开系统的比例或选用其他展开系统。

进行薄层色谱分析时，对斑点的检识有通用型和专属型两种。通用型的方法对大多数有机物适用，专属性不强。例如，在紫外灯下观察荧光，在硅胶 GF_{254} 薄层板上用紫外灯观察暗斑，或用碘蒸气、稀硫酸、磷钼酸显色等。专属型的方法一般对特定的化合物选用特定的显色剂，如鉴别生物碱一般选用碘化铋钾试液、鉴别氨基酸选用茚三酮试液、鉴别黄酮成分选用三氯化铝试液等。供试品含有颜色的成分可直接在日光下检视，也可用适宜显色剂显色，或加热显色，在日光下检视。有荧光的物质或某些试剂可激发荧光的物质可在 365nm 紫外灯下观察荧光色谱。对于可见光下无色，但在紫外灯下有吸收的成分可用带有荧光剂的硅胶板如硅胶 GF_{254} 板，在 254nm 紫外灯下观察荧光板面上荧光猝灭物质形成的色谱。

薄层鉴别法通常采用对照法进行鉴别。《中国药典》(2010 年版)一部中定性鉴别用的对照物有对照品、对照药材、对照提取物三种，分别是化学成分单体、经过专门鉴定的有代表性的道地药材、与有效部位所用药材和工艺一致的提取物。通常情况下，选用对照品基本可以满足中药薄层鉴别的需要。有些情况下，需要结合对照药材或对照提取物才能确定中药的真实性。例如，黄连、黄柏、三颗针都含有小檗碱，鉴别含黄连的制剂时，只用单一的小檗碱作对照，不能保证投料的药材是黄连，因此需要同时增加黄连对照药材，按样品制剂同样方法进行处理，再按规定的条件展开，对比样品、对照品和对照药材三者的色谱，则可鉴别药物的真伪。用提取物代替药材投料的制剂，可用对照提取物进行鉴别。因此，当采用对照法对中药及其制剂进行鉴别时，通常可采用以下 4 种方法：

(1) 对照品对照法。采用中药及制剂中某味药材所含有效成分或指标性成分的对照品制备成标准溶液，与供试品溶液和阴性对照溶液点于同一薄层板上，展开，显色后，比较与对照溶液 R_f 值位置处有无同一颜色或荧光斑点，阴性对照液在相同 R_f 值处无颜色或荧光斑点。

例如，对芫花药材中 4 个黄酮苷元的定性鉴别方法如下：取本品粉末 1g，加甲醇 25mL，超声处理 10min，滤过，滤液蒸干，残渣加乙醇 1mL 使溶解，即得供试品溶液；另取芫花对照药材 1g，同法制成对照药材溶液；再分别取对照品木樨草素、芹菜素、羟基芫花素、芫花素适量，各加甲醇制成 1mL 含 2mg 的溶液，作为对照品溶液。照薄层色谱法吸取上述溶液各 15μL，分别点于同一 Merk 薄层板上，以甲苯-乙酸乙酯-甲酸溶液（8∶4∶0.2）为展开剂，展距为

8.5cm，取出晾干，置紫外灯365nm下检视。供试品色谱中，在与对照品色谱相应的位置上，显相同颜色的荧光斑点。色谱图如图5-5所示。

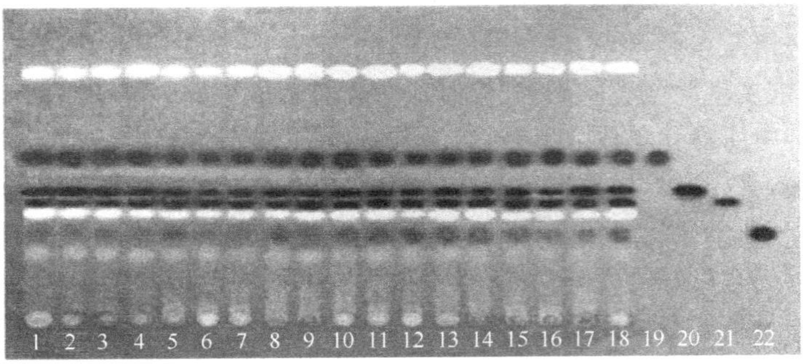

图5-5　芫花药材的薄层色谱图

1. 芫花对照药材；2～18. 样品；19. 芫花素；20. 芹菜素；21. 羟基芫花素；22. 木樨草素

(2) 对照药材对照法。用中药及其制剂中某药味的对照药材制成对照溶液，与供试品溶液同法操作进行对照。例如，中药制剂西黄丸由牛黄、麝香、乳香、没药组成，对乳香和没药的薄层鉴别方法如下：取西黄丸1g，研细，加甲醇10mL，超声处理10min，滤过，滤液作为供试品溶液；分别取对照药材乳香、没药各0.1g，加甲醇5mL，超声处理10min，滤过，滤液作为对照药材溶液；按照处方配比，分别取除乳香与没药的其他药味，按处方中制法制成样品，按照供试品溶液的制备方法分别制成乳香与没药的阴性对照溶液。照薄层色谱法，吸取供试品溶液、对照药材溶液及阴性对照溶液各10各10μL，分别点于同一硅胶G薄层板，以石油醚(60～90℃)-乙酸乙酯(95∶5)为展开剂，展开，取出，晾干，喷以5%香草醛硫酸溶液，放置10min以上。供试品色谱中，在与对照药材色谱相应的位置上，分别显相同颜色的斑点，阴性样品无干扰。色谱图如图5-6所示。

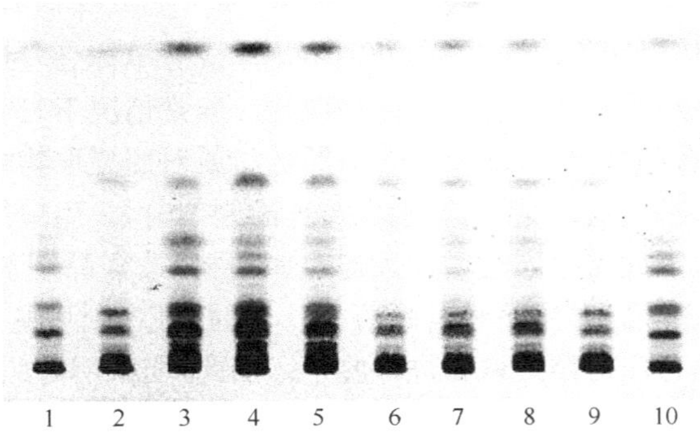

图5-6　乳香、没药的薄层色谱图

1. 乳香阴性；2. 没药阴性；3～8. 西黄丸样品；9. 乳香对照药材；10. 没药对照药材

(3) 阳性对照法。把制剂中要鉴别的某药味，按照制剂工艺的制备方法处理，以和制剂相同的比例、条件、方法提取，所得的提取液为阳性对照液。一般阳性对照液使用较少。

(4) 阴性对照法。把制剂中要鉴别的某药味除去，剩余的各药材按制剂工艺同法处理所得的提取液为阴性对照液。鉴别时取供试品溶液与阴性对照液同法操作，进行对照。

7）高效液相色谱法

将样品和对照品在同一色谱条件下分析，利用化合物在特定色谱柱上保留时间进行鉴别。对于复杂未知成分，也可以加对照品于样品中，观察被测峰是否增高，作出初步的判断。为了鉴别的准确性，至少应选用两种不同的固定相和分离条件与对照品的保留时间进行比较。如果组分过于复杂，也可采用液相色谱-质谱联用技术，先分离再进行定性鉴别。例如，采用高效液相色谱法对三黄片中 5 个蒽醌、黄酮和生物碱类物质进行鉴别。三黄片由大黄、黄芩浸膏和盐酸小檗碱组成。通过高效液相色谱法，可以同时对黄芩苷、盐酸小檗碱、汉黄芩素、大黄素、大黄酚进行定性定量分析。

色谱条件：色谱柱为 Shimadzu VP-ODS（4.6mm×150mm，5μm），流动相为乙腈（A）-0.02mol/L 乙酸铵（用冰醋酸调至 pH 3.50）（B），梯度洗脱。检测波长 270nm。

对照品溶液的制备：精密称取大黄素、大黄酚、黄芩苷、汉黄芩素、盐酸小檗碱对照品适量，分别加甲醇制成适宜浓度的对照品溶液。

供试品溶液的制备：取本品 10 片，除去包衣，精密称定总质量，求得平均片重，研细，精密称取适量，加甲醇 95mL，于水浴上加热回流提取 2h，冷至室温，定量转移至 100mL 容量瓶中，以少许甲醇洗涤提取器，洗涤液并入容量瓶中，定容，摇匀，滤过，取续滤液即得。对照品和样品的色谱图如图 5-7 所示。

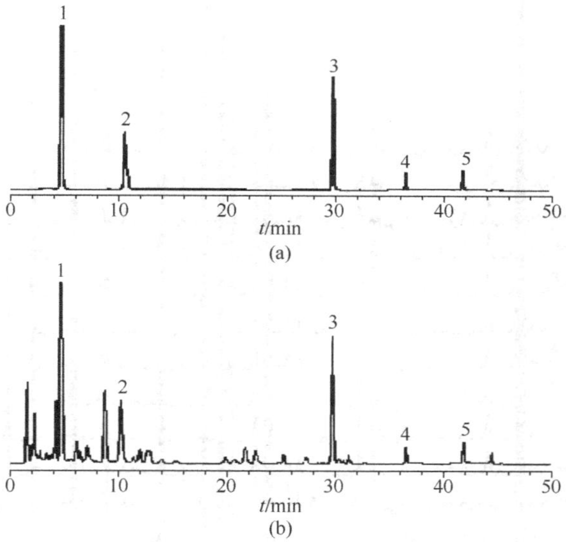

图 5-7　混合对照品（a）和三黄片样品（b）的高效液相色谱图

1. 黄芩苷；2. 盐酸小檗碱；3. 汉黄芩素；4. 大黄素；5. 大黄酚

8）指纹图谱

中药指纹图谱是指中药材、提取物或中药制剂等经适当处理后，采取一定的分析手段，得到能够标示该中药材、提取物或中药制剂特性的共有峰的图谱，即采用现代分析技术对中药化学信息以图形或图像的方式进行表征并加以描述。现代分析技术包括光谱、色谱、波谱、核磁共振、X 射线衍射等和各种联用技术。中药指纹图谱有两个特点：第一，通过指纹图谱的特异性，能有效鉴别样品的真伪或产地；第二，通过指纹图谱主要特征峰的含量或比例的制订，能有效控制样品的质量，确保质量的相对稳定。整体性和模糊性是中药指纹图谱的两个基本属性。

整体性是指把所得指纹图谱作为一个整体进行考察，而不是孤立地以其中单个峰的有无、高低以及峰面积的大小来判断药材或成品的质量；模糊性是指个体样品本身存在差异，难以精确地进行测量。

理想的指纹图谱既能进行定性鉴别，也可用于定量分析。因此，指纹图谱是对中药质量控制的补充和提高。高效液相色谱不受样品挥发和热稳定性的限制，适用范围广，目前已经成为构建中药及其制剂指纹图谱最常用的方法之一，在中药质量控制中具有重要作用。例如，采用HPLC-PDA（二极管阵列检测器）研究了河北道地药材北沙参的指纹图谱，并与不同产地北沙参药材指纹图谱的特征进行比较，可以更好地评价和控制北沙参药材的质量。

色谱条件：色谱柱 Diamonsil™C18（250mm×4.6mm，5μm）；流动相：甲醇-乙腈-0.05%磷酸水溶液；梯度洗脱，检测波长为295nm，柱温为30℃。

供试品溶液的制备：取过3号筛的药材粉末2.0g，精密称定，置50mL容量瓶中，精密加入75%甲醇25mL，摇匀，称定质量，超声提取30min，取出，放冷，用75%甲醇补足质量，摇匀，0.45μm微孔滤膜滤过即得。13批北沙参道地药材的高效液相色谱指纹图谱如图5-8所示。

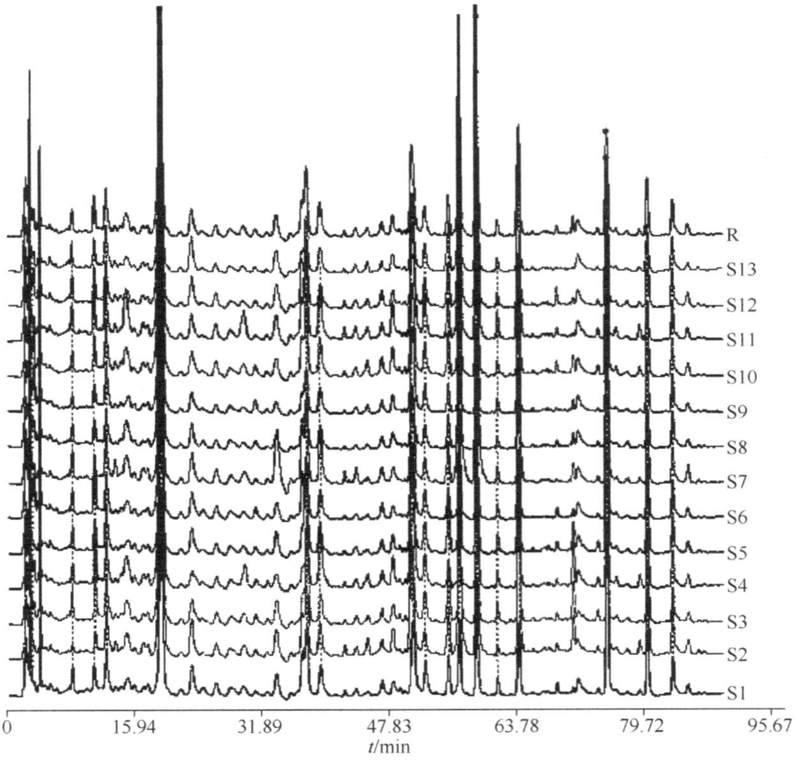

图5-8　13批北沙参道地药材的高效液相色谱指纹图谱

5.2.3　中药及其制剂的杂质检查

杂质的存在不仅影响中药及其制剂的质量、降低其疗效，甚至危及人体健康和生命。因此，中药及其制剂的杂质检查是中药质量研究的重要内容之一。

1. 杂质的来源和种类

1）中药及其制剂中杂质的来源

药材中混存的杂质主要来源：第一，种源不纯或假劣。主要是指在种源上利用来源相近的药材进行掺假。第二，采收、加工和储藏等过程混入。主要是指未按要求采收药材、采收后净选不严或药材炮制及前处理存在问题等。例如，采收垂盆草、细辛、麻黄等全草类药材时，应去除根部；采收金银花时易将叶片及嫩枝条混入药材中；药材在晒场上混入的草棍、石子、鸡毛等；在储藏过程中，由于周围湿度、温度等导致药材被虫蛀、发霉等变质。第三，人为掺入。指有意识地在正品药材、饮片中掺入一定量的其他物质，如将伪品掺入正品药材中，将药厂粗提过的药渣经过染色后冒充原药材，或掺入正品中等。

中药制剂中存在的杂质主要来源于：第一，中药材原料带入。例如，在生产大黄流浸膏时，如果原料药大黄中混入了土大黄，产品中就可能存在土大黄苷杂质；如果原药材中重金属离子、砷盐、农药残留量等超标，在制备相关产品时就容易带入这些杂质。第二，药物在生产制备过程中引入。在生产中所用的金属器皿、设备或其他不耐酸碱的工具等可能引入一些金属杂质；药物在制备过程中使用的试剂、溶剂等如果没有分离干净就会成为杂质。第三，药物在储存过程中产生。指药物由于包装、运输、储存、保管不当，造成破损、虫蛀、霉变、腐败及分解等带入有关杂质。如果因为周围环境因素如日光、湿度、温度等影响，发生了水解、氧化、聚合、分解等情况，也会产生一些有害的杂质。

2）中药及其制剂杂质的种类

中药的杂质按来源分为一般杂质和特殊杂质。一般杂质是指在自然界分布较广，在多种药材的采收、加工及制剂的生产和储存过程中容易引入的杂质，如氯化物、硫酸盐、铁盐、砷盐、重金属等。特殊杂质是指在该药物的生产或储藏过程中，由于生产方法、工艺条件以及该药物本身性质等因素可能引入的特定杂质，是某药物所特有的杂质。按毒性分为毒性杂质和信号杂质，按理化性质分为有机杂质、无机杂质及残留溶剂。

2. 一般杂质的检查

杂质检查项目包括杂质限量检查、灰分检查、酸碱度检查、氯化物检查、特殊杂质及掺伪物质检查等，重金属检查包括铅盐、砷盐、铁盐及其他重金属的限量测定。对于氯化物、铁盐、重金属、砷盐等一般杂质的检查可以参看本书相关章节和《中国药典》(2010 年版)一部附录内容进行检查。下面简要介绍一下其他主要检查项目。

1）药材中混存物的检查

药材中混存的杂质是指下列各类物质：第一，来源与规定相同，但其性状或部位与规定不符；第二，来源与规定不同的有机质；第三，无机杂质，如砂石、泥块、尘土等。

药材中混存杂质的检查可依照《中国药典》(2010 年版)一部附录Ⅸ A 方法进行操作。具体方法如下：第一，取规定量的供试品，摊开，用肉眼或放大镜(5～10 倍)观察，将杂质拣出；如其中有可以筛分的杂质，则通过适当的筛，将杂质分出。第二，将各类杂质分别称量，计算其在供试品中的含量。在操作时要注意：①药材中混存的杂质如与正品相似，难以从外观鉴别，可称取适量，进行显微、化学或物理鉴别试验，证明其为杂质后，计入杂质质量中。②杂质检查所用的供试品，除另有规定外，按药材和饮片取样法称取。例如，对连翘的杂质检查，青翘不得过 3%，老翘不得过 9%；对乳香的杂质检查，乳香珠不得过 2%，原乳香不得过 10%；对颠茄草的杂质检查，颜色不正常如黄色、棕色或近黑色的颠茄叶不得过 4%，直径超过 1cm 的颠茄茎不得过 3%。

2）炽灼残渣测定法

炽灼残渣是指有机药物或无机药物经加热碳化或分解后，高温炽灼，残留的非挥发性无机杂质的硫酸盐，也称为硫酸灰分。

3）干燥失重测定法

干燥失重是指药品在规定条件下干燥后所减失的量，以百分数表示。经干燥后所减失的质量，主要是指水分、结晶水及其他挥发性物质。常用的测定方法有常压恒温干燥法、减压干燥法、干燥剂干燥法和热分析法。

4）水分测定法

水分测定法是指采用规定的方法对中药材及其制剂进行水分含量的测定。药物水分含量过高，可引起药物水解、制剂结块、霉变或有效成分的分解等，影响药物的理化性质和疗效，因此应对药品中的水分进行限量控制。《中国药典》(2010 年版)收载了 4 种水分测定方法，分别是第一法烘干法、第二法甲苯法、第三法减压干燥法和第四法气相色谱法。

5）灰分测定法

灰分测定法包括总灰分测定法和酸不溶性灰分测定法。总灰分是指药材或制剂经加热炽灼灰化后残留的无机物，总灰分除药物本身所含无机盐(称为生理灰分)外，还包括泥土、砂石等药材外表黏附的无机杂质。因此，测定总灰分的目的主要是控制药材中泥土、砂石的量，同时也反映出药材生理灰分的量。具体测定方法为：取供试品 2～3g，如需测定酸不溶性灰分，可取供试品 3～5g，置炽灼至恒量的坩埚中，称定质量，准确至 0.01g，缓缓炽热，注意避免燃烧，至完全碳化时，逐渐升高温度至 500～600℃，使完全灰化并至恒量。根据残渣质量，计算供试品中总灰分的含量。

对于有些生理灰分差异较大的药材，特别是组织中含乙二酸钙较多的药材，由于生长条件不同，总灰分含量可从 8%到 20%以上，总灰分的量不能说明外来杂质的量，此时需要测定酸不溶性灰分，即取总灰分测定方法所得的灰分。具体操作为：在坩埚中小心加入稀盐酸约 10mL，用表面皿覆盖坩埚，置水浴上加热 10min，表面皿用热水 5mL 冲洗，洗液并入坩埚中，用无灰滤纸滤过，坩埚内的残渣用水洗于滤纸上，并洗涤至洗液不显氯化物反应为止。滤渣连同滤纸移至同一坩埚中，干燥，炽灼至恒量。根据残渣质量，计算供试品中酸不溶性灰分的含量。

《中国药典》(2010 年版)对中药的总灰分和酸不溶性灰分均有明确的限度规定，中药制剂或提取物原则上可以不再检查，但是对于某些以根、茎等中药粉末为原料的制剂，为了控制外来杂质，仍需进行检查。例如，九味羌活丸总灰分不得过 7.0%，酸不溶性灰分不得过 2.0%；人参茎叶总皂苷的总灰分不得过 1.5%，人参总皂苷的总灰分不得过 6.0%。

6）农药残留测定法

为了减少病虫害，药用植物在栽培生长过程中常需喷洒农药，土壤中残存的农药也可能被引入到药材中。药材中残留的农药，不仅影响中药的质量，影响中药的疗效，还会给患者的身体健康造成伤害。因此，必须要严格控制中药材及其制剂中农药的残留量。

目前常用的农药有三类：有机氯类，如六六六等；有机磷类，如甲胺磷、氧化乐果等；拟除虫菊酯类，如氯氰菊酯、溴氰菊酯等。还有氨基甲酸酯类、苯氧羧酸类除草剂等。《中国药典》(2010 年版)一部规定，除另有说明，均采用气相色谱法测定有关农药的残留量。

3. 特殊杂质的检查

相对于一般杂质，特殊杂质为某药物所特有，随药物的品种不同而不同，即使同一个品种，由于采用不同的生产工艺路线，在储存过程中也可能会分解不同的产物。因此，除了要检查一般杂质，还要对其特殊杂质进行检查，以保证药品安全、有效。药物中微量杂质的检查主要依据药物与杂质在理化性质上的差异来进行，根据杂质控制的要求，可以进行限量检查，也可以对杂质进行定量测定。检查方法一般收载于药典中各药品检查项下，主要有色谱法、光谱法、化学法等。

1）薄层色谱法

薄层色谱法由于操作简单，灵敏度高，分离速度快等优点，在杂质检查中应用十分广泛，被许多国家药典用于药物中杂质的检查。常用的检查方法有杂质对照品法和供试品自身对照法，如《中国药典》(2010 年版)一部中收载了跌打镇痛膏中特殊杂质士的宁和乌头碱的检查，具体检查方法如下。

(1) 士的宁的检查：取本品 5 片，除去盖衬，剪成小块，置具塞锥形瓶中，加 1mol/L 盐酸溶液 60mL，浸泡过夜，超声处理 20min，滤过，滤液置分液漏斗中，加浓氨水试液调节 pH 至 9～10，用乙醚振摇提取 3 次(30mL，20mL，20mL)，合并乙醚液，加无水硫酸钠脱水，滤过，滤液蒸干，残渣加三氯甲烷使溶解，移至 2mL 容量瓶中，加三氯甲烷至刻度，摇匀，作为供试品溶液。另取士的宁对照品适量，精密称定，加三氯甲烷制成 1mL 含 6mg 的溶液，作为对照品溶液。照薄层色谱法试验，精密吸取上述两种溶液各 10μL，分别点于同一硅胶 G 薄层板上，以甲苯-丙酮-乙醇-浓氨水试液(4：5：0.6：0.4)为展开剂，展开，取出，晾干，喷以稀碘化铋钾试液。供试品色谱中，在与对照品色谱相应的位置上出现的斑点，应小于对照品斑点。

(2) 乌头碱的检查：取乌头碱对照品适量，精密称定，加三氯甲烷制成 1mL 含 0.4mg 的溶液，作为对照品溶液。照薄层色谱法试验，精密吸取对照品溶液与士的宁[检查]项下的供试品溶液各 10μL，分别点于同一用 2%氢氧化钠溶液制备的硅胶 G 薄层板上，以乙醚-甲醇(60：1)为展开剂，展开，取出，晾干，碘蒸气显色。供试品色谱中，在与对照品色谱相应的位置上出现的斑点，应小于对照品斑点或不出现斑点。

2）分光光度法

分光光度法是指利用药物和杂质对光吸收的差异性，来判断供试品中该杂质是否符合限量要求。例如，《中国药典》(2010 年版)一部收载了牛黄中游离胆红素的检查，天然牛黄中胆红素主要是以结合胆红素和共价胆红素形式存在，无毒，当游离胆红素在血中浓度过高时就会显示毒性，因此要对游离胆红素进行检查。

检查方法：取本品粉末 10mg，精密称定，置 50mL 容量瓶中，加三氯甲烷 30mL，微温，放冷，加三氯甲烷至刻度，摇匀，滤过，取续滤液，照紫外-可见分光光度法在 453nm 波长处测定吸光度，不得过 0.70。

3）化学分析法

化学分析法是指利用药物和杂质在化学性质上的差异如反应产生颜色、气体、沉淀等，采用一定的方法对杂质进行检查，判断供试品中该杂质是否符合限量规定。

示例 5-1 《中国药典》(2010 年版)一部收载的桑寄生中强心苷的限量检查。

取本品粗粉 10g，加 80%乙醇 50mL，加热回流 30min，滤过，滤液蒸干，残渣加热水 10mL 使溶解，滤过，滤液加乙醚振摇提取 4 次，每次 15mL，弃去乙醚层，取下层水溶液，加乙酸铅饱和溶液至沉淀完全，滤过，滤液加乙醇 10mL，加硫酸钠饱和溶液脱铅，滤过，滤液加三氯甲烷振摇提取 3 次，每次 15mL，合并三氯甲烷液，浓缩至 1mL。取浓缩液点于滤纸上，干后，滴加碱性 3，5-二硝基苯甲酸溶液(取二硝基苯甲酸试液与氢氧化钠试液各 1mL，混合)，不得显紫红色。

5.2.4 中药及其制剂的含量测定

中药及其制剂中含有很多不同类别的化学成分，其药效是众多化学成分协同作用的综合结果。若仅以其中某一有效成分或有效部位为指标，进行定量分析，控制药品的质量，一般不能完全反映该药物的实际情况。尽管目前还不能做到对中药及其制剂的全面质量控制，但根据中医理论，选择相关的主要成分或有效成分群，建立含量测定项目和方法，对控制药品质量，保证每批药材或制剂的稳定，仍然具有重要意义。

1. 含量测定项目选择的原则

(1) 对于单味中药和制剂，所含成分类别必须清楚，应有针对性地建立含量测定项目。

(2) 对于复方制剂，应首选君药及贵重药建立含量测定方法；如果对君药、贵重药研究不深或干扰成分多，可依次选择臣药或其他药味进行含量测定。

(3) 含有毒性的药物如马钱子、川乌、草乌等，应尽可能建立起有效成分或有毒成分的含量测定方法，若含量太低无法测定，则应在检查项下规定限度检查。

(4) 如果有效成分或指标性成分明确，应建立有效成分或指标性成分的含量测定方法；对于活性成分类别明确的中药及制剂，可测定其有效部位，如总挥发油、总生物碱、总皂苷等；对于有效成分不明确的中药，可选择一个或几个可能有效成分、指标性成分进行测定。

(5) 检测成分应尽可能与中医用药的功能主治相近，如山楂在制剂中若以消食健胃功能为主，则应测定其有机酸含量；若以治疗心血管病为主，则应测定其所含总黄酮的量。

(6) 所测成分应归属于某单一药味，如制剂中有两种以上药味具有相同成分，则不应选为测量指标。如处方中有黄连和黄柏，最好不选小檗碱作为定量成分。如果黄连与黄柏、川芎与当归等同时处于同一处方中，并处于君药时，则可测定制剂中小檗碱和阿魏酸的含量，并同时分别控制各药材原料有关成分的含量。

(7) 如果确实无法进行含量测定时，可测定药物的总固体量，如水溶性浸出物、醇溶性浸出物等，间接地控制制剂的质量。

2. 含量测定方法

1) 高效液相色谱法

高效液相色谱法具有分离效率高、分析速度快、准确度高等优点，是中药及其制剂中含量测定的首选方法。《中国药典》(2010 年版)一部有许多中药材及其制剂采用高效液相色谱法进行含量测定。

色谱条件的选择：在中药及其制剂的分析中，反相高效液相色谱法应用最多，即固定相为非极性，流动相为极性，制剂中极性的附加剂或其他干扰组分先流出，不会停留在柱上污染色谱柱。甲醇-水或乙腈-水常被用作流动相。洗脱方式有等度洗脱和梯度洗脱两种。等度洗脱是在同一分析周期内流动相的组成保持不变，适用于组分少、性质差异不大的样品分析。梯度洗脱是在一个分析周期内用程序控制流动相的组成，适用于组分较多、性质差异较大的复杂混合体系的分析。

若分离弱酸性成分如丹参素、黄芩苷、甘草酸等，可在流动相中加入适量酸如乙酸、磷酸等，以抑制其解离；对分离酸性较强的组分，也可加入离子对试剂如氢氧化四丁基铵等；若分离碱性较强的组分如小檗碱、麻黄碱等，多采用反相离子对色谱法，在酸性流动相中加入烷基磺酸盐、有机酸盐，也可使用无机阴离子如磷酸盐作为反离子。

紫外检测器是最常使用的检测器，适用于在紫外区具有吸收物质的测定。蒸发光散射检测器是通用型检测器，可以检测挥发性低于流动相的任何样品，适用于无生色团物质的检测，如碳水化合物、类脂类、皂苷等，与紫外检测器互相补充。虽然荧光检测器比紫外检测器灵敏度高，但只适用于具有荧光或其衍生物能产生荧光物质的测定。

供试品溶液的制备：中药制剂组成复杂，成分性质差异较大，有的待测组分含量较低，因此，在进行 HPLC 分析之前，一般要对样品进行预处理，如对样品进行提取分离、纯化、富集等。对于含有糖等附加剂的中药制剂，宜使用高浓度醇或其他有机溶剂提取待测组分，最好不要用水，防止提出的糖污染色谱柱。

测定方法的选择：定量方法主要采用外标法和内标法。若标准曲线过原点、测定组成含量变化不大，可使用外标一点法。由于中药制剂测定组分的含量波动范围较大，所以最好采用标准曲线定量法。若使用内标法测定，会增加分离的难度，其他成分也容易干扰内标峰，所以一般不提倡使用内标法。

示例 5-2　冠心宁注射液中丹参素、原儿茶醛、阿魏酸、迷迭香酸和丹酚酸 B 的含量测定。

色谱条件：Kromasil C18(4.6mm×250mm，5μm) 色谱柱；流动相为乙腈(A)-0.05%三氟乙酸溶液(B)，梯度洗脱(0～65min，2%A→30%A)；流速为 0.8mL/min，检测波长为 288nm，柱温为 40℃，进样量 5μL，对照品和样品色谱图如图 5-9 所示。

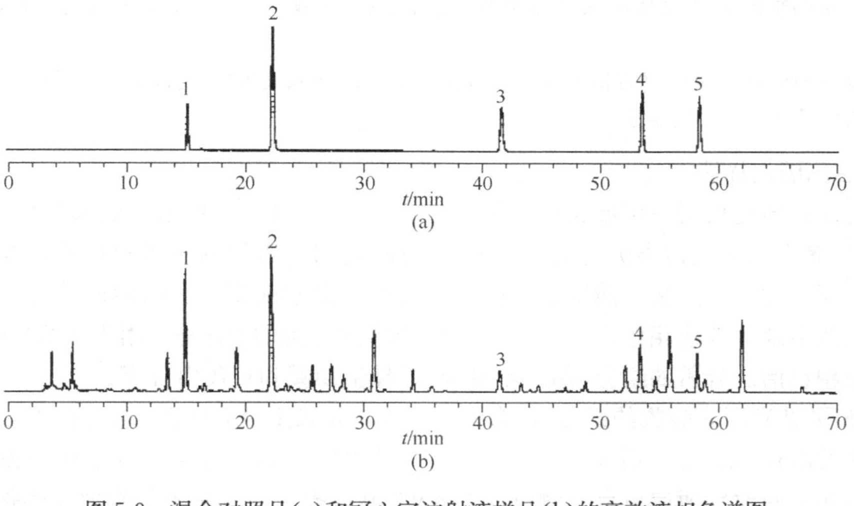

图 5-9　混合对照品(a)和冠心宁注射液样品(b)的高效液相色谱图

1. 丹参素；2. 原儿茶醛；3. 阿魏酸；4. 迷迭香酸；5. 丹酚酸 B

对照品溶液的制备：分别精密称取丹参素钠、原儿茶醛、阿魏酸、迷迭香酸和丹酚酸 B 的对照品适量，加含 0.2%冰醋酸的 10%甲醇溶液制成每 1mL 含丹参素钠 0.3906mg(相当于丹参素 0.3516mg)，原儿茶醛 79.68μg，阿魏酸 16.112μg，迷迭香酸 56.64μg 和丹酚酸 B 0.1223mg 的混合溶液，即得。

供试品溶液的制备：精密量取冠心宁注射液 2mL，置 10mL 容量瓶中，加含 0.2%冰醋酸的 10%甲醇溶液稀释至刻度，摇匀，用 0.45μm 微孔滤膜滤过，取续滤液即得。6 个化合物进样量分别为 0352～7.032μg，0.080～1.594μg，0.016～0.322μg，0.057～1.133μg 和 0.122～2.446μg 的范围内呈良好的线性关系。

2）气相色谱法

对于含挥发油或挥发性组分的中药制剂，气相色谱法是首选的分析方法，如冰片、桉叶素、樟脑、厚朴酚、丁香酚等；此外还可用于中药及其制剂中含水量或含醇量的测定，如天麻丸、六神丸、人丹等制剂中含水量和藿香正气水含醇量的检查。

实验条件的选择：气液色谱中固定相由固定液和载体组成，中药制剂分析中气-固色谱的固定相大多采用高分子多孔微球，用于分离水及含羟基化合物。柱温是分离条件选择的关键，在能满足分离度的前提下尽可能采用较低的温度，同时注意柱温要低于固定液的最高使用温度。气相色谱的流动相除常用的载气氮气外，还有氦气和氢气。适合气相色谱的检测器有热导检测器（TCD）、氢火焰离子化检测器（FID）、氮磷检测器（NPD）、火焰光度检测器（FPD）、电子捕获检测器（ECD）、质谱检测器（MS）等。

常用的定量方法有内标法、外标法、归一化法等。内标法是中药及其制剂中含量测定最常用的方法，适用于样品中所有组分不能全部流出色谱柱，或检测器不能对每个组分都产生信号或只需测定样品中某几个组分含量时的情况；内标法可抵消仪器稳定性差，进样量不够准确等原因造成的误差。外标法不需要用校正因子，无论样品中其他组分是否出峰，均可对被测组分进行定量分析，但要求进样准确及实验条件恒定，又可分为工作曲线法和外标一点法等。归一化法要求样品中所有组分都要产生色谱峰，不适于微量杂质的含量测定。

示例 5-3 《中国药典》（2010 年版）一部收载的麝香中关于麝香酮的气相色谱测定方法。

色谱条件与系统适应性：以苯基（50%）甲基硅酮（OV-17）为固定相，涂布浓度为 2%；柱温 200℃±10℃。理论板数按麝香酮峰计算应不低于 1500。

对照品溶液的制备：取麝香酮对照品适量，精密称定，加无水乙醇制成 1mL 含 1.5mg 的溶液，即得。

供试品溶液的制备：取干燥品 0.2g，精密称定，精密加无水乙醇 2mL，密塞，振摇，放置 1h，滤过，取续滤液，即得。

测定方法：分别精密吸取对照品溶液与供试品溶液各 2μL，注入气相色谱仪，测定，即得。本品按干燥品计算，含麝香酮（$C_{16}H_{30}O$）不得少于 2.0%。

3）薄层色谱扫描法

薄层色谱扫描是指用一定波长的光照射在薄层板上，对薄层色谱中吸收紫外光和可见光的斑点，或经激发后能发射出荧光的斑点进行扫描，将扫描得到的图谱及积分数据用于鉴别、检查或含量测定的一种方法。薄层色谱扫描法具有分离效能高、快速、简便等特点，其准确度和精密度虽然不及高效液相色谱法，但可作为高效液相色谱法的补充，用于无紫外吸收或不能采用高效液相色谱法分析的组分，如人参皂苷、贝母生物碱和黄芪甲苷等。

在紫外-可见光区有吸收的组分，可在 200～800nm 采用吸收法测定；有荧光的组分，可选择适当的激发波长（λ_{ex}）和发射波长（λ_{em}），用荧光法测定。测量方法有反射法和投射法两种。反射法是将光束照射到薄层斑点上测量反射光的强度，投射法则是测量投射光的强度；反射法受薄层厚度影响较小，基线较稳，因而薄层扫描法中大多数采用反射法。

外标法是薄层色谱扫描法最常用的定量方法，但要求点样必须准确；内标法是将内标加入到供试品和对照品溶液中，以其峰面积的比值作为定量的依据，目前很少应用。在进行薄层扫描法测定时，要注意：第一，薄层的厚度应均匀，表面均匀平整；第二，点样量必须准确，多用定量毛细管点样或自动点样器点样；第三，喷洒显色剂应均匀，量适中；第四，某些斑点颜色易挥发或对空气不稳定，可用洁净的玻板盖在薄层板上，并用胶布固定；第五，薄层扫描法的线性范围一般较窄，应在其线性范围内测定。

4）分光光度法

分光光度法在中药制剂分析中也有应用，但由于中药制剂成分复杂，不同组分的紫外吸收光谱往往彼此重叠。因此，在测定前样品必须经过提取纯化等处理，以排除干扰。同时应制备阴性对照液在相同条件下测定无吸收。本法通常用于某一类成分总量的测定，如总黄酮、总生物碱、人参总皂苷等的测定。

示例 5-4 《中国药典》(2010 年版)一部收载山楂叶中总黄酮的含量测定。

精密称定本品细粉 1g，加三氯甲烷加热回流提取，药渣挥去三氯甲烷，加甲醇继续提取至无色，提取液蒸干，残渣加稀乙醇溶解，转移至 50mL 容量瓶中，加稀乙醇至刻度，摇匀，滤过。精密量取续滤液 5mL，置 25mL 容量瓶中，加水稀释至刻度，摇匀。精密量取 2mL，置 25mL 容量瓶中，加水至 6mL，加 5%亚硝酸钠 1mL，摇匀，放置 6min，加 10%硝酸铝溶液 1mL，摇匀，放置 6min，加氢氧化钠试液 10mL，再加水至刻度，摇匀，放置 15min，以相应试剂为空白，立即照紫外-可见分光光度法，在 500nm 的波长下测定吸光度，从标准曲线上读取供试品溶液中芦丁的含量，本品按干燥品计算，含总黄酮以无水芦丁($C_{27}H_{30}O_{16}$)计，不得少于 7.0%。

5）化学法

化学法包括重量法和容量法。化学法是经典的分析方法，准确度高，但不及仪器分析法灵敏、专属，多用于制剂组方简单，组分含量较高时的测定。测定前样品也要经过提取分离、纯化等处理过程，排除其他成分的干扰。

示例 5-5 《中国药典》(2010 年版)一部收载的昆明山海棠片中生物碱的测定。

取本品 60 片，除去包衣，精密称定，研细，取约 7g，精密称定，置 200mL 锥形瓶中，加硅藻土 1.4g，混匀，加乙醇 70mL，加热回流 40min，放冷，滤过，滤渣加乙醇 50mL，加热回流 30min，放冷，滤过，滤液合并，置水浴上蒸干，残渣加盐酸溶液(1→100)300mL，置水浴上搅拌使溶解，放冷，滤过，残渣再用盐酸溶液(1→200)同法提取 3 次(20mL，15mL，15mL)，合并滤液于分液漏斗中，加氨试液使溶液呈碱性，用乙醚振摇提取 4 次(40mL，30mL，25mL，20mL)，合并乙醚液，用水振摇洗涤 2 次，每次 10mL，乙醚液滤过，滤液置已在 100℃干燥至恒量的蒸发皿中，在低温水浴上蒸去乙醚，残渣在 100℃干燥至恒量，称定质量，计算，即得。本品每片含总生物碱不得少于 1.0mg。

思考题与习题

1. 有哪些方法可以用于中药及其制剂中有效成分的提取分离？
2. 简述中药及其制剂分析的基本程序。
3. 哪些先进的现代分析技术可以用于中药及其制剂的定性鉴别？
4. 为什么要检查中药中的农药残留？通常采用什么方法？
5. 简述中药及其制剂分析的特点。
6. 中药材和中药制剂取样各有什么特点？
7. 简述回流提取法和连续回流提取法的区别和联系。
8. 简述超临界流体萃取法的原理。
9. 薄层色谱鉴别时如何优化展开洗脱？采用对照法进行中药及其制剂鉴别一般有哪几种方法？
10. 简述中药及其制剂杂质的种类和来源。
11. 简述中药及其制剂分析中测定成分选择的原则。

第 6 章　生物制品及生化药物分析

6.1　生物制品分析

6.1.1　生物制品的分类和特殊性

1. 生物制品分类

生物制品是以微生物、细胞、动物或人源组织和体液等为原料，应用传统技术或现代生物技术制成，用于人类疾病的预防、治疗和诊断。人用生物制品包括细菌类疫苗含类毒素、病毒类疫苗、抗毒素及抗血清、血液制品、细胞因子、生长因子、酶、体内及体外诊断制品，以及其他生物活性制剂，如毒素、抗原、变态反应原、单克隆抗体、抗原抗体复合物、免疫调节剂及微生态制剂等。根据生物制品所采用的材料、制法及用途，主要分为疫苗类药物、抗毒素及抗血清类药物、血液制品、重组 DNA 制品、诊断制品等。

1）疫苗类药物

疫苗类药物（vaccines）指用病毒或立克次体接种于动物、鸡胚、或经组织培养后加以处理制造而成，分为细菌类疫苗、病毒类疫苗、联合疫苗、双价疫苗及多价疫苗等。

2）抗毒素及抗血清类药物

凡用细菌类毒素或毒素免疫马或其他大动物所取得的免疫血清称为抗毒素或抗毒血清（antitoxin and antisera），如《中国药典》（2010 年版）三部收载的破伤风抗毒素、白喉抗毒素、多价气性坏疽抗毒素、肉毒抗毒素等。凡用细菌或病毒本身免疫马或其他大动物所取得的免疫血清称为抗菌或抗病毒血清，如《中国药典》（2010 年版）三部收载的抗蝮蛇毒血清、抗五步蛇毒血清、抗银环蛇毒血清、抗眼镜蛇毒血清、抗炭疽血清、抗狂犬病血清等。

3）血液制品

由健康人的血液或经特异免疫的人血浆，经分离、提纯或由重组 DNA 技术制成的血浆蛋白组分，以及血液细胞有形成分统称血液制品（blood products）。血液制品主要用于临床治疗和被动免疫预防，如《中国药典》（2010 年版）三部收载的人血清蛋白、人免疫球蛋白、人凝血因子Ⅷ、人纤维蛋白原、人凝血酶原复合物、乙型肝炎人免疫球蛋白、狂犬病人免疫球蛋白、破伤风人免疫球蛋白、抗人 T 细胞猪免疫球蛋白和抗人 T 细胞兔免疫球蛋白等。

4）重组 DNA 制品

重组 DNA 制品（recombinant DNA products，rDNA products）是采用遗传修饰，将所需制品的编码 DNA 通过一种质粒或病毒载体，引入适宜的微生物或细胞系，DNA 经过表达和翻译后成为蛋白质，再经提取和纯化而回收所需制品制得。转染载体前的细胞或微生物称为宿主细胞，用于生产过程中两者的稳定结合称为宿主-载体系统。重组 DNA 制品包括细胞因子、生长因子、激素、酶、重组疫苗以及单克隆抗体等。

5）诊断制品

诊断制品（diagnostic reagents）是用于检测相应的抗原、抗体或机体免疫状态的制品，包括毒素、诊断血清、分群血清、分型血清、因子血清、诊断菌液、抗原或抗体致敏血球、免疫扩散板等，分为体外诊断制品和体内诊断制品。

2. 生物制品的特殊性

(1) 由于大部分生物制品的活性组分是大分子的生命物质，如多肽、核酸、蛋白质、多糖等，具有复杂的化学结构和空间结构，相对分子质量往往从几千到几十万不等，因此，一些生物制品的相对分子质量不是一个确定值，甚至有的化学结构也不确定。即使组分相同，由于相对分子质量不同而具有不同的生理活性。所以，《中国药典》(2010 年版)规定，一些生物制品需要进行相对分子质量的测定。

(2) 由于有效结构或相对分子质量不确定，生物制品的结构确证很难用常规的分析方法如元素分析、红外光谱、紫外光谱、核磁共振谱、质谱等加以证实，还需要选择生物化学分析如氨基酸组成、N-末端氨基酸序列、肽图等方法加以证实。

(3) 在制备多肽或蛋白质类生化药物时，有时因为工艺条件的改变，而导致多肽或蛋白质失活，各种理化因素的变化以及热、酸、碱、重金属、pH 等对生物制品的活性也会产生影响。所以，除了用通常的理化分析检验外，还需要用生物检定法对生物制品进行检定，以证实其生物活性。

(4) 生物制品组分复杂，有效成分在生物材料中浓度较低，一些生物大分子杂质的含量相对较高；另外，在生产过程中容易引入特殊杂质和污染物，所以为了保证生物制品用于人体时不至于引起严重反应或意外事故，对生物制品通常要做安全方面的全面检查。

(5) 生物制品来源于生物体，是生物体的基本生命物质，和化学药物及中药相比，具有更高的生化机制合理性和特异治疗有效性。除了要有一般化学方法或理化分析对生物制品进行有效成分含量测定外，还应根据产品的特异生理效应或专一生化反应拟定其专属性的生物效价测定方法，以表征其所含生物活性的含量。

6.1.2　生物制品的鉴别试验

鉴别就是依据生物制品的化学结构、理化性质和生物学特点，利用化学法、物理法及生物学方法进行某些特殊反应，或测定某些专属的理化常数如紫外吸收系数、等电点、电泳迁移率、色谱保留时间和肽图等，来判断与确证产品的真伪。生物制品的鉴别通常不是由一项试验就能完成，而是依据其特异的分子结构和其他特性设计一组试验对生物制品进行全面评价，确保结果正确无误。常用的有理化鉴别法、生化鉴别法、生物鉴别法。

1. 理化鉴别法

1) 化学鉴别法

在蛋白质类的生物制品中，分子中的氨基酸残基或肽键容易和酸、碱、重金属或有机试剂等发生作用，破坏蛋白质分子的空间结构，引起蛋白质变性，生成有色物质或不溶性沉淀，如《中国药典》(2010 年版)采用化学法鉴别的药物有胰蛋白酶、糜蛋白酶、胃蛋白酶等。胰蛋白酶的鉴别：取本品约 0.2mg，置于白色滴板上，加对甲苯黄酰-L-精氨酸甲酯盐酸盐试液 0.2mL，搅匀即显紫色。糜蛋白酶的鉴别：取本品，加水制成 1mL 中约含 1mg 的溶液，取 0.05mL 置白色滴板上，加 *N*-乙酰-L-酪氨酸乙酯试液 0.2mL，混匀后，显紫红色。胃蛋白酶的鉴别：取本品的水溶液，加 5%鞣酸或 25%氯化钡溶液，即生成沉淀。

2）紫外分光光度法

蛋白质类生物制品结构中含有酪氨酸、色氨酸、苯丙氨酸组成的芳香族氨基酸侧链，可以产生紫外吸收光谱。对于一个蛋白或多肽分子，它的最大吸收波长是固定的，不同批次药品的紫外光谱应该一致，所以，可以根据紫外光谱中最大吸收或最小吸收峰的吸收波长来对产品进行鉴别。例如，《中国药典》(2010 年版)三部中规定：注射用重组人干扰素 α1b 紫外吸收光谱中最大吸收峰波长应为 278nm±3nm，注射用重组人干扰素 γ 紫外吸收光谱扫描最大吸收波长应为 280nm±3nm，注射用重组人促红素(CHO 细胞)紫外光谱扫描最大吸收峰为 279nm±2nm，最小吸收峰为 250nm±2nm，在 320～360nm 处无吸收峰。

3）高效液相色谱法

肽图测定作为与天然产品或对照品精密比较的手段，与 N-末端氨基酸序列分析合并研究，是蛋白质类生物制品精确的鉴别方法。采用高效液相色谱法，根据生物制品供试品溶液和对照品溶液色谱图中主峰保留时间和肽图的一致性，可以对蛋白质类药物进行鉴别。例如，对重组人 B 淋巴细胞刺激因子受体-抗体融合蛋白(TACI-Fc)的肽图分析中，用药典中常规方法对其进行肽图分析，效果不理想，如果采用特定的方法，对 TACI-Fc 蛋白进行多步预处理，使其充分被胰蛋白酶酶解，再用反相高效液相色谱(RP-HPLC)进行分析，获得的肽图可以应用于 TACI-Fc 蛋白的质量控制。

色谱条件：色谱柱为 Vydan C_{18}(250mm×4.6mm，5μm)蛋白质分析柱；以 0.1%三氟乙酸的水溶液为流动相 A 液，以 0.1%三氟乙酸的乙腈溶液为流动相 B 液，梯度洗脱 70min，A 液从 100%到 30%，B 液从 0 到 70%，流速为 1.0mL/min，检测波长为 214nm，柱温为 25℃。对照品和样品的 RP-HPLC 肽图如图 6-1 所示。

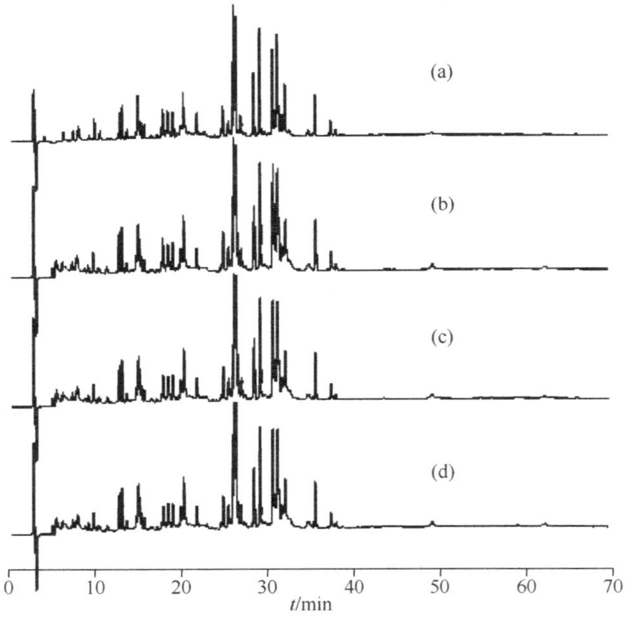

图 6-1　重组人 B 淋巴细胞刺激因子受体-抗体融合蛋白(TACI-Fc)经特殊处理后的 RP-HPLC 肽图

(a) 对照品的肽图；(b)、(c)、(d) 三批样品的肽图

2. 生化鉴别法

1）酶法

可以利用酶对底物催化效率高、专一性强的特点，对生物制品进行简便、快速、灵敏的鉴别，如《中国药典》(2010年版)三部收载的注射用重组链激酶原液就是采用酶活力测定方法来进行鉴别。依据链激酶和纤溶酶原形成的复合物能激活游离的纤溶酶原为有生物学活性的纤溶酶，纤溶酶能降解人纤维蛋白为可溶性的纤维蛋白片段，在纤维蛋白平板上出现透明的溶解圈，以此定量测定重组链激酶的生物学活性。

具体方法：取原液适量，用生理氯化钠溶液稀释至约1mL含100IU或1μg的供试品溶液，待用。取琼脂糖125mg，用生理氯化钠溶液23mL，煮沸使其溶胀，置55～60℃水浴中平衡，加1mL含100IU人凝血酶溶液14μL，人纤溶酶原溶液(1mL含0.5mg)280μL，边加边摇匀，加1mL含6mg人纤维蛋白原溶液2.2mL，不停地摇匀，浑浊后立即倒入直径8cm的平皿中，水平放置充分凝固后，4℃放置至少30min待用，应在两日内使用。在含纤维蛋白平皿内打孔，孔径为2mm，在孔内加入供试品溶液，每孔10μL，37℃湿盒水平24h，在纤维蛋白平皿上可见透明的溶解圈。

2）电泳法

电泳法是指带电荷的供试品(如蛋白质、核苷酸等)在惰性支持介质(如纸、醋酸纤维素、琼脂糖凝胶、聚丙烯酰胺凝胶等)中，在电场作用下，向其对应的电极方向按各自的速度进行泳动，使组分分离成狭窄的区带，根据电泳图谱和数据，可以用于蛋白质类生物制品的鉴别。例如，《中国药典》(2010年版)三部收载的重组人干扰素α1b、α2a、α2b和γ等电点，依法测定，主区带应分别为4.0～6.5、5.5～6.8、4.0～6.7和8.1～9.1。

3. 生物鉴别法

生物鉴别法包括血清学法和生物学法，血清学法是一种体外抗原抗体试验。抗原抗体在体外结合时，可因抗原的物理性状不同或参与反应的成分不同而出现不同类型的反应，如凝集反应、沉淀反应、中和反应和补给结合反应，这是经典的血清学反应。在此基础上又发展衍生了许多快速而灵敏的抗原抗体反应，如免疫扩散、免疫电泳、荧光标记、酶标记等高度敏感的检测技术。《中国药典》(2010年版)三部收载的破伤风抗毒素、人血白蛋白和重组人白介素-2等都采用血清学法进行了鉴别。生物学法是指利用生物体对生物制品特定的生物活性的反应为基础进行供试品的鉴别方法。

6.1.3 生物制品的杂质检查

1. 一般杂质检查

一般杂质是指在自然界中分布较广泛，在多种药物的生产和储藏过程中容易引入的杂质。一般杂质检查的项目包括氯化物、硫酸盐、磷酸盐、铁盐、重金属、酸度、溶液的澄清度、溶液的颜色、水分及干燥失重、炽灼残渣等。其检查的原理和方法可参看《中国药典》附录以及化学药物一般杂质检查的相关内容。

2. 特殊杂质检查

特殊杂质是指药品在生产和储藏过程中可能引入的特有杂质。根据生产工艺和产品的稳定性，生物制品的特殊杂质可分为生物污染物、产品相关杂质和工艺添加剂三类。生物污染包括微生物污染、细胞成分如宿主细胞(菌)蛋白和外源性 DNA、培养基成分如牛血清白蛋白以及产品制备与纯化过程中残留的有关大分子物质等。产品相关杂质包括二聚体和多聚体、脱氨或氧化产物、突变物、错误裂解产物等。工艺添加剂包括残余抗生素，蛋白分离剂聚乙二醇、佐剂氢氧化铝，稳定剂辛酸钠、肝素，防腐剂苯酚、间苯酚等。因此对生物制品的特殊杂质要进行严格的检查，防止对人体造成危害。

1) 宿主细胞(菌)蛋白残留量的检查

宿主细胞(菌)的残留蛋白是与生物制品生产用细胞、工程菌相关的特殊杂质。所有的重组药物很难做到绝对无宿主细胞(菌)的残留蛋白的污染，主要控制异源蛋白的含量以防超量后引起机体免疫反应。对于注射用的药品，必须进行宿主细胞(菌)蛋白残留量的测定。例如，《中国药典》(2010 年版)三部收载注射用重组人干扰素 α1b 系由高效表达人干扰素 α1b 基因的大肠杆菌，经发酵、分离和高度纯化后获得的重组人干扰素 α1b 冻干制成。其原液中要进行宿主蛋白质残留量检查，残留量不得高于蛋白质总量的 0.10%。具体操作方法如下所示。

试剂配制：pH 9.6 包被液，pH 7.4 磷酸盐缓冲液，pH 7.4 洗涤液，pH 7.4 牛血清白蛋白稀释液，牛血清白蛋白的浓稀释液，底物缓冲液，底物液，终止液。

标准溶液制备：按菌体蛋白质标准品说明书加水复溶，精密量取适量，用稀释液稀释成 1mL 含菌体蛋白质 500ng，250ng，125ng，62.5ng，31.25ng，15.625ng，7.8125ng 的溶液。

供试品溶液的制备：取供试品适量，用稀释液稀释成 1mL 中约含 250μg 的溶液。若供试品 1mL 含量小于 500μg 时，用浓稀释液稀释 1 倍。

测定方法：取兔抗大肠杆菌菌体蛋白质抗体适量，用包被液溶解并稀释成 1mL 含 10μg 的溶液，以 100μL/孔加至 96 孔酶标板内，4℃放置过夜(16～18h)。用洗涤液洗板 3 次；用洗涤液制备 1%牛血清白蛋白溶液，以 200μL/孔加至酶标板内，37℃放置 2h；将封闭好的酶标板用洗涤液洗板 3 次；以 100μL/孔加入标准品溶液和供试品溶液，每个稀释度做双孔，同时加入 2 孔空白对照(稀释液)，37℃放置 2h；用稀释液稀释辣根过氧化物酶(HRP)标记的兔抗大肠杆菌菌体蛋白质抗体 1000 倍，以 100μL/孔加至酶标板内，37℃放置 1h，用洗涤液洗板 10 次，以 100μL/孔加入底物液，37℃避光放置 40min，以 50μL/孔加入终止液终止反应。用酶标仪在波长 492nm 处测定吸光度，应用计算机分析软件进行读数和数据分析，也可使用手工作图法计算。

以标准品溶液吸光度对其相应的浓度作标准曲线，并以供试品溶液吸光度在标准曲线上得到相应菌体蛋白质含量，按以下公式计算：

$$\text{供试品菌体蛋白质残留量}=\frac{c\times n}{T\times 10^6}\times 100\%$$

式中，c 为供试品溶液中菌体蛋白质含量，ng/mL；n 为供试品稀释倍数；T 为供试品蛋白质含量，mg/mL。

2) 外源性 DNA 残留量的检查

《中国药典》(2010 年版)三部中关于外源性 DNA 残留量测定有 2 种方法，见附录ⅨB，可根据供试品具体情况选择不同方法进行检测。

(1) 第一法：DNA 探针杂交法。

供试品中外源性 DNA 经变性为单链后吸附于固相膜上，在一定温度下可与相匹配的单链 DNA 复性而重新结合成双链 DNA，称为杂交。将特异性单链 DNA 探针标记后，与吸附在固相膜上的供试品单链 DNA 杂交，并使用与标记物相应的显示系统显示杂交结果，与已知含量的阳性 DNA 对照比对后，可测定供试品中外源性 DNA 残留量。用于探针标记和阳性对照的 DNA，由生产供试品用的传代细胞、工程菌或杂交瘤细胞提取纯化获得。

供试品稀释时要注意，根据成品最大使用剂量，用 DNA 稀释液将供试品（原液）稀释至 100μL 含 1 人份剂量；若成品最大使用剂量较大，而供试品的蛋白质含量较低，可用 DNA 稀释液将供试品稀释至 100μL 含 1/10 人份剂量或 100μL 含 1/100 人份剂量。一般终体积为供试品体积的 1 倍左右，如果相差过小，可能会影响蛋白酶 K 的活性。

2%蛋白酶 K 溶液和蛋白酶缓冲液的比例为 1∶20，蛋白酶缓冲液和终体积的比例为 1∶10。加入 3%牛血清白蛋白溶液适量，是为了使阳性对照和阴性对照中含有一定蛋白质，与供试品（通常为蛋白质）的酶切条件保持一致；若供试品为其他物质，则用其他相应的物质。

阳性对照应显色，其颜色深度与 DNA 含量相对应，呈一定颜色梯度；阴性对照、空白对照应不显色，或显色深度小于阳性 DNA 对照 D_3，试验成立。将供试品与阳性对照进行比较，根据显色的深浅判定供试品中外源性 DNA 的含量。

(2) 第二法：荧光染色法。

应用双链 DNA 荧光染料与双链 DNA 特异结合形成复合物，在波长 480nm 激发下产生超强荧光信号，可用荧光酶标仪在波长 520nm 处进行检测，在一定的 DNA 浓度范围内以及在该荧光染料过量的情况下，荧光强度与 DNA 浓度成正比，根据供试品的荧光强度，计算供试品中 DNA 残留量。

操作时要注意，DNA 残留量为 1.25～80ng/mL，本法线性较好，因此供试品 DNA 残留量在该范围内可定量测定；当 DNA 残留量低于 1.25ng/mL 时应为限量测定，表示为小于 1.25ng/mL。

供试品首次应用本法测定时需要进行方法学验证，验证内容至少包括精密度试验和回收率试验。若供试品干扰回收率和精密度，应采用适宜方法稀释或纯化 DNA 以排除干扰，直至精密度试验和回收率试验均符合要求。需要纯化 DNA 后再进行测定的供试品，每次测定均应从纯化步骤起增加回收率试验，并用回收率对测定结果进行校正。

3) 产品相关杂质的检查

生物制品在生产制造、分离纯化和储藏保存过程中会产生与产品结构类似的同系物、异构体、突变物、氧化物、聚合体和降解产物等，这些相关杂质可能被认为是活性成分，但由于生物效应没有经过严格的安全性试验研究，应制订允许的限度加以控制，如重组人生长激素产品中就要对相关蛋白质和高分子蛋白质进行限量检查。

4) 残余抗生素的检查

生物制品在生产过程中如果没有使用抗生素，则产品的检定包括原液、半成品、成品就不必检查残余抗生素活性。如果生物制品在生产过程中使用了抗生素，则不仅要在纯化工艺中去除，而且要在原液检定中增加残余抗生素活性的检测项目。《中国药典》(2010 年版)三部附录ⅨA 中依据在琼脂培养基内抗生素对微生物的抑制剂作用，比较对照品与供试品对接种的试验菌产生的抑菌圈的大小，检查供试品中氨苄西林或四环素残留量。具体操作如下。

对照品溶液的制备：取氨苄西林对照品适量，用 0.01mol/L 盐酸溶解并稀释成 1mL 中含氨苄西林 10mg 的溶液，精密量取适量，用磷酸盐缓冲液稀释成 1mL 中含 1.0μg 的溶液。取四环素对照品适量，用生理氯化钠溶液溶解并稀释成 1mL 中含 0.125μg 的溶液。

菌悬液的制备：①金黄色葡萄球菌(*Staphylococcus aureus*)悬液。用于检测氨苄西林。

取金黄色葡萄球菌(CMCC 26003)营养琼脂斜面培养物,接种于营养琼脂斜面上,35～37℃培养20～22h。临用时,用灭菌水或0.9%无菌氯化钠溶液将菌苔洗下,备用。②藤黄微球菌(*Micrococcus luteus*)悬液。用于检测四环素。取藤黄微球菌［CMCC (B) 28001］营养琼脂斜面培养物,接种于营养琼脂斜面上,置26～27℃培养24h。临用时,用0.9%无菌氯化钠溶液将菌苔洗下,备用。

经检查后,对照品溶液有抑菌圈,阴性对照溶液无抑菌圈。供试品溶液抑菌圈的直径小于对照品溶液抑菌圈的直径时判为阴性;否则判为阳性。本试验应在无菌条件下进行,使用的玻璃仪器、钢管等应无菌。

6.1.4　生物制品的安全性检查

1. 无菌检查

无菌检查是用于检查药典要求无菌的生物制品、医疗器具、原料、辅料及其他品种是否无菌的一种方法。若供试品符合无菌检查法的规定,仅表明了供试品在该检验条件下未发现微生物污染。

无菌检查应在环境洁净度10 000级下的局部洁净度100级的单向流空气区域内或隔离系统中进行,其全过程应遵守无菌操作,防止微生物污染,防止污染的措施不得影响供试品中微生物的检出。单向流空气区、工作台及环境应定期按《医药工业洁净室(区)悬浮粒子、浮游菌和沉降菌的测试方法》的现行国家标准进行洁净度验证。隔离系统应按相关的要求进行验证,其内部环境的洁净度须符合无菌检查的要求。日常检验还需对试验环境进行监控。无菌检查人员必须具备微生物专业知识,并经过无菌技术的培训。

无菌检查的具体操作步骤如下。

(1) 培养基的制备:可以按培养基的处方制备,主要培养基有硫乙醇酸盐培养基、改良马丁培养基、选择性培养基、营养肉汤培养基、营养琼脂培养基和改良马丁琼脂培养基。配制后应采用验证合格的灭菌程序灭菌。制备好的培养基应保存在2～25℃避光的环境,若保存于非密闭容器中,一般可在3周内使用;若保存于密闭容器中,一般可在1年内使用。

(2) 菌种:菌株传代次数不得超过5代(从菌种保藏中心获得的冷冻干燥菌种为第0代),试验用菌种应采用适宜的菌种保鲜技术进行保存,以保证试验菌株的生物学特性。菌种有金黄色葡萄球菌[*Staphylococcus aureus*,CMCC (B) 26003],铜绿假单胞菌[*Pseudomonas aeruginosa*,CMCC (B) 10104],枯草芽孢杆菌[*Bacillus subtilis*,CMCC (B) 63501],生孢梭菌[*Clostridium sporogenes*, CMCC (B) 64941],白色念珠菌[*Candida albicans*,CMCC (F) 98001],黑曲霉[*Aspergillus niger*,CMCC (F)98003]。

(3) 检查:无菌检查法包括薄膜过滤法和直接接种法。只要供试品性状允许,应采用薄膜过滤法。无菌试验过程中,若需使用表面活性剂、灭活剂、中和剂等试剂,应证明其有效性,且对微生物生长无毒性。操作时,用适宜的消毒液对供试品容器表面进行彻底消毒。如果供试品容器内有一定的真空度,可用适宜的无菌器材(如带有除菌过滤器的针头)向容器内导入无菌空气,再按无菌操作启开容器,取出内容物。

(4) 结论:以金黄色葡萄球菌作为阳性对照,取相应溶剂、稀释液和冲洗液同法操作,作为阴性对照。阳性对照管应生长良好,阴性对照管不得有菌生长。若供试品管均澄清,或虽显浑浊但经确证无菌生长,判供试品符合规定;若供试品管中任何一管显浑浊并确证有菌生长,判供试品不符合规定。除非能充分证明试验结果无效,即生长的微生物非供试品所含。

2. 热原检查

热原检查法是将一定剂量的供试品，静脉注入家兔体内，在规定时间内，观察家兔体温升高的情况，以判断供试品所含热原的限度是否符合规定。

1）检查方法

供试品或稀释供试品的无热原稀释液，在注射前应预热至 38℃。供试品的注射剂量按各品种的规定，但家兔 1kg 体重注射体积不得少于 0.5mL，不得大于 10mL。取适用的家兔 3 只，测定其正常体温后 15min 内，自家兔耳静脉缓缓注入规定剂量并预热至 38℃的供试品溶液，然后每隔 30min 测量其体温 1 次，共测 6 次，以 6 次体温中最高的 1 次减去正常体温，即为该兔体温升高的温度。若 3 只家兔中，有 1 只家兔体温升高 0.6℃或 0.6℃以上；或 3 只家兔体温升高均低于 0.6℃，但体温升高的总和达 1.4℃或 1.4℃以上，应另取 5 只家兔复试，检查方法同上。

2）结果判定

在初试 3 只家兔中，体温升高均低于 0.6℃，并且 3 只家兔体温升高总和低于 1.4℃；或在复试的 5 只家兔中，体温升高 0.6℃或 0.6℃以上的家兔仅有 1 只，并且初试、复试合并 8 只家兔的体温升高总和为 3.5℃或 3.5℃以下，均认为供试品的热原检查符合规定。在初试的 3 只家兔中，体温升高 0.6℃或 0.6℃以上的家兔超过 1 只；或在复试的 5 只家兔中，体温升高 0.6℃或 0.6℃以上的家兔超过 1 只；或在初试、复试合并 8 只家兔的体温升高总和超过 3.5℃，均认为供试品热原检查不符合规定。当家兔升温为负值时，均以 0℃计。

3. 细菌内毒素检查

细菌内毒素检查法是利用鲎试剂来检测或量化由革兰氏阴性菌产生的细菌内毒素，以判断供试品中细菌内毒素的限量是否符合规定的一种方法。细菌内毒素检查包括两种方法，即凝胶法和光度测定方法，后者包括浊度法和显色基质法。供试品检测时，可使用其中任何一种方法进行试验。当测定结果有争议时，除另有规定外，以凝胶法结果为准。本试验操作过程应防止微生物和内毒素的污染。

细菌内毒素的量用内毒素单位（EU）表示，1EU 与 1 个内毒素国际单位（IU）相当。细菌内毒素国家标准品是自大肠埃希菌提取精制而成，用于标定、复核、仲裁鲎试剂灵敏度和标定细菌内毒素工作标准品的效价。细菌内毒素工作标准品是以细菌内毒素国家标准品为基准标定其效价，用于试验中的鲎试剂灵敏度复核、干扰试验及各种阳性对照。细菌内毒素检查用水是指内毒素含量小于 0.015EU/mL（用于凝胶法）或 0.005EU/mL（用于光度测定方法）且对内毒素试验无干扰作用的灭菌注射用水。试验所用的器皿需经处理，以去除可能存在的外源性内毒素。耐热器皿常用干热灭菌法（250℃、30min 以上）去除，也可采用其他确证不干扰细菌内毒素检查的适宜方法。若采用塑料器械，如微孔板和与微量加样器配套的吸头等，应选用标明无内毒素并且对试验无干扰的器械。

1）供试品溶液的制备

某些供试品需进行复溶、稀释或在水性溶液中浸提制成供试品溶液。一般要求供试品溶液的 pH 为 6.0～8.0。对于过酸、过碱或本身有缓冲能力的供试品，需调节被测溶液（或其稀释液）的 pH，可使用酸、碱溶液或适宜的缓冲液调节 pH。酸或碱溶液须用细菌内毒素检查用水在已去除内毒素的容器中配制。缓冲液必须经过验证不含内毒素和干扰因子。

2) 内毒素限值的确定

药品、生物制品的内毒素限值(L)一般按以下公式确定：

$$L=K/M$$

式中，L 为供试品的细菌内毒素限值，一般以 EU/mL、EU/mg 或 EU/U(活性单位)表示；K 为人每千克体重每小时最大可接受的内毒素剂量，以 EU/(kg · h)表示，注射剂 K=5EU/(kg · h)，放射性药品注射剂 K=2.5EU/(kg · h)，鞘内用注射剂 K=0.2EU/(kg · h)；M 为人用每千克体重每小时的最大供试品剂量，以 mL/(kg · h)、mg/(kg · h)或 U/(kg · h)表示，人均体重按 60kg 计算，人体表面积按 1.62m^2 计算。注射时间若不足 1h，按 1h 计算。供试品每平方米体表面积剂量乘以 0.027 即可转换为每千克体重剂量(M)。

4. 异常毒性检查

异常毒性检查是生物制品的非特异性毒性的通用安全试验，检查制品中是否污染外援性毒性物质以及是否存在意外的不安全因素。异常毒性试验应包括小鼠试验和豚鼠试验。

(1) 小鼠试验：除另有规定外，每批供试品用 5 只小鼠，注射前每只小鼠称体重，应为 18～22g。每只小鼠腹腔注射供试品 0.5mL，观察 7 日。观察期内，小鼠应全部健存，且无异常反应，到期时每只小鼠体重应增加，供试品判为合格。若不符合上述要求，可用 10 只小鼠复试 1 次，判定标准同前。

(2) 豚鼠试验：除另有规定外，每批供试品用 2 只豚鼠，注射前每只豚鼠称体重，应为 250～350g。每只豚鼠腹腔注射供试品 5.0mL，观察 7 日。观察期内，豚鼠应全部健存，且无异常反应，到期时每只豚鼠体重应增加，供试品判为合格。若不符合上述要求，可用 4 只豚鼠复试 1 次，判定标准同前。

5. 过敏反应检查

生物制品中若含有异性蛋白，在临床使用时易引起病人多种过敏反应，轻者皮肤出现红斑或丘疹，严重者可出现窒息、发绀、血管神经性水肿、血压下降、甚至休克死亡。因此，对有可能存在异性蛋白的生物制品，应做过敏反应。

检查方法：按品种项下规定的浓度配制供试品溶液，取检查合格的豚鼠 6 只，隔日每只每次腹腔或适宜的途径注射供试品 0.5mL，共 3 次，进行致敏。每日观察每只动物的行为和体征，首次致敏和激发前称量并记录每只动物的体重，然后将其均分为 2 组，每组 3 只，分别在首次注射后第 14 日和第 21 日，由静脉注射供试品溶液 1mL 进行激发。观察激发后 30min 内动物有无过敏反应症状。

结果判断：静脉注射供试品溶液 30min 内，不得出现过敏反应。若在同一只动物上出现竖毛、发抖、干呕、连续喷嚏 3 声，连续咳嗽 3 声、紫癜和呼吸困难等现象中 2 种或 2 种以上，或出现二便失禁、步态不稳或倒地、抽搐、休克、死亡现象之一者，判断供试品不符合规定。

6.1.5　生物制品的含量测定

生物制品的含量(效价)有两种表征方法，对于成分已知、结构明确的生物制品，一般用百分含量表示；对于多数的酶类和蛋白质类，则采用生物效价或酶活力单位表示。测定方法可采用滴定、光谱、色谱的理化方法，也可采用如电泳、酶分析的生化分析法，还可以采用生物检定法。生物检定法是利用药物对生物体或其离体器官等组织所起的药理作用来检定药物效价或生物活性的方法，一般用于无适当理化方法进行检定的药物。

1. 滴定法

通过生物制品中的某些成分和标准溶液定量发生酸碱中和反应、氧化还原反应等特点来测定生物制品中有效成分含量的方法称为滴定法。例如,《中国药典》(2010 年版)二部收载的抑制酶、胰酶中的胰脂肪酶均采用滴定法测定效价。

1) 抑制酶中胰蛋白酶的效价测定

底物溶液的制备:取 *N*-苯甲酰-L-精氨酸乙酯盐 171.3mg,加水溶解并稀释至 25mL。临用时配制。

胰蛋白酶溶液的制备:取胰蛋白酶对照品适量,精密称定,加盐酸滴定液(0.001mol/L)溶解并制成 1mL 中约含 0.8 单位(1mL 中约含 1mg)的溶液,临用时配制并置于冰浴中。

胰蛋白酶稀释溶液的制备:精密量取胰蛋白酶溶液 1mL,用硼砂-氯化钙缓冲液(pH 8.0)稀释成 20mL,室温放置 10min,置冰浴中。

供试品溶液制备:取本品适量,精密称定,加硼砂-氯化钙缓冲液(pH 8.0)溶解并制成 1mL 约含 1.67 单位(1mL 中约含 0.6mg)的溶液,精密量取 0.5mL 与胰蛋白酶溶液 2mL,再用硼砂-氯化钙缓冲液(pH 8.0)稀释成 20mL,反应 10min,置冰浴中(2h 内使用)。

测定方法:取硼砂-氯化钙缓冲液(pH 8.0)9.0mL 与底物溶液 1.0mL,置 25mL 烧杯中,于 25℃±0.5℃恒温水浴中放置 3~5min,在搅拌下滴加氢氧化钠滴定液(0.1mol/L)调节 pH 为 8.0,精密加入供试品溶液(经 25℃保温 3~5min)1mL,并立即计时,用 1mL 微量滴定管以氢氧化钠滴定液(0.1mol/L)滴定释放出的酸,使溶液的 pH 始终保持在 7.9~8.1。每隔 60s 读取 pH 恰为 8.0 时所消耗的氢氧化钠滴定液(0.1mol/L)的体积,共 6min。另精密量取胰蛋白酶稀释溶液 1mL,按上法操作,作为对照(重复一次)。以时间为横坐标,消耗的氢氧化钠滴定液(0.1mol/L)为纵坐标,应为一条直线。供试品和对照两条直线应基本重合,求出 1s 消耗氢氧化钠滴定液(0.1mol/L)的体积(mL),按下式计算:

$$1\text{mg 抑肽酶的效价(单位)}=\frac{(2n_1-n_2)4000\times f}{W}$$

式中,4000 为系数;W 为抑肽酶制成 1mL 中约含 1.67 单位时的酶量,mg;n_1 为对照测定时 1s 消耗的氢氧化钠滴定液(0.1mol/L)的体检,mL;n_2 为供试品溶液 1s 消耗的氢氧化钠滴定液(0.1mol/L)的体积,mL;2 为供试品溶液中加入胰蛋白酶的量为对照测定时的 2 倍;f 为氢氧化钠滴定液(0.1mol/L)校正因子。

效价单位定义:能抑制一个胰蛋白酶单位[1s 能水解 1μmol 的 *N*-苯甲酰-L-精氨酸乙酯(BAEE)为一个胰蛋白酶单位(microkatal)]的活力称为一个抑制酶活力单位(EPU)。1EPU 的抑制酶相当于 1800KIU。抑制酶活性是测定对已知活性的胰蛋白酶的抑制作用。用胰蛋白酶原有活性与残存活性间的差值计算活力单位。

2) 胰酶中胰脂肪酶的效价测定

供试品溶液的制备:取本品约 0.1g,精密称定,置乳钵中,加冷至 5℃以下的三羟甲基氨基甲烷缓冲液(取三羟甲基氨基甲烷 606mg,加 0.1mol/L 盐酸溶液 45.7mL,加水至 100mL,摇匀,调节 pH 至 7.1)少量,研磨均匀,加上述缓冲液定量稀释制成 1mL 中含胰脂肪酶 8~16 单位的溶液。

测定方法:取橄榄油乳液(取橄榄油 4mL 与阿拉伯胶 7.5g,研磨均匀,缓缓加水研磨使成

100mL，用高速组织捣碎机以 800r/min 搅拌两次，每次 3min，取乳剂在显微镜下检查，90%乳粒的直径应在 3μm 以下，并不得有超过 10μm 的乳粒）25mL、牛胆盐溶液[取牛胆盐参照试剂适量，用水制成（2 → 25）的溶液]2mL 与水 10mL，置 100mL 烧杯中，用氢氧化钠滴定液（0.1mol/L）调节 pH 至 9.0，在 37℃±0.1℃水浴中保温 10min，再调节 pH 至 9.0，精密量取供试品溶液 1mL，在 37℃±0.1℃水浴中准确反应 10min，同时用氢氧化钠滴定液（0.1mol/L）滴定使反应液的 pH 恒定在 9.0，记录消耗氢氧化钠滴定液（0.1mol/L）的量（mL）。另取在水浴中煮沸 15～30min 的上述供试品溶液 1mL，照上述方法测定作空白对照，按下式计算：

$$1\text{g 含有胰脂肪酶活力(单位)}=\frac{(A-B)M\times1000}{10}\times\frac{n}{W}$$

式中，A 为供试品消耗氢氧化钠滴定液的容积，mL；B 为空白消耗氢氧化钠滴定液的容积，mL；M 为氢氧化钠滴定液的浓度，mol/L；W 为供试品取样量，g；n 为供试品稀释倍数（50）。

在上述条件下，1min 水解脂肪（橄榄油）生成 1μmol 脂肪酸的酶量为 1 个胰脂肪酶活力的单位。平均 1min 消耗的氢氧化钠滴定液（0.1mol/L）的量应为 0.08～0.16mL，否则应调整浓度，另行测定。

2. 紫外-可见分光光度法

利用生物制品或相关的反应产物的紫外光谱在某一特征波长处有最大吸收，且在一定浓度范围内与吸光度成正比，来对生物制品的含量（效价）进行测定。《中国药典》（2010 年版）二部收载了紫外-可见分光光度法测定胰蛋白酶的生物效价，具体方法如下。

底物溶液的制备：取 *N*-苯甲酰-L-精氨酸乙酯盐酸盐 85.7mg，加水溶解使成 100mL，作为底物原液；取 10mL，用磷酸盐缓冲液（取 0.067mol/L 磷酸盐二氢钾溶液 13mL 与 0.067mol/L 磷酸氢二钠溶液 87mL 混合，pH 为 7.6）稀释成 100mL，照《中国药典》附录ⅣA 紫外-可见分光光度法，恒温于 25.0℃±0.5℃，以水作空白，在 253nm 的波长处测定吸光度，必要时可用上述底物原液或磷酸盐缓冲液调节，使吸光度为 0.575～0.585，作为底物溶液。制成后应在 2h 内使用。

供试品溶液的制备：精密称取本品适量，加 0.001mol/L 盐酸溶液溶解并定量稀释制成 1mL 中含 50～60 胰蛋白酶单位的溶液。

测定方法：取底物溶液 3.0mL，加 0.001mol/L 盐酸溶液 200μL，混匀，作为空白。另取供试品溶液 200μL，加底物溶液（恒温于 25.0℃±0.5℃）3.0mL，立即计时，混匀，使比色池内的温度保持在 25.0℃±0.5℃，在 253nm 的波长处，每隔 30s 读取吸光度，共 5min。以吸光度为纵坐标，时间为横坐标，作图；30s 吸光度的改变应恒定在 0.015～0.018，呈线性关系的时间不得少于 3min。若不符合上述要求，应调整供试品溶液的浓度，再作测定。在上述吸光度对时间的关系图中，取成直线部分的吸光度，按下式计算：

$$P=\frac{A_1-A_2}{0.003tW}$$

式中，P 为 1mg 供试品中含胰蛋白酶的量，单位；A_1 为直线上终止的吸光度；A_2 为直线上开始的吸光度；t 为 A_1 至 A_2 读数的时间，min；W 为测定液中含供试品的量，mg；0.003 为在上述条件下，吸光度 1min 改变 0.003，即相当于 1 个胰蛋白酶单位。

3. 高效液相色谱法

1) 高效液相色谱法同时测定硫酸软骨素和盐酸氨基葡萄糖的含量

盐酸氨基葡萄糖是硫酸软骨素(chondroitin sulfate)制品中混入的杂质,必须要进行检测。通过加入戊烷磺酸钠作为离子对试剂,建立的高效液相色谱能同时测定硫酸软骨素和盐酸氨基葡萄糖(glucosamine hydrochloride)的含量。操作方法如下。

色谱条件:色谱柱为 NUCLEODUR® C18 Pyramid(250mm×4.6mm,5μm),用极性小分子封尾;流动相为乙腈-10mmol/L 戊烷磺酸钠水溶液(10∶90);流速 0.8mL/min;检测波长 195nm。

标准溶液制备:准确称取 0.025g 硫酸软骨素标准品 A 或 B 或 C(视样品而定,从牛软骨组织中提取的硫酸软骨素样品使用硫酸软骨素 A 标准品,从猪软骨组织中提取的硫酸软骨素样品使用硫酸软骨素 B 标准品,从鳖鱼软骨组织中提取的硫酸软骨素样品使用硫酸软骨素 C 标准品),0.025g 盐酸氨基葡萄糖标准品于 50mL 容量瓶,加入乙腈 5mL,再加入超纯水,用超声波使其溶解,然后用超纯水定容至刻度,摇匀。

样品溶液配制:准确称取硫酸软骨素样品 0.025g 于 50mL 容量瓶中,加入乙腈 5mL,再加入超纯水,用超声波使其溶解,用超纯水定容,摇匀。硫酸软骨素和盐酸氨基葡萄糖标准溶液色谱图如图 6-2 所示。

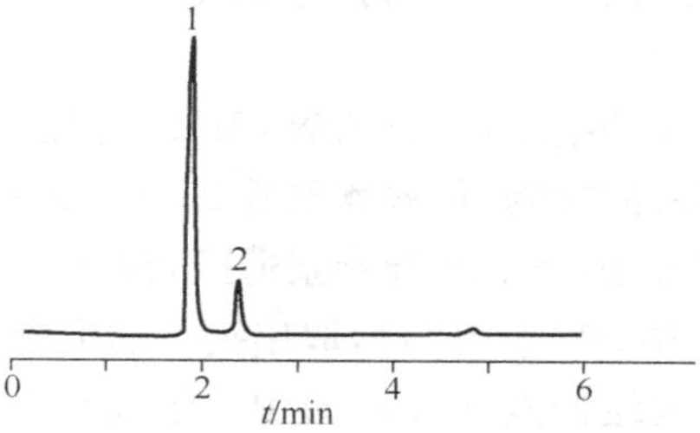

图 6-2　硫酸软骨素与盐酸氨基葡萄糖标准溶液色谱图

1. 硫酸软骨素;2. 盐酸氨基葡萄糖

工作曲线制备:以色谱峰响应值对浓度作图,定量方法按峰面积外标法计算,硫酸软骨素在 0.01～0.75mg/mL 呈良好线性关系,回归方程为 $Y=1.0\times10^7X+25991$,$r=0.9996$;盐酸氨基葡萄糖在 0.01～1.5mg/mL 呈良好线性关系,回归方程为 $Y=2.0\times10^7X-16570$,$r=0.9994$。

2) 分子排阻色谱法测定重组人生长激素的含量

分子排阻色谱也称凝胶色谱法,是快速分离不同相对分子质量混合物的色谱方法。它的固定相是亲水性有机凝胶(如葡萄糖、琼脂糖、聚丙烯酰胺等)、硅胶或改性硅胶,流动相是可以溶解样品的低黏度缓冲溶液或有机溶剂-缓冲液混合物等。《中国药典》(2010 年版)二部收载的重组人生长激素由 191 个氨基酸残基组成的蛋白质,加入了适量赋形剂或稳定剂。照分子排阻色谱法测定,1mg 蛋白中含重组人生长激素($C_{990}H_{1528}N_{262}O_{300}S_7$)的量应不少于 0.91mg。测量方法如下。

色谱条件与系统适用性试验:以适合分离相对分子质量为 5000～60 000 球状蛋白的亲水改性硅胶为填充剂;以异丙醇-0.063mol/L 磷酸盐缓冲液(无水磷酸氢二钠 5.18g,磷酸二氢钠 3.65g,加水 950mL,用磷酸调节 pH 至 7.0,用水制成 1000mL)(3∶97)为流动相;流速为 0.6mL/min;检测波长为 214nm。取人生长激素单体与二聚体混合物对照品,用 0.025mol/L 磷酸盐缓冲液(pH 7.0)[取 0.063mol/L 磷酸盐缓冲液(1→2.5)]制成 1mL 中约含 1.0mg 的溶液,取 20μL 注入液相色谱仪,重组人生长激素单体峰与二聚体的分离度应符合要求。

测定方法:取本品,精密称定,用 0.025mol/L 磷酸盐缓冲液(pH 7.0)溶解并定量稀释制成 1mL 中约含 1.0mg 的溶液，精密量取 20μL 注入色谱仪，记录色谱图；另取重组人生长激素对照品，同法测定。按外标法以峰面积计算，即得。

4. 电泳法

在电场的作用下，带电粒子按各自的速度向极性相反的电极方向进行泳动，使组分分离成狭窄的区带，用适宜的检测方法记录其电泳区带图谱或计算其含量的方法称为电泳法。电泳法具有灵敏度高、重现性好、应用广泛、操作简便的特点，已经成为生物技术及生物制品分析的重要手段之一。常用的有醋酸纤维素薄膜电泳法、琼脂糖凝胶电泳法、SDS-聚丙烯酰胺凝胶电泳法以及后发展起来的毛细管电泳法。下面介绍几种电泳法的应用。

1）醋酸纤维素薄膜电泳法测定人血白蛋白的纯度

《中国药典》(2010 年版)三部收载了用醋酸纤维素薄膜电泳法测定人血白蛋白的纯度应不低于蛋白质总量的 96.0%。具体操作如下。

巴比妥缓冲液（pH 8.6）的配制：称取巴比妥 2.76g、巴比妥钠 15.45g，加水溶解使成 1000mL。

氨基黑染色液的配制：称取氨基黑 10B 0.5g，溶于甲醇 50mL、冰醋酸 10mL 及水 40mL 的混合液中。

漂洗液的配制：量取乙醇 45mL、冰醋酸 5mL 及水 50mL，混匀。

透明液的配制：量取冰醋酸 25mL、无水乙醇 75mL，混匀。

测定方法：取醋酸纤维素薄膜，裁成 2cm×8cm 膜条，将无光泽面向下，浸入巴比妥缓冲液(pH 8.6)中，待完全浸透，取出夹于滤纸中，轻轻吸去多余的缓冲液后，将膜条无光泽面向上，置含巴比妥缓冲液(pH 8.6)中。于膜条上距负极端 2cm 处，条状滴加蛋白质含量约 5%的供试品溶液 2～3μL，在 0.4 ～ 0.6 mA/cm［总电流量＝电流量(mA/cm)×每条膜的宽度(cm)× 膜条数］电流条件下电泳；同时取新鲜人血清作对照，电泳时间以白蛋白与丙种球蛋白之间的电泳展开距离约 2cm 为宜。电泳完毕，将膜条取下浸于氨基黑或丽春红染色液中，2～3min 后，用漂洗液浸洗数次，直至脱去底色为止。将洗净并完全干燥的膜条浸于透明液中，待全部浸透后，取出平铺于洁净的玻板上，干燥后即成透明薄膜，可供测定纯度和作标本长期保存。将干燥的醋酸纤维素薄膜用色谱扫描仪采用反射(未透明薄膜)或投射(已透明薄膜)方式在记录器上自动绘出各蛋白质组分曲线图，以人血清作对照，按峰面积计算各蛋白质组分的含量(%)。

2）琼脂糖凝胶电泳法测定伤寒 Vi 多糖疫苗中多糖的含量

《中国药典》(2010 年版)三部收载了用琼脂糖凝胶电泳法测定伤寒 Vi 多糖疫苗中多糖的含量，测定方法如下：称取 0.5～0.6g 琼脂糖，加入 0.05mol/L 巴比妥缓冲液(pH 8.6)40mL，加热溶胀完全，待冷却至约 56℃时，加入伤寒 Vi 血清 1mL，混匀后迅速倾倒于 12cm×6cm 的洁净水平玻板上，待凝胶凝固后用直径 3mm 的打孔器在距底边 1.5cm 处打孔。各孔中分别加入各稀释好的伤寒 Vi 抗原标准品溶液(浓度分别为 100μg/mL，50μg/mL，25μg/mL，12.5μg/mL，6.25μg/mL)和本品 5μL(本品做双孔)。靠近边缘一孔中可加入 10μL 溴酚蓝指示液。加样后将玻板置于电泳槽上，滤纸搭桥，加样端与电泳仪负极相连。采用 0.05mol/L 巴比妥缓冲液(pH 8.6)为电极缓冲液，8V/cm 恒压电泳至指示剂迁移到前沿。取下玻板浸泡于生理氯化钠溶液 1～2h 后，覆盖洁净滤纸移至培养箱中过夜烤干。用考马斯亮蓝染色液染色至火箭峰出现，用甲醇-乙酸溶液脱色至背景清晰。准确测量火箭峰，以标准品浓度的对数和相应的峰高作直线回归，得直线回归方程，将本品的峰高均值代入直线回归方程，求出本品浓度。1 次人用剂量多糖含量应不低于 30μg。

3）SDS-聚丙烯酰胺凝胶电泳法测定重组人粒细胞刺激因子注射液的纯度

大多数蛋白质与阴离子表面活性剂十二烷基硫酸钠（SDS）按质量比结合成复合物，使蛋白质分子所带的负电荷远远超过天然蛋白质分子的净电荷，消除了不同蛋白质分子的电荷效应，使蛋白质按分子大小分离，这种方法称为 SDS-聚丙烯酰胺凝胶电泳法。该方法被广泛地应用于蛋白质类生物制品的鉴别、杂质检查、相对分子质量测定、定量检测和肽图分析。

《中国药典》（2010 年版）三部收载的重组人粒细胞刺激因子注射液，其纯度采用非还原型 SDS-聚丙烯酰胺凝胶电泳法，分离胶胶浓度为 15%，加样量应不低于 10μg（考马斯亮蓝 R250 染色法）或 5μg（银染法）。经扫描仪扫描，纯度应不低于 95.0%。

测定方法：①按要求制备分离胶溶液，灌入模具内至一定高度，封顶，室温下聚合。②待分离胶溶液聚合后，用滤纸吸去上面水层，再灌入浓缩胶溶液，插入样品梳，注意避免气泡出现。③待浓缩胶溶液聚合后小心拔出样品梳，将电极缓冲液注满电泳槽前后槽，在供试品孔中加入供试品溶液 5μg（银染法）或 10μg 以上（考马斯亮蓝染色法）。④按银染色或考马斯亮蓝染色法进行固定与染色。

结果计算：非还原型 SDS-聚丙烯酰胺凝胶电泳的凝胶经扫描进行纯度分析；还原型 SDS-聚丙烯酰胺凝胶电泳的凝胶中相对分子质量标准，经扫描获得分子量标准曲线，计算供试品的相对分子质量。

5. 酶分析法

酶分析法包括酶活力测定和酶法分析两种类型。酶活力测定以酶为分析对象的分析，目的在于测定样品中某种酶的含量或活性；酶法分析是以酶为分析工具或分析试剂，主要测定样品中酶以外的其他物质的含量。虽然检测对象不同，但都是根据酶能专一高效地催化某化学反应为基础，通过对酶反应速度的测定或对底物、生成物等浓度的测定而检测相应物质的含量。酶活力是指酶能催化一定化学反应的能力，酶活力的测定实际上是测定一个被酶所催化的化学反应的速度，酶的反应速率可以用单位时间反应底物的减少或产物的增加来表示，酶的反应速率越快则表示酶的活力越高。随着反应时间的延长，酶的反应速率逐渐下降。因此，只有当酶所催化的反应速率与酶的浓度成正比例，且不受其他因素影响时，才能根据酶所催化反应的快慢来确切地表示酶活力的大小。

在确定酶促反应条件时，除了要保证待测定的酶浓度是影响速度的唯一因素外，其他因素都处于最适于酶发挥催化作用的水平。因此，其他因素如底物、pH、温度等也要加以考虑。底物的理化性质与产物最好不同，而且反应系统应该使用足够高的底物浓度。氢离子浓度可能改变酶的活性，也可能破坏酶的结构与构象而导致酶失活，还可能作用于反应系统其他组成成分而影响酶反应，甚至改变可逆反应进行的方向。因此可通过合适的缓冲体系来控制反应过程的 pH。温度除了直接影响酶的反应速率，还能影响酶稳定性、酶的构象及酶的催化机制。因此，酶促反应的温度通常选用 25℃，30℃或 37℃，温度变化控制在±0.1℃以内。有些酶需要金属离子或相应的辅酶物质，在反应体系中要满足这些辅助因子的需要。酶促反应通常要有适当的空白和对照。空白是指杂质反应和自发反应引起的变化量，提供的是未知因素的影响。对照是指用纯酶或标准酶制剂测得的结果，主要作为比较或标定的标准。酶促反应是一个因素复杂的体系，真正能代表酶催化活性的是反应初始阶段的速度，只要能正确地测定初速度，就可以利用速度和酶浓度作图的直线关系确定酶活力。

《中国药典》(2010 年版)二部收载的胃蛋白酶就是采用酶活力分析法测定生物效价的。具体分析步骤如下。

对照品溶液的制备：精密称取酪氨酸对照品适量，加盐酸溶液(取 1mol/L 盐酸溶液 65mL，加水至 1000mL)溶解并定量稀释制成 1mL 中含 0.5mg 的溶液。

供试品溶液的制备：取本品适量，精密称定，加上述盐酸溶液溶解并定量稀释制成 1mL 中含 0.2～0.4 单位的溶液。

测定方法：取试管 6 支，其中 3 支各精密加入对照品溶液 1mL，另 3 支各精密加入供试品溶液 1mL，置 37℃±0.5℃水浴中，保温 5min，精密加入预热至 37℃±0.5℃的血红蛋白试液 5mL，摇匀，并准确计时，在 37℃±0.5℃水浴中反应 10min，立即精密加入 5%三氯乙酸溶液 5mL，摇匀，滤过，取续滤液备用。另取试管 2 支，各精密加入血红蛋白试液 5mL，置 37℃±0.5℃水浴中保温 10min，再精密加入 5%三氯乙酸溶液 5mL，其中 1 支加供试品溶液 1mL，另 1 支加上述盐酸溶液 1mL，摇匀，滤过，取续滤液，分别作为供试品和对照品的空白对照，照紫外-可见分光光度法，在 275nm 的波长处测定吸光度，算出平均值 $\overline{A}_S$ 和 $\overline{A}$，按下式计算：

$$1\text{g 含蛋白酶(单位)}=\frac{\overline{A}\times W_S\times n}{\overline{A}_S\times W\times 10\times 181.19}$$

式中，$\overline{A}_S$ 为对照品的平均吸光度；$\overline{A}$ 为供试品的平均吸光度；W_S 为 1mL 对照品溶液中含酪氨酸的量，μg；W 为供试品取样量，g；n 为供试品稀释倍数。

在上述条件下，1min 能催化水解血红蛋白生成 1μmol 酪氨酸的酶量，为一个蛋白酶活力的单位。按干燥品计算，1g 中含胃蛋白酶活力不得少于 3800 单位。

6.2 生化药物分析

6.2.1 生化药物的分类

生化药物一般是指从动植物及微生物中提取、分离、纯化，或用生物化学半合成或用化学合成、微生物合成或用现代生物技术制得的具有生物化学活性的一类用于临床治疗的药物，主要包括氨基酸、肽、蛋白质、酶、核酸、多糖和脂类等。生化药物具有补充生命要素，调节和恢复机体功能的作用，有针对性强、毒副作用低、易被人体吸收的特点。

1. 氨基酸类药物

氨基酸类药物对补充营养、增强体质、治疗人体因某种或某些必需的氨基酸缺乏而引起的疾病起到非常积极的作用和明显的效果。蛋白氨基酸是构成天然蛋白质的组成部分，均为 L-α-氨基酸，约有 20 种。包括中性脂肪氨基酸 8 种，碱性氨基酸 2 种，含羟基的中性氨基酸 2 种，芳香族氨基酸 2 种，杂环族氨基酸 3 种。非蛋白氨基酸不是构成天然蛋白质的组成部分，经常以游离或低分子化合物的状态存在，有 D 型氨基酸、β-氨基酸、γ-氨基酸。现已开发的有牛磺酸、乌氨酸、瓜氨酸、精氨琥珀酸等。衍生氨基酸是一些人工合成的氨基酸衍生物和被修饰的氨基酸，如谷氨酰胺、乙酰谷氨酰胺、甘氨酸铝等。

氨基酸制剂包括个别氨基酸制剂和复方氨基酸制剂两类。复方氨基酸制剂是由多种结晶氨基酸根据治疗需要按比例配制而成，如氨基酸营养输液、代血浆用输液、止血用氨基酸输液等。《中国药典》(2010 年版)收载了复方氨基酸注射液常用的原料药有 20 种，氨基酸衍生物有 8 种，收载的氨基酸制剂主要是个别氨基酸制剂，如谷氨酸片、谷氨酸钠注射液、盐酸精氨酸注射液、牛黄酸片等。复方氨基酸制剂主要收载于部颁和局颁的国家标准中。

2. 肽类药物

动物体内已知的活性多肽主要从内分泌腺、组织器官、分泌细胞和体液中产生获得。多肽类药物的制造方法有提取分离纯化法和化学合成法。采取提取分离纯化法获得多肽类药物，其原料主要来源是动植物组织和微生物以及基因工程菌或细胞，为了保证产品的安全和有效，必须对原材料、培养过程和纯化工艺过程的中间体、最终产品进行全面的质量分析与控制。也可以采用液相法和固相法来合成多肽。液相法一般采用 TLC 对反应进程进行控制，固相法通常采用茚三酮试剂进行定性控制，用苦味酸等定量方法对反应进程进行控制。

多肽类药物主要包括多肽类激素和其他活性多肽，如垂体多肽激素类[促皮质素(ACTH)、促黑激素(MSH)、脂肪水解激素(LPH)等]、下丘脑激素[促甲状腺素释放激素(TRH)、生长抑素(GRIF)等]，还包括甲状腺激素、胰岛激素、胸腺激素、胃肠道激素和化学合成的肽类激素。肽类药物的质量标准中一般包括比旋度、鉴别、氨基酸组成、各种相关肽、肽含量、生物活性和残留剂等检测项目。

3. 蛋白质及其激素类药物

激素是调节机体正常活动的重要物质，对动物繁殖、生长发育以及适应内外环境的变化都有重要作用。当某一激素分泌失去平衡时，就会引发疾病。激素类药物在临床上可用于诊断或治疗各种疾病。其中蛋白质类激素包括：重组人生长激素粉针剂和注射液、重组人胰岛素原料及其注射液、重组甘精胰岛素注射液、注射用重组人绒毛膜促性腺激素、注射用重组人促黄体生长素等。单组分的蛋白质类药物包括：细胞色素 C 溶液及其注射液和粉针剂、硫酸鱼精蛋白、蛇毒抗瘤蛋白及其制剂、水蛭素类似物、重组凋亡素配体及其制剂、注射用重组改构肿瘤坏死因子等。

4. 酶类药物

酶类药物分为消化酶、抗炎化痰酶、链激酶、止血酶和其他生理活性酶等。《中国药典》(2010 年版)二部收载的酶原料有胰酶、胃蛋白酶、含糖胃蛋白酶、胰蛋白酶、糜蛋白酶、尿激酶、抑肽酶、门冬酰胺酶、玻璃酸酶等；酶制剂有注射用粉针剂、片剂、颗粒剂和凝血酶冻干粉。部颁标准和国家标准收载了多种酶制剂，如中性蛋白酶、复合凝乳酶、木瓜酶、超氧化物歧化酶、凝乳酶、菠萝蛋白酶、酸性蛋白酶、溶菌酶等。

5. 核酸类药物

在对病毒、肿瘤和艾滋病等的治疗中，核酸类药物发挥了重要作用。按照化学结构和组成，核酸类药物又分为核酸碱基及其衍生物、核苷及其衍生物、核苷酸及其衍生物和多核苷酸等。核酸碱基、核苷及其衍生物的制备采用酶解法、发酵法和半合成法，核糖核酸、脱氧核苷酸钠的制备多采用分离提取法，寡聚核苷酸的制备采用化学合成法。

《中国药典》(2010 年版)收载的核酸类生化药物原料药有利巴韦林、盐酸阿糖胞苷、硫唑嘌呤、阿昔洛韦、硫鸟嘌呤、尿嘧啶、巯嘌呤、盐酸伐昔洛韦等；制剂有利巴韦林注射液及其粉针、滴眼液、滴鼻液、含片、胶囊、口服液、颗粒以及利巴韦林片、利巴韦林氯化钠注射液和利巴韦林葡萄糖注射液等；注射用阿昔洛韦及其滴眼液、胶囊、颗粒、咀嚼片、乳膏以及阿昔洛韦片；注射用盐酸阿糖胞苷、硫唑嘌呤片、巯嘌呤片、硫鸟嘌呤片、尿嘧啶注射液、氟胞嘧啶注射液及其乳膏、肌苷注射液及其口服溶液、片、胶囊和注射用胞磷胆碱钠等。

6. 糖类药物

糖类分为三种即单糖、寡糖和多糖。有 2～9 个单糖组成的糖称为寡糖，由 10 个以上单糖通过糖苷键连接组成的糖称为多糖。糖类有多种药理作用，如葡萄糖输液有补充体液的作用，葡醛内酯（肝泰乐）具有解毒的作用，中分子右旋糖苷有增加血容量、维持血压和抗休克作用，低分子右旋糖苷用于改善微循环、降低血液黏度，小分子右旋糖苷是一种新型安全有效的血浆扩充剂；硫酸软骨素具有利尿、解毒和镇痛作用；肝素可预防和治疗血栓、周围血管病等；甘露聚糖、猪苓多糖、香菇多糖和茯苓多糖具有增强机体免疫功能的作用。

《中国药典》（2010 年版）收载的糖类生化药物原料药有右旋糖苷 20、右旋糖苷 40、右旋糖苷 70、肝素钠和右旋糖苷铁等；制剂有右旋糖苷 20 氯化钠注射液、右旋糖苷 40 氯化钠注射液、右旋糖苷 70 氯化钠注射液、右旋糖苷铁注射液、肝素钠注射液和右旋糖苷铁片等。

7. 脂类药物

脂类生化药物的药理作用有：多烯酸乙酯、亚油酸、亚麻酸和花生四烯酸等可用于降血脂，脑磷脂、卵磷脂可防止动脉粥样硬化，大豆磷脂粉可改善脑功能，辅酶 Q10 及其制剂可用于治疗亚急性重型肝炎和高血压，角鲨烯可用于治疗高胆固醇血症和放疗、化疗引起的白细胞减少症，也可用于心脑血管病的缺氧状态，鱼肝油脂肪酸钠可治疗静脉曲张及内痔，可止血，胆汁可用于镇咳。

《中国药典》（2010 年版）收载的脂类生化药物有：辅酶 Q10 及其制剂、注射液、胶囊和软胶囊，前列地尔及其注射用粉针；国家药品标准收载了多烯酸乙酯及其胶丸、角鲨烯及其胶丸、卵磷脂及其片剂、大豆磷脂粉、猪去氧胆酸等。

8. 多组分生化药物

利用动物的脏器或其他组织、器官，经过粗加工，未完全分离精制，其有效成分尚未完全清楚，这一类混合的多组分生化药物毒副作用低、易为人体吸收，在临床上常作为辅助治疗药物，疗效确切。《中国药典》（2010 年版）收载的动物组织来源的多组分生化药物有甲状腺素粉及其片剂，垂体后叶粉及其注射液；国家标准药品标准第 9 册和第 16 册收载了胸腺肽溶液及其注射液、注射用胸腺肽、口服水解蛋白、口服水解蛋白粉、小牛脾提取物溶液及其注射液、牛胎肝提取物及其复方片剂、水解蛋白口服溶液等。

6.2.2　生化药物检测的主要内容和常用分析方法

1. 生化药物检测的主要内容

(1) 鉴别。鉴别就是依据生化药物的化学结构、理化性质和生物学特点，利用化学法、物理法及生物学方法进行某些特殊反应，或测定某些专属的理化常数如紫外吸收系数、等电点、电泳迁移率、色谱保留时间和肽图等，来判断与确证产品的真伪。鉴别方法主要有理化法、生化法、生物法。

(2) 杂质检查。生化药物的相对分子质量较大、结构复杂、有的并非单一成分，纯化工艺比较困难，为了保证临床上的安全和有效，必须进行杂质检查。根据杂质的来源可分为一般杂质和特殊杂质。一般杂质是指在自然界分布广泛，在多种药物生产和储藏中容易引入的杂质，如氯化物、硫酸盐、铁盐、重金属、酸度、溶液的澄清度、水分、干燥失重、炽灼残渣等。可参看本书和药典中相关内容。特殊杂质是指从原料中带入或生产工艺中引入或储藏过程中产品发生变化产生的杂质，如宿主细胞（菌）蛋白残留量的检查、外源性 DNA 残留量的检查、产品相关杂质的检查、残余抗生素的检查等。

(3) 安全性检查。由于生化药物性质的特殊性，生产工艺复杂、容易引入特殊杂质，所以安全性检查尤为重要。主要检查内容和生物制品安全性检查项目相同，即要进行无菌试验、异常毒性试验、热原检查、细胞内毒素检查和过敏试验等，另外还要根据《中国药典》(2010 年版) 二部附录 ⅪG 的方法进行降压物质检查，该法是比较组胺对照品(S)与供试品(T)引起麻醉猫血压下降的程度，来判断供试品中所含有降压物质的限度是否符合规定。

(4) 含量(效价)测定。含量测定就是测定药物中有效成分的含量，以确定药物的含量是否符合药品标准规定的要求。对于成分已知、结构明确的生化药物，其含量用百分含量表示。对于大多数的多肽、蛋白质、酶类的生化药物，一般用生物效价或酶活力单位表示。生化药物的含量(效价)通常可采用理化分析法、生化测定方法和生物检定法进行测定。

2. 生化药物检测常用的分析方法

生化药物的鉴别、检查以及含量(效价)测定常用的分析方法有以下几种：

(1) 理化分析法。理化分析法又包括化学法、比色法、紫外分光光度法、高效液相色谱法。

(2) 酶法。酶法包括两种类型：一种是酶活力测定方法，是以酶为分析对象，目的在于测定样品中某种酶的含量或活性，测定方法有取样测定方法和连续测定方法；另一种是酶分析法，是以酶为分析工具或分析试剂，测定样品中酶以外的其他物质的含量，分析对象是酶的底物、酶的抑制剂和辅酶活化剂，检测方法可采用动力学分析法和总变量分析法。两者检测对象虽有所不同，但原理和方法都是以酶能专一而高效地催化某化学反应为基础，通过对酶反应速率的测定或对生成物等浓度的测定而检测相应物质的含量。

(3) 电泳法。电泳法的基本原理是：在电解质溶液中带电粒子或离子在电场作用下以不同的速度向其所带电荷相反方向迁移，电泳分离就是基于溶质在电场中的迁移速度不同而进行的。常用的电泳法有纸电泳、醋酸纤维素薄膜电泳法、聚丙烯酰胺凝胶电泳法、SDS-聚丙烯酰胺凝胶电泳法、琼脂糖凝胶电泳法等。

(4) 生物检定法。利用药物对生物体如整体动物、离体组织和微生物等的作用以测定其效价或生物活性的一种方法。生物检定法包括整体和离体测定，整体测定直接反映药物对生物的综合作用，但需要试验动物，试验时间长，精密度和灵敏度相对差；离体测定个体差异小，试验时间短，有较高的精密度和灵敏度，但是不一定能反映供药物对整体动物的作用。由于生物制品的结构复杂，生物活性各异，一部分生物制品还没有找到有效的理化分析方法，因此生物检定法仍是生物制品常用的含量(效价)测定的方法。

6.2.3 生化药物分析实例

1. 谷氨酸

本品为 L-2-氨基戊二酸。按干燥品计算，含 $C_5H_9NO_4$ 不得少于 98.5%。

(1) 性状。本品为白色结晶或结晶性粉末;味微酸。本品在热水中溶解,在水中微溶,在乙醇、丙酮或乙醚中不溶,在稀盐酸或 1mol/L 氢氧化钠溶液中易溶。

比旋度:取本品,精密称定,加 2mol/L 盐酸溶液溶解并定量稀释制成 1mL 中约含 70mg 的溶液,依照《中国药典》(2010 年版)二部附录Ⅵ E 测定,比旋度为+31.5°~+32.5°。

(2) 鉴别。①取本品与谷氨酸对照品各适量,分别加 0.5mol/L 盐酸溶液溶解并稀释制成 1mL 中约含 0.2mg 供试品溶液与对照品溶液。照其他氨基酸项下的色谱条件试验,供试品溶液所显主斑点的位置和颜色应与对照品溶液的主斑点相同。②本品的红外光吸收图谱应与对照的图谱(光谱集 958 图)一致。

(3) 检查。

溶液的透光率:取本品 1.0g,加 2mol/L 盐酸溶液 20mL 溶解后,照附录ⅣA 紫外-可见分光光度法,在 430nm 的波长处测定透光率,不得低于 98.0%。氯化物、硫酸盐、铵盐、铁盐、重金属、砷盐、干燥失重、炽灼残渣、热原应按照药典附录相关方法检查,应符合规定要求。这里不再详述。

其他氨基酸:取本品,加 0.5mol/L 盐酸溶液溶解并稀释制成 1mL 中约含 10mg 的溶液,作为供试品溶液;精密量取 1mL,置 200mL 容量瓶中,用 0.5mol/L 盐酸溶液稀释至刻度,摇匀,作为对照溶液;另取谷氨酸对照品与门冬氨酸对照品各适量,置同一容量瓶中,加 0.5mol/L盐酸溶液溶解并稀释制成 1mL 中分别约含谷氨酸 10mg 和门冬氨酸 0.05mg 的溶液,作为系统适用性试验溶液。照附录ⅤB 薄层色谱法试验,吸取上述三种溶液各 5μL,分别点于同一硅胶 G 薄层板上,以正丁醇-水-冰醋酸(2∶1∶1)为展开剂,展开,晾干,喷以茚三酮的丙酮溶液(1→50),在 80℃加热至斑点出现,立即检视。对照溶液应显一个清晰的斑点,系统适用性试验溶液应显两个完全分离的斑点。供试品溶液如显杂质斑点,其颜色与对照溶液的主斑点比较,不得更深(0.5%)。

(4) 含量测定。取本品约 0.25g,精密称定,加沸水 50mL 使溶解,放冷,加溴麝香草酚蓝指示液 5 滴,用氢氧化钠滴定液(0.1mol/L)滴定至溶液由黄色变为蓝绿色。1mL 氢氧化钠滴定液(0.1mol/L)相当于 14.71mg 的 $C_5H_9NO_4$。

2. 注射用抑肽酶

本品为抑肽酶的无菌冻干品。含抑肽酶应为标示量的 85.0%~120.0%。

(1) 性状。本品为白色或类白色冻干块状物或粉末。

(2) 鉴别。①取本品,加水制成 1mL 中含 3 单位的溶液,作为供试品溶液,照抑肽酶项下的鉴别(1)试验,显相同的结果。②在 *N*-焦谷氨酰-抑肽酶和有关物质项下记录的色谱图中,供试品溶液主峰的保留时间应与对照品溶液主峰的保留时间一致。

(3) 检查。

酸度:取本品,加水 2mL 溶解后,依附录Ⅵ H 法测定,pH 应为 5.0~7.0。

溶液的颜色:取本品,加水制成 1mL 中含 6 单位的溶液,应为无色;若显色,与附录Ⅸ A 黄色 2 号标准比色液比较,不得更深。

高分子蛋白质:取本品,照抑肽酶项下的方法检查,高分子蛋白质的总量不得大于 1.5%。

水分:取本品,照附录Ⅷ M 第一法 A 水分测定方法测定,含水分不得过 7.0%。

过敏反应:取本品适量,加氯化钠注射液溶解并稀释至 1mL 中含 0.065 单位的溶液,依附录Ⅺ K 法检查,应符合规定。

去丙氨酸-去甘氨酸-抑肽酶和去丙氨酸-抑肽酶、*N*-焦谷氨酰-抑肽酶和有关物质、热原与降压物质：照抑肽酶项下的方法检查，均应符合规定。

其他：应符合附录Ⅰ B 注射剂项下有关规定。

(4) 效价测定。取本品 5 支，分别精密加硼砂-氯化钙缓冲液(pH 8.0)2mL 溶解后合并，混匀。精密量取适量(约相当于含抑肽酶 33.4 单位)，用硼砂-氯化钙缓冲液(pH 8.0)稀释至 20mL，精密量取 0.5mL 和胰蛋白酶溶液 2mL，用硼砂-氯化钙缓冲液(pH 8.0)稀释至 20mL，反应 10min 后，立即照抑肽酶项下的方法测定并计算。

3. 胰岛素

本品是自猪胰中提取制得的具有降血糖作用的多肽类药物质。按干燥品计算，1mg 的效价不得少于 27 单位。1 单位相当于胰岛素 0.0345mg。

(1) 性状。本品为白色或类白色的结晶性粉末。在水、乙醇中几乎不溶；在无机酸或氢氧化钠溶液中易溶。

(2) 鉴别。① 在含量测定项下记录的色谱图中，供试品溶液主峰的保留时间应与对照品溶液主峰的保留时间一致。② 取本品适量，用 0.1%三氟乙酸溶液制成 1mL 中含 10mg 的溶液，取 20μL，加 0.2mol/L 三羟甲基氨基甲烷-盐酸缓冲液(pH 7.3)20μL、0.1%V8 酶溶液 20μL 与水 140μL，混匀，置 37℃水浴中 2h 后，加磷酸 3μL，作为供试品溶液；另取胰岛素对照品适量，同法制备，作为对照品溶液。照含量测定项下色谱条件，以 0.2mol/L 硫酸盐缓冲液(pH 2.3)-乙腈(90：10)为流动相 A，乙腈-水(50：50)为流动相 B，进行梯度洗脱，时间从 0～60min，流动相 A 从 90%～55%，流动相 B 从 10%～45%；60～70min，流动相 A 保持 55%，流动相 B 保持 45%。取对照品溶液和供试品溶液各 25μL，分别注入液相色谱仪，记录色谱图，供试品溶液的肽图应与对照品溶液的肽图谱一致。

(3) 检查。

相关蛋白质：取本品适量，用 0.01mol/L 盐酸溶液制成 1mL 中约含 3.5mg 的溶液，作为供试品溶液(临用新制)，置 10℃以下保存。照含量测定项下的色谱条件，以含量测定项下 0.2mol/L 硫酸盐缓冲液(pH 2.3)-乙腈(82：18)为流动相 A，乙腈-水(50：50)为流动相 B，进行梯度洗脱，时间从 0～36min，流动相 A 保持 78%，流动相 B 保持 22%；36～61min，流动相 A 从 78%～33%，流动相 B 从 22%～67%；61～67min，流动相 A 保持 33%，流动相 B 保持 67%。调节流动相比例使胰岛素峰的保留时间约为 25min。取供试品溶液 20μL 注入液相色谱仪，记录色谱图，按峰面积归一化法计算，A_{21}脱氨胰岛素不得大于 5.0%，其他相关蛋白质不得大于 5.0%。

高分子蛋白质：取本品适量，用 0.01mol/L 盐酸溶液制成 1mL 中约含 4mg 的溶液，作为供试品溶液。照附录Ⅴ H 分子排阻色谱法试验。以亲水改性硅胶为填充剂(3～10μm)；冰醋酸-乙腈-0.1%精氨酸溶液(15：20：65)为流动相；流速为 0.5mL/min；检测波长为 276nm。取胰岛素单体-二聚体对照品(或取胰岛素适量，置 60℃放置过夜)，用 0.01mol/L 盐酸溶液制成 1mL 中约含 4mg 的溶液，取 100μL 注入液相色谱仪，胰岛素单体峰与二聚体峰的分离度应符合要求。取供试品溶液 100μL，注入液相色谱仪，记录色谱图。除去保留时间大于胰岛素峰的其他峰面积，按峰面积归一化法计算，保留时间小于胰岛素峰的所有峰面积之和不得大于 1.0%。

干燥失重：取本品约 0.2g，精密称定，加 0.01mol/L 盐酸溶液溶解并定量稀释制成 1mL

约含 0.1mg 的溶液，作为供试品溶液。另精密量取锌单元素标准溶液(1mL 中含锌 1000μg)适量，用 0.01mol/L 盐酸溶液分别定量稀释制成 1mL 中含锌 0.20μg，0.40μg，0.80μg，1.00μg 与 1.20μg 的锌标准溶液。照附录Ⅳ D 原子吸收分光光度法第一法，在 213.9nm 的波长处测定吸光度。按干燥品计算，含锌量不得过 1.0%。

细菌内毒素：取本品，加 0.1mol/L 盐酸溶液溶解并稀释制成 1mL 中含 5mg 的溶液，依附录Ⅺ E 法检查，1mg 胰岛素中含内毒素的量应小于 10EU。

微生物限度：取本品 0.2g，依附录Ⅺ J 法检查，1g 中含细菌数不得超过 300 个。

生物活性：取本品适量，照附录Ⅻ G 胰岛素生物测定方法试验，实验时每组的实验动物数可减半，实验采用随机设计，照附录Ⅺ V 生物检定统计法中量反应平行线测定随机设计法计算效价，1mg 的效价不得少于 15 单位。

(4) 含量测定。

色谱条件与系统适用性试验：用十八烷基硅烷键合硅胶填充剂(5～10μm)；以 0.2mol/L 硫酸盐缓冲液(取无水硫酸钠 28.4g，加水溶解后，加磷酸 2.7mL，乙醇胺调节 pH 至 2.3，加水至 1000mL)-乙腈(74∶26)为流动相；柱温为 40℃；检测波长为 214nm。取系统适用性试验溶液 20μL(取胰岛素对照品，用 0.01mol/L 盐酸溶液制成 1mL 中约含 40 单位的溶液，室温放置至少 24h)，注入液相色谱仪，记录色谱图，胰岛素峰和 A_{21}脱氨胰岛素峰(与胰岛素峰的相对保留时间约为 1.2)之间的分离度应不小于 1.8。拖尾因子应不大于 1.8。

测定方法：取本品适量，精密称定，加 0.01mol/L 盐酸溶液溶解并定量稀释制成 1mL 中约含 40 单位的溶液(临用新制，2～4℃保存，48h 内使用)。精密量取 20μL 注入液相色谱仪，记录色谱图；另取胰岛素对照品适量，同法测定。按外标法以胰岛素峰面积与 A_{21}脱氨胰岛素峰面积之和计算，即得。

4. 尿激酶

本品是从新鲜人尿中提取的一种能激活纤维蛋白溶酶原的酶。它是由高相对分子质量尿激酶(M_w=54 000)和低相对分子质量尿激酶(M_w=33 000)组成的混合物，高相对分子质量尿激酶含量不得少于 90%，1mg 蛋白中尿激酶活力不得少于 12 万单位。

(1) 性状。本品为白色或类白色状粉末。

(2) 鉴别。取效价测定项下的供试品溶液，用巴比妥-氯化钠缓冲液(pH 7.8)稀释成 1mL 中含 20 单位的溶液，吸取 1mL，加牛纤维蛋白原溶液 0.3mL，再依次加入牛纤维蛋白溶酶原溶液 0.2mL 与牛凝血酶溶液 0.2mL，迅速摇匀，立即置 37℃±0.5℃恒温水浴中保温，立即计时。应在 30～45s 凝结，且凝块在 15min 内重新溶解。以 0.9%氯化钠溶液作空白，同法操作，凝块在 2h 内不溶(试剂的配制同效价测定)。

(3) 检查。

溶液的澄清度与颜色：取本品，加 0.9%氯化钠溶液制成 1mL 中含 3000 单位的溶液，依附录Ⅸ A 和 B 法检查，应澄清无色。

分子组分比：取本品，加水溶解并制成 1mL 中含 2mg 的溶液后，加入等体积的缓冲液(取浓缩胶缓冲液 2.5mL、20%十二烷基硫酸钠溶液 2.5mL、0.1%溴酚蓝溶液 1.0mL 与 87%甘油溶液 3.5mL，加水至 10mL)，置水浴中 3min，放冷，作为供试品溶液；取供试品溶液 10μL，加至样品孔，照附录Ⅴ F 第五法考马斯亮蓝染色测定，根据峰面积计算高相对分子质量尿激酶相对含量(%)。

干燥失重：取本品，以五氧化二磷为干燥剂，在 60℃减压干燥至恒量，减失质量不得大于 5.0%。

乙肝表面抗原：取本品，加 0.9%氯化钠溶液制成 1mL 中含 10mg 的溶液，按试剂盒说明书项下测定，应为阴性。

异常毒性：取本品，加氯化钠注射液制成 1mL 中含 5000 单位的溶液，依附录Ⅺ C 检查，按静脉注射法给药，应符合规定。

细菌内毒素：取本品，依附录Ⅺ E 法检查，10 000 单位尿激酶中含内毒素的量应小于 1.0EU。

凝血质样活性物质：①血浆制备。取新鲜兔血，加入 3.8%枸橼酸钠溶液（9mL 兔血加 3.8%枸橼酸钠溶液 1mL），混匀，在 2～8℃条件下，以 5000r/min 离心 20min，取上清液在 −20℃速冻保存备用，用前在 25℃融化。②测定方法。取本品，加巴比妥缓冲液（pH 7.4）溶解并稀释制成 1mL 中各含 5000 单位、2500 单位、1250 单位、625 单位与 312 单位供试品溶液。若供试品中含乙二胺四乙酸盐、必须先经巴比妥缓冲液（pH 7.4）在 2℃透析除去，再配成上述浓度的溶液。按 1mL 供试品溶液的单位表示，1mL 应不得少于 150 单位。

(4) 效价测定。

试剂：按要求配制牛纤维蛋白原溶液、牛凝血酶溶液、牛纤维蛋白溶酶原溶液、混合溶液。

标准品溶液：取尿激酶标准品，加巴比妥-氯化钠缓冲液（pH 7.8）溶解并定量稀释制成 1mL 中含 60 单位的溶液。

供试品溶液的制备：取本品适量，加巴比妥-氯化钠缓冲液（pH 7.8）溶解，混匀，并定量稀释成与标准品溶液相同的浓度。

测定方法：取试管 4 支，各加牛纤维蛋白原溶液 0.3mL，置 37℃±0.5℃水浴中，分别加入巴比妥-氯化钠缓冲液（pH 7.8）0.9mL，0.8mL，0.7mL，0.6mL，依次加标准品溶液 0.1mL，0.2mL，0.3mL，0.4mL，再分别加混合溶液 0.4mL，立即摇匀，分别计时。反应系统应在 30～40s 凝结，当凝块内小气泡上升到反应系统体积一半时作为反应终点，立即计时。每种浓度测 3 次，求平均值（3 次测定中最大值与最小值的差不得超过平均值的 10%）。以尿激酶浓度的对数为横坐标，以反应终点时间的对数为纵坐标，进行线性回归。供试品按上法测定，用线性回归方程求得效价，计算 1mg 中供试品的效价（单位）。

蛋白质含量：取本品约 10mg，照附录Ⅶ M 蛋白质含量测定方法第一法测定，即得。

比活：1mg 蛋白中含尿激酶活力单位数。

思考题与习题

1. 简述生物制品的特殊性。
2. 生物制品的安全性检查一般有哪些内容？
3. 哪些方法可用于生化药物的分析与检测？
4. 简述生物制品的定义及其分类。
5. 生物制品的特殊杂质有哪些？
6. 简述生物制品的含量（效价）测定的基本方法和原理。
7. 酶分析方法有哪几种？有什么区别和联系？
8. 简述生化药物的含义及其分类。
9. 生化药物检测的主要内容有哪些？

第二篇

制药过程检测

第 7 章　制药生产过程分析技术概述

7.1　制药生产过程分析技术及 cGMP

7.1.1　过程分析技术的概念

过程分析化学(process analytical chemistry,PAC)、过程分析技术(process analytical technology,PAT)是与过程质量分析及控制密切相关的两个重要概念。过程分析目的是通过分析的在线化、动态化、自动化、程控化,及时地获得过程质量相关信息,进而对过程进行控制,以解决要求越来越高的质量、节能、降耗、环保安全的问题。

根据分析操作区域与被分析区域的空间距离可将 PAC 划分为 5 个阶段:离线(off-line)分析、现场(at-line)分析(近线分析)、在线(on-line)分析(线上分析)、线内(in-line)分析和非接触(noninvasive)分析。

离线分析即生产现场离分析检测场所较远,要通过人工将生产流程上的物料采集后运送到分析实验室进行质量检验。离线分析法准确度高,但操作烦琐、费时费力,分析信息滞后于生产进程,不适合过程快速监控的要求,且抽样检验难以保证全部产品的合格。

现场分析是将分析仪器置于生产现场,就近取样、就近分析,加快了分析结果报告的速度,但仍不能根本解决生产的实时控制问题。

在线分析是利用自动取样和样品预处理装置,将分析仪器与生产过程直接联系起来,实现快速、自动的分析。在线分析又分为间断(intermittent)和连续(continuous)两种形式。

线内分析又称原位(in situ)分析,是将传感器直接插入生产流程内,将生产线上的物料质量及其他信息转化为光电信号输送给分析仪器进行分析、处理,与生产过程同步或几乎同步地给出分析结果,及时反馈信息,利于实现过程的连续、实时、自动控制。

非接触分析是采用不与试样接触的探头进行的线内分析。

最初的过程分析处于"在过程中分析"的阶段,即采用在线/线内仪器或技术对生产过程物料的物性进行物理或化学的分析。随着现代工业生产水平的发展,仅物料分析已不能满足要求,过程的整体运转状态和规律也需要掌控,这就促进了"在过程中分析"向"过程的分析"发展。分析的内涵扩展到了获取过程中物料理化性质之外,还有整个系统信息综合与集成的层面。具体包括:确定过程开发中与产品质量相关的过程关键属性,设计可靠的工艺流程来控制这些属性;选用适合的过程传感器或分析方法,对整个过程信息进行系统地选择或校正,并从中归纳过程运行的规律;建立数据管理系统处理过程海量信息。这样的过程分析技术将 PAC 方法、反馈控制策略、信息管理工具、产品(过程)优化策略集成用于产品生产,是一个连续在线的产品质量控制和评价平台。

PAT 技术离不开化学计量学。化学计量学又称化学统计学,是一门通过统计学或数学方法将对化学体系的测量值与体系的状态之间建立联系的学科。它应用数学、统计学和计算机技术选择最优试验设计和测量方法,并通过对测量数据的处理和解析,最大限度地获取有关物质系统的成分、结构及其他相关信息。1984 年美国国家科学基金会在华盛顿大学建立过程分析化学中心(the center for process analytical chemistry,CPAC),确立了多功能微量在线分析仪器结合化学计量学的过程质量控制方法。过程分析化学由此作为分析化学新分支，成为过程自动化生产的组成部分。

7.1.2 药物生产过程分析技术提出的背景、意义及发展形势

制药工业投入高、开发周期长、回报高、风险高，产品质量密切关系到人的健康和生命安全。药品的质量安全有效至关重要。现在，药品生产质量管理规范(GMP)已成为国际上公认的药品生产管理行之有效的制度和法规，得到广泛推广。

然而，长期以来，制药行业多采用对生产过程中的原材料、中间产物和最终产品抽样后进行离线检测，合格后准许进入下一工序或出厂。这样的评价及控制其质量的方法所提供的信息往往滞后于生产过程，且难以保证全部产品合格。

另外，GMP 现行的管理系统比较僵化，生产规程被看作固定不变，任何微小的改动都要经过相关部门的审批，需要大量的时间和文件。这在一定程度上阻碍了制药生产过程的创新，使得药品生产企业对于创新会犹豫不决，使药品生产在效率上和技术创新方面往往落后于其他行业。然而，由于药品在治疗、保健上发挥着日益重要的作用，制药生产更需要引进创新、结合边缘学科和工程学知识以及优秀的质量管理体系，以适应新发现(如新药和纳米技术)和新治疗方式(如个性化治疗、基因介入治疗) 所带来的挑战；同时，管理政策也必须适应这一挑战。

为鼓励制药工业中的创新，改变目前只能依靠严格和生硬的认证规范的现状，减轻生产者对采用新技术可能遭遇管理僵化的顾虑，给予企业充分的灵活性，方便其实施符合实际情况的解决方案，加强对生产过程、工艺的控制和理解，提高药品生产效率和确保最终药品质量达到标准，2002 年 FDA 正式推出 PAT 计划，两年后发表了关于 PAT 的工业指南《PAT——创新药物的研发，生产和质量保证的框架》，定义 PAT 为“一个通过即时测量原料、过程中物料和过程本身的关键质量指标来实现设计、分析和生产控制的系统，目的是确保最终产品的质量”。明确了 PAT 的地位与作用，鼓励将 PAT 引入药品生产和质量控制，鼓励主动开发和运用创新性药品生产和质量保证技术，以帮助制药企业处理新技术应用过程中可能遇到的问题，使制药企业的技术创新和产品质量保证能够同步进行。FDA 认为，与传统质量保证手段相比，在确保最终产品的质量方面，PAT 具有非常明确的优势。由于在设计阶段就考虑到产品质量的确保，PAT 可提高对生产过程和药品的理解，提高对药品生产过程的控制。在全球药品生产开始进入 cGMP(current good manufacturing practices，现行生产质量管理规范)时代，FDA 将 PAT 作为 cGMPs 的开创性组成部分。

PAT 由支持创新的科学原理和工具与适应创新的风险管理策略两大部分组成。PAT 是将现代数学、理化、微生物等学科的理论及技术与风险管理整合为一体的综合性分析。风险管理贯穿于整个 PAT 过程中，是 PAT 的核心理念。从风险管理的角度来看，对工艺过程的理解水平越高，那么生产低劣质量产品的风险就越小。PAT 强调对工艺的不断深入的理解，正符合风险管理的基本理论要求，体现了“质量源于设计(quality by design，QbD)”的理念，“质量不是对产品检测出来的，而是设计出来或通过设计融入进去的”。

国内外越来越多的制药企业已经认识到 PAT 在药品生产中的重要性，开始研发 PAT 并尝试应用于制药生产过程。例如，阿斯利康公司的一家工厂主要生产过程都是由 PAT 控制的，辉瑞公司采用近红外仪器对药品生产过程进行了过程分析，赛诺菲-安万特公司将 PAT 工具应用于固体口服制剂生产过程，包括杂质水平、水分含量和药片均匀性等。国内某制药集团

联合某大学研制并逐代升级滴丸自动化生产线，完成了工艺流程设计、自动化控制的成套制造设备。

近几年来，PAT 与经济管理学方法的结合也促进了该技术的发展。PAT 与六西格玛（six sigma）被联合用于生物工业中，产品质量和产率均得到提高。

在 PAT 技术中，除了过程分析仪表，如工业 pH 计、流量计和压力表、工业黏度计、电导率计、工业温度计、水分分析仪、工业氧分析仪等之外，在线分析仪器如紫外-可见吸收光谱、中红外光谱、近红外光谱、拉曼光谱、色谱、质谱、核磁共振、色质联用等仪器的应用越来越重要。其中，光谱学方法更具有快速、简便的优势，易实现线内分析和非接触分析。例如，应用二极管激光光谱检测技术能对抗生素瓶分装压塞后的瓶内真空度进行非破坏性快速在线检测，时间不到 1s，在国外已被主要管理机构批准；在洁净室空气监测方面，出现了瞬间微生物检测仪，利用光谱技术瞬间测定存在于空气或液体中的小粒子的数量和大小，同时通过紫外光激发某些微生物细胞或孢子细胞的代谢产物产生荧光信号，检测出每个粒子是惰性的还是具有生物活性的；将 HELOS 激光衍射系统和功能强大的 RODOS 干法分散系统相结合，可在线检测颗粒粒径及分布。

光谱学方法中，近红外光谱法（near-infrared spectroscopy，NIRS）具有非破坏性、分析速度快、无污染、多组分同时测定等特点，越来越多地应用于制药领域，从原料药、制剂过程、成品药的分析，到生产过程各个阶段的在线监控。例如，欧洲药典的方法测试铝塑包装需要 2h，而用近红外光谱法仅需 2min。近红外光谱法还可以用于测定含水量、活性成分鉴别及进行颗粒、片芯、包衣片分析。传统方法分析活性成分常需要 30min，测定含水量需要 15min，而 PAT 方法不到 1min。与高效液相色谱法相比，近红外光谱法分析头孢菌素的时间可以减少 98%。

国内关于 NIRS 在中药质量控制中的研究越来越多，涉及药材鉴别、有效成分定量、提取、分离、浓缩工艺的在线监测，如傅里叶近红外光谱法用于鹿茸的定性分析，三七渗漉提取液中有效组分的近红外光谱快速在线分析，复方丹参滴丸料液混合过程的近红外光谱法在线监测，复方丹参滴丸包衣厚度的监测。

近年，拉曼光谱技术发展也较快，在制药生产的混料过程终点判断、冷冻干燥在线监测、含水化合物干燥、制粒过程监测、含量均一性的在线检测及局部用凝胶体和乳剂制备过程的质量控制等方面均有应用。

实践证明，实施 PAT 能提高产品质量，减少人为误差和提高生产安全性，提高自动化水平，降低操作运行成本、节能、降耗减少浪费，减轻环境污染，缩短生产周期，使最终合格产品及时出厂；同时 PAT 的实施将为药监部门的监管提供科学的数据和评价基础。

7.1.3　制药生产过程分析技术的特点

与实验室中传统的药物分析相比，制药过程分析具有以下特点：

(1) 分析对象的多样性，组成复杂性。制药过程分析的对象是多种多样的，组成复杂。样品可能是原料，或是提取分离过程、浓缩干燥过程、粉碎过程、清洁过程、制剂过程或包装过程的中间产品、成品等；样品可能是液态的、固态的或多态同存的；有的样品从库房取样，有的则需从生产线中取样。

(2) 样品条件的苛刻性。生产流程中的物料环境条件苛刻，如酸碱度大、温度高、压力大、黏度大、处于运动或密封中。

(3) 分析的快速性要求。过程分析是要对生产流程中的物料进行快速分析，监测生产过程以及产品质量状况，并将结果反馈以便控制生产过程。因此，制药过程质量监测，快速是第一要求。

(4) 监测的动态性和连续性。任何的生产都是持续一定时间的过程。生产过程中，待分析对象的性质、组成和含量是随时间而变化的，过程分析也就需动态地连续进行。这就要求分析设备具有长时工作的稳定性，还要求对浓度的响应范围广。

(5) 采样与样品预处理的特点。制药工业生产的物料数量较大，组成往往又是不完全均匀的，分析时只能从中选取少量样品。因此，在过程分析中保证采样的代表性就显得非常重要。采样后，要将其处理成适合分析的形式。固体样品一般要进行粉碎、过筛、混合、溶解等操作，气体和液体样品一般要进行稳压、冷却、分离、稀释和定容等操作。根据样品的情况、待测成分的性质及后续的检测方法，选择适宜的预处理方法进行分离、净化对大多数过程分析工作是非常重要的。自动采样与自动样品预处理是过程分析发展的方向之一。因所采取的分析方法本身的优点(如非接触分析)使得过程分析无需预处理是最理想的。

(6) 化学计量学的重要性。多数过程分析方法的专属性受到一定的限制，由于分析速度的要求，在分析系统中不太可能设置复杂、费时的样品预处理装置，所以对检测得到的信号进行解析，提取有用的信息就显得非常重要。而且，为了识别和监测过程的状态，需要建立相应状态的模型。化学计量学是信号的提取和解析、化学建模的有力工具。

7.2　传感器及其在过程分析中的作用

传感器(sensor)是一种能感受到被测量物的物理或化学的信息，并按一定规律将其转换成某种性质的输出信号的装置。传感器是实现自动检测和自动控制的重要环节。

7.2.1　传感器的分类

传感器按原理可分为物理传感器(physical sensor)(压力传感器、温度传感器、液位传感器、湿度传感器、流量传感器、溶解氧传感器、酸度传感器、光纤传感器)、化学传感器(chemical sensor)、生物传感器(利用微生物、酶等活性物质将待测物转化为能被已有成熟的传感器所感知的物质再进行检测，常用酶电极和微生物电极)。按照基本的传感模式又分为热化学传感器、质量型传感器、电化学传感器和光化学传感器。

化学传感器由分子识别原件(感受器)和转换部分(换能器)组成。分子识别元件用来识别被测对象，引起某种物理或化学变化，很大程度上决定着传感器的选择性。当分子识别元件与被识别物相接触，可以发生光变化、热变化、化学变化以及直接诱导电信号。前几种变化可以通过转换部分转变为电信号，然后利用电学测量方法进行检测和控制。

7.2.2　光纤传感器

随着半导体激光、光导纤维和光学技术的发展，基于光学原理的传感器的应用越来越多，尤以光纤(optical fiber)传感器引人注目。光纤由石英、玻璃或高分子材料制成内芯，外面包以折射率低于内芯的材料，如图 7-1 所示。当光线以小角度入射到光纤的端面上时，光线在纤芯和包层的界面上通过衰减全反射(attenuated total reflectance, ATR)在光纤中传输。光纤与待测物质接触的一端常做成探头，直接或间接地与待测物质作用后，光的性质或强度发生变化，从而达到检测目的。近红外光谱技术中的光纤探头如图 7-2 所示。

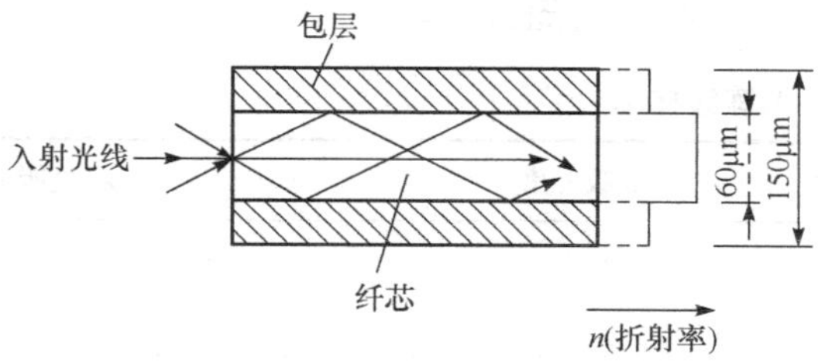

图 7-1　光纤中的全反射

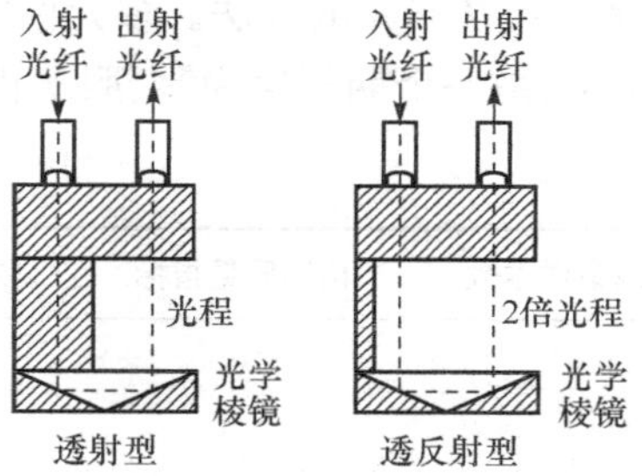

图 7-2　光纤探头结构示意图

光纤的应用使光谱仪器从实验室走向现场，通过在线分析实现对工艺过程的在线控制。光谱技术与光纤结合的优越性主要表现在以下方面：

(1) 光纤传感器具有很高的传输信息容量，可以同时反映出多元成分的多维信息，并通过波长、相位、衰减分布、偏振和强度调制、时间分辨、收集瞬时信息等加以分辨，实现多道光谱分析和复合传感器阵列的设计，达到对复杂混合物中特定分析对象的检测。

(2) 通过光纤的长距离传输可实现生产过程的快速在线检遥测。通过光纤，近红外光谱仪器可以远离采样现场 100m 进行在线检测，且易于多点同时测定。

(3) 可减少分析仪器的光学零件，减少光学系统的调整难度，便于分析装置的小型化。

(4) 光纤直径细，易弯曲，可直接插入生产装置的非整直、狭小的空间中，进行原位分析和实时跟踪检测，通过光纤探头，可以方便地进行无损定位分析。

(5) 可在困难条件下或危险环境，如有毒、易燃易爆环境中采样分析。

(6) 光纤对电磁干扰不敏感，可在条件复杂的工业现场稳定工作。

(7) 光纤技术价廉、轻巧、使用寿命长、安装和维护方便。

7.3　过程分析技术中的化学计量学

过程分析常需要根据实验数据建立自变量与因变量的数学关系，如光谱分析的吸光度或反射、漫反射率数据与组分含量或浓度间的关系。常用的多元校正方法有线性校正方法和非线性校正方法两大类。

线性校正方法有多元线性回归法(multi linear regression，MLR)、主成分回归法(principal component regression，PCR)、偏最小二乘法(partial least squares，PLS)。多元线性回归法计算最为简单，但波长点的选择很讲究，取得吸光度后建立吸光度矩阵。主成分回归法为标准的常用方法，不需专门寻找建模的波长，而是用全谱数据通过因子分析来建立模型，应用较多。偏最小二乘法目前在 NIRS 中应用最多，与主成分回归法不同的是，偏最小二乘法在光谱降级的同时考虑了性质阵的作用。

非线性校正方法有：局部权重回归(LWR)、人工神经网络(ANN)，拓扑方法(TP)、支持向量机方法(SVM)等。比较有效的如人工神经网络、拓扑等方法。在此仅介绍线性校正方法。

7.3.1　多元线性回归法

多元线性回归法又称逆最小二乘法，或 P 矩阵法。

设质量指标 y 是 n 个波长处的吸光度 x 的线性函数，见表 7-1。确定 y 与 x 的关系可以采用多元线性回归的方法。多元回归是一元回归分析的发展，仍服从对观测误差的三个基本的假定：e_i是一个期望值为零、服从正态分布且相互独立的随机残差。

表 7-1　训练集样本

训练集样本数	预测质量指标	λ_1 处吸光度	λ_2 处吸光度	…	λ_n 处吸光度
	y	x_1	x_2	…	x_n
1	y_1	x_{11}	x_{12}	…	x_{1n}
2	y_2	x_{21}	x_{22}	…	x_{2n}
⋮	⋮	⋮	⋮		⋮
m	y_m	x_{m1}	x_{m2}	…	x_{mn}

设光谱矩阵为 $\boldsymbol{x}$

$$\boldsymbol{x}_{m\times n}=\begin{bmatrix} x_{11} & x_{12} & \cdots & x_{1n} \\ x_{21} & x_{22} & \cdots & x_{2n} \\ \vdots & \vdots & & \vdots \\ x_{m1} & x_{m2} & \cdots & x_{mn} \end{bmatrix} \tag{7-1}$$

则 y 可以表示为多元线性回归的一般形式

$$\begin{cases} y_1=\beta_0+\beta_1 x_{11}+\cdots+\beta_n x_{1n}+e_1 \\ y_2=\beta_0+\beta_1 x_{21}+\cdots+\beta_n x_{2n}+e_2 \\ \qquad\vdots \\ y_m=\beta_0+\beta_1 x_{m1}+\cdots+\beta_n x_{mn}+e_m \end{cases} \tag{7-2}$$

即

$$\boldsymbol{y}=\boldsymbol{X\beta}+\boldsymbol{e}$$

而 y 的预测值 $\hat{y}$：

$$\hat{\boldsymbol{y}}=\boldsymbol{X\beta} \tag{7-3}$$

其中

$$\boldsymbol{X}_{m\times(n+1)}=\begin{bmatrix} 1 & x_{11} & x_{12} & \cdots & x_{1n} \\ 1 & x_{21} & x_{22} & \cdots & x_{2n} \\ \vdots & \vdots & \vdots & & \vdots \\ 1 & x_{m1} & x_{m2} & \cdots & x_{mn} \end{bmatrix} \tag{7-4}$$

方程组(7-2)可用最小二乘法求解，确定式中各参数的估计值。最小二乘法即为使方程组(7-2)各误差平方和有极小值的一组解，即

$$Q=\sum_{i=1}^{m}[y_i-(\beta_0+\beta_1 x_{i1}+\cdots+\beta_n x_{in})]^2=\sum_{i=1}^{m}e_i^2$$

该方程共含 $n+1$ 个未知数，其解有三种情况：①当 $n+1>m$，β 有无穷多个解。②当 $n+1<m$，得不到精确的解。③$n+1=m$，此时称为正规方程组，如果 $\boldsymbol{X}$ 满秩，β 有唯一解。在此条件下，欲使 Q 有最小值，则有

$$\begin{cases} \dfrac{\partial Q}{\partial \beta_0} = -2\sum\limits_{i=1}^{m}[y_i - (\beta_0 + \beta_1 x_{i1} + \beta_2 x_{i2} + \cdots + \beta_n x_{in})] = 0 \\ \dfrac{\partial Q}{\partial \beta_1} = -2\sum\limits_{i=1}^{m}[y_i - (\beta_0 + \beta_1 x_{i1} + \beta_2 x_{i2} + \cdots + \beta_n x_{in})]x_{i1} = 0 \\ \vdots \\ \dfrac{\partial Q}{\partial \beta_n} = -2\sum\limits_{i=1}^{n}[y_i - (\beta_0 + \beta_1 x_{i1} + \beta_2 x_{i2} + \cdots + \beta_n x_{in})]x_{in} = 0 \end{cases} \tag{7-5}$$

方程组(7-5)可变形为

$$\begin{cases} \sum\limits_{i=1}^{m} y_i = \beta_0 m + \beta_1 \sum\limits_{i=1}^{m} x_{i1} + \beta_2 \sum\limits_{i=1}^{m} x_{i2} + \cdots + \beta_n \sum\limits_{i=1}^{m} x_{in} \\ \sum\limits_{i=1}^{m} x_{i1} y_i = \beta_0 \sum\limits_{i=1}^{m} x_{i1} + \beta_1 \sum\limits_{i=1}^{m} x_{i1}^2 + \beta_2 \sum\limits_{i=1}^{m} x_{i1} x_{i2} + \cdots + \beta_n \sum\limits_{i=1}^{m} x_{i1} x_{in} \\ \vdots \\ \sum\limits_{i=1}^{m} x_{in} y_i = \beta_0 \sum\limits_{i=1}^{m} x_{in} + \beta_1 \sum\limits_{i=1}^{m} x_{in} x_{i1} + \beta_2 \sum\limits_{i=1}^{m} x_{in} x_{i2} + \cdots + \beta_n \sum\limits_{i=1}^{m} x_{in}^2 \end{cases} \tag{7-6}$$

得上式右边的系数组矩阵为

$$\begin{bmatrix} m & \sum x_{i1} & \cdots & \sum x_{in} \\ \sum x_{i1} & \sum x_{i1}^2 & \cdots & \sum x_{i1} x_{in} \\ \vdots & \vdots & & \vdots \\ \sum x_{in} & \sum x_{i1} x_{in} & \cdots & \sum x_{in}^2 \end{bmatrix} = \boldsymbol{X}^{\mathrm{T}} \boldsymbol{X}$$

而其左边为

$$\begin{bmatrix} \sum y_i \\ \sum x_{i1} y_i \\ \vdots \\ \sum x_{in} y_i \end{bmatrix} = \boldsymbol{X}^{\mathrm{T}} \boldsymbol{y}$$

故式(7-6)以矩阵表达为

$$\boldsymbol{X}^{\mathrm{T}} \boldsymbol{y} = \boldsymbol{X}^{\mathrm{T}} \boldsymbol{X} \boldsymbol{\beta} \tag{7-7}$$

当 $\boldsymbol{X}^{\mathrm{T}}\boldsymbol{X}$ 有逆矩阵 $(\boldsymbol{X}^{\mathrm{T}}\boldsymbol{X})^{-1}$ 时,系数向量 $\boldsymbol{\beta}$ 的估计值为

$$\boldsymbol{\beta} = (\boldsymbol{X}^{\mathrm{T}} \boldsymbol{X})^{-1} \boldsymbol{X}^{\mathrm{T}} \boldsymbol{y} \tag{7-8}$$

注意:若 $\boldsymbol{X}$ 的行间或列间存在相关性,则 $\boldsymbol{X}^{\mathrm{T}}\boldsymbol{X}$ 为病态(也称线性相关或奇异),则其逆将不可能正确。应尽可能使 $\boldsymbol{X}$ 的各行(或各列)线性无关:一般按正交设计或其他实验设计原则安排 $\boldsymbol{X}$ 矩阵,有利于多元线性回归法求解。

将式(7-8)代入式(7-3),得

$$\hat{\boldsymbol{y}} = \boldsymbol{X}\boldsymbol{\beta} = \boldsymbol{X}(\boldsymbol{X}^{\mathrm{T}} \boldsymbol{X})^{-1} \boldsymbol{X}^{\mathrm{T}} \boldsymbol{y} \tag{7-9}$$

可见，多元线性回归确定系数向量实际上转化为原始数据矩阵 $\boldsymbol{X}$、$\boldsymbol{y}$ 的运算。

实验值 y_i 与其拟合值 $\hat{y}_i$ 可能相符，也可能相差很大。因此需对拟合结果的优劣进行统计检验。常用复相关系数 r 来评价拟合值 $\hat{y}_i$ 实验数据 y_i 之间的关系。

$$\boldsymbol{y}\text{ 的数据波动}=SS_T=SS_{Reg}+SS_{Res}$$

式中，SS_T 为 $\boldsymbol{y}$ 的总方差和；SS_{Reg} 为回归方差和，即各自变量变化而引起的 y 的波动；SS_{Res} 为残余方差和，即随机误差或其他未知因素引起的 y 的波动。

$$SS_T=\sum_{i=1}^{m}(y_i-\bar{y})^2=\sum_{i=1}^{m}(\hat{y}_i-\bar{y})^2+\sum_{i=1}^{m}(y_i-\hat{y}_i)^2=SS_{Reg}-SS_{Res} \tag{7-10}$$

复相关系数定义为

$$r=\sqrt{\frac{SS_{Reg}}{SS_T}}=\sqrt{1-\frac{SS_{Res}}{SS_T}} \tag{7-11}$$

通常，$0<r<1$，r 越接近 1，y 与各自变量相关关系越好。

当 $SS_{Res}=0$ 时，即 $r=1$，说明 y 与 x_i 之间完全按线性关系变化，y 的方差全部是由 n 个自变量贡献的，因而各自变量与 y 完全相关。

当 $SS_{Reg}=0$ 时，即 $r=0$，说明全部自变量对 y 的方差没有贡献，y 与各自变量无关。

多元线性回归法优点：适用于线性关系特好的简单体系，不需考虑组分间相互干扰的影响，计算简单，公式含义清晰。

多元线性回归法的局限性：参与回归的变量数(波长点数)不能超过校正集的样本数，波长数量受限，难免丢失部分有用光谱。光谱阵 $\boldsymbol{X}$ 常存在共线性：$\boldsymbol{X}$ 中至少有一列或行是其他几列或行的线性组合，使 $\boldsymbol{X}^T\boldsymbol{X}$ 为零或接近零，成病态矩阵；因回归过程中未考虑 $\boldsymbol{X}$ 矩阵存在的噪声，常导致过度拟合，从而在一定程度上降低了模型的预测能力。

因上述问题，多元线性回归法的重要任务就是如何选择参加回归的波长变量，逐步回归和岭回归就是为解决这些问题发展起来的。但实际中，从几百甚至上千个波长变量中，筛选十几至几十个变量，工作量巨大。

7.3.2 主成分分析

主成分分析(principal component analysis，PCA)是化学模式识别中最常用的线性映射(线性变换)方法，也是定量分析多元校正方法中的主成分回归法和偏最小二乘法的基础。

在实证问题研究中，为全面、系统地分析问题，需考虑众多影响因素(也称变量)。因为各变量都不同程度地反映了所研究问题的某些信息，且变量间彼此有一定的相关性，因而所得的统计数据反映的信息有一定的重叠。用统计方法研究多变量问题时，变量太多会增加计算量和分析问题的复杂性。因此，人们希望在分析解决问题的过程中，涉及的变量较少，得到的信息量较多。

1. 主成分分析的思路

基于上述减少变量的思路，主成分分析的核心是将数据降维，即将许多相关性很高的原始变量转化成彼此相互独立或不相关的少数几个综合变量，用较少的新变量尽可能多地表征原变量的数据特征而不丢失信息，并消除众多信息中共存的相互重叠部分。

主成分分析可以这样进行：用原始数据（样本点）的 m 个变量 x 经线性组合（或映射）得到若干个相互正交（相互线性无关）的新变量（主成分）。这种映射可以看成样本点在新的多维模式空间的位置分布。若仍应用得到的所有主成分去分析解决问题，则无法实现降维，有违初衷。从概率统计可知，随机变量的方差越大，该变量所含信息就越多。所以要以样本点在空间中变化最大方向（方差最大方向）作为判别矢量，方差最大的为第一主成分，其余类推。仅选取方差大的少数几个新变量（主成分）去分析解决问题（一般取方差大的两主成分构成判别平面），就可以达到降维的目的。方差为零的变量为一常数，无任何信息。

2. 主成分的算法

化学中，PCA 的算法有：非线性迭代偏最小二乘（nonlinear itrative partial least squares，NIPALS）法、协方差矩阵分解法、奇异值分解法等。

1）基于样本协方差矩阵的算法或基于样本相关系数矩阵的算法

对于 m 个变量 x_1、x_2、x_3、…、x_m的 n 次观测值组成的数据矩阵

$$\boldsymbol{X}=\begin{bmatrix} x_{11} & x_{12} & \cdots & x_{1m} \\ x_{21} & x_{22} & \cdots & x_{2m} \\ \vdots & \vdots & & \vdots \\ x_{n1} & x_{n2} & \cdots & x_{nm} \end{bmatrix}=(x_1,x_2,\cdots,x_m) \tag{7-12}$$

其中

$$\boldsymbol{x}_j=\begin{bmatrix} x_{1j} \\ x_{2j} \\ \vdots \\ x_{nj} \end{bmatrix} \qquad j=1,2,\cdots,m$$

主成分分析就是将 m 个观测变量 x 综合成 m 个新的变量 p（综合变量），即

$$p_1=\nu_{11}x_1+\nu_{12}x_2+\cdots+\nu_{1m}x_m$$

$$p_2=\nu_{21}x_1+\nu_{22}x_2+\cdots+\nu_{2m}x_m$$

$$\vdots$$

$$p_m=\nu_{m1}x_1+\nu_{m2}x_2+\cdots+\nu_{mm}x_m$$

简写为

$$p_i=\nu_{i1}x_1+\nu_{i2}x_2+\cdots+\nu_{im}x_m \qquad i=1,2,3,\cdots,m \tag{7-13}$$

将线性变换中的系数矩阵记为 $\mathbf{V}$

$$\boldsymbol{V}=\begin{bmatrix} \nu_{11} & \nu_{12} & \cdots & \nu_{1m} \\ \nu_{21} & \nu_{22} & \cdots & \nu_{2m} \\ \vdots & \vdots & & \vdots \\ \nu_{m1} & \nu_{m2} & \cdots & \nu_{mm} \end{bmatrix}=\begin{bmatrix} \boldsymbol{\nu}_1 \\ \boldsymbol{\nu}_2 \\ \vdots \\ \boldsymbol{\nu}_m \end{bmatrix}$$

新变量 p 的列向量记为

$$\boldsymbol{P}=\begin{bmatrix} p_1 \\ p_2 \\ \vdots \\ p_m \end{bmatrix}$$

由此，变换可写为

$$\boldsymbol{P}=\boldsymbol{X}\boldsymbol{V}^{\mathrm{T}}$$

将 $\boldsymbol{V}$ 确定出来，就完成了线性变换。根据主成分分析的思想，可有两个约束条件：

(1) 对于任意两个主成分 p_j 和 p_i

$$\nu_{j1}\nu_{i1}+\nu_{j2}\nu_{i2}+\cdots+\nu_{jm}\nu_{im}=0$$

(2) 对于任一主成分 p_i

$$\nu_{i1}^2+\nu_{i2}^2+\cdots+\nu_{im}^2=1$$

约束条件(2)表明

$$\boldsymbol{v}_i\boldsymbol{v}_i^{\mathrm{T}}=1 \quad 或 \quad \boldsymbol{V}^{\mathrm{T}}\boldsymbol{V}=\boldsymbol{I}$$

式中，$\boldsymbol{V}^{\mathrm{T}}$ 为 $\boldsymbol{V}$ 的转置矩阵；$\boldsymbol{I}$ 为单位矩阵。

表明在 m 维空间内，新变量的系数是一个 m 维矢量。各矢量互为正交，矢量为单位长度。可以将新变量的协方差阵 $\boldsymbol{C}_p$ 表示为原变量的协方差阵 $\boldsymbol{C}_x$ 的函数：

$$\boldsymbol{C}_p=\sum_{j=1}^{m}\sum_{k=1}^{m}\nu_{ij}\left(\frac{1}{n}\sum_{i=1}^{m}x_{ij}x_{ik}\right)\nu_{1k}=\sum_{j=1}^{m}\sum_{k=1}^{m}\nu_{1j}c_{x,jk}\nu_{1k}=\boldsymbol{V}\boldsymbol{C}_x\boldsymbol{V}^{\mathrm{T}}$$

式(7-13)可进一步表示为

$$\boldsymbol{p}_i=\nu_{i1}x_1+\nu_{i2}x_2+\cdots+\nu_{im}x_m=[\boldsymbol{x}_1,\boldsymbol{x}_2,\cdots,\boldsymbol{x}_m]\begin{bmatrix} \nu_{i1} \\ \nu_{i2} \\ \vdots \\ \nu_{im} \end{bmatrix}=\boldsymbol{X}\boldsymbol{v}_i^{\mathrm{T}}$$

为了简便，$\boldsymbol{p}_i$ 和 $\boldsymbol{v}_i$ 分别用 $\boldsymbol{p}$ 和 $\boldsymbol{v}$ 表示，得

$$\boldsymbol{p}=\boldsymbol{X}\boldsymbol{v}^{\mathrm{T}}$$

为了计算使方差最大的变换矢量，可以利用拉格朗日乘子法定义函数：

$$S=\boldsymbol{p}^{\mathrm{T}}\boldsymbol{p}+\lambda(1-\boldsymbol{v}\boldsymbol{v}^{\mathrm{T}})=\boldsymbol{v}\boldsymbol{X}^{\mathrm{T}}\boldsymbol{X}\boldsymbol{v}^{\mathrm{T}}+\lambda(1-\boldsymbol{v}\boldsymbol{v}^{\mathrm{T}})$$

式中，λ 称为拉格朗日乘子。使新变量 $\boldsymbol{p}$ 的方差最大就是求解 $\boldsymbol{v}^{\mathrm{T}}$ 使 S 为最大，用求极值方法来解，为此

$$\frac{\partial S}{\partial \boldsymbol{v}^{\mathrm{T}}}=\frac{\partial[\boldsymbol{v}\boldsymbol{X}^{\mathrm{T}}\boldsymbol{X}\boldsymbol{v}^{\mathrm{T}}+\lambda(1-\boldsymbol{v}\boldsymbol{v}^{\mathrm{T}})]}{\partial \boldsymbol{v}^{\mathrm{T}}}=2\boldsymbol{X}^{\mathrm{T}}\boldsymbol{X}\boldsymbol{v}^{\mathrm{T}}-2\lambda\boldsymbol{v}^{\mathrm{T}}=0$$

则

$$\boldsymbol{X}^{\mathrm{T}}\boldsymbol{X}\boldsymbol{v}^{\mathrm{T}}=\lambda\boldsymbol{v}^{\mathrm{T}}$$

$\boldsymbol{X}^{\mathrm{T}}\boldsymbol{X}$ 即为原始数据矩阵的协方差矩阵：$\boldsymbol{X}^{\mathrm{T}}\boldsymbol{X}=\boldsymbol{C}_x$，将其代入上式，得

$$\boldsymbol{C}_x\boldsymbol{v}_1^{\mathrm{T}}=\lambda_1\boldsymbol{v}_1^{\mathrm{T}}$$

上式左乘 $\boldsymbol{v}_1$

$$\boldsymbol{v}_1\boldsymbol{C}_x\boldsymbol{v}_1^{\mathrm{T}}=\boldsymbol{v}_1\lambda_1\boldsymbol{v}_1^{\mathrm{T}}=\lambda_1(\boldsymbol{v}_1\boldsymbol{v}_1^{\mathrm{T}})=\lambda_1$$

由以上推导可以看出，矩阵 $\boldsymbol{C}_x$ 的特征值就是主成分的方差，即需要求出它的特征值和特征向量。其中，λ_1 为特征值，对应的向量为特征向量 $\boldsymbol{v}_1$。根据约束条件，求得全部 m 个特征值

$\lambda_1,\lambda_2,\cdots,\lambda_m$及与之相应的特征向量 $\boldsymbol{v}_1,\boldsymbol{v}_2,\cdots,\boldsymbol{v}_m$，并计算得到新变量(主成分)$p_i,p_2,\cdots,p_m$。

第一主成分包含了最大偏差量，第二主成分次之，其余类推。一般取前几个主成分，即将多维空间数据降低为低维空间数据取主成分个数(l)参考式(7-14)：

$$T=\left(\sum_{i=1}^{1}\lambda_i\right)\Big/\sum_{i=1}^{m}\lambda_i \tag{7-14}$$

一般 T 高于 80%。要注意的是，不同变量间的数据差异较大时，计算前应进行标准化处理，即变量与均值之差被标准差除。也就是说，使用相关矩阵替代上述的协方差矩阵。

(1) 基于样本协方差矩阵的算法。

第一步：在实际问题中，X 的协方差阵通常根据样本数据来计算。

$$\boldsymbol{C}_x=\left[\frac{1}{n-1}\sum_{l=1}^{m}(x_{il}-\overline{x}_i)(x_{jl}-\overline{x}_j)\right]_{m\times m}$$

第二步：由 X 的样本协方差阵 $\boldsymbol{C}_x$，求出其特征根，即解方程

$$|\boldsymbol{C}_x-\lambda\boldsymbol{I}|=0$$

可得特征根 $\lambda_1\geqslant\lambda_2\geqslant\cdots\geqslant\lambda_p\geqslant0$。

第三步：求出分别所对应的特征向量 $\boldsymbol{v}_1,\boldsymbol{v}_2,\cdots,\boldsymbol{v}_m$

$$\boldsymbol{v}_i=(\nu_{1i},\nu_{2i},\cdots,\nu_{mi})^{\mathrm{T}}$$

第四步：计算累积贡献率，给出恰当的主成分个数

$$p_i=\nu_i^{\mathrm{T}}X \qquad i=1,2,\cdots,k(k\leqslant m)$$

(2) 基于样本相关系数矩阵的算法。

如果变量有不同的量纲，则必须基于样本相关系数矩阵进行主成分分析。不同的是计算得分时应采用标准化后的数据。

计算相关系数矩阵

$$\boldsymbol{R}=\begin{bmatrix} r_{11} & r_{12} & \cdots & r_{1m} \\ r_{21} & r_{22} & \cdots & r_{2m} \\ \vdots & \vdots & & \vdots \\ r_{m1} & r_{m2} & \cdots & r_{mm} \end{bmatrix}$$

$r_{ij}(i,j=1,2,\cdots,m)$为原变量 x_i 与 x_j 的相关系数，$r_{ij}=r_{ji}$，其计算公式为

$$r_{ij}=\frac{\sum_{k=1}^{n}(x_{ki}-\overline{x}_i)(x_{kj}-\overline{x}_j)}{\sqrt{\sum_{k=1}^{n}(x_{ki}-\overline{x}_i)^2\sum_{k=1}^{n}(x_{kj}-\overline{x}_j)^2}} \tag{7-15}$$

计算特征值与特征向量

解特征方程 $|\lambda I-R|=0$，常用雅可比(Jacobi)法求出特征值，$\lambda_1,\lambda_2,\cdots,\lambda_m$，再分别求出对应于特征值 λ_i 的特征向量 $\nu_i(i=1,2,\cdots,m)$，要求 $\|\nu_i\|$，即

$$\sum_{j=1}^{p}\nu_{ij}^2=1$$

式中，ν_{ij} 表示分量 ν_i 的 j 个分量。

计算主成分贡献率及累计贡献率。计算主成分载荷。

示例 7-1　对某类生物样品中五种元素的分析结果见表 7-2，基于样本相关系数矩阵的算法进行主成分分析，并将各样品在第一主成分、第二主成分上的得分和主成分载荷表示出来。

表 7-2　某类生物样品中元素的分析结果(ppm)

样品	铜	锰	氯	溴	碘
1	8.5	0.25	1614	5.2	6.1
2	7.2	0.32	2735	65.3	3.3
3	12.5	0.39	935	50.0	2.4
4	10.2	0.36	1496	3.4	5.4
5	10.0	0.50	1045	39.2	1.9
6	6.5	0.20	2495	90.0	4.5
7	5.6	0.29	2930	88.0	5.4
8	11.6	0.42	869	43.1	1.6
9	9.1	0.3	1715	12.0	3.5
均值	9.02	0.3367	1759.3	44.02	3.79
标准偏差	2.3118	0.0915	785.7	33.06	1.645

本例中，$m=5$，$n=9$，按照式(7-12)计算得到该数据组的相关系数矩阵：

$$\boldsymbol{R}=\begin{bmatrix} r_{1,1} & r_{1,2} & \cdots & r_{1,5} \\ r_{2,1} & r_{2,2} & \cdots & r_{2,5} \\ \vdots & \vdots & & \vdots \\ r_{5,1} & r_{5,2} & \cdots & r_{5,5} \end{bmatrix}=\begin{bmatrix} 1 & & & & \\ 0.691 & 1 & & & \\ -0.9454 & -0.6922 & 1 & & \\ -0.526 & -0.2332 & 0.5927 & 1 & \\ -0.5939 & -0.7318 & 0.5443 & -0.1148 & 1 \end{bmatrix}$$

解方程 $|\lambda I-R|=0$ 可得 5 个特征值及各对应的一个特征向量：

$$\lambda_1=3.296,\quad \lambda_2=1.2176,\quad \lambda_3=0.286\,53,\quad \lambda_4=0.149\,93,\quad \lambda_5=0.049\,96$$

$$\boldsymbol{v}_1=(-0.522\,14,-0.468\,32,0.522\,52,0.282\,38,0.394\,07)$$

$$\boldsymbol{v}_2=(0.106\,02,-0.270\,16,-0.172\,32,-0.741\,81,0.579\,48)$$

$$\boldsymbol{v}_3=(0.437\,07,-0.777\,33,-0.305\,18,0.297\,04,-0.152\,87)$$

$$\boldsymbol{v}_4=(0.260\,25,0.315\,69,-0.266\,42,0.527\,33,0.695\,38)$$

$$\boldsymbol{v}_5=(0.676\,29,0.061\,672,0.730\,18,-0.060\,585,0.0446)$$

即得到 5 个主成分：

$$p_1=-0.522\,14C_{Cu}-0.468\,32C_{Mn}+0.522\,52C_{Cl}+0.282\,38C_{Br}+0.394\,07C_{I}$$

$$p_2=0.106\,02C_{Cu}-0.270\,16C_{Mn}-0.172\,32C_{Cl}-0.741\,81C_{Br}+0.579\,48C_{I}$$

$$p_3=0.437\,07C_{Cu}-0.777\,33C_{Mn}-0.305\,18C_{Cl}+0.297\,04C_{Br}-0.152\,87C_{I}$$

$$p_4=0.260\,25C_{Cu}+0.315\,69C_{Mn}-0.266\,42C_{Cl}+0.527\,33C_{Br}+0.695\,38C_{I}$$

$$p_5=0.676\,29C_{Cu}+0.061\,672C_{Mn}+0.730\,18C_{Cl}-0.060\,585C_{Br}+0.0446C_{I}$$

前两主成分所占总方差份额

$$(3.296+1.2176)/(3.296+1.2176+0.286\,53+0.286\,53+0.149\,93+0.049\,96)=85.38\%$$

采用标准化后的数据，计算各样品在第一主成分、第二主成分上的得分(图 7-3 和图 7-4)。

样品	1	2	3	4	5	6	7	8	9
PC_1上得分	0.6864	1.2098	−1.8889	−0.5221	−2.0261	2.3209	2.5514	−2.1336	−0.2027
PC_2上得分	1.9488	−0.8982	−0.4408	1.5217	−0.8382	−0.6549	−0.6954	−0.6832	0.7381

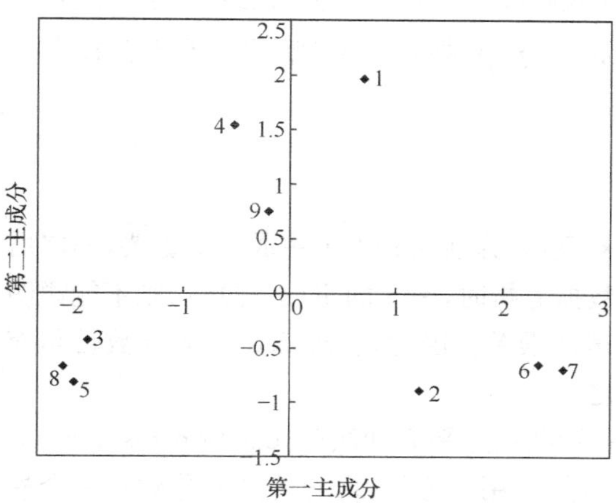

图 7-3　样品数据(标准化后)的主成分得分

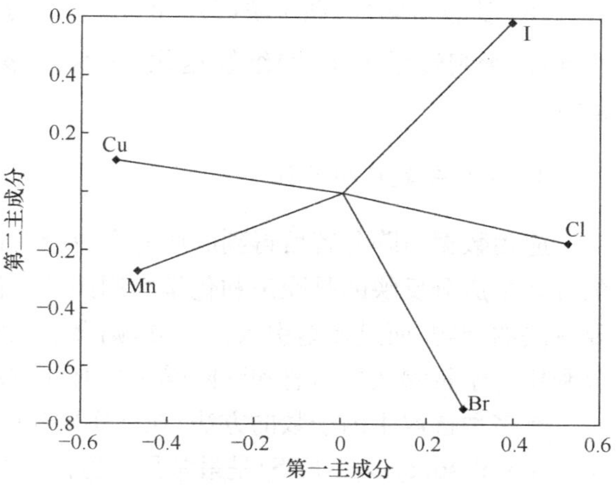

图 7-4　样品数据的主成分载荷

2) 非线性迭代偏最小二乘法

化学中，PCA 常采用非线性迭代偏最小二乘(NIPALS)法。对于 m 个变量的 n 次观测值组成一个矩阵[式(7-12)]，设 $\boldsymbol{X}_{n\times m}$的秩为 r[$r<\min(n,m)$]，可将 $\boldsymbol{X}$ 分解为 r 个秩为 1 的矩阵和：

$$\boldsymbol{X}=\boldsymbol{Z}_1+\boldsymbol{Z}_2+\boldsymbol{Z}_3+\cdots+\boldsymbol{Z}_h+\cdots+\boldsymbol{Z}_r \tag{7-16}$$

这些秩为 1 的矩阵 $\boldsymbol{Z}_h$可以表示为两个向量的外积：

$$\boldsymbol{Z}_h=\boldsymbol{t}_h\boldsymbol{p}_h^{\mathrm{T}} \tag{7-17}$$

式中，$\boldsymbol{t}_h$称为得分向量(score)，维数为 n；$\boldsymbol{p}_h$ 为载荷向量(loading)，维数为 m；$\boldsymbol{Z}_h$ 为 $n\times m$ 维矩阵。

$$\boldsymbol{X}=\boldsymbol{t}_1\boldsymbol{p}_1^{\mathrm{T}}+\boldsymbol{t}_2\boldsymbol{p}_2^{\mathrm{T}}+\cdots+\boldsymbol{t}_h\boldsymbol{p}_h^{\mathrm{T}}+\cdots+\boldsymbol{t}_r\boldsymbol{p}_r^{\mathrm{T}} \tag{7-18}$$

其矩阵形式表示为

$$\boldsymbol{X}=\boldsymbol{T}\boldsymbol{P}^{\mathrm{T}} \tag{7-19}$$

$\boldsymbol{T}$、$\boldsymbol{P}$ 分别由 $\boldsymbol{t}$ 和 $\boldsymbol{p}$ 组成。

NIPALS 方法并不能一次计算出所有主成分。它首先从 $\boldsymbol{X}_{n\times m}$ 计算出 $\boldsymbol{t}_1$ 和 $\boldsymbol{p}_1$，然后，从 $\boldsymbol{X}_{n\times m}$减去 $\boldsymbol{t}_1$ 和 $\boldsymbol{p}_1^{\mathrm{T}}$的外积 $\boldsymbol{t}_1\boldsymbol{p}_1^{\mathrm{T}}$，得到残差矩阵 $\boldsymbol{E}_1$，再用 $\boldsymbol{E}_1$计算 $\boldsymbol{t}_2$和 $\boldsymbol{p}_2$：

$$\boldsymbol{E}_1=\boldsymbol{X}-\boldsymbol{t}_1\boldsymbol{p}_1^{\mathrm{T}},\quad \boldsymbol{E}_2=\boldsymbol{E}_1-\boldsymbol{t}_2\boldsymbol{p}_2^{\mathrm{T}},\quad \cdots,\quad \boldsymbol{E}_h=\boldsymbol{E}_{h-1}-\boldsymbol{t}_h\boldsymbol{p}_h^{\mathrm{T}} \tag{7-20}$$

具体过程如下：

(1) 从 $\boldsymbol{X}_{n\times m}$中任取某列向量 $\boldsymbol{x}_j$赋值给 $\boldsymbol{t}_h$

$$\boldsymbol{t}_h=\boldsymbol{x}_j$$

(2) 计算 $\boldsymbol{p}_h^{\mathrm{T}}$

$$\boldsymbol{p}_h^{\mathrm{T}}=\boldsymbol{t}_h^{\mathrm{T}}X/\boldsymbol{t}_h^{\mathrm{T}}\boldsymbol{t}_h$$

(3) 将 $\boldsymbol{p}_h^{\mathrm{T}}$归一化

$$\boldsymbol{p}_h^{\mathrm{T}}\mathrm{new}=\boldsymbol{p}_h^{\mathrm{T}}\mathrm{old}/\parallel \mathrm{p}_h^{\mathrm{T}}\mathrm{old}\parallel$$

(4)计算 $\boldsymbol{t}_h$

$$\boldsymbol{t}_h=\boldsymbol{X}\boldsymbol{p}_h/\boldsymbol{p}_h^{\mathrm{T}}\boldsymbol{p}_h$$

(5)
$$\boldsymbol{X}=\boldsymbol{X}-\boldsymbol{t}_h\boldsymbol{p}_h^{\mathrm{T}}$$

(6) 比较步骤(4)和步骤(2)中的 $\boldsymbol{t}_h$。如果迭代收敛(两者相等,或它们之差小于阈值),停止计算,否则转置步骤(2)继续迭代。$\boldsymbol{t}_h^{\mathrm{T}}\boldsymbol{t}_h$、$\| \boldsymbol{p}_h^{\mathrm{T}} \mathrm{old} \|$、$\boldsymbol{p}_h^{\mathrm{T}}\boldsymbol{p}_h$ 都是标量(常数),即不存在求逆运算。

3. 主成分数目的估计

应用数据矩阵分解后得到的所有主成分有违初衷,因为前面若干个主成分最重要,而之后的许多主成分反映的是噪声和化学量测误差。作数据分析时,引入的主成分过少,则不能说明要解决的问题,而过多地引入主成分,则会引入噪声及误差。因此,合理确定主成分数目是充分利用化学量测数据信息和滤除噪声的有效方法之一。

有多种选取主因子数的方法,在 NIRS 分析中,预测残差平方和法(prediction residual error sum of square,PRESS)是最常用的方法。具体做法:用一定数目(d)的主成分建立一个模型,然后用这个模型对参加建模的校正集(样本数目$=n$)中每个样本进行预测,求出每个样本的预测值($Y_{p,ij}$)和已知值(y_{ij})的差,则

$$\mathrm{PRESS} = \sum_{i=1}^{n}\sum_{j=1}^{d}(Y_{p,ij} - y_{ij})^2 \tag{7-21}$$

PRESS 值越小,模型的预测能力越好。

据 PRESS 值确定主成分数目的方法又分为自预测法(self prediction)、交互校验法(cross-validation)、杠杆点预测法(leverage prediction)、验证集预测法(validation set prediction)和 PRESS 比法。

自预测法:使用校正模型对校正集样本进行预测,其 PRESS 随主成分数的增加而下降,好像所有主成分均与被测组分有关,化学量测数据不存在误差和噪声。显然,这种方法不能评价模型的实际预测能力,仅是计算速度快而已。故不详细介绍。

交互校验法:是化学计量学中最常用、最有用的一种方法。它是用校正集数据预测未知数据集的数据,以期评价模型的实际预测能力,其算法如下:

(1) 选择一个样品(如果校正集足够大、可取一小组样品),从校正集中除去该样品对应的 $\boldsymbol{x}$ 和 $\boldsymbol{y}$ 向量,并设主成分数 $f=1$。

(2) 使用剩余样品组成校正集和使用 d 个主成分建立模型。

(3) 使用步骤(2)建立的模型去预测被剔除样品的 $\boldsymbol{y}$ 值,并计算 PRESS 值。

(4) 循环迭代,$f=f+1$,返回步骤(2),直到 $f=d$(d 为数据矩阵的秩)。

(5) 把被剔除的样品重新放回校正集,再从校正集中剔除另一个样品,返回步骤(1)重复计算。得到的预测残差平方和与上次计算的总预测残差平方和进行累加。重复操作,使每个样品被剔除过 1 次、且仅 1 次。通常做法是每次剔除一个样本,称为剔一法(leave-one-out),然后将同主成分数得的预测残差平方和累加。

常用 PRESS 值对主成分数目作图(称为预测残差平方和图)来定最佳主成分数。图 7-5 表明主成分数目从 0 到 7,PRESS 达到最低后又开始上升,说明最低点以后加入的主成分是与被测量无关的噪声的主成分,拟合过度,模型的预测能力降低。

交互校验法(图 7-6)较其他方法有许多优点:能有效地评估模型的实际预测能力;每次剔除的数据越少,估计的效果越好。其次有利于校正集中界外值的检测。去除界外值能改善模型的预测能力。但交互校验法每剔除一个样本需重新建立模型,因此交互校验较费时。

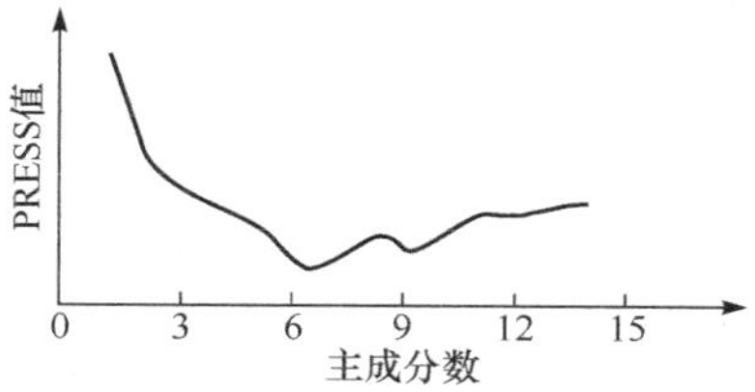

图 7-5　PRESS 对主成分数作图

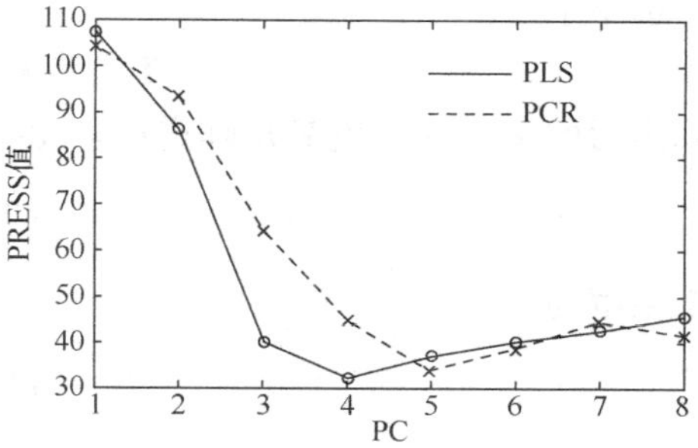

图 7-6　交互验证得到的预测残差平方和

杠杆预测法：是一种折中方法。它像自预测法一样使用整个校正集建立模型，但在预测样本时，则依据每个样本的杠杆值（对模型影响程度的一种度量）的大小，对每个样本的得分值进行校正。位于待测量极值处的样本具有较大的杠杆值，而处于均值处的样本则具有较小的杠杆值。如果某个样本的杠杆值远大于其他值，则该样本可能不能代表被测样本的实际情况。该法仅建立一次模型，省时，但使用效果没有交互校验法好。

校验集预测法：使用独立的校验集，能够很好地评价模型的准确度，使用效果与交互校验法接近。缺点是需要多的样本进行校正。

PRESS 比法：尽管交互校验对确定最佳主成分数很有用，但实际中主成分的确定并非易事。这是因为界外值对模型的预测能力的影响很大，而界外值又很难识别。PRESS 最小时，主成分数可能最佳，也可能不是最佳。这往往造成过度拟合。因此提出 PRESS 比法（也称 F 统计法）来确定最佳主成分数。

$$F(f)=\text{PRESS}(f)/\text{PRESS}(f^*)$$

f^* 为最小 PRESS 值对应的主成分数，最佳的 f 比 f^* 小，尽可能小并满足 $F(f)<F(a;n,n)$（$a=0.25$，n 为自由度）。

7.3.3　主成分回归法

主成分回归过程分为两步：主成分分析和多元线性回归。

这里自变量 $\boldsymbol{X}$ 和因变量 $\boldsymbol{Y}$ 与在多元线性回归中的规定相同，即

$$\boldsymbol{X}=\begin{bmatrix} x_{11} & x_{12} & \cdots & x_{1m} \\ x_{21} & x_{22} & \cdots & x_{2m} \\ \vdots & \vdots & & \vdots \\ x_{n1} & x_{n2} & \cdots & x_{nm} \end{bmatrix} \qquad \boldsymbol{Y}=\begin{bmatrix} y_{11} & y_{12} & \cdots & y_{1k} \\ y_{21} & y_{22} & \cdots & y_{2k} \\ \vdots & \vdots & & \vdots \\ y_{n1} & y_{n2} & \cdots & y_{nk} \end{bmatrix}$$

首先，使用 PCA 对 $\boldsymbol{X}$ 矩阵运算求出载荷矩阵 $\boldsymbol{P}$ 和得分矩阵 $\boldsymbol{T}$：

$$\boldsymbol{T}=\boldsymbol{XP}$$

$\boldsymbol{T}$ 矩阵的维数可以与矩阵 $\boldsymbol{X}$ 的相同，如果使用整个 $\boldsymbol{T}$ 矩阵参加回归，这样得到的结果和多元线性回归的结果没有多大区别。因为得分（主成分）就是新变量，它是原变量的线性组合。第一主成分反映了原变量的最大方差变化，第二主成分次之，第三主成分更次之，余类推。即前边的主成分包含了 $\boldsymbol{X}$ 矩阵的绝大部分有用信息，而后边的主成分则往往与噪声和干扰影响因素有关，因此，主成分分析中参与回归的 $\boldsymbol{T}$ 是选取前边少数主成分（得分向量）组成的矩阵，

在维数上远小于 $\boldsymbol{X}$：

$$\boldsymbol{T}_{n\times a}=\boldsymbol{X}_{n\times m}\times\boldsymbol{P}_{m\times a} \tag{7-22}$$

将降维后的 $\boldsymbol{T}$ 与因变量 $\boldsymbol{Y}$ 矩阵进行多元线性回归

$$\boldsymbol{Y}=\boldsymbol{TB}+\boldsymbol{E} \tag{7-23}$$

其最小二乘解为

$$\boldsymbol{B}=(\boldsymbol{T}^{\mathrm{T}}\boldsymbol{T})^{-1}\boldsymbol{T}^{\mathrm{T}}\boldsymbol{Y} \tag{7-24}$$

即

$$\boldsymbol{Y}_{n\times k}=\boldsymbol{T}_{n\times a}\times\boldsymbol{B}_{a\times k}+\boldsymbol{E}_{n\times k} \tag{7-25}$$

预测分析

$$\boldsymbol{Y}_{未知}=\boldsymbol{T}_{未知}\boldsymbol{B}=\boldsymbol{X}_{未知}\boldsymbol{PB} \tag{7-26}$$

主成分回归通过对参与回归的主成分的合理选取可以去掉噪声。由于 $\boldsymbol{T}$ 的各列互相正交，解决了多元线性回归中的共线问题。但是，在主成分回归中，仅对 $\boldsymbol{X}$ 矩阵进行了降维处理或矩阵分解，而对 $\boldsymbol{Y}$ 矩阵的噪声并没有考虑。通过主成分分析得到一系列主成分，但某些主成分和因变量 $\boldsymbol{y}$ 之间不一定有相关关系，因此，这样的回归结果就不一定合理。

PCR 克服了 MLR 因输入变量间严重共线性引起的不稳定算法带来的计算误差放大问题(病态)。既最大可能地利用了光谱有用信息，又通过忽略次要主成分，抑制了测量噪声对模型的影响，提高了模型的预测能力。适用于较复杂的分析体系，不需知道干扰组分的存在就可预测待测组分。

但 PCR 法计算速度比 MLR 慢，对模型的理解不如 MLR 直观，较难理解。且不能保证参与回归计算的主成分定与待测组分或性质相关。

7.3.4　偏最小二乘法

PCR 法仅对光谱矩阵 $\boldsymbol{X}$ 进行分解，以消除噪声信息。同样，浓度矩阵 $\boldsymbol{Y}$ 也含有无用信息，亦应作同样的处理，且在分解光谱矩阵 $\boldsymbol{X}$ 时应考虑浓度矩阵 $\boldsymbol{Y}$ 的影响。

PLS 就是基于以上思想提出的多元回归方法。

(1) 先对光谱矩阵 $\boldsymbol{X}$ 和浓度矩阵 $\boldsymbol{Y}$ 作分解，模型为

$$\boldsymbol{X}=\boldsymbol{TP}+\boldsymbol{E} \tag{7-27}$$

$$\boldsymbol{Y}=\boldsymbol{UQ}+\boldsymbol{F} \tag{7-28}$$

式中，$\boldsymbol{T}$ 和 $\boldsymbol{U}$ 分别为 $\boldsymbol{X}$ 和 $\boldsymbol{Y}$ 矩阵的得分矩阵；$\boldsymbol{P}$ 和 $\boldsymbol{Q}$ 分别为 $\boldsymbol{X}$ 和 $\boldsymbol{Y}$ 矩阵的载荷矩阵；$\boldsymbol{E}$ 和 $\boldsymbol{F}$ 分别为 $\boldsymbol{X}$ 和 $\boldsymbol{Y}$ 矩阵的 PLS 拟合残差矩阵，即拟合 $\boldsymbol{X}$ 和 $\boldsymbol{Y}$ 时所引进的误差。

(2) 将 $\boldsymbol{T}$ 和 $\boldsymbol{U}$ 作线性回归

$$\boldsymbol{U}=\boldsymbol{TB} \tag{7-29}$$

$$\boldsymbol{B}=\boldsymbol{T}^{\mathrm{T}}\boldsymbol{U}(\boldsymbol{T}^{\mathrm{T}}\boldsymbol{T})^{-1} \tag{7-30}$$

预测时，先根据 $\boldsymbol{P}$ 求出未知样品光谱矩阵 $\boldsymbol{X}$ 未知的得分 $\boldsymbol{T}_{未知}$，再由式(7-31)得到浓度预测值：

$$Y_{未知} = T_{未知} BQ \tag{7-31}$$

实际的 PLS 算法中，矩阵分解和回归并为一步，即 $\boldsymbol{X}$ 和 $\boldsymbol{Y}$ 矩阵的分解同行，并将 $\boldsymbol{Y}$ 的信息引入 $\boldsymbol{X}$ 分解过程中，计算每个新主成分前，将 $\boldsymbol{X}$ 的得分 $\boldsymbol{T}$ 与 $\boldsymbol{Y}$ 的得分 $\boldsymbol{U}$ 进行交换，使得到 $\boldsymbol{X}$ 主成分直接与 $\boldsymbol{Y}$ 关联。这克服了 PCR 只对 $\boldsymbol{X}$ 作分解的缺点。

7.4　过程分析采样及样品处理技术

何时采样，在什么地方采样则是由过程控制的要求所决定。影响药品生产质量的关键工艺操作点常选为采样点。例如，清开灵注射液生产的在线质控中，选取了制剂单元中的 10 个质量控制位点(图 7-7 中⊗处)。

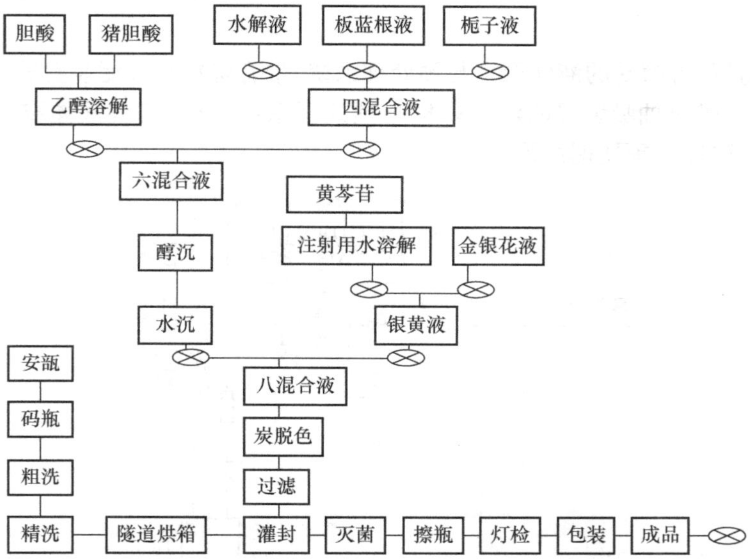

图 7-7　清开灵注射液生产过程质量控制位点

清开灵注射液配方由胆酸、猪去氧胆酸、珍珠母、板蓝根、水牛角、黄芩苷、栀子、金银花组成。胆酸、猪胆酸代替传统牛黄作为君药；水牛角代替犀角作为臣药；黄芩苷、金银花、栀子和板蓝根为佐药，珍珠母为使药。珍珠母和水牛角分别经酸、碱水解、中和，以水解液入药，主含氨基酸和无机元素。

又如，片剂的生产过程，在原料生产过程、混合过程或压片过程中取样均需设置取样点，以便分析软材混合的均匀程度，颗粒的粒径和干燥程度，压片的质量差异与崩解时限等。

为保证制药过程的连续化和自动化，在线分析一般都是自动和快速地将样品引入分析系统中。图 7-8 为输送管道中液体样品的取样阀示意图。安装在管道中不同位置的取样管可以采取管道中不同位置的液流样品。对于气体样品，不同的状态(分为常压、正压和负压三种)应采用不同的取样方法。常用的气体采样装置一般由采样管、过滤器、冷却器和气体容器等部分组成(图 7-9)。

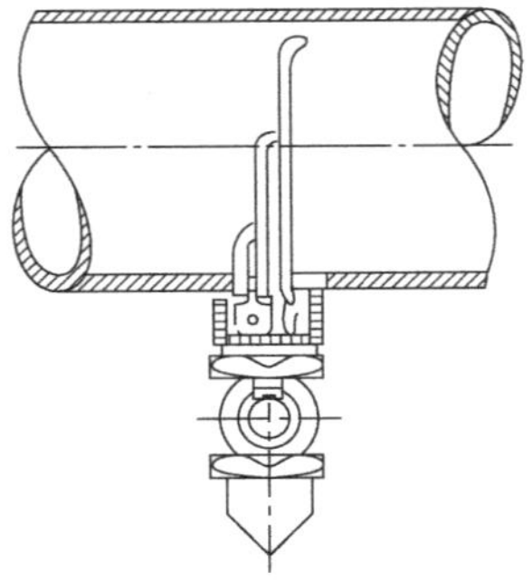

图 7-8 液体样品采样阀

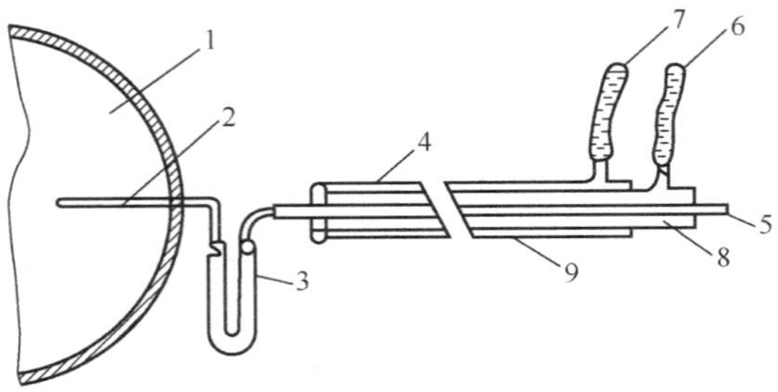

图 7-9 气体样品采样装置

1. 气体管道或容器；2. 采样管；3. 过滤器；4. 冷却器；5. 导气管；6. 冷却水入口；7. 冷却水出口；8,9. 冷却管

对于液体物流，有简易的液体取样与预处理系统、带有稀释和过滤装置的液体取样与预处理系统(图 7-10)、带有抽吸装置的液体取样与预处理系统、反吹清洗液体取样与预处理系统和蒸汽加温液体取样与预处理系统等。

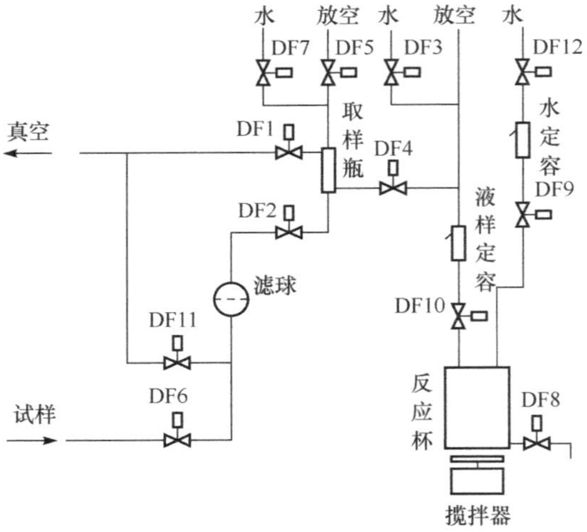

图 7-10 液体样品的稀释和过滤预处理系统

7.5 常用的制药过程分析技术

7.5.1 流动注射技术

流动注射分析(flow injection analysis，FIA)是丹麦学者 J. Ruzicka 与 E. H. Hansen 于 1975 年提出的一种微量液体试样快速自动分析技术。它能使定量分析在热力学非平衡状态下进行，因此定量分析的自动化、微型化和在线化是其主要的研究方面。后来在常规体积样品预处理上也引起了革命性的变化，使某些传统上难以或无法实现的手工操作成为可能且十分有效。

1. 基本原理

流动注射分析的基本原理如图 7-11 所示。进样阀把准确体积的样品溶液间歇而迅速地注入由蠕动泵(图 7-12)驱动的、流速一定的连续载流中。样品随载流在反应混合盘管中移动,与载流混合,并与载流中的试剂发生反应,反应产物流经检测器时被检测,记录仪读出一峰形信号(图 7-13),峰高或峰面积与试样的浓度成正比。

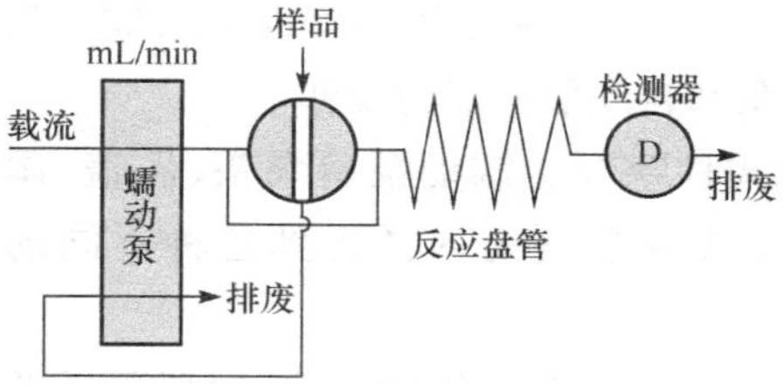

图 7-11　单管线流动注射分析系统

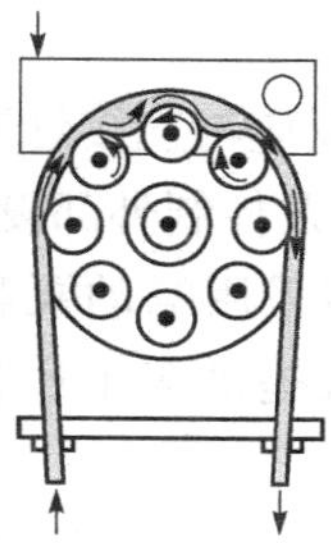

图 7-12　蠕动泵结构

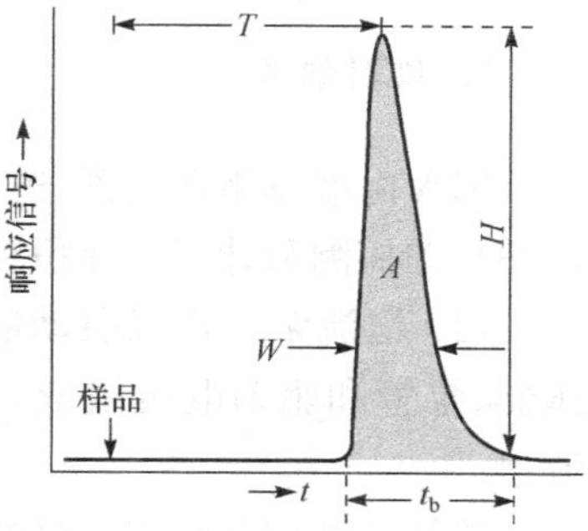

图 7-13　典型的 FIA 输出信号

在 FIA 中,载流的首要作用是推动试样塞进入反应管道,其次是尾随试样带对反应管道和检测器进行自动清洗,即把残液带走,为下一次检测做好准备。FIA 所独有的自动、简单、快速的清洗方式,也是其分析速度快的一个主要原因。在单管路 FIA 流路中载流由试剂组成时,载流还有与试样进行反应的任务。

样品与反应试剂均匀地混合以达到物理和化学的平衡状态是溶液化学分析传统的观念之一。FIA 中样品与载流(试剂)的混合通常是不完全的。然而,对于一个固定的 FIA 装置,只要载流流速不变,样品与试剂混合模式不变,在流路中同一截面上,样品的分散状态是能够重现的,即使在非稳态下也可利用同样条件下样品与对照品测试结果对比进行快速、准确的定量分析。

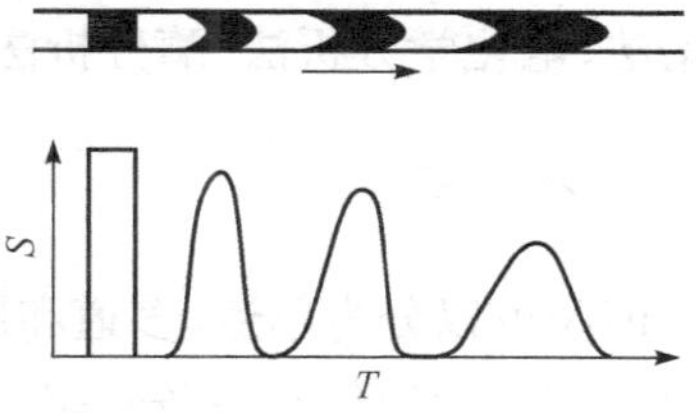

图 7-14　FIA 样品区带扩散过程

样品在 FIA 系统中的分散过程是物理稀释过程。如图 7-14 所示,当样品以塞状注入载流中的瞬间,样品中待测物质在管道中的浓度分布呈矩形。样品带随载流沿管路前进,在 FIA 常用的条件(管道孔径 0.5～1mm,流速 0.5～5mL/min)下,载流处于层流状态,管道中心载流的线速度为流体平均流速的两倍。由于管壁的影响,越靠近管壁的流层线速度越低。除此之外,试样前进时还同时存在对流过程与分子扩散过程,试样与载流之间逐渐相互渗透,也导致了试样带的分散。这些因素综合作用的结果使得样品在流动中沿着管道的浓度轮廓逐渐由矩形变为峰形。峰宽随着流过的管道距离的延长而增大,峰高则降低。

可见,FIA 是以下三种过程的组合:样品注入、样品带的受控分散、混合过程和反应时间高度再现。因此实现了在物理和化学非平衡动态条件下的快速测定。

试样的分散是 FIA 技术的核心问题,通常用分散系数(dispersion coefficient)D 来描述试样在反应盘管中的分散程度,即待测组分被载流稀释的倍数。D 为样品原始浓度(c_0)与分散后浓度(c)之比(c_0/c),是指导 FIA 系统条件选择的一个重要参数。显然,$D>1$。影响 D 的因素如载流流速、反应盘管长度、内径及形状、样品停留时间、试样体积、试样及试剂分子的扩散系数等。在直接测定试样固有性质(如 A、pH) 时不希望大的稀释作用,应采用低分散度($1<D<3$);对涉及化学反应的试样分析则采用中分散度($3<D<10$);对需形成扩散 pH 梯度或进行 FIA 滴定时,则采用高分散度($D>10$)。

在具体应用时,调整流路设置,改变相应部件的几何尺寸来调控分散系数。

2. 仪器组成

FIA 由液体驱动装置、进样阀、反应与连接管道、流通式检测器和工作站等部分组成。工作站自动探测和计算峰面积和高度,及控制外部设备,如泵和自动取样器的操作。

(1) 恒流泵。用以驱动液体,多采用蠕动泵和往复式柱塞泵。蠕动泵由泵头、压盖、调压器、泵管和驱动电机组成,它可以提供多个通道,通过改变泵管的内径得到各种不同的流速。

软管的结构和材料是泵的关键,要求它在不断地挤压、摩擦下有较长的寿命;对所泵送的介质如酸、碱、颗粒物的抗耐性;自始至终的自弹恢复性。

过程分析和在线监测常要求分析仪器能够稳定地长时间工作,与蠕动泵相比,往复式柱塞泵具有流速稳定性好、抗有机溶剂能力强的优点,尤其适合于在线分析。

(2) 进样阀(injection valve)。其作用是把一定体积的试样注入载流中。目前有六孔双层旋转进样阀和十六孔八通道多功能旋转阀等种类。通道多的进样阀既可完成一般的采样操作,又能实现较复杂的流路切换,更适合于在线分析。

(3) 反应与连接管道。FIA 的各主要部件之间通过管道连接,管道按作用可分为采样环、反应管道和连接导管等,常用耐腐蚀的聚四氟乙烯管或聚氯乙烯管(后者不适用于有机溶剂)。

(4) 检测器。检测器由流通池和某些传感器组成。FIA 的检测方法有分光光度法、原子光谱法、电化学分析法、酶分析法、荧光及化学发光法、免疫分析法等。

3. 操作模式

FIA 可以分为单道、多道和顺序注射(sequential injection analysis)等多种操作模式。单道模式(图 7-11)仅有一条管路,含有试剂的载液由单泵输送。单道模式仅适合于单一试剂显色,试剂消耗量大,检测灵敏度较低。多道模式(图 7-15)载液和反应试剂通过不同的管路输送,试剂与样品不是仅通过对流与扩散相混合,而是汇合到分散的样品带中,使混合更均匀。多道模式样品在载流中的分散系数较低,检测灵敏度高,而且试剂不必加在载液中,可节约成本。顺序注射模式(图 7-16)是采用一个多通道选择阀,选择阀上的各通道分别与试剂、试样、检测器等管路相连。泵按照一定的顺序将试样、试剂、载液等吸入储存管中,然后输送至检测器进行检测。顺序注射模式具有控制更加简便、易于实现集成化和自动化、试剂和试样消耗少的特点,更适合过程检测分析。

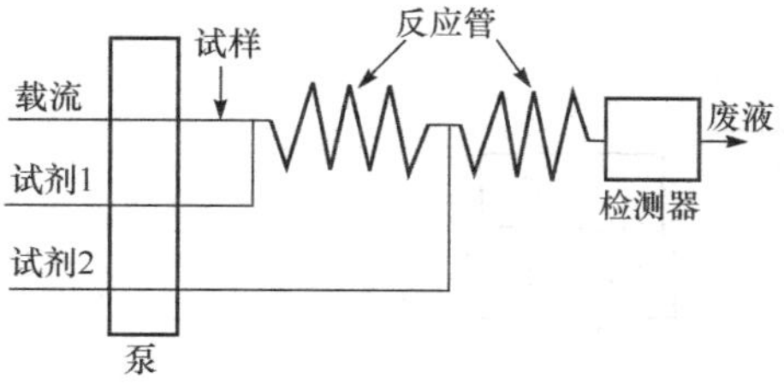

图 7-15 多道模式

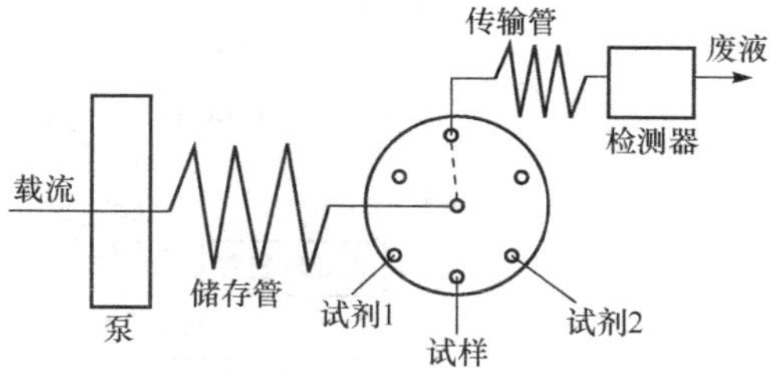

图 7-16 顺序注射模式

4. 方法特点

(1) 分析效率高。从样品注入检测器响应的时间间隔一般小于 1min。分析速度可达 100～300 样/h,包括较复杂的处理,如萃取、吸着柱分离等过程的测定也可达 40～60 样/h。

(2) 精密度好。一般 FIA 的测定精度 RSD 可达 0.5%～1%,多数优于相应的手工操作。即使是很不稳定的反应产物或经过很复杂的在线处理,如在线离子交换、萃取、共沉淀、高倍稀释等操作的流动注射分析测定精度 RSD 仍可 1.5%～3%。

(3) 消耗低。一般消耗试样为 10～200μL/测定,试剂消耗也大体相似。

(4) 适用性广。FIA 可与多种检测手段联用,既可完成简单的进样操作,又可实现诸如在线溶剂萃取、渗析、离子交换预浓集及在线消化等复杂的溶液操作自动化。

FIA 也有其不足,如因稀释效应使得灵敏度有所下降。

7.5.2 在线色谱分析技术

在线色谱也称过程色谱(process chromatography)或工业色谱(industrial chromatography),能连续对生产工艺过程的介质(原料、成品、半成品)的成分进行检测,从而实现在线监控,其应用越来越广泛。在线色谱的自动化技术核心在于在线取样、预处理、进样和相应程序控制等方面。

1. 仪器组成

在线色谱系统主要包括取样与样品预处理装置、色谱分析单元和程序控制单元等几部分。预处理装置主要包括连续采样装置和样品气化、富集、预纯化装置,其与色谱分析单元之间通过若干个六通阀实现连接和切换。

1) 取样和样品预处理装置

不同的制药工艺过程所涉及的流体性质差异很大,因此各种工艺监控系统取样和样品预处理装置也不一样,以便向色谱分析单元提供具有适当温度、压力、流量及杂质和干扰成分尽可能少、无腐蚀、不起化学反应的样品。试样预处理装置一般包括过滤器、调节器、控制阀、转子流量计、压力表和冷凝器等部分。典型的在线色谱分析系统如图 7-17 所示。

在线色谱常遇见峰重叠问题。受方法简单、快速要求的限制,在线色谱分析难以像实验室分析那样通过优化色谱条件来解决这个问题,而是常采用数学处理的方法来排除干扰。

2) 分析单元

分析单元包括进样器、色谱柱和检测系统。进样器常用六通阀。过程色谱中的进样器应

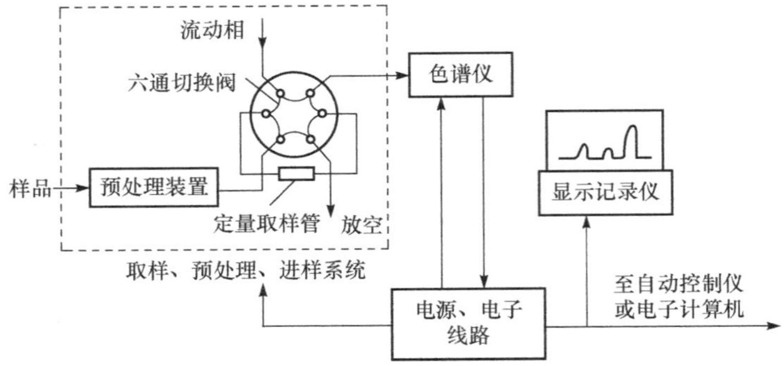

图 7-17　在线色谱系统基本组成示意图

能在 4～6atm 下进行正常工作而无泄漏，切换时间短，至少能进行上万次无故障切换，易于清洗和更换。

过程分析要求快速，但色谱分离总要持续一定的时间，所以在线色谱实质上不能进行连续分析而是间歇式循环分析，一个循环从几分钟到几十分钟不等。为达到在线分析的目的，常通过多柱切换的方法来缩短循环时间。即除分离柱外，附加一根或多根色谱柱（保留柱、储存柱和选择柱等），以提高色谱分离能力，缩短分析周期。保留柱主要起阻留试样中某些组分的作用；储存柱的作用是按照预定程序，在规定时间将某些组分排除于分析系统之外；选择柱用于排除不需测定的高浓度组分而使待分析的低浓度组分进入分离系统。色谱柱之间的切换通过切换阀来完成。切换阀按照规定的程序在分析过程将要测量的组分切入分析柱，而将无关物质排空。常用的切换阀结构有旋转活塞阀、膜片阀、环式柱塞阀和滑块式柱塞阀等。均要求切换时间短，以保证切换时流动相流量的稳定。

3）程序控制单元

程序控制单元控制在线色谱的操作，其核心部分是程序器。在按照工艺流程的监测要求来确定的分析循环周期内，程序器按照预先确定的分析程序向各部分发出动作指令，控制样品取样并进行样品预处理，完成试样注入、分析流路和色谱柱切换、信号衰减、基线校正、数据分析与存储、流路系统自动清洗等控制动作。并控制上述分析过程的循环进行。

程序器应具有良好的重现性和高度的可靠性，能长期正常运行。目前大部分程序控制单元是靠计算机来完成的。

过程分析的程序控制单元还包括信息的传输、通信。数据转换器一般采用符合现场总线基金会规范的数字通信，并通过配套的硬件设备，实时转换为符合工业领域串行通信协议（modbus）规范的标准串行数字通信。通过现场总线（fieldbus）/通用串行总线（USB）的转换器，可以非常方便地连接计算机，并通过软件迅速地得到包括色谱图在内的所有数据。利用调制解调器（modem），还能远程维护和传送数据。

2. 在线气相色谱分析系统

较成熟的在线色谱是气相色谱法。在中药提取挥发性成分的生产工艺中，或在对某些易气化的挥发性辅料进行在线监控的过程中，都有可能运用到在线气相色谱。对于气体物流有简易的气体取样与预处理系统（图 7-18）、能吸收干扰组分的气体取样与预处理系统、水抽吸的气体取样与预处理系统、隔膜泵气体取样与预处理系统和蒸汽喷射气体取样与预处理系统等。

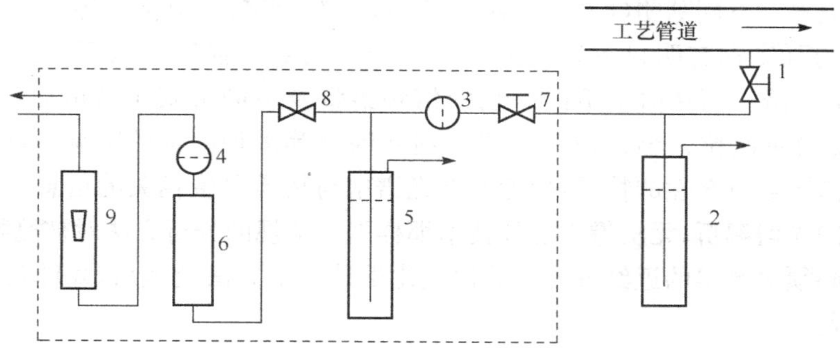

图 7-18　气体样品的预处理系统

1. 减压阀；2. 前置稳压装置；3,4. 过滤器；5. 稳压器；6. 干燥器；7,9. 调节阀；9. 转子流量计

工业在线气相色谱分析要求色谱柱系统：①样品中的组分应能获得良好分离，并能在每周期内完全流出柱子。②柱子的分离既要适用于正常的情况，也要适用于不正常情况。③必须防止不可逆或具有强吸附能力的组分进入分析柱。④柱温要比室温高出 20℃以上，以防干扰。⑤柱系统要尽量简单以便调整维护方便。⑥色谱柱的稳定性及寿命要高。

工业在线气相色谱仪多采用热导池检测器和氢火焰电离检测器，有时也用密度检测器，或与质谱联用(GC-MS)。

3. 在线液相色谱分析系统

受样品捕集、在线预处理等问题的限制，液相色谱法在过程分析中的应用不及气相色谱法普遍。近年来，一些新的样品处理方法如固相萃取(solid phase extraction，SPE)、超临界流体萃取(supercritical fluid extraction，SFE)、微透析(micro-dialysis)和膜分离(membrane separation)技术等为解决这些问题提供了新的手段，使得反相高效液相色谱、离子交换色谱、超临界流体色谱、毛细管电泳等方法在在线分析中得以应用。

另外，液相色谱技术的发展使得它更适用于过程分析。UPLC 仪通过采用超高压从而提高分析速度，直接快速检测分析复杂的多组分样品。

中药生产在线监控可应用在线液相色谱系统进行含量测定或指纹图谱分析，以获得中药提取物分离、纯化过程中的即时信息。通常，待分析料液体积较大，成分较为复杂，有效成分浓度偏低，虽可通过增加进样体积提高灵敏度，但进样体积过大(超过 100μL)会使色谱峰明显变宽而降低分离度。为此，可以采用色谱柱在线固相萃取富集、净化的方法，即大体积的样品先流经富集柱并富集在柱顶端，用流动相反向洗脱后再进分离柱进行分离。

7.5.3　近红外光谱技术

近红外光谱法是通过测定物质在近红外谱区(波长范围为 780～2500nm，波数为 12 800～4000cm^{-1})的特征光谱并利用适宜的化学计量学方法提取相关信息后，对被测物质进行定性、定量分析的一种技术，在石油、农产品、食品、制药领域中的应用发展迅速。

1. 基本原理

近红外区的光谱吸收带是有机物质中含氢基团(主要是 C—H、O—H、N—H、S—H、P—H等化学键)振动在中红外光谱区(4000～400cm^{-1})产生的基频吸收的倍频、合频和差频吸收带叠加而成的。不同基团(如甲基、亚甲基、苯环等)或在不同化学环境中同一基团的近红外吸收波长与强度都有明显差别。但近红外光谱的吸收强度远低于中红外光谱的基频振动,弱 10～100 倍。而且由于不同级别的倍频谱带及不同形式组合的合频谱带的重叠,谱带复杂,且受物质颗粒大小、多态、残留试剂和湿度等多种因素的影响。近红外吸收的这种弱强度和光谱严重重叠性的特征,使近红外光谱中与物质含量相关的信息很难直接提取出来并给予合理的光谱解析,无法像中红外技术那样采用常规的分析方法对被测物质进行定性、定量分析。而必须对测得的近红外光谱数据经化学计量学方法处理后,才能对被测物质进行定性、定量分析。

2. 测定模式

近红外光谱的常规分析技术分为透射光谱和反射光谱两类。

透射光谱一般用于均匀透明的真溶液或固体样品,吸光度与光程及样品的浓度之间遵守朗伯-比尔定律。样品置于光源与检测器之间。对固体透光率的测量要选择合适的采样附件。另一种透射测试为透反射,检测器和光源在样品的同侧,用镜子或一个漫反射的表面将穿透样品的光反射回样品。这两种情况,结果可以由透光率(T)或吸光度(A)表示。

$$A=-\lg T=\lg \frac{1}{T}=\lg \frac{1}{I_0/I}=\lg \frac{I_0}{I} \tag{7-32}$$

式中,I_0为入射光强度;I 为透射光强度。

近红外光谱漫反射光谱分析一般用于固体和半固体样品,测量的是反射率(R),即从样品漫反射回的光强度(I),与由背景或参考物质表面反射回的光强度(I_r)的比率。样品置于适宜的装置中,近红外光进入物质内部一定距离,一部分光被样品的倍频及合频振动所吸收,未被吸收的光由样品反射回检测器。典型的近红外反射光谱可以通过计算,并以 $\lg(1/R)$ 对波长或波数作图得到。

$$R=I/I_r$$

$$A_R=\lg(1/R)=\lg(I_r/I) \tag{7-33}$$

3. 仪器组成

在线近红外光谱分析系统的硬件主要包括光谱仪、自动取样系统、样品预处理系统、测样装置、数控系统等部分。

1) 光谱仪

近红外光谱仪分为分光型与非分光型仪器两类。分光型近红外光谱仪由光源、单色器、检测器、数据处理和评价系统等组成。常用的单色器有光栅型、棱镜型和声光可调型。光栅型近红外光谱分析仪如图 7-19 所示。

非分光型近红外光谱仪,如傅里叶变换近红外光谱仪,则用干涉仪代替单色器。光源常用稳定的、高强度的石英卤素钨灯。检测器由光敏元件构成,常用的材料有硅、硫化铅、砷化铟、铟镓砷、汞镉碲和氘代硫酸三甘肽等,其作用是将光信号转变为电信号,并通过模数转换器以数字信号形式输出。检测器有单通道和多通道两种检测方式。前者是经过光谱扫描,逐一接受每个波长下的光信号;后者则是同时接受指定光谱范围内的光信号。

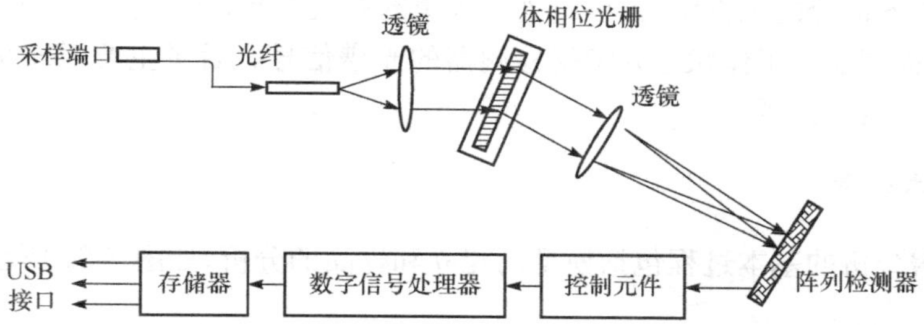

图 7-19　在线近红外光谱分析系统示意图

2）取样系统

对于液体样品，主要有两种取样方式：泵抽采样和压差引样。泵抽采样（图 7-20）是通过在旁路上附加泵来实现的，多用于取样点与测样装置（如流通池）之间无压力差的过程。压差引样则要求取样点与测样装置之间存在压力差，靠该压力差将主管线或装置中的样品经旁路引入测样装置。固体样品的取样系统也有两种方式，靠重力输送的被动方式和靠压缩空气或电动输送带传输的主动方式。

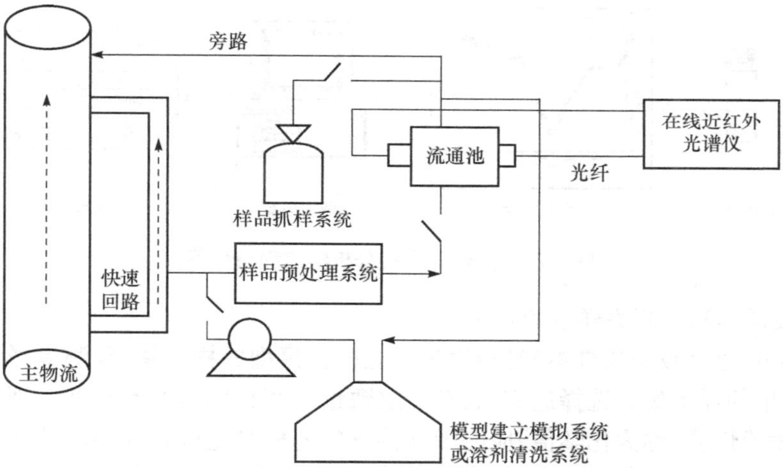

图 7-20　在线近红外光谱监测旁路取样装置示意图

3）测样装置

液体透射池、光纤探头、积分球是常用的测样装置。用于液体的测样装置主要有流通池和插入式光纤探头两种。将光纤探头或流通池直接安装到生产装置或管线中是一种无需取样（或可认为两者结合为一体）的原位测量方式，光纤探头的滞后时间小。流通池主要用于流动性好、以透射方式测量的样品。由于流通池光程较短，容积小，不能通过大量液体，一般不将流通池直接安装到主管线上，而是通过管线将物料引入置于光谱仪内部的流通池中。此时由于不使用光纤，光通量损失小，光谱质量相对较高。也可以通过光纤将流通池安装到采样点附近，采用旁路方式从主管线取样，旁路可嵌入不同的样品预处理装置，用来调节压力、温度等参数。

固态粉末、颗粒样品的测定常使用积分球。

4）控制及数据处理分析系统

一般由仪器控制、采集和光谱处理分析两个软件系统和相应的硬件设备构成。前者主要功能是控制仪器各部分的工作状态，设定光谱采集的有关参数，如光谱测量方式、扫描次数、扫描范围等，设定检测器的工作状态并接受检测器的光谱信号。后者主要对所采集的光谱进行处理，实现定性或定量分析。

4. 分析基本流程

近红外光谱分析的基本过程包括模型的建立和样品的分析，如图 7-21 所示。

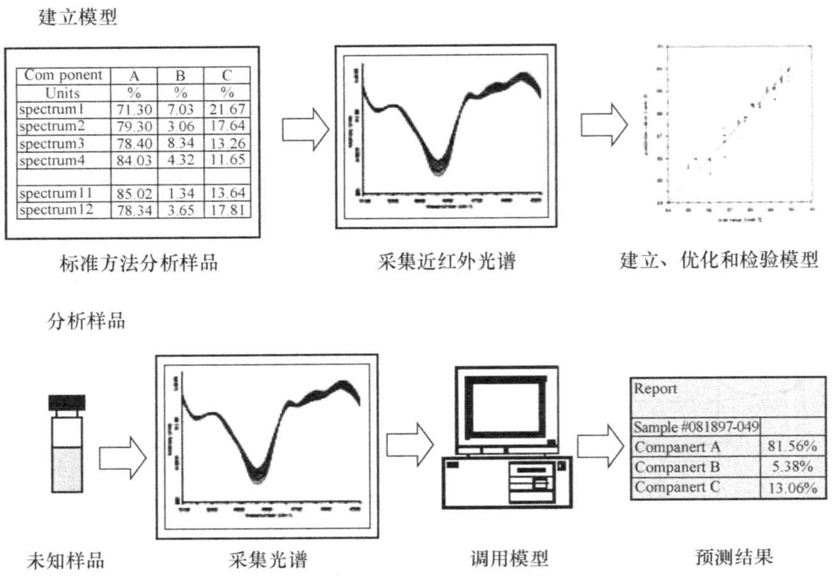

图 7-21　近红外光谱分析的流程与步骤

1）训练集样本和预测集样本的收集

训练集样本（也称校正集样本）是指用来建立校正模型的样本集；预测集样本是指用来验证校正模型效果的样本集。选择适宜的、有一定数量训练集样本非常重要。训练集样品要有代表性，其浓度或性质（称为化学值）应能涵盖待分析的样品范围。样品的分析背景（如水分、pH 和辅料等）应与实际样品尽量一致，否则实测时背景干扰将非常严重，导致模型适用性差甚至不能使用。训练集应尽量包括具有充分代表性的样品。

2）对照方法测定标准值

近红外光谱分析的准确度取决于模型的准确度，而模型的准确度很大程度上取决于对照方法测量结果的准确性。因此，应选择公认的或经严格验证的方法作为对照分析方法准确测定训练集样本的化学值。

3）光谱采集

采集液体样品的近红外吸收信号常用样品管和流通池。采集固体样品的信号常用两种方法，即积分球样品杯和固体光纤探头。积分球样品杯可收集各个方向的漫反射光，同时积分球器件在样品光谱扫描期间以匀速旋转，带动样品充分接受光源的照射，并用多次扫描的平均光谱作为最终输出，从而可获得较高信噪比的光谱。

4）建模波数范围优化选择

用全谱计算，工作量大。实际上，样品的某些光谱区信息很弱，与组成或性质间无相关性。为找出最有效光谱区域，每隔一定波数建立模型，计算相关系数 r 及 SEP、RMSEP，作 r-λ 的相关图。选 r 较大的光谱区域，即包含有用信息的波段，剔除干扰波段。

相关系数(r)：

$$r^2 = 1 - \frac{\sum (C_i - \hat{C}_i)^2}{\sum (C_i - C_m)^2} \tag{7-34}$$

式中，C_i 为对照分析方法的测量值；$\hat{C}_i$ 为 NIRS 模型预测的结果；C_m 为 C_i 的均值；m 为用于检验模型的验证集样本数。

不清楚组成或性质数据时，也可对训练集样本的光谱(或预处理后的光谱)进行方差处理，光谱变化最明显的区域对应光谱信息最丰富区域。

5) 光谱预处理

NIRS 分析的误差主要来自高频随机噪声、基线漂移、信号本底、样品不均匀与光散射等。为克服各种干扰，从光谱中充分提取有效特征信息，筛选用于建立校正模型的波数范围，必须对光谱进行预处理。常用的方法有平滑处理、微分处理、归一化处理、小波变换等。

6) 定性分析

近红外光谱谱带较宽，特征性不强，因此很少像紫外光谱和中红外光谱那样用于化合物基团的识别及结构的鉴定。近红外光谱的定性分析一般是用于确定分析样品在已知样品集中的位置。常用的方法包括：

(1) 判别分析法。判别分析法是经典的定性识别方法，基本思路是相同样品具有相近的光谱吸收，这种光谱间的比较可以是原始光谱，也可以是经过处理的光谱。

(2) 主成分分析法。主成分分析法是将多波长下的光谱数据压缩到有限的几个因子空间内，再以样品在各因子空间的得分确定其归属类别。

(3) 马氏距离法。马氏距离(Mahalanobis distance，MD)是通过多波长下的光谱距离定量描述出测量样本离校正集样本的位置，因而在光谱匹配异常点检测和模型外推方面都很有用。马氏距离用 $\mathbf{V}$ 表示协方差矩阵，它的元素用 v_{ij} 表示：

$$v_{ij} = \frac{1}{n-1}\sum_{k=1}^{n}(x_{ki} - \bar{x}_i)(x_{kj} - \bar{x}_j)$$

式中，n 为变量数。如果 $\mathbf{V}$ 的逆矩阵存在，则马氏距离为

$$D_{ij} = (x_i - x_j)\mathbf{V}^{-1}(x_i - x_j)' \tag{7-35}$$

(4) 欧氏距离法。欧氏距离法是通过比较已知样品和未知样品谱图间的差异来进行定性。用欧氏距离 D 来表示两谱图 a、b 间的光谱距离，D 越小，谱图越相似。

$$D = \sqrt{\sum_k [a(k) - b(k)]^2} \tag{7-36}$$

式中，$a(k)$和 $b(k)$分别为谱图 a、b 在选定的波长处的纵坐标值(如吸光度值)。

7) 定量校正模型的建立

利用化学计量学算法，建立优选光谱区的光谱信息与含量或性质间的数学关系(称为校正模型)。常用的建模方法有多元线性回归、主成分回归和偏最小二乘回归(partial least squares regression，PLSR)等。目前，一般的商用 NIRS 仪器均带有常用的定性和定量分析方法。一些统计软件(如 SAS、SPSS 与 S-PLUS 等)中也包含简单的多元校正算法(如 MLR、PCR 和逐步回归等)。

8) 校正模型的评价

对建立起来的模型必须通过预测集(或称验证集)样本的预测来判断校正模型的质量，选

择最佳的校正模型。一般采用以下统计验证指标来评定。

相关系数(correlation coefficient)r^2，r^2越接近 1，校正模型的预测值与对照分析方法测定值之间的相关性越强。

交叉验证误差均方根(root mean square error of cross validation，RMSECV)，计算公式为

$$\mathrm{RMSECV}=\sqrt{\frac{\sum(\hat{C}_i-C_i)^2}{n-p}} \tag{7-37}$$

校正误差均方根(root mean square error of calibration，RMSEC)，计算公式为

$$\mathrm{RMSEC}=\sqrt{\frac{\sum(\hat{C}_i-C_i)^2}{n}} \tag{7-38}$$

预测误差均方根(root mean square error of prediction，RMSEP)，计算公式为

$$\mathrm{RMSEP}=\sqrt{\frac{\sum(\hat{C}_i-C_i)^2}{m}} \tag{7-39}$$

相对预测误差(relative suspected error，RSE)，计算公式为

$$\mathrm{RSE}=\sqrt{\frac{\sum(\hat{C}_i-C_i)^2}{\sum C_i^2}}\times 100 \tag{7-40}$$

式中，n 为建模所用的训练集样本数；p 为模型所采用的因子数；C_i、$\hat{C}_i$、C_m、m 的含义同式(7-34)。

9) 样品分析

若模型的预测精度可满足使用要求，则可推广用于未知样品。测定未知样品的光谱，就可由选定的数学模型计算其对应成分的含量或性质。

5. 近红外光谱分析的特点

(1) 操作简便。NIRS 可不经前处理直接分析液体、固体粉末、半固体、胶状体等多种物态样品。不使用化学试剂、不破坏样品，进行原位测量。分析快速，获得结果不到 1min。

(2) 应用范围广。NIRS 既可定性鉴别药品的活性成分、辅料、制剂、中间产物、化学原料以及包装材料，如粒度、物料混合均匀程度的测定，片剂厚度、溶出行为、崩解模式、硬度的测定，薄膜包衣性质的测定，常用包装材料(高密度聚乙烯、聚氯乙烯、锡箔、铝塑板等)的交联度、密度、结晶度等性质的分析；也可定量测定药品活性成分、辅料、溶剂、水分。可同时测定样品的多项性能指标。还可直接测定已包装好药品中活性成分。图 7-22 为某片剂的 NIRS 图，在 1466～1480nm，片剂的活性成分含量不同，近红外吸收信号的强度明显不同。

(3) 测量信号可以远距离传输和分析。NIRS 测量信号可以用光纤远距离传输和分析，使得在线分析可以在几秒钟内完成一次光谱的采集；采用光纤多路转换器，可实现 1 台近红外光谱仪连接多条(2～6 条)光纤同时在线测定生产线上多个质量控制点，从而提高分析效率，节约分析成本。也可通过计算机控制，依次切换不同管线物料进入分析器来实现多物流分析。另外，在一些常规分析方法无法实时检测的环境，如高温、高压、剧毒、易爆等条件的样品，通过接入近红外光纤，可以方便地实现在线分析和控制，同时也简化了整个系统。

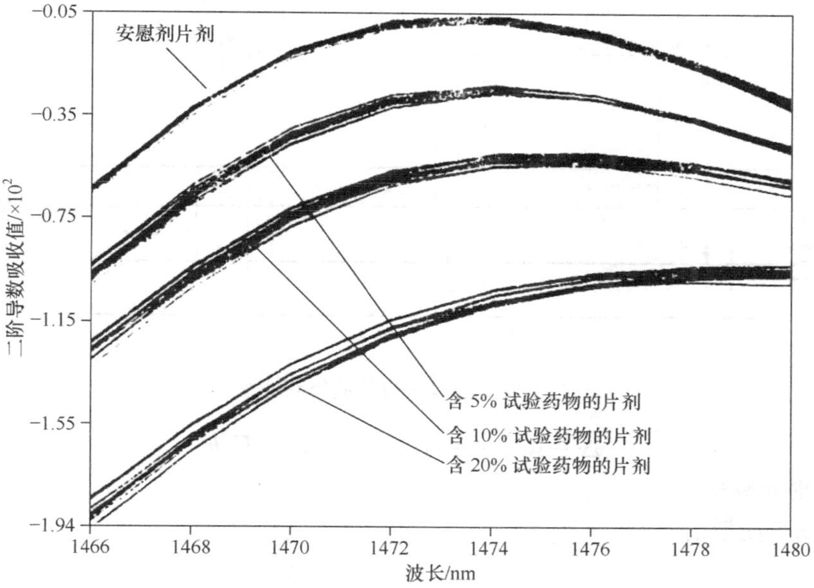

图 7-22　NIRS 直接测定包装内片剂的活性成分含量

(4) 影响因素多，灵敏度较低。影响近红外光谱的主要因素有样品温度、样品的含水量和残留溶剂、颗粒大小、样品厚度、样品的光学性质、多晶形和样品的实际储存时间等多种因素。值得注意的是 NIRS 由于检测限一般为 0.1%，尚难进行痕量分析。

7.5.4　拉曼光谱技术

当一束激发光与分子发生相互作用时，发生两种散射。一种散射是大部分光子仅改变了方向，而光的频率仍与激发光源一致，这种散射为弹性碰撞，未发生能量交换，称为瑞利(Rayleigh)散射。另外，还存在很微量的光子不仅改变了光的传播方向，而且也改变了光波的频率的散射，即光子与分子之间发生了能量交换，这种散射即为拉曼散射，其散射光的强度约为瑞利散射的千分之一。

拉曼光谱法(Raman spectroscopy)经历了两次大的发展：1964 年随着激光光源的应用，第一台激光拉曼分光光度计试制成功，建立拉曼光谱分析；最近的表面增强拉曼光谱使其灵敏度大大提高，能够进行单分子分析。

1. 拉曼光谱法的原理

拉曼效应的机制和荧光现象不同，并不吸收激发光，因此不能用实际的上能级来解释，有人用虚的上能级概念说明拉曼效应。图 7-23 是说明拉曼效应的一个简化能级图。

假设散射物分子原来处于电子基态的不同的振动能级。当有入射光照射时，激发光与此分子作用引起极化，电子跃迁到虚态(virtual state)，虚能级上的电子立即跃迁到下能级而发光，即为散射光。存在如图所示的三种情况，散射光中与入射光频率相同的谱线即为瑞利线，与入射光频率不同的谱线即为拉曼线。拉曼线包含频率小于入射光频率的斯托克斯(Stokes)线和频率大于入射光频率的反斯托克斯线。

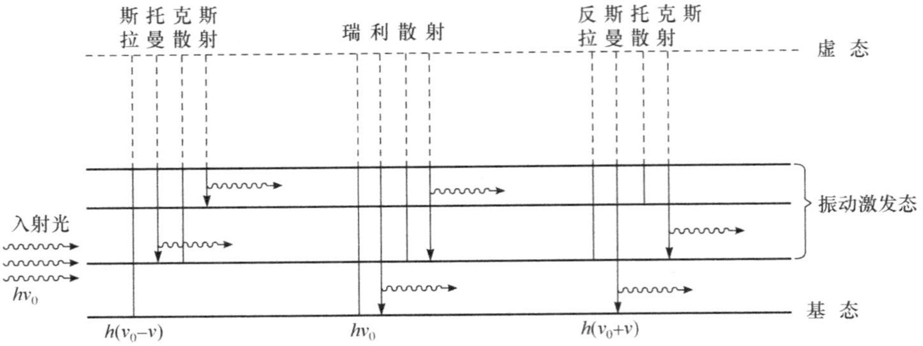

图 7-23　拉曼效应的能级跃迁图

$$\Delta\nu=\nu_0-\nu_s=(E_1-E_0)/h=\Delta E/h$$

式中，ν_0为入射光频率。

斯托克斯拉曼散射

$$\nu_s=\nu_0-\Delta\nu=\nu_0-(E_1-E_0)/h \quad (7\text{-}41)$$

反斯托克斯拉曼散射

$$\nu_{as}=\nu_0+\Delta\nu=\nu_0+(E_1-E_0)/h \quad (7\text{-}42)$$

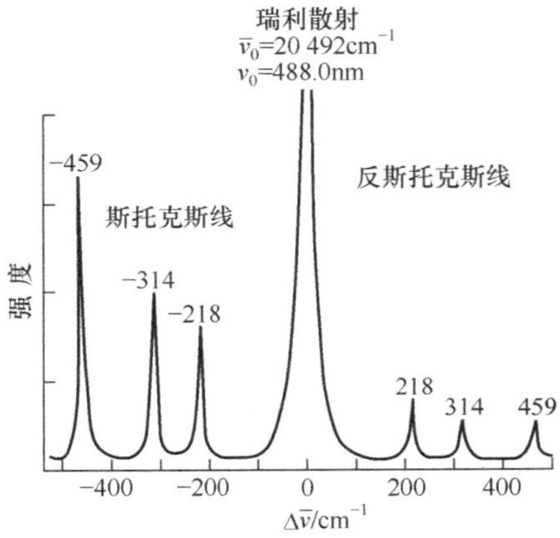

图 7-24　四氯化碳的拉曼光谱

斯托克斯与反斯托克斯散射光的频率与激发光源频率之差 $\Delta\nu$ 统称为拉曼位移(Raman shift)。因此拉曼位移是分子振动能级的直接量度。拉曼光谱反映的分子振动-转动能级与红外光谱的振动-转动能级相当。

拉曼位移通常采用相对于瑞利线的位移数值表示，单位为波数(cm^{-1})，瑞利线的位置为零点。位移为正数的谱线是斯托克斯线，位移为负数的是反斯托克斯线(图 7-24)。两者对称地分布于瑞利线的两侧，分别对应得到或失去了一个振动量子的能量。在拉曼光谱分析中，通常测定斯托克斯散射光线。

2. 拉曼光谱强度

据玻耳兹曼(Boltzmann)定律，常温下大多数分子处于基态振动能级，所以斯托克斯线强度远大于反斯托克斯线强度，但高温下反斯托克斯线可大大增强。

$$I=K\,(\nu_0-\nu)^4 I_0\left(\frac{d\alpha}{dr}\right) \quad (7\text{-}43)$$

实际上，反斯托克斯线与斯托克斯线的强度比满足以下公式：

$$\frac{I_{\text{Anti-Stokes}}}{I_{\text{Stokes}}}=\left(\frac{\nu-\nu_i}{\nu+\nu_i}\right)^4 e^{-\frac{h\nu}{kT}} \quad (7\text{-}44)$$

式中，ν 为激发光的频率；ν_i为振动频率；h 为普朗克(Planck)常量；k 为玻耳兹曼常量；T 为热力学温度。

不同的化学键或基团有不同的振动能级，因此，与之相对应的拉曼位移 $\Delta\nu$ 也是特征的：物质不同，$\Delta\nu$ 不同；同一物质的 $\Delta\nu$ 与入射光频率无关。拉曼频率及强度、偏振等标志着散射物质的性质。这是拉曼光谱定性分析与结构分析的基础，具有广泛的应用。

3. 拉曼光谱的活性及其与红外光谱活性比较

拉曼光谱是否出现，即分子振动是否有拉曼活性，取决于分子在运动时某一固定方向上诱导出的电偶极矩是否改变。分子的电偶极矩表示如下：

$$P=\alpha E=\alpha E_0\cos2\pi\nu_0 t \tag{7-45}$$

式中，α 为分子的极化率(polarizability)；E 为入射光的交变电场强度。

分子的电子云在交变电场作用下，当分子的振动引起分子极化率 α 改变时，会诱导出电偶极矩 P，产生拉曼散射。分子的极化率反映分子的属性。

$$\alpha=\alpha_0+(\mathrm{d}\alpha/\mathrm{d}q)_0 q=\alpha_0+[\mathrm{d}\alpha/\mathrm{d}(r-r_e)]_0(r-r_e) \tag{7-46}$$

式中，α_0 为分子在平衡位置的极化率；q 为双原子分子的振动坐标；r 为双原子分子的核间距，r_e 为平衡位置的核间距。

已知 $q=q_0\cos2\pi\nu t$，所以

$$P=\alpha_0 E_0\cos2\pi\nu_0 t+1/2q_0 E_0(\mathrm{d}\alpha/\mathrm{d}q)_0[\cos2\pi(\nu_0-\nu)t+\cos2\pi(\nu_0+\nu)t] \tag{7-47}$$

瑞利散射　　拉曼散射　　斯托克斯线　　反斯托克斯线

$(\mathrm{d}\alpha/\mathrm{d}q)_0\neq0$ 是拉曼活性的依据，分子振动时极化率随振动改变就会产生拉曼散射，即分子具有拉曼活性。

拉曼活性与红外活性均来源于分子的振动频率变化。拉曼光谱是分子对激发光的散射，而红外光谱则是分子对红外光的吸收，两者均是研究分子振动的重要手段。但它们又有不同：红外活性振动是伴有偶极矩变化的振动(永久偶极矩的极性基团；非对称分子的瞬间偶极矩)，可以产生红外吸收谱带；拉曼活性振动是伴随有极化率(α)变化的振动。

相互排斥原则：具有对称中心的分子(如 CO_2、CS_2 等)的红外和拉曼活性是互相排斥的，对称分子的对称振动有拉曼活性，而红外光谱活性弱；不对称振动红外吸收强，而拉曼吸收弱。例如，C═N═C，O═C═O 这类键的对称伸缩振动是强拉曼谱带，红外光谱与此相反；C—C 伸缩振动在拉曼光谱中是强谱带。图 7-25表示了 CS_2 的振动方式的拉曼、红外光谱活性。

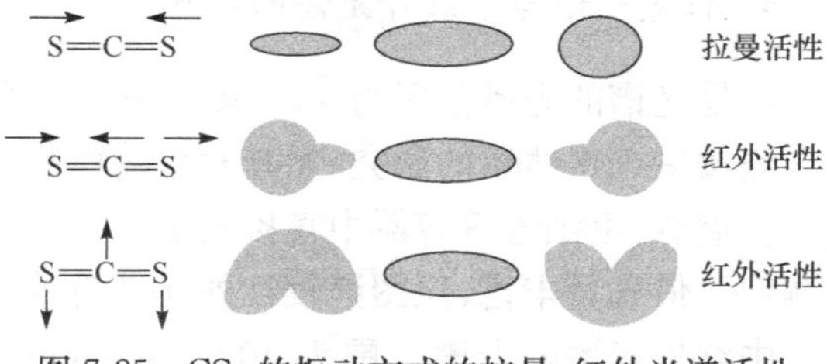

图 7-25　CS_2 的振动方式的拉曼、红外光谱活性

分子的非对称性振动和极性基团(如 C═O、C—H、O—H 等)的振动会引起分子偶极矩的变化，则具有红外活性，而分子对称骨架振动在红外光谱上几乎看不到。相反，分子对称性振动和非极性基团振动，在激发光子的作用下，会使分子变形，发生分子极化，极化率随之变化，产生拉曼活性；非极性基团振动时极化率变化越大，拉曼散射越强(对于非极性分子，若极化率 α 越大，则在外电场诱导出的偶极矩越大)。因此，拉曼光谱适合相同原子的非极性键的振动，如 C—C、S—S、N—N 键等，对称性骨架振动，产生强拉曼光谱信息，并按单键、双键、叁键的顺序谱带强度增加。环状化合物的对称呼吸振动常是最强的拉曼谱带。

而对于离子键的化合物，由于没有分子变形发生，不能产生拉曼活性。

相互允许原则：没有对称中心的分子(如 SO_2)，三种振动红外和拉曼都是活性的。

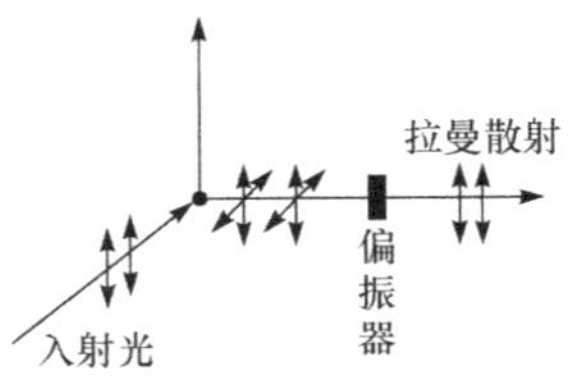

图 7-26　去偏振度 ρ 的测定

测量拉曼谱线的去偏振度 ρ 可以确定分子的对称性（图 7-26）。ρ 越小，分子对称性越高。

$$\rho=\frac{I_{\perp}}{I_{/\!/}}$$

相互禁阻规则：对于少数分子的振动，其红外光谱和拉曼光谱都是非活性的。例如，乙烯分子的扭曲振动，既没有偶极矩的变化，也没有极化率的变化，在红外光谱和拉曼光谱中均得不到谱峰。

间三甲苯的拉曼光谱与红外光谱的比较如图 7-27 所示。

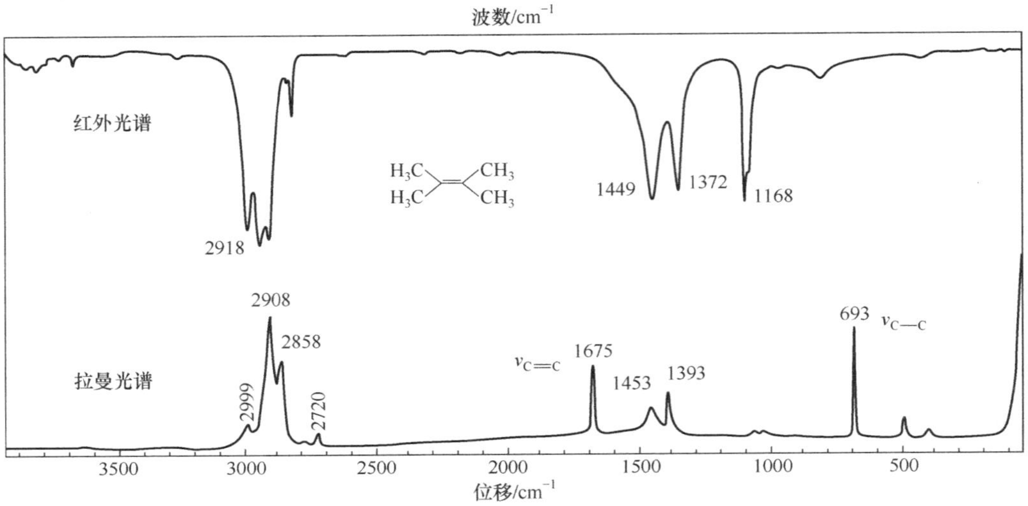

图 7-27　间三甲苯的拉曼光谱与红外光谱

4．拉曼光谱与中红外光谱的特点比较

拉曼光谱的光谱范围为 40～4000cm^{-1}，更适合无机物和配合物。因水的拉曼峰很弱，故拉曼光谱适合水体系的研究，尤其对生物样品和无机物的研究较红外吸收光谱方便。样品可盛于玻璃瓶、毛细管等容器中直接测定。样品可以是固体、液体或气体。固体、薄膜、粉体可直接测定。信息量丰富，但图谱较红外光谱简单，强度与样品浓度呈简单线性关系，可定量分析。

中红外光谱的光谱范围为 400～4000cm^{-1}，不能用玻璃容器测定，固体常需要研磨，与 KBr 压片。

5．拉曼光谱仪

拉曼光谱仪原理示意图如图 7-28 所示。

光源：拉曼光谱通常采用激光光源，如 He-Ne 激光器（主要波长 632.8nm）、氩离子激光器（主要波长 514.5nm、488.0nm）。与瑞利散射一样，拉曼散射的强度反比于波长的四次方，因此使用较短波长的激光可以获得较大的散射强度；当样品或杂质有荧光干扰时，使用波长较短的紫外激光光源，可以使荧光与散射光分开，从而获得拉曼信息。适合于荧光背景高的样品如催化剂、纳米材料以及生物材料的分析。

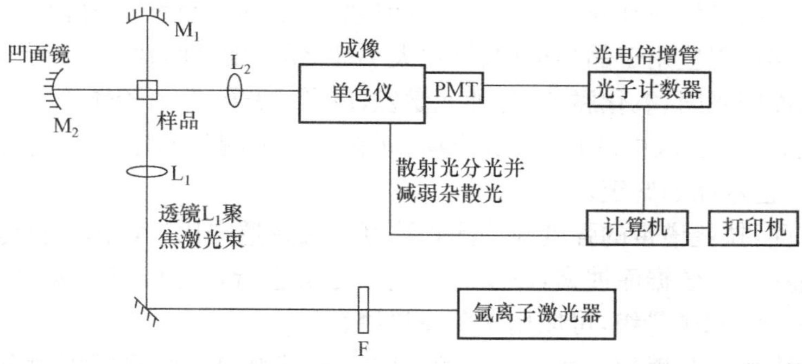

图 7-28　拉曼光谱仪原理示意图

样品室：样品池的设计不仅可用于测定液体、固体样品，也可测定气体；可进行变温、变压实验；为防止样品在强光照射下分解，可设置旋转池。

单色器：色散型仪器常采用双光栅分光，色散性好且降低杂散光影响。

傅里叶变换近红外光谱仪为非色散型仪器。采用 Nd：YAG 激光器，波长为 1.064μm 的近红外线激发，高灵敏度的铟镓砷探头为检测器。其特点是激发源的能量低于荧光激发所需要的阈值，从而避免了大部分荧光对拉曼光谱的干扰，并且扫描速度快，分辨率高，精度高，消除了瑞利谱线。其缺点是，近红外激发光源的波长长，受拉曼散射截面随激发线波长呈 $1/\lambda^4$ 规律递减的制约，光散射强度大幅度降低，影响仪器的灵敏度。

检测器：早期采用摄谱仪，现采用光电倍增管和 CCD。

6. 共振拉曼光谱、表面增强拉曼散射效应

传统的拉曼光谱的主要缺点是灵敏度低，其强度比荧光弱，因此应用受到限制。近年发展的共振拉曼光谱、表面增强拉曼散射效应新技术提高了灵敏度。

共振拉曼光谱：当激光的频率接近或等于样品分子中某些官能团（生色团）的电子跃迁吸收频率时，由于电子跃迁和振动跃迁的耦合，产生共振拉曼效应，使拉曼谱线强度提高 $10^4 \sim 10^6$ 倍。

表面增强拉曼散射（surface-enhance Raman scattering，SERS）效应：吸附在粗糙化金属（Ag、Au、Cu、Ni、Al、Pt 等）、半导体（CdS、Fe_2O_3、TiO_2）表面的化合物（如吡啶等杂环化合物、苯甲酸衍生物、氰基衍生物、染料、金属络合物、生物分子、无机分子），由于表面局域等离子激元被激发所引起的电磁增强，以及粗糙表面上的原子簇及吸附其上的分子构成拉曼增强的活性点，这两者的作用使被测定物的拉曼散射产生极大的增强效应。其增强因子可达 $10^3 \sim 10^7$，以 Ag 的增强效应为最佳。此技术具有选择性好和灵敏度高的优点，检测限可达 10^{-12}g 量级，可以区分同分异构体、表面上吸附取向不同的同种分子等，是研究表面和界面过程、定性鉴定结构相近化合物的有力手段，也可用作液相色谱分析的检测器。

7. 拉曼光谱分析的应用

拉曼光谱可提供多方面的信息。

拉曼特征频率可提供样品分子中存在功能团的结构信息，反映物质的组成，可用于无机化合物、有机化合物、生物分子、高聚物、半导体、陶瓷等的定性鉴别和结构解析。由于功能团或

化学键的拉曼位移与它们在红外光谱中的吸收波数一致,所以谱图的解析也与红外吸收光谱相同。拉曼光谱还可以应用于晶相结构、颗粒大小、薄膜厚度、细微结构分析、缺陷、固相反应、催化剂和电极表面的吸附、氧化腐蚀、各种元激发(电子、声子、等离子体等)、燃烧过程、环境污染探测等方面的研究;法医中的毒品、爆炸物、面料等的检测和鉴定;矿物学和宝石学中的表征、夹杂物、纯度;艺术品的鉴定。

含量测定方面,拉曼谱带的强度与待测物浓度的关系遵守比尔定律,而且拉曼光谱谱峰清晰尖锐,适合定量研究、数据库搜索,以及运用差异分析进行定性研究。表面增强拉曼光谱的检测灵敏度提高 10^5～10^9 量级,可以用于免疫检测。

利用显微镜将激光会聚到样品的某一微区(20μm 甚至更小),采用摄像系统把图像放大,获得微区部位的拉曼光谱图——显微拉曼光谱。对于不均匀的样品,如陶瓷的晶粒与晶界的组成,断裂材料的端面组成等,以及一些不便于直接取样的样品分析,具有很强的优势。

另外,水的拉曼散射很微弱,所以拉曼光谱是研究水溶液中的生物样品和化合物的理想工具。在化学结构分析中,独立的拉曼区间的强度可以和功能基团的数量相关。

拉曼光谱可以进行无损检测。

示例 7-2 拉曼光谱技术快速、无损地鉴别、检查盐酸左氧氟沙星注射液并测定其含量。

仪器:Thermo Nicolet DXR 激光显微拉曼光谱仪(赛默飞世尔,美国),OMNIC 仪器控制软件和数据处理软件;Agilent 1100 高效液相色谱仪。

鉴别方法:氧氟沙星(消旋体)、左氧氟沙星、盐酸左氧氟沙星的粉末拉曼光谱如图 7-29 所示。三者存在明显的差异。在 *A* 处,左氧氟沙星为 2 个峰,左边峰大,右边峰小,盐酸左氧氟沙星也为 2 个峰,但峰的大小正好与左氧氟沙星相反,左峰小右峰大,氧氟沙星只是 1 个峰;在 *B* 处,左氧氟沙星和盐酸左氧氟沙星基本一致,氧氟沙星却为 2 个峰;在 *C* 处,左氧氟沙星和盐酸左氧氟沙星均为弱峰,而氧氟沙星却为强峰;在 *D* 处,左氧氟沙星和盐酸左氧氟沙星均为弱峰,而氧氟沙星却为强峰;在 *E* 处,左氧氟沙星和盐酸左氧氟沙星均为弱峰。

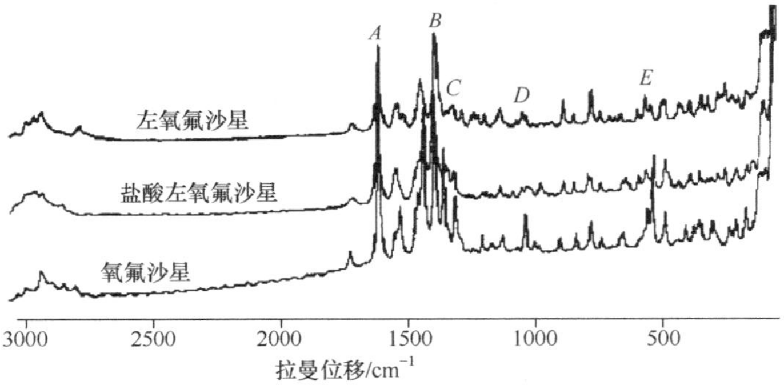

图 7-29 左氧氟沙星、盐酸左氧氟沙星和氧氟沙星的拉曼光谱

左氧氟沙星和氧氟沙星在分子结构上的区别在于手性 C 原子上 CH_3 和 H 空间位置差异而导致拉曼光谱图上差异,而盐酸左氧氟沙星由于和盐酸形成盐酸盐,极性加大,使三者分子结构产生一些细小的差异,它们之间的这些微小的差异在拉曼光谱中得到放大:3000cm^{-1} 附近 CH_3CH_2 的伸缩振动在 2999cm^{-1},2985cm^{-1},2968cm^{-1},2934cm^{-1}处存在明显的差异;在 1469cm^{-1},1455cm^{-1},1442cm^{-1},1287cm^{-1},1257cm^{-1}处 $CHCH_2CH_3$ 的 C—H 变形振动存在着差异;在 1236cm^{-1},1227cm^{-1},1208cm^{-1},1199cm^{-1}处 C—O 伸缩振动也存在明显的差异;在 1172cm^{-1},1162cm^{-1},1145cm^{-1},1129cm^{-1}处 C—N 伸缩振动存在差异;在 889cm^{-1},798cm^{-1} CH_2变形振动存在差异,709cm^{-1},688cm^{-1},599cm^{-1} CH 伸缩振动和 CH 变形振动存在差异,以上这些峰可以区别左氧氟沙星。

检查方法：取浓度约为 70mg/mL 盐酸左氧氟沙星原料的水溶液，用盐酸分别调成 pH 1.52～11.48 十个 pH，测定它们的拉曼光谱，如图 7-30 所示。可以看出 pH 在 6.05 时，A 处的峰形开始变小，到 pH 7.05 时发生突变，A 处的峰形基本消失，同样在 B 处，也是在 pH 7.05 时发生突变，由 2 个分离的小峰突变成单峰；从 pH 7.05 到 pH 11.48，A 处和 B 处基本上没有差异。其原因可能是：在 pH 7 以下的酸性条件时，左氧氟沙星以盐的形式存在，在 pH 7 以上的碱性条件时，左氧氟沙星以游离态形式存在，拉曼光谱能够检测到这些细微的差别。

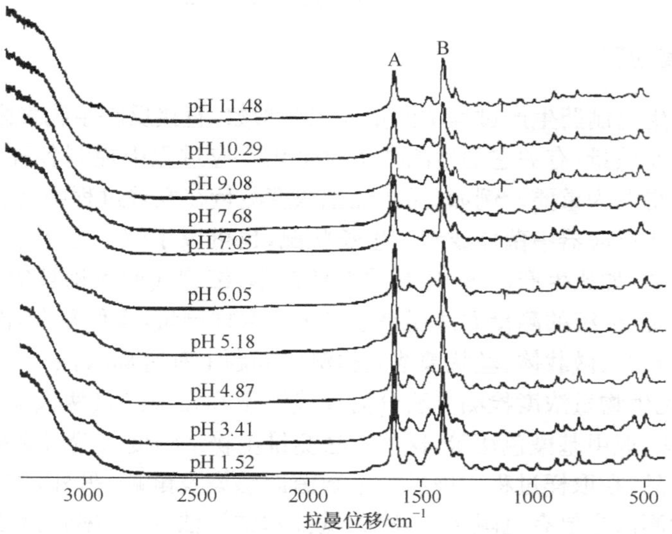

图 7-30　pH 1.52～11.48 的左氧氟沙星、盐酸左氧氟沙星和氧氟沙星的拉曼光谱

含量测定：盐酸左氧氟沙星浓度在 32.92～212.50mg/mL 与拉曼光谱峰面积呈良好线性关系，回归系数为 0.9997；检出限为 3.20mg/mL(3 倍信噪比)；定量限为 10.60mg/mL(按 10 倍信噪比)；0.1064g/L 的盐酸左氧氟沙星溶液连续测定 6 次的 RSD 为 0.98%；盐酸左氧氟沙星注射液样品溶液连续测定 6 次的 RSD 为 1.3%，注射液加样(盐酸左氧氟沙星原料)回收试验的回收率为 98.7%，RSD 为 2.6%(n=5)；注射液的测定结果与法定标准的高效液相色谱法的测定结果进行 t 检验，表明两法无显著性差异。

思考题与习题

1. 制药生产过程分析技术对药物质量控制有什么意义？
2. 过程分析技术分为哪几种类型？常见的过程分析技术有哪些？
3. 常用的多元线性校正方法有哪些？
4. 近红外光谱分析的原理是什么？有什么应用？
5. 拉曼光谱的峰强度与哪些因素有关？
6. 拉曼光谱与红外光谱的原理有什么联系和区别？

第 8 章　制药单元在线检测

8.1　微生物制药单元

8.1.1　生物量浓度检测

生物量浓度是生物制药生产过程中的重要工艺参数，直接反映生物发酵过程的状态，影响着发酵产品的产量及质量，有关它的检测技术对生化反应过程中控制各种基质的补料及微生物的次生代谢都显得尤为重要。例如，活菌细胞浓度测量在发酵过程中具有非常重要的作用。通过它可以了解生物反应器中菌体或细胞生长状况，也可以了解一些描述菌体或细胞生长或生产能力的间接参数，如比生产速率、比基质消耗速率、细胞代谢流衡算等。然而由于活细胞浓度传感技术的困难，传统的测量方法还是通过手工取样测量，操作复杂，滞后时间长，尤其是在解决区分培养基颗粒、微载体、丝状菌浓度检测等问题上都有局限性。

总体来说，常见生物量浓度检测方法分为离线测量和在线测量两大类。离线测量法主要有干重法、光密度法、亚甲基染色法等，这些方法测量生物量浓度既费时又费力，还必须不断地从反应塔中抽取样品，在取样过程中极易带进杂菌而感染发酵罐；另外，这类方法不易实施自动化控制。在线检测法主要有电阻抗法、软测量技术估计法、电容率频谱法、光纤法等。当需要实时检测发酵罐等 GMP 环境中的活菌体、细胞的准确浓度及生长状态时，应用生物量浓度在线检测技术则可以有效避免离线分析法的诸多不足，可有效进行实时测量和记录所有的生长情况，监控细胞培养液中的细胞密度，不用人工取样，能杜绝取样过程的污染风险，降低高强度的实验室分析需求以有效避免人为错误的出现；因为取样频率高，可以更精确地观察到细胞生长拐点的出现，在生产中可以节约更多的能源和时间。

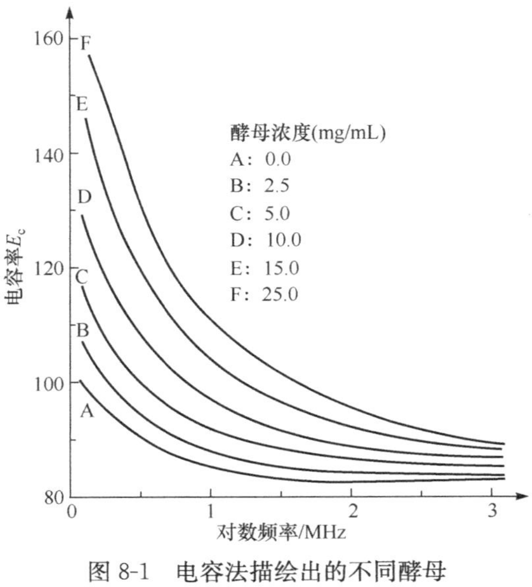

图 8-1　电容法描绘出的不同酵母浓度下的发酵曲线

目前采用比较多的双电极电容法在线分析仪源于 1987 年由 Kell 首先描述的关于测量细胞量的双电极性质。生物量测量是采用 4 个铂金电极，由外面两个外电极产生一个交变的电场，两个内电极测量电压。在缓冲液环境中，两个外电极间使溶液内的离子向相反方向移动形成溶液的电导率。活细胞细胞膜完整，在电场中被极化而形成一个个极小的电容。它们的电容值可以被传感器两端的检测器准确地检测到，从而得到实时的细胞浓度，两者关系可由图 8-1的实例得到反映。而且不同的细胞种类会有不同的电容值，其大小和细胞的体积也呈一定比例。而死细胞（膜破裂）、气泡或细胞碎片因为不能形成一个有效电容，所以将不会被检测到。

图 8-2 是一种常见的商业化活细胞浓度分析传感器及多种可更换的探头，这种在线分析仪已普遍应用于以下几方面：

(1) 微载体培养培养监测。传统方法对通过微载体来培养的动物细胞计数相当困难。需要离线取样再计数细胞核，但是却没有办法对其中活细胞的数目作出准确判断；由于载体材料是均一的，不能形成电容。此分析仪能够检测出微载体中活细胞的数目，而且不受微载体颗粒的影响。

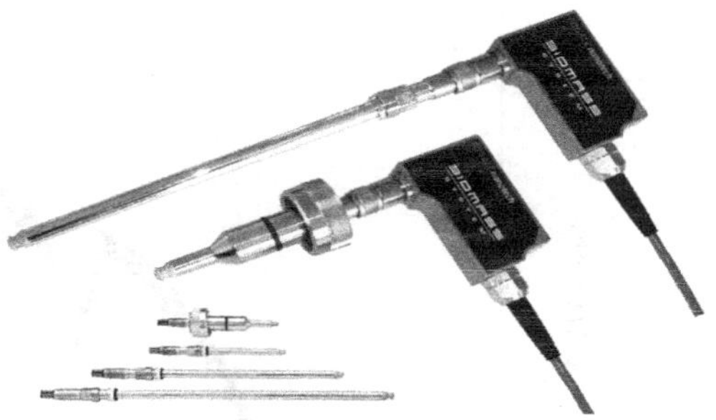

图 8-2　活细胞浓度分析传感器及其探头

(2) 丝状菌生长状态监测。丝状菌发酵(如抗生素生产)中容易产生丝状菌结团、结球，没有明显的细胞界限。传统的方法(如浊度法、染色法)会产生很大的误差。在评估菌生长情况或放大罐移种菌量时只能通过经验来判断；而在线分析仪能够准确测量出丝状菌包括团块中的生物量，避免由经验不足造成产量下降。

(3) 监测发酵一致性，方便进行发酵放大研究。在线分析仪可以配上多个探头，同时监测多个发酵罐发酵情况及其一致性。结合各种检测参数，了解菌体或细胞的生长情况以判断收割最佳时间。

(4) 在线监测发酵过程，方便进行发酵过程优化研究与生产控制。对灌注发酵罐中细胞的浓度进行监控，指导细胞返罐量和底物流加速率可促进重组蛋白生产自动化，并提高产量及降低纯化难度；同时结合其他检测参数也可以更加容易判断染菌菌丝体自溶等现象。

在实际生产中应用较多的还有光密度法(optical density，OD)在线分析仪。光密度也称吸光度(absorbance)A，当用一定波长的光线照射发酵液时，酵母和颗粒状悬浮物对光有反射和散射作用。根据公式 OD=lg (入射光强度/透射光强度)可知，在一定的生物量范围内，反射光或散色光与生物量之间有一定的对应关系，具体而言生物量浓度与透光度成反比，与光密度成正比，即浓度越高者透光度越低，实际测得的光密度值越大。根据这个原理可以制成生物量在线检测仪。但此类仪器的读数易受发酵液的颜色、浊度及颗粒状悬浮物的影响，也不能排除死酵母所造成的影响，此外这类仪器还难以用来测量淤泥状发酵物。生产现场多选用直径 25mm 的标准发酵罐传感器接口，灵敏度高，测量范围大；传感探头不会损耗，探头帽便于更换，使用寿命可达 10 年以上；还可同时测量和记录温度(需探头支持)。图 8-3 为用在线测试系统测出的以 30%木薯粗淀粉为培养基的发酵过程的光密度曲线。

图 8-4 为发酵过程连续测出的 C 源和乳酸含量的曲线(横坐标为时间轴，纵坐标为含量轴)，其中曲线(a)对应乳酸含量变化趋势，曲线(b)代表 C 源含量，两者随着过程的进行分别呈现上升及下降趋势。从图 8-4 所示趋势来看，乳酸含量的递增与所测到的生物量含量可以很好地对应起来。

通过生物菌液对隐失波产生的散射和吸收现象，还有一种适用于生化反应过程中生物量浓度在线测量的光纤衰减全反射(attenuated total reflection，ATF)传感器，研究人员已进行了传感器探头参数设计和过程分析测试。具体工作原理如图 8-5(a)所示，在测量中，光经入射光纤，由准直镜准直后依次到达固定镜、动镜，然后进入 Si 晶体。在 Si 晶体底面产生隐失波，由微生物菌液对该隐失波产生衰减(吸收和散射)。衰减后的光波依次经过另一动镜、固定镜，最后经聚焦镜聚焦后到达接收光纤，完成光在微生物菌液中的传播过程。光信号经光电转换

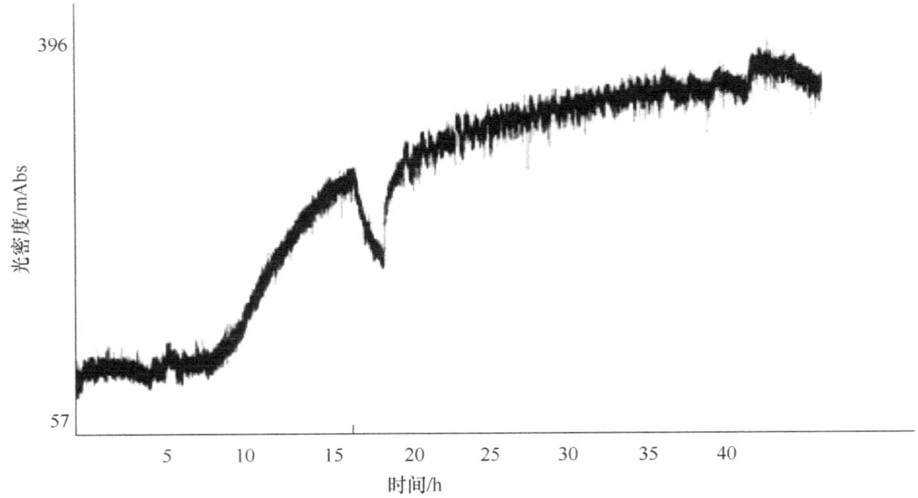

图 8-3　木薯粗淀粉培养基发酵过程的光密度曲线

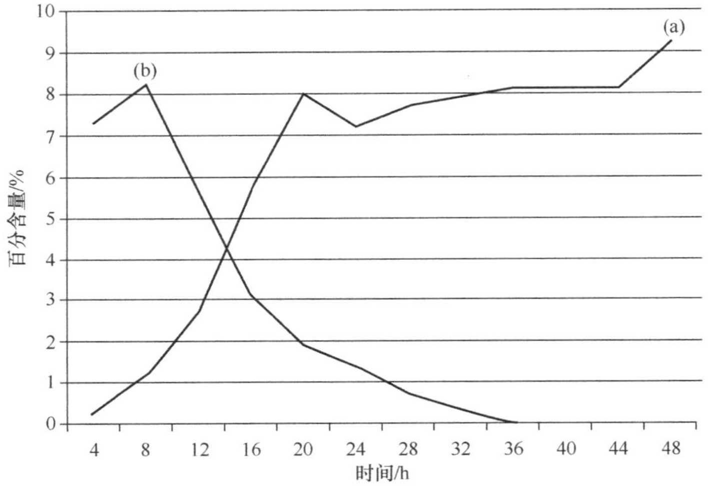

图 8-4　木薯粗淀粉培养基发酵过程的乳酸(a)和 C 源(b)含量-时间曲线

后，由直流稳压表将电压信号进行稳压，再传输到后续的信号处理电路。同其他生物量浓度光纤传感器相比[如光纤反射法，工作原理如图 8-5(b)所示]，这种光纤传感器避开了光源发出的强光直接对生物菌液照射，降低了生物菌诱变的可能性；同时该传感器设有动镜，增大了传感器的使用范围。实验结果(图 8-6)及理论分析证明该技术可有效用于测量生物量浓度，相应传感器的设计原理和方法均具有一定的普遍意义。

8.1.2　发酵液成分分析

微生物发酵过程是一个复杂的生化过程，特点是过程周期较长，以日甚至以周为单位，过程复杂，副反应多，包括主产品在内的各种成分相当复杂，还有生物活性，且通常气、固、液三态并存，其中组分和含量具有时变性，进行发酵液成分分析时测定基体干扰比较严重，同时培养过程需保证密封和无菌，全过程受多种因素影响。因此，对整个发酵过程进行成分在线检测并不容易。生化过程的测控通常要求不能污染被测系统，许多传感技术由于不符合此条件或其

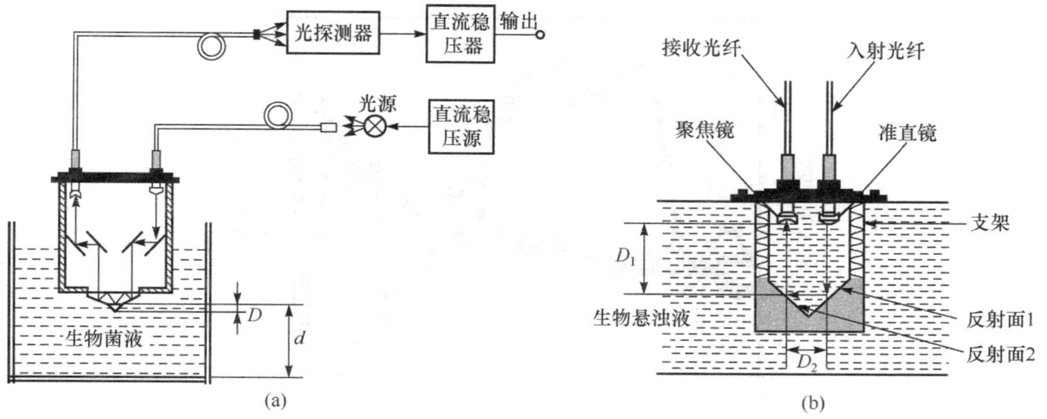

图 8-5　光纤衰减全反射传感器示意图(a)和光纤反射法工作原理示意图(b)

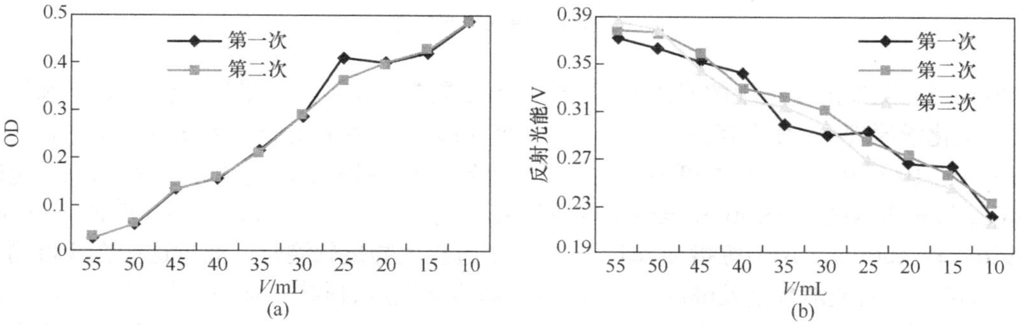

图 8-6　多次测试下菌液 OD 值(a)和反射光能量(b)随生物量浓度的变化曲线

他方面的原因而不能用于原位监测，因此多数情况下需要把发酵液样品连续自动地从发酵罐中取出，然后对样品进行自动分析。NIR 在线光谱仪已被用于对包括埃布氏菌、弗氏链霉菌、基因工程菌和仓鼠卵巢细胞四种制药工业常见微生物在内的需氧发酵过程进行在线监测与控制，发酵产物所处的由四相(油、水、气、固)所组成的复杂基质环境给获得代表性的 NIR 光谱和准确的分析结果带来了一定的困难，其中培养液有着较强的光吸收和光散射效果。研究人员采用近红外透射探头及光纤对发酵过程中葡萄糖、谷氨酸、油酸甲酯和氨含量进行了跟踪分析并建立了相关模型，其中对于油酸甲酯基于其 1718nm 较强吸收所建立的较为简单的多元线性回归模型预测准确度比偏最小二乘模型要高，氨由于和其他成分相比含量过低而较难获得同样理想的模型；以工业埃布氏菌发酵为例，过程中氨和生物产量的累积曲线如图 8-7 所示，表明所建立的在线分析方法较为可靠有效。

8.1.3　发酵尾气在线分析

由于生物医药发酵空气用量很大，一般为 1∶0.5～1∶1.2(VVM)，大量未处理尾气将直接排入大气，部分发酵代谢的产物也会随尾气带出，对周边的空气造成一定程度的污染，即对人体及环境就会产生一定危害。因此，必须对其发酵尾气进行检测分析和控制。同时，尾气又是发酵过程的关键参考指标，通过连续对尾气中的 CO_2 进行检测分析可以精确地判断发酵的进程。无论是有氧还是无氧代谢，都需要能量交换，而能量交换正是由 CO_2 的释放量表现出来的；另外，微生物发酵中 O_2 的摄取速度也能反映整个发酵过程中细胞的代谢及生理规律，因此

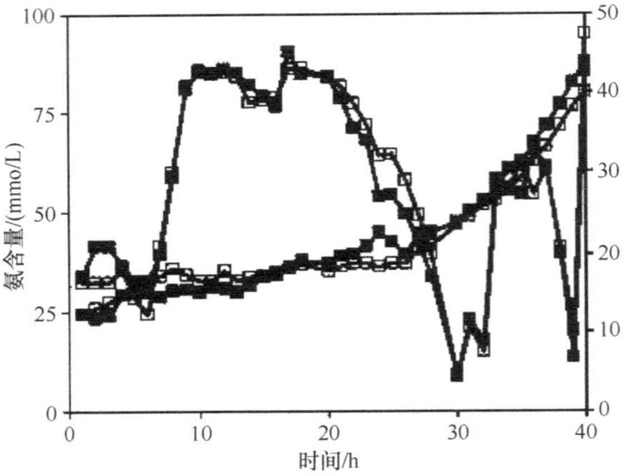

图 8-7　埃布氏菌发酵发酵过程实测值与预测值变化曲线

□ 实测值；■ NIR 预测值

精确地在线检测发酵尾气中的 CO_2 和 O_2 含量至关重要。目前在线尾气分析仪对于氧气分析多采用电化学原理(一般浓度为 0～30%)，二氧化碳分析多采用红外测试原理(一般浓度为 0～5%，0～10%，0～20%)，并可通过软件模型计算，得到相关生物量计算参数，如二氧化碳释放率(carbon dioxide excretion rate，CDER)，摄氧率(oxygen uptake rate，OUR)和呼吸熵(respiratory quotient，RQ)等指标，即可实现发酵过程生物量软测量。通过这些在线检测及参数计算，可以更简便地判断发酵的各个阶段，合理调整通风、搅拌转速，指导流加，并帮助判断是否染菌，对深入了解和掌握不同菌种的发酵规律、研究发酵工艺、指导发酵操作，特别是指导流加操作具有非常重要的意义，因此可广泛应用于各种发酵领域，尤其在基因工程、生物制药以及采用流加工艺的发酵过程应用，能够大大加快新产品的研发、产业化及稳定生产。一种常见的尾气在线分析系统如图 8-8 所示。

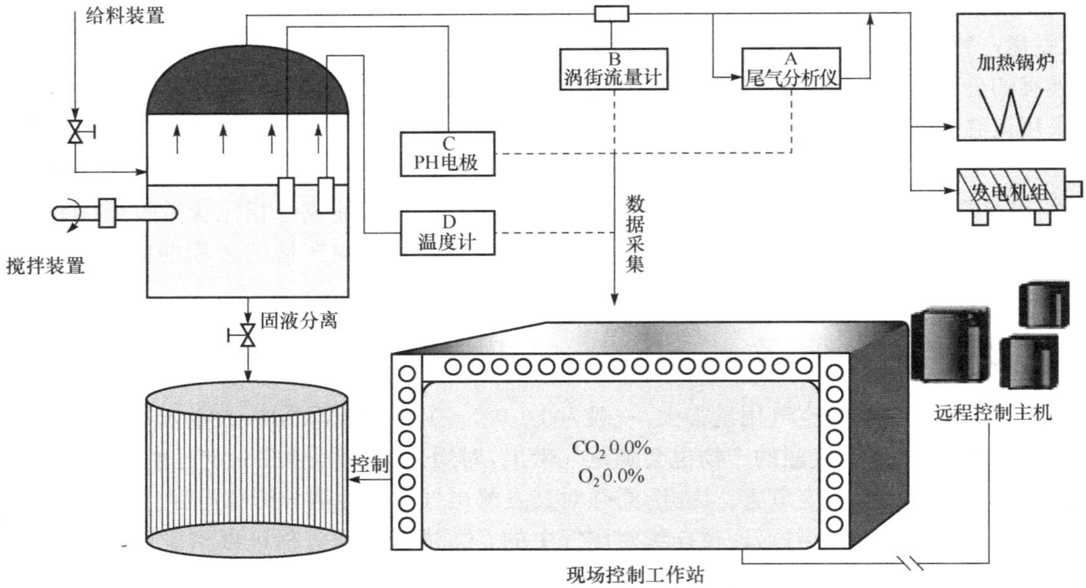

图 8-8　典型的发酵尾气在线分析系统

8.2　中药制药单元

中药制药过程包含多个不同的操作单元。每一个单元操作都可以用合适的分析方法进行过程监测，不同的单元操作可采用不同的方法，一种分析方法也可在不同的单元操作中使用。以固体制剂生产的单元操作为例，在混合单元，可采用近红外光谱法、光诱导荧光法或热扩散法监测混合均匀度，确定混合终点；在制粒单元，可采用近红外光谱法、拉曼光谱法、聚焦光束反射测量法或声学发射法监测含量均匀度、颗粒粒径和密度；在干燥单元，可采用近红外光谱法、微波法监测水分含量；在整粒单元，可采用激光衍射法或成像技术监测颗粒粒径分布；在压片和装胶囊单元，可采用近红外光谱法或光诱导荧光法监测效价、含量均匀度、硬度、孔隙率和质量差异；在包衣单元，可采用近红外光谱法或光反射法等，监测和判断包衣终点（衣膜的厚度和均匀度）。

8.2.1　粉碎单元

中药材多为植物的叶、茎、根、果实或动物的筋、骨、甲等，要经过粉碎后才能进行制剂或提取，提取液制成干浸膏后也需要粉碎后入药。大多数的粉碎为干法粉碎，个别用湿法粉碎（如水飞法）。针对不同的药材以及不同的制剂目的，粉碎要求达到的粒度是不同的。颗粒过粗则不利于目标成分的提取和溶出、不易混合均匀，不利于造粒。过细则耗能高，杂质溶出过多，有时反而不利于提取，甚至破坏有效成分。

除传统技术中的粗粉、中粉、细粉、最细粉和极细粉等散剂的粉末等级外，近年来又出现了更小尺度的微米中药和纳米中药。微米技术是指经过现代化高科技制药设备提纯后而制成的一种中药，该中药具有分子颗粒小、活性极高、亲和力强、靶向定位攻击力强的特性。一般认为微米中药的颗粒粒径应在 1～75μm 范围内，大多数微米中药平均粒径≤15μm。目前此规格虽得到行业内一致认可，但是尚无详尽的研究报告予以支持。在《中国药典》(2005 年版)一部中，对粉末的分级，最细只分到 200 目(75μm)，并未涉及微粉（<75μm)粒径的分级。为了明确微米中药的规格分级，并对微米中药生产过程中的粒度进行在线检测，干粉激光粒度仪在制药领域的应用逐步被行业所重视。它基于颗粒对光的散射原理，即光与颗粒之间的相互作用以及颗粒对入射光的散射规律（米氏散射理论）实现对流动的颗粒粒度分布进行实时监测，并提供准确的控制信号。对于粉磨，分级生产过程的工艺控制具有非常重要的意义。下面的例子采用干粉激光粒度仪对 100 种中药粉末的粒度及其分布进行了监测。

将进样料斗插入 Winner7301 在线监测激光粒度仪(图 8-9)的进样口中，在进样槽中加满混匀后的样品，单击操作键，激光粒度分析仪自动测量出颗粒级配结果。结果表明，能通过 9 号筛的粉末并不等同于其小于 75μm 的概念。微粉相当于过 300 目标准筛，也有个别品种过 200 目也能达到微粉标准。100 种中药粉末中，77 种微粉的粒度分布为 0.1～75μm，D_{50}≤33μm，<75μm的颗粒累积不少于 95%；23 种中药细粉的粒度分布为 1～150μm，<150μm 的颗粒累积不少于 95%。据此，中药微粉的概念可以定义为：中药微粉的粒度分布为0.1～75μm，D_{50}≤33μm，<75μm 的颗粒累

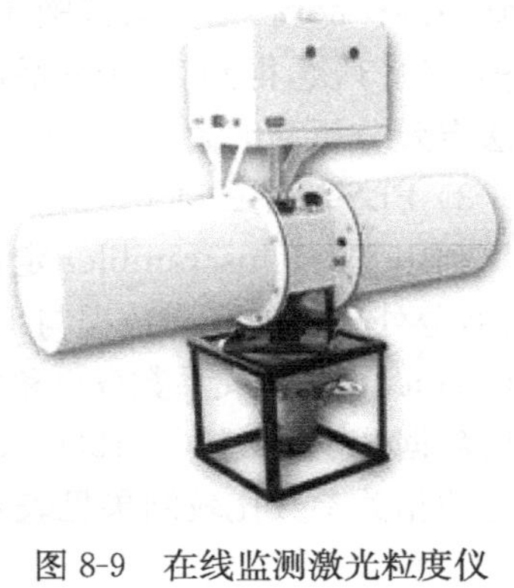

图 8-9　在线监测激光粒度仪

积不少于 95%。

此外，选择在物性特征方面具有一定的典型性、包括植物的粉质硬脆性和纤维的坚韧性、含脂类药物的热敏性及矿物药质地坚硬性等 16 个品种的中药粉末来考察本方法的重复性，均测试 10 次，以 D_{50} 值统计 10 次测定的相对标准差。结果各品种的相对标准差均小于 5.0%。该方法适合于多种场合的在线取样系统，实时采样、实时测试、远程监测、全自动操作，在监控室即可根据测试结果及时了解生产线的运行情况，并指导生产。

8.2.2　提取单元

中药提取是指利用适当的溶媒和方法，从药材中将可溶性有效成分或部位浸出的过程，是许多中药生产过程中的关键环节。但目前中药提取过程基本是通过经验来控制生产过程的外部参数来试图保证产品质量的稳定性(如药材的投料量，提取溶媒的组成，提取温度、次数、流速、压力等)，辅助以离线的抽样分析，分析结果时常因分析周期过长而无法及时观测提取过程并调控生产参数。基于此，用下面的例子介绍声光可调近红外光谱技术在线测定丹参回流提取过程中主要活性成分丹参酮ⅡA 含量的方法。

丹参具有祛瘀止痛、活血通经的功效，是复方丹参片等治疗心血管疾病中成药中的重要组分。丹参酮ⅡA 是丹参药效的主要物质基础之一，其含量已成为控制这些中成药质量的关键指标，《中国药典》(2005 年版)以 HPLC 法测定丹参酮ⅡA 的含量，操作烦琐，分析周期长，无法实现丹参提取过程中的快速含量测定。

以往，在线光谱技术中多采用傅里叶变换近红外光谱仪，20 世纪 90 年代末出现了以声光可调滤光器(acoustooptic tunable filter，AOTF)为分光元件的近红外光谱仪。与光栅型或傅里叶变换型近红外光谱仪相比，AOTF 型近红外光谱仪具有结构简单、体积小、重现性好和环境适应性强的特点，已应用于烟草及化工行业。下面介绍的方法将 AOTF 近红外光谱分析技术研究应用于丹参提取过程以在线检测丹参酮ⅡA 的含量。

1) 样品

丹参药材于提取罐中回流提取 1.5h，每隔 3 min 取样 10mL，共收集样品 27 个，其中 22 个作为校正集，用于建立校正模型，剩余 5 个组成预测集，用于验证模型的预测效果。将各提取液水浴蒸干，配制成一定浓度的甲醇溶液，按《中国药典》(2005 年版)丹参项下 HPLC 方法测定丹参酮ⅡA 含量。

2) 近红外光谱采集

采用 AOTF 便携式 Luminar 5030-731 近红外光谱分析仪(美国 BRIMROSE 公司)扫描试管中的样品，扫描光谱范围 1100～2300nm，扫描间隔 2.0mL，扫描平均次数为 100 次。每个样品测 3 次，得到 27 个样品的总光谱图，由图 8-10 可见，原始光谱吸收带较宽且重叠，信息无法有效分析和解离。

3) PLS 模型的建立

利用 The Unscrambler 定量分析软件(挪威 CAMO 公司)，将经滤波平滑处理(平滑数为 9)、微分处理后的光谱数据与 HPLC 分析数据进行关联建模，以 RMSECV、优化后剩余数据数(elements)、相关系数(r^2)和相对预测误差(RSE)为综合指标，考察了一阶导数和二阶导数光谱数据分别在 1100～1900nm，1100～2200nm，1100～2300nm 三个波段所建模型，所得校正模型的相关参数比较结果见表 8-1。

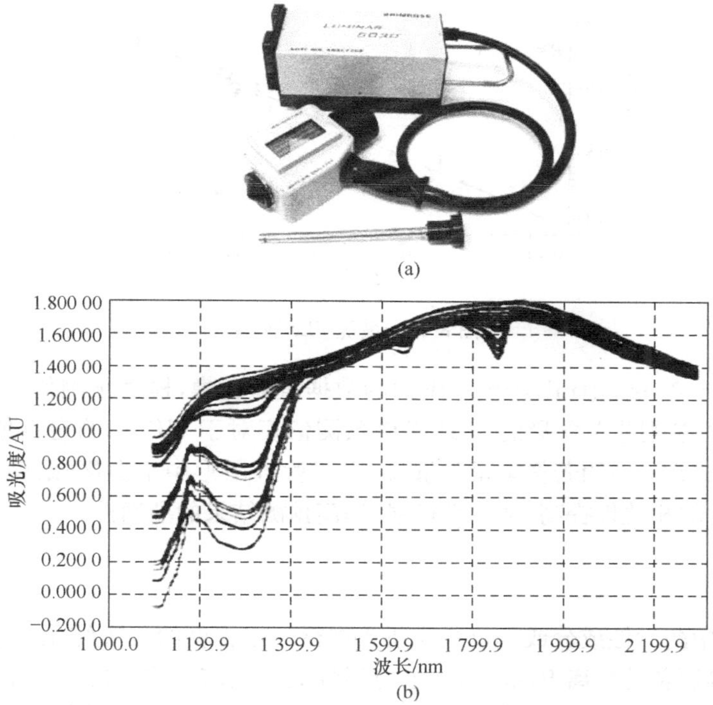

图 8-10　Luminar 5030-731 近红外光谱分析仪(a)和丹参提取液近红外原始吸收光谱图(b)

表 8-1　模型条件优化

微分阶数	波段/nm	RMSECV	优化后剩余数据数	r^2	主成分数	RSE/%
一阶导	1100～2300	0.0092	57	0.9918	4	7.23
	1100～2200	0.0082	55	0.9930	4	8.29
	1100～1900	0.0067	50	0.9956	6	8.42
二阶导	1100～2300	0.0059	55	0.9964	6	9.73
	1100～2200	0.0045	54	0.9978	5	10.17
	1100～1900	0.0140	56	0.9730	3	7.74

注:主成分数是系统软件自动优化生成。

判断模型的优劣,除了要考虑 RMSECV 和 r^2 的大小、优化后剩余数据数的多少,关键还要注意模型的适用性。从上表看出,以二阶微分光谱在 1100～2200nm 所建模型的 RMSECV 值最小,r^2 值最大。但以一阶微分光谱在 1100～2300nm 波段建模型,对预测集预测结果的相对误差最小,且优化后剩余数据数最多,因而最后以一阶微分光谱在 1100～2300nm 波段建模(图 8-11),模型主成分数为 4,r^2=0.9918,RMSECV=0.0092。

4) 检测模型效果

利用校正模型对验证集 5 份样品进行分析,丹参酮ⅡA 含量的 NIR 光谱预测值与 HPLC 测定真值的相关系数 r^2=0.8984。相关性不太理想,相对误差也较大,为−15.12%～+1.42%。分析图 8-11 所示模型,建模浓度范围 0.42～0.68mg/mL,数据梯度分布不均匀,数据明显集中于 0.55～0.62mg/mL。数据梯度分布的不均匀是预测结果不太理想的直接原因,

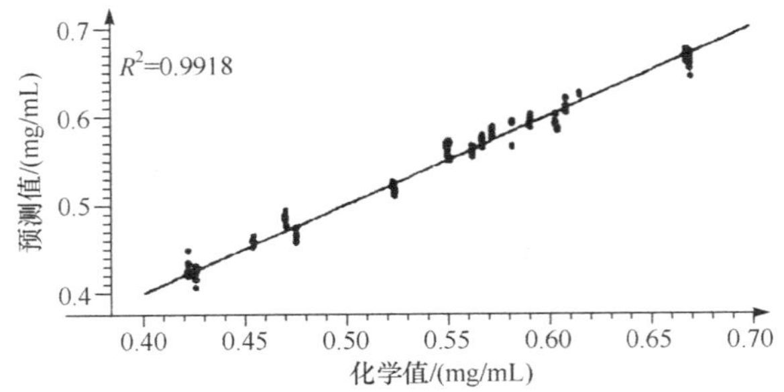

图 8-11　最优 PLS 模型

进一步选取 0.55～0.62mg/mL 浓度范围内的数据重新建模，模型预测值与化学值的相关系数 r^2 达 0.9995，丹参酮ⅡA 含量的 NIR 光谱预测值相对于 HPLC 测定真值的误差较小，为 −7.86%～−3.69%。说明若样本量足够多，可以弥补图形中空白区域，使数据梯度分布均匀，能使所建模型的相关性提高，适用性增强，提高预测结果的准确性。

8.2.3　分离单元

提取出来的中药活性成分或部位往往还要进行一定程度的分离纯化。常有柱层析、模拟移动床、扩张床等制备性分离方法。可以通过活性成分或部位浓度的检测来控制这一操作单元的终点。以往多采用间歇的方式进行中药纯化过程检测。大孔吸附树脂纯化是近年被推广用于中药精制工艺的新技术，但其工业过程缺乏在线检测分析手段。下面的实例建立了近红外光谱在线测定黄连提取物大孔吸附树脂柱层析过程中的盐酸小檗碱、盐酸巴马亭、盐酸药根碱和黄连总生物碱的洗脱曲线的新方法。

1) 样品及其浓度标准值的测定

配制黄连浸膏粉水溶液，过滤后上 D101 大孔树脂色谱柱，加水漂洗除去极性物质后，用 50%(体积分数)的乙醇洗脱收集黄连生物碱。进行了 4 次纯化实验，前 3 次获得样品 29 个，作为建模校正集，第 4 次获得 11 个样品作预测集。

用 RP-HPLC 对校正集和预测集的层析流出物内的黄连生物碱浓度经稀释后进行分析，黄连 6 个主要生物碱获得了良好的分离(图 8-12)。盐酸小檗碱(6)、盐酸巴马亭(5)和盐酸药根碱(4)的重现性变异系数分别为 2.52%，2.44%和 3.37%(n=5)。同时发现，盐酸小檗碱、盐酸巴马亭和盐酸药根碱三者的总和近似等于用比色法所测的总生物碱量，因此以它们三者

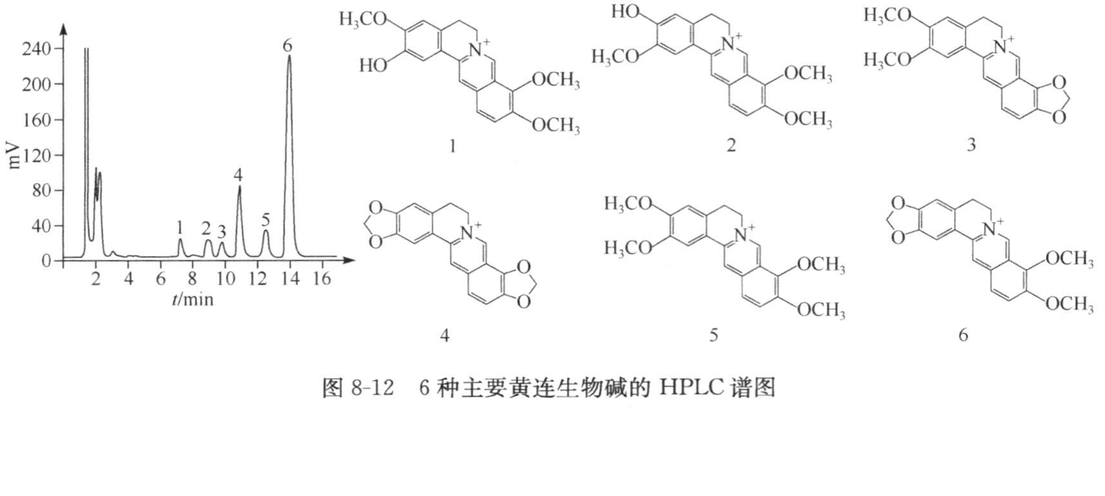

图 8-12　6 种主要黄连生物碱的 HPLC 谱图

之和表示总生物碱的浓度。

2）获取近红外光谱及建模方法

在线检测装置如图 8-13 所示，傅里叶变换近红外光谱仪为德国布鲁克光学仪器公司的 Bruker IFS 28/N，附有光程为 2mm 的石英光纤透射式探头、InGaAs 检测器、OPUS 光谱采集和处理软件。

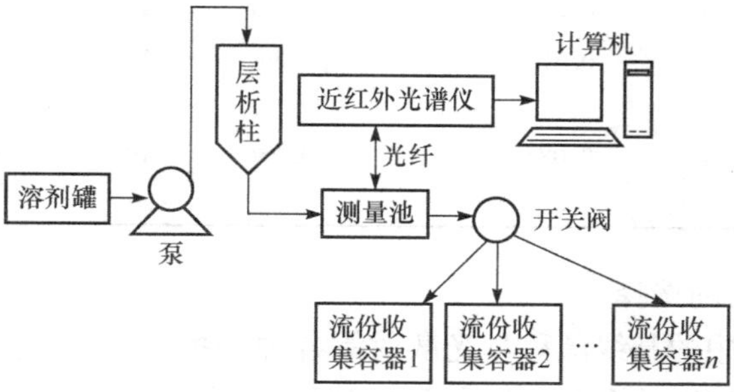

图 8-13　分离过程在线检测系统

将光纤透射式探头浸入检测池中，待溶液稳定并无气泡后，以空气为参比，分辨率 8cm^{-1}，在 11 000～4000cm^{-1}光谱范围扫描次数 32 次。黄连生物碱洗脱物的原始近红外光谱图如图 8-14 所示。然后，光谱信号经 13 点平滑。

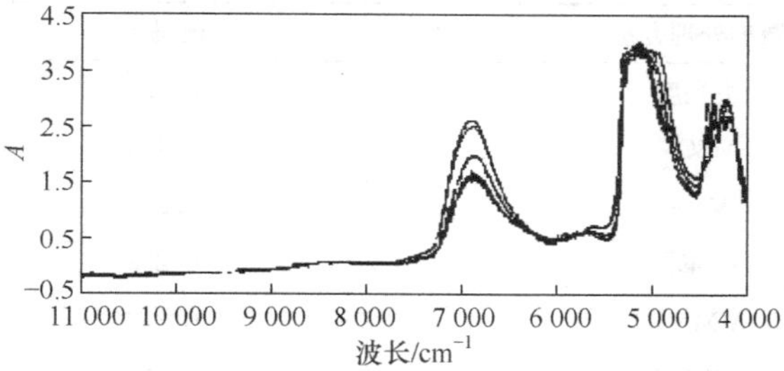

图 8-14　黄连生物碱洗脱物的原始近红外光谱图

多元校正方法中，用 PLS 算法回归建立的校正模型一般优于多元线性回归和主成分回归法，且计算速度快，因此采用 PLS 算法建模，并以交互验证均方根误差（RMSECV）作为模型的精度衡量标准。

3）建模谱段的选择

水含有羟基，极性很强，在近红外谱区的 6944cm^{-1}、5155cm^{-1}附近有很强的合频与倍频吸收谱带，而其他各种物质分子的倍频与合频吸收相对较弱。因此为尽可能减少水的干扰，常采用较薄的样品池和较高浓度的溶液。采用光程仅为 2mm 的探头，可有效地降低水的干扰吸收。波段选取对所得模型的 RMSECV 的影响见表 8-2。从表 8-2 可见，随着水的两个强吸收带依次纳入 PLS 建模谱段，模型的精度没有提高，RMSECV 随着光谱数据点数的增加而升高。可见，对水溶液体系进行 NIRS 分析时，合理去除水在 6944cm^{-1}与 5155cm^{-1}的两个强吸收峰，可显著提高模型的精度。去除水的干扰吸收后，光谱范围不一定选得越宽越好。同时表 8-2 表明，当 NIRS 从 9248.9cm^{-1}增加到 11 000cm^{-1}后，所得模型对盐酸药根碱的预测精度有微弱改善，但其余三个组分的 RMSECV 均是升高的。可见，光谱范围选得过宽，将包含大量的冗余信息，对 RMSECV 具有负贡献效应。

表 8-2　NIRS 波段选取对校正模型的 RMSECV 影响

波数范围/cm^{-1}	药根碱		巴马亭		小檗碱		总生物碱	
	Rank	RMSECV	Rank	RMSECV	Rank	RMSECV	Rank	RMSECV
9 248.9～7 497.9 6 101.7～5 449.8	9	0.090	9	0.169	10	0.369	10	0.412
11 000～4 246.5	6	0.376	10	0.797	10	1.630	10	2.460
11 000～7 497.9 6 101.7～4 246.5	6	0.373	10	0.804	10	1.640	10	2.460
11 000～7 497.9 6 101.7～5 449.8	10	0.087	10	0.188	10	0.379	10	0.780

4）光谱预处理方法的选择

为去除 NIRS 信号中的基线漂移与光散射等各种干扰和噪声，比较了各种光谱预处理方法对所得模型的 RMSECV 的影响。从表 8-3 可见，对原始光谱进行一阶微分处理，可找出光谱中被较强背景吸收所覆盖的特征光谱带的准确峰值范围，进一步将一阶微分处理和直线相减法（对小檗碱和总生物碱）或矢量归一化法（对药根碱和巴马亭）联合处理，可获得预测效果较理想的校正模型。

表 8-3　不同光谱数据预处理方法所建模型的 RMSECV 结果

波数范围/cm^{-1}	数据处理方法	药根碱	巴马亭	小檗碱	总生物碱
6101.7～5449.8	吸光度	0.128	0.230	0.551	0.787
	MSC①	0.103	0.182	0.501	0.738
	VN②	0.152	0.270	0.435	0.738
	COE③	0.123	0.233	0.552	0.842
	MMN④	0.131	0.263	0.497	0.943
	一阶导数	0.151	0.271	0.531	0.929
	二阶导数	0.144	0.270	0.777	1.080
	SLS⑤	0.139	0.234	0.453	0.763
9248.9～7497.9	吸光度	0.201	0.354	0.680	1.040
	MSC	0.115	0.206	0.513	0.763
	VN	0.145	0.281	0.494	0.942
	COE	0.161	0.290	0.626	0.805
	MMN	0.169	0.308	0.593	0.995
	一阶导数	0.117	0.193	0.386	0.631
	二阶导数	0.101	0.191	0.552	0.742
	SLS	0.093	0.169	0.374	0.579
	一阶导数+SLS	0.112	0.203	0.369	0.412
	一阶导数+VN	0.0902	0.169	0.500	0.743
	一阶导数+MSC	0.122	0.223	0.789	0.934

①multiplicative scatter calibration（多元散射校正）。②vector normalization（矢量归一化）。③constant offset elimination（线性补偿差减法）。④mirrmax normalization（离差标准化）。⑤staigh line subtraction（直线差减法）。

5）模型的预测效果

优选了建模用波段和光谱预处理方法后，用 PLS 法建立测定黄连大孔吸附树脂层析洗脱物中生物碱浓度的 NIRS 校正模型。采用留一法对校正集进行内部交叉验证。预测集样本均在训练集样本浓度范围内，用 OPUS 软件进一步计算表明，对于总生物碱和小檗碱，这 11 个未知样本的马氏距离均未超出阈值，说明前述所建模型适用于未知样本，不存在界外点；但对巴马亭和药根碱，均有同一样本的马氏距离超出阈值，予以剔除。所得预测结果汇总于表 8-4，NIRS 预测的黄连生物碱和盐酸小檗碱的大孔吸附树脂纯化过程的洗脱曲线如图 8-15 所示。该图表明，所建模型可较好地预测黄连总生物碱与黄连小檗碱的洗脱曲线。

表 8-4　最优 PLSR 模型的计算结果

名称	小檗碱	药根碱	巴马亭	总生物碱
数据处理方法	一阶导数＋SLS	一阶导数＋VN	一阶导数＋VN	一阶导数＋SLS
所选波数	9248.9～7497.9	11000～7497.9	9248.9～7497.9	9248.9～7497.9
范围/cm^{-1}	6101.7～5449.8	6101.7～5449.8	6101.7～5449.8	6101.7～5449.8
所选数据点	625	1079	625	625
		交叉验证		
r^2	99.59	98.63	99.39	99.74
PLS 组分数	8	8	7	8
RMSECV	0.531	0.159	0.272	0.564
交互验证误差（RSECV）/%	4.77	9.24	6.15	3.86
		预测		
r^2	98.75	96.17	97.27	98.96
预测均方差（RMSEP）	0.780	0.235	0.480	1.12
相对预测标准偏差（RSEP）/%	7.67	15.04	12.87	7.20

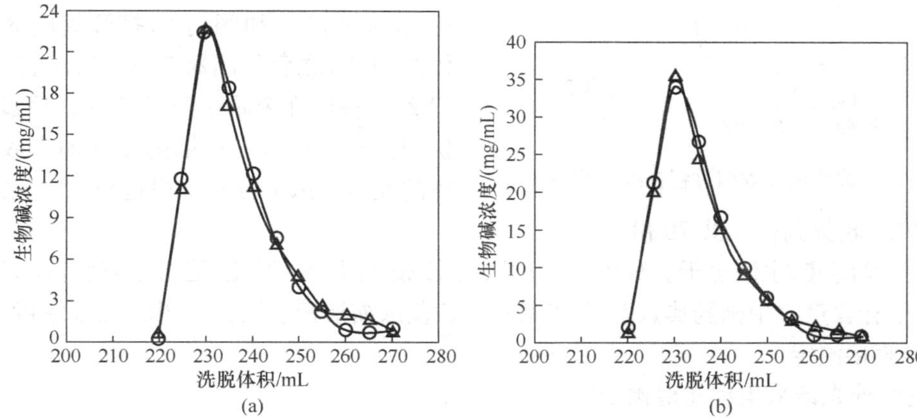

图 8-15　NIRS 预测的黄连生物碱洗脱曲线

（a）小檗碱；（b）总生物碱

△ HPLC 分析值；○ NIRS 预测值

从表 8-4 可见，无论是 RMSECV 或 RMSEP，所得校正模型对总生物碱的预测效果最好，其次是小檗碱和巴马亭，药根碱的预测较差。这是由于洗脱物中，6 种主要的黄连生物碱共存，其中总生物碱和小檗碱的含量较高，而巴马亭和药根碱浓度较低，几乎接近 NIRS 的检测限（0.1%），所以误差大。

从 RMSEP 可见，当样品的浓度越高，预测准确度越高。若小檗碱和总生物碱的浓度分别大于 216mg/mL 和 312mg/mL 时，RSEP 分别为 6.20%和 6.41%，而这部分洗脱液中所含的生物碱量已占全部上样量的 85%以上。因此，NIRS 方法在线检测黄连纯化过程中的小檗碱和总生物碱浓度具有较显著的应用价值。

因盐酸药根碱和盐酸巴马亭的浓度较低，校正模型的预测效果不如小檗碱和总生物碱理想，但对工业过程质控仍有借鉴作用。实验表明，若扩大校正集样本数，改进光谱特征信息提取手段，优化建模方法，可进一步提高准确性和稳健性。该方法只需 1 min 即可完成整个过程，预测精度满足工业过程分析要求。

8.2.4　浓缩、干燥单元

1. 浓缩单元

浓缩操作主要除去水和溶剂，可以通过检测水分（溶剂）或目标成分浓度、密度等控制浓缩过程终点；浓缩过程的控制一直依靠经验方法，浓缩终点确定的不可控性成为中药质量批次间不均一的重要因素，因而中药提取液浓缩过程迫切需要在线控制。下面的研究建立了声光可调谐滤光器（AOTF）-近红外技术应用于中药黄芪水提液浓缩过程的生产在线检测的新方法。

1）样品

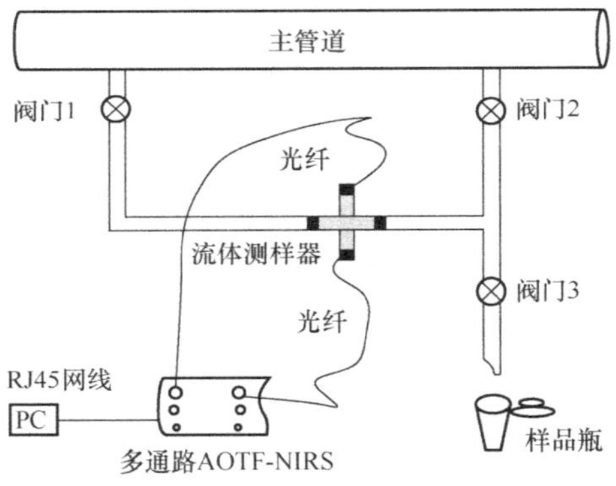

图 8-16　黄芪水提浓缩过程在线检测系统

按照生产工艺，黄芪两次水提合并液于浓缩车间进行浓缩，采用旁路在线检测的方式，从主管道引出一旁路，接有十字形四通流体测样器，如图 8-16 所示。

操作过程中，正常状态阀门 3 关闭，液体在旁路中流通并返回主管道；当光谱扫描完毕后，关闭阀门 1 和阀门 2，打开阀门 3 收集液体约 4mL；之后关闭阀门 3，打开阀门 1 和阀门 2，使液体在旁路中正常流动。该过程操作快、时间短，可认为扫描的光谱即为收集到液体的光谱。浓缩分两阶段进行，每阶段为 4h，温度约 80℃，收集到样品共 70 份。

取各样品溶液，水浴蒸干。分别精密称取粉末 2g，经提取、回流、层析分离后，以 HPLC 法测定黄芪甲苷含量[《中国药典》（2005 年版）]。黄芪浓缩液密度则由 DPRn 在线密度仪（奥地利安东帕）直接测定。

2）近红外光谱采集和光谱预处理

如图 8-16 所示，将光纤接至 AOTF 多通路 Luminar3060 型近红外光谱分析仪（美国 Brimrose 公司）的 1 号通路。利用光纤透射的方式采集样品光谱数据，光程 4mm。波长范围 1100～2300nm，扫描间隔 1.0nm，扫描平均次数 200 次。

建模前，对扫描得到的原始吸收光谱进行一阶微分处理，以消除噪声和基线漂移的影响。图 8-17(a)和图 8-17(b)分别为 70 个样品的原始扫描光谱图和一阶导数光谱图。

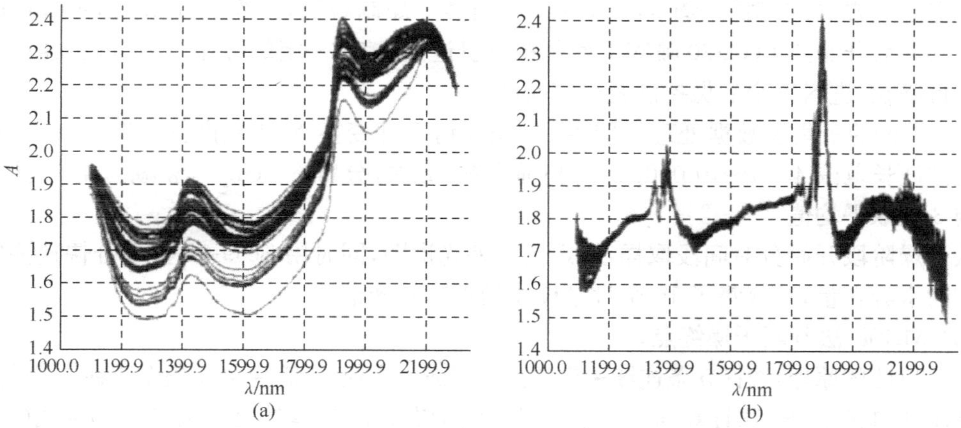

图 8-17　黄芪浓缩液近红外原始吸收光谱图(a)和一阶导数光谱图(b)

3）偏最小二乘法建立校正模型

将收集的样品随机分成校正集和验证集。黄芪浓缩液密度建模的校正集样品 45 个，验证集样品 10 个；黄芪甲苷含量建模的校正集样品 28 个，验证集样品 6 个。

原始光谱数据经 9 点平滑处理，采用偏最小二乘法、交叉-验证法(cross-validation)将一阶微分光谱数据与样品密度数据和 HPLC 分析数据进行关联建模，分别得到浓缩液密度和黄芪甲苷的 PLS 模型。结果显示，密度的光谱预测值与密度仪在线密度记录值之间相关性良好，误差较小，模型的主成分维数为 2，RMSECV 为 0.0139，$r^2=0.9773$。黄芪甲苷含量的光谱预测值与 HPLC 分析值之间相关性良好，误差较小，模型的主成分维数为 3，RMSECV 为 0.0076，$r^2=0.9849$。

4）检测模型效果

用黄芪浓缩液密度校正模型对 10 份验证集样品进行预测，预测值与在线密度仪记录值的平均相对偏差为 1.03%，相关系数为 $r^2=0.9507$。

用黄芪甲苷含量校正模型对 6 份验证集样品进行预测，预测值与 HPLC 分析结果的平均相对偏差为 2.24%，两者的相关系数为 $r^2=0.9883$。

2. 干燥单元

干燥操作是除去浓缩得到的浸膏中剩余水分或溶剂，常见有真空干燥、喷雾干燥、流化床干燥等。可通过检测水分(溶剂)含量等控制浓缩过程终点。用下面的实例介绍近红外光谱技术在复方养胃颗粒喷雾制粒中的应用研究。

无糖型养胃颗粒由白芍等八味药材组成，具有养胃健脾、理气止痛及和中生津的功效。白芍为该制剂主药之一，其中没食子酸、芍药内酯苷、芍药苷和苯甲酰芍药苷等化合物是白芍的主要有效成分。目前，对养胃颗粒喷雾制粒干燥终点的判断主要是工人通过已有的经验控制干燥时间，主观性强，自动化程度低。本实例将近红外光谱技术和移动块标准偏差法(moving block of standarddeviation，MBSD)相结合，建立了一种可快速判断养胃颗粒喷雾制粒干燥终点的过程分析方法，实现了中药喷雾制粒过程的在线检测，并建立了近红外光谱快速测定养胃颗粒水分含量的方法。

(1) 样品。无糖型养胃颗粒(规格：每袋 59；9 批次)为杭州正大青春宝药业有限公司产品。喷雾制粒方法：将糊精等辅料置 PGL-80 喷雾干燥制粒机，浓缩液在 GJ-ZOOL 可倾式反应锅中预热后开始向 PGL-80 喷雾干燥制粒机里进液，控制一定的雾化压力、进料速度和物料温度进行制粒，进料完全后保持沸腾一定时间。

(2) 光谱的采集及数据处理。使用 Antaris 傅里叶变换 NIR 光谱仪(Thermo Nieolet 公司)，光谱波长范围 4000～10 000cm^{-1}，扫描次数 32 次，分辨率 8cm^{-1}，衰减为 4×，同一样品平行测 3 次取平均值。

从干燥阶段开始分时间段取样，测定近红外光谱图，同时用 Sc69-02 型水分快速测定仪测定颗粒的水分含量，共收集了 10 个批号样品的近红外光谱图。

(3) MBSD 法判断干燥终点。

MBSD 法的原理：选择 n 条连续采集的光谱组成一个块，计算块中 n 条光谱在波长点 i 处吸光度 A_{ij} 的标准偏差 S_i，再计算 m 个波长点的平均标准偏差 S，具体公式见式(8-1)和式(8-2)。

$$S_i = \sqrt{\frac{\sum_{j=1}^{n}(A_{ij} - \overline{A}_i)^2}{n-1}} \tag{8-1}$$

$$S = \frac{\sum_{i}^{m} S_i}{m} \tag{8-2}$$

式中，A_{ij} 为波长点 i 处第 j 条光谱的吸光度；A_i 为波长点 i 处块内 n 条光谱的平均吸光度；m 为选取的波长点总数。将块后移一个时间点，即剔除原 n 条光谱中时间点最早的一条光谱，补充一条新的光谱，重新计算标准偏差 S，依此类推。S 的大小反映了相邻光谱之间差异的大小。当 S 值小于某个阈值 L 并趋向稳定时，表明混合体系已达稳态。

该研究选择 MBSD 法中的 n 取值为 3，即取 3 条光谱作为一个块。如果 n 太小，不能够整体反映混合过程，随机因素影响很大；反之，光谱间的部分差异会被忽略。图 8-18 是某批号的无糖型养胃颗粒喷雾制粒过程中水分含量随取样时间的变化图。根据无糖型养胃颗粒的生产工艺，当水分含量小于 2%认为到达喷雾制粒干燥终点，即建议终止点(suggested end point, SEP)。以 S 值对取样点作图，可得图 8-19。在实际工业生产中，喷雾制粒在第 31 个点(干燥开始 90min)甚至更长时间才结束，由图 8-18 和图 8-19 可知制粒过程在第 24 个点(干燥开始 60min)水分含量已经达到工艺标准，完全可以结束干燥。

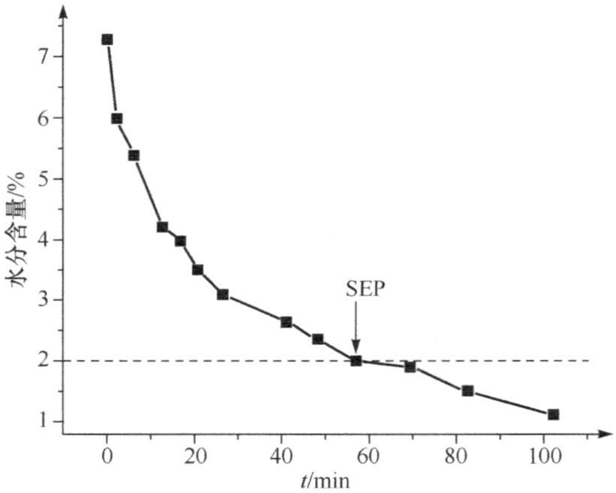

图 8-18　水分含量变化

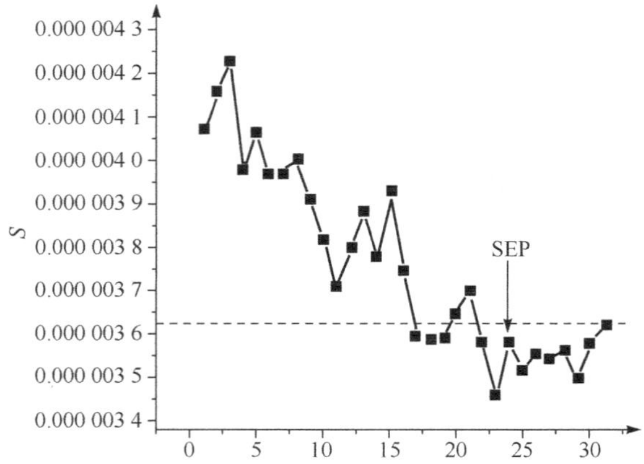

图 8-19　标准偏差 S 波动趋势(x 为样本编号)

（1）近红外光谱法测定水分含量。选择 4690～6080cm^{-1}波长区间结合 SG＋二阶导数进行光谱预处理，以消除光谱的基线漂移并减小噪声。以三个批号共 39 个样品的近红外光谱为校正集，以一个批号的 13 个样品的近红外光谱为验证集，用 PLS 法建立喷雾制粒水分含量的校正模型，其中相关系数 r 为 0.99，RMSEP 为 0.03，结果如图 8-20 所示。用此模型预测了验证集的样品。

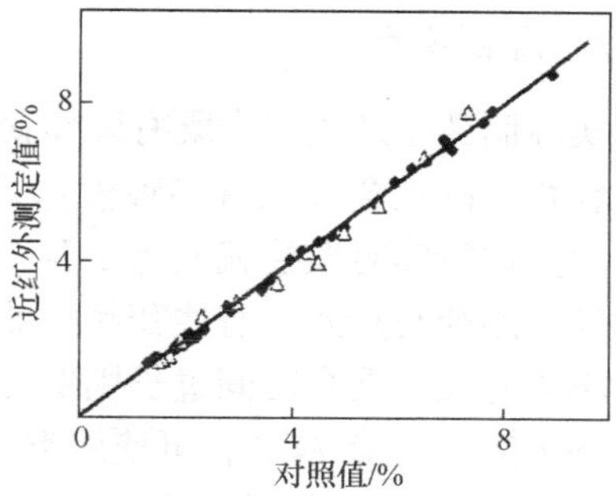

图 8-20　对照值和 NIRS 法测定值之间的相关图

◆ 校正集；△ 验证集

（2）近红外光谱法测定养胃颗粒中活性成分含量。经考察选择波数 4500～7500cm^{-1}结合 SG＋二阶导数进行光谱预处理。以三个批号共 39 个样品的近红外光谱为校正集，以一个批号的 15 个样品的近红外光谱为验证集，用 PLS 建立测定没食子酸、芍药内酯苷、芍药苷和苯甲酯芍药苷的 HPLC 含量测定值与近红外光谱间的校正模型。采用交叉验证法确定校正模型的主成分数，所得四个 PLS 定量模型的主成分数分别为 5、4、3 和 9。模型测量验证集样本没食子酸、芍药内酯苷、芍药苷和苯甲酯芍药苷的 RMSEP 分别为 1.81、1.58、0.78 和 3.53，r^2 分别是 0.82、0.90、0.98 和 0.78，结果如图 8-21 所示。用此模型预测了一个批号 15 个样品的没食子酸、芍药内酯苷、芍药苷和苯甲酯芍药苷含量。四个成分的偏差范围分别为 3.44%～12.62%，1.14%～7.25%，0.90%～4.34%和 2.21%～37.22%。样品中的芍药苷含量能较为准确地预测，而苯甲酯芍药苷的含量偏低，由于近红外光谱法的检测限低，所以测定效果不很理想。

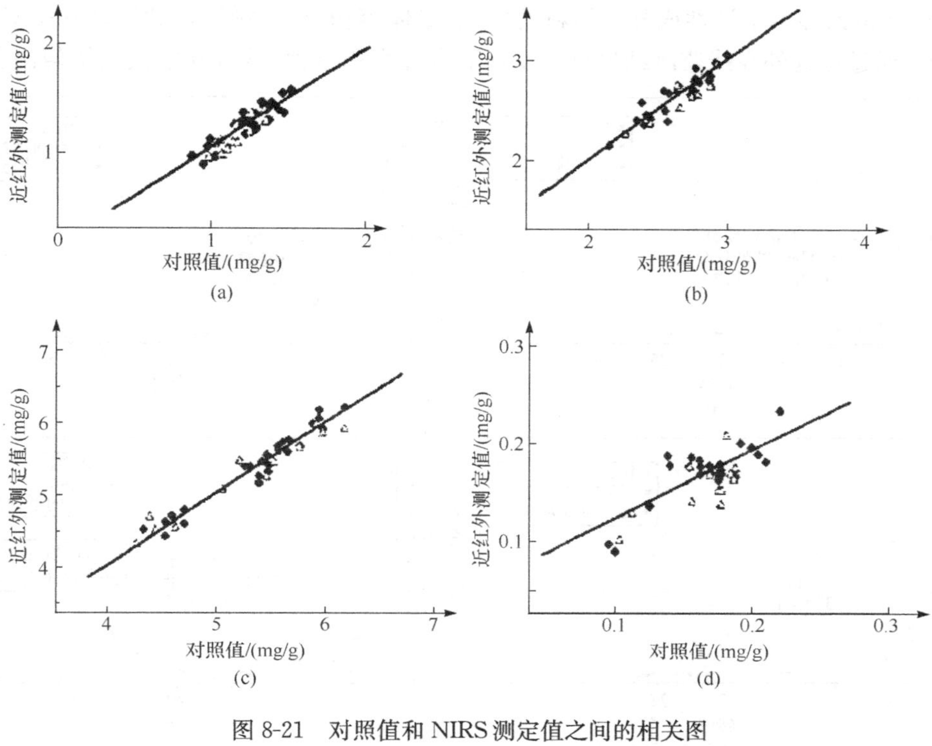

图 8-21　对照值和 NIRS 测定值之间的相关图

(a) 没食子酸；(b) 芍药内酯苷；(c) 芍药苷；(d) 苯甲酰芍药苷

◆ 校正集；△ 验证集

8.2.5　混合单元

实际制药生产过程中既有固体粉末的混合(如片剂、散剂、胶囊剂等制造过程中一种或数种药物粉末的混合),也有多种液体之间的混合。两者相比,前者往往不易达到混匀的状态。因此对其进行实时监控就尤为重要。药物粉末混合时间过短则不均匀,不仅影响产品外观,更影响安全用药与疗效。有些药品疗效不够稳定,除了组方及疾病因素外,与产品在生产过程中混合不均有关。混合时间过长则费时和能耗高。药物混合均匀度是中药生产过程质量控制的关键环节之一。液-液混合可使用类似图 8-22 的检测系统,而固体粉末混合则使用图 8-23的装置,将近红外光纤探针插入搅拌机内获取光谱,应用移动块标准偏差法(MBSD)判断粉末混合终点。实现粉末混合过程均匀性的实时在线监测。

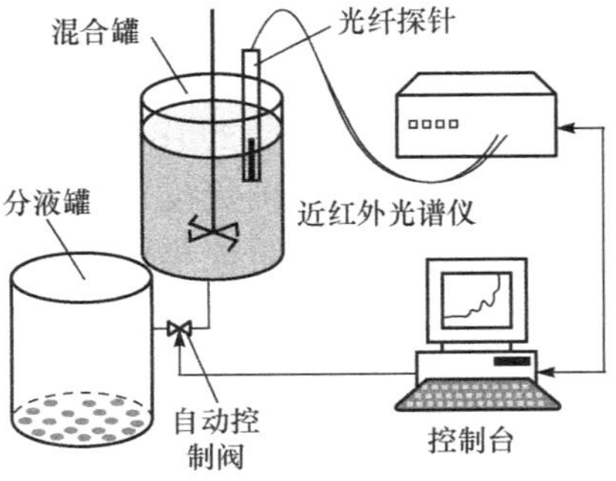

图 8-22　液-液混合 NIRS 在线检测系统

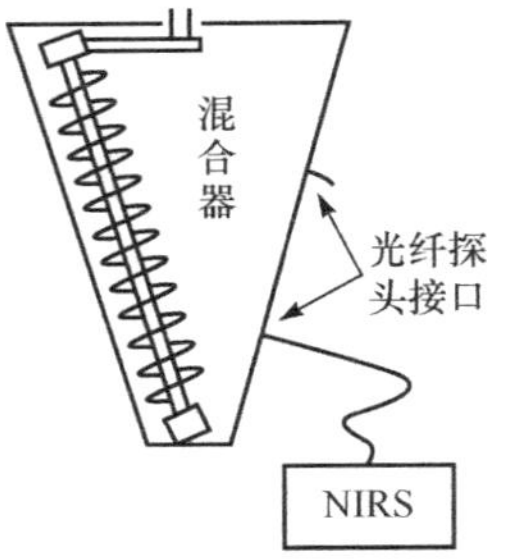

图 8-23　固体混合在线分析装置

图 8-24 依次显示了活性成分和辅料的配比、罐体容积、混合罐转速和填装水平对混合过程的影响,通过近红外在线监测结果可以发现混合罐容积越大,越有利于快速均匀混合,混合

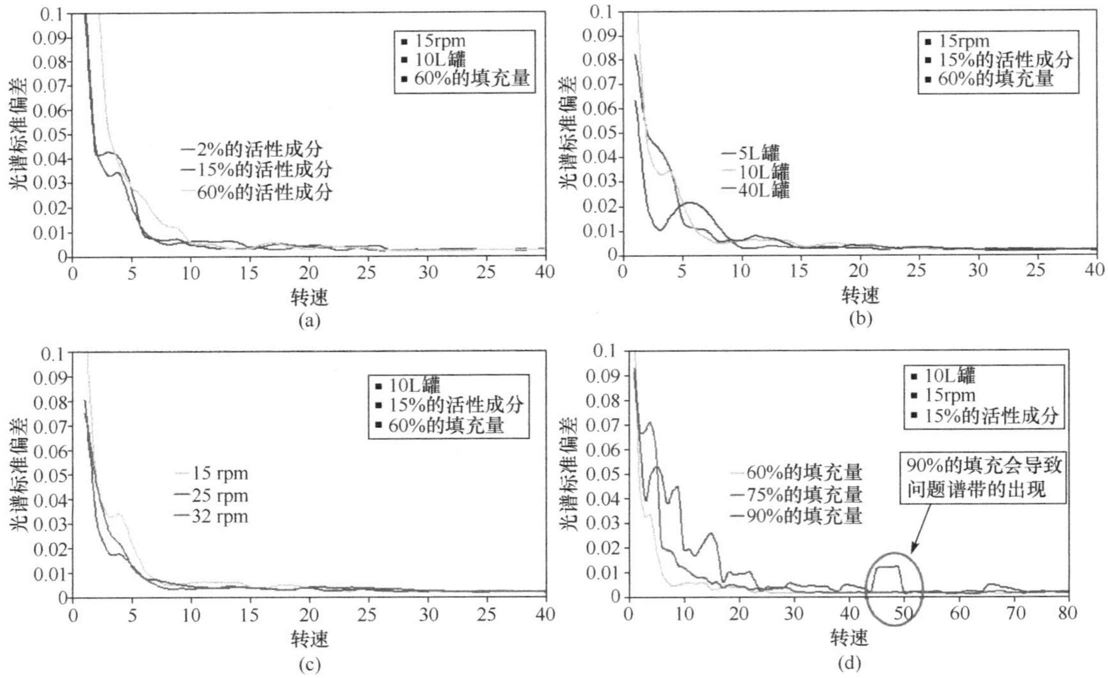

图 8-24　不同因素影响下的混合过程近红外光谱图

(a) 活性成分浓度;(b) 罐体容积;(c) 转速;(d) 填装水平

罐体填装越满越不利于快速达到均匀混合(充满 90%的罐体时会出现问题谱带),而适中的活性成分和辅料配比和转速有利于快速均匀的混合。

用下面的实例介绍在近红外光谱法检测六味地黄丸粉末混合均匀度的研究中所采用的不同的化学计量学方法。

(1) 模拟浓缩丸处方工艺。分别取牡丹皮、山茱萸、山药、熟地黄、茯苓、泽泻及辅料(淀粉)适量,其中山茱萸、山药粉碎成 100 目细粉,牡丹皮提取丹皮酚,药渣同其余 3 味药材分别制浸膏粉。采用正交实验设计(L25,56),按处方 70%～130%配制六味地黄丸混合粉末,得 25 个训练集样本;采用正交实验设计(L18,36),按处方 80%～120%配制六味地黄丸混合粉末,得 18 个预示集样本。

(2) NIR 光谱采集。Bruker MPA 近红外光谱仪(带旋转积分球、光纤)采集每个粉末样本的光谱,波数 12 000～4000cm^{-1},间隔 4cm^{-1},每次测量为 64 次。

(3) 多种化学计量法建模及其效果比较。

偏最小二乘法:取各样本在 4600～7500cm^{-1}波长点处的光谱数据进行处理,交互证实法确定主成分数为 5。

主成分分析-BP 神经网络法:取各样本在 4000～8914cm^{-1}波长点处的光谱数据进行处理,主成分数为 8,学习速率 α、β 均为 0.5,网络隐含层节点数为 6,学习终止阈值为 0.001,经过 400 000 次网络训练,全局误差为 0.005 355。

小波变换-BP 神经网络法:对原始光谱数据进行小波变换,采用 db4 小波,经 6 尺度分解,得 33 个低频系数,作为网络输入层。网络隐含层节点数为 6,学习速率 α、β 均为 0.5,学习终止阈值为 0.001,网络经 600 000 次训练,全局误差为 0.013 574。

将以上三种方法进行效果比较,对六味地黄丸混合粉末模拟样品,标准化-PLS、PCA-BP、WT-BP 数据处理方法所得预示集回收率分别为 99.25%,100.0%,102.0%,100.2%,104.6%,99.55%,RSD 分别为 5.77%,4.79%,6.69%,7.61%,9.92%,6.62%。标准化-PLS 法结果最好,基本可以满足生产过程中粉末混合均匀度测定的要求。

8.3　化学制药单元

为了提高产率、进行质量控制并确保药品安全有必要在化学制药过程中引进在线测控。在化学反应过程中,NIRS 技术可以实时检测反应釜中底物浓度和反应产物浓度随时间变化的趋势。一个典型的立体特异性催化加氢反应的在线光谱分析实例如图 8-25 所示。

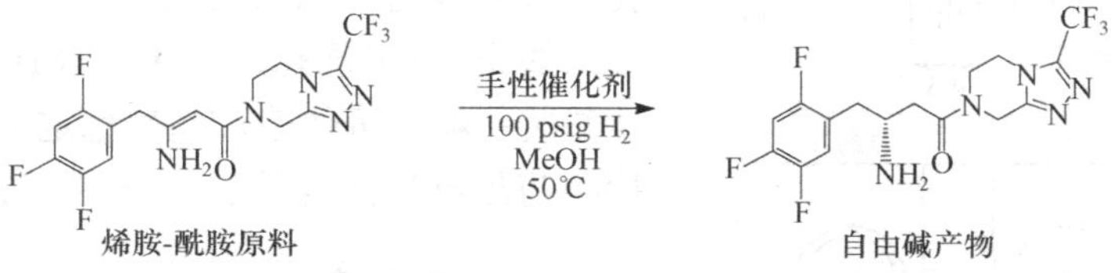

图 8-25　不对称加氢还原反应

在上面的不对称加氢还原过程中,手性催化剂被用于将起始物烯胺-酰胺类化合物(enamine amide)转化为手性产物自由碱(freebase),反应在100psig[①]的氢气中50℃下反应15～21h结束。HPLC可以作为常用离线分析手段被用于确定反应终点,但该方法耗时耗力,需要间断地将样品从高温高压的反应釜中取到试管中进行分析,不利于生产的持续进行。较长反应时间还会导致产物降解。如果将可测量物质中红外区域的特征光谱的内线分析技术被应用于该还原过程的检测,即可实现对全部反应过程的监控。图8-26反映了在加氢过程中收集到的典型光谱,很明显该技术可以利用起始物烯胺类酰胺以及产物自由碱的羰基伸缩振动吸收峰位易将两者进行区分,通过使用多元线性回归和偏最小二乘回归的化学计量学方法,对反应过程近红外光谱图进行处理并建模就可以得到实时的两者浓度随反应过程进行的动态变化曲线(图8-27),数据显示出在线NIRS检测与离线HPLC检测的高度一致性,充分表明了前者的可行性以及优势所在。

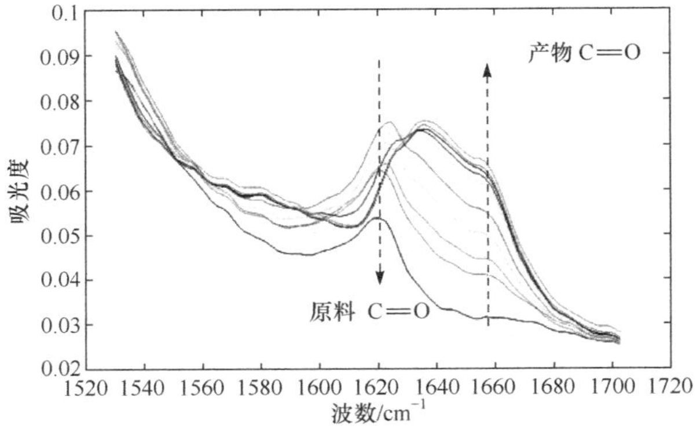

图8-26 加氢反应过程的光谱变化

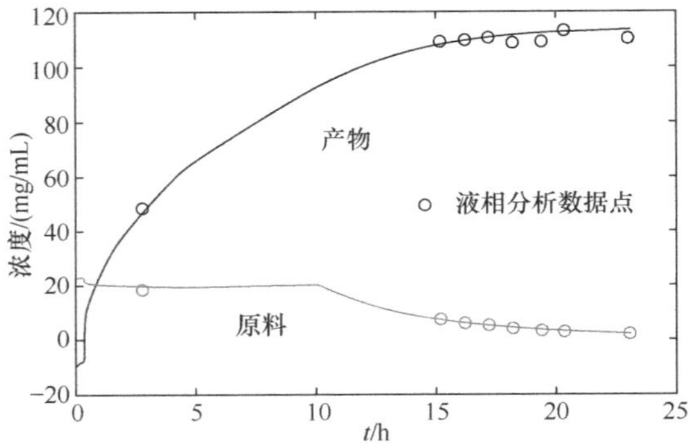

图8-27 反应底物与产物浓度动态变化曲线

8.4 制剂单元

8.4.1 片剂填装在线检漏系统

此系统用于在线检测包装片剂的药粒漏装,即欠片。在PTP(press through packaging)包装薄层的孔穴填装药片并与铝箔压紧的工序后,在片间插入装有光电IC和传感器LED的探头(图8-28),由光电IC发出的光被药片所挡,提示该孔穴填装有药片,若传感器LED能接受到光电IC发出的光,说明该孔穴漏装。高速移动的包装中即使漏装一粒也可快速、准确、稳定地检出。此系统被检测药品包装材料限于PTP铝箔包装。

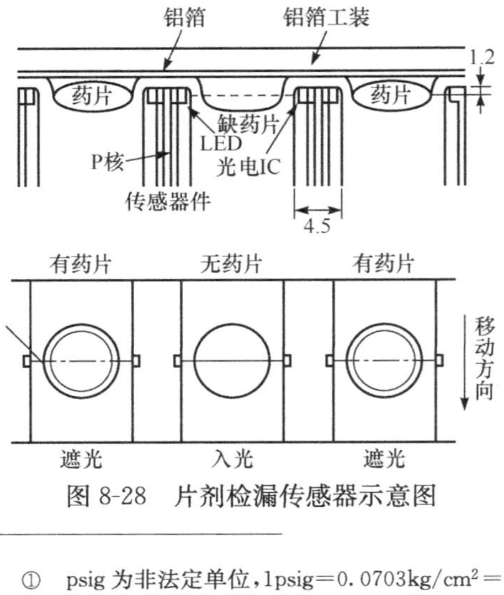

图8-28 片剂检漏传感器示意图

8.4.2 包衣厚度

薄膜包衣过程是中药片剂、丸剂、颗粒剂制备过程中的关键环节。控制包衣的厚度和均匀性对控制

① psig为非法定单位,1psig=0.0703kg/cm²=68194.8Pa。

药物的释放速率起着重要的作用，达到定时、定位给药的目的。与包糖衣相比，薄膜包衣耗时短、效率高，且无需底衣层，片剂质量无明显增加。因此在薄膜包衣过程中，包衣厚度是其质量控制的重要指标。目前，药品包衣厚度的检测主要通过增重法、厚度变化法和高效液相色谱法进行，也有通过包衣液的使用量来估算。而上述方法或者凭借经验，或者耗时，难以直接用于包衣过程中药品包衣厚度的在线检测，因此迫切需要发展中药药品包衣厚度的快速测定方法。

下面介绍一个关于 NIRS 法快速、无损测定制药过程中复方丹参滴丸包衣厚度的实例。

(1) 样品及其质量测定：复方丹参滴丸包衣生产过程中的样品，共 6 批次、54 组样品，其中每批样品中包含 1 组未包衣素丸样品作为对照。每组样品取样 100 颗，准确称量。将包衣过程不同时间点取样所得样品的质量和同批次素丸相比较，计算出

$$增重比率=(样品质量-素丸质量)/素丸质量$$

包衣前后滴丸增重不超过 6%，所以直径变化<2%，可认为增重比率和包衣的厚度成正比。

(2) 近红外光谱采集：将待测丹参滴丸样品放入冰箱至温度恒定后，装入样品杯，利用 Antaris 傅里叶变换近红外光谱仪(Thermo Nicolet 公司)积分球(图 8-29)，以仪器内置背景为参比，波数范围 10 000～4000cm^{-1}，扫描次数 32 次，分辨率 8.0cm^{-1} 的条件采集近红外光谱。每个样品采集 3 张光谱，每扫描一张光谱转动石英杯约 120°，取其平均光谱用于数据处理。

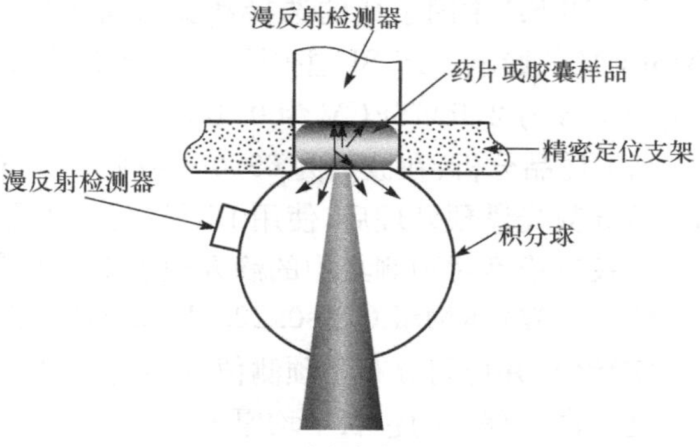

图 8-29　积分球分析示意图

(3) 校正模型评价参数：去掉 6 组素丸样品后共计 6 批 48 个复方丹参滴丸样品，随机选取其中 4 批 31 个样品作为校正集，剩余 2 批 17 个样品作为预测集。光谱经预处理后用 PLSR 建立包衣平均厚度与 NIR 光谱之间的定量校正模型，以 r、RMSEC、RMSEP 为指标优化建模参数。

(4) 光谱预处理方法：使用多元散射校正(MSC)、标准正交变换(SNV)、一阶微分、二阶微分、S-G 平滑和 Norris 导数平滑滤波等预处理方法。表 8-5 表明，经 MSC、S-G 平滑和一阶微分进行光谱预处理后所建模型综合性能最佳，这与 MSC 可消除固体散射效应，S-G 平滑可降低高频随机噪声以及一阶导数光谱可消除基线漂移有关。

表 8-5　不同光谱预处理方法对 PLSR 模型的结果

光谱预处理方法	r	RMSEC	RMSEP	光谱预处理方法	r	RMSEC	RMSEP
原始光谱	0.944	0.333	0.423	SNV+一阶导	0.901	0.437	0.321
MSC	0.780	132	132	SNV+二阶导	0.901	0.437	0.321
MSC+S-G	0.780	132	132	SNV+S-G+一阶导	0.901	0.437	0.321
MSC+一阶导	0.980	0.198	0.434	SNV+S-G+二阶导	0.901	0.437	0.321
MSC+二阶导	0.879	0.480	1.16	SNV+Norris+一阶导	0.980	0.200	0.369
MSC+S-G-一阶导	0.974	0.228	0.338	SNV+Norris+二阶导	0.870	0.497	0.454
MSC+S-G-二阶导	0.924	0.385	0.832	SNV+Norris+一阶导	0.901	0.437	0.321
SNV	0.967	0.256	0.355	SNV+Norris+二阶导	0.901	0.437	0.321
SNV+S-G	0.962	0.276	0.350				

(5) 光谱波段范围选择：采用不同波段的光谱数据建立的校正模型的 r、RMSEC、RESEP 和主因子数见表 8-6。序号 1 为全波段，其 r 太小；序号 2 为去除噪声较大部分后的波段，其 r 和 RMSEC 都非常好，但预测性能不佳，且用了 7 个主因子数，是一种明显的过拟合现象；序号 3 为吸收比较明显的 2 个波段，其 RMSEP 是最小的，预测性能最好，因此为较优的光谱范围。复方丹参滴丸包衣材料的主要成分为纤维素，其羟基在 6900～6000cm^{-1}，4900～4500cm^{-1}两谱段有较强的吸收，所以这两个谱段属于检测包衣厚度的特征谱段。

表 8-6　光谱波段选取对 PLSR 模型的影响

序号	光谱范围/cm^{-1}	r	RMSEC	RMSEP	主因子数
1	10000～4000	0.929	0.372	0.356	2
2	8769～7242,7030～4432	0.999	0.00782	0.472	7
3	6900～6000,4900～4500	0.974	0.228	0.338	2

(6) PLSR 主因子数的选择和交叉验证结果：采用留一交叉验证法，考察了主因子数对 RMSECV 的影响。PLSR 主因子数优化结果和校正集样品交叉验证结果如图 8-30 所示。最佳主因子数为 2，RMSECV 为 0.445。

(7) 样品分析：在波数为 6900～6000 cm^{-1}和 4900～4500 cm^{-1}的区间，经 MSC、S-G 平滑和一阶导数光谱预处理后，使用 PLSR 建立了最优的校正模型，其中使用的主因子数为 2。将该定量校正模型对预测集中的滴丸包衣平均厚度进行预测，结果如图 8-31 所示。校正模型的 r 达到了 0.974，RMSEC 为 0.228，RMSEP 则为 0.338。滴丸的 NIR 光谱预测值能够准确地逼近实际值，并均匀分布于预测值的两边。以上所建立的方法可快速、无损、直接测定复方丹参滴丸生产过程中的包衣平均厚度。

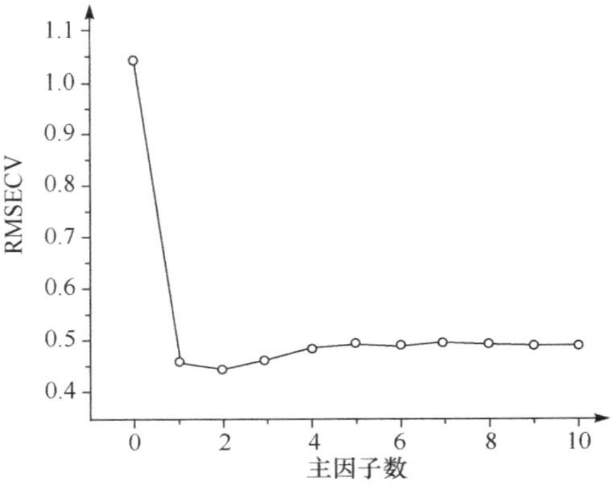

图 8-30　最佳主因子数和交叉验证结果

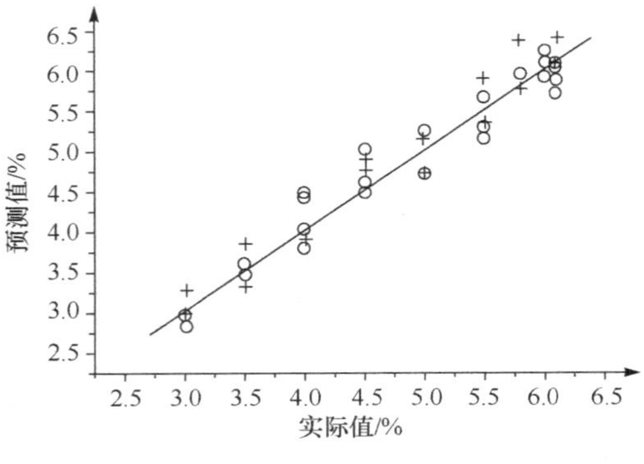

图 8-31　预测集 NIRS 预测值和包衣平均厚度相关图
○ 校正集；＋ 预测集

8.5　制药用水单元

《中国药典》将制药用水分为饮用水、纯化水、注射用水和灭菌注射用水。纯化水有性状、酸碱度、氨、硝酸盐、亚硝酸盐、不挥发物(总固体物)、重金属、易氧化物，细菌内毒素等项的检测。与《中国药典》(2005 年版)相比，《中国药典》(2010 年版)纯化水明确增订了总有机碳(TOC)和水的电导率这两种检测方法，而删除了氯化物、硫酸盐与钙盐、二氧化碳等多项化学指标的测试。而欧洲药典和美国药典对纯化水和注射用水都有这两项要求，而多项化学分析项目已不要求，更利于在线快速检测。注射用水为纯化水经蒸馏所得的水，要求细菌内毒素限量小于 0.25EU/mL。灭菌注射用水为注射用水参照注射剂生产工艺制备所得。

制药用水系统在日常运行过程中，应进行在线监控与间隙监控检测。监控检测所采用的取样频率应能保证工艺用水系统总是处于严格控制中，能够连续地生产出质量合格的水。所取的样品应取自水处理和配水系统中有代表的地方。取水样品不仅应反映水系统的最终成品水的质量，重要的是还应该反映系统中每一个制造单元所起的作用和性能指标，每个单元处理前及处理后的水质情况，水处理工艺过程中的水样的变化情况。其中对总有机碳含量、电导率、微生物指标、细菌内毒素的检测与控制尤为重要。这也代表了当今制药用水系统发展的方向，即对水处理过程进行全面控制。

中国药典制药用水检测方法中用总有机碳代替易氧化物的检测，这是因为各种有机污染物在总有机碳检测中被转化为无机碳，最终以二氧化碳的形式存在于水中，从而影响水的电导。将电导的数值转化为总有机碳后，可以反映水中污染的水平。制药纯化水及注射用水中的总有机碳水平低至 ppm 级，用专门的总有机碳分析仪，把探头插在纯水或注射用水的送水或出水管道上即可(图 8-32 为 TOC 传感器及 CheckPoint 安装于注射用水制水系统)，方法简便可靠，检测快速有效。目前国内制药企业也逐渐重视提高制药用水的在线监测水平，如 2003 年，齐鲁制药厂斥资 30 多万元从美国购进一台水中总有机碳含量的检测仪，以保证制药用水的水质符合美国药典的检验要求。

图 8-32　TOC 传感器及 CheckPoint 系统

制药用水的外源性污染主要来自于水系统外部的原因对系统造成的污染，如系统未与外界空气隔绝、管道的连接泄漏、储罐上的呼吸口未使用过滤器、过滤器泄漏，以及倒流污染(如出水口污染后发生倒流)。此外还有维护和维修后造成的污染，如更换活性炭和树脂的颗粒残留。而内源性污染是指水系统的各设备单元本身造成的微生物污染，包括设备对微生物的吸附并形成生物膜，如活性炭、离子交换树脂，过滤器膜等，还有配水管道的内表面、阀门等附着微生物。美国及欧盟药典要求制药纯化水的电阻率小于 1.3MΩ/cm，注射用水需小于 1.1MΩ/cm，可以用电导仪在线测试电阻率的方法来代替相关化学指标的测试。制药用水的电导率控制限度如图 8-33 所示。

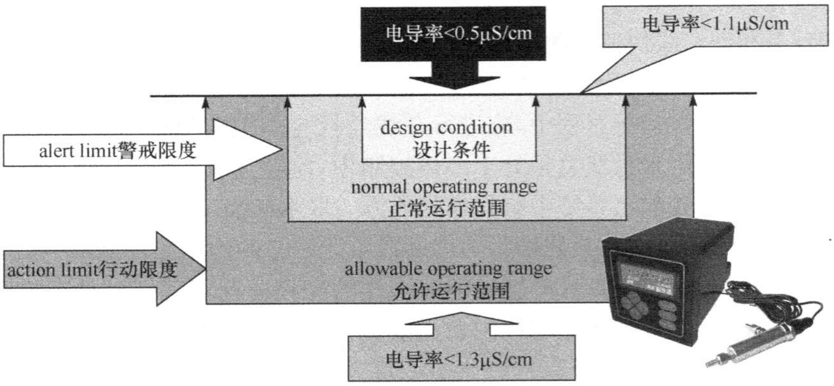

图 8-33　在线电导仪及生产用水电导率参数的设置

传统微生物检验是依赖于微生物在培养基上的生长，培养时间为 2～14 日，导致生产过程监控和产品出厂检验的检验结果只作为产品放行评价的一部分内容，而不能及时用于指导生产过程。所以，制药用水的在线过程检测的瓶颈在于微生物检测。2003 年 10 月，FDA 药品评价和研究中心的 PAT 分委会会议针对依靠微生物生长而导致培养时间较长的检查法的缺点，提出了关于评价、验证和实施新的微生物检查法和 PAT 中快速微生物检查法的作用的报告。更应注意的是，流动水的样品只能说明系统中悬浮微生物的浓度，而水底微生物（如生物膜）一般存在的数量要大得多，而且浮游微生物基本上都来自于水底微生物。生物膜中的微生物能够持续地污染系统中的水，而且很难采样和确定其数目；作为微生物物理保护层的生物膜一旦形成，足以抵抗 1000～1500 次的化学清洁。所以只能使用浮游微生物的数量来指示水系统的污染水平。同时，这也是系统建立警戒水平的基础。浮游微生物连续出现较高水平时，表明在此之前已经有生物膜形成，这就需要采取补救性措施加强控制。水系统的控制和消毒灭菌处理的质量是控制生物膜的形成和浮游微生物数量的关键。

思考题与习题

1. 简述菌体浓度和生物量浓度在线检测对微生物制药过程的意义。
2. 在线检测技术可用于中药制药过程的哪些环节？常用技术有哪些？多用哪些建模方法？
3. 在线检测技术在制剂过程中主要发挥哪些作用？
4. 制药用水的常见在线检测内容有哪些？

第9章 制药工业排放物的控制与分析

制药工业是国家环保规划要重点治理的12个行业之一。据统计，制药工业占全国工业总产值的1.7%，而污水排放量占2%。制药工业废水通常具有组成复杂、有机污染物种类多、浓度高、化学需氧量(COD)和五日生化需氧量(BOD_5)值高、氨氮浓度高、色度深、毒性大、固体悬浮物浓度高等特征。化学合成类制药工业、发酵类制药工业的原料药生产品种多，工序多，使用原料种类多，数量大，原材料利用率低。一种原料药往往有几步甚至10余步反应，使用原材料数种或10余种，甚至高达30～40种，原料总耗有的达10kg/kg产品以上，高的超过200kg/kg产品，从而产生的“三废”量大，污染危害严重；提取类制药工业原材料中的药物活性组分含量较低，通常为万分之几。常规的提取工艺通常为溶剂提取，大量的原材料经过多次有机溶剂的提取过程，废水中含有大量的有机溶剂和动植物有机组分，处理难度较大，同时产生大量的固体废物；而中药类制药工业，中药饮片生产中的浸泡水和漂洗水，含有大量有机污染物，能大量消耗受纳水体的溶解氧，形成变黑发臭水体；中成药生产过程中会产生大量的废水、废气和废渣。这些都对环境造成了严重影响。

因此，有必要建立制药工业污染物的行业排放标准，以便有效制约企业排污行为，促进制药工业生产工艺和污染治理技术的进步，保护环境。

9.1 排放标准

污染物排放标准是对污染物排入环境的浓度和数量所作的强制性及限制性规定。我国污染物排放标准分为综合排放标准和行业排放标准。与制药工业排放物相关的标准主要涉及大气污染源排放控制标准、水污染源排放控制标准和环境噪声排放标准，具体如表9-1所示。

表9-1 与制药工业相关的污染物排放标准

序号	标准名称	标准编号	实施时间
1	大气污染物综合排放标准	GB 16297—1996	1997-01-01
2	锅炉大气污染物排放标准	GB 16297—1996	1997-01-01
3	工业炉窑大气污染物排放标准	GB 16297—1996	1997-01-01
4	恶臭污染物排放标准	GB 16297—1996	1997-01-01
5	化学合成类制药工业水污染物排放标准	GB 21904—2008	2008-08-01
6	发酵类制药工业水污染物排放标准	GB 21903—2008	2008-08-01
7	提取类制药工业水污染物排放标准	GB 21905—2008	2008-08-01
8	中药类制药工业水污染物排放标准	GB 21906—2008	2008-08-01
9	生物工程类制药工业水污染物排放标准	GB 21907—2008	2008-08-01
10	混装制剂类制药工业水污染物排放标准	GB 21908—2008	2008-08-01
11	工业企业厂界噪声标准	GB 16297—1996	1997-01-01
12	国家固体废物污染控制标准	GB 18599—2001	

注：GB、GB/T、GB/Z、HJ分别为国家强制标准、国家推荐标准、国家指导性技术文件、国家环境保护总局推荐标准。

污染物排放标准是污染控制的手段，企业必须遵守和执行。排放标准的制定应体现“技术强制”原则，即通过排放标准的制定迫使企业采用先进的污染控制技术。制定的标准值应当是企业在采用了先进的生产工艺与污染治理措施后能够达到的水平。

9.1.1　废水排放标准

根据制药产品的种类、生产工艺过程、污染物产生及污染处理水平及排污特点，制定了化学合成类与半合成类、发酵类、提取类、中药类、生物工程与生物制品类、混装与加工制剂类 6 大类制药生产企业工业水污染物的排放限值、监测和监控要求，以及标准的实施与监督等相关规定，适用于相应类别制药生产企业水污染的防治和管理。该系列标准自 2008 年 8 月 1 日起实施，不再执行《污水综合排放标准》(GB 8978—1996)。

1. 各类制药企业水污染物排放

设置有两种污染物控制指标：最高允许排放浓度和基准排水量(单位产品基准排水量)。前者规定了废水中各项污染物排放的最高浓度限值，用于控制废水瞬时排放的浓度。但仅靠这一指标无法对污染物排放的总量进行控制。为此，同时规定了基准排水量，以避免企业采用稀释的方式来达到浓度限值。废水排放必须同时符合这两种限值要求。

各类制药企业水污染物排放限值、特别排放限值列于表 9-2。

表 9-2　各类制药企业水污染物排放限值、特别排放限值

序号	污染物项目	排放限值(mg/L)/特别排放限值(mg/L)						排放监控位置
		化学合成类①	发酵类②	提取类③	中药类④	生物工程类	混装类⑤	
1	pH	6～9/6～9	6～9/6～9	6～9/6～9	6～9/6～9	6～9/6～9	6～9/6～9	企业废水总排放口
2	色度(稀释倍数)	50/30	60/30	50/30	50/30	50/30		
3	悬浮物	50/10	60/10	50/10	50/15	50/10	30/10	
4	五日生化需氧量	25(20)/10	40(30)/10	20/10	20/15	20/10	15/10	
5	化学需氧量	120(100)/50	120(100)/50	100/50	100/50	80/50	60/50	
6	氨氮(以 N 计)	25(20)/5	35(25)/5	15/5	8/5	10/5	10/5	
7	总氮(以 N 计)	35(30)/15	70(50)/15	30/15	20/15	30/15	20/15	
8	总磷	1.0/0.5	1.0/0.5	0.5/0.5	0.5/0.5	0.5/0.5	0.5/0.5	
9	总有机碳	35(30)/15	40(30)/15	30/15	25/20	30/15	20/15	
10	急性毒性($HgCl_2$ 毒性当量)	0.07/0.07	0.07/0.07	0.07/0.07	0.07/0.07	0.07/0.07	0.07/0.07	
11	总铜	0.5/0.5						
12	挥发酚	0.5/0.5				0.5/0.5		
13	硫化物	1.0/1.0						
14	硝基苯类	2.0/2.0						
15	苯胺类	2.0/1.0						
16	二氯甲烷	0.3/0.2						
17	总锌	0.5/0.5	3.0/0.5					
18	总氰化物	0.5/<0.25	0.5/<0.25		0.5/0.3			

续表

序号	污染物项目	排放限值(mg/L)/特别排放限值(mg/L)						排放监控位置
		化学合成类①	发酵类②	提取类③	中药类④	生物工程类	混装类⑤	
19	动植物油			5/5	5/5	5/1.0		
20	甲醛					2.0/1.0		
21	乙腈					3.0/2.0		
22	总余氯(以 Cl 计)					0.5/0.5		
23	粪大肠菌群数⑥(MPN/L)					500/100		
24	总汞	0.05/0.05			0.05/0.01			车间或生产设施废水排放口
25	烷基汞	<10/同左						
26	总镉	0.1/0.1						
27	六价铬	0.5/0.3						
28	总砷	0.5/0.3			0.5/0.1			
29	总铅	1.0/1.0						
30	总镍	1.0/1.0						

①排放限值括号内的值适用于同时生产化学合成类原料药和混装制剂的生产企业。②排放限值括号内的值适用于同时生产发酵类原料药和混装制剂的生产企业。③对于特别排放限值:单位产品基准排水量 500m^3/t 产品(排水量计量位置与污染物排放监控位置一致)。④、⑤单位产品基准排水量 300m^3/t 产品(排水量计量位置与污染物排放监控位置一致)。⑥消毒指标微生物指标。除 pH、色度、烷基汞(限值单位 ng/L)、粪大肠菌群数外,其余污染物项目的限值单位均为 mg/L。

化学合成废水的主要来源:①工艺废水,如失去效能的溶剂、过滤液和浓缩液。②地板和设备的冲洗废水。③管道的密封水。④洗刷用具的废水。⑤溢出水。废水主要来自批反应器的清洗水。清洗水中包括未反应的原材料、溶剂,并伴随大量的化合物,化合物随化学反应的不同而不同(如硝化、氨化、卤化、磺化、烃化反应)。企业往往使用多种优先污染物作为反应和净化的溶剂,包括苯、甲苯、苯酚、氯苯、氯仿等。因此会产生不同的污染物。

化学合成废水的特点:废水量大,有机污染严重,成分复杂,含有残留溶剂,可生化性较差,BOD_5、COD 和 TSS(total suspended solids,总固体悬浮物)浓度高,pH 波动范围为 1.0~11.0。

抗生素类药物是发酵类制药中的一大类。抗生素类生物制药工业的废水主要来自三个方面:①提取工艺的结晶废母液,即采用沉淀法、萃取法、离子交换法等工艺提取抗生素后的废母液、废流出液等高浓度的有机废水。②各种设备的洗涤水。③冷却水。

抗生素类药物的生产工艺流程与废水产生情况如图 9-1 所示。

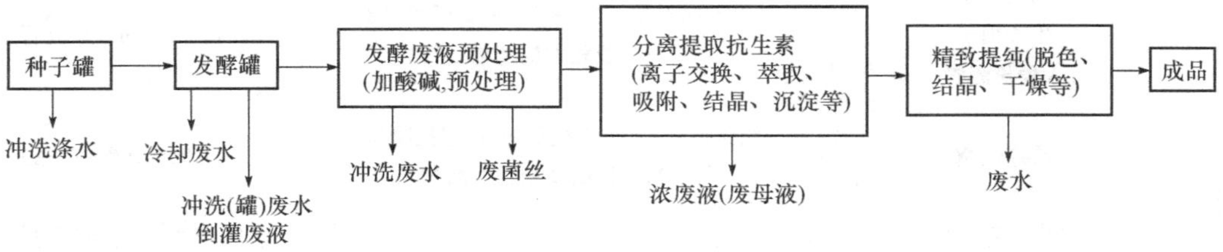

图 9-1 抗生素生产及废水产生示意图

表 9-2 的标准适用于各类制药工业企业的水污染防治和管理，以及各类制药工业建设项目环境影响评价、环境保护设施设计、竣工环境保护验收及其投产后的水污染防治和管理。化学合成类标准也适用于医药中间体工厂（如精细化工厂）及与化学合成类药物结构相似的兽药生产企业的水污染防治与管理。

根据环境保护工作的要求，在国土开发密度较高、环境承载能力开始减弱，或水环境容量较小、生态环境脆弱，容易发生严重水环境污染问题而需要采取特别保护措施的地区，各类制药工业现有和新建企业执行表 9-2 规定的水污染物特别排放限值。执行水污染物特别排放限值的地域范围、时间，由国务院环境保护主管部门或省级人民规政府定。

单位产品基准排水量是为核定水污染物排放浓度而规定的生产单位产品的废水排放量上限值。该指标限值是根据每种药物生产时的污水产生量、企业所采用的污水处理技术及处理后的效果来确定的。单位产品废水排放量因产品种类不同而不同，具体见表 9-3。

表 9-3　化学合成类、发酵类、生物工程类制药工业单位产品基准排水量（单位：m^3/t 产品）

类别		药物种类	代表性药物	单位产品基准排水量
化学合成类		神经系统类	安乃近、阿司匹林、咖啡因、布洛芬	88、30、248、120
		抗微生物感染类	氯霉素、磺胺嘧啶、呋喃唑酮、阿莫西林、头孢拉定	1000、280、2400、240、1200
		呼吸系统类	愈创木酚甘油醚	45
		心血管系统类	辛伐他汀	240
		激素及影响内分泌类	氢化可的松	4500
		维生素类	维生素 E、维生素 B_1	45、3400
		氨基酸类	甘氨酸	401
		其他类	盐酸赛庚啶	1894
发酵类	抗生素	β-内酰胺类	青霉素、头孢菌素、其他	1000、1900、1200
		四环素	土霉素、四环素、去甲基金霉素、金霉素、其他	750、750、1200、500、500
		氨基糖苷类	链霉素、双氢链霉素、庆大霉素、大观霉素、其他	1450、1450、6500、1500、3000
		大环内酯类	红霉素、麦白霉素、其他	850、750、850
		多肽类	卷曲霉素、去甲万古霉素、其他	6500、5000、5000
		其他类	洁霉素、阿霉素、利福霉素等	6000
	维生素		维生素 C、维生素 B_{12}、其他	300、115 000、30 000
	氨基酸		谷氨酸、赖氨酸、其他	80、50、200
	其他			1500
生物工程类		细胞因子 生长因子 人生长激素	干扰素类、白介素类、肿瘤坏死因子及相类似药物	80 000（m^3/kg 产品）
		治疗性酶	重组溶栓剂、重组抗凝剂、重组抗凝血酶、治疗用酶及相类似药物	200（m^3/kg 产品）
		基因工程疫苗		250（m^3/kg 产品）
		其他类		80（m^3/kg 产品）

注：排水量计量位置与污染物排放监控位置相同。

基准水量排放浓度换算：水污染物排放浓度限值适用于单位产品实际排水量不高于单位产品基准排水量的情况。若单位产品实际排水量超过单位产品基准排水量，应按污染物单位产品基准排水量将实测水污染物浓度换算为水污染物基准水量排放浓度，并以水污染物基准水量排放浓度判定排放是否达标。产品产量和排水量统计周期为一个工作日。

在企业的生产设施同时生产两种以上产品、可适用不同排放控制要求或不同行业国家污染物排放标准，且生产设施产生的污水混合处理排放的情况下，应执行排放标准中规定的最严格的浓度限值，并按下式换算水污染物基准水量排放浓度。

$$C_{基} = \frac{Q_{总}}{\sum (Y_i Q_{i基})} C_{实}$$

式中，$Q_{总}$为排水总量，m^3；Y_i为某产品产量，t；$Q_{i基}$为某产品的单位产品基准排水量，m^3/t；$C_{实}$为实测水污染物浓度，mg/L。

若 $Q_{总}$ 与 $\sum (Y_i Q_{i基})$ 的比值<1，则以水污染物实测浓度作为判定排放是否达标的依据。

新建企业应按《污染源自动监控管理办法》(国家环境保护总局令第 28 号)的规定，安装污染物排放自动监控设备，并与环保部门监控设备联网，保证设备正常运行。现有企业安装污染物排放自动监控设备的要求由省级环境保护行政主管部门规定。

企业须按照有关法律和《环境监测管理办法》(国家环境保护总局令第 39 号)的规定，对排污状况进行监测，并保存原始监测记录。在任何情况下，企业均应遵守本标准规定的水污染物排放控制要求，采取必要措施保证污染防治设施正常运行。

2. 制药工业水污染物项目分析方法

上述各类制药工业水污染物的分析方法标准汇总于表 9-4 中。

表 9-4　制药工业水污染物项目分析方法

序号	污染物	分析方法标准名称	方法标准编号	适用制药行业
1	pH	水质　pH 的测定　玻璃电极法	GB 6920—1986	化、发、提、中、生、混
2	色度	水质　色度的测定	GB 11903—1989	化、发、提、中、生
3	悬浮物	水质　悬浮物的测定　重量法	GB 11901—1989	化、发、提、中、生、混
4	化学需氧量	高氯废水　化学需氧量的测定　氯气校正法	HJ/T 70—2001	化、发、提、中、生、混
		高氯废水　化学需氧量的测定　碘化钾碱性高锰酸钾法	HJ/T 132—2003	化、发、提、中、生、混
		水质　化学需氧量的测定　重铬酸盐法	GB 11914—1989	化、发、提、中、生、混
5	生化需氧量	水质　五日生化需氧量(BOD_5)的测定　稀释与接种法	GB 7488—1987	化、发、提、中、生、混
6	总氮	水质　总氮的测定　气相分子吸收光谱法	HJ/T 199—2005	化、发、提、中、生、混
		水质　总氮的测定　碱性过硫酸钾消解紫外分光光度法	GB 11894—1989	化、发、提、中、生、混

续表

序号	污染物	分析方法标准名称	方法标准编号	适用制药行业
7	氨氮	水质　铵的测定　蒸馏和滴定法	GB 7478—1987	化、发、提、中、生、混
		水质　铵的测定　纳氏试剂比色法	GB 7479—1987	化、发、提、中、生、混
		水质　铵的测定　水杨酸分光光度法	GB 7481—1987	化、发、提、中、生、混
		水质　氨氮的测定　气相分子吸收光谱法	HJ/T 195—2005	化、发、提、中、生、混
8	总磷	水质　总磷的测定　钼酸铵分光光度法	GB 11893—1989	化、发、提、中、生、混
9	动植物油	水质　石油类和动植物油的测定　红外光度法	GB/T16488—1996	提、中、生
10	总有机碳	水质　总有机碳的测定　非色散红外线吸收法	GB 13193—1991	化、发、提、中、生、混
		水质　总有机碳的测定　燃烧氧化一非分散红外吸收法	HJ/T 71—2001	化、发、提、中、生、混
11	急性毒性	水质　急性毒性的测定　发光细菌法	GB/T 15441—1995	化、发、提、中、生、混
12	总汞	水质　总汞的测定　冷原子吸收分光光度法	GB 7468—1987	化、中
13	总镉	水质　铜、锌、铅、镉的测定　原子吸收分光光度法	GB 7475—1987	化
14	烷基汞	水质　烷基汞的测定　气相色谱法	GB 14204—1993	化
15	六价铬	水质　六价铬的测定　二苯碳酰二肼分光光度法	GB 7467—1987	化
16	总砷	水质　总砷的测定　二乙基二硫代氨基甲酸银分光光度法	GB 7485—1987	化、中
17	总铅	水质　铜、锌、铅、镉的测定　原子吸收分光光度法	GB 7475—1987	化
18	总镍	水质　镍的测定　丁二酮肟分光光度法	GB 11910—1989	化
		水质　镍的测定　火焰原子吸收分光光度法	GB 11912—1989	化
19	总铜	水质　铜、锌、铅、镉的测定　原子吸收分光光度法	GB 7475—1987	化
		水质　铜的测定　二乙基二硫代氨基甲酸钠分光光度法	GB 7474—1987	化
20	总锌	水质　锌的测定　双硫腙分光光度法	GB 7472—1987	化、发
		水质　铜、锌、铅、镉的测定　原子吸收分光光度法	GB 7475—1987	化、发
21	总氰化物	水质　氰化物的测定　第一部分　总氰化物的测定	GB 7486—1987	化、发、中
22	挥发酚	水质　挥发酚的测定　蒸馏后 4-氨基安替比林分光光度法	GB 7490—1987	化、生
23	硫化物	水质　硫化物的测定　亚甲基蓝分光光度法	GB/T 16489—1996	化
		水质　硫化物的测定　直接显色分光光度法	GB/T 17133—1997	化
24	硝基苯类	水质　硝基苯、硝基甲苯、硝基氯苯、二硝基甲苯的测定　气相色谱法	GB 13194—1991	化
25	苯胺类	水质　苯胺类化合物的测定　*N*-(1-萘基)乙二胺偶氮分光光度法	GB 11889—1989	化
26	二氯甲烷	水质　挥发性卤代烃的测定　顶空气相色谱法	GB/T 17130—1997	化
27	甲醛	水质　甲醛的测定　乙酰丙酮分光光度法	GB 13197—1991	生
28	乙腈	吹脱捕集气相色谱法	GB 21907—2008 附录 A	生

续表

序号	污染物	分析方法标准名称	方法标准编号	适用制药行业
29	总余氯	水质　游离氯和总氯的测定 N,N-二乙基-1,4 苯二胺滴定法	GB 11897—1989	生
		水质　游离氯和总氯的测定 N,N-二乙基-1,4 苯二胺分光光度法	GB 11898—1989	生
30	粪大肠菌群数	水质　粪大肠菌群数测定 多管发酵和滤膜法	HJ/T 347—2007	生

9.1.2　大气污染物综合排放标准

化学合成类制药企业排放的大气污染物主要为氯化氢、溶剂(丁酯、丁醇)、二氯甲烷、异丙醇、粉尘、丙酮、乙腈、NH_3、NO。制药工业企业大气污染物的排放仍执行《大气污染物综合排放标准》,它规定了 33 种大气污染物的排放标准。排放标准指标体系中,一般规定 4 项指标(有组织排放 3 项,无组织排放 1 项)。对于有组织排放,标准规定了通过排气筒排放废气的最高允许排放浓度、排气筒最低高度、对应排气筒之下的最高允许排放速度,见表 9-5。除浓度达标外,任何一个排气筒必须同时遵守排气筒高度和最高允许排放速度两项指标,超过其中任何一项均为超标排放。对于以无组织方式排放的废气,规定了无组织排放的监控点及相应的监控浓度限值。这一指标体系不仅适用于现有污染源大气污染物排放管理,也适用于建设项目的环境影响评价、设计、环境保护设施竣工验收及其投产后的大气污染物排放管理。

表 9-5　现有污染源大气污染物排放限值(节选)

序号			1	2	3	4	5	6	7	8	9	10	11	12	13
化合物			二氧化硫	氮氧化物	颗粒物	氯气	镍及其化合物	苯	甲苯	二甲苯	甲醛	氰化氢	苯胺类	氯苯类	硝基苯类
最高允许排放浓度/(mg/m³)			700	420	150	85	5.0	17	60	90	30	2.3	25	85	20
最高允许排放速度/(kg/h)　排气筒高度	15m	一级	1.6	0.47	2.1		禁	禁	禁	禁	禁		禁	禁	禁
		二级	3.0	0.91	4.1		0.18	0.60	3.6	1.2	0.30		0.61	0.67	0.06
		三级	4.1	1.4	5.9		0.28	0.90	5.5	1.8	0.46		0.92	0.92	0.09
	20m	一级	2.6	0.77	3.5		禁	禁	禁	禁	禁		禁	禁	禁
		二级	5.1	1.5	6.9		0.31	1.0	6.1	2.0	0.51		1.0	1.0	0.10
		三级	7.7	2.3	10		0.46	1.5	9.3	3.1	0.77		1.5	1.5	0.15
	25m	一级				禁						禁			
		二级				0.60						0.18			
		三级				0.90						0.28			

续表

序号				1	2	3	4	5	6	7	8	9	10	11	12	13
最高允许排放速度/(kg/h)	排气筒高度	30m	一级	8.8	2.6	14	禁	禁	禁	禁	禁	禁	禁	禁	禁	禁
			二级	17	5.1	27	1.0	1.0	3.3	21	6.9	1.7	0.31	3.4	2.9	0.34
			三级	26	7.7	40	1.5	1.6	5.2	31	10	2.6	0.46	5.2	4.4	0.52
		40m	一级	15	4.6	24	禁	禁	禁	禁	禁	禁	禁	禁	禁	禁
			二级	30	8.9	46	3.4	1.8	6.0	36	12	3.0	1.0	5.9	5.0	0.59
			三级	45	14	69	5.2	2.7	9.0	54	18	4.5	1.6	9.0	7.6	0.90
		50m	一级	23	7.0	36	禁	禁				禁	禁	禁	禁	禁
			二级	45	14	70	5.9	2.7				4.5	1.8	9.1	7.7	0.91
			三级	69	21	110	9.0	4.1				6.9	2.7	14	12	1.4
		60m	一级	33	9.9	51	禁	禁				禁	禁	禁	禁	禁
			二级	64	19	100	9.1	3.9				6.4	2.7	13	11	1.3
			三级	98	29	150	14	5.9				9.8	4.1	20	17	2.0
		70m	一级	47	14		禁	禁					禁		禁	
			二级	91	27		13	5.5					3.9		15	
			三级	140	41		20	8.2					5.9		23	
		80m	一级	63	19		禁	禁					禁		禁	
			二级	120	37		18	7.4					5.5		21	
			三级	190	56		28	11					8.3		32	
		90m	一级	82	24										禁	
			二级	160	47										27	
			三级	240	72										41	
		100m	一级	100	31										禁	
			二级	200	61										34	
			三级	310	92										52	

注：最高允许排放浓度(mg/m^3)指排气筒中污染物任何 1h 浓度平均值不得超过的值；
最高允许排放速度(kg/h)指一定高度的排气筒任何 1h 排放污染物的质量不得超过的限值；
排气筒高度指自排气筒(或其主体建筑构造)所在的地平面至排气筒出口计的高度；
禁指禁止排放。

在本标准规定的最高允许排放速度中，现有污染源分为一、二、三级，新污染源分为二、三级。按污染源所在的环境空气质量功能区类别，执行相应级别的排放速度标准。

一类区(自然保护区、风景名胜区和其他需特殊保护地区)，执行一级标准，禁止新、扩建污染源，一类区现有污染源改建执行现有污染源的一级标准；二类区(城镇规划中确定的居住区、商业交通居民混合区、文化区、一般工业区和农村地区)，执行二级标准；三类区(特定工业区)，执行三级标准。

排气量的测定应与排放浓度的采样监测同步进行。

9.2　废水中污染物的分析

工业废水排放分为两类:一类是直接排放,即废水直接排放到环境水体;另一类是间接排放,即废水通过污水管网,排入城市污水处理厂进行处理,然后排放到环境。对于直接排放,一般通过污染物排放标准对点源进行控制;而对于间接排放,则需要制定专门的预处理标准来进行管理。

9.2.1　工业废水的采样

样品的采集是分析的第一环节,关系着分析结果的准确与否。样品的采集必须具有代表性——这是采样的原则。因此在采样排放物前要进行现场调查,了解生产的产品和所用的原材料、工艺流程、物料衡算、管道布局、排污口位置和数量、排污时间、空间和数量的变化规律,以便掌握污染物的来源、性质、排放情况与污染物去向,确定监测项目、设计监测网点、合理安排采样时间和频率,选择采样方法。样品的采集量要与分析方法相适应,样品数目要满足统计分析的要求。

为了保证样品采集的规范性和统一性,样品的采集要遵循国家的有关标准:《水质采样方案设计技术规定》(HJ 495—2009)、《水质采样技术指导》(HJ 494—2009)、《水质采样样品的保存和管理技术规定》(HJ 493—2009)。

1. 采样点

根据污染物的种类,排放标准已规定采样点选择在车间或生产设施废水排放口、企业废水总排放口。

在厂区内采样,排放点容易接近,有时必须采用专门采样工具通过很深的入孔采样。为了安全起见,最好把入孔设计成无需人进入的采样点。

2. 采样频率

企业自我监测工业污水应按生产周期确定检测频率。生产周期在 8h 以内的,每 1h 采样一次;生产周期大于 8h 的,每 2h 采样一次。检测水污染排放总量时,尽可能实现流量与污染物浓度的同步连续检测;不能实现连续检测的,采样及测流时间、频次应依生产周期和排污规律而定。

3. 采样种类

瞬时水样:指在某一定的时间和地点从水中随机采集的分散水样。对于连续、稳定的生产工艺,所排放废水中的污染物浓度及排放流量变化不大,瞬时水样已具有较好的代表性。

等时混合水样:指某一定的时段内(如一昼夜或一个生产周期),于同一采样点按照相等时间间隔采集等体积的多个水样,经混匀后所得的水样。此方式适用于废水流量较稳定(变化小于 20%),但污染物浓度随时间有变化的废水。

等比例混合水样:指某一时段内,于同一采样点所采集的水样量随时间或流量成比例变化,经混匀后得到的水样。

流量比例混合水样:在有自动连续采样器的条件下,在一段时间内按流量比例连续采集而混合均匀的水样。

对于排放废水中的污染物浓度及排放流量随时间变化无规律的情况，可采集等时混合水样、等比例混合水样或流量比例混合水样。

4. 采样方法

手动采样：在废水排放到公共水域之处设置适当的堰，用容器或长柄采水勺从堰溢流中直接采样。在排污管道或渠道中采样时，应在液体流动部位采样。当在废水或污水处理池中采样时，使用深水采样器。

自动采样：利用自动采样器或连续自动定时采样器采集样品。

9.2.2 样品处理

废水中污染物的种类繁多，形态各异，含量有高有低，常有干扰物共存，不易直接测定。为了排除干扰、富集待测组分，常需根据测定的目的和测定方法，进行样品预处理，

1. 样品的消解

测定废水中的无机组分，尤其是金属元素时，如存在有机物的干扰，通常需要消解样品，以便破坏有机物，溶解颗粒物，将有机结合态的金属元素转为无机态并氧化成单一价态。常用的消解方法有湿法消解法和干法灰化法。

2. 样品的分离与富集

预分离富集方法主要有蒸发浓缩、萃取、共沉淀、电沉积、活性炭吸附、泡沫塑料富集和巯基棉吸附等。其中蒸发浓缩最为简单方便，应用普遍；萃取技术包括液-液萃取、固相萃取、固相微萃取、液-液微萃取等。传统的液-液萃取是许多有机污染物的标准预处理方法，但操作步骤烦琐，萃取时间长，有机溶剂用量大，容易造成二次污染；固相萃取、固相微萃取、液-液微萃取技术具有简便、快速、高效、可靠、溶剂用量少或无需有机溶剂等优点，是较新颖的水样预处理技术。

9.2.3 水样物理性质的检验

水的物理性质一般包括水温、外观、颜色、臭、浊度、透明度、pH、残渣、矿化度、电导率、氧化还原电位。废水温度过高可加速水体富营养化，危害水生生物和农作物，熔化和破坏管道接头，破坏生物处理过程。

1. 颜色与色度

工业污水因含多种有机、无机组分和有色悬浮微粒而常呈现颜色。有色污水的排放会使环境水体着色，降低水体的透光性，影响水生生物的生长。

颜色：废水的颜色可用文字描述。取 100～150mL 澄清水样置烧杯中，在白色背景之上，观察、记录颜色。

色度：色度表示颜色的深浅，指工业废水用水稀释到接近无色时的稀释倍数。按稀释倍数法(GB 11903—1989)，将水样静置澄清，或离心，分取上清液，或经 0.45μm 的滤膜过滤后，分取滤液，用水稀释成不同的倍数，分取 50mL 分别置于 50mL 比色管中，在白色背景之上，以蒸馏水为对照，由上向下观察，直至刚好看不出颜色，记录此稀释倍数。

2. 悬浮物

悬浮物的多少是水体受污染的一个标志，也是水处理的一项重要考核指标。悬浮物会窒息水底栖息生物，破坏鱼类的产卵地，悬浮小颗粒物会堵塞鱼类的腮，使之呼吸困难，导致死亡，颗粒物含量高时会使水中植物因见不到阳光而难以生长或死亡；悬浮固体物会降低水质，增加净化水的难度和成本。

水中悬浮物的测定常采用重量法(gravimetric method)(GB 11901—1989)。水质中的悬浮物是指水样通过孔径为 0.45m 的滤膜，截留在滤膜上并于 103～105℃烘干至恒量的固体物质。

$$悬浮物浓度\ C=10^6(A-B)/V$$

式中，A 为悬浮物＋滤膜＋称量瓶质量，g；B 为滤膜＋称量瓶质量，g；V 为水样体积，mL。

3. pH

工业废水的 pH 是最常用和最重要的检验项目之一。碱性废水可使土壤盐碱化、结板、荒漠化；酸、碱性废水危害鱼类和其他水生动物种群的生存，进而危害以它们为食物的其他物种，如鸟类；酸化的水体使金属和其他有毒物质更易溶解，进一步损害水体的生态系统。

废水 pH 的测定通常采用玻璃电极法(GB 6920—1986)。

9.2.4　水中有机物

需氧污染物是指在水体中分解和降解过程中需要消耗氧气的一类污染物。包括无机需氧污染物(主要有 Fe^{3+}，NH_4^+，NO_2^-，SO_3^{2-}，CN^-)等还原性物质和有机需氧污染物，后者又可分为可生化有机物和非生化有机物。

1. 化学需氧量

化学需氧量(chemical oxygen demand，COD)是指在一定条件下用氧化剂处理水样时所消耗氧化剂与等量氧相当的量(mg/L)，是评价水体污染程度的重要指标。由于废水中有机物的数量远多于无机物，所以 COD 表示水中还原性污染物，主要是有机物污染物的指标。COD 采用快速消解分光光度法(fast digestion spectrophotometric method)(HJ/T 399—2007)测定：在加热、H_2SO_4-Ag_2SO_4的催化作用下，用 $K_2Cr_2O_7$将水样中还原性有机和无机物充分氧化，$K_2Cr_2O_7$被还原成三价铬，在 600nm 处测定三价铬的吸光度，或在 400nm 处测定剩余六价铬和三价铬总吸光度，水样中的 COD 值正比于三价铬的吸光度。

上述方法为人工操作，且使用重铬酸钾和硫酸汞试剂，二次污染严重。环保部门明确要求重点污染源必须进行在线监测关键指标。有人研制了紫外全谱法水质 COD 在线分析仪。由于 COD 值与水中有机质的种类和含量相关，而有机质的紫外吸收光谱满足朗伯-比尔定律，因此测定水样的紫外吸收全谱，使用偏最小二乘法建模计算可得到水样的 COD 值。

该水质 COD 在线分析仪的采样预处理系统主要包括自清洗单元、样品缓冲箱单元和流通池单元。由水泵抽取的水样，经自清洗单元过滤，进入样品缓冲装置，然后被泵入流通池采集光谱。通过 RS232 实现分析仪与计算机之间数据传输，通过 GPRS 模块实现远程数据传输和分析仪运行状态的远程监控，并实现与环保监控站点联网，各开关量控制水样预处理系统中泵和阀的工作状态。

该法应用于某食品厂的出口污水实时监测，依据上述所建模型，校正集和检验集的相关系数分别为 RC＝0.985 和 RV＝0.973，校正标准偏差和验证集预测标准偏差分别为 SEC＝24.9 和 SEV＝33.2。模型预测相对平均误差为 5.5%（结果见图 9-2），满足《化学需氧量(CODcr)水质在线自动监测仪》(HJ/T 377—2007)的准确性要求。

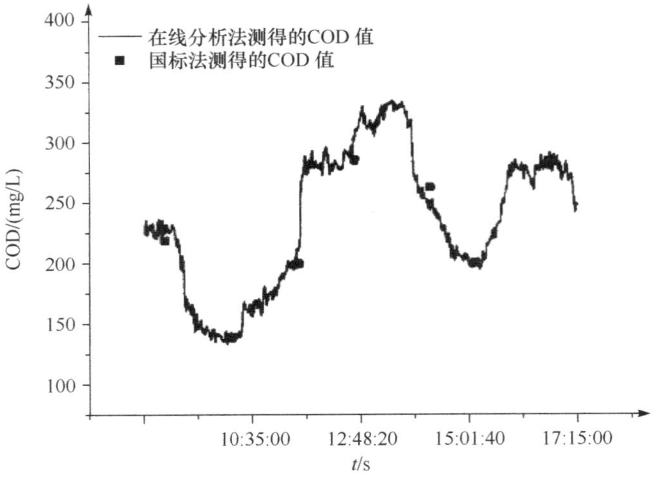

图 9-2　COD 在线分析仪现场运行结果

2. 生化需氧量

生化需氧量(biochemical oxygen demand，BOD)是指在规定的条件下，水中有机物和无机物在生物氧化作用(好氧微生物分解水中可氧化的物质)下所消耗的溶解氧。由于生物氧化过程的时间很长，所以国内外普遍规定用五日生化需氧量(BOD_5)表示。BOD_5 能比较定性地表示废水可被生物降解的性质。一般认为 BOD_5/COD 比值大于 0.3 是可生化的。生化需氧量的测定采用稀释法与接种法(dilution and seeding method)(HJ 505—2009)。水样在密封的培养瓶中于 20℃±1℃培养 5 日，分别测定样品培养前后的溶解氧，二者之差即为 BOD_5 值，以氧的 mg/L 表示。

3. 总有机碳

总有机碳(total organic carbon，TOC)是以碳的含量表示水体中有机物的含量，是水体中有机物质总量的综合指标，对有机污染物的排放实施总量控制具有重要意义。TOC 的分析方法通常是将有机物氧化为二氧化碳来加以测定。二氧化碳可以直接用非色散红外光谱法、电导法、化学滴定法进行测定，也可以还原为甲烷后用气相色谱法测定。有机物氧化主要有燃烧氧化法、紫外催化氧化法和过硫酸钾湿式氧化法。燃烧氧化-非色散红外线吸收法(HJ 501—2009)分为减差法和直接法。由于燃烧能将有机物全部氧化，所以 TOC 的测定比 BOD_5 或 COD 更能直接表示有机物的总量。因此常用来评价水体中有机物污染的程度。

减差法：本法适用于水样中易挥发性有机物含量较大的情况。原理如下：

$$\text{C(一定体积水样中)} + O_2\text{(或空气，干燥且无 } CO_2\text{)} \xrightarrow[\text{铂催化剂}]{900℃\text{燃烧管}} CO_2 \longrightarrow \text{测红外吸收}$$

$$\text{碳酸盐(同体积水样中的)} + O_2\text{(或空气，干燥且无 } CO_2\text{)} \xrightarrow[\text{酸化}]{160℃\text{反应管}} CO_2 \longrightarrow \text{测红外吸收}$$

在一定浓度范围内，红外吸收强度与 CO_2 浓度成正比，从而依次测出水样中总碳量（TC）和无机碳的量（IC），差减得到 TOC。

$$\text{TOC(mg/L)} = \text{TC(mg/L)} - \text{IC(mg/L)}$$

直接法：本法适用于水样中无机碳含量过高的情况。原理如下：

$$\text{C、碳酸盐（水样中的）} \xrightarrow[\text{或通氮曝气}]{\text{酸化、搅拌}} CO_2\uparrow\text{、C} \xrightarrow{\text{高温燃烧管}} CO_2 \longrightarrow \text{测红外吸收}$$

$$\text{TOC(mg/L)} = \text{TC(mg/L)}$$

9.2.5 水中有毒有害物质

水中化学性有毒有害物质包括金属（重金属的盐类和络合物）、非金属（如砷、氰化物等）和有机物三类，主要来自工业废水。如果这种工业废水经由水体进入环境和食物链中，会造成严重后果。例如，重金属汞、镉、铅、六价铬、砷、氰化物等对人、畜有直接的生理毒性，用含有重金属的水来灌溉庄稼会使农产品受到污染而有毒性，重金属还会通过水生植物或微生物进入食物链，经鱼类等水产品进入人体；酚类、多环芳烃、硝苯化合物、多氯联苯等有机有毒有害物质多数难以降解，对水生动物有毒性，并会积累在水生生物体内，通过食物链进入人体，可致癌、干扰内分泌、扰乱生殖行为、影响免疫系统等；它们污染过的水体难以被净化，使人类的饮水安全和健康受到威胁。

1. 六价铬

铬的毒性与其价态有关，水中的铬主要是三价铬和六价铬。六价铬对人的毒性比三价铬高约 100 倍，易被人体吸收和蓄积，导致肝癌。六价铬的测定采用二苯碳酰二肼分光光度法（1,5-diphenylcarbohydrazide spectrophotometric method）（GB 7467—1987）。

原理：在酸性条件下，六价铬与二苯碳酰二肼反应生成紫红色化合物，于 540nm 处测定吸光度，按标准曲线法计算六价铬的含量。

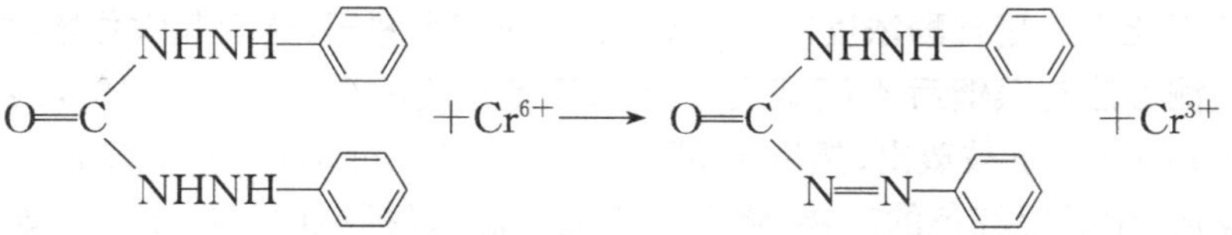

有人基于此原理建立了流动注射分析测定水中六价铬的方法，其线性范围为 0.005 00～0.200mg/L，相关系数为 0.9997，加标样品回收率为 99.5%～102%，精密度 RSD 为 0.23%～1.18%。经统计学的分析，运用流动注射仪分析法与二苯碳酰二肼分光光度法测定样品中六价铬含量的结果差异无统计学意义。其优点是使用自动化代替人工操作，可减少人为的误差，适合大批量样品测定。

2. 总氰化物

氰化物在水体中存在的形式是多样的，有简单的氰化物，如 HCN、KCN、NH_4CN 等，它们易溶于水，毒性大；还有络合氰化物，如锌氰络合物、镉氰络合物、铁氰络合物等，其毒性虽比简单氰化物小，但由于在水体中受 pH、水温、日光照射等影响，能分解成为简单氰化物，因此仍有较大毒性。制药工业中的氰化物可来自于维生素、咖啡因车间。农药废水中常含有一定量的氰化物。

氰化物的测定，一般是将各种形式的氰化物转变成简单氰化物测定其总量，但有时需要分别测定简单氰化物和络合氰化物，这就要求在测定前对样品进行预蒸馏。预蒸馏的方法为向水样中加入磷酸和乙二胺四乙酸二钠，在 pH 小于 2 的条件下，加热蒸馏，利用 EDTA 络合金属离子能力强的特性，使氰离子从络合氰化物中解离出来，以氰化氢形式被蒸馏出，用氢氧化钠溶液吸收后采用硝酸银滴定法、异烟酸-吡唑啉酮比色法和吡啶-巴比妥酸比色法、异烟酸-巴比妥酸分光光度法测定。

制药工业废水中总氰化物的测定采用硝酸银滴定法(GB 7486—1987)。氰离子与硝酸银作用生成可溶性银氰络离子，以试银灵(对二甲氨基亚苄基罗丹宁)为指示剂，化学计量点时，溶液颜色由黄色变为橙红色。此法的最低检测浓度为 0.25mg/L。

$$Ag^+ + 2CN^- \longrightarrow [Ag(CN)_2]$$

在含量极低，且介质干扰较大时，以上几种方法便无法准确地测定废水中氰化物的含量。有报道应用顶空气相色谱法测定农药行业废水中的氰化物，在恒定的温度和一定的酸性条件下，水样中的 CN 与氯胺 T 作用生成 CNCl，在顶空瓶内达气液分配平衡时。取一定体积的液上的气体经色谱柱分离，以 ECD 检测，保留时间定性，峰面积定量。最低检出浓度为 0.2μg/L，RSD 为 2.7%～5.2%，回收率为 92.5%～101.2%。与经典的方法相比，此法的灵敏度更高，且操作快速，试剂用量少，干扰少，结果准确。

3. 挥发酚

酚可分为挥发酚和不挥发酚。在蒸馏时能与水蒸气一起蒸出，沸点在 230℃以下的酚为挥发酚，通常是一元酚，如苯酚、甲酚；沸点在 230℃以上的酚为不挥发酚。酚类化合物是一种原型质毒物，对一切生物个体都有毒杀作用，其水溶液很易通过皮肤引起全身中毒；其蒸气由呼吸道吸入，对神经系统损害很大，可导致神经中枢麻痹。酚的慢性中毒常见有呕吐、腹泻、食欲缺乏、头晕、贫血和各种神经系统病症。酚对水产和农作物都有一定的毒害。水中含酚 0.1～0.2mg/L时，鱼肉即有臭味不能食用；6.5～9.3mg/L 时，能破坏鱼的鳃和咽，使其腹腔出血、脾大，甚至死亡。用含酚浓度高于 100mg/L 的废水灌田，会引起农作物枯死和减产。

挥发酚监测方法有蒸馏后 4-氨基安替比林分光光度法(GB 7490—1987)：水样中的酚类化合物在 pH 4 的条件下被蒸出，然后于 pH 10.0±0.2 的介质中，在铁氰化钾存在下与 4-氨基安替比林反应，生成橙红色的产物，测定产物的 A_{460}，以标准曲线法定量。如果水样中酚的浓度高于 0.1mg/L 时，可直接测定；如果低于 0.1mg/L，可用三氯甲烷将橙红色的产物萃取后测定。

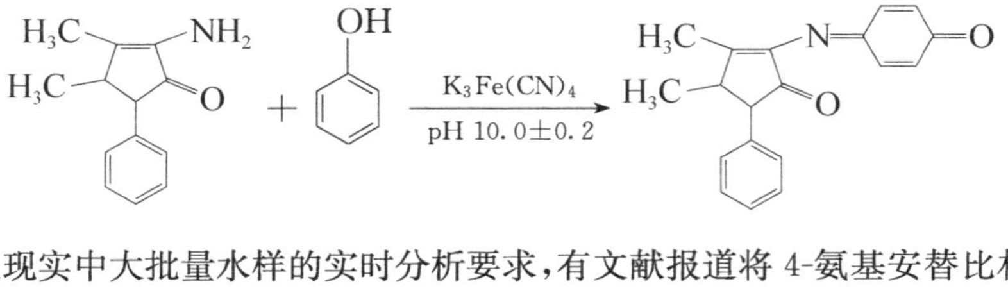

为了满足现实中大批量水样的实时分析要求，有文献报道将 4-氨基安替比林分光光度法与流动注射(FIA)技术相结合，采用在线蒸馏分离监测挥发酚。在最优条件下，体系吸光度值与挥发酚质量浓度在 0～3.00mg/L 呈现良好的线性关系，线性回归方程为 $A=0.087\,99+0.002\,31(n=8)$，相关系数为 0.9997，方法的检出限为 39μg/L，相对标准偏差为 2.1%

(0.50mg/L，$n=11$)和 3.3%(2.00mg/L，$n=11$)，实际水样的加标回收率为 96.5%～102.0%，可直接用于生活污水和工业废水中挥发酚的现场即时监测。

9.2.6　水污染源在线监测系统技术规范

随着在线监测技术的日益推广应用，国家制定了相应的技术规范。例如，《水污染源在线监测系统安装技术规范》(HJ/T 353—2007)、《验收技术规范》(HJ/T 354—2007)、《运行与考核技术规范》(HJ/T 355—2007)、《数据有效性判别技术规范》(HJ/T 356—2007)。

HJ/T 353—2007 规定了水污染源在线监测系统中仪器设备的主要技术指标和安装技术要求，监测站房建设的技术要求，仪器设备的调试和试运行技术要求。适用于水污染源的化学需氧量水质在线自动监测仪、总有机碳水质自动分析仪、紫外吸收水质自动在线监测仪、氨氮水质自动分析仪、总磷水质自动分析仪、pH 水质自动分析仪、温度计、流量计、水质自动采样器、数据采集传输仪的设备选型、安装、调试、试运行和监测站房的建设。

为了验证水质在线自动监测仪器监测结果的准确性及有效性，需进行手工比对监测。应用实验室标准方法与在线自动监测仪器法同步采样分析，以按照国家标准方法进行的手工监测结果作为对在线自动监测数据的审核依据。

例如，COD 在线自动监测仪器应满足 HBC 6—2001《环境保护产品认定技术要求　化学需氧量(CODcr)水质在线自动监测仪》和 HJ/T 353—2007 中 4.2 的相关技术要求，并通过国家环境保护总局环境监测仪器质量监督检验中心的适用性检测和当地环境保护行政主管部门验收。比对监测每季度至少进行一次，每次监测数据对不少于 3 对。比对监测实验室分析样品应在 24h 内完成测定。

9.3　废气污染物分析

9.3.1　大气污染物的来源与种类

1. 颗粒污染物

颗粒物(particulates)指燃料和其他物质燃烧、合成、分解以及各种物料在处理中所产生的悬浮于排放气体和烟气中的固体和液体颗粒状物质，粒径>75μm 称尘粒；粒径<75μm 称粉尘，包括粒径>10μm 的降尘、粒径<10μm 的飘尘、粒径<1μm 的烟尘；雾尘是粒径<10μm 的粉尘与大气中的水蒸气形成水雾，可与 SO_2，NO_2 和水形成酸雾，也可与碱性气体形成碱雾，还可与油粒形成油雾等。

2. 气态污染物

气态污染物(gaseous contaminant)指烟气中以气体状态存在的各种污染物，有硫化物(主要是 SO_2、SO_3、H_2S 等，SO_2 危害最大)、氮化物(主要是 NO、NO_2、NH_3 等)、碳化物(主要是 CO_2、CO)、碳氢化物[主要是烃(烷、烯、炔、芳烃、环烃)、醇、醛、酸、酮、酯、胺等有机化合物]、卤化物(主要是含氟、氯的化合物、HF、HCl、SiF_4 等)。

制药企业废气的排放控制执行《大气污染物综合排放标准》和《恶臭污染物排放标准》，主要考核二氧化硫和颗粒物，同时，根据企业生产工艺特点和主要污染物排放情况，如所用的原料、催化剂等，考核其他特征污染物，如氮氧化物、氯化氢、苯、甲醛等。如果企业有锅炉，要执行《锅炉大气污染物排放标准》，监测项目为烟气黑度。

9.3.2　工业废气的采样

制药企业所排出的废气通常属于固定污染源有组织排放。按《固定源废气监测技术规范》(HJ/T 397—2007) 进行采样。气体污染源的样品采集方法分为气态污染物采集法和颗粒污染物采集法。采样系统应具有高吸入、高吸收(吸附)、高保留效率等特点。

1. 采样要求与采样位置

污染源废气流量及废气中颗粒物的浓度一般随工况而变化，所以应在正常生产状态下进行采样。考虑到废气在排气筒中的物理运动，垂直烟道中尘粒浓度分布均匀性比水平烟道的好，采样位置优先选择在垂直烟道或垂直管段，且距弯头、阀门或变径管段下游方向大于 6 倍直径处，在其上游方向大于 3 倍直径处。而气态污染物混合比较均匀，其采样位置不受上述规定限制，但应避开涡流区，如果同时测定排气流量，则需按照上述规定采样。

2. 采样孔与采样点

烟道内同一横断面各点的气流速度和烟尘浓度分布通常是不均匀的，应按一定的规定在同一断面内进行多点测量。在选定的位置上开设采样孔，采样孔的内径不小于 80mm，采样孔管长应不大于 50mm。

气态或蒸气态有害物质分子在烟道内分布一般是均匀的，不需要多点采样，可在靠近烟道中心位置采样。

3. 采样时间和频次

采样时间和频次应考虑废气排放的规律，采样的时间跨度与排放周期对应，并根据监测是为了获取待测污染成分的动态变化值、极值还是周期内的平均值，来安排合理的采样时间、频率。污染源废气中待测污染成分的排放速度和浓度既可能是稳定的，也可能是不稳定的，应根据排放情况确定采用等流量采样或是等比例采样。

4. 采样方法

制药工业企业的废气排放大多是有组织排放，有组织排放的污染物的采集通常是用采样管从烟道或管道中抽取一定体积的烟气，通过捕集装置将污染物捕集下来后测定。

1) 气态污染物的采集

气态污染物的采集有化学采样法和仪器直接测试方法之分。化学采样法装置如图 9-3 所示，通过采样管将样品抽到装有吸收液的吸收瓶或装有固体吸附剂的吸附管、真空瓶、注射器或气袋中，然后采用适当的方法进行分析。仪器直接测试方法是通过采样管和除湿器，用抽气泵将样气送入分析仪器中，直接指示被测气态污染物的含量，装置如图 9-4 所示。

2) 颗粒污染物的采集

颗粒物采样要满足等速采样的原则：气体进入采样嘴的气流速度 v_n 与测定点处气流速度 v_s 相等(其相对误差应≤10%)。如果 $v_n > v_s$，处于采样嘴边缘以外的部分气流进入采样嘴，而其中的尘粒由于本身运动的惯性继续沿着原来的方向前进，不能随气流进入采样嘴内，使得采样浓度低于采样点的实际浓度；相反的，如果 $v_n < v_s$ 时，则采样浓度高于采样点的实际浓度；只有 $v_n = v_s$ 时，采样浓度等于采样点的实际浓度，所采样品才具有代表性。

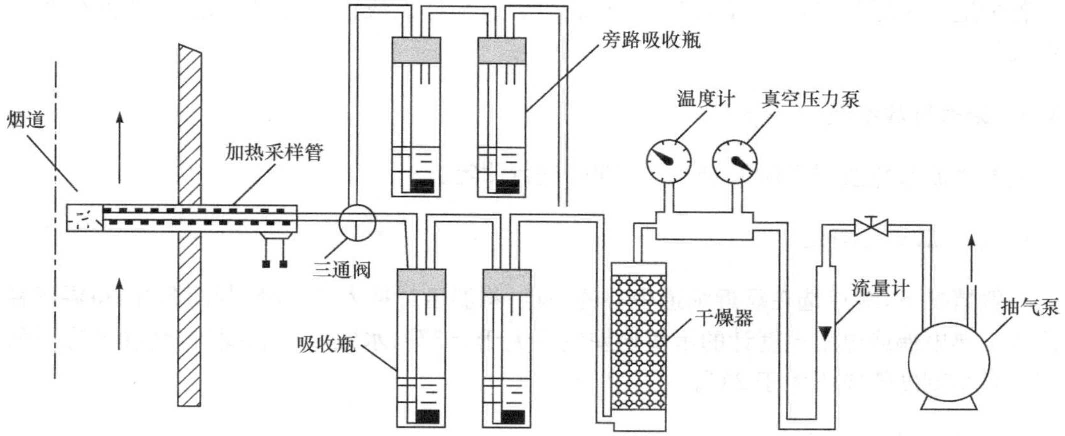

图 9-3　化学采样法烟气采样系统

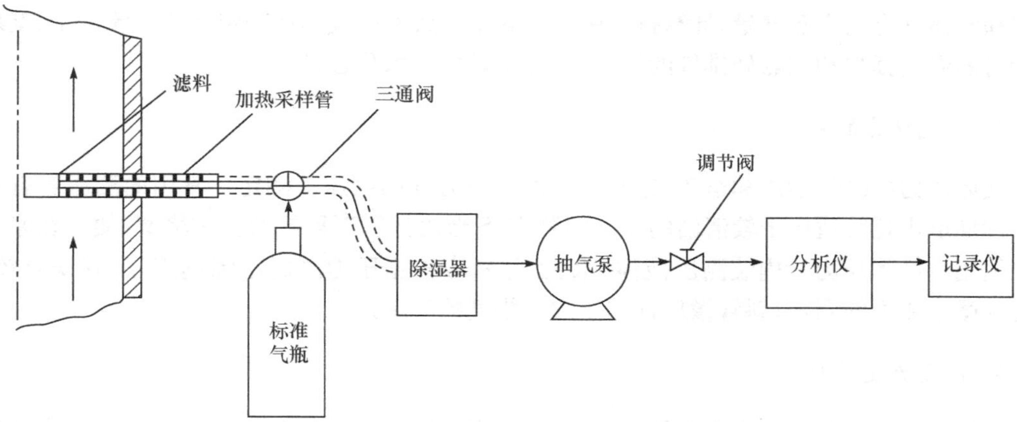

图 9-4　仪器测试方法采样系统

颗粒物等速采样的方法有普通型采样管法和平行采样法。

(1) 普通型采样管法(预测流速法)。将烟尘采样管由采样孔插入烟道中,使采样嘴置于测定点上,正对气流。在采样前先测出采样点处的烟气温度、压力、含湿量、气流速度,结合选用的采样嘴直径,算出等速条件下各采样点所需的采样流量;然后按流量抽取一定量的含尘气体,根据采样管滤筒上所捕集到的颗粒物的量和同时抽取的气体量,计算出排气中颗粒物的浓度。

(2) 平行采样法。该法与普通型采样管法基本相同,不同之处在于测定流速和采样几乎同时进行,减少了因烟道流速改变而带来的采样误差。具体方法是将 S 形皮托管和采样管固定在一起,插入烟道中的采样点处,利用预先绘制的皮托管动压和等速采样流量关系计算图,当与皮托管相连的微压计指示动压后,立即算出等速采样流量,及时调整流速进行采样。

采样方式:①定点采样,每个测点上采一个样,求出采样断面的平均浓度,可了解烟道断面上颗粒物浓度变化状况。②间断采样,对有周期性变化的排放源,根据工况变化及其延续时间,分段采集,然后求出其时间加权平均浓度。③移动采样,用一个滤筒在已确定的采样点上移动采样,各点采样时间相等,求出采样断面的平均浓度。

若烟道呈正压状态，且含有毒废气或高温烟气，采样点应设有防喷装置，防止其外喷伤害操作人员。

9.3.3 废气排放参数

废气排放参数按照 GB/T 16157—1996 进行测定。

1. 排气温度的测定

一般情况下，测点选在靠近烟道中心的一点；将温度计插入测点处，封闭测孔，待温度稳定后读数。热电偶或电阻温度计的示值误差应不大于±3℃；水银玻璃温度计，精确度应不低于2.5%，最小刻度值应不大于2℃。

2. 排气中水分含量的测定

从烟道中抽取一定体积的排气使其通过冷凝器，根据冷凝出来的水量，加上从冷凝器排出的饱和气体含有的水蒸气量，计算排气中水分含量。或者由气体在一定流速下流经干、湿球温度计时的温度读数和测点处排气的压力，计算出排气的水分含量。

3. 排气压力的测定

气体压力（静压、动压和全压）通常采用连接压力计的测压管测定。常用的测压管有皮托管。标准形皮托管适用于较清洁的排气的测定；S 形皮托管不易被颗粒物堵塞，便于在厚壁烟道中使用。U 形压力计内装测压液体（水、乙醇），应根据压力测定范围选用，因其误差较大，不适合微小压力的测定；斜管微压计用于测定排气的动压力。

4. 排气流速的测定

排气的流速与其动压力平方根成正比，在选定的测量位置和测点上用微压计或流速测定仪测定某点处的动压、静压及温度等参数，便可计算出测点气流速度。

$$V_s = K_p\sqrt{\frac{2p_d}{\rho_s}} = 128.9K_p\sqrt{\frac{(273+t_s)p_d}{M_s(B_a+p_s)}}$$

式中，V_s 为湿排气的气体流速，m/s；B_a 为大气压力，Pa；K_p 为皮托管修正系数；p_d 为排气动压，Pa；p_s 为排气静压，Pa；ρ_s 为湿排气的密度，kg/m^3；M_s 为湿排气气体的摩尔质量，kg/kmol；t_s 为排气温度，℃。

9.3.4 污染物分析

1. 颗粒物

颗粒物可随呼吸进入肺，并沉积于肺，引起呼吸系统的疾病。颗粒物上易附着多种有害物质，有些有致癌性，有些会诱发花粉过敏症。颗粒物沉积在绿色植物叶面，干扰植物的光合作用，影响植物生长；厚重的颗粒物遮挡阳光而可能改变气候，影响生态系统。固定污染源排气中颗粒物的测定主要采用重量法(gravimetric method)（GB/T 16157—1996）。

方法：采用普通型采样管法（预测流速型）进行样品的采集。采样后的滤筒放入105℃干燥箱中烘1 h，取出后于干燥器中放冷至室温，用感量0.1mg天平称量，干燥至恒量，采样前后滤筒质量之差，即为样品中颗粒物的质量。

$$颗粒物的量=\frac{m}{V_{nd}}\times 10^6$$

式中，m 为滤筒捕集的颗粒物的质量，g；V_{nd}为标准状况下干气的采样体积，L。

2. 二氧化硫

二氧化硫主要来自于燃烧含硫的煤和石油等燃料。低浓度二氧化硫就可使植物的生长机能受到影响，造成产量下降，品质变坏。高浓度的二氧化硫使植物叶片表面产生坏死斑，或直接使植物叶片枯萎脱落；二氧化硫对金属，特别是对钢结构有腐蚀作用；大气中的二氧化硫会导致呼吸道炎症、支气管炎、肺气肿、眼结膜炎症等。同时还会使青少年的免疫力降低，抗病能力变弱。高浓度时使人呼吸困难；大气中的二氧化硫可被氧化为硫酸，在云中形成酸雨，对建筑、森林、湖泊、土壤造成危害；二氧化硫形成悬浮颗粒物，又称气溶胶，随呼吸进入肺部，对肺有直接损伤作用。固定污染源排气中二氧化硫的测定标准有碘量法（HJ/T 56—2000）、定电位电解法（HJ/T 57—2000），其他方法有非分散红外吸收法、溶液电导率法、紫外吸收法等。

碘量法原理：烟气中的二氧化硫被氨基磺酸铵和硫酸铵的混合溶液吸收，用碘滴定液滴定，按消耗碘滴定液的量计算二氧化硫浓度。

$$SO_2+H_2O\longrightarrow H_2SO_3\qquad H_2SO_3+H_2O+I_2\longrightarrow H_2SO_4+2HI$$

样品中若存在硫化氢或二氧化氮，可干扰测定。采用装有乙酸铅棉花的过滤管可将硫化氢吸收，以消除其干扰；吸收液中加入氨基磺酸铵可消除二氧化氮的影响。采样管应加热至120℃，防止二氧化硫被冷凝水吸收，使测定结果偏低。该法适用于固定污染源排气中二氧化硫浓度为 100～6000mg/m^3的样品测定。

非分散红外二氧化硫分析仪利用二氧化硫在红外光有特征吸收进行浓度测量。它的特点是直接测量二氧化硫的浓度，不会受排气取样流量的影响，可对二氧化硫进行连续浓度检测。

若采用二氧化硫自动在线监测方法，其仪器安装调试、仪器性能适用性检测和验收、运行应满足《固定污染源烟气排放连续监测系统技术规范》（HJ/T 75—2007）和《固定污染源烟气排放连续监测系统技术要求及检测方法》（HJ/T 76—2007）中相应要求。

为了验证排气在线自动监测仪监测结果的准确性及有效性，需进行手工比对监测。比对监测需在额定负荷达到 75％以上的运行工况下进行。比对监测每季度至少进行一次，每次监测数据对不少于 6 对。手工采样位置应满足《固定污染源烟气排放连续监测技术规范》中第 6 章的规定。比对监测结果判定时，应用至少 6 个数据的测试平均值与同时段烟气自动在线监测仪器的分钟平均值进行准确度计算，计算方法参见HJ/T 75—2007。

3. 氯化氢

氯化氢对皮肤、眼睛、鼻子、黏膜、呼吸道和胃肠道有刺激性和腐蚀作用。吸入氯化氢能引起鼻腔溃疡、皮肤炎症、眼黏膜炎症、牙釉质变色、上呼吸道损伤，高浓度的氯化氢能很快导致咽喉肿胀、痉挛和窒息。

固定污染源排气中氯化氢的测定有硫氰酸汞分光光度法（mercuric thiocyanate spectrophotometric method）（HJ/T 27—1999）和硝酸银法。

硫氰酸汞分光光度法：用氢氧化钠溶液吸收氯化氢，使氯离子与硫氰酸汞反应生成难电离的二氯化汞，置换出的硫氰酸根与三价铁离子反应，生成橙红色的硫氰酸铁络离子，测定 A_{460}，采用标准曲线法定量。适用于测定固定污染源有组织排放和无组织排放的氯化氢。

4. 氮氧化物

氮氧化物 NO_x 包括一氧化氮和二氧化氮等。制药工业中的亚硝化、硝化工艺可产生氮氧化物废气。氮氧化物会刺激人的眼、鼻、喉和肺，增加病毒感染的发病率。例如，导致支气管炎和肺炎的流行性感冒；诱发肺细胞癌变；形成城市的烟雾，影响可见度；破坏树叶的组织，抑制植物生长；在空中形成硝酸酸雨。固定污染源排气中氮氧化物测定的标准方法有盐酸萘乙二胺分光光度法[*N*-(1-naphthyl)-ethylene diamine dihydrochloride spectrophotometric method](HJ 479—2009)和紫外分光光度法(HJ/T 43—1999)。

盐酸萘乙二胺分光光度法：采样时，气体中的二氧化氮被第一吸收瓶中的吸收液(对氨基苯磺酸、乙酸、盐酸萘乙二胺)吸收，生成亚硝酸和硝酸。亚硝酸与对氨基苯磺酸发生重氮化反应，再与盐酸萘乙二胺偶合，呈玫瑰红色，测定波长 540nm 处吸光度，据此计算二氧化氮的浓度。气体中的一氧化氮不被第一吸收瓶吸收，进入串接在其后的氧化瓶，被其中的酸性高锰酸钾溶液氧化成二氧化氮，再进入串接在其后的第二吸收瓶时被吸收液(同第一吸收瓶)吸收，生成亚硝酸和硝酸，发生重氮化-偶合反应。据第二吸收瓶的吸收液在 540nm 处吸光度计算一氧化氮的浓度。适用于固定污染源有组织排放的氮氧化物测定。

$$2NO_2 + H_2O \longrightarrow HNO_2 + HNO_3$$

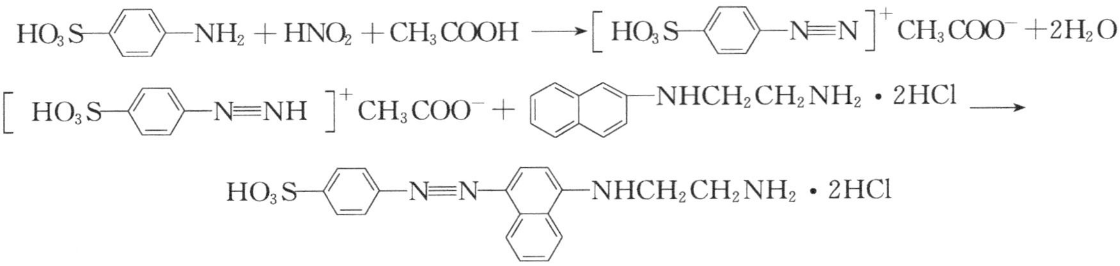

5. 甲苯、二甲苯、苯乙烯

短时间内吸入高浓度甲苯和二甲苯时，可出现中枢神经系统麻醉作用，轻者头晕、头痛、恶心、胸闷、乏力、意识模糊，重者可致昏迷，呼吸循环而死亡；慢性中毒者，可出现头痛、失眠、精神萎靡、记忆力衰退；苯系物已经被世界卫生组织确定为强致癌物质。苯系物大多采用气相色谱法测定。测定前，需将采样时所吸附的样品进行解吸附，解吸附的方法有二硫化碳解吸附法和热脱附法。

1) 活性炭吸附二硫化碳解吸附气相色谱法

苯系物分析的色谱柱为毛细管柱或填充柱。毛细管柱一般为非极性或弱极性柱，如固定液为 SE-54；液膜厚度为 0.25～1.5μm；柱规格为 30m×0.25mm。进样口温度 200℃，检测器为 FID，温度为 250℃。柱温采用程序升温：40℃维持 5min，然后以 10℃/min 升至 80℃。载气为氮气，流量为 40mL/min，氢气流量 46mL/min，空气流量 400mL/min。

方法：将采样管中活性炭的前段和后段分别转移至容量瓶中，加入 1.0mL 经提纯的二硫化碳，放置 30 min，进样分析。以保留时间定性，以峰高或峰面积按标准曲线法定量。

2）热脱附进样气相色谱法(GB/T 14677—1993)

用充填了 Tenax-GC 的采样管，在常温条件下，富集空气或工业废气中的甲苯、二甲苯和苯乙烯，采样管连接气相色谱分析系统后，经加热将吸附组分全量导入 GC-FID 仪中进行测定。以同时处理但未经采样的采样管与经采样的采样管同批分析，作空白试验。

色谱条件：填充柱，载体 Chromosorb G，固定液为有机皂土-34(最高使用温度 200℃)，或邻苯二甲酸二壬酯(最高使用温度 160℃)，规格 4mm×2m；气化室温度 150℃，柱温 75℃，检测器温度 150℃，载气为氮气，流量 85～95mL/min，氢气流量 60mL/min，空气流量 500mL/min。各测定成分峰的分离度大于 1.0。

甲苯的保留时间为 3.7min，对二甲苯、间二甲苯、邻二甲苯的保留时间分别为 6.1min、6.9min 和 7.6min，苯乙烯的保留时间为 11.1min。

计算气体样品中被测成分浓度：

$$\rho=\frac{h_{\mathrm{i}}}{h_{\mathrm{s}}}\times m_{\mathrm{s}}\times\frac{1}{V_{\mathrm{nd}}}\times10^{-3}$$

式中，ρ 为气体样品中被测成分浓度，mg/m^3；m_{s} 为标准样品被测成分加入量，ng；h_{i} 为扣除空白后实测样品成分峰高(或峰面积)；h_{s} 为标准样品成分峰高(或峰面积)；V_{nd} 为标准状态下的采样体积，m^3。

6. 硝基苯类化合物

硝基苯类化合物[nitrobenzene(mononitro-and dinitro-compound)]包括一硝基苯类和二硝基苯类化合物。硝基苯毒性大，主要引起高铁血红蛋白血症，还可引起溶血及肝损害。

锌还原-盐酸萘乙二胺分光光度法[reduction by zinc-*N*-(1-naphthyl) ethylene diamine dihydrochloride spectrophotometric method](GB/T 15501—1995)适用于废气中能还原为苯胺类化合物的一硝基苯类和二硝基苯类化合物的测定。

原理：金属锌与酸生成新生态的氢，将吸收液中的硝基苯还原为苯胺，经重氮化后，与 *N*-盐酸萘乙二胺发生偶合反应，生成紫红色偶氮染料，测定有色溶液的 A_{550}，用标准曲线法计算硝基苯类化合物的含量。

方法：用稀乙醇溶液吸收硝基苯，所得溶液转移至 50mL 容量瓶中，用吸收液定容，摇匀，取 2～8mL 置于 10mL 比色管中，加 2%硫酸铜溶液 1 滴，(1→2)盐酸溶液 1.0mL，用 10%乙醇溶液稀释至 10.0mL，加 0.2～0.3g 锌粉，颠倒混匀。打开管塞放置 30min，过滤，取 2.0mL 续滤液于 25.0mL 比色管中，用水稀释至 10.0mL，pH 约为 2。将比色管置于 15～20℃水浴中，加入 2.5mg/mL 亚硝酸钠溶液 0.5mL，摇匀放置 10min，再加入 25mg/mL 氨基磺酸铵溶液 0.5mL，振摇两次，放置 10min，驱尽气泡后加入 7.5g/mL 盐酸萘乙二胺 1.0mL，摇匀放置 45min，从水浴中取出，于室温平衡，以水为参比，测定其 A_{550}。用未采样的空白吸收管同法做空白测定。用硝基苯标准系列溶液同法测定标准曲线。

样品中硝基苯的含量 x(μg)用下式计算：

$$x=\frac{(A_{\mathrm{s}}-A_{\mathrm{b}})-a}{b}\times\frac{V_1}{V_2}$$

式中，A_{s}、A_{b} 分别为样品、空白的吸光度；V_1 为定容体积，mL；V_2 为测定取样体积，mL。

废气中硝基苯的质量浓度 ρ(mg/m^3)用下式计算：

$$\rho = x/V_{nd}$$

式中，V_{nd}为标准状态下的采样体积，m^3。

有文献报道了气相色谱仪测定环境空气中痕量硝基苯的方法。用 Tenax 采样管吸附环境空气中的痕量硝基苯，用 1.0mL 石油醚淋洗解吸附的硝基苯，用气相色谱-电子捕获检测器进行检测，外标法定量，线性相关系数为 0.9992，平均回收率为 95.9%～97.1%，RSD 不大于 5.2%（$n=5$）。按采样 10 L 计算，检出限为 0.0002mg/m^3，经实际样品测定完全能满足环境空气中痕量硝基苯监测的要求。

7. 甲醛

甲醛是无色易溶的气体，可经呼吸道吸收，长期低剂量接触可引起慢性呼吸道疾病。高浓度甲醛对神经系统、肝脏都有毒性，甚至致癌。空气中甲醛的监测方法主要是乙酰丙酮分光光度法（acetylacetone spectrophotometric method）（GB/T 15516—1995）。

原理：在 pH 6 的乙酸-乙酸铵缓冲溶液及沸水浴条件下，甲醛与乙酰丙酮迅速生成稳定的黄色化合物二乙酰基二氢卢剔啶，测定 A_{413}。

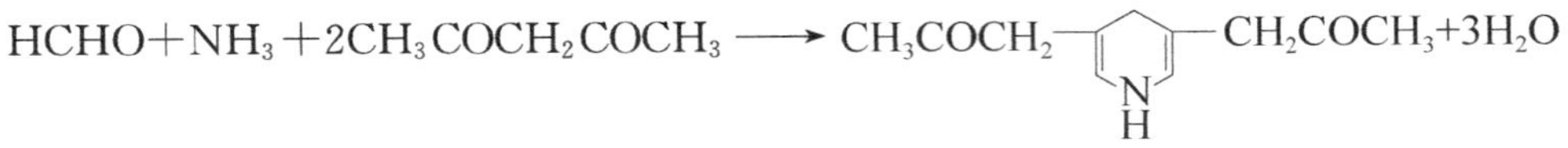

方法：将吸收后的样品溶液移入 50mL 或 100mL 容量瓶中，用水稀释定容，取少于 10mL 样品溶液于 25mL 比色管中，用水定容至 10.0mL，加 0.25%乙酰丙酮溶液 2.0mL，混匀，沸水浴中加热 3min，取出冷却至室温，以水为参比，测定其 A_{413}。用未采样的空白吸收管的吸收液进行空白测定。用甲醛标准系列溶液测定标准曲线。

样品中甲醛的含量 x（μg）用下式计算：

$$x = \frac{(A_s - A_b) - a}{b} \times \frac{V_1}{V_2}$$

式中，A_s、A_b 分别为样品、空白的吸光度；V_1为定容体积，mL；V_2为测定取样体积，mL。

废气中甲醛的质量浓度 ρ（mg/m^3）用下式计算：

$$\rho = x/V_{nd}$$

式中，V_{nd}为标准状态下的采样体积，L。

8. 镍

与金属镍（nickel）相比，镍盐的毒性强，特别是一氧化碳与镍粉在高温下形成的羰基镍有非常强的毒性，易挥发，易溶于脂肪组织，能进入细胞膜内，而且与蛋白质及核酸的结合力很强。它由呼吸道进入体内，首先伤害肺，引起肺水肿、急性肺炎，并诱发呼吸系统癌。制药企业的镍污染主要来自药物合成中所用的催化剂。

大气固定污染源中镍的测定主要有火焰原子吸收分光光度法（HJ/T 63.1—2001），石墨炉原子吸收分光光度法（HJ/T 63.2—2001）和丁二酮肟-正丁醇萃取分光光度法（HJ/T 63.3—2001）。火焰原子吸收分光光度法（flame absorption spectrophotometry）的原理是用玻璃纤维滤筒或过氯乙烯滤膜采集样品，经硝酸-高氯酸溶液加热浸取制备成样品溶液。将样品溶液喷入空气-乙炔贫燃火焰中，于特征谱线 232.0nm 处测定吸光值，采用标准曲线法定量。本法适用于大气固定污染源有组织和无组织排放中镍及其化合物的测定。

思考题与习题

1. 制药工业废水有些什么特征？
2. 根据制药产品的种类、生产工艺过程、污染物产生及污染处理水平及排污特点，制定了哪几类制药生产企业工业水污染物的排放标准？
3. 制药企业水污染物排放标准中设置有哪两种污染物控制指标？为什么要同时设置这两种污染物控制指标？
4. 制药工业企业大气污染物的排放执行什么排放标准？
5. 废水的化学需氧量测定可以采用哪些分析方法？

第 10 章　制药过程自动控制简介

10.1　自动控制系统简介

10.1.1　概述

近 20 年是全球医疗、保健药品生产技术和生物医学发展、管理模式的更新最为迅猛的时期。在这个技术发展极为迅速并和人文社会密切相关的医疗、保健药品生产领域里，制药企业只有通过不断改建才能使老厂焕发新生，才能适应发展迅猛的市场，并以此取得最佳的社会和经济效益。《药品生产质量管理规范》(GMP)是为保证药品生产质量需要而产生的，是药品生产企业进行药品生产质量管理必须遵守的基本准则，是当今国际社会通行的药品生产必须实施的一种制度，是把药品生产全过程中发生的差错、混药及各种污染的可能性降至最低程度的必要条件和最可靠的办法。而本章即将介绍的自动控制系统在实现 GMP 认证规范中起到非常重要的作用。

工业制药过程分为化学制药、生物制药、中药制药等过程，涉及物理、化学、生物等诸多反应，同时又与过程控制、环境因素、设备特性密切相关。由于制药过程工艺内部各变量间关系复杂，操作要求高，又经常在多相、高温、高压、易燃、易爆、有毒、有腐蚀、有刺激性气味等不利条件下进行，因此自动化技术的实施是确保制药生产过程达到安全生产、低消耗、高产出、利于环保等综合生产目标的必经之路。

随着电子技术的发展，自动控制系统已不单指现场基本设备的控制系统，在宏观的层面上它包含了现场级(field level)、过程控制级(controls level)、工厂执行级(manufacturing execution systems，MES)和企业资源计划管理(enterprise resource planning，ERP)，主要对应处于流程工业上层的生产计划管理(ERP)，中层的制造执行系统(MES)，以及下层的过程控制系统(PCS)，见图 10-1。其中现场级和过程控制级为本章讨论内容。自动控制系统功能在于：

(1) 减少手工操作，降低人力成本。

(2) 标准化、简单化操作流程。

(3) 严格的误差控制以提高产品质量和连贯性。

(4) 通过冗余选择提高工厂可用性。

(5) 最优化的生产效率、生产消耗和生产干预。

(6) 通过自动数据采集，提高数据安全性。

(7) 具有自动跟踪和可追溯性的批量控制。

微观层面上的关于现场基本设备的工业自动控制系统则主要由控制器、被控对象、执行机构和变送器四个环节组成，一个典型的闭环控制系统如图 10-2 所示。在研究自动控制系统时，为了更清楚地表示控制系统各环节的组成、特性和相互间的信号联系，一般都采用方框图。每个方框表示组成系统的一个环节，两个方框之间用带箭头的线段表示信号联系；进入方框的信号为环节输入，离开方框的信号为环节输出。

其中检测元件和变送器的作用是把被控变量 $c(t)$ 转化为测量值 $y(t)$。比较机构的作用是比较设定值 $r(t)$ 与测量值 $y(t)$ 并输出其差值。控制装置的作用是根据偏差的正负、大小及

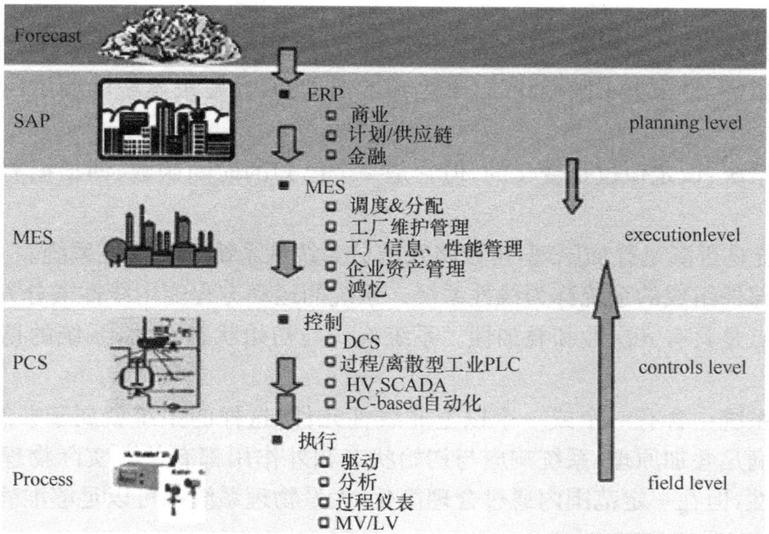

图 10-1　流程工业中集成化的自动控制系统及分工

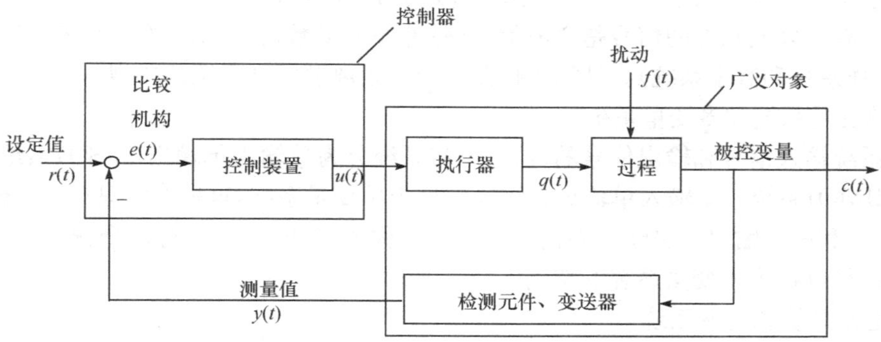

图 10-2　闭环控制系统组成

变化情况，按某种预定的控制规律给出控制作用 $u(t)$。比较机构和控制装置通常组合在一起，称为控制器。执行器的作用是接受控制器送来的 $u(t)$，相应地去改变操纵变量 $q(t)$。

在分析控制系统的工作过程时，有几个重要的概念：

(1) 信息。图中的 $r(t)$、$y(t)$、$f(t)$等尽管是实际的物理量，但它们是作为信息来转换和作用的。图中的每一部分称为一个环节，作用于它的信息称为该环节的输入信号，它送出的信息称为输出信号。前一环节的输出信号就是后一环节的输入信号。每一环节的输出信号与输入信号之间的关系仅取决于该环节的特性。从整个系统来看，输入信号对应设定值和扰动，输出信号则对应被控变量和测量值。

(2) 闭环。对于按信息的流向而言。

(3) 动态。物理量是时间的函数、是不断变化的。扰动作用使被控变量偏离设定值，控制作用又使它回到设定值。

10.1.2　自动控制系统的分类

(1) 按设定值的不同情况，可将自动控制系统分为三类：定值控制系统、随动控制系统、程序控制系统。

定值控制系统:设定值保持不变(为一恒定值)的反馈控制系统称为定值控制系统。

随动控制系统:设定值不断变化,且事先是不知道的,并要求系统的输出(被控变量)随之而变化。

程序控制系统:设定值也是变化的,但它是一个已知的时间函数,即根据需要按一定时间程序变化。

(2) 按系统是否满足叠加原理,可以将系统分为线性系统和非线性系统。

由线性元部件组成的系统称为线性系统。系统的运动方程能用线性微分方程描述。线性系统的主要特点是具有齐次性和叠加性。系统响应与初始状态无关,系统的稳定性与输入信号无关。

如果控制系统中含有一个或一个以上非线性元件,这样的系统就属于非线性控制系统。非线性系统不满足叠加原理,系统响应与初始状态和外作用都有关。实际物理系统都具有某种程度的非线性,但在一定范围内通过合理简化,大量物理系统都可以足够准确地用线性系统来描述。

(3) 连续系统与离散系统。

如果系统中各部分的信号都是连续函数形式的模拟量,则这样的系统就称为连续系统。如果系统中有一处或几处的信号是离散信号(脉冲序列或数码),则这样的系统就称为离散系统(包括采样系统和数字系统)。计算机控制系统就是离散控制系统的典型例子。

(4) 单变量系统和多变量系统。

按照系统输入信号和输出信号的数目,可将系统分为单输入单输出(SISO)系统和多输入多输出(MIMO)系统。单输入单输出系统通常称为单变量系统,这种系统只有一个输入(不包括扰动输入)和一个输出。多输入多输出系统通常称为多变量系统,有多个输入或多个输出。单变量系统可以视为多变量系统的特例。

(5) 定常系统和时变系统。

按系统参数是否随时间变化,可以将系统分为定常系统和时变系统。如果控制系统的参数在系统运行过程中不随时间变化,则称之为定常系统或者时不变系统,否则,称其为时变系统。实际系统中的温度漂移、元件老化等影响均属时变因素。严格的定常系统是不存在的,在所考察的时间间隔内,若系统参数的变化相对于系统的运动缓慢得多,则可近似将其作为定常系统来处理。

10.1.3 自动化仪表及其分类

自动化仪表分类方法很多,根据不同原则可以进行相应的分类。例如,按仪表所使用的能源分类,可以分为气动仪表、电动仪表和液动仪表;按仪表组合形式,可以分为基地式仪表、单元组合仪表和综合控制装置;按仪表安装形式,可以分为现场仪表、盘装仪表和架装仪表;随着微处理机的蓬勃发展,根据仪表有否引入微处理机(器)又可分为智能仪表与非智能仪表,根据仪表信号的形式,可分为模拟仪表和数字仪表。

显示仪表是用以显示(指示、记录等)被测值的工业自动化仪表。显示方式有指针、记录笔、打印及显示屏等。显示仪表包括指示仪表和记录仪表,工业自动化行业中习惯称为二次仪表。显示仪表适用于各种温度、压力、液位、速度、长度等物理量的测量与控制。采用微处理器进行数学运算,可对各种非线性信号进行高精度的线性矫正。根据记录和指示、模拟与数字等功能，又可分为记录仪表和指示仪表、模拟仪表和数显仪表，其中记录仪表又可分为单点记录和多点记录(指示也可以有单点和多点)，其中又有在纸记录或无纸记录，若是有纸记录又分笔录和打印记录。模拟仪表一般是用指针来指示测量值，有全量程指示和偏差指示两种形式。输入信号是从各种变送器送来的统一信号(直流 4～20mA)，也有将指示仪表与传感器直接相连的。有的指示仪表还具有控制输出功能。数显仪表采用的显示器件有荧光数码管、液晶显示器和发光二极管(又称 LED 数码管)等。它们是在模拟式指示仪表的基础上发展起来的。数字显示与模拟指示比较，具有分辨率高、量程大、读数方便、没有视差、便于与计算机相连等优点。其缺点是不易判读被测量的变化趋势；数字跳动频繁而影响判读。通常在要求精确读数时才使用数字式显示仪表。目前应用的带有微处理机的各种智能化数字式显示仪表，具有显示精度高、自校准、自诊断等功能，可与计算机进行通信。

调节仪表可是以分为基地式调节仪表和单元组合式调节仪表。由于微处理机引入，又有可编程调节器与固定程序调节器之分。

执行器由执行机构和调节阀两部分组成。执行机构按能源划分有气动执行器、电动执行器和液动执行器，按结构形式可以分为薄膜式、活塞式(气缸式)和长行程执行机构。调节阀根据其结构特点和流量特性不同进行分类。按结构特点分通常有直通单座、直通双座、三通、角形、隔膜、蝶形、球阀、偏心旋转、套筒(笼式)、阀体分离等，按流量特性分为直线、对数(等面分比)、抛物线、快开等。图 10-3 列举了几种最具代表性的显示仪表、调节仪表和执行器。

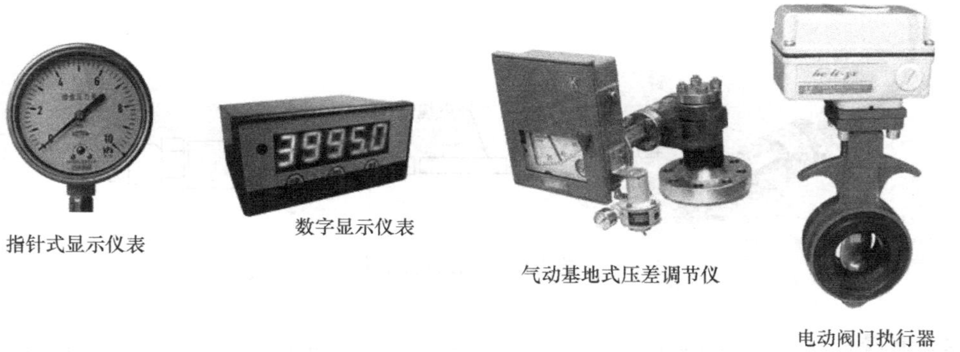

图 10-3　代表性的自动化仪表组件

10.2　基本控制单元

10.2.1　压力

目前工业上常用的压力检测方法和压力检测仪表很多，根据敏感元件和转换原理的不同可分为以下四类：

(1) 液柱式压力检测仪表。它是根据流体静力学原理，把被测压力转换成液柱高度，采用充有水或水银等液体的玻璃 U 形管或单管进行测量的仪表。基于此原理工作的仪表有单针压力计、U 形管压力计及斜管压力计等。

(2) 弹性式压力检测仪表。它是根据弹性元件受力变形的原理，将被测压力转换成位移进行测量的仪表。常用的弹性元件有弹簧管、膜片和波纹竹等。基于此原理工作的仪表有弹簧管式压力表、膜片(或膜盒式)压力表、波纹管式压力表等。此类仪表多用于现场指示压力。

(3) 电气式压力检测仪表。它是利用敏感元件将被测压力直接转换成如电阻、电压、电容、电荷量等各种电量进行测量的仪表。基于此原理工作的仪表有应变片式压力计、霍尔片式压力计、电容式压力计等。此类仪表多用于将压力信号远传至控制室进行压力集中指示。

(4) 活塞式压力检测仪表。它是根据液压机液体传送压力的原理,将被测压力转换成活塞面积上所加平衡砝码的质量来进行测量的仪表。活塞式压力计的测量精度较高,允许误差可以小到 0.05%～0.02%。它通常被当作标准仪器来校验刻度压力检测仪表。

此外,目前广泛应用的还有压力传感器(图 10-4),工业压力传感器的种类繁多,如电阻应变片压力传感器、半导体应变片压力传感器、压阻式压力传感器、电感式压力传感器、电容式压力传感器、谐振式压力传感器及电容式加速度传感器等。但应用最为广泛的是压阻式压力传感器,它具有极低的价格,较高的精度以及较好的线性特性。其原理是当生产体系中压力产生变化时,安装在设备上的电阻应变片也一起产生形变,使应变片的阻值发生改变,从而使加在电阻上的电压发生变化。这种应变片在受力时产生的阻值变化通常较小,一般这种应变片都组成应变电桥,并通过后续的仪表放大器进行放大,再传输给处理电路(通常是 A/D 转换和 CPU)显示或执行机构。此外还有无线传感器、光纤传感器、智能传感器和金属氧化传感器等新型传感器不断涌现,并在制药行业得到逐步推广。

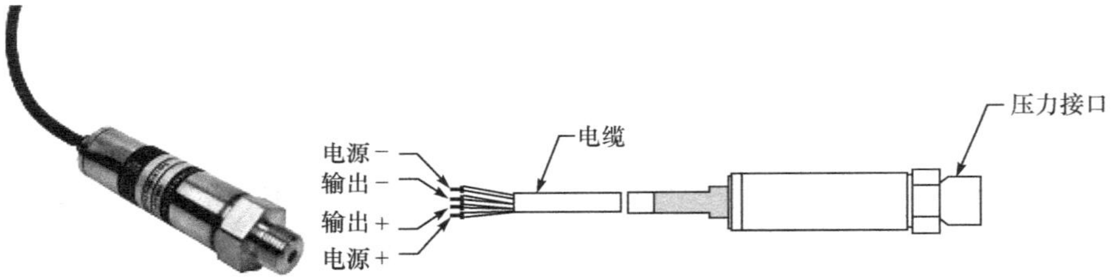

图 10-4　压力传感器

10.2.2　流量

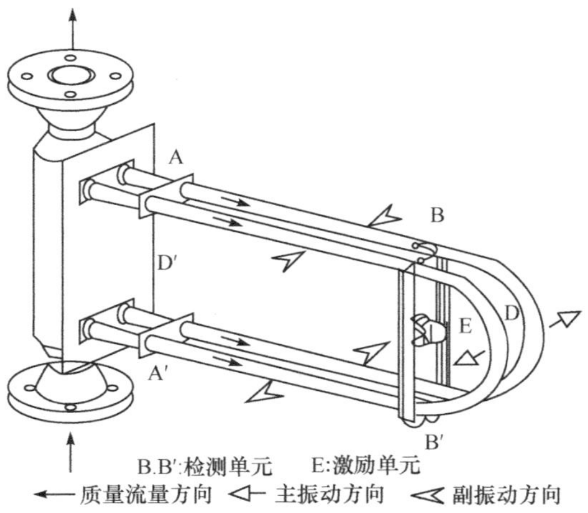

图 10-5　科氏流量计工作原理

(1) 质量流量计。它是一种重要的流量测量仪表,用以直接测量通过流量计的介质的质量流量,还可测量介质的密度及间接测量介质的温度。它以流体在旋转的管内流动时会对管壁产生的科氏力为基础,在传感器内部有两根平行的 U 形振管,中部装有驱动线圈,两端装有拾振线圈,工业过程的流体介质流经传感器的振动管,就会在振管上产生科氏力效应(图 10-5),使两根振管扭转振动,安装在振管两端的检测线圈将产生相位不同的两组信号,这两个信号的相位差与流经传感器的流体质量流量成比例关系。计算机解算出流经振管的质量流量。不同的介质流经传感器时,振管的主振频率不同，据此解算出介质密度。安装在传感器振管上的铂电阻可间接测量介质的温度。质量流量计可分为两类：一类是直接式，即直接输出质量流量；另一类为间接式或推导式，如应用超声流量计和密度计组合，对它们的输出再进行乘法运算以得出质量流量。

(2) 节流式流量计。它是一种典型的差压式流量计，根据安装于管道中流量检测件产生的差压、已知的流体条件和检测件与管道的几何尺寸来计算流量，是目前工业生产中用来测量气体、液体和蒸气流量的最常用的一种流量仪表。在整个工业生产领域中，节流式流量计也占流量仪表总数的一半以上，节流式流量计所以得到如此广泛的应用，主要是因为它具有以下两个非常突出的优点：①结构简单，安装方便，工作可靠，成本低，又具有一定准确度，能满足工程测量的需要。②有很长的使用历史，有丰富、可靠的实验数据，设计加工已经标准化。只要按标准设计加工的节流式流量计，不需要进行实际标定，也能在已知的不确定度范围内进行流量测量。

(3) 转子流量计。又称浮子流量计。它通过测量设在直流管道内的转动部件的位置来推算流量的装置，是变面积式流量计的一种。在一根由下向上扩大的垂直锥管中，圆形横截面的浮子的重力是由液体动力承受的，浮子可以在锥管内自由地上升和下降。在流速和浮力作用下上下运动，与浮子重力平衡后，通过磁耦合传到与刻度盘指示流量。一般分为玻璃和金属转子流量计。金属转子流量计是工业上最常用的，对于小管径腐蚀性介质通常用玻璃材质，由于玻璃材质的本身易碎性，关键的控制点也有用全钛材等贵重金属为材质的转子流量计。转子流量计适用于测量通过管道直径 $D<150$mm 的小流量，也可以测量腐蚀性介质的流量。

(4) 电磁流量计。电磁流量计(图 10-6)是一种根据法拉第电磁感应定律来测量管内导电介质体积流量的感应式仪表，由直接接触管道介质的传感器和上端信号转换器两部分构成，采用电磁感应原理测量介质流体流速。它在管道的两侧加一个磁场，被测介质流过管道就切割磁力线，在两个检测电极上产生感应电势，其大小正比于流体的运动速度。电磁流量计密封性能好，而且测量过程不与流体接触，特别适于制药、生物化学和食品工业。电磁流量计是高精度、高可靠和使用寿命长的流量仪表，传感器部分只有内衬和电极与被测液体接触，只要合理选择电极和内衬材料，即可耐腐蚀和耐磨损。电磁流量计从结构上可分为分体型电磁流量计和一体型电磁流量计两种。

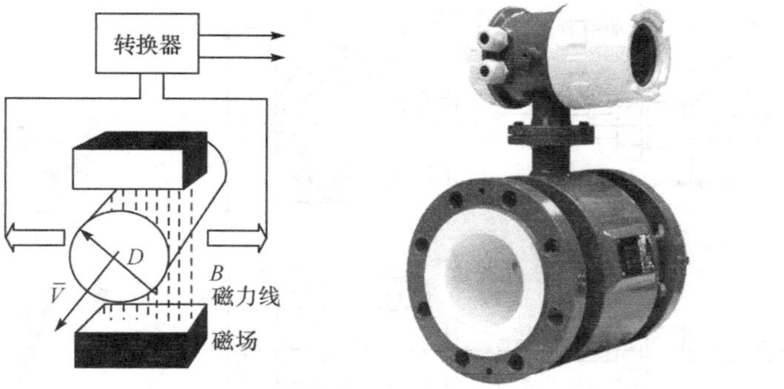

图 10-6　电磁流量计

10.2.3　温度

(1) 热电偶温度计。两种不同成分的导体(称为热电偶丝材或热电极)两端接合成回路，当接合点的温度不同时，在回路中就会产生电动势，这种现象称为热电效应，而这种电动势称为热电势。热电偶就是利用这种原理进行温度测量的，其中，直接用作测量介质温度的一端称为工作端(也称为测量端)，另一端称为冷端(也称为补偿端)；冷端与显示仪表或配套仪表连接，显示仪表会指出热电偶所产生的热电势。测量的。热电阻大都由纯金属材料制成，目前应用最多的是铂和铜，热电偶实际上是一种能量转换器，它将热能转换为电能，用所产生的热电势测量温度，采用双金属温度计、热电偶或热电阻一体化温度变送的方式，既满足现场测温需求，也满足远距离传输需求，可以直接测量各种生产过程中－80～500℃的液体、蒸气和气体介质以及固体表面的温度。

(2) 热电阻温度计。热电偶与热电阻均属于温度测量中的接触式测温，尽管其作用相同都是测量物体的温度，但是它们的原理与特点却不尽相同。工业用热电阻是基于金属导体的电阻值随温度的增加而增加这一特性来进行温度测量的。热电阻大都由纯金属材料制成，目前应用最多的是铂和铜。此外，现在已开始采用镍、锰和铑等材料制造热电阻。它们的主要特点是测量精度高，性能稳定。其中铂热电阻的测量精确度是最高的，它不仅广泛应用于工业测温，而且被制成标准的基准仪。该温度计结构简单，使用方便，且便于信号的远传、自动记录和集中控制。通常适用于－200～500℃的温度测量，特殊情况下可以测量更高或更低的温度。由于热电偶在低温范围中产生的热电势小，因而对测量仪表要求严格，而采用热电阻温度计测量低温是很适宜的。

(3) 温度变送器。温度变送器是一种将温度变量转换为可传送的标准化输出信号的仪表，主要用于工业过程温度参数的测量和控制(图 10-7)。它将热电阻或热电偶的信号放大，并转换成 4～20mA 或 0～10mA 的输出电流，或 0～5V 的输出电压。带传感器的变送器通常由两部分组成：传感器和信号转换器。传感器主要是热电偶或热电阻；信号转换器主要由测量单元、信号处理和转换单元组成(由于工业用热电阻和热电偶分度表是标准化的，因此信号转换器作为独立产品时也称为变送器)，有些变送器增加了显示单元，有些还具有现场总线功能。变送器由两个用来测量温差的传感器组成，输出信号与温差之间有一给定的连续函数关系，因此称为温度变送器。变送器的输出信号与温度传感器的电阻值(或电压值)之间呈线性函数关系。

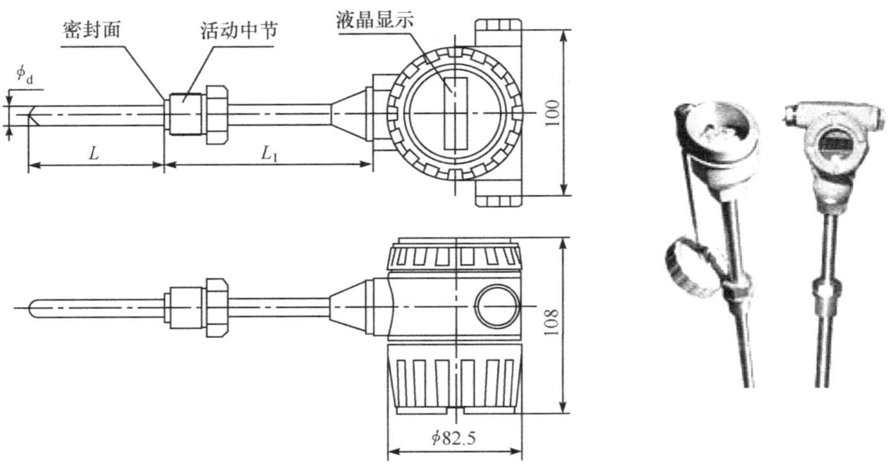

图 10-7　温度变送器(单位：mm)

10.2.4　密度

常用的密度计(比重计)有浮子式密度计、静压式密度计、振动式密度计和放射性同位素密度计。

浮子式密度计的工作原理是:物体在流体内受到的浮力与流体密度有关,流体密度越大浮力越大。如果规定被测样品的温度(如规定 25℃),则仪器也可以用相对密度数值作为刻度值。

静压式密度计的工作原理是:一定高度液柱的静压力与该液体的密度成正比,因此可根据压力测量仪表测出的静压数值来衡量液体的密度。

振动式密度计的基本工作原理是:物体受激而发生振动时,其振动频率或振幅与物体本身的质量有关。如果在物体内充以一定体积的液体样品,则其振动频率或振幅的变化便反映一定体积的液体样品的质量或密度,由单片机进行测量处理,快速直接,而且灵敏度高。该密度计可广泛用于各种液体密度的测量,且配合不同的浓度转换软件,还能直接读出相应液体的浓度值或相对密度,如乙醇,通过单片机软件的处理,可直接读出体积浓度数据,测试更为简便。

放射性同位素密度计仪器内设有放射性同位素辐射源。它的放射性辐射(如 γ 射线)在透过一定厚度的被测样品后被射线检测器所接收。一定厚度的样品对射线的吸收量与该样品的密度有关,而射线检测器的信号则与该吸收量有关,因此反映出样品的密度。

图 10-8 所示的通用型在线密度计目前正得以广泛应用,由于是非接触式在线测量,因此特别适用于制药、食品、化工产业高温、高压、高黏度、剧毒、深冷、易燃、易爆的密闭系统中工艺参数的在线测量(如密度、浓度、瞬时质量流量),这是常规仪表无法比拟的。

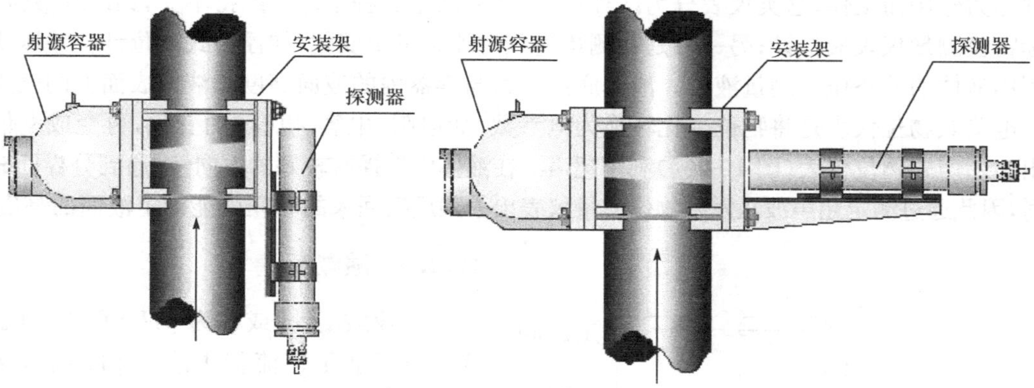

图 10-8　通用型在线密度计

10.2.5　物位

物位计是在工业生产过程中测量液位、固体颗粒和粉体位置,以及液-液、液-固相界面位置的仪表。一般测量液体液面位置的称为液位计,测量固体、粉料位置的称为料位计,测量液-液、液-固相界面位置的称为相界面计。在制药工业生产过程中广泛应用物位测量仪表,测量提取罐、反应釜溶剂体积的液位计就是一例。各种物位仪表安装示意图如图 10-9 所示。物位仪表按所使用的物理原理可分为直读式物位仪表、差压式物位仪表(包括压力式)、浮力式物位仪表、电测式(电阻式、电容式与电感式)物位仪表、超声式物位仪表、核辐式物位仪表等。

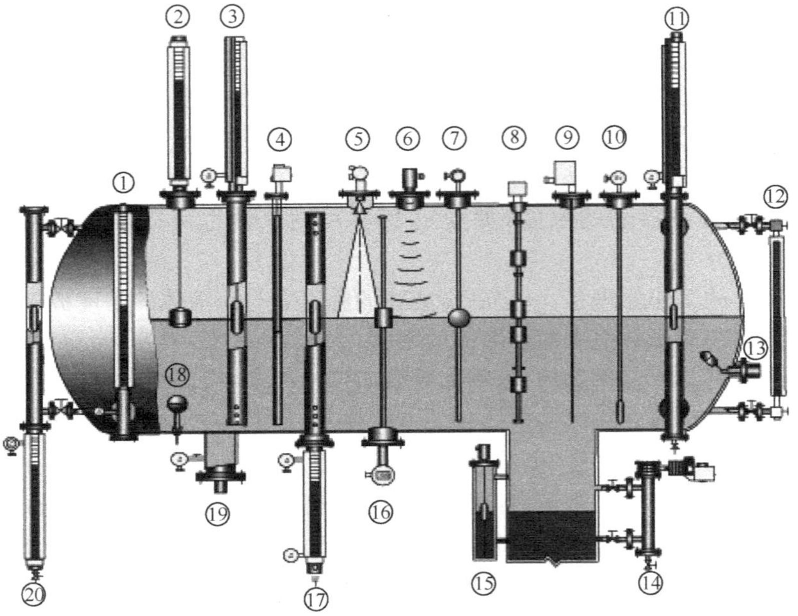

图 10-9　各种物位仪表及其安装示意图

直读式物位仪表可从测量机构上直接读出液位，玻璃管（或玻璃板）液位计就是利用连通器原理，用旁通玻璃管（或玻璃板）读数（图 10-9⑫）。根据测量要求，有透光式和反射式等型式。浮力式物位仪表（图 10-9②）则是利用液面上的浮子或沉浸在液体中的浮筒（也称沉筒）受到浮力作用而工作，这类仪表分为两种：一种是在测量过程中浮力维持不变，如浮球液位计、浮标物位测量仪表液位计；另一种是在测量过程中浮力发生变化，如浮筒式液位计。差压式仪表利用液体的静态压力测量液位。液体底部压力与容器内的液面高度和液体表面上的气压有关。电测式物位仪表是将物位变化转换为电参数（如电阻、电容、电感）的变化，再变成电信号输出。超声式物位仪表（图 10-9⑥）利用超声波在液体中传播有较好的方向性，遇到分界面时能反射，因此通过测定超声波从发射物位测量仪表出去到反射回来的时间就能确定液面的高度。

10.2.6　酸碱度

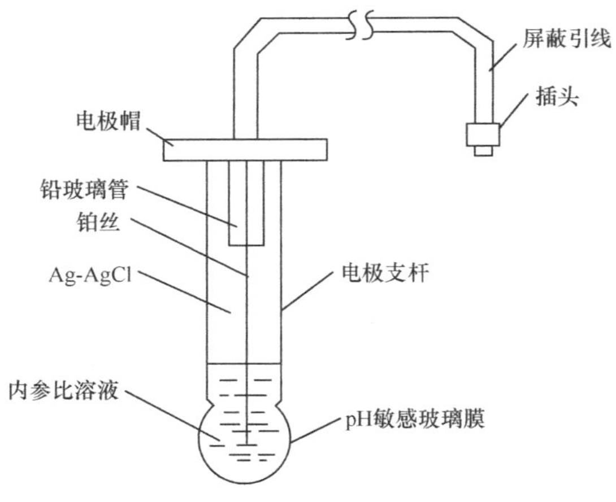

图 10-10　工业玻璃电极酸度计

工业酸度计（或称为 pH/ORP 计）是用来测量工业生产流程中溶液 pH 或氧化还原电位的智能化测量和控制仪表。在工业生产中，一般 pH 计的测量分为两个部分。一部分是一次表检测部分，主要与介质接触，使用较多的玻璃电极；另一部分是变送单元，将一次表测量的数据进行转换，变成 DCS 可以接受的 4～20mA 信号，供相关人员观察。其作用原理和实验室中使用的酸度计完全相同，利用溶液的电化学性质测量氢离子浓度，以确定溶液酸碱度。pH 计用于测量的电极主要有锑电极、玻璃电极（图 10-10）、甘汞电极和银-氯化银电极。其中工业生产中常用的是锑电极和玻璃电极，其中锑电极由金属锑棒的表面覆盖一层金属氧化物 Sb_2O_3 制成，是一种金属金属氧化物电极。这种电极结构简单，可在较高温度下使用，但其测量精度不高。玻璃电极是工业上最通用的一种测量电极，当玻璃电极与被测物料接触时，在 pH 敏感膜内部溶液(参比溶液)和被测物料之间就建立起氢离子平衡状态。玻璃电极在使用时受温度影响比较大，因此使用时要同时插入热电阻，把测量的温度值(电阻值)接入测量回路，以补偿温度对 pH 的影响。甘汞电极主要作为参比电极使用，结构简单，电位比较稳定，但易受温度影响，因此不易在温度波动较大场合使用。银-氯化银电极是在铂丝上镀上一层银，原理与甘汞电极相似，这种电极结构比较简单，高温下电极电位仍较稳定，但制造困难，价格较贵，在工业生产中使用较少。

工业 pH 计电极分类：按功能分，有低阻 pH 电极、高温 pH 电极、强酸 pH 电极、强碱 pH 电极、耐压 pH 电极；按用途分，有平面 pH 电极、针刺 pH 电极、微量 pH 电极；按材质分，常见有塑壳 pH 复合电极和玻璃 pH 复合电极，前者作常规使用，特别适合现场使用以及长时间连续测试，但不适合高温和腐蚀性溶液；后者用于精密的 pH 测试，不适合黏稠性的溶液及生产现场使用。

根据不同监测对象和设备原理，工业 pH 计可有多种安装位置(图 10-11)。为了保证测量结果的精确度，必须要考虑防止溶液冲击电极的措施；进样溶液的代表性；要设置电极被沾污后的清洗装置；以及传送电缆的防电磁干扰措施等问题。pH/ORP 复合电极是与 pH/ORP 转换器配套用来测量 pH 或氧化还原电位的敏感元件。其抗干扰性、响应速度、使用寿命直接影响到整台仪表的性能。微电子工业 pH 计控制仪表是用于测试溶液 pH 的精密仪表，具有功能全、性能稳定、操作简便等特点，是工业企业测试和控制 pH 领域的理想仪表。考虑到温度对测定的影响目前的工业 pH 计多具有自动温补功能。

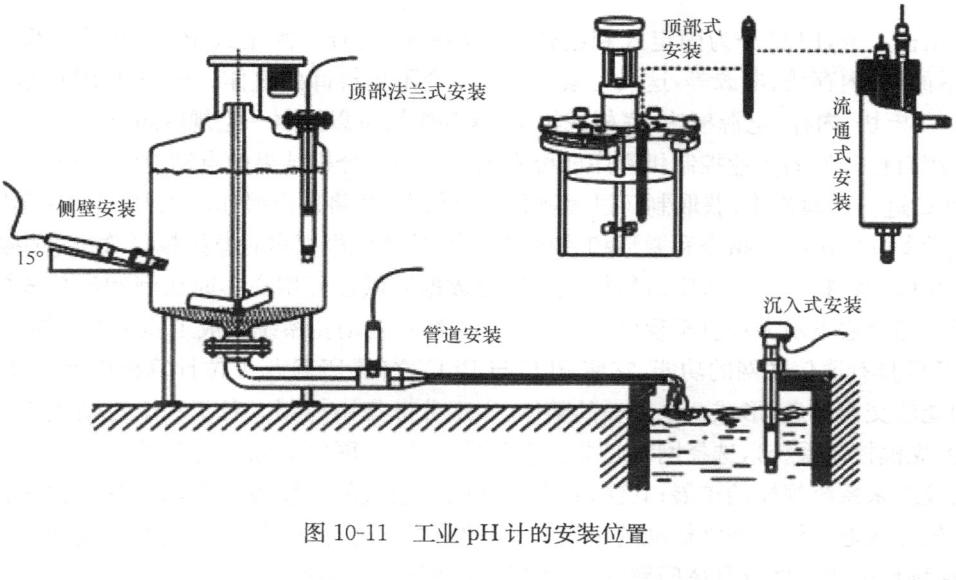

图 10-11　工业 pH 计的安装位置

10.2.7　溶解氧

溶解氧(dissolved oxygen，DO)是指溶解于水中分子状态的氧，即水中的 O_2。在生物制药的发酵过程中氧含量的测量数据可对工艺过程进行指导，如判断发酵过程的临界氧浓度、发酵罐的供氧能力以及菌体的活性和菌体的生长量等,并根据发酵时的供氧和需氧变化来指导补料操作。

溶解氧分析仪测量原理即氧在水中的溶解度取决于温度、压力和水中溶解的盐。溶解氧分析仪传感部分由金电极(阴极)和银电极(阳极)及氯化钾或氢氧化钾电解液组成,氧通过膜扩散进入电解液与金电极和银电极构成测量回路。当给溶解氧分析仪电极加上 0.6～0.8V 的极化电压时,氧通过膜扩散,阴极释放电子,阳极接受电子产生电流,整个反应过程为

$$\text{阳极}\ 2Ag+2Cl^- \longrightarrow 2AgCl+2e^- \qquad \text{阴极}\ O_2+2H_2O+4e \longrightarrow 4OH^-$$

根据法拉第定律:流过溶解氧分析仪电极的电流和氧分压成正比,在温度不变的情况下电流和氧浓度之间呈线性关系。该信号连同传感器上热电阻测出的温度信号被送入变送器,利用传感器中存储的含氧量和氧分压、温度之间的关系曲线计算出水中的含氧量,然后转化成标准信号输出。参比电极的功能是确定阴极电位。

10.3 控制系统

10.3.1 可编程控制器

可编程控制器(programmable logic controller,PLC)是一种数字运算操作的电子系统,是专为在工业环境应用而设计的。它采用一类可编程的存储器,用于其内部存储程序,执行逻辑运算、顺序控制、定时、计数与算术操作等面向用户的指令,并通过数字或模拟式输入/输出控制各种类型的机械或生产过程。PLC 具有通用性强、使用方便、适应面广、可靠性高、抗干扰能力强、编程简单等特点,其在工业自动化控制特别是顺序控制中的地位,在可预见的将来是无法取代的。

从结构上分,PLC 分为固定式和组合式(模块式)两种。固定式 PLC 包括 CPU 板、I/O 板、显示面板、内存块、电源等,这些元素组合成一个不可拆卸的整体。模块式 PLC 包括 CPU 模块、I/O 模块、内存、电源模块、底板或机架,这些模块可以按照一定规则组合配置。

采用自行开发的工业控制机程序即可实现基于在线分析结果的自动控制。程序启动后首先对 PLC 进行读写操作,获取制药过程物料变化状态,并将用户操作写入 PLC,然后驱动相关可视化设备并发出控制指令和激活相关报警输出,计算机根据实时监控模型分析这些数据,最后将所获取的物料信息写入实时数据库和历史数据库供远程用户实时访问和汇总分析,程序将按照上述过程不断循环直至程序退出。目前网络在自动化系统集成工程中的重要性越来越显著,PLC 具有通信联网的功能,它使 PLC 与 PLC 之间、PLC 与上位计算机以及其他智能设备之间能够交换信息,形成一个统一的整体,实现分散集中控制。对于一个自动化工程(特别是中、大规模控制系统),选择网络是非常重要的。首先,网络必须是开放的,以方便不同设备的集成及未来系统规模的扩展;其次,针对不同网络层次的传输性能要求,选择网络的形式都必须在较深入地了解该网络标准的协议、机制的前提下进行;再次,综合考虑系统成本、设备兼容性、现场环境适用性等具体问题,确定不同层次所使用的网络标准。

10.3.2 集散控制系统

集散控制系统(distributed control system,DCS)可以解释为在模拟量回路控制较多的行业中广泛使用的,尽量将控制所造成的危险性分散,而将管理和显示功能集中的一种自动化高

技术产品。这种控制系统体系有力地克服了集中式数字控制系统中对控制器处理能力和可靠性要求高的缺陷，其核心思想是集中管理、分散控制，即管理与控制相分离。DCS 一般由五部分组成：控制器、I/O 板、操作站、通信网络和图形及编程软件。

系统网络是 DCS 的工程师站，它是对 DCS 进行离线的配置、组态工作和在线的系统监督、控制、维护的网络节点，其主要功能是提供对 DCS 进行组态、配置工作的工具软件（即组态软件），并在 DCS 在线运行时实时地监视 DCS 网络上各个节点的运行情况，使系统工程师可以通过工程师站及时调整系统配置及一些系统参数的设定，使 DCS 随时处在最佳的工作状态。与集中式控制系统不同，所有的 DCS 都要求有系统组态功能，可以说，没有系统组态功能的系统就不能称其为 DCS。

10.3.3　现场总线控制系统

现场总线控制系统（fieldbus control system，FCS）是用开放的现场总线控制通信网络将自动化最底层的现场控制器和现场智能仪表设备互连的实时网络控制系统。它是一个由过程控制级和过程监控级组成的以通信网络为纽带的多级计算机系统，综合了计算机（computer）、通信（communication）、显示（CRT）和控制（control）等 4C 技术。

现场总线技术采取一对多双向传输信号，采用的数字信号精度高、可靠性强；设备始终处于操作员的远程监控和可控状态；用户可按需自由选择不同品牌种类的设备互连；智能仪表具有通信、控制和运算等丰富的功能；另外，控制功能完全分散到各个智能仪表中。设备之间彼此通信、控制，在精度、可操作性、可靠性、可维护性等方面都具备明显优势。系统通信采用现场控制网和通信管理网的分层结构，可完全克服 PLC 系统耗费现场接线的缺点，从而减少大量的现场接线；使用该系统可使原来烦琐的原理图、布线图设计变得简单易行，而标准接插件也可以快速、简便的安装，从而使人力、物力大量的减少。可以说，开放性、分散化和低成本是现场总线最显著的三大特征，它的出现将使传统的自动控制系统产生划时代的变革。现场总线发展迅速，目前已开发出 40 多种现场总线，如 interbus、bitbus、deviceNet、MODbus、arcnet、P-Net、FIP、ISP 等，其中最具影响力的有 5 种，分别是 FF、profitbus、HART、CAN 和 LonWorks。

过程分析中信息的传输和通信主要依靠数据转换器，并通过配套的硬件设备，实时转换为符合工业领域串行通信协议（MODbus）规范的标准串行数字通信。通过现场总线（fieldbus）/通用串行总线（USB）的转换器，可以非常方便地连接计算机，并通过软件迅速地得到包括光谱/色谱图在内的所有数据。利用调制解调器（modem）、企业局域网（LAN local area network）及远程内部网（intranet），用户还可通过 Web 浏览器实现对中心数据库的访问，实时监视制剂过程的工作状态，实现远程监视、远程诊断和远程决策，以保证制剂过程在任何时候都能平稳可靠运行。通过上述方式 FCS 形成的 infranet 控制网很容易与 intranet 和 internet 全球信息网互联，构成一个完整的企业网络三级体系结构，其既是通信网络，又是控制网络。一种常见的在线控制管理系统如图 10-12 所示，主要由在线主机和现场总线构成的执行层、工控 PC 构成的监控管理层和由 intranet 及远程用户 intranet 构成的综合应用层三层所组成，依次完成分析、监控和诊断访问等功能。表 10-1 总结了 FCS 和 DCS 的诸多区别。

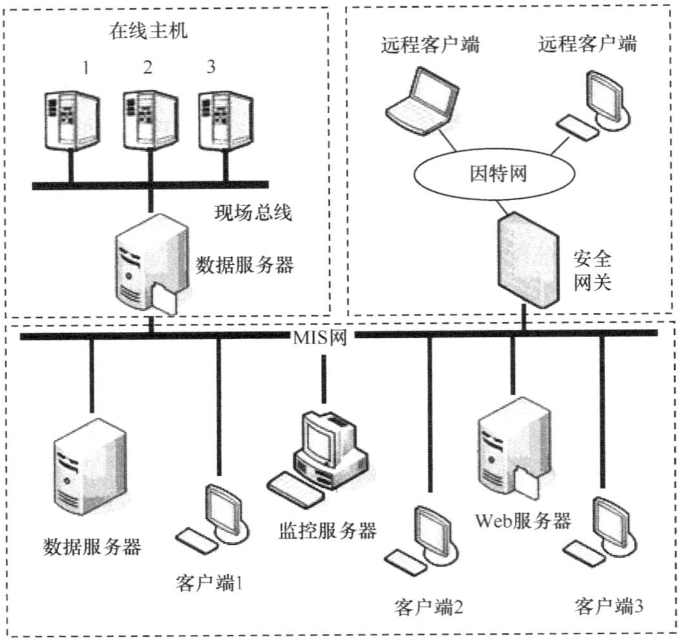

图 10-12　制药过程在线控制管理信息系统(MIS 网)

表 10-1　FCS 和 DCS 的区别

	FCS	DCS
结构	一对多:一对传输线接多台仪表,双向传输多个信号	一对一:一对传输线接一台仪表,单向传输一个信号
可靠性	可靠性好:数字信号传输抗干扰能力强,精度高	可靠性差:模拟信号传输不仅精度低,而且容易受干扰
失控状态	操作员在控制室既可以了解现场设备过现场仪表的工作情况,也能对设备进行参数调整,还可以预测或寻找故障,使设备始终处于操作员的过程监控与可控状态之中	操作员在控制室既不了解模拟仪表的工作情况,也不能对其进行参数调整,更不能预测故障,导致操作员对仪表处于"失控"状态
控制	控制功能分散在各个智能仪器中	所有的控制功能集中在控制站中
互换性	用户可以自由选择不同制造商提供的性能价格比最优的现场设备和仪表,并将不同品牌的仪表互连,实现"即插即用"	尽管模拟仪表统一了信号标准(4～20mA DC),可是大部分技术参数仍由制造厂自定,致使不同品牌的仪表互换性差
仪表	智能仪表除了具有模拟仪表的检测、变换、补偿等功能,还具有数字通信能力,并且具有控制和运算能力	模拟仪表只具有检测、变换、补偿等功能

此外,现场总线与局域网的区别在于:

(1) 按功能比较,现场总线连接自动化最底层的现场控制器和现场智能仪表设备,网线上传输的是小批量数据信息,如检测信息、状态信息、控制信息等,传输速率低,但实时性高。简而言之,现场总线是一种实时控制网络。局域网用于连接局域区域的各台计算机,网线上传输的是大批量的数字信息,如文本、声音、图像等,传输速率高,但不要求实时性。从这个意义而言,局域网是一种高速信息网络。

(2) 按实现方式比较现场总线可采用各种通信介质,如双绞线、电力线、光纤、无线、红外线等,实现成本低。局域网需要专用电缆,如同轴电缆、光纤等,实现成本高。

在未来的工业过程控制系统发展中,数字技术逐步向智能化、开放性、网络化、信息化发展,同时,工业控制软件也将向标准化、网络化、智能化、开放性发展。因此现场总线控制系统FCS的出现,数字式分散控制 DCS 及 PLC 并不会消亡,DCS 及 PLC 系统会更加向智能化、开放性、网络化、信息化发展。今后的控制系统将会是:FCS 处于控制系统中心地位,兼有 DCS、PLC 系统的一种新型标准化、智能化、开放性、网络化、信息化控制系统。

10.4 自动化系统工程设计

10.4.1 设计基本内容和要求

依据设计方法学和生命周期方法,结合制药企业产品本身的 TQCSE(time,quality,cost,service,environment)属性,本领域工业自动化系统工程设计的一般进程可以分为六个阶段:可行性分析、方案设计、技术设计、施工设计、实施与调试、系统维护。特别强调的是在技术设计和施工设计阶段不可忽视软件设计与程序设计。

根据设计方法学对一般设计工作进程模式提出的要求,结合自动化系统的特殊性,制药领域自动化系统设计一般应考虑以下几点:

(1) 普遍性。一般进程模式应对自动化系统工程具有普遍的指导作用。

(2) 整体性。一般进程模式应该结构清晰,完整地描述自动化系统工程的工作内容。

(3) 先进性(经济性)。要有利于经济地获得控制系统的最佳设计方案。

(4) 可裁剪性。应允许项目操作者能够据自动化系统工程的规模,既可以完整地利用整个模式,也可以仅利用其部分模式。

(5) 可操作性。应有利于从事实际工作的项目组织人员、项目计划人员、技术管理人员和设计师应用,有利于通过直觉的方式得到某些阶段性的设计结果。

(6) 集成性。易于与设计单位和制药企业各自的系统集成。

10.4.2 可行性分析

可行性分析的目的是用最小的代价和最短的时间确定药品生产自动化工程项目目标是否能够实现,问题能否解决,是否值得解决,以决定该项目是否应该立项。包括分析控制对象特性、了解和分析控制系统的有关物理量、明确系统的工作环境条件、控制性能要求、设计时间进度、系统成本以及国内外制药领域控制系统的研究和应用情况等。可行性分析的产品是可行性研究报告。

自动化系统作为整个工程项目的一部分,其技术经济分析通常与整个工程统一进行,因此在设计开展之前,应该充分了解并参与药企用户的生产经营活动来促进可行性研究工作,也可为后期项目的中标创造条件。可行性研究报告主要包括:自动化系统的专业分工与内容和设计范围、设计原则、系统组成、系统主要功能、控制水平与主要控制思想、主要设备与技术装备水平、关键技术的实现方案、系统技术指标、几种控制方案的分析比较、设计时间计划、结论等主要内容。

10.4.3　方案设计

方案设计的任务是对整个系统进行全面的系统分析，根据制药过程各单元操作工艺要求和具体控制对象提出各项功能与科学合理的性能指标。方案设计是确定自动化系统实现原理方案的过程，通过抽象化来认清问题本质，将系统功能分解、细化，建立功能结构，并对各个具体功能寻求原理方案。有时有若干个方案或其变形，评价结果又很相近，那么只有在进一步具体化后才能作出决断。

方案设计阶段是决定自动化系统设计是否成功的关键阶段，也决定了系统的性能和成本范围。在其后的技术设计和施工设计很难纠正原理方案中的根本缺陷，往往会放大这些缺陷。方案设计的产品是功能需求说明书和初步的用户手册。功能需求说明书应由工艺专业和各有关专业共同编制。功能需求说明书主要包括：编制依据和编制说明、项目总体情况及要求、生产工艺流程、各种参数、工艺设备计算方法及相关说明、工艺设备组成、规格和性能、机电设备组成、规格和性能、工艺设备布置图、确定系统各项功能、提出具体规定、约束和控制要求、系统性能（如控制精度、系统响应速度、产品精度等）技术指标、工艺设备运转方案、系统运行方式、操作方式、要求与说明、细化的设计时间计划等内容。

10.4.4　技术设计

技术设计主要解决功能需求说明书提出的问题如何实现，既包括电气传动、自动化、计算机和仪表系统的硬件技术设计，也包括软件系统技术设计。设计师以工艺等专业的任务书为依据，从原理方案出发，根据技术和经济分析，从时间-空间权衡与软件-硬件功能分配角度，明确、完整地拟订实现载体。传统的控制系统设计方法为技术设计阶段的工作积累了丰富的工程经验和许多有效的方法，如系统辨识、建模方法、控制算法的确定、控制参数的整定、执行机构的选择、系统优化和系统仿真等；技术设计阶段确定了整个自动化系统涉及的全部技术参数、精度指标和系统成本。在本阶段，对自动化系统的具体组成、元器件结构优化是保证系统可靠、经济地实现的关键。

技术设计的产品是技术设计图纸、技术设计说明书和系统调试规格书。其中初步设计图纸内容包括：

（1）仪表盘正面布置框图。按一定比例绘制出控制台所有仪表盘和半模拟盘的正面布置。仪表盘正面布置框图应完整地绘制出仪表盘上安装的全部仪表、电气设备和元件的正视最大外形尺寸，并在图上标注外形尺寸、装饰边尺和仪表盘盘号，同时标明仪表盘颜色。仪表盘、仪表、电气设备和元件用粗实线，标注尺寸的引线和尺寸线用细实线表示。

（2）控制室平面布置图。按一定比例绘制出控制室的平面布置。图中应绘制出控制室内仪表盘、操纵台的平面布置形式，标注每块仪表盘及每个操纵台的长、宽尺寸，并注明仪表盘及操纵台的定位尺寸。

（3）复杂控制系统图。按控制系统安装接线（或接管）要求绘制并列出控制系统的配件、辅助部件及材料的规格、数量。凡标准图册中有合适的复杂控制系统图等，就可以选用其标准图纸。

（4）管路及仪表流程图。在工艺流程图上按照顺序标出监测点和控制系统。监测点和控制系统的图形符号、仪表位号按照有关统一规定进行标注。图 10-13 所示为某制药企业空调冷却水系统通用自动控制原理设计图。

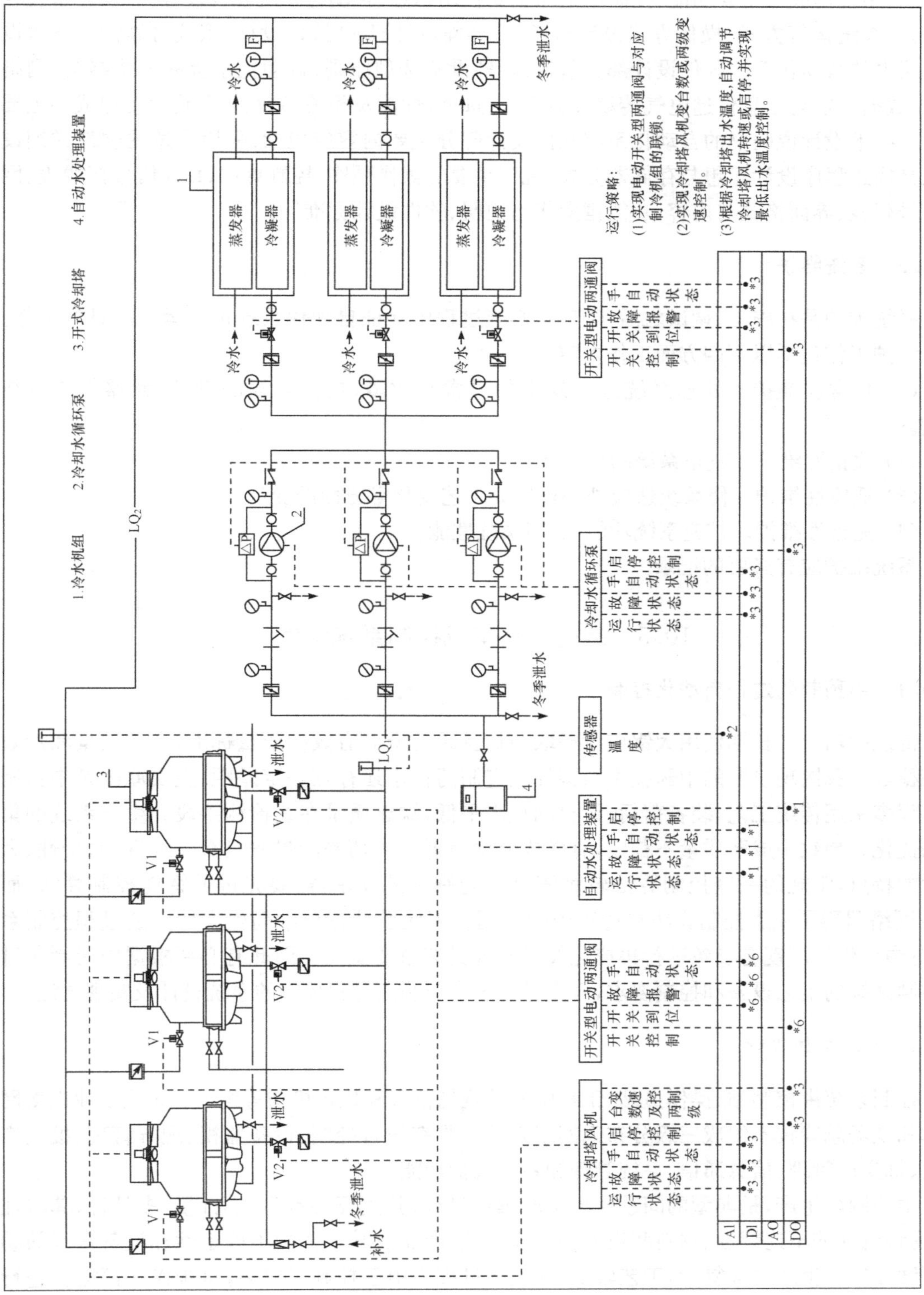

图 10-13　某制药企业空调冷却水系统通用自动控制原理设计图

技术设计说明书主要包括：技术设计依据、工艺设备、工艺流程与工艺要求、专业分工与设计范围、系统构成与主要功能、控制水平与主要控制思想、自动化系统硬件设计、自动化系统软件设计、系统运行方式、操作方式设计与说明、界面设计、I/O 接口设计、系统可靠性。技术设计说明书的自动化系统硬件设计部分包括：硬件设备选型原则、自动化系统的体系结构、网络通信、数据传输与信息传递电气传动设备组成、选型、性能及相关参数、自动化设备组成和主要作用。技术设计说明书的自动化系统软件设计部分主要内容应包括：采用合适的软件详细设计工具描述程序设计思想与存储器分配、说明重要的操作顺序、控制算法、I/O 信号接线表、网络信号列表、界面格式与内容、功能键操作与说明、软件设计标准等。

10.4.5 系统维护

系统维护是在施工、调试之后，于项目实施过程中保证自动化系统正常运行的日常工作。系统维护工作包括以下四方面工作内容：

(1) 日常性维护。处理系统运行发生的异常与故障，更换坏损的设备，元器件与电线电缆。

(2) 改正性维护。改正系统的设计缺陷。

(3) 适应性维护。使系统适应外部环境如工艺变化等方面的变动。

(4) 完善性维护。扩充系统功能，提高系统性能。

系统维护应有必要的记录。

10.5 制药过程集成控制系统实例

10.5.1 中药制药过程自动化控制

传统中药生产长期使用大锅煎煮提取药材且缺乏全面有效的质量标准，产品质量和疗效不够稳定。我国现阶段的中药技术与国外先进制药技术还存在一定差距，主要原因是中药制药过程多采用传统工艺，装备落后，且自动化水平低，缺乏质量在线检测手段和生产系统的集成和优化。导致中成药质量不稳定，有效成分含量低。中药制药过程具有非线性、时变性、大滞后的特点，常规的一些控制算法较难满足中药制药的要求，需要先进的智能控制算法，而 DCS 网络阻碍了先进控制算法在过程中的应用。因此设计符合中药生产特点的过程控制系统，对中药生产厂现有设备进行集成化技术研究具有重要意义。因此有必要根据中药制药过程控制系统的工艺设备和控制要求，开发适合于中药制药过程控制的系统设计及实现方法。

1. 系统总体设计

控制系统由控制站、操作员站、工程师站及现场仪表和执行机构等组成。采用工业以太网技术和现场总线技术组成三级分布式网络系统。具有设备控制、设备监视、配方管理、批生产调度、批生产管理、信息通信、系统管理和系统维护功能。

中药制药生产，是典型的间歇性批生产操作过程，其主要特点是：小批量、多品种，其特征是：物料流动的不连续性、物料和设备的非稳态性、产品及其工艺的不确定性和设备资源的动态调度分配。生产过程复杂，工艺较长，在生产过程中由于控制点较多，每步操作都需要进行准确控制，同时还包括一些复杂的控制对象如 pH 控制、浓度控制等。工艺点控制的好坏直接影响产品的质量和收率指标。中药生产包括中药饮片前处理、提取、分离、浓缩、干燥、制剂等过程。根据中药制药的控制要求，重点分析三个功能相对独立的子系统。

1）中药提取过程控制系统

提取工段的主要设备为提取罐，为降低高温煎煮对中药有效成分的破坏，通常采用温浸动态提取工艺。提取罐的基本操作控制大致包括如下内容：试漏控制、定量加溶媒、人工投料、升温控制、恒温定时、沸腾定时、定时循环、定时搅拌、排料控制、乙醇回流、芳香油回收、排渣控制、反吹控制、直接蒸汽控制、清洗控制、煮罐、报警、安全连锁。

2）中药浓缩过程控制系统

浓缩过程主要设备目前采用的是真空减压双效浓缩器，由加热器、蒸发器、分离器等组成。基本操作和控制包括：定量进料、加热器蒸汽压力/温度控制、蒸发器末效真空度控制、冷却水流量/温度检测、倒料检测、密度检测和收膏控制、消泡控制、液位控制等。

3）中药醇沉过程控制系统

醇沉法是利用有效成分能溶于乙醇而杂质不溶于乙醇的特性，将有效成分转溶于乙醇中将杂质沉淀出来。醇沉的主要设备是搅拌醇沉罐，基本操作包括进料、按配比进乙醇、搅拌、沉淀定时、冷却控制、出渣、清洗。

除上述主要工段外，还包括提供全厂水、电、蒸汽的动力车间的测控。为达到控制要求，需根据制药工艺建立较为完善的自动化控制系统。

2. 系统设计与配置

硬件配置：系统的硬件结构主要采用工控机、控制站、PLC、分布式 I/O 及现场仪表和执行器等部分组成。系统设置了 CPU 设备冗余的五个控制站，分别控制提取、浓缩、醇沉工段、制剂车间及公用供气系统。每个站及扩展机架通过 PROFIBUS-DP 现场总线连接，各工段的控制功能通过控制站完成。

控制网络：控制网络共分为三个层次，即操作管理层、过程控制层和现场设备层。操作管理层主要负责生产管理和调度执行，对生产过程进行实时优化并进行先进控制。操作管理层还能实时监控中药生产各工段设备的运行状况，能实现生产运行数据的存储、报表管理、统计等功能，并通过以太网将相关数据共享以组建更上级的 CIMS 系统。过程控制层可实现对各工段设备的控制和协调，通过工业以太网与操作管理层相连，接受优化控制命令。现场设备层主要实现现场设备的集成。控制网络结构简图如图 10-14 所示。系统设一个工程师站和几个操作员站，以工业以太光纤环网 IEEE802.3 为主干网互联并向下和过程控制层相连，采用西门子 S7CPU315-2DP 可编程控制器，该可编程控制器配备 PROFIBUS-DP 现场总线网络，可以组建多达 126 个站点的现场总线网络。设备控制层将控制器与现场控制设备（如调节阀、流量计、温度变送器、压力变送器、泵等）都通过总线相连。对于采用 4～20mA（模拟量）/24VDC（开关量）信号传输和采用 HART 协议的设备，通过 ET200M 远程 I/O 进行采集和控制，并通过 PROFIBUS－DP 与控制器相连。在总线上挂接触摸屏作为现场操作面板，在需要时可通过人工操作的方式对生产过程进行控制。

软件平台：控制系统软件主要分为上位机监控软件和下位机 PLC 控制软件。软件体系结构及各部分功能框架如图 10-15 所示。

其中下位机控制软件系统采用 STEP7 进行网络设置、接口配置、硬件组态和 PLC 控制程序编制。中药生产过程是典型的间歇生产过程，包括顺序控制、开关控制、调节控制、连锁控制等，编制控制软件时根据中药工艺的特点分设备分工艺的模块化编程，使各工段控制程序相对

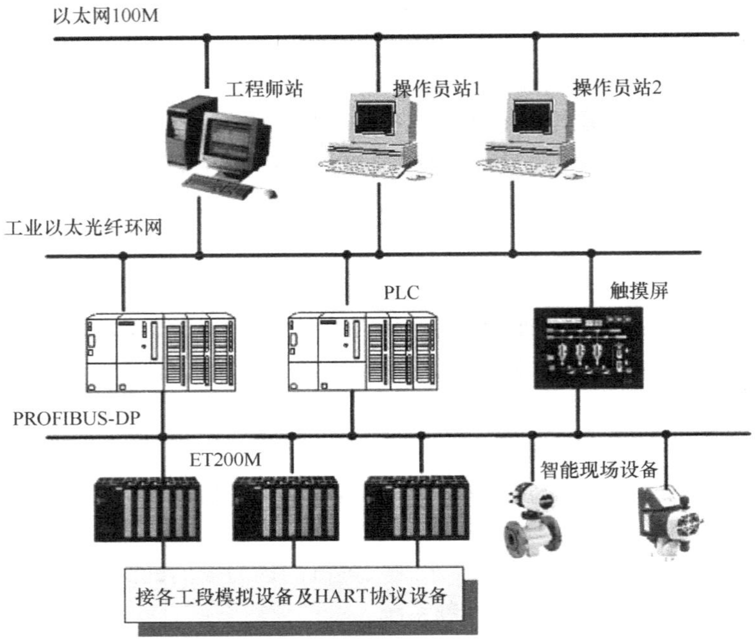

图 10-14　控制网络结构简图

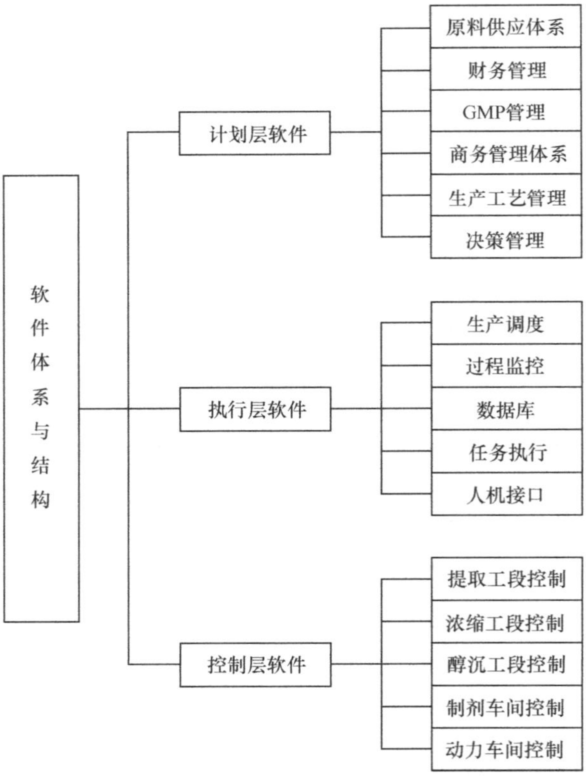

图 10-15　软件体系结构及各部分功能

独立且流程清晰。而上位机监控软件主要对生产过程进行集中监控，采集各控制点的数据，利用上位工控机强大的处理能力调用智能控制算法并将控制参量值通过总线传给各控制节点。监控软件的编制采用组态软件 WINCC6.0 完成，主要包括以下功能综合考虑中药生产工艺特点和各单元控制要求，监控系统包括以下主要功能：

(1) 各工段工艺流程动态显示及参数监测，动态显示各工序的生产、运行状况及液位、温度、压力等过程参数值。

(2) 趋势分析，显示生产过程中主要模拟量值的变化趋势，供操作人员参考。

(3) 及时获得并处理各种报警信息。

(4) 在需要时可人为干预生产过程，具有特定操作权限的工作人员可修改生产过程参数和状态。

(5) 数据储存及查询报表管理功能，现场参数及控制参数存储记录在数据库中，为工艺改进和决策提供第一手资料。

(6) 将生产监控网与生产管理办公局域网互联，为管理部门提供生产实时数据，有利于管理人员对生产进行实时监督和指导。

以上设计的中药制药过程控制系统，综合运用信息技术、制药单元技术与装备、自动控制技术、生产过程管理等加以优化组合，通过现场总线、计算机网络实现中药制药过程的信息、控制管理一体化，为构建先进的中药制药集成化工业平台提出了一种可行的解决方案。

10.5.2　生物化工制药综合自动化控制

随着生物化工制药企业的规模不断扩大及产品的多样化，通过完善工艺操作及生产控制，充分挖掘技术及管理潜力，努力提高产品质量，并彻底改变生物化工制药行业“高消耗、高能耗、高污染”的局面，创造更佳的经济与社会效益，实现企业的综合自动化就显得十分重要。针对大型生物化工制药企业实施综合自动化系统的要求，以及生物化工过程关键变量难以在线测量，发酵罐、反应釜数量庞大且特性各异，过程间歇性、随机性、非线性、不确定性等特点，目前正重点研究开发：

(1) 生物发酵制药过程成套专用控制系统关键技术。

(2) 生物发酵过程难测变量的软测量关键技术。

(3) 细胞培养专用控制系统关键技术。

(4) 化工合成制药过程成套专用控制系统关键技术。

(5) 公用工程和辅助过程成套专用控制系统关键技术。

(6) 生物化工制药过程专用优化系统关键技术。

(7) 生物化工制药企业 ERP 软件平台关键技术等。

综合以上系统可最终形成集检测、控制、优化、调度、管理与决策于一身的生物化工制药综合自动化系统，其中尤以发酵过程专用控制系统开发及应用最为成熟。例如，Festo 公司为 Merck 公司的蛋白质医药产品子公司 Merck Sernono 提供的 200 个控制柜控制了 80 余个生物生产流程所中约 5000 个控制阀。控制柜中安装有 24～128 个可控制阀门的、与日本 Yokogawa 中央控制系统连接的 CPX/MPA 控制阀组。传感器-接收器层次自动化的核心在于 CPX/MPA 控制阀组，借助于其对现场总线 DCS 控制阀信号输入、输出的灵活控制方案，所有非现场总线能力的信号和过程控制阀都可连接起来。又如，国内现有的 SBFG-Control 过程控制系统，基于西门子 PLC 系统提供了 pH、DO、温度等的优化控制，并带有的 RS485 接口可以上接上位计算机实现远程监控，最多可以带 12 套发酵罐，而上位机可以带动 128 个分控制系统。

一种典型的生物制药发酵过程专用控制系统设计如下。

(1) 基本控制参数：温度、搅拌速度、pH、DO、进气流量、罐压、定时定量流加、连续发酵、液位、多种自动补料方式、自动消泡等。特殊控制如 CO_2、密度、糖分、自动灭菌等。

(2) 控制系统：①可编程控制器(整个控制系统的核心组件)。②传感器：温度传感器、pH 传感器、容氧传感器、压力传感器。③变送器：4～20mA 变送器(起到信号变送的作用)。④现场执行设备。

变频器：控制电机，由 AO 输出控制。

交流电机：控制压缩机，由变频器控制。

蠕动泵：控制酸碱的加入，由 AO 输出控制。

(3) 本地控制：①5.7 寸或 10.4 寸工业级人机界面，现场显示、操作终端。②本地监控程序，在触摸屏中运行。

(4) 远程控制：①PC。②上位组态软件。

总结构图如图 10-16 所示。

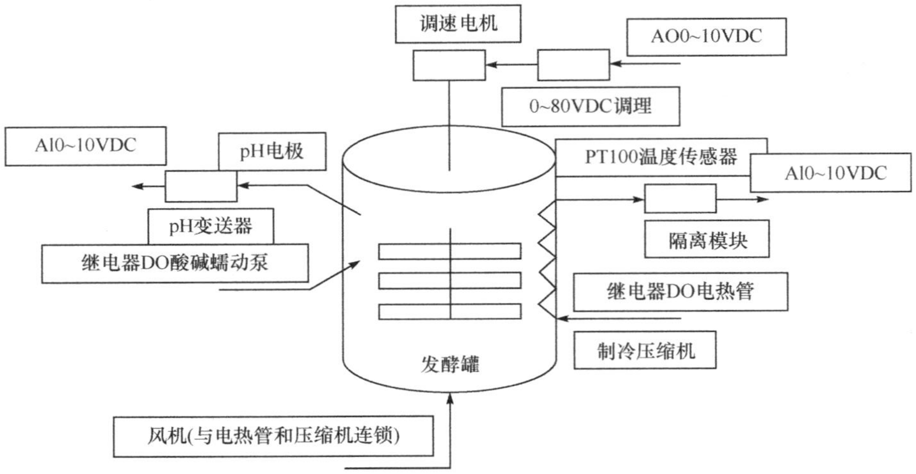

图 10-16　远程控制结构图

(5) 嵌入式生物发酵控制系统架构：以 RTU－6600＋HMI－1041 为平台，采用“10.4”人机界面，在人机界面运行组态软件，可进行复杂操作，并可将系统运行数据实时传送到监控室。RTU-6600 作为控制核心，完成多个回路的 PID 控制、模糊控制任务；同时与“10.4”人机界面通信，实现与嵌入式组态软件的无缝结合。人机界面内置 WinCE. NET 操作系统和嵌入式组态软件，完成与 RTU-6600 的通信、上位显示、设置、报警、报表输出以及历史数据存储等功能。一种代表性的人机界面如图10-17 所示。

(6) 通信方式：①Modbus/TCP。通过 RTU-6600 以太网与人机界面通信，这种通信方式通过以太网进行，使用标准的 Modbus/TCP 协议。②Modbus/RTU(485)。通过 RTU-6600 的 RS-485 与人机界面通信，这种通信方式通过 RS-485 进行，使用标准的 Modbus/RTU 协议。

针对生物化工过程关键变量难以在线测量的特点，目前已研究开发了基于发酵罐气相物

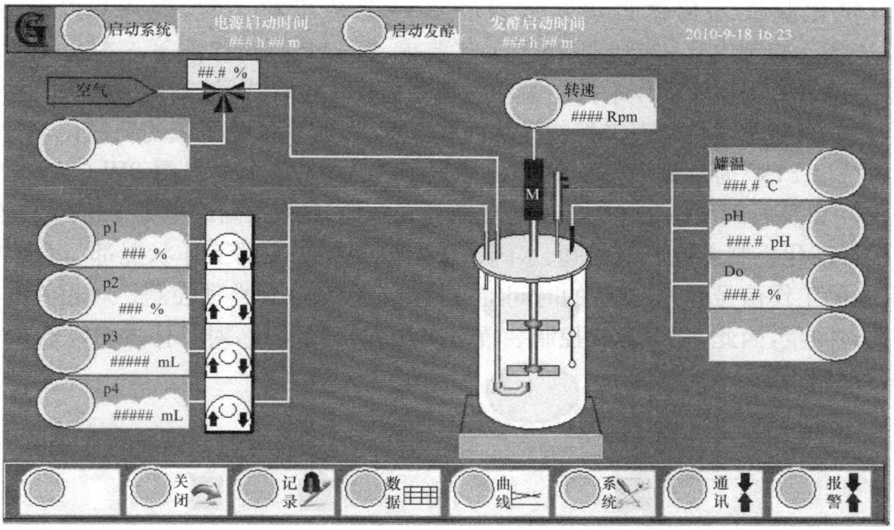

图 10-17　一种典型的人机界面

料平衡原理、反应热、反应动力学以及解决局部弱可观性理论的发酵过程软测量技术和非线性状态观察器设计技术，解决了一批关键难测变量的在线估计问题。针对生物化工过程间歇性、随机性、非线性、不确定性等特点，需有针对性地开发专用控制装置、先进控制、过程优化、软测量、故障诊断等软硬件技术高度集成的成套专用控制系统，解决工程化通用抗时变时滞鲁棒控制、最优性能鲁棒跟踪控制、无静差鲁棒跟踪任意设定值目标的先进控制、反应器基于支持向量机的非线性模型预测控制等难题。针对发酵罐、反应釜数量庞大且特性各异的特点，目前国内外制药企业已采用了各具特色的专用优化系统，开发了用动态规划实用算法实现培养基添加策略优化技术、pH 与反应温度在线优化技术、氧传递过程优化技术等。

实施示范工程的大型生物化工制药企业，通过应用生物化工制药综合自动化系统的关键技术，实现了提高发酵效价、降低倒罐率、增加收率、节能降耗、提高生产率等建设目标，为企业带来了显著的经济效益与社会效益。目前，国内已先后有上百家企业在其生产装置上推广应用生物化工制药综合自动化系统的一系列关键技术，年均新增利税 6500 多万元，显著提升了这些企业的自动化水平，提高了生产效率，优化了工艺操作，已产生重大的经济和社会效益。

10.5.3　化学制药自动化控制

氟化脱氧葡萄糖(^{18}F-FDG)自动合成设备是一种集机、电、水、气为一体的全自动制药装置，它是现代自动化技术应用于放射性药物标记典型。本药物采用以下三个步骤合成：

(1) 加速器生产的^{18}F 被阴离子柱 QMA 捕获后，被碳酸钾和 K222 的乙腈溶液洗脱，经加热至 100～120℃与乙腈共沸除水，共二次。冷却后向残留物中加入三氟甘露糖，在加热至 85～90℃下亲核反应，生成乙酰化的^{18}F-FDG(18F-FDG-0AC4)。再加热至 100～120℃除去乙腈。

(2) 冷却后向残留中加入 2mL 0.3mol/L 的 NaOH，水解 2min 后加入 1.5mL 1.0mol/L 的盐酸中和，得到粗产品^{18}F-FDG。

(3) 将粗产品转移到产品收集瓶，经 AG11×A8、C18 柱和三氧化二铝层析柱中和过量的盐酸去除杂质，经过无菌滤膜后获最终产品。

为使对氟化脱氧葡萄糖自动合成设备有一个初步的了解，现用系统控制示意图（图 10-18）表示。控制内容和要求取决于工艺要求、资源及可操作性等。本系统采用了可编程控制器，通过电磁阀顺序动作来控制氟化脱氧葡萄糖化学合成，控制换向阀将驱动气缸上下往复运动，用水阀和温度控制表来控制气缸内的温度，以实现氟化脱氧葡萄糖化学合成过程自动进行。系统以 PLC 为基础，包括 19 个电磁阀 FFY(Q)22、1 个水阀 2W-025-06、1 个气缸 SXP C12×50 和换向阀 4V110-06、2 个温度控制表 TE-01 和中间继电器 13Z3YT 等，构成了一个完整的自动化控制系统。电磁阀、水阀、气缸、温度控制表的工作状况都与合成时间密切相关，将有关的工作信号通过 PLC 的时间继电器设定参数实现自动控制。对相关的控制元件设定相应的时间量，因此，化学合成控制装置宜采用数字量模块，对具体的自动合成过程及时间参数进行控制。

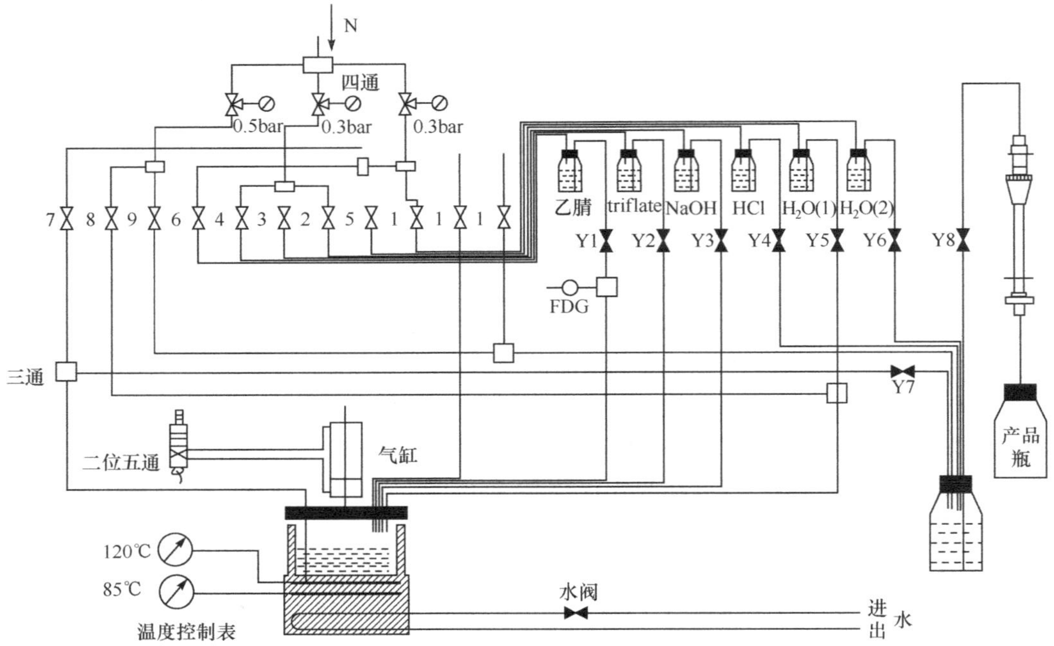

图 10-18　系统控制示意图

根据要求，设计 PLC 利用 11 个气压电磁阀分别控制氮气，用 8 个液压电磁阀分别控制化学药物和水。设定一个气缸来进行 FDG 化学药物的合成工作，同时也用水阀和温度控制表控制气缸温度，保证气缸温度在工艺要求的温度区间。

利用定时控制器在通电正常计时，因此采用其作为可编程控制器的步顺序控制。可编程控制器按预先编制的程序依次打开各内存储器和输出端口，并根据输入的信号的变化随时调整程序的执行。在非系统工作时间里，定时器自动断开可编程控制器的触点。这样既减少了系统耗费的电能，又延长了设备的使用寿命。

在 PLC 的容量设计上需对 I/O 点数进行估算，如表 10-2 所示共需 6 个输入信号点和 23 个输出信号点，考虑到以后对系统的调整与扩充留有的备用点，即用 6×15%＝0.9，取 1 个点，用 23×15%＝3.45，取 4 个点，这样共需用 7 个输入信号点和 27 个输出信号点。

表 10-2　PLC 的容量设计内容

功能键	内容	输出地址	内容	输出地址	内容	输出地址	内容
F1	清洗	Q0.0	Q1	Q1.0	Q9	Q3.2	Y6
F2	烘干	Q0.1	Q2	Q1.1	Q10	Q3.3	Y7
F3	合成	Q0.2	Q3	Q2.0	Q11	Q4.0	Y8
F4	暂停	Q0.3	Q4	Q2.1	Y1	Q4.2	汽缸(下)
F5	继续	Q0.4	Q5	Q2.2	Y2	Q4.3	水阀
F6	停止	Q0.5	Q6	Q2.3	Y3	Q4.6	85℃电加热
		Q0.6	Q7	Q3.0	Y4	Q4.7	120℃电加热
		Q0.7	Q8	Q3.1	Y5		

综合上述情况考虑用户储存容量估算、开关量输入输出的数量，定时及自锁等各方面情况，选用西门子 S7-200 系列 CPU224 型可编程控制器，在其 CPU 中配有 8K 的 EEPROM，可以直接装在电气控制常用的 DIN 标准导轨上；带有 14 个输入点和 10 个输出点，还可扩展 7 个模块，包括模拟量模块；机内有 256 个内部存储位，256 个定时器，256 个计数器，足够编程人员使用；内置 24V 直流电源，可供本机数字量、模拟量的输入使用，不必另设直流电源；指令执行速度快，每条指令执行时间为 0.37μs；编程可用小型手持式编程器，方便现场调试，也可用个人 PC，方便在研制场所编制程序及归档文件和打印输出。

10.5.4　制剂过程自动控制

本小节内容以滴丸制剂过程监控系统为例。滴丸制剂过程包括化料、滴制两个顺序工序，完成从浓缩药膏到成品滴丸的转变过程。滴丸的质量受到制剂过程各工艺参数变化的影响，每个参数的变化都可能影响到产品的质量。目前业界尚未有较完善的滴制工艺过程数学模型，也无成熟的产品化监控系统。已有研究人员建立了采用 PLC(可编程控制器)与工控机组网的方式构建 DCS(集散控制系统)实现对中药滴丸制剂过程的监测控制系统。并在 DCS 的基础上构建基于 B/S 模式的远程访问平台，实现制剂过程的远程监测。

1. 系统分析及系统结构设计

确定所设计的监控系统将具有以下功能：监视化料工序中化料罐的料液温度、加热温度等，并将各温度信息在化料车间进行实时显示报警。监视滴制工序中滴制罐的温度与液位、冷凝液的温度与液位及料液管路温度等，并提供相应报警信息。

根据滴罐温度和罐液位进行滴制速度估计，并对所测变量、滴丸成品率及各类不合格品比率进行在线预测与估计。实现制剂流程设备的顺序启停控制及各温度液位量的自动调节。利用 intranet 和 intranet 网络实现制剂工艺流程信息的网络共享，并与企业 ERP 系统集成供企业管理部门进行分析、诊断、预测。

设计的监控系统分为三层结构，底层为由 PLC 网络构成的执行层，中层为由工控 PC(IPC)构成的监控管理层，上层为由 intranet 及远程用户 intranet 构成的综合应用层，其系统结构如图 10-19 所示。

底层执行层通过在化料、滴制工序分别配置 PLC(Siemens 公司的 S7-200 系列中的 CPU226 型机)用于完成本工序工艺过程的测量与控制。化料车间配置 1 台 CPU226，用于启停化料设备，监测化料锅的料液温度、加热温度等。滴制车间配置 2 台 CPU，完成 20 台滴制设备的启停控制，以及滴制温度、料液液位、管路温度等监测任务。3 台 CPU226 之间通过

RS-485 总线连接并与管理层工控上位机构成主从式通信网络(DCS)。化料车间与滴制车间各采用 1 台室内型单色 LED 显示屏，分别显示本车间设备的运行状况与报警信息。

工控机通过 RS-485 网络完成各 PLC 程序及算法下载，监视各 PLC 工作状态，获取制剂过程的实时工艺参数。然后，工控机利用 RS-485 总线将工艺参数及报警信号输出到化料车间和滴制车间的大屏幕 LED 显示屏上。此外，工控机还对制剂过程数据进行简单处理，将数据存入企业数据中心的实时数据库和历史数据库中，实现制剂过程信息的共享。intranet 及远程 intranet 用户通过 Web 浏览器实现对中心数据库的访问实时监视到制剂过程的工作状态，实现远程监视、远程诊断及远程决策，该监控系统的数据流向分布如图 10-20 所示。系统执行层的和监督管理层的工控机采用双冗余结构，以保证制剂过程平稳可靠运行。液位测量采用超声波液位仪，温度测量采用热电阻式传感器。

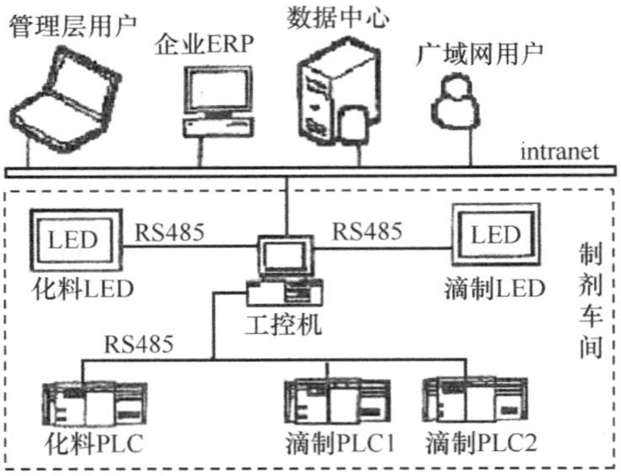

图 10-19　三层控制结构示意图

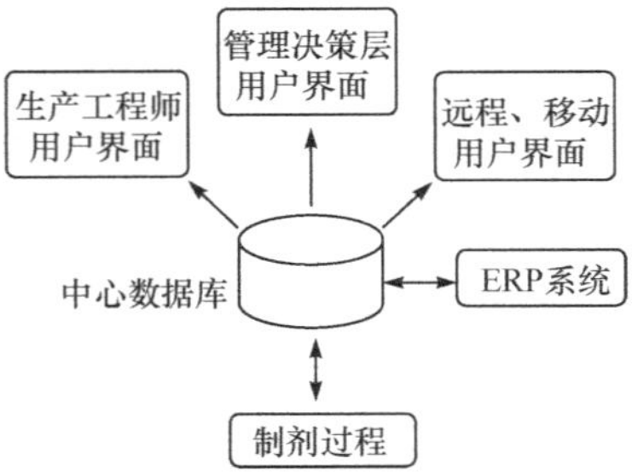

图 10-20　监控系统的数据流向分布

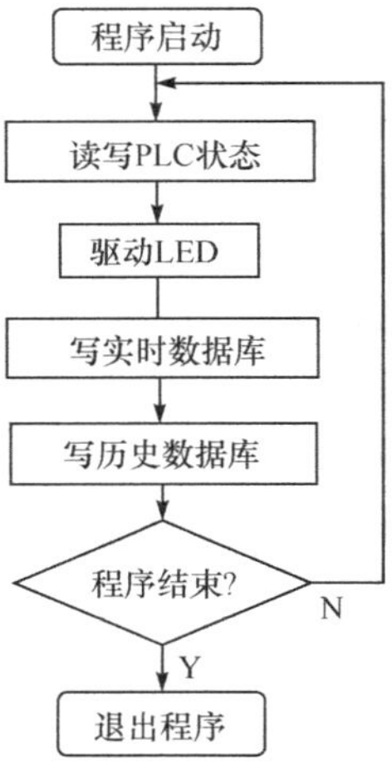

图 10-21　上位机程序执行流程

2. 工控机软件设计

采用 Visual BASIC 6 编写的工控机程序由界面驱动、PLC 通信、LED 驱动、数据库读写、报表打印等部分组成，其程序执行流程如图 10-21 所示。程序启动后首先对 PLC 进行读写操作，获取制剂过程工作状态，并将用户的操作写入 PLC，然后分别驱动化料 LED 和滴制 LED，并激活相关报警输出，最后将所获取的制剂信息写入实时数据库和历史数据库供远程用户实时访问和汇总分析。程序按上述过程不断循环直至程序退出。

工控机与 PLC 的通信采用自由口通信，协议为自定义协议；与 LED 显示屏通信采用 LED 的专用协议；数据库操作利用 ADO 对象，数据中心数据库系统为 SQL SERVER 2000。

3. 远程访问策略

用户远程监测构架采用 3 层 B/S 模式，即客户浏览器—应用服务器—数据库服务器。用户通过客户浏览器访问应用服务器，由应用服务器将用户所需数据从数据库服务器提取出来，然后由应用服务器返回给客户端浏览器，并驱动浏览器界面实现制剂过程工艺信息的实时动态刷新。其访问流程及构架示意图如图 10-22所示，应用服务器包括 Web 服务器、Web Sevices 提供服务器以及应用程序集等。

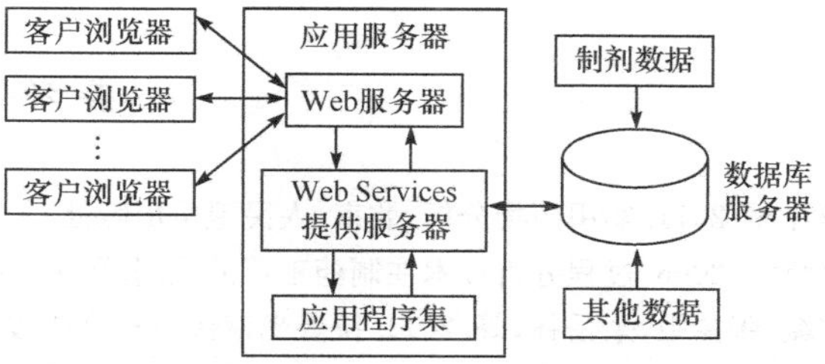

图 10-22　远程访问构架

4. 部分组成

这里的应用服务器只是一个逻辑概念，可以由一台或多台物理服务器实现。制剂过程生成的实时数据和历史数据以及 ERP 等其他系统的数据都存储在企业中心数据库中。Web Sevices 服务器把对数据库的操作封装成一系列的 Web Sevices，供 Web 服务器调用。此外，Web Sevices 还将用于制剂过程分析的一些应用程序如 Metal 函数、Minitab 等 Web Sevices 化，供客户端分析使用。客户端与 Web 服务器的交互采用 ASP. NET 开发，以充分利用其强大的界面交互能力。

通过对以上滴丸制剂过程监控系统的设计与实施对中药制剂的数字化生产进行初步尝试，实施结果表明，该监控系统具有较好的稳定性和精确性，对制剂流程的稳定高效生产发挥了重要作用。另一个典型的冻干粉针剂制剂过程控制系统设计如图 10-23 所示。

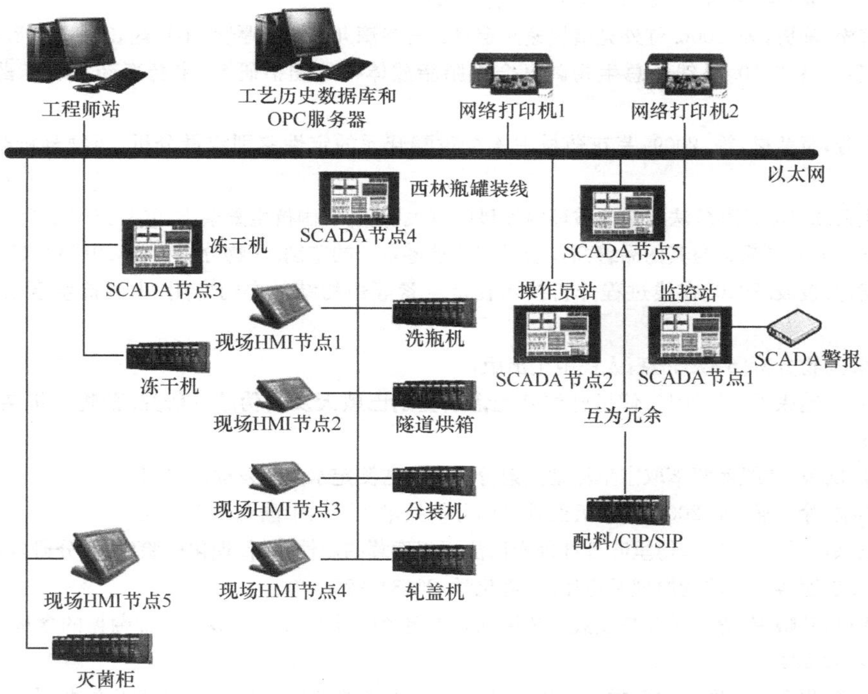

图 10-23　冻干粉针剂制剂过程控制系统设计

思考题与习题

1. 简述制药过程实现自动化控制的目的及意义。
2. 自动控制系统的分类有哪些？
3. 简述常见基本控制单元及检测手段。
4. 自动控制系统初步设计图纸包括哪些内容？

参考文献

毕开顺. 2011. 实用药物分析. 北京：人民卫生出版社

曹姬姬. 2006. 过程分析技术在制药工业的应用. Pharmaceutical Engineering Design，27(5)：28-30

陈斌，张少敏，余岳林，等. 2011. 拉曼光谱快速检测盐酸左氧氟沙星注射液. 药物分析杂志，31(9)：1715

董芹，臧恒昌，刘爱华，等. 2010. 过程分析技术在制药领域的应用及对我国制药行业的启示. 中国药学杂志，45(12)：881-884

杜一平，潘铁英，张玉兰. 2008. 化学计量学应用. 北京：化学工业出版社

冯仕银，向瑾，秦永平，等. 2009. LC-MS/MS 法测定人血浆中的氨氯地平. 华西药学杂志，24(5)：512-514

冯新泸，史永刚. 2002. 近红外光谱及其在石油产品分析中的应用. 北京：中国石化出版社

冯有龙，余伯阳，董小平. 2006. 高效液相色谱法同时测定三黄片中的蒽醌类、黄酮类及生物碱类化合物. 药学学报，41(3)：285-288

傅强. 2012. 中药分析. 北京：化学工业出版社

龚益飞，刘雪松，章顺楠，等. 2004. 近红外光谱法在线判断滴丸料液混合终点. 中国药学杂志，42(7)：509-511

杭太俊. 2011. 药物分析. 7 版. 北京：人民卫生出版社

贺浪冲. 2012. 工业药物分析. 2 版. 北京：高等教育出版社

柯博克，刘雪松，陈勇，等. 2006. 红外光谱快速测定复方丹参滴丸的包衣厚度. 中草药，37(5)：685-688

李磊，陈军，蔡宝昌. 2010. 马钱子总生物碱复合磷脂脂质体指纹图谱研究. 中药新药与临床药理，21(6)：637-639

李娆娆，王彩芳，黄兰岚，等. 2009. 芫花药材中 4 个黄酮苷元的定性鉴别定量分析. 药物分析杂志，29(6)：894-897

刘海玲，曹晓云. 2010. HPLC 法测定盐酸环丙沙星的有关物质. 中国抗生素杂志，5(8)：588-592

刘宏明，张继. 2009. 延胡索与其伪品薯蓣零余子和黄独零余子的鉴别. 药物分析杂志，29(5)：841-844

刘胜，侯静美，龚俊波. 2010. 在线过程分析技术在抗生素等药物结晶中的应用. 中国抗生素杂志，35(11)：801-808

刘文英. 2006. 药物分析. 6 版. 北京：人民卫生出版社

刘元瑞，葛海生，赵康虎，等. 2011. 傅里叶红外光谱法鉴别巴戟天及其伪品的研究. 药物分析杂志，31(12)：2213-2216

柳仁民，李蛟. 2003. 在线液膜萃取富集流动注射分光光度法测定水中挥发酚. 分析化学，31(5)：594-597

陆婉珍，袁洪福，徐广通，等. 2000. 现代近红外光谱分析技术. 北京：中国石化出版社

毛建江，张玉杰，徐经伟. 2007. 傅里叶近红外光谱法用于鹿茸的定性分析. 理化检验(化学分册)，43(1)：33-36

牟世芬. 2001. 加速溶剂萃取的原理及应用. 环境化学，20(3)：299-300

牛增元，袁玲玲，叶曦雯，等. 2006. 高效液相色谱同时测定硫酸软骨素和盐酸氨基葡萄糖的含量. 药物分析杂志，26(6)：802-804

瞿海斌，刘晓宣，程翼宇. 2004. 中药材三七提取液近红外光谱的支持向量机回归校正方法. 高等学校化学学报，25(1)：39-43

荣晓阳，梁毅. 2010. 浅谈 PAT 在 GMP 管理中的应用. 中国制药装备，(2)：24-26，29

史永刚. 2003. 化学计量学. 北京：中国石化出版社

唐登峰，祝明，陈勇，等. 2012. RP-HPLC 同时测定冠心宁注射液中丹参素、原儿茶醛、阿魏酸、迷迭香酸和丹酚酸 B 的含量. 药物分析杂志，32(1)：144-148

田耀华. 2009. 过程分析技术及其在制药生产与装备的应用. 机电信息 20：5-12

王淑君，孟凡浩，孙进，等. 2004. 高效液相色谱法同时测定双嘧达莫和阿司匹林的血药浓度. 中国药学杂志，39(9)：689-690

王新霞,宋雪玲.2011.管碟法对抗生素药品效价的微生物检定.延安大学学报(医学科学版),9(3):58,68

王智民,张启伟.2009.美国FDA产业指南:创新的药物开发、生产和质量保障框架体系—PAT.中国中药杂志,34(24):3304-3309

吴叶玲.2005.顶空气相色谱法测定农药废水中的总氰化物.光谱实验室,22(6):1242-1244

席国臣,陈璇,白小红.2010.中空纤维协同液相微萃取在4种莨菪碱分析中的应用.分析试验室,29(4):1-4

肖钧.2011.红外光谱对京都念慈庵蜜炼川贝枇杷膏的快速鉴别研究.药物分析杂志,31(5):963-964

徐平声,戴智勇,龚尧峰,等.2008.LC-MS-MS法测定人体血浆中左炔诺孕酮浓度的方法学研究.中南药学,6(6):666-669

徐平声,戴智勇,秦群,等.2009.左炔诺孕酮片在健康中国女性志愿者体内药动学及生物等效性研究.中国新药杂志,18(22):2143-2144,2150

许禄,邵学广.2004.化学计量学方法.2版.北京:科学出版社

薛金龙,张南平,肖新月,等.2010.羊开口的生药学研究.药物分析杂志,30(9):1753-1755

杨丽莉,胡恩宇,母应锋.2007.环境空气中痕量硝基苯测定方法研究.化学分析计量,16(5):51-52

杨威,洪陵成,张红艳,等.2011.油浴预蒸馏流动注射光度法在线测定水中挥发酚.化工环保,31(2):181-185

杨义芳,孔德云.2010.中药提取分离新技术.北京:化学工业出版社

姚丽娟,谭家镒,姜兆林,等.2004.血浆和尿中苯并二氮杂䓬类药物及其代谢物的电子捕获气相色谱筛选分析法.分析化学,32(1):9-13

姚雪静,李壮林,房健民.2010.重组人B淋巴细胞刺激因子受体-抗体融合蛋白的肽图分析.药物分析杂志,31(6):1185-1187

叶华俊,项光宏,周新奇,等.2009.基于紫外全谱法的水质COD分析仪及应用研究.现代科学仪器,(3):8-10

俞信真.2010.几种特殊缓释药品释放度测定的影响因素分析.中国药物与临床,10(2):179

张春红,叶雪梅,胡卢丰,等.2011.高效液相色谱法测定人血浆中维生素E的血药浓度.海峡药学,23(3):183-185

张旭华.2010.产品创新与新技术产业化进程中的知识整合模式研究 以天士力为例.福建论坛(人文社会科学版),12:29-33

赵磊,文爱东,张三奇,等.2004.甲钴胺血清浓度的测定及生物等效性研究.解放军药学学报,20(5):355-358

郑新元,张茉,王杰,等.2011.西黄丸定性定量方法的研究.药物分析杂志,31(7):1410-1413

郑兴宝.2006.流动注射法测定水和废水中挥发酚.环境监测管理与技术,18(4):23-24

郑旭光,陈钟,项峰,等.2010.河北道地药材北沙参HPLC-PDA指纹图谱研究.药物分析杂志,31(9):1683-1688

中国国家药典委员会.2010.中华人民共和国药典(2010版).北京:中国医药科技出版社

周日东,陈秀惠,郑倩清,等.2008.流动注射分析法与分光光度法测定水中六价铬的比较.职业与健康,24(13):1256-1257

Abboud L, Hensley S. 2010. Factory shift-new prescription for drug makers: update the plants. http://proquest.umi.com/pqdweb? index = 0&did = 393194911&SrchMode = 1&sid = 1&Fmt = 3&V Inst = PROD&VType=PQD&RQT=309&VName=PQD&TS=1269482750&clientId=42365[2010-3-25]

Ahuja S, Scypinski S. 2010. Handbook of Modern Pharmaceutical Analysis. 2nd ed. San Diego: Academic Press

Campíns-Falcó P, Herráez-Hernández R, Sevillano-Cabeza A. 1993. Determination of probenecid in urine samples by reversed-phase liquid chromatography and UV-Visible detection using solid-phase extraction techniques for sample clean-up. Chromatographia, 35(5/6): 317-320

Chauvel J P, Henslee W W, Melton L A. 2002. Teaching process analytical chemistry . Anal Chem, 74 (13): 380-384

FDA. 2004. Guidance for Industry: PAT-A Framework for Innovative Pharmaceutical Development, Manufacturing and Quality Assurance. Washington: Food and Drug Administration

He B X, Qiao L Y, Peng J. 2011. Effects and mechanisms of mifepristone on insulin-resistant HepG2 cells. Journal of China Pharmaceutical University, 42(2): 153-159

Hinzd C. 2006. Process analytical technologies in the pharmaceutical industry: the FDA's PAT initiative. Anal Bioanal Chem, 384 (5): 1036-1042

Johnson L L, Garg U. 2010. Quantitation of amobarbital, butalbital, pentobarbital, phenobarbital, and secobarbital in urine, serum, and plasma using gas chromatography-mass spectrometry (GC-MS). Methods Mol Biol, 603: 65-74

Liao Q F, Xie Z Y, Pan B Y, et al. 2008. LC-MS-MS simultaneous determination of paracetamol, seudoephedrine and chlorpheniramine in human plasma: application to a pharmacokinetic study. Chromatographia, 67(9/10): 687-694

Szabo G K, Browne T R. 1982. Improved isocratic liquid-chromatographic simultaneous measurement of phenytoin, phenobarbital, primidone, carbamazepine, ethosuximide, and *N*-desmethylmethsuximide in serum. Clin Chem, 28(1): 100-104

The United States Pharmacopeial Convention. 2010. USP34-NF29(Pharmacopeia 34- National Formulary 29). Baltimore: United Book Press

Workman J, Koch M, Veltcamp D J. 2003. Process analytical chemistry. Anal Chem, 75 (12): 2859-2876

Ye F Q, Pan J C, Hu G X, et al. 2010. LC-APCI-MS simultaneous determination of barbital, amobarbital, phenobarbital and secobarbital in human plasma. Chromatographia, 72(7/8): 743-746

Yuan B, Wang X, Zhang F E, et al. 2008. Simultaneous determination of ramipril and its active metabolite ramiprilat in human plasma by LC-MS-MS. Chromatographia, 68(7/8): 533-539